Springer-Lehrbuch

H. Niedrig

Physik

Mit 386 Abbildungen

Springer-Verlag
Berlin Heidelberg GmbH

Prof. Dr.-Ing. Heinz Niedrig

Optisches Institut
Technische Universität Berlin
Sekr. P 11
Straße des 17. Juni 135
1000 Berlin 12

ISBN 978-3-540-54470-8 ISBN 978-3-642-87838-1 (eBook)
DOI 10.1007/978-3-642-87838-1

Satz: Reproduktionsfertige Vorlage vom Autor

Vorwort

In den Experimentalphysik-Vorlesungen im Grundstudium für Studenten der Physik und anderer Naturwissenschaften sowie der Ingenieurwissenschaften sollen die Grundlagen der Physik anhand von physikalischen Experimenten vermittelt werden. Dazu ist auch ein gewisses Mindestmaß an theoretischen Grundlagen erforderlich. Dieser theoretische Hintergrund wird im Rahmen der häufig zweisemestrigen Experimentalphysik-Grundvorlesungen sehr verkürzt anhand einfach zu durchschauender Sonderfälle dargeboten. Das *Hauptgewicht* soll dabei, soweit möglich, *auf den Experimenten* liegen. Dieses Begleitbuch soll dagegen einen Überblick über den theoretischen Hintergrund in zusammengefaßter Form wiedergeben, um dem Hörer die Möglichkeit zu geben, sich darüber parallel zur Experimentalphysik-Vorlesung zu orientieren. Dabei wird die Mechanik des Massenpunktes (Kapitel 1 bis 4) im Sinne einer relativ kurz gefaßten Einführung behandelt, einschließlich der wichtigsten Ergebnisse der speziellen Relativitätstheorie. Es wird nicht der Anspruch erhoben, mit den viel umfassenderen Vorlesungen oder Lehrbüchern der theoretischen Physik konkurrieren zu wollen.

Auch ist dieses Buch *kein Ersatz für den Besuch der Experimentalphysik-Vorlesung* und für das *Mitschreiben und Skizzieren* der in der Vorlesung behandelten physikalischen Experimente und Meßanordnungen, die im Buch nicht oder nicht im Detail beschrieben werden! Die Physik wird erst durch die direkte Anschauung, durch die optische und akustische Erfahrung lebendig und prägt sich dadurch ein. Der Hörer muß auch ein Gefühl dafür bekommen, welch experimenteller Aufwand oftmals notwendig ist, um ein bestimmtes physikalisches Phänomen deutlich und einwandfrei herauszuarbeiten. Das stichwortartige Mitschreiben und Skizzieren zwingt im übrigen den Hörer zur geistigen Mitarbeit und hilft ihm auf diese Weise bei der Verarbeitung des Stoffes.

Die in diesem Begleitbuch dargestellten physikalischen Grundlagen sind in ihrer Gliederung teilweise angelehnt an die Lehrbücher von *Alonso* und *Finn* sowie von *Stroppe* (siehe Kapitel 26, Literatur). Den Kurs von *Alonso* und *Finn* hatte der Autor zusammen mit seinem Kollegen Prof. Dr. W. *Muschik* in den vergangenen Jahren wegen seiner moderneren Darstellungssystematik zum Teil als Grundlage eines zweisemestrigen Physik-Grundkurses verwendet und erweitert. Die Gliederung in die Teile

I. Teilchen und Teilchensysteme
II. Wechselwirkungen und Felder
III. Wellen und Quanten

zeigt die systematischen Zusammenhänge in den verschiedenen Teilgebieten der Physik stärker, als es die klassische Einteilung (Mechanik, Akustik, Wärmelehre, Elektrizitätslehre, ...) zu leisten vermag. Anregungen für die Darstellung mancher physikalischer Sachverhalte wurden auch einem unveröffentlichten Vorlesungsmanuskript von Prof. Dr. G. *Herziger* (Aachen) sowie aus den in Kapitel 26 (Literatur) aufgeführten Büchern entnommen, auf die hier zum weiteren Studium verwiesen sei. Zahlreiche Tabellenwerte entstammen u.a. dem "Taschenbuch der Physik" von *Kuchling*.

Die mathematischen Anforderungen beschränken sich auf einfache Vektorrechnung bis zum Vektorprodukt, sowie auf Differential- und Integralrechnung mit gewöhnlich einer unabhängigen Variablen. Die verwendete Mathematik sollte daher weitgehend - mit Ausnahme weniger einfacher Differentialgleichungen - von Studienanfängern nachvollziehbar sein. Vektorielle Größen werden fettgedruckt dargestellt. Die zeichnerische Darstellung geschieht durch Pfeile in der Zeichenebene. Vektoren, die senkrecht zur Zeichenebene stehen, werden durch "⊙ " (Richtung aus der Zeichenebene heraus) oder durch "⊗" (Richtung in die Zeichenebene hinein) dargestellt.

Dem Springer-Verlag sei für die Anregung zu diesem Buch gedankt, das eine erweiterte Version des Kapitels B (Physik) in dem Ingenieur-Taschenbuch HÜTTE: "Die Grundlagen der Ingenieurwissenschaften" (29. berichtigte Auflage, Hrsg. H. Czichos, Springer-Verlag, Berlin 1991) darstellt. Insbesondere wurden die Abschnitte 5.7 (nichtlineare Oszillatoren, chaotisches Schwingungsverhalten), 7.6 (Deformierbare Festkörper), 22.3 (Kontrastentstehung) und 23.3 (Interferenzen an dünnen Schichten) hinzugefügt. Außerdem wurden Erweiterungen in den Kapiteln 9 (Transporterscheinungen), 10 (Hydro- und Aerodynamik), 16 (Transport elektrischer Ladung: Leitungsmechanismen), insbesondere 16.4.4 (PN-Übergänge, Halbleiterbauelemente), 19 (Elektromagnetische Wellen), 20 (Wechselwirkung elektromagnetischer Strahlung mit Materie) und 25 (Materiewellen) sowie eine Reihe kleinerer Ergänzungen vorgenommen.

Dem Springer-Verlag Berlin sei auch für die verständnisvolle und geduldige Betreuung bei der Herstellung des Manuskripts und des Druckes herzlich gedankt. Für Hinweise der Leser auf (sicher vorhandene) Fehler bin ich dankbar.

Meiner Frau danke ich für die unendliche Geduld, mit der sie meine jahrelange abendliche und wochenendliche Arbeit an diesem Buch verständnisvoll ertragen hat.

Technische Universität Berlin, im März 1992 H. Niedrig

Inhaltsverzeichnis

1 Physikalische Größen und Einheiten

Physik ist die Wissenschaft von den Eigenschaften, der Struktur und der Bewegung der (unbelebten) Materie, und von den Kräften oder Wechselwirkungen, die diese Eigenschaften, Strukturen und Bewegungen hervorrufen. Aufgabe der Physik ist es, solche physikalischen Vorgänge in Raum und Zeit zu verfolgen (zu beobachten) und in logische Beziehungen zueinander zu setzen. Die Sprache, in der das geschieht, ist die der Mathematik. Die Beobachtungsergebnisse müssen daher in meßbaren, d.h. zahlenmäßig erfaßbaren Werten (Vielfachen oder Teilen von festgelegten Einheiten) ausgedrückt werden, um physikalische Gesetzmäßigkeiten erkennen zu können. Der Vergleich mit der Einheit stellt einen *Meßvorgang* dar. Er ist stets mit einem *Meßfehler* verknüpft, der die Genauigkeit der Messung begrenzt.

1.1 Physikalische Größen

Physikalische Gesetzmäßigkeiten sind mathematische Zusammenhänge zwischen *physikalischen Größen.* Physikalische Größen G kennzeichnen (im Prinzip) *meßbare* Eigenschaften und Zustände von physikalischen Objekten bzw. physikalische Vorgänge. Sie werden ihrer Qualität nach bestimmten *Größenarten* (z.B. Länge, Zeit, Kraft, Ladung, ...) zugeordnet (Dimension). Der Wert einer physikalischen Größe ist das Produkt aus einem *Zahlenwert* $\{G\}$ (früher: Maßzahl) und einer *Einheit* $[G]$ (früher: Maßeinheit):

$$G = \{G\}[G] . \qquad (1.1\text{-}1)$$

1.2 Basisgrößen und -einheiten

Man unterscheidet *Basisgrößenarten* und *abgeleitete Größenarten.* Letztere können als einfache Potenzprodukte der Basisgrößenarten dargestellt werden (z.B. Geschwindigkeit = Länge · Zeit^{-1}). Welche Größenarten als Basisgrößenarten gewählt werden, ist in gewissem Maße willkürlich und geschieht nach Gesichtspunkten der Zweckmäßigkeit. In den verschiedenen Teilgebieten der Physik kommt man mit unterschiedlich vielen Basisgrößenarten aus (Tab. 1-1).

Tabelle 1-1: Schema der Basisgrößenarten, auf denen das SI basiert (z. T. nach W. Westphal: Die Grundlagen des physikalischen Begriffssystems, Vieweg, Braunschweig 1971).

<table>
<tr><th colspan="3">Teilgebiet der Physik</th><th>Anzahl der Basisgrößen</th></tr>
<tr><td colspan="3">Geometrie: Länge L</td><td>1</td></tr>
<tr><td colspan="3">Kinematik: L, Zeit t</td><td>2</td></tr>
<tr><td colspan="3">Dynamik: L, t, Masse m</td><td>3</td></tr>
<tr><td>Elektrodynamik:
L, t, m, Ladung Q</td><td>Phänomenolog. Thermodynamik:
L, t, m, Temperatur T</td><td>Atomistik:
L, t, m, Stoffmenge ν</td><td>4</td></tr>
<tr><td>Elektrothermik:
L, t, m, Q, T</td><td>Statistische Physik:
L, t, m, T, ν</td><td>Elektrische Transportphänomene
L, t, m, Q, ν</td><td>5</td></tr>
<tr><td colspan="3">Physik der Materie: L, t, m, Q, T, ν</td><td>6</td></tr>
</table>

1.3 Das Internationale Einheitensystem

Im amtlichen und geschäftlichen Verkehr in Deutschland sind die *SI-Einheiten* vorgeschrieben, die in den meisten Ländern der Erde eingeführt sind. Sie beruhen auf den Vereinbarungen und Empfehlungen der Internationalen Organisation für Standardisierung (ISO). Die neben den SI-Einheiten üblichen und zugelassenen Einheiten sind definitorisch an das SI (*S*ystème *I*nternational d'Unités) angeschlossen.

Die sieben Basisgrößen und -einheiten des SI sind in Tab. 1-2 aufgeführt. Alle anderen physikalischen Größen lassen sich als Potenzprodukte der Basisgrößen darstellen (abgeleitete Größen). Bei wichtigen abgeleiteten Größen werden die zugehörigen Potenzprodukte der Basiseinheiten durch weitere Einheiten abgekürzt, z. B. für die elektrische Spannung: $\text{kg}\,\text{m}^2\,\text{A}^{-1}\,\text{s}^{-3} = \text{V}$ (Volt). Anstelle der sich als Basisgröße natürlich anbietenden *elektrischen Ladung* wird die besser meßbare Größe *elektrische Stromstärke* verwendet.

Tabelle 1-2: Basisgrößen und Basiseinheiten des SI.

Basisgröße	Basiseinheit	
	Name	Symbol
Länge	Meter	m
Zeit	Sekunde	s
Masse	Kilogramm	kg
elektr. Stromstärke	Ampere	A
Temperatur	Kelvin	K
Lichtstärke	Candela	cd
Stoffmenge	Mol	mol

Definitionen der *Basiseinheiten* (in Klammern die Größenordnung der relativen Unsicherheiten der Realisierungen):

- 1 *Meter* ist die Länge der Strecke, die Licht im Vakuum während der Dauer von 1/299 792 458 Sekunden durchläuft (10^{-14}).
- 1 *Sekunde* ist das 9 192 631 770 fache der Periodendauer der dem Übergang

zwischen den beiden Hyperfeinstruktrukturniveaus des Grundzustands von Atomen des Nuklids ^{133}Cs entsprechenden Strahlung (10^{-14}).

- 1 *Kilogramm* ist die Masse des internationalen Kilogrammprototyps (10^{-9}).
- 1 *Ampere* ist die Stärke eines zeitlich unveränderlichen Stroms, der, durch zwei im Vakuum parallel im Abstand von 1 Meter angeordnete, geradlinige, unendlich lange Leiter von vernachlässigbar kleinem kreisförmigem Querschnitt fließend, zwischen diesen Leitern je 1 Meter Leiterlänge die Kraft $2 \cdot 10^{-7}$ Newton hervorruft (10^{-6}).
- 1 *Kelvin* ist der 273,16te Teil der thermodynamischen Temperatur des Tripelpunktes des Wassers (10^{-6}).
- 1 *Candela* ist die Lichtstärke in einer bestimmten Richtung einer Strahlungsquelle, die monochromatische Strahlung der Frequenz 540 THz aussendet und deren Strahlstärke in dieser Richtung 1/683 W/sr beträgt ($5 \cdot 10^{-3}$).
- 1 *Mol* ist die Stoffmenge eines Systems, das aus ebensoviel Einzelteilchen besteht, wie Atome in 12/1000 Kilogramm des Kohlenstoffnuklids ^{12}C enthalten sind (10^{-6}).

Aufgrund der Fortschritte in der Meßgenauigkeit insbesondere der Zeitmessung wurde auf der XVII. Generalkonferenz für Maß und Gewicht am 20.10.1983 die *Vakuum-Lichtgeschwindigkeit* als Naturkonstante genau festgelegt:

$$\boxed{c_0 = 299\,792\,458 \text{ m s}^{-1}} \quad . \tag{1.3-1}$$

Damit ist das Meter seit dieser Festlegung metrologisch von der Sekunde abhängig geworden.

Tabelle 1-3: Vorsätze zur Kennzeichnung dezimaler Teile und Vielfacher von Einheiten.

Faktor	Vorsätze	Kurzzeichen
10^{-18}	Atto	a
10^{-15}	Femto	f
10^{-12}	Piko	p
10^{-9}	Nano	n
10^{-6}	Mikro	µ
10^{-3}	Milli	m
10^{-2}	Zenti	c
10^{-1}	Dezi	d
10^{1}	Deka	da
10^{2}	Hekto	h
10^{3}	Kilo	k
10^{6}	Mega	M
10^{9}	Giga	G
10^{12}	Tera	T
10^{15}	Peta	P
10^{18}	Exa	E

Es ist Aufgabe der staatlichen Meß- und Eichlaboratorien, in der Bundesrepublik Deutschland der *Physikalisch-Technischen Bundesanstalt*, für die experimentelle Realisierung der Basiseinheiten in *Normalen* mit größtmöglichster Genauigkeit zu sorgen, da hiervon die Meßgenauigkeiten physikalischer Beobachtungen und die Herstellungsgenauigkeiten technischer Geräte abhängen.

Zur Unterteilung der Einheiten sind international vereinbarte Vorsätze (DIN 1301) zu verwenden (Tab. 1-3).

Aus der theoretischen Beschreibung der physikalischen Gesetzmäßigkeiten, d.h. der mathematischen Zusammenhänge zwischen den physikalischen Größen, ergeben sich universelle Proportionalitätskonstanten, die sog. *Naturkonstanten*, von denen einige in Tab. 1-4 aufgeführt sind. Sie entsprechen dem von der CODATA Task Group on Fundamental Constants 1986 empfohlenen konsistenten Satz von Naturkonstanten.

Tabelle 1-4: Liste einiger 1986 empfohlener Werte der Fundamentalkonstanten (nach: E. R. Cohen und B. N. Taylor: The 1986 adjustment of the fundamental physical constants. CODATA Bulletin No. 63, November 1986). Die Ziffern in Klammern am Ende der Zahlenwerte stellen die Unsicherheit der letzten beiden Stellen dar.

Fundamentalkonstante	Formelzeichen	Zahlenwert	Einheit	relative Unsicherheit 10^{-7}
Vakuum-Lichtgeschwindigkeit	c_0	299 792 458	$\mathrm{m\,s^{-1}}$	0
magnetische Feldkonstante	μ_0	$4\pi \cdot 10^{-7}$ = 1,256 637 061 4...	$\mathrm{Hm^{-1}}$ $\mathrm{\mu Hm^{-1}}$	0 0
elektrische Feldkonstante	ε_0	8,854 187 817...	$10^{-12}\,\mathrm{F\,m^{-1}}$	0
Gravitationskonstante	G	6,672 59(85)	$10^{-11}\,\mathrm{m^3kg^{-1}s^{-2}}$	1 300
Plancksches Wirkungsquantum	h	6,626 075 5(40) 4,135 669 2(12)	$10^{-34}\,\mathrm{J\,s}$ $10^{-15}\,\mathrm{eV\,s}$	6 3
$h/2\pi$	$\hbar$	1,054 572 66(63) 6,582 122 0(20)	$10^{-34}\,\mathrm{J\,s}$ $10^{-16}\,\mathrm{eV\,s}$	6 3
Elementarladung	e	1,602 177 33(49)	$10^{-19}\,\mathrm{C}$	3
Flußquant $h/2e$	Φ	2,067 834 61(61)	$10^{-15}\,\mathrm{Wb}$	3
Quanten-Hall-Widerstand h/e^2	R_H	25 812,805 6(12)	Ω	0,45
Bohr-Magneton $e\hbar/2m_e$	μ_B	9,274 015 4(31) 5,788 382 63(52)	$10^{-24}\,\mathrm{Am^2}$ $10^{-5}\,\mathrm{eVT^{-1}}$	3,4 0,89
Kernmagneton $e\hbar/2m_p$	μ_N	5,050 786 6(17) 3,152 451 66(28)	$10^{-27}\,\mathrm{Am^2}$ $10^{-8}\,\mathrm{eVT^{-1}}$	3,4 0,89
Sommerfeld-Feinstrukturkonstante $\mu_0 c_0 e^2/2h$	α α^{-1}	7,297 353 08(33) 137,035 989 5(61)	10^{-3}	0,45 0,45
Rydberg-Konstante $m_e c_0 \alpha^2/2h$	R_∞	10 973 731,534(13)	$\mathrm{m^{-1}}$	0,012
Rydberg-Frequenz $R_\infty c_0$	R_ν	3,289 841 949 9(39)	$10^{15}\,\mathrm{s^{-1}}$	0,012
Bohr-Radius $\alpha/4\pi R_\infty$	a_0	0,529 177 249(24)	$10^{-10}\,\mathrm{m}$	0,45

Fortsetzung Tabelle 1-4.

Fundamentalkonstante	Formelzeichen	Zahlenwert	Einheit	relative Unsicherheit 10^{-7}
Zirkulationsquant	$h/2m_e$	3,636 948 07(33)	10^{-4} $m^2 s^{-1}$	0,89
Ruhemasse des Elektrons	m_e	9,109 389 7(54)	10^{-31} kg	5,9
		5,485 799 03(13)	10^{-4} u	0,23
		0,510 999 06(15)	MeV	3
spezifische Elektronenladung	$-e/m_e$	1,758 819 62(53)	10^{11} C kg^{-1}	3
Compton-Wellenlänge des Elektrons	$h/m_e c_0$ λ_C	2,426 310 58(22)	10^{-12} m	0,89
magnet. Moment des Elektrons	μ_e	928,477 01(31)	10^{-26} Am^2	3,4
	μ_e/μ_B	1,001 159 652 193(10)		0,000 1
Ruhemasse des Myons	m_μ	1,883 532 7(11)	10^{-28} kg	6,1
		0,113 428 913(17)	u	1,5
		105,658 389(34)	MeV	3,2
magnet. Moment des Myons	μ_μ	4,490 451 4(15)	10^{-26} Am^2	3,3
Ruhemasse des Protons	m_p	1,672 623 1(10)	10^{-27} kg	5,9
		1,007 276 470(12)	u	0,12
		938,272 31(28)	MeV	3
Massenverhältnis Proton-Elektron	m_e/m_p	1 836,152 701(37)		0,2
spezifische Protonenladung	e/m_p	9,578 830 9(29)	10^7 C kg^{-1}	3
magnet. Moment des Protons	μ_p	1,410 607 61(47)	10^{-26} Am^2	3,4
	μ_p/μ_B	1,521 032 202(15)	10^{-3}	0,10
	μ_p/μ_N	2,792 847 386(63)		0,23
gyromagnet. Verhältnis Proton	γ_p	26 752,212 8(81)	10^4 $s^{-1}T^{-1}$	3
Ruhemasse des Neutrons	m_n	1,674 928 6(10)	10^{-27} kg	5,9
		1,008 664 904(14)	u	0,14
		939,565 63(28)	MeV	3
Massenverhältnis Neutron-Elektron	m_n/m_e	1838,683 662(40)		0,22
Massenverhältnis Neutron-Proton	m_n/m_p	1,001378 404(9)		0,09
magnet. Moment des Neutrons	μ_n	0,966 237 07(40)	10^{-26} Am^2	4,1
	μ_n/μ_B	1,041 875 63(25)	10^{-3}	2,4
	μ_n/μ_N	1,913 042 75(45)		2,4
Avogadro-Konstante	N_A	6,022 136 7(36)	10^{23} mol^{-1}	5,9
Atommassenkonstante	$m(^{12}C)/12 = m_u$	1,660 540 2(10)	10^{-27} kg	5,9
		931,494 32(28)	MeV	3
Faraday-Konstante	F	96 485,309(29)	C mol^{-1}	3
universelle Gaskonstante	R	8,314 510(70)	J $mol^{-1}K^{-1}$	84
Boltzmann-Konstante $R/N_A =$	k	1,380 658(12)	10^{-23} J K^{-1}	85
		8,617 385(73)	10^{-5} eV K^{-1}	85
Stefan-Boltzmann-Konstante	$(\pi^2/60)k^4/\hbar^3 c_0^2$ σ	5,670 51(19)	10^{-8} $Wm^{-2}K^{-4}$	340

In der älteren Literatur wurden in vielen Fällen andere Einheitensysteme verwendet, aus denen manche Einheiten noch gebräuchlich sind. Tab. 1–5 enthält einige Umrechnungen.

Tabelle 1-5: Umrechnungen älterer Einheiten in SI-Einheiten (nach H. Kuchling: Taschenbuch der Physik, Verlag Harri Deutsch, Frankf. a.M. 1986)

Größe	Formelzeichen	Einheit, Umrechnung
Länge	l, s	astronomische Einheit, AE = $1{,}495\,98\cdot10^{11}$ m Lichtjahr, lj = $0{,}946\,05\cdot10^{16}$ m Parsec, pc = $3{,}085\,7\cdot10^{16}$ m Angström, Å = 10^{-10} m X-Einheit, XE = $1{,}002\,06\cdot10^{-13}$ m Seemeile, sm = 1 852 m mile, mi = 1 609,344 m yard, yd = 0,9144 m foot, ft = 0,304 8 m inch, in = 0,025 4 m = 25,4 mm
Fläche	A	Ar, a = 10^2 m Barn, b = 10^{-28} m^2 = 100 fm^2
Volumen	V	Liter, l = 10^{-3} m^3 = 1 dm^3 bushel = 0,036 368 7 m^3 gallon, gal = 0,045 460 9 m^3 (engl.) gallon, gal = 0,003 785 m^3 (amerik.)
ebener Winkel	α, φ, ϑ	Grad, 1° = $1{,}745\,329\cdot10^{-2}$ rad Minute, $1'$ = $1^\circ/60$ = $2{,}908\,882\cdot10^{-4}$ rad Sekunde, $1''$ = $1'/60$ = $1^\circ/3600$ = $0{,}484\,814\cdot10^{-5}$ rad Neugrad, 1^g = $\pi/200$ rad = 1 gon Neuminute, 1^c = $(\pi/2)\cdot10^{-4}$ rad Neusekunde, 1^{cc} = $(\pi/2)\cdot10^{-6}$ rad
Zeit	t	Minute, min = 60 s Stunde, h = 60 min = 3 600 s Tag, d = 24 h = 1 440 min = 86 400 s
Frequenz	ν, f	Hertz, Hz = 1 s^{-1}
Masse	m	Tonne, t = 10^3 kg atomare Masseneinheit, 1 u = $1{,}660\,540\,2\cdot10^{-27}$ kg metrisches Karat, Kt = $2\cdot10^{-4}$ kg = 0,2 g ton, ton = $1{,}016\,047\cdot10^3$ kg pound, lb = 0,453 592 37 kg ounce, oz = 0,028 349 52 kg
Kraft	F	Kilopond, kp = 9,806 65 N Dyn, dyn = 10^{-5} N pound-force, lbf = 4,448 22 N
Arbeit Energie Wärmemenge	W E Q	kpm = 9,806 65 J Kilowattstunde, kWh = $3{,}6\cdot10^6$ J Erg, erg = 10^{-7} J Kalorie, cal = 4,186 8 J Elektronvolt, eV = $1{,}602\,177\,33\cdot10^{19}$ J
Leistung	P	Pferdestärke, PS = 735,498 75 W kcal/h = 1,163 W
Druck	p	siehe Tab. 8-1
Viskosität, dynamische	η	Poise, P = 0,1 Pa s = 0,1 N s m^{-2}
Viskosität, kinematische	ν	Stokes, St = 10^{-4} $m^2 s^{-1}$
Celsius-Temperatur	ϑ	Grad Celsius, °C $\vartheta = T - T_0$; T_0 = 273,15 K
magnetische Feldstärke	H	Oersted, Oe = 79,577 5 A m^{-1}
magnetischer Fluß	Φ	Maxwell, M = 10^{-8} Wb = 10^{-8} V s
magnet. Flußdichte	B	Gauß, G = 10^{-4} T = 10^{-4} V s m^{-2}

Fortsetzung Tabelle 1-5

Größe	Formelzeichen	Einheit, Umrechnung
opt. Brechkraft	D	Dioptrie, dpt = 1 m^{-1}
Leuchtdichte	L	Stilb, sb = 1 cd cm^{-2} = 10^4 cd m^{-2} Apostilb, asb = 0,318 310 cd m^{-2}
Ionendosis	X	Röntgen, R = $2{,}58 \cdot 10^{-4}$ C kg^{-1}
Energiedosis	D	Gray, Gy = J kg^{-1} Rad, rd = 10^{-2} Gy
Äquivalentdosis	D_q	Rem, rem = rd = 10^{-2} J kg^{-1}
Aktivität	A	Becquerel, Bq = 1 s^{-1} Curie, Ci = $3{,}7 \cdot 10^{10}$ Bq

I TEILCHEN und TEILCHENSYSTEME

Materiemengen (Festkörper, Flüssigkeiten, Gase) können stets als Systeme aus vielen Teilchen (z. B. Atome, Moleküle, ...) betrachtet werden, die zueinander in unterschiedlich starker Wechselwirkung stehen. Ohne hier schon auf die Art der Wechselwirkungskräfte einzugehen, soll im Abschnitt TEILCHEN und TEILCHENSYSTEME zunächst das Verhalten einzelner Teilchen (idealisiert als Massenpunkte) unter der Einwirkung von Kräften untersucht werden, und danach generelle Eigenschaften von Teilchensystemen unter Berücksichtigung äußerer Kräfte sowie der Kräfte zwischen den Teilchen.

2 Kinematik

Die *Kinematik* (Bewegungslehre) behandelt die Gesetzmäßigkeiten, die die Bewegungen von Körpern rein geometrisch beschreiben, ohne Rücksicht auf die Ursachen der Bewegung. Die die Bewegung erzeugenden bzw. dabei auftretenden Kräfte werden erst in der *Dynamik* (siehe 3 und 4) untersucht. Es wird zunächst die Kinematik des Massenpunktes behandelt.

Definition des *Massenpunktes*: Der Massenpunkt ist ein idealisierter Körper, dessen gesamte Masse in einem mathematischen Punkt vereinigt ist.

Jeder reelle Körper, dessen Größe und Form bei dem betrachteten physikalischen Problem ohne Einfluß bleiben, kann als Massenpunkt behandelt werden (Beispiele: Planetenbewegung, Satellitenbahnen, H-Atom). Die Lage oder der Ort eines Massenpunktes zur Zeit t in einem vorgegebenen Bezugssystem (Bild 2-1) kann durch einen (bei Bewegung des Massenpunktes zeitabhängigen) *Ortsvektor*

$$\boldsymbol{r}(t) = \big(x(t),\ y(t),\ z(t)\big)$$

mit (2-1)

$$r(t) = |\boldsymbol{r}(t)| = \sqrt{x^2(t) + y^2(t) + z^2(t)}$$

oder durch die entsprechenden Ortskoordinaten $x(t)$, $y(t)$, $z(t)$ beschrieben werden. Vektorielle Größen werden durch Fettdruck gekennzeichnet.

Bewegungsoperationen, die zu einer Veränderung der Lage ausgedehnter Körper im Raum führen, wie z.B. Translation, Rotation (siehe 7), Spiegelung,

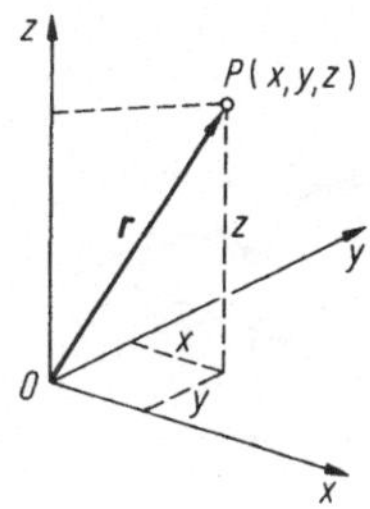

Bild 2-1: Ortsvektor eines Massenpunktes P.

werden *kinematische Operationen* genannt. Die Lageveränderung einzelner Massen*punkte* wird allein durch die *Translation* ausreichend beschrieben.

2.1 Geradlinige Bewegung

Die die geradlinige Bewegung eines Massenpunktes beschreibenden Größen sind der Weg $\boldsymbol{s}$, die Zeit t, die Geschwindigkeit $\boldsymbol{v}$ und die Beschleunigung $\boldsymbol{a}$. Bei einer Ortsänderung $\Delta\boldsymbol{s} = \boldsymbol{s} - \boldsymbol{s}_0$ im Zeitintervall $\Delta t = t - t_0$ definiert man als *Geschwindigkeit*:

mittlere Geschwindigkeit: $$\bar{\boldsymbol{v}} \equiv \frac{\Delta\boldsymbol{s}}{\Delta t} = \frac{\Delta\boldsymbol{r}}{\Delta t}, \qquad (2.1\text{-}1)$$

Momentangeschwindigkeit: $$\boldsymbol{v} \equiv \lim_{\Delta t\to 0} \frac{\Delta\boldsymbol{s}}{\Delta t} = \frac{d\boldsymbol{s}}{dt} = \dot{\boldsymbol{s}} = \frac{d\boldsymbol{r}}{dt} = \dot{\boldsymbol{r}}. \qquad (2.1\text{-}2)$$

SI-Einheit: $[\boldsymbol{v}] = \mathrm{ms}^{-1}$.

Für die *gleichförmig geradlinige Bewegung* gilt: $\boldsymbol{v} = \text{const}$.

Ist zum Zeitpunkt t_0 der Ort des Massenpunktes $\boldsymbol{s}_0$ (Bild 2-2), so ergibt sich sein Ort $\boldsymbol{s}$ zu einem späteren Zeitpunkt t durch Integration von $d\boldsymbol{s} = \boldsymbol{v}\,dt$ aus (2.1-2):

$$\int_{\boldsymbol{s}_0}^{\boldsymbol{s}} d\boldsymbol{s} = \int_{t_0}^{t} \boldsymbol{v}\,dt,$$

$$\boldsymbol{s} = \boldsymbol{s}_0 + \boldsymbol{v}(t - t_0). \qquad (2.1\text{-}3)$$

Bei Änderungen der Geschwindigkeit um $\Delta\boldsymbol{v} = \boldsymbol{v} - \boldsymbol{v}_0$ im Zeitintervall Δt definiert man als *Beschleunigung*:

mittlere Beschleunigung: $$\bar{\boldsymbol{a}} \equiv \frac{\Delta\boldsymbol{v}}{\Delta t}, \qquad (2.1\text{-}4)$$

Momentanbeschleunigung: $$\boldsymbol{a} \equiv \lim_{\Delta t\to 0} \frac{\Delta\boldsymbol{v}}{\Delta t} = \frac{d\boldsymbol{v}}{dt} = \dot{\boldsymbol{v}} = \frac{d^2\boldsymbol{s}}{dt^2} = \ddot{\boldsymbol{s}} = \frac{d^2\boldsymbol{r}}{dt^2} = \ddot{\boldsymbol{r}}. \qquad (2.1\text{-}5)$$

SI-Einheit: $[\boldsymbol{a}] = \mathrm{ms}^{-2}$.

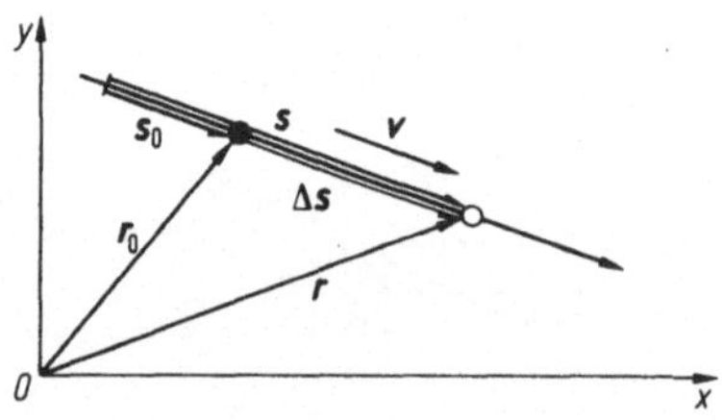

Bild 2-2: Geradlinige Bewegung eines Massenpunktes.

Verzögerung liegt vor, wenn $a < 0$ ist, d.h. der Betrag der Geschwindigkeit mit t abnimmt. Verzögerung ist also *negative Beschleunigung*.

Bemerkung: Für die geradlinige Bewegung ist eine skalare Schreibweise ausreichend. In der hier gewählten vektoriellen Schreibweise sind die Definitionen (2.1-2) und (2.1-5) auch für *krummlinige Bewegungen* gültig. In diesem Fall ist die Geschwindigkeitsänderung $d\boldsymbol{v}$ und damit die Beschleunigung $\boldsymbol{a}$ im allgemeinen nicht parallel zu $\boldsymbol{v}$ (Bild 2-3).

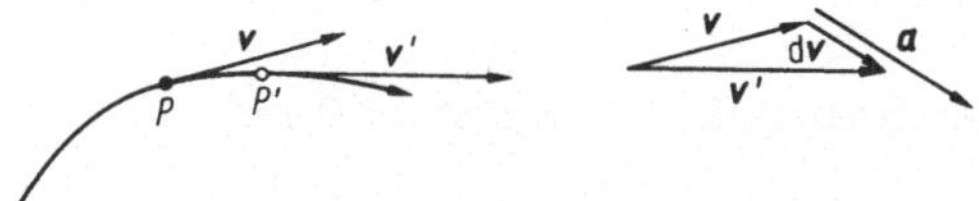

Bild 2-3: Änderung von Geschwindigkeitsbetrag und -richtung bei krummliniger Bewegung.

Sonderfälle:

a) Ändert sich nur der Geschwindigkeitsbetrag, nicht aber die Richtung, so handelt es sich um eine geradlinige Bewegung mit $\boldsymbol{a} \parallel \boldsymbol{v}$: *Bahnbeschleunigung.*

b) Ändert sich nur die Geschwindigkeitsrichtung, nicht aber der Betrag, so handelt es sich um eine krummlinige Bewegung mit $\boldsymbol{a} \perp \boldsymbol{v}$: *Normalbeschleunigung.*

Für die *gleichmäßig beschleunigte, geradlinige Bewegung* gilt: $\boldsymbol{a} = \text{const}$, Anfangsgeschwindigkeit $\boldsymbol{v}_0 \parallel \boldsymbol{a}$.

Ist zum Zeitpunkt t_0 der Ort des Massenpunktes s_0 und seine Geschwindigkeit v_0 (Anfangsgeschwindigkeit), so ergibt sich für einen späteren Zeitpunkt t durch Integration von $dv = a\,dt$ aus (2.1-5)

$$\int_{v_0}^{v} dv = \int_{t_0}^{t} a\,dt ,$$

$$v = v_0 + a\,(t - t_0) , \qquad (2.1\text{-}6)$$

und durch Integration von $ds = v\,dt$ aus (2.1-2)

$$\int_{s_0}^{s} ds = \int_{t_0}^{t} v\,dt = \int_{t_0}^{t} [v_0 + a(t - t_0)]\,dt ,$$

$$s = s_0 + v_0\,(t - t_0) + \frac{a}{2}(t - t_0)^2 . \qquad (2.1\text{-}7)$$

Für die Anfangswerte $s_0 = 0$ und $t_0 = 0$ folgt aus (2.1-6) und (2.1-7)

$$v = v_0 + a\,t , \qquad (2.1\text{-}8)$$

$$s = v_0\,t + \frac{a}{2}\,t^2 , \qquad (2.1\text{-}9)$$

und durch Elimination von t aus (2.1-8) und (2.1-9)

$$v = \sqrt{v_0^2 + 2as} . \qquad (2.1\text{-}10)$$

Freier Fall:
Im Schwerefeld der Erde unterliegen Massen der Erdbeschleunigung $\boldsymbol{g}$, deren Betrag in der Nähe der Erdoberfläche etwa konstant mit dem Wert g = 9,81 ms^{-2} angesetzt werden kann. Für die Fallhöhe h (=s) und $a = g$ folgt aus (2.1-8) bis (2.1-10)

$$v = v_0 + gt\,, \tag{2.1-11}$$

$$h = v_0 t + \frac{g}{2} t^2\,, \tag{2.1-12}$$

$$v = \sqrt{v_0^2 + 2gh}\,, \tag{2.1-13}$$

wobei v_0 die Fallgeschwindigkeit zur Zeit $t = 0$ ist.

Dieselben Gleichungen gelten auch für den *senkrechten Wurf* nach *unten* mit der Anfangsgeschwindigkeit v_0.

Der *senkrechte Wurf* nach *oben* ist in der Steigephase (bis zur maximalen Steighöhe h_{max}) eine gleichmäßig verzögerte Bewegung mit der Anfangsgeschwindigkeit v_0 und der Beschleunigung $a = -g$. Aus (2.1-8) bis (2.1-10) folgt dann:

$$v = v_0 - gt\,, \tag{2.1-14}$$

$$h = v_0 t - \frac{g}{2} t^2\,, \tag{2.1-15}$$

$$v = \sqrt{v_0^2 - 2gh}\,. \tag{2.1-16}$$

Aus (2.1-16) ergibt sich die maximale Steighöhe h_{max} für $v = 0$:

$$h_{max} = \frac{v_0^2}{2g}\,. \tag{2.1-17}$$

Aus (2.1-14) folgt für $v = 0$ die Steigzeit

$$t_m = \frac{v_0}{g}\,. \tag{2.1-18}$$

Schräger Wurf im Erdfeld:
Die Bahnkurve $\boldsymbol{r}(t)$ beim schrägen Wurf unter dem Winkel α zur Horizontalen (Bild 2-4) ergibt sich analog zu (2.1-7) oder (2.1-9) aus der Vektorgleichung

$$\boldsymbol{r} = \boldsymbol{v}_0 t + \frac{\boldsymbol{g}}{2} t^2\,, \tag{2.1-19}$$

läßt sich also interpretieren als zusammengesetzt aus zwei geradlinigen Bewegungen:
1. einer gleichförmigen Translation in Richtung der Anfangsgeschwindigkeit $\boldsymbol{v}_0$,
2. dem freien Fall in senkrechter Richtung, vgl. Bild 2-4.
Aus (2.1-19) folgen die Koordinaten des Massenpunktes zur Zeit t:

$$x = v_0 t \cos\alpha\,,$$
$$z = v_0 t \sin\alpha - \frac{g}{2} t^2\,. \tag{2.1-20}$$

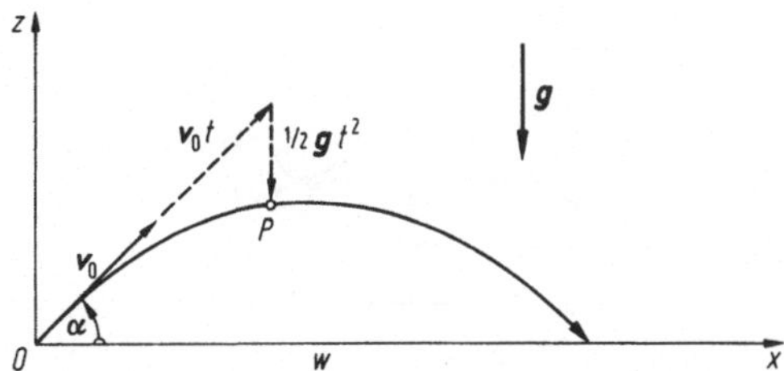

Bild 2-4: Schräger Wurf unter dem Winkel α.

Durch Elimination von t ergibt sich als Bahnkurve eine Parabel:

$$z = x \operatorname{tg} \alpha - \frac{g}{2 v_0^2 \cos^2 \alpha} x^2 . \tag{2.1-21}$$

Die Wurfweite w läßt sich aus der Koordinate des zweiten Schnittpunktes der Bahnkurve mit der Horizontalen berechnen:

$$w = v_0^2 \frac{\sin 2\alpha}{g} . \tag{2.1-22}$$

Die maximale Wurfweite ergibt sich für $\sin 2\alpha = 1$, d.h. für $\alpha = 45°$, und beträgt

$$w_{max} = \frac{v_0^2}{g} . \tag{2.1-23}$$

Zur Beachtung: In den Beziehungen für den Fall und den Wurf (2.1-11) bis (2.1-23) ist der Luftwiderstand nicht berücksichtigt!

2.2 Kreisbewegung

Die die Kreisbewegung eines Massenpunktes beschreibenden Größen sind der Drehwinkel $\boldsymbol{\varphi}$, die Zeit t, die Winkelgeschwindigkeit $\boldsymbol{\omega}$ und die Winkelbeschleunigung $\boldsymbol{\alpha}$.
Diese Größen beschreiben die Kreisbewegung in analoger Weise wie die Größen Weg, Zeit, Geschwindigkeit und Beschleunigung die geradinige Bewegung. Der Drehwinkel $\boldsymbol{\varphi}$ und die Winkelgeschwindigkeit $\boldsymbol{\omega}$ sind axiale Vektoren, die senkrecht auf der Ebene der Kreisbewegung stehen und deren Richtung sich aus der Rechtsschraubenregel in bezug auf den Drehsinn der Bewegung ergeben (Bild 2-5). Winkelbeträge können in der Einheit Grad (°) oder im Bogenmaß (Einheit: rad) angegeben werden. Der Winkel im Bogenmaß ist definiert als die Länge des von den Winkelschenkeln eingeschlossenen Kreisbogens im Einheitskreis. Der Zusammenhang zwischen Winkel φ im Bogenmaß, zugehöriger Bogenlänge b auf einem Kreis und dessen Radius r ist dann (Bild 2-5)

$$\varphi = \frac{b}{r} \text{ rad} .$$

Umrechnungen:

$$\frac{\varphi/\text{rad}}{\varphi/°} = \frac{\pi}{180°}, \quad 1 \text{ rad} = 57{,}29...° , \quad 1° = 0{,}01745... \text{ rad} = 17{,}45... \text{ mrad} .$$

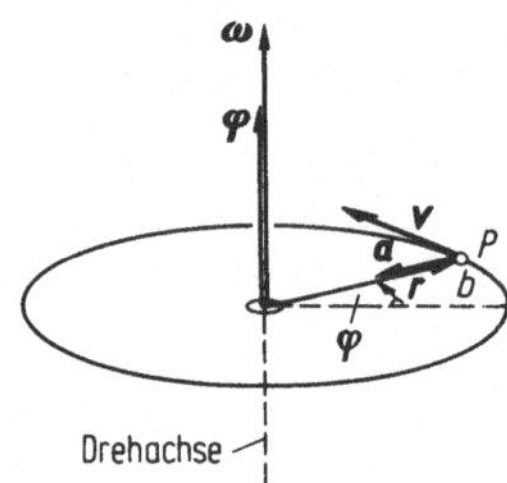

Bild 2-5: Gleichförmige Kreisbewegung.

Definitionen:

Winkelgeschwindigkeit: $$\boldsymbol{\omega} \equiv \frac{d\boldsymbol{\varphi}}{dt} = \dot{\boldsymbol{\varphi}} \,. \tag{2.2-1}$$

Winkelbeschleunigung: $$\boldsymbol{\alpha} \equiv \frac{d\boldsymbol{\omega}}{dt} = \dot{\boldsymbol{\omega}} = \frac{d^2\boldsymbol{\varphi}}{dt^2} = \ddot{\boldsymbol{\varphi}} \,. \tag{2.2-2}$$

SI-Einheiten: $[\boldsymbol{\omega}] = \text{rad s}^{-1} = \text{s}^{-1}$, $[\boldsymbol{\alpha}] = \text{rad s}^{-2} = \text{s}^{-2}$.

Für die *gleichförmige Kreisbewegung* gilt: $\boldsymbol{\omega} = \text{const}$.
Ist zum Zeitpunkt t_0 die Lage des Massenpunktes auf der Kreisbahn durch den Winkel $\boldsymbol{\varphi}_0$ gegeben, so ergibt sich seine Lage $\boldsymbol{\varphi}$ zu einem späteren Zeitpunkt t durch Integration von $d\boldsymbol{\varphi} = \boldsymbol{\omega}\, dt$ aus (2.2-1):

$$\boldsymbol{\varphi} = \boldsymbol{\varphi}_0 + \boldsymbol{\omega}\,(t - t_0) \,. \tag{2.2-3}$$

Nennen wir die Dauer eines vollständigen Umlaufs T (Umlaufzeit, Periodendauer) und die Zahl der Umläufe in der Zeiteinheit ν (Drehzahl, Frequenz), so gelten die Zusammenhänge

$$\nu = \frac{1}{T} \quad \text{und} \quad \omega = 2\pi\nu = \frac{2\pi}{T} \,. \tag{2.2-4}$$

Die Winkelgeschwindigkeit ω wird bei der Kreisbewegung auch Kreisfrequenz genannt.
Zwischen den Vektoren $\boldsymbol{\omega}$, $\boldsymbol{v}$ und $\boldsymbol{r}$ bei der Kreisbewegung (Ursprung von $\boldsymbol{r}$ auf der Drehachse, Bild 2-5, jedoch nicht notwendig in der Kreisebene) besteht der Zusammenhang

$$\boldsymbol{v} = \boldsymbol{\omega} \times \boldsymbol{r} \,. \tag{2.2-5}$$

Durch Einsetzen in (2.1-5) und Ausführen der Differentiation unter Beachtung von $\boldsymbol{\omega} = \text{const}$ ergibt sich für die Beschleunigung bei der gleichförmigen Kreisbewegung

$$\boldsymbol{a} = \boldsymbol{\omega} \times \boldsymbol{v} = \boldsymbol{\omega} \times (\boldsymbol{\omega} \times \boldsymbol{r}) \,. \tag{2.2-6}$$

Demnach ist $\boldsymbol{a} \parallel -\boldsymbol{r}$ (Bild 2-5), also eine reine Normalbeschleunigung ($\boldsymbol{a} \perp \boldsymbol{v}$), bei der Kreisbewegung auch *Zentripetalbeschleunigung* genannt. Für den

Betrag der Zentripetalbeschleunigung folgt aus (2.2-5) und (2.2-6)

$$a = \omega v = \omega^2 r = \frac{v^2}{r} \ . \qquad (2.2\text{-}7)$$

Wenn ω zeitabhängig ist, also eine Tangentialbeschleunigung auftritt, so ergibt sich aus (2.1-5), (2.2-2) und (2.2-5) für die Kreisbewegung die Gesamtbeschleunigung

$$\boxed{\boldsymbol{a} = \boldsymbol{\alpha} \times \boldsymbol{r} + \boldsymbol{\omega} \times \boldsymbol{v}} \qquad (2.2\text{-}8)$$

mit der Tangentialbeschleunigung

$$\boldsymbol{a}_t = \boldsymbol{\alpha} \times \boldsymbol{r} \qquad (2.2\text{-}9)$$

und der Normalbeschleunigung

$$\boldsymbol{a}_n = \boldsymbol{\omega} \times \boldsymbol{v} \ . \qquad (2.2\text{-}10)$$

2.3 Gleichförmig translatorische Relativbewegung

Die Angaben der kinematischen Größen einer Bewegung gelten stets für ein vorgegebenes *Bezugssystem*. Soll die Bewegung in einem anderen Bezugssystem beschrieben werden, so müssen die kinematischen Größen umgerechnet (transformiert) werden. Ruhen beide Bezugssysteme relativ zueinander, so sind lediglich die Ortskoordinaten zu transformieren, während die zurückgelegten Wege, die Geschwindigkeiten und Beschleunigungen in beiden Systemen gleich bleiben. Das wird anders, wenn sich beide Bezugssysteme gegeneinander bewegen. Relativ zueinander mit konstanter Geschwindigkeit sich bewegende Bezugssysteme werden *Inertialsysteme* genannt. Ist die Relativgeschwindigkeit v der beiden Inertialsysteme klein, so kann die *Galilei-Transformation* verwendet werden. Bei großer Relativgeschwindigkeit ist die *Lorentz-Transformation* zu benutzen.

2.3.1 Galilei-Transformation

Die Galilei-Transformation drückt das Relativitätsprinzip der klassischen Mechanik aus. Sie ist gültig, wenn für die Relativgeschwindigkeit $\boldsymbol{v} = (v_x, v_y, v_z)$ der beiden Bezugssysteme S und S' gilt: $v \ll c_0$ (c_0: Vakuumlichtgeschwindigkeit).

Die Koordinaten eines betrachteten Massenpunktes P (Bild 2-6) seien durch die Ortsvektoren

$\boldsymbol{r} = (x, y, z)$ im System S und
$\boldsymbol{r}' = (x', y', z')$ im System S' gegeben.

Das System S' bewege sich nur in x-Richtung ($v = v_x$) gegenüber dem System S. Zur Zeit $t = 0$ mögen sich die Ursprünge 0 und 0' der beiden Systeme decken. Aus Bild 2-6 läßt sich die Transformation der Ortskoordinaten

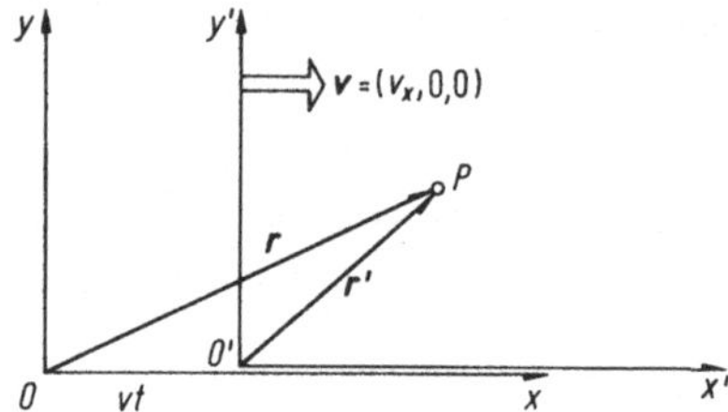

Bild 2-6: Zwei Inertialsysteme, die sich gegeneinander mit der Relativgeschwindigkeit $\boldsymbol{v}$ bewegen.

ablesen:

$$\boxed{\begin{aligned} x' &= x - vt\,, \\ y' &= y\,, \\ z' &= z\,. \end{aligned}} \qquad (2.3\text{-}1)$$

Für die Zeitkoordinate wird in der klassischen Mechanik angenommen, daß in beiden Inertialsystemen die Zeit in gleicher Weise abläuft:

$$\boxed{t' = t}\,. \qquad (2.3\text{-}2)$$

Zusammengefaßt lautet die *Galilei-Transformation für Koordinaten*:

$$\boxed{\boldsymbol{r}' = \boldsymbol{r} - \boldsymbol{v}t\,, \quad t' = t}\,. \qquad (2.3\text{-}3)$$

Die Geschwindigkeit des Massenpunktes P sei

$\boldsymbol{u} = (u_x\,,\, u_y\,,\, u_z)$ im System S und
$\boldsymbol{u}' = (u_x'\,,\, u_y'\,,\, u_z')$ im System S' .

Bei Übergang von S nach S' transformieren sich die Geschwindigkeiten im Falle der Relativgeschwindigkeit mit alleiniger x-Komponente (Bild 2-6) gemäß

$$u_x' = u_x - v_x\,, \qquad u_y' = u_y\,, \qquad u_z' = u_z\,, \qquad (2.3\text{-}4)$$

oder zusammengefaßt und allgemeiner (*Galilei-Transformation für Geschwindigkeiten*)

$$\boxed{\boldsymbol{u}' = \boldsymbol{u} - \boldsymbol{v}} \quad \text{bzw.} \quad \boxed{\boldsymbol{u} = \boldsymbol{u}' + \boldsymbol{v}}\,, \qquad (2.3\text{-}5)$$

wie sich durch zeitliche Differentiation von (2.3-1) bzw. (2.3-3) ergibt. In der klassischen Galilei-Transformation verhalten sich also Geschwindigkeiten additiv. Sie können sich nach Betrag und Richtung ändern.

Die Beschleunigung des Massenpunktes P sei

$\boldsymbol{a} = (a_x\,,\, a_y\,,\, a_z)$ im System S und
$\boldsymbol{a}' = (a_x'\,,\, a_z'\,,\, a_z')$ im System S'.

Durch Differentiation nach der Zeit folgt aus (2.3-4) bzw. (2.3-5)

$$a'_x = a_x \, , \qquad a'_y = a_y \, , \qquad a'_z = a_z \, , \tag{2.3-6}$$

oder zusammengefaßt (*Galilei-Transformation für Beschleunigungen*)

$$\boxed{\boldsymbol{a}' = \boldsymbol{a}} \; . \tag{2.3-7}$$

Die Umkehrungen der Galilei-Transformation (Transformation von S' nach S) lauten

$$\boxed{\boldsymbol{r} = \boldsymbol{r}' + \boldsymbol{v}t \, , \quad \boldsymbol{u} = \boldsymbol{u}' + \boldsymbol{v} \, , \quad \boldsymbol{a} = \boldsymbol{a}'} \; . \tag{2.3-8}$$

Bei kleinen Relativgeschwindigkeiten ändern sich demnach die Beschleunigungen nicht, wenn von einem Inertialsystem zu einem anderen übergegangen wird. Sie sind *invariant gegen die Galilei-Transformation*, ebenso wie allgemein die Gesetze der klassischen Mechanik, denen das die Beschleunigung enthaltende Newtonsche Grundgesetz (vgl. 3.2) zugrundeliegt.

2.3.2 Lorentz-Transformation

Die Anwendung der Galilei-Transformation auf die Lichtausbreitung parallel und senkrecht zur Richtung der Relativgeschwindigkeit zweier Inertialsysteme ergibt unterschiedliche Vakuumlichtgeschwindigkeiten im gegenüber dem System S mit $v = v_x$ bewegten System S':

$c_0 - v$ bzw. $c_0 + v$ für $\boldsymbol{c}_0 \parallel \boldsymbol{v}$ bzw. $\boldsymbol{c}_0 \parallel -\boldsymbol{v}$ und

$\sqrt{c_0^2 - v^2}$ für $\boldsymbol{c}_0 \perp \boldsymbol{v}$.

Michelson (1881) und später Morley und Miller versuchten diesen sich aus der Galilei-Transformation ergebenden Unterschied experimentell mit einem Interferometer nachzuweisen (Bild 2-7). Das Licht einer monochromatischen Lichtquelle wird durch einen halbdurchlässigen Spiegel (gestrichelt in Bild 2-7) aufgespalten und über die Wege s_1 oder s_2 geleitet. Die Teilstrahlen werden wieder zusammengeführt und interferieren im Detektor B, d.h. je nach Phasendifferenz der beiden Teilwellen verstärken bzw. schwächen diese sich. Die Phasendifferenz durch Wegunterschiede $s_2 - s_1$ ist konstant. Eine weitere Phasendifferenz könnte durch Laufzeitunterschiede infolge unterschiedlicher Ausbreitungsgeschwindigkeit des Lichtes längs s_1 und s_2 auftreten (s.o.), wenn das Interferometer z.B. in Richtung von s_2 bewegt wird (Bild 2-7a). Als bewegtes System hoher Geschwindigkeit benutzten sie die Erde selbst, die sich mit $v \approx 30 \text{ km s}^{-1}$ um die Sonne bewegt. Während einer Drehung des Interferometers um 90° müßte dann die Interferenzintensität sich ändern, da s_1 und s_2 gegenüber $\boldsymbol{v}_{\text{Erde}}$ ihre Rollen vertauschen (Bild 2-7b).

Das *Michelson-Morley-Experiment* ergab jedoch trotz ausreichender Meßempfindlichkeit, daß die Lichtgeschwindigkeit in jeder Richtung des bewegten Systems Erde im Rahmen der Meßgenauigkeit gleich ist. Diese Erfahrung führte zur Annahme des Prinzips von der

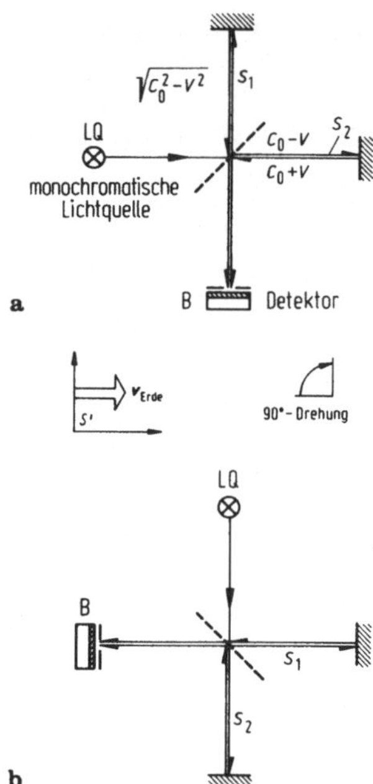

Bild 2-7: Das Michelson-Morley-Experiment.

Konstanz der Lichtgeschwindigkeit: Der Betrag der Vakuumlichtgeschwindigkeit ist in allen Inertialsystemen unabhängig von der Richtung gleich groß.

Dieses Prinzip und die daraus folgende Lorentz-Transformation sind die Grundlage der *speziellen Relativitätstheorie* (Einstein).
Im Folgenden werden die gleichen Bezeichnungen wie in 2.3.1 verwendet, vgl. auch Bild 2-6.

Lorentz-Transformation für Koordinaten und ihre Umkehrung:

$$x' = \frac{x - vt}{\sqrt{1 - \beta^2}} \quad ; \quad x = \frac{x' + vt'}{\sqrt{1 - \beta^2}}$$
$$y' = y \quad ; \quad y = y'$$
$$z' = z \quad ; \quad z = z' \tag{2.3-9}$$

$$t' = \frac{t - \frac{v}{c_0^2}x}{\sqrt{1 - \beta^2}} \quad ; \quad t = \frac{t' + \frac{v}{c_0^2}x'}{\sqrt{1 - \beta^2}} \tag{2.3-10}$$

mit $\beta = \frac{v}{c_0}$ und $v = v_x$. (2.3-11)

Für $v \ll c_0$, d.h. $\beta \ll 1$ geht die Lorentz-Transformation (2.3-9) und (2.3-10) über in die Galilei-Transformation (2.3-1) und (2.3-2). Die klassische

Mechanik erweist sich damit als Grenzfall der relativistischen Mechanik für kleine Geschwindigkeiten. Es erweist sich ferner, daß die Grundgesetze der Elektrodynamik, die Maxwell-Gleichungen (siehe 14.5), invariant gegen die Lorentz-Transformation, nicht aber gegen die Galilei-Transformation sind.

Das *Relativitätsprinzip* der speziellen Relativitätstheorie: In Bezugssystemen, die sich gegeneinander gleichförmig geradlinig bewegen (Inertialsysteme), sind die physikalischen Zusammenhänge dieselben, d.h. *alle physikalischen Gesetze* sind *invariant gegen die Lorentz-Transformation.* Wesentliches Merkmal ist, daß nach (2.3-10) $t' \neq t$ ist, d.h. daß jedes System seine *Eigenzeit* hat.

2.3.3 Relativistische Kinematik

Nach der klassischen Galilei-Transformation bleiben Längen $\Delta x = x_2 - x_1$ und Zeiträume $\Delta t = t_2 - t_1$ beim Übergang vom System S zum System S' gleich. Nach der Lorentz-Transformation ändern sich jedoch Längen und Zeiträume beim Übergang $S \to S'$: Längenkontraktion und Zeitdilatation.

Längenkontraktion:
Eine Länge $l' = x_2' - x_1'$ im System S' erscheint im System S verändert. Aus der Lorentz-Transformation (2.3-9) folgt für die Koordinaten x_2' und x_1' zur Zeit t'

$$x_2' = x_2 \sqrt{1-\beta^2} - vt', \qquad x_1' = x_1 \sqrt{1-\beta^2} - vt'.$$

Für die Länge l' im System S' ergibt sich damit in Koordinaten des Systems S

$$\boxed{l' = (x_2 - x_1)\sqrt{1-\beta^2}} \; . \qquad (2.3\text{-}12)$$

Umgekehrt ergibt sich für eine Länge l im System S in Koordinaten des Systems S' in entsprechender Weise

$$\boxed{l = (x_2' - x_1')\sqrt{1-\beta^2}} \; . \qquad (2.3\text{-}13)$$

Das heißt, in jedem System erscheinen die in Bewegungsrichtung liegenden Abmessungen eines sich dagegen bewegenden Körpers (= zweites System) verkürzt. Seine Abmessungen senkrecht zur Bewegungsrichtung erscheinen unverändert.

Zeitdilatation:
Ein Zeitraum $\Delta t = t_2 - t_1$, der durch zwei Ereignisse am gleichen Ort im System S definiert wird, erscheint im System S' als Zeitraum $\Delta t' = t_1' - t_2'$, für den sich aus (2.3-10) ergibt

$$\boxed{\Delta t' = \frac{\Delta t}{\sqrt{1-\beta^2}} \geq \Delta t} \; . \qquad (2.3\text{-}14)$$

Ein Zeitraum $\Delta t'$ im System S' erscheint andererseits im System S als Zeitraum Δt, für den sich entsprechend ergibt

$$\boxed{\Delta t = \frac{\Delta t'}{\sqrt{1-\beta^2}} \geq \Delta t'} \, . \tag{2.3-15}$$

Das heißt, in jedem System erscheinen Zeiträume eines anderen Inertialsystems gedehnt: Eine gegenüber dem Beobachter bewegte Uhr scheint langsamer zu gehen. Der mitbewegte Beobachter merkt nichts davon. Dies gilt auch umgekehrt: Uhrenparadoxon.

Geschwindigkeitstransformation:
Die Geschwindigkeit eines Massenpunktes P sei

$$\boldsymbol{u} = (u_x\,,\, u_y\,,\, u_z) = \left(\frac{dx}{dt}, \frac{dy}{dt}, \frac{dz}{dt}\right) \quad \text{im System S} \quad \text{und}$$

$$\boldsymbol{u}' = (u_x'\,,\, u_y'\,,\, u_z') = \left(\frac{dx'}{dt'}, \frac{dy'}{dt'}, \frac{dz'}{dt'}\right) \quad \text{im System S'} \quad \text{(Bild 2-8).}$$

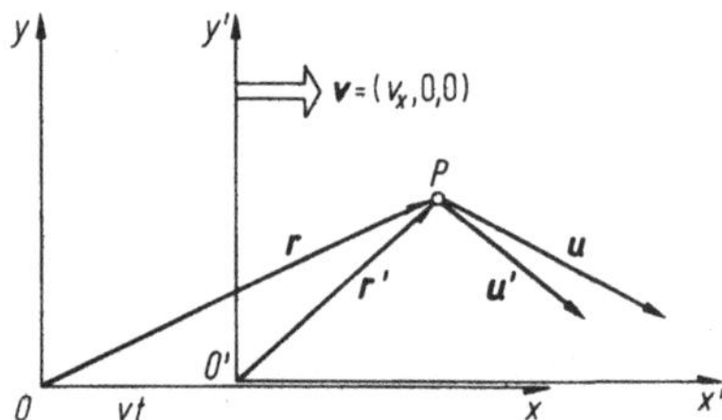

Bild 2-8: Zur relativistischen Geschwindigkeitstransformation.

Durch Differentiation der Koordinatentransformation (2.3-9) nach t und Verwendung von dt/dt' aus (2.3-10) folgt für die Geschwindigkeitskomponenten im System S'

$$\boxed{u_x' = \frac{u_x - v}{1 - \dfrac{\beta u_x}{c_0}}\,, \quad u_y' = \frac{u_y\sqrt{1-\beta^2}}{1 - \dfrac{\beta u_x}{c_0}}\,, \quad u_z' = \frac{u_z\sqrt{1-\beta^2}}{1 - \dfrac{\beta u_x}{c_0}}} \tag{2.3-16}$$

mit $v = v_x$. Für die Umkehrung ergibt sich in analoger Weise

$$\boxed{u_x = \frac{u_x' + v}{1 + \dfrac{\beta u_x'}{c_0}}\,, \quad u_y = \frac{u_y'\sqrt{1-\beta^2}}{1 + \dfrac{\beta u_x'}{c_0}}\,, \quad u_z = \frac{u_z'\sqrt{1-\beta^2}}{1 + \dfrac{\beta u_x'}{c_0}}} \, . \tag{2.3-17}$$

Dies ist die *Lorentz-Transformation für Geschwindigkeiten.* Im Gegensatz zur Galilei-Transformation sind hier auch Geschwindigkeiten senkrecht zur Relativgeschwindigkeit der beiden Systeme S und S' nicht invariant gegenüber einer Lorentz-Transformation. Für u, $v \ll c_0$, also $\beta \ll 1$ geht auch die Lorentz-Transformation für Geschwindigkeiten (2.3-16) und (2.3-17) über in die entsprechende Galilei-Transformation (2.3-4).

Sonderfall: Ist in einem der Systeme die betrachtete Geschwindigkeit gleich der Lichtgeschwindigkeit c_0, so hat der Vorgang auch im zweiten System die Geschwindigkeit c_0: *In jedem Inertialsystem ist die Vakuum-Lichtgeschwindigkeit gleich groß*, unabhängig von der Richtung. Daraus folgt, daß sie auch unabhängig von der Bewegung der Lichtquelle ist.
Aus (2.3-16) oder (2.3-17) läßt sich diese Aussage leicht für $u_x = c_0$ ($u_y = u_z = 0$) oder $u_x' = c_0$ ($u_y' = u_z' = 0$) verifizieren. Für z. B. $u_y = c_0$ ($u_x = u_z = 0$) ist dagegen zu beachten, daß die Bewegungsrichtung im System S' nicht mehr genau in y'-Richtung erfolgt, sondern auch eine x'-Komponente auftritt.

Auf die relativistische Dynamik wird in den Abschnitten 3 und 4 eingegangen.

2.4 Geradlinig beschleunigte Relativbewegung

Es werden gegeneinander beschleunigte Bezugssysteme betrachtet, bei denen die Relativgeschwindigkeiten jederzeit so klein bleiben, daß die Galilei-Transformation anstelle der Lorentz-Transformation verwendet werden kann: $v(t) \ll c_0$ ($\beta \ll 1$). Wegen des Bezuges zum freien Fall wählen wir für die betrachteten Beschleunigungen hier die z-Richtung (Bild 2-9). Das System S' werde gegenüber dem System S mit $\boldsymbol{a}_r = (0, 0, -a_r)$ beschleunigt. Für $t = 0$ mögen die Ursprünge O und O' zusammenfallen und die Anfangs-Relativgeschwindigkeit = 0 sein (o. B. d. A.).
Ein Massenpunkt P werde im ruhenden System S mit $\boldsymbol{a} = (0, 0, -a_z)$, z. B. mit der Erdbeschleunigung $\boldsymbol{a} = \boldsymbol{g} = (0, 0, -g)$ nach unten beschleunigt. Die Beschleunigung $\boldsymbol{a}'$ des Massenpunktes P im selbst mit $\boldsymbol{a}_r$ beschleunigten System S' errechnet sich durch zeitliche Differentiation der Ortskoordinaten (Bild 2-9):

$$z = z' + \frac{a_r}{2} t^2$$

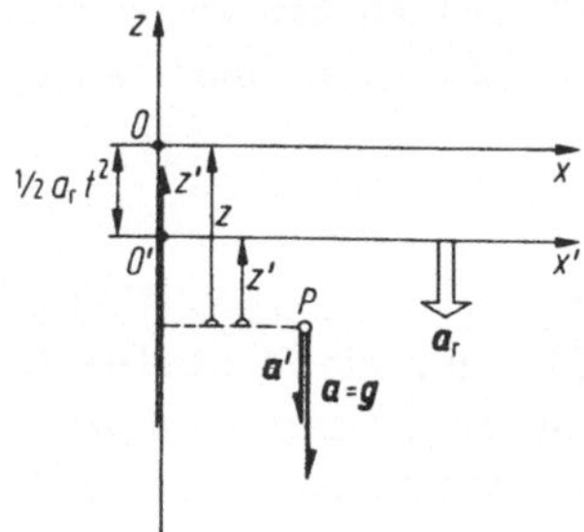

Bild 2-9: Vertikal beschleunigtes System.

Mit $a = d^2z/dt^2$ und $a' = d^2z'/dt^2$ folgt daraus

$$\boxed{\boldsymbol{a} = \boldsymbol{a}' + \boldsymbol{a}_r , \qquad \boldsymbol{a}' = \boldsymbol{a} - \boldsymbol{a}_r} , \tag{2.4-1}$$

bzw. mit $\boldsymbol{a} = \boldsymbol{g}$: $\quad \boldsymbol{a}' = \boldsymbol{g} - \boldsymbol{a}_r$. (2.4-2)

Das heißt, die ***Beschleunigung***, der ein Körper in einem ruhenden (oder gleichförmig bewegten) System S unterliegt, ***ändert sich beim Übergang zu einem beschleunigten System*** S' um dessen Beschleunigung. Entsprechendes gilt für die mit der Beschleunigung des Körpers verbundenen Kräfte (siehe 3), es treten sogen. ***Trägheitskräfte*** auf, die in ruhenden oder gleichförmig bewegten Systemen nicht vorhanden sind.

Ist insbesondere die Beschleunigung $\boldsymbol{a}_r$ des Systems S' gleich der des beschleunigten Körpers $\boldsymbol{a}$ im System S, so verschwindet dessen Beschleunigung im System S':

$$\boldsymbol{a}_r = \boldsymbol{a} : \quad \boldsymbol{a}' = 0 .$$

In einem Labor, das z. B. im Erdfeld frei fällt ($\boldsymbol{a}_r = \boldsymbol{g}$), herrscht demzufolge sogen. "Schwerelosigkeit", was nur bedeutet, daß der Körper gegenüber seiner Umgebung keine Beschleunigung erfährt.

2.5 Rotatorische Relativbewegung

In zueinander gleichförmig translatorisch bewegten Bezugssystemen treten keine durch die Systembewegung bedingten Beschleunigungen auf. Ein Beobachter in einem geschlossenen, gleichförmig geradlinig bewegten Labor könnte die Bewegung nicht feststellen.
Anders bei beschleunigten Systemen: Hier treten Trägheitsbeschleunigungen und -kräfte sowohl bei geradlinig beschleunigten (vgl. 2.4) als auch bei rotierenden Systemen auf, die durch die Systembewegung bedingt sind.

Bei *gleichförmig rotierenden Systemen* tritt einerseits die *Zentripetalbeschleunigung*

$$\boldsymbol{a}_z = \boldsymbol{\omega} \times (\boldsymbol{\omega} \times \boldsymbol{r})$$

auf (2.2-6), die einen Massenpunkt auf der Kreisbahn mit dem Radius r hält. Ein Beobachter im rotierenden System S' registriert die entsprechende Trägheitsbeschleunigung (Bild 2-10), die radial gerichtete *Zentrifugalbeschleunigung*

$$\boxed{\boldsymbol{a}_z' = - \boldsymbol{\omega} \times (\boldsymbol{\omega} \times \boldsymbol{r})} . \tag{2.5-1}$$

Im rotierenden System Erde ist die Zentrifugalbeschleunigung neben der (ebenfalls durch die Zentrifugalbeschleunigung bzw. -kraft bedingten) Abplattung der Erde für die Abhängigkeit der effektiven Erdbeschleunigung vom geographischen Breitengrad verantwortlich. Die effektive Erdbeschleunigung variiert von 9,78 ms^{-2} am Äquator bis 9,83 ms^{-2} am Nordpol.

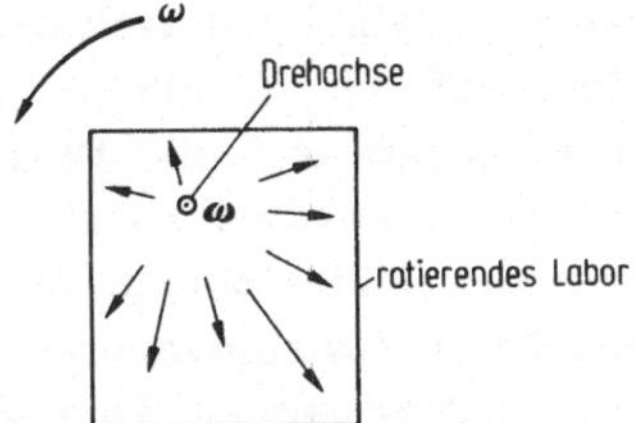

Bild 2-10: Zentrifugalbeschleunigung im rotierenden Labor.

Eine weitere Trägheitsbeschleunigung in rotierenden Systemen tritt auf, wenn ein Massenpunkt sich mit einer Geschwindigkeit $\boldsymbol{v}$ bewegt (Bild 2-11): *Coriolis-Beschleunigung.*

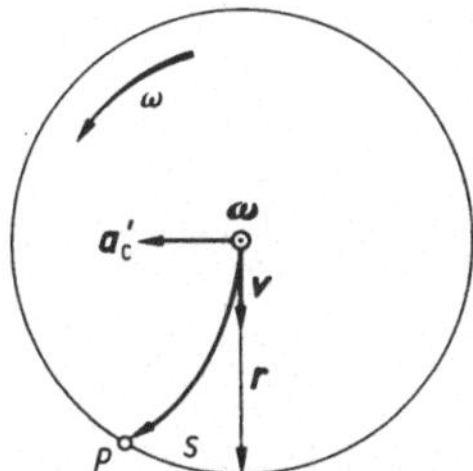

Bild 2-11: Zur Coriolis-Beschleunigung.

Ein im ruhenden System S sich mit konstanter Geschwindigkeit $\boldsymbol{v}$ bewegender Massenpunkt P sei zur Zeit $t = 0$ im rotierenden System S' z. B. gerade im Drehpunkt ($r = 0$). Der Beobachter im System S' stellt dann eine mit t zunehmende Abweichung von der geraden Bahn fest, die offenbar von einer senkrecht zu $\boldsymbol{v}$ (und zu $\boldsymbol{\omega}$) wirkenden Beschleunigung $\boldsymbol{a}_C'$, der Coriolis-Beschleunigung herrührt. Hat der Massenpunkt nach der Zeit t den radialen Weg $r = vt$ zurückgelegt, so ist die Abweichung von der geraden Bahn im rotierenden System S' das Bogenstück $s = r\omega t = v\omega t^2$, das wegen $s \sim t^2$ offensichtlich beschleunigt zurückgelegt wurde. Für die gleichmäßig beschleunigte Bewegung gilt andererseits nach (2.1-9) $s = at^2/2$, sodaß aus dem Vergleich $a_C' = 2v\omega$ folgt, oder in vektorieller Schreibweise für die *Coriolis-Beschleunigung*:

$$\boxed{\boldsymbol{a}_C' = 2\,\boldsymbol{v} \times \boldsymbol{\omega}}\,. \tag{2.5-2}$$

Die experimentelle Bestimmung der Coriolis-Beschleunigung auf der Erdoberfläche ermöglicht die Berechnung der Winkelgeschwindigkeit der Erde unabhängig von der Beobachtung des Sternhimmels: Die Drehung der Schwingungsebene des *Foucault-Pendels* durch die Coriolis-Beschleunigung ist ein Nachweis für die Drehung der Erde um ihre Achse (Foucault 1861).

Die Komponente des Winkelgeschwindigkeitsvektors der Erdrotation senkrecht zur Erdoberfläche liegt auf der Nordhalbkugel in positiver z-Richtung, auf der Südhalbkugel in negativer z-Richtung. Die Coriolis-Beschleunigung führt daher auf der Nordhalbkugel zu einer Rechtsabweichung von der Bewegungsrichtung, auf der Südhalbkugel zu einer Linksabweichung. Das gilt beispielsweise auch für Luftströmungen im Wettergeschehen. Tiefdruckzyklone, bei denen die Luftbewegung zum Zentrum des Tiefdruckgebietes gerichtet ist, zeigen als Folge der Coriolis-Beschleunigung in der nördlichen Hemisphäre einen Drehsinn entgegengesetzt zum Uhrzeigersinn, in der südlichen Hemisphäre einen Drehsinn im Uhrzeigersinn.

3. Kraft und Impuls

Kräfte (allgemeiner: Wechselwirkungen) als Ursache der Bewegung von Körpern werden in der *Dynamik* behandelt. Zunächst wird die Dynamik des Massenpunktes, später (siehe 6) die Dynamik von Teilchensystemen und schließlich (siehe 7) die Dynamik starrer Körper behandelt. Dabei werden vorerst nur die Folgen des Wirkens von Kräften auf die Bewegung betrachtet, ohne auf die Natur der verschiedenen Kräfte einzugehen. Grundlage dafür sind die *Newtonschen Axiome* (1686): Trägheitsgesetz, Kraftgesetz und Reaktionsgesetz. Außerdem gehört zu diesen Grundgesetzen der Mechanik das Überlagerungsgesetz für Kräfte.

3.1 Trägheitsgesetz

Erstes Newtonsches Axiom:
Jeder Körper mit konstanter Masse m verharrt im Zustand der Ruhe oder der gleichförmig geradlinigen Bewegung, falls er nicht durch äussere Kräfte $\boldsymbol{F}$ gezwungen wird, diesen Zustand zu ändern:

$$\boxed{\boldsymbol{v} = \text{const} \quad \text{für} \quad m = \text{const} \quad \text{und} \quad \boldsymbol{F} = 0} \, . \tag{3.1-1}$$

Diese Eigenschaft aller Körper wird *Trägheit* oder Beharrungsvermögen genannt. Die Trägheit eines Körpers ist mit seiner *Masse m* verknüpft. Ein Maß für die Trägheitswirkung ist der *Impuls* oder die *Bewegungsgröße*

$$\boxed{\boldsymbol{p} \equiv m\boldsymbol{v}} \, . \tag{3.1-2}$$

SI-Einheit: $[\boldsymbol{p}] = \text{kg m s}^{-1}$.

Aus (3.1-1) folgt damit

$$\boxed{\boldsymbol{p} = m\,\boldsymbol{v} = \text{const} \quad \text{für} \quad \boldsymbol{F} = 0} \, . \tag{3.1-3}$$

Dies ist die einfachste Form des Impulserhaltungssatzes (für einen Massenpunkt oder Teilchen), siehe auch 3.3 und 6.1.

3.2 Kraftgesetz

Die experimentelle Untersuchung der Beziehungen zwischen der wirkenden Kraft und der daraus sich ergebenden Änderung des Bewegungszustandes

(Beschleunigung) einer Masse m zeigt:

1. Die Beschleunigung ist der wirkenden Kraft proportional und erfolgt in Richtung der Kraft: $\boldsymbol{F} \sim \boldsymbol{a}$.

2. Das Verhältnis zwischen wirkender Kraft und erzielter Beschleunigung ist für jeden Körper eine konstante Größe: seine Masse $m = F/a$.

Das heißt, jeder Körper setzt seiner Beschleunigung Widerstand entgegen durch seine *träge Masse*. Zusammengefaßt ergibt sich daraus das *Newtonsche Kraftgesetz*:

$$\boxed{\boldsymbol{F} = m\boldsymbol{a} = m\frac{\mathrm{d}\boldsymbol{v}}{\mathrm{d}t}} \,. \tag{3.2-1}$$

Bei sich während der Bewegung ändernder Masse (z.B. Rakete, oder bei relativistischen Geschwindigkeiten) ist stattdessen die allgemeinere Formulierung des Kraftgesetzes anzuwenden:

Zweites Newtonsches Axiom:
Die zeitliche Änderung des Impulses ist der bewegenden Kraft proportional und erfolgt in Richtung der Kraft:

$$\boxed{\boldsymbol{F} = \frac{\mathrm{d}}{\mathrm{d}t}(m\boldsymbol{v}) = \frac{\mathrm{d}\boldsymbol{p}}{\mathrm{d}t}} \,. \tag{3.2-2}$$

Für m = const geht dies in (3.2-1) über.

SI-Einheit: $[\boldsymbol{F}] = \mathrm{kg\,m\,s^{-2}} = \mathrm{N}$ (Newton).
Früher übliche Einheiten: dyn (cgs-System) und Kilopond (technisches Maßsystem). Umrechnungen:

$1\ \mathrm{dyn} = 1\ \mathrm{g\,cm\,s^{-2}} = 10^{-5}\ \mathrm{N}$

$1\ \mathrm{kp} = 9{,}80665\ \mathrm{kg\,m\,s^{-2}} = 9{,}80665\ \mathrm{N}$

1 Kilopond ist die Gewichtskraft, der die Masse 1 Kilogramm am Normort der Erdoberfläche unterliegt (vgl. 3.2.1).

Überlagerungsgesetz:
Eine Kraft, die an einem Punkt P angreift, verhält sich wie ein ortsgebundener Vektor $\boldsymbol{F}$, der nur entlang der Wirkungslinie der Kraft verschoben werden darf. Greifen mehrere Kräfte $\boldsymbol{F}_i$ in einem Punkt P an (Bild 3-1), so addieren sich die Kräfte wie Vektoren zu einer Gesamtkraft

$$\boldsymbol{F}_{\text{ges}} = \sum_{i=1}^{n} \boldsymbol{F}_i \tag{3.2-3}$$

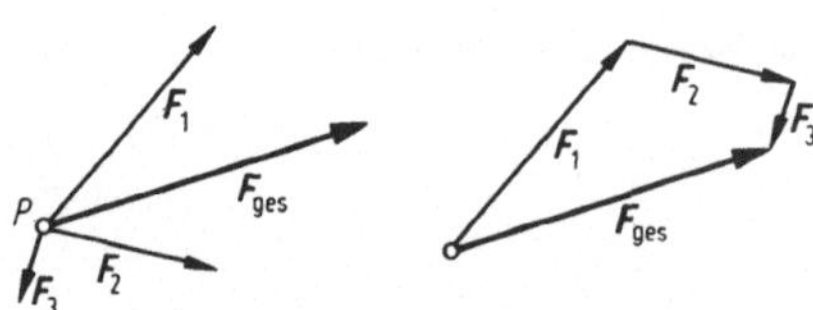

Bild 3-1: Kräfteaddition.

Beispiele für Kräfte:

3.2.1 Gewichtskraft (Schwerkraft):

Die Gewichtskraft $\boldsymbol{F}_G$ eines Körpers (früher: Gewicht) ist die im Schwerefeld eines Himmelskörpers auf den Körper wirkende Schwerkraft. Kann der Körper der Kraft folgen, so ruft sie eine Beschleunigung $\boldsymbol{g}$ hervor, die *Fallbeschleunigung* oder Schwerebeschleunigung genannt wird, im Fall der Erde auch Erdbeschleunigung (vgl. 2.1). Entsprechend (3.2-1) gilt

$$\boxed{\boldsymbol{F}_G = m\,\boldsymbol{g}} \; . \qquad (3.2\text{-}4)$$

Für die Erde gilt: Am Normort (45° nördl. Breite in Meeresspiegelhöhe) beträgt die Normfallbeschleunigung $g = 9{,}80665$ ms^{-2}, gerundet 9,81 ms^{-2}. g variiert auf der Erdoberfläche zwischen 9,832 ms^{-2} an den Polen und 9,780 ms^{-2} am Äquator (vgl. 2.5). Daraus ergibt sich: Die Masse eines Körpers in Kilogramm und die Gewichtskraft des Körpers in Kilopond haben nur am Normort den gleichen Zahlenwert.

Für den Mond gilt: $g_{\text{Mond}} \approx 0{,}167\, g_{\text{Erde}} \approx 1/6\, g_{\text{Erde}} \approx 1{,}62$ ms^{-2}.

Kräfte lassen sich auch wie Vektoren in Komponenten zerlegen. Bild 3-2 zeigt dies am Beispiel der Gewichtskraft eines Körpers auf einer ***geneigten*** (schiefen) *Ebene*, die sich in eine Hangabtriebskraft F_t tangential zur geneigten Ebene und in eine Normalkraft F_n, die auf die Bahnebene drückt, zerlegen läßt:

$$F_t = F_G \sin\alpha \;, \qquad F_n = F_G \cos\alpha \; . \qquad (3.2\text{-}5)$$

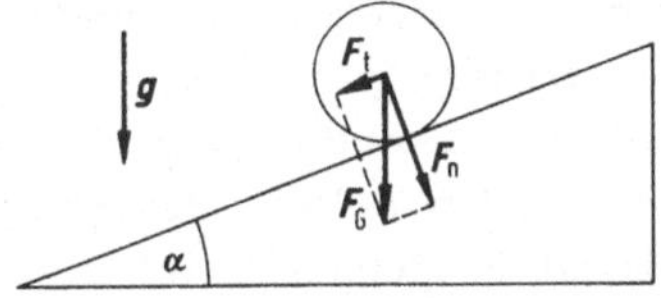

Bild 3-2: Zerlegung der Gewichtskraft auf einer geneigten Ebene.

3.2.2 Federkraft

Kräfte können neben Beschleunigungen eines Körpers auch Formänderungen des Körpers hervorrufen, wenn der Körper an der Bewegung gehindert wird. Z. B. können einseitig befestigte Schraubenfedern durch einwirkende Kräfte gedrückt oder gedehnt werden (Bild 3-3).

Bei im Vergleich zur Federlänge kleinen Dehnungen s sind Kraft und Dehnung proportional (Hookesches Gesetz, vgl. 7.6), der Proportionalitätsfaktor $D = F/s$ wird Richtgröße oder Federkonstante genannt. Die um die

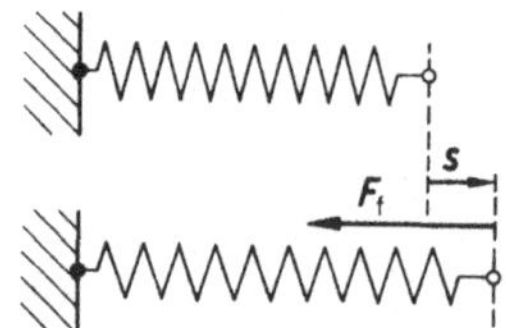

Bild 3-3: Rücktreibende Kraft einer gedehnten Feder.

Strecke $\boldsymbol{s}$ gedehnte Feder erzeugt eine *rücktreibende Kraft* der Größe

$$\boxed{\boldsymbol{F}_f = -D\,\boldsymbol{s}}\,. \tag{3.2-6}$$

Feder-Anordnungen gemäß Bild 3-3 sind als Kraftmesser geeignet.

3.2.3 Reibungskräfte

Reibungskräfte treten auf, wenn miteinander in Berührung stehende Körper (Festkörper, Flüssigkeiten, Gase) gegeneinander bewegt werden. Reibungskräfte wirken der bewegenden Kraft entgegen. Sie hängen stark von dem betreffenden, speziellen Reibungssystem (allg. *tribologisches System*) ab.

Festkörperreibung

Die Reibungskraft F_R ist unabhängig von der Größe der Berührungsfläche und in erster Näherung von der Normalkraft F_n auf die Berührungsfläche (Bild 3-4) sowie von der Reibungszahl μ abhängig:

$$\boxed{F_R = \mu F_n}\,. \tag{3.2-7}$$

Es muß zwischen Ruhereibung (Haftreibung) und Bewegungsreibung, z.B. Gleitreibung, unterschieden werden:

Ruhereibung tritt zwischen gegeneinander ruhenden Körpern auf, die zueinander in Bewegung gesetzt werden sollen. Bei kleinen Tangentialkräften $\boldsymbol{F}$ ist die Reibungskraft zunächst entgegengesetzt gleich $\boldsymbol{F}$, sodaß der Körper weiterhin ruht. Die Reibungskraft steigt mit der Tangentialkraft $\boldsymbol{F}$ an bis zu einem Maximalwert, bei dem der Körper anfängt zu gleiten. Für diesen Punkt gilt (3.2-7) mit $\mu = \mu_0$: Ruhereibungszahl. Dabei muß die Haftung (Adhäsion) an den Berührungspunkten der Grenzflächen (bei Metallen häufig kaltverschweißt) aufgebrochen werden.

Danach, d.h. bei bereits bestehender Gleitbewegung, wirkt die i. allg. niedrigere *Gleitreibung* μ ($<\mu_0$). Dabei treten stoßartige Deformationen an den

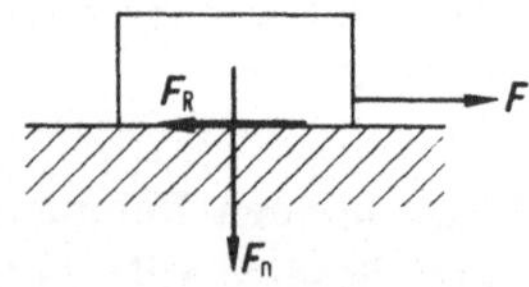

Bild 3-4: Reibung zwischen festen Körpern.

Berührungspunkten der Grenzflächen auf und (dadurch bedingt) Anregung elastischer Schwingungen und Wellen, was gleichbedeutend ist mit einer Temperaturerhöhung (siehe 8.2 und 8.6.1): Reibungswärme.
Die Gleitreibungskraft ist i. allg. kleiner als die Normalkraft ($\mu < 1$). Je nach Materialkombination bei trockener Reibung liegt μ in folgenden Bereichen:

Ruhereibungszahlen $\mu_0 \approx 0{,}15 \ldots 0{,}8$,
Gleitreibungszahlen $\mu \approx 0{,}1 \ldots 0{,}6 < \mu_0$.

Reibungszahlen sind tribologische Systemkenngrößen und müssen experimentell, z.B. durch Gleitversuche auf einer geneigten Ebene (vgl. 3.2.1) mit veränderlichem Neigungswinkel α ermittelt werden.
Bei Körpern, die auf einer Unterlage rollen, tritt *Rollreibung* auf. Sie ist durch Deformationen der aufeinander abrollenden Körper bedingt. Der Rollreibungswiderstand ist sehr viel kleiner als der Gleitreibungswiderstand:

Rollreibungszahlen $\mu' \approx 0{,}002 \ldots 0{,}04 \ll \mu_r$.

Flüssigkeitsreibung
Befindet sich eine Flüssigkeit zwischen den aneinander gleitenden Körpern, so bilden sich gegenüber den Körpern ruhende Grenzschichten aus. Die Reibung findet nur noch innerhalb der tragenden Flüssigkeitschicht statt und führt zu deren Temperaturerhöhung. Flüssigkeitsreibung ist erheblich kleiner als Haft- und Gleitreibung (Schmierung!) und von der Relativgeschwindigkeit zwischen beiden Körpern abhängig (vgl. 9.4).
Näherungsweise gilt

bei kleinen Geschwindigkeiten $F_R \sim v$ (laminare Strömung),
bei größeren Geschwindigkeiten $F_R \sim v^2$ (turbulente Strömung).

Gasreibung
Gasreibung liegt vor, wenn sich eine tragende Gasschicht zwischen den aneinander gleitenden Flächen ausbildet. Der Mechanismus ist ähnlich wie bei der Flüssigkeitsreibung, der Reibungswiderstand ist noch geringer (Ausnutzung: Gaslager, Luftkissenfahrzeug).

Elektromagnetische "Reibung" (Wirbelstrombremsung)
Bewegt sich ein Metallkörper im Felde eines Magneten (Bild 3-5), so tre-

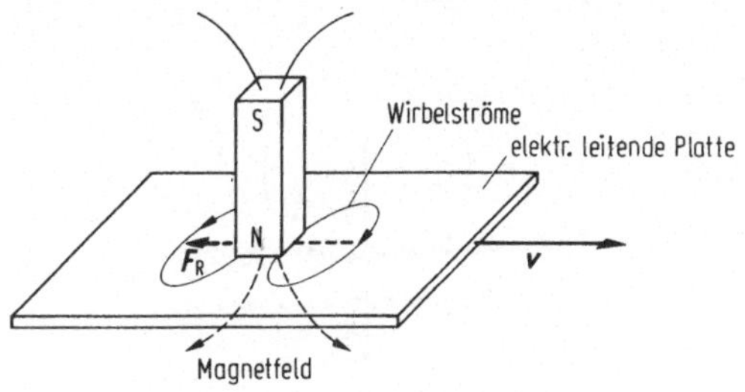

Bild 3-5: Wirbelstrombremsung.

ten durch elektromagnetische Induktion energieverzehrende Wirbelströme im Metall auf, deren Effekt eine bremsende Wirkung auf die Bewegung ist (vgl. 14.1). Für die Reibungskraft gilt dabei streng

$$\boldsymbol{F}_R \sim -\boldsymbol{v} .$$

3.3 Reaktionsgesetz

Drittes Newtonsches Axiom:

Übt ein Körper 1 auf einen Körper 2 eine Kraft $\boldsymbol{F}_{12}$ aus, so reagiert der Körper 2 auf den Körper 1 mit einer Gegenkraft $\boldsymbol{F}_{21}$. Kraft und Gegenkraft bei der Wechselwirkung zweier Körper sind einander entgegengesetzt gleich ("actio = reactio"):

$$\boxed{\boldsymbol{F}_{21} = -\boldsymbol{F}_{12}} \quad . \tag{3.3-1}$$

Beispiele für das Reaktions- oder Wechselwirkungsgesetz:

3.3.1 Kräfte bei elastischen Verformungen

Bei der Dehnung einer Feder (Bild 3-6) durch Ziehen mit einer Kraft $\boldsymbol{F}_M = D\boldsymbol{x}$ reagiert die Feder mit der Gegenkraft $\boldsymbol{F}_f = -\boldsymbol{F}_M = -D\boldsymbol{x}$ (vgl. 3.2.2).

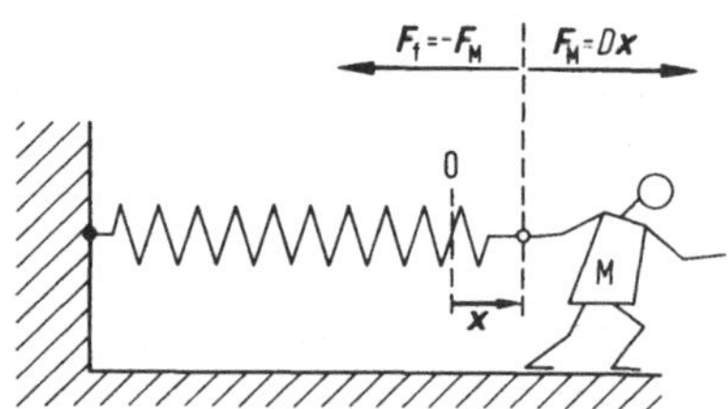

Bild 3-6: Kräfte bei der Federdehnung.

Eine auf eine Unterlage durch ihre Gewichtskraft $\boldsymbol{F}_{KU} = m_K\boldsymbol{g}$ drückende Kugel erfährt durch die auftretenden elastischen Deformationen (Bild 3-7) eine Gegenkraft $\boldsymbol{F}_{UK} = -\boldsymbol{F}_{KU} = -m_K\boldsymbol{g}$.

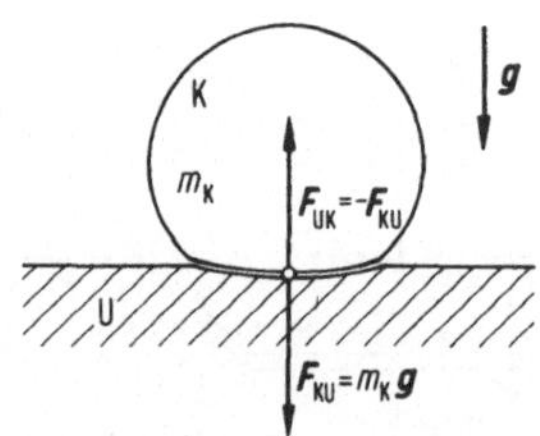

Bild 3-7: Kräfte bei elastischen Deformationen zwischen einer Kugel und ihrer Unterlage.

3.3.2 Kräfte zwischen freien Körpern ("innere Kräfte")

Bei Körpern, die sich in Kraftrichtung frei bewegen können (z.B. Massen auf reibungsfrei rollenden Wagen, Bild 3-8), wirkt sich das Auftreten "innerer Kräfte" nach dem Reaktionsgesetz gemäß (3.2-2) durch entgegengesetzt gleiche Impulsänderungen aus:

$$\boldsymbol{F}_{12} = \frac{\mathrm{d}(m_2 \boldsymbol{v}_2)}{\mathrm{d}t} = -\boldsymbol{F}_{21} = -\frac{\mathrm{d}(m_1 \boldsymbol{v}_1)}{\mathrm{d}t}. \tag{3.3-2}$$

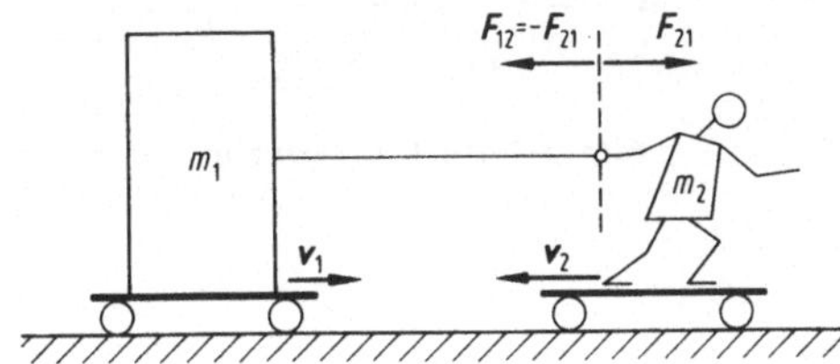

Bild 3-8: Impulsänderung bei Wirken innerer Kräfte.

Aus (3.3-2) folgt

$$\frac{\mathrm{d}}{\mathrm{d}t}(m_1 \boldsymbol{v}_1 + m_2 \boldsymbol{v}_2) = 0$$

und daraus für den Gesamtimpuls

$$\boxed{m_1 \boldsymbol{v}_1 + m_2 \boldsymbol{v}_2 = \text{const}}\,. \tag{3.3-3}$$

Wenn keine äußeren, nur innere Kräfte wirken, bleibt der Gesamtimpuls zeitlich konstant: Impulserhaltungssatz (für zwei Teilchen). Dies läßt sich auf n Teilchen verallgemeinern:

Impulserhaltungssatz:

$$\boxed{\sum_{i=1}^{n} m_i \boldsymbol{v}_i = \sum_{i=1}^{n} \boldsymbol{p}_i = \boldsymbol{p}_{\text{ges}} = \text{const}} \quad \text{(äußere Kräfte null)}. \tag{3.3-4}$$

Der Gesamtimpuls eines Systems von n Teilchen bleibt zeitlich konstant, wenn keine äußeren Kräfte wirken.

Der Impulserhaltungssatz gilt unabhängig von der Art der inneren Wechselwirkung immer.

Im Falle abstoßender Kräfte zwischen zwei Massen (Bild 3-9) ergibt sich, wenn ursprünglich der Gesamtimpuls null war, aus (3.3-3)

$$\boxed{\frac{v_1}{v_2} = (-)\frac{m_2}{m_1}}\,. \tag{3.3-5}$$

(3.3-5) gestattet den Vergleich zweier Massen allein aus den Trägheitseigenschaften, indem nach einer bestimmten Zeit das Geschwindigkeitsverhältnis gemessen wird. Diese Beziehung ist auch die Grundlage des *Rückstoßprinzips* (Bild 3-9):

Stößt ein Körper eine Masse m_2 mit einer Geschwindigkeit $\boldsymbol{v}_2$ aus, so erhält der Körper mit der verbleibenden Masse m_1 eine Geschwindigkeit $\boldsymbol{v}_1 = -\boldsymbol{v}_2\, m_2/m_1$ in entgegengesetzter Richtung.

Das Rückstoßprinzip liegt auch dem Raketenantrieb zugrunde.

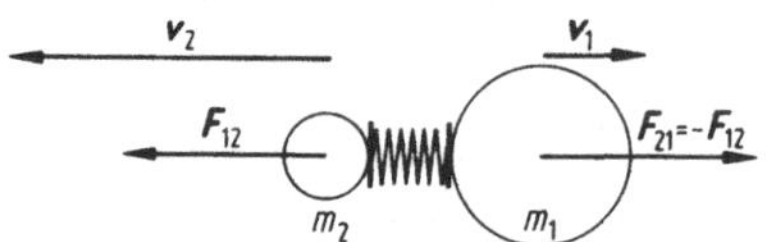

Bild 3-9: Rückstoßprinzip.

3.4 Äquivalenzprinzip: Schwer- und Trägheitskräfte

Die Masse eines Körpers ist für sein Trägheitsverhalten maßgebend. Im Newtonschen Kraftgesetz (3.2-1) und im Reaktionsgesetz, z.B. (3.3-2) und (3.3-5) ist daher die *träge Masse* m_t anzusetzen, die zugehörigen Kräfte sind *Trägheitskräfte*. Die Masse ist jedoch gleichzeitig auch Ursache für die *Schwerkraft* (Gewichtskraft), z.B. in (3.2-4). Hier ist die *schwere Masse* m_s anzusetzen. Im Sinne der klassischen Physik sind dies durchaus phänomenologisch verschiedene Eigenschaften der Masse. Schwere Masse und träge Masse treten jedoch in allen Beziehungen gleichwertig auf, und alle Experimente zeigen:

$$\boxed{m_s = m_t} \quad . \tag{3.4-1}$$

Dementsprechend sind auf eine Masse m wirkende Schwer- und Trägheitskräfte in einem geschlossenen Labor nicht prinzipiell unterscheidbar. Sie sind äquivalent. Die Wirkung einer Beschleunigung $\boldsymbol{a}$ auf physikalische Vorgänge in einem Labor, z.B. in einer durch Rückstoß angetriebenen Rakete im Weltraum, ist dieselbe wie die einer Schwerebeschleunigung $\boldsymbol{g}$ (= $-\boldsymbol{a}$) auf die Vorgänge in einem ruhenden Labor auf einer Planetenoberfläche (Bild 3-10).

> Das *Äquivalenzprinzip* (Einstein 1915) postuliert die Ununterscheidbarkeit (Äquivalenz) von schwerer und träger Masse (bzw. von Schwer- und Trägheitskräften) bei *allen physikalischen Gesetzen* (allgemeines Relativitätsprinzip).

Daraus folgt z.B., daß auch die Lichtfortpflanzung der Schwerkraftablenkung unterliegt (Bild 3-11). Wegen des großen Wertes der Lichtgeschwindigkeit macht sie sich jedoch nur bei sehr großen Schwerkraftbeschleunigungen bemerkbar, z.B. als Lichtablenkung dicht an der Sonnenoberfläche durch eine Schwerkraft $m_\gamma \boldsymbol{g}_\odot$ ($\boldsymbol{g}_\odot$ = Schwerebeschleunigung an der Sonnenoberfläche), die auf die Masse m_γ eines Lichtquants (siehe 20.3) wirkt.

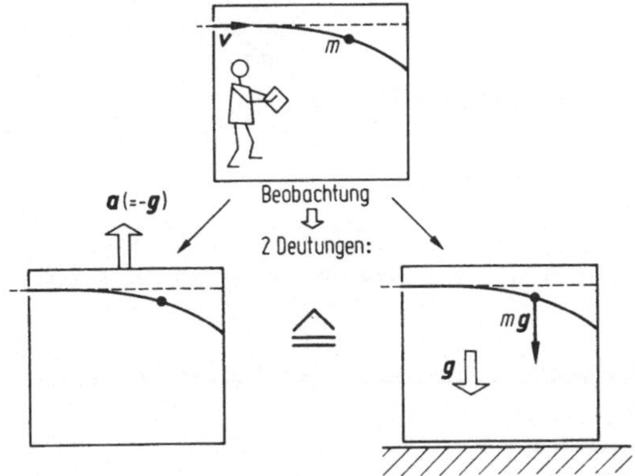

Bild 3-10: Äquivalenzprinzip bei der Parabelbahn einer Masse.

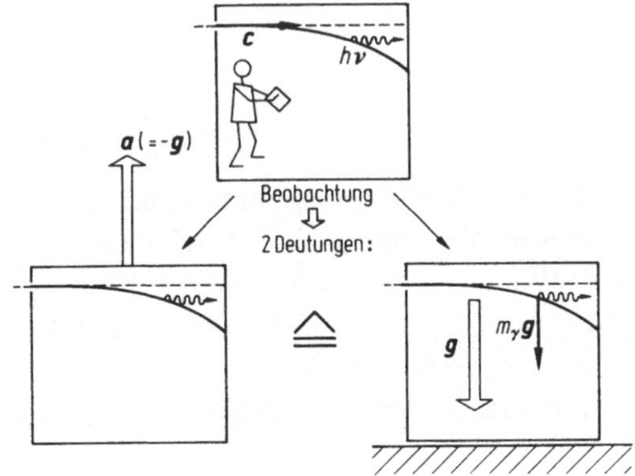

Bild 3-11: Äquivalenzprinzip bei der Parabelbahn eines Lichtquants.

3.5 Trägheitskräfte bei Rotation

3.5.1 Zentripetal- und Zentrifugalkraft

Um einen Massenpunkt auf einer kreisförmigen Bahn zu halten, muß eine Kraft in Richtung Bahnmittelpunkt auf die Masse m wirken, die gerade die Zentripetalbeschleunigung $\boldsymbol{a}_z = \boldsymbol{\omega} \times (\boldsymbol{\omega} \times \boldsymbol{r})$, vgl. (2.2-6), hervorruft und den Massenpunkt hindert, seiner Trägheit folgend tangential weiterzufliegen. Nach (3.2-1) folgt dann als Radialkraft $\boldsymbol{F}_n = m\boldsymbol{a}_z$ die *Zentripetalkraft*

$$\boxed{\boldsymbol{F}_n = m\,\boldsymbol{\omega} \times (\boldsymbol{\omega} \times \boldsymbol{r})}\,. \tag{3.5-1}$$

Der Massenpunkt m selbst übt infolge seiner Trägheit nach dem Reaktionsgesetz (siehe 3.3) eine entgegengesetzt gleich große Kraft in Radial-

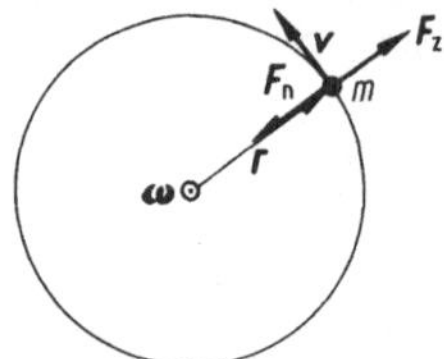

Bild 3-12: Zentripetal- und Zentrifugalkraft bei der Kreisbewegung.

richtung auf die haltende Bahn oder den haltenden Faden aus (Bild 3-12), die *Zentrifugalkraft*

$$\boxed{\boldsymbol{F}_z = -m\,\boldsymbol{\omega} \times (\boldsymbol{\omega} \times \boldsymbol{r})}\,. \tag{3.5-2}$$

Der Betrag der Zentrifugalkraft ergibt sich mit (2.2-5) und (3.1-2) zu

$$F_z = m\,r\,\omega^2 = m\,v\,\omega = p\,\omega = m\frac{v^2}{r}\;. \tag{3.5-3}$$

3.5.2 Coriolis-Kraft

Der in rotierenden Systemen bei Massenpunkten mit einer Geschwindigkeit $\boldsymbol{v}$ auftretenden Coriolis-Beschleunigung (2.5-2) $\boldsymbol{a}_C' = 2\,\boldsymbol{v} \times \boldsymbol{\omega}$ entspricht gemäß (3.2-1) eine *Coriolis-Kraft*

$$\boxed{\boldsymbol{F}_C = 2\,m\,\boldsymbol{v} \times \boldsymbol{\omega}}\,, \tag{3.5-4}$$

die stets senkrecht zu $\boldsymbol{v}$ und $\boldsymbol{\omega}$ wirkt (Bild 3-13).

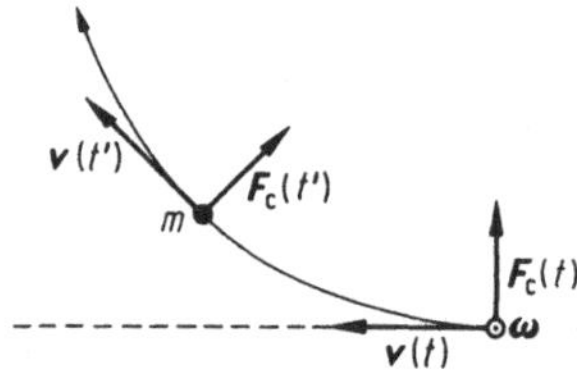

Bild 3-13: Richtung der Coriolis-Kraft.

3.6 Drehmoment und Gleichgewicht

Ein drehbarer starrer Körper (siehe 7) kann durch eine Kraft $\boldsymbol{F}$, deren Wirkungslinie nicht durch die Drehachse geht, in Drehung versetzt werden (Bild 3-14). Ein geeignetes Maß für diese Wirkung der Kraft ist das folgendermaßen definierte *Drehmoment*

$$\boxed{\boldsymbol{M} = \boldsymbol{r} \times \boldsymbol{F}}\,, \tag{3.6-1}$$

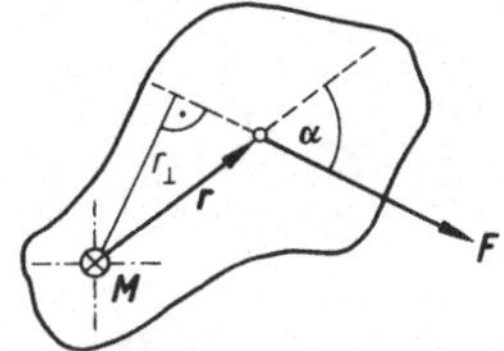

Bild 3-14: Zur Definition des Drehmomentes.

worin $\boldsymbol{r}$ der Abstand des Angriffspunktes der Kraft vom Drehpunkt ist. Der Betrag des Drehmomentes ist mit $r_\perp = r \sin\alpha$ (senkrechter Abstand der Kraftwirkungslinie vom Drehpunkt)

$$M = r\,F \sin\alpha = r_\perp\, F \,. \tag{3.6-2}$$

SI-Einheit: $[\boldsymbol{M}]$ = N m (Newtonmeter).

$\boldsymbol{M}$ ist ein Vektor parallel zur Drehachse und steht senkrecht auf $\boldsymbol{r}$ und $\boldsymbol{F}$. Seine Richtung ergibt sich aus dem Rechtsschraubensinn.

Kräftepaar: Zwei gleichgroße, entgegengesetzt gerichtete Kräfte, deren parallele Wirkungslinien einen Abstand $\boldsymbol{a}_\perp$ haben, werden ein Kräftepaar genannt (Bild 3-15). Sie üben ein Drehmoment aus von der Größe

$$\boldsymbol{M} = \boldsymbol{a} \times \boldsymbol{F} = \boldsymbol{a}_\perp \times \boldsymbol{F} \,. \tag{3.6-3}$$

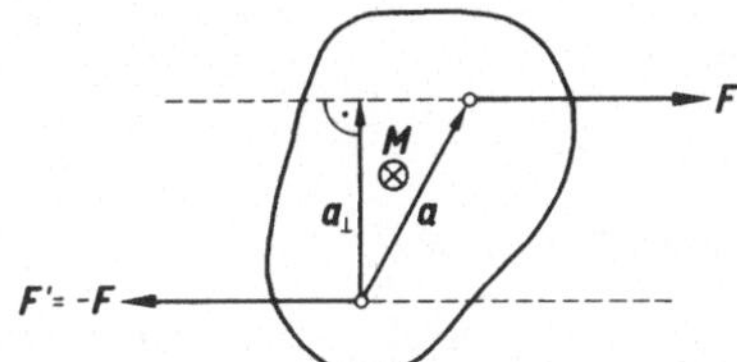

Bild 3-15: Drehmoment eines Kräftepaars.

Die auf einen ausgedehnten Körper wirkenden Kräfte können sowohl eine Translation als auch eine Rotation hervorrufen. Notwendige Bedingungen für das *Gleichgewicht* eines Körpers sind das Verschwinden der Summe aller Kräfte und der Summe aller Drehmomente:

Gleichgewichtsbedingungen:

$$\boxed{\sum_{i=1}^{m} \boldsymbol{F}_i = 0 \;, \quad \sum_{j=1}^{n} \boldsymbol{M}_j = 0} \,. \tag{3.6-4}$$

Ein Körper befindet sich in einer Gleichgewichtslage, wenn die Gleichgewichtsbedingungen (3.6-4) erfüllt sind. Die potentielle Energie E_p (siehe 4.2) hat dann einen Extremwert. Man spricht von stabilem, labilem oder indifferentem Gleichgewicht, je nachdem, ob bei Auslenkung des Körpers aus der Gleichgewichtslage die potentielle Energie steigt, fällt oder konstant

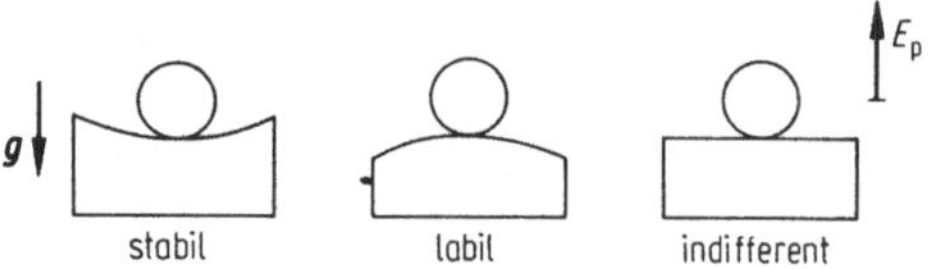

Bild 3-16: Gleichgewichtslagen im Erdfeld.

bleibt. Bei Auslenkung z. B. der Kugel in Bild 3-16 aus der gezeichneten Lage treten im Schwerefeld rücktreibende Kräfte (stabiles Gleichgewicht), auslenkende Kräfte (labiles Gleichgewicht) oder gar keine Kräfte auf (indifferentes Gleichgewicht).

3.7 Drehimpuls

Eine ähnliche Rolle wie der Impuls bei der geradlinigen Bewegung (z. B. Erhaltungsgröße bei fehlenden Kräften) spielt der Drehimpuls (auch: Drall) bei der Kreisbewegung, er ist Erhaltungsgröße bei fehlenden Drehmomenten, siehe 3.8.

Definition des *Drehimpulses* eines Massenpunktes m mit dem Impuls $\boldsymbol{p} = m\boldsymbol{v}$ im Abstande $\boldsymbol{r}$ von einem Drehpunkt (Bild 3-17):

$$\boxed{\boldsymbol{L} \equiv \boldsymbol{r} \times \boldsymbol{p} = \boldsymbol{r} \times m\boldsymbol{v}}\;. \tag{3.7-1}$$

Betrag des Drehimpulses:

$$L = r\,p\,\sin\alpha = r_{\perp}\,p\;. \tag{3.7-2}$$

SI-Einheit: $[L] = \mathrm{kg\,m^2\,s^{-1}} = \mathrm{N\,m\,s}$.

Der Drehimpuls $\boldsymbol{L}$ ist ein Vektor und steht senkrecht auf $\boldsymbol{r}$ und $\boldsymbol{v}$, seine Richtung ergibt sich aus dem Rechtsschraubensinn.

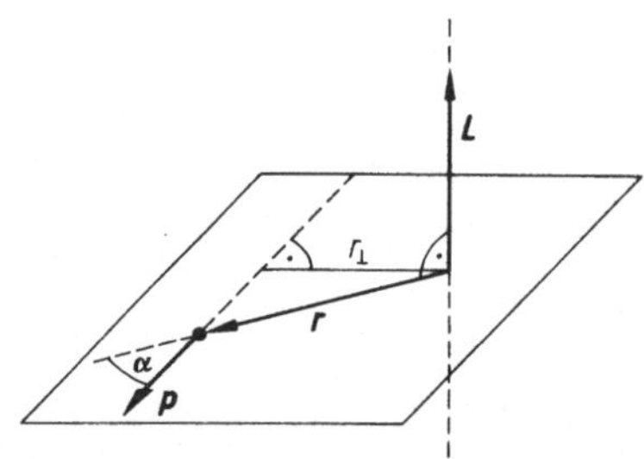

Bild 3-17: Zur Definition des Drehimpulses.

Nach der Definition (3.7-1) tritt auch bei der geradlinigen Bewegung ein Drehimpuls auf, wenn die Bewegung nicht durch die Bezugsachse geht. Die Angabe eines Drehimpulses erfordert immer die Angabe der Bezugsachse!

Der Drehimpuls eines Teilchens in einer Kreisbahn wird in der Atomphysik häufig ***Bahndrehimpuls*** genannt und beträgt bezüglich des Kreiszentrums

$$L = m r v = m \omega r^2 , \tag{3.7-3}$$

bzw., da $\boldsymbol{L}$ in die Richtung der Winkelgeschwindigkeit $\boldsymbol{\omega}$ zeigt (Bild 3-18),

$$\boldsymbol{L} = m r^2 \boldsymbol{\omega} . \tag{3.7-4}$$

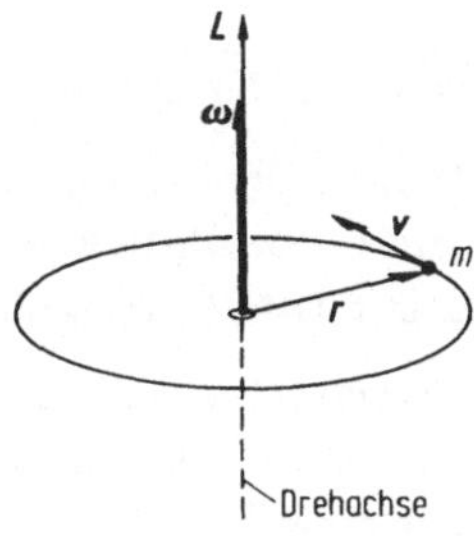

Bild 3-18: Bahndrehimpuls eines Massenpunktes in einer Kreisbahn.

Die zeitliche Änderung des Drehimpulses erhält man durch zeitliche Differentiation von (3.7-1)

$$\frac{\mathrm{d}\boldsymbol{L}}{\mathrm{d}t} = \frac{\mathrm{d}\boldsymbol{r}}{\mathrm{d}t} \times m\boldsymbol{v} + \boldsymbol{r} \times \frac{\mathrm{d}(m\boldsymbol{v})}{\mathrm{d}t} .$$

Der erste Term verschwindet, weil $\mathrm{d}\boldsymbol{r}/\mathrm{d}t = \boldsymbol{v} \parallel m\boldsymbol{v}$ ist. Der Differentialquotient im zweiten Term ist die Kraft (vgl. 3.2-2), sodaß sich ein Zusammenhang mit dem Drehmoment (3.6-1) ergibt:

$$\boxed{\frac{\mathrm{d}\boldsymbol{L}}{\mathrm{d}t} = \boldsymbol{r} \times \boldsymbol{F} = \boldsymbol{M}} , \tag{3.7-5}$$

d.h. die zeitliche Änderung des Drehimpulses ist dem wirkenden Drehmoment gleich. Wirkt das Drehmoment während einer Zeit $\Delta t = t_2 - t_1$, so ergibt sich die dadurch bewirkte Änderung des Drehimpulses $\Delta\boldsymbol{L}$ durch Integration von (3.7-5):

$$\Delta\boldsymbol{L} = \int_{t_1}^{t_2} \boldsymbol{M} \mathrm{d}t \quad (= \boldsymbol{M}\Delta t \text{ bei } \boldsymbol{M} = \mathrm{const}) . \tag{3.7-6}$$

$\boldsymbol{M}\Delta t$ heißt Drehmomentenstoß oder Antriebsmoment. Ist das Drehmoment zeitlich konstant, so ist die Drehimpulsänderung nach (3.7-6) der Zeit proportional.

3.8 Drehimpulserhaltung

Wenn kein Drehmoment wirkt ($\boldsymbol{M} = 0$), folgt aus (3.7-5), daß der Drehimpuls zeitlich konstant bleibt:

$$\boxed{\boldsymbol{L} = \text{const} \qquad \text{für} \quad \boldsymbol{M} = 0} \, . \tag{3.7-7}$$

Dies ist der ***Drehimpulserhaltungssatz*** (Drallsatz), der sich auch auf Teilchensysteme (siehe 6) und starre Körper (siehe 7) verallgemeinern läßt.

Beispiele für die Drehimpulserhaltung bei der Bewegung eines Einzelpartikels:

- Bei der gleichförmig geradlinigen Bewegung eines Massenpunktes gemäß Bild 3-17 bleibt der Drehimpuls bezüglich einer beliebigen Achse nach (3.7-2) wegen $r_\perp = \text{const}$ konstant ($\boldsymbol{M} = 0$, da keine Kräfte wirken).
- Bei reinen Zentralkräften (Gravitation, siehe 11; Coulombkraft, siehe 12) ist $\boldsymbol{F} \parallel \boldsymbol{r}$ und demzufolge nach (3.6-1) $\boldsymbol{M} = 0$, somit nach (3.7-5) $\boldsymbol{L} = \text{const}$. Dies gilt z.B. für die gleichförmige Kreisbewegung, für die Bewegung von Planeten im Gravitationsfeld einer schweren Sonne (Kepler-Problem, siehe 11.2 u. 11.4) oder auch für die Streuung geladener Elementarteilchen im Coulombfeld von Atomkernen (Rutherford-Streuung, siehe 16.1.1).

4 Arbeit und Energie

Bei der Verschiebung eines Körpers (Massenpunktes) P längs eines Weges $\boldsymbol{s}$ durch eine Kraft $\boldsymbol{F}$ wird eine Arbeit verrichtet. Der physikalische Begriff *Arbeit* ist definiert als das Skalarprodukt aus Kraft und Weg.
Bei konstanter Kraft und geradliniger Verschiebung (Bild 4-1) ergibt sich die Arbeit aus

$$W = \boldsymbol{F}\boldsymbol{s} = Fs\cos\alpha\,. \tag{4-1}$$

Sind Kraft und Weg parallel ($\alpha = 0°$), so ist $W = Fs$. Steht die Kraft senkrecht auf dem Weg ($\alpha = 90°$), wird keine Arbeit verrichtet.

SI-Einheit: $[F] = \text{kg m}^2\,\text{s}^{-2} = \text{N m} = \text{J(oule)} = \text{W s}\,.$

(W: Watt, Leistungseinheit, siehe unten.) Früher übliche Einheiten: erg (cgs-System) und Kilopondmeter (technisches Maßsystem). Umrechnungen:

$1\ \text{erg} = 1\ \text{g cm}^2\,\text{s}^{-2} = 10^{-7}\ \text{N m}\,,$

$1\ \text{kp m} = 9{,}81\ \text{N m}\,.$

Für einen beliebigen Weg und/oder eine ortsveränderliche Kraft kann (4-1) nur auf ein differentiell kleines Wegelement $\mathrm{d}\boldsymbol{s} = \mathrm{d}\boldsymbol{r}$ angewendet werden (Bild 4-1):

$$\boxed{\mathrm{d}W = \boldsymbol{F}\,\mathrm{d}\boldsymbol{s} = \boldsymbol{F}\,\mathrm{d}\boldsymbol{r} = F\cos\alpha\,\mathrm{d}s}\,. \tag{4-2}$$

Die Gesamtarbeit bei Verschiebung von 1 nach 2 ergibt sich dann aus (4-2) durch Integration längs des Weges (Bild 4-1):

$$\boxed{W = \int_1^2 \boldsymbol{F}\,\mathrm{d}\boldsymbol{s} = \int_1^2 F\cos\alpha\,\mathrm{d}s}\,. \tag{4-3}$$

Allgemein gilt also: Die *Arbeit* ist das *Wegintegral der Kraft.*

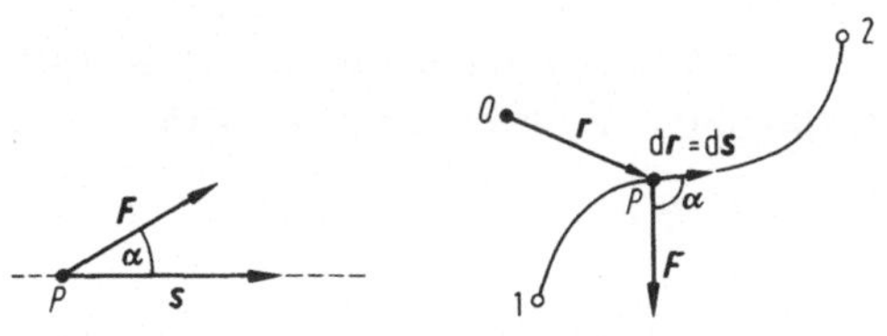

Bild 4-1: Zur Definition der Arbeit.

Die einem Körper oder einem System zugeführte Arbeit erhöht dessen Fähigkeit, seinerseits Arbeit zu verrichten. Diese Fähigkeit, Arbeit zu verrichten, wird als *Energie* bezeichnet und in den gleichen Einheiten wie die Arbeit gemessen.

Wird die Arbeit W in einer Zeit t verrichtet, so wird der Quotient beider Größen als *Leistung* bezeichnet. Man definiert als *mittlere Leistung*

$$\overline{P} \equiv \frac{W}{t}, \tag{4-4}$$

und als *Momentanleistung*

$$\boxed{P \equiv \frac{\mathrm{d}W}{\mathrm{d}t}}\ . \tag{4-5}$$

Mit (4-2) und der Definition der Geschwindigkeit (2.1-2) folgt daraus

$$P = \boldsymbol{F}\boldsymbol{v}\ . \tag{4-6}$$

SI-Einheit: $[P]$ = W(att) = J s^{-1} .

Früher übliche Einheit bei Kraftmaschinen: Pferdestärke PS. Umrechnung:

1 PS = 735,498 75 W .

Eine wichtige Rolle bei den Integralprinzipien der Mechanik und in der Quantenmechanik spielt ferner die *Wirkung* mit der Dimension

Wirkung = Arbeit · Zeit = Impuls · Länge .

SI-Einheit: [Wirkung] = Nm s = J s .

4.1 Beschleunigungsarbeit, kinetische Energie

Beim Beschleunigen eines Körpers (Massenpunktes) der Masse m gegen seine Trägheit muß Arbeit verrichtet werden, die dann als Bewegungsenergie oder *kinetische Energie* E_k im Körper steckt. Das Arbeitsintegral (4-3) liefert mit (3.2-1) und (2.1-2)

$$W = \int_0^{\boldsymbol{s}} \boldsymbol{F}\,\mathrm{d}\boldsymbol{s} = \int_0^{\boldsymbol{v}} m\boldsymbol{v}\,\mathrm{d}\boldsymbol{v} = \frac{m}{2}v^2 = E_k\ . \tag{4.1-1}$$

Die durch die Beschleunigungsarbeit dem Körper erteilte kinetische Energie E_k hängt eindeutig von seiner Masse m und den Beträgen seiner Geschwindigkeit v bzw. seines Impulses p ab:

$$\boxed{E_k = \frac{m}{2}v^2 = \frac{p^2}{2m}}\ . \tag{4.1-2}$$

Bei Beschleunigung eines Massenpunktes von $\boldsymbol{v}_1$ auf $\boldsymbol{v}_2$ (Bild 4-2) ergibt sich die erforderliche Beschleunigungsarbeit analog zu (4.1-1)

$$W_{12} = \int_1^2 \boldsymbol{F}\,\mathrm{d}\boldsymbol{s} = \frac{m}{2}v_2^2 - \frac{m}{2}v_1^2\ , \tag{4.1-3}$$

$$\boxed{W_{12} = E_{k2} - E_{k1}}\ . \tag{4.1-4}$$

Die an einem Körper geleistete Beschleunigungsarbeit ist gleich der Änderung seiner kinetischen Energie (vgl. Energieflußdiagramm Bild 4-2).

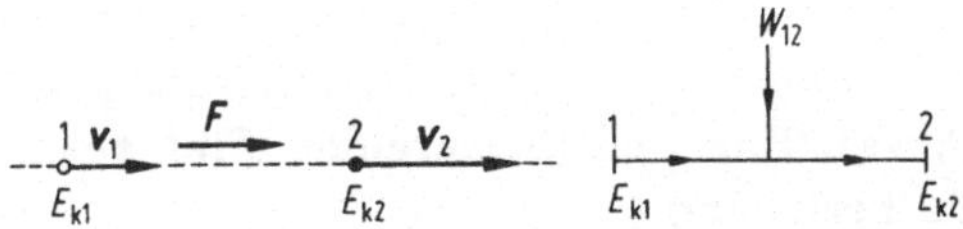

Bild 4-2: Beschleunigungsarbeit und Energieflußdiagramm.

4.2 Potentielle Energie, Hub- und Spannungsarbeit

Die Arbeit, die durch eine konstante Kraft $\boldsymbol{F}$ an einem Körper verrichtet wird, der sich infolge der Kraft (gegen seine Trägheit) längs verschiedener Wege (z.B. längs der Bahnen A oder B in Bild 4-3) von 1 nach 2 bewegt, ergibt sich aus dem Wegintegral der Kraft zu

$$W_{12} = \int_1^2 \boldsymbol{F}\,\mathrm{d}\boldsymbol{r} = \boldsymbol{F}\boldsymbol{r}_2 - \boldsymbol{F}\boldsymbol{r}_1 \quad \text{für} \quad \boldsymbol{F} = \text{const}\,. \tag{4.2-1}$$

Das Ergebnis ist nur von der Lage der Punkte 1 und 2 bzw. von deren Ortsvektoren $\boldsymbol{r}_1$ und $\boldsymbol{r}_2$ abhängig, nicht dagegen von der Wahl der Wegkurve; für Weg A und Weg B in Bild 4-3 ist das Ergebnis (4.2-1) in beiden Fällen gleich:

> Bei *konstanter Kraft* ist die *Arbeit unabhängig vom Wege.* Kräfte, für die eine Unabhängigkeit der Arbeit vom Wege gegeben ist, werden *konservative Kräfte* genannt.

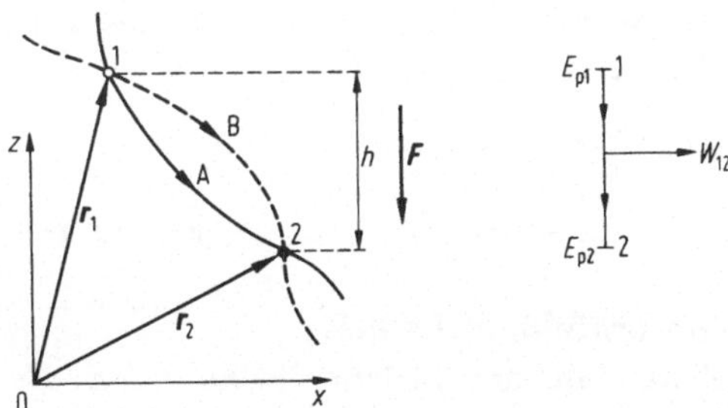

Bild 4-3: Potentielle Energie bei konstanter Kraft, Energieflußdiagramm.

Da die Arbeit W in (4.2-1) nur von der Differenz zweier gleichartiger Größen $\boldsymbol{F}\boldsymbol{r}_i$ von der Dimension einer Energie abhängt, ist es sinnvoll, jedem Ort dieses Kraftfeldes eine entsprechende, nur vom Orte $\boldsymbol{r}$ (der "Lage") abhängige Energie-Größe zuzuordnen, so daß sich durch Differenzbildung dieser Größen für zwei Punkte stets sofort die Arbeit ergibt, die bei der Bewegung eines Körpers zwischen den beiden Punkten verrichtet werden muß. Diese Größe wird Energie der Lage oder *potentielle Energie* E_p genannt.

In unserem Falle ist

$$E_p(\boldsymbol{r}) = -\boldsymbol{F}\boldsymbol{r} \quad \text{für} \quad \boldsymbol{F} = \text{const}\,. \tag{4.2-2}$$

Das Vorzeichen ist so gewählt, daß die potentielle Energie E_p sinkt, wenn der Körper der Kraft folgt, also vom Kraftfeld Arbeit an dem Körper verrichtet wird ($W > 0$; vgl. Energieflußdiagramm, Bild 4-3). (4.2-2) in (4.2-1) eingesetzt ergibt die Beziehung

$$\boxed{W_{12} = E_{p1} - E_{p2}}\,, \tag{4.2-3}$$

die allgemein für *konservative Kräfte* gilt:

> Die Differenz der potentiellen Energien eines Körpers an zwei Punkten 1 und 2 ist gleich der Arbeit, die von der wirkenden konservativen Kraft an dem Körper geleistet werden muß, um ihn von 1 nach 2 zu bringen.

Ist das Kraftfeld konservativ, aber $\boldsymbol{F} = \boldsymbol{F}(\boldsymbol{r})$, so gilt (4.2-2) nur für differentiell kleine Verschiebungen $\mathrm{d}\boldsymbol{r}$:

$$\mathrm{d}E_p = -\boldsymbol{F}\mathrm{d}\boldsymbol{r}\,. \tag{4.2-4}$$

Wird das Wegelement $\mathrm{d}\boldsymbol{r}$ parallel zu $\boldsymbol{F}$ gewählt, so läßt sich der Betrag von $\boldsymbol{F}$ aus der örtlichen Änderung der potentiellen Energie in der Richtung von $\boldsymbol{F}$ berechnen:

$$F = -\left(\frac{\mathrm{d}E_p}{\mathrm{d}r}\right)_{\mathrm{d}\boldsymbol{r}\parallel\boldsymbol{F}}\,. \tag{4.2-5}$$

Allgemeiner lautet dieser Zusammenhang

$$\boxed{\boldsymbol{F} = -\operatorname{grad} E_p}\,, \tag{4.2-6}$$

worin der Differentialoperator "Gradient" in kartesischen Koordinaten in folgender Weise definiert ist:

$$\operatorname{grad} E_p = \frac{\partial E_p}{\partial x}\boldsymbol{x}^0 + \frac{\partial E_p}{\partial y}\boldsymbol{y}^0 + \frac{\partial E_p}{\partial z}\boldsymbol{z}^0\,.$$

$\boldsymbol{x}^0$, $\boldsymbol{y}^0$ und $\boldsymbol{z}^0$ sind die Einheitsvektoren in x-, y- und z-Richtung.

Potentielle Energie im Erdfeld, Hubarbeit

In begrenzten Bereichen an der Erdoberfläche kann die Schwerkraft als konstant angesehen werden, es gilt also $\boldsymbol{F} = \boldsymbol{G} = m\boldsymbol{g} = \text{const}$. Da $\boldsymbol{g} = (0,0,-g)$ nur eine z-Komponente hat, folgt aus (4.2-2) für die *potentielle Energie im Erdfeld*

$$\boxed{E_p = -m\boldsymbol{g}\boldsymbol{r} = mgz}\,. \tag{4.2-7}$$

Wird ein Körper der Masse m auf einer Bahn (z.B. A in Bild 4-3) durch die Schwerkraft von 1 nach 2 bewegt, so ist die gegen seine Trägheit verrichtete Arbeit nach (4.2-3) und (4.2-7)

$$W = mg(z_1 - z_2) = mgh\,, \tag{4.2-8}$$

d.h. die Arbeit hängt nur von der Höhendifferenz $z_1 - z_2 = h$ (vgl. Bild 4-3) ab. Wie die Höhendifferenz durchlaufen wird, z.B. schräg, vertikal oder auf einer beliebigen Kurve, spielt für die Arbeit keine Rolle. Wenn der Körper um eine Höhe h angehoben wird, so wird an dem Körper Arbeit gegen die Schwerkraft verrichtet. Hierfür sind die Richtungen im Energieflußdiagramm Bild 4-3 umzukehren. Auch in diesem Falle ergibt sich für die *Hubarbeit*

$$\boxed{W = mgh} \; . \qquad (4.2\text{-}9)$$

Potentielle Energie der Deformation, Verformungsarbeit

Die bei der Verformung elastischer Körper (vgl. 7.6), z.B. bei der Dehnung einer Feder (Bild 3-6), aufzuwendende *Verformungsarbeit* ergibt sich aus (4-3) mit $\boldsymbol{F} = D\boldsymbol{x}$ (vgl. 3.3.1)

$$W = \int_0^x D\boldsymbol{x}\,\mathrm{d}\boldsymbol{x} = \frac{1}{2} D x^2 \; . \qquad (4.2\text{-}10)$$

Die Verformungsarbeit wird als potentielle Energie gespeichert: *Spannungsenergie*

$$\boxed{E_p = \frac{1}{2} D x^2} \; . \qquad (4.2\text{-}11)$$

Da sich gemäß (4.2-3) die Arbeit als Differenz zweier nur vom Ort abhängiger potentieller Energien ergibt, läßt sich zu E_p stets eine beliebige, aber für alle $\boldsymbol{r}$ gleiche Konstante hinzufügen, da sie bei der Arbeitsberechnung herausfällt. Dies läßt sich ausnutzen, um den Nullpunkt der Energieskala geeignet zu wählen.

Die *potentielle Energie* ist *nur bis auf eine beliebige*, vom Ort unabhängige *Konstante bestimmt.*

4.3 Energieerhaltung bei konservativen Kräften

Wirkt eine konservative Kraft auf einen Körper (Massenpunkt), so ist die Arbeit für die durch die Kraft bewirkte Änderung der kinetischen Energie durch (4.1-4) gegeben. Die potentielle Energie ändert sich dabei gleichzeitig um den durch (4.2-3) gegebenen Betrag. Die Gleichsetzung beider Beziehungen liefert

$$E_{k1} + E_{p1} = E_{k2} + E_{p2} \; . \qquad (4.3\text{-}1)$$

Führt man die Summe aus kinetischer und potentieller Energie als *Gesamtenergie*

$$E = E_k + E_p$$

ein, so bleibt nach (4.3-1) bei der Bewegung des Körpers von 1 nach 2 die Gesamtenergie E offenbar ungeändert. Das ist die Aussage des *Energieerhaltungssatzes der Mechanik*:

$$\boxed{E = E_k + E_p = \text{const}} \; . \qquad (4.3\text{-}2)$$

> ***Bei konservativen Kräften bleibt die Gesamtenergie*** **(Summe aus kinetischer und potentieller Energie)** ***konstant.***

Die kinetische Energie kann auch Rotationsenergie (bei ausgedehnten Körpern, vgl. 7.1) enthalten.

Beispiele für die Anwendung des Energiesatzes:

Freier Fall eines Körpers im Erdfeld.
Für den freien Fall einer Masse m aus einer Höhe $z_m = h$ lautet der Energiesatz mit (4.1-2) und (4.2-7) für eine beliebige Höhe z (Bild 4-4)

$$\frac{m}{2} v^2 + mgz = E = mgz_m \quad , \qquad (4.3\text{-}3)$$

woraus sich die Geschwindigkeit in der Höhe z zu

$$v = \sqrt{2g\,(z_m - z)} \qquad (4.3\text{-}4)$$

und die Aufprallgeschwindigkeit bei $z = 0$ zu

$$\boxed{v_m = \sqrt{2gh}} \qquad (4.3\text{-}5)$$

ergibt, vgl. (2.1-13). Beim Fall von $z_m = h$ bis $z = 0$ wird also potentielle Energie $E_p = mgh$ vollständig in kinetische Energie $E_k = mv_m^2/2$ umgewandelt.

Kugeltanz
Ist der fallende Körper in Bild 4-4 eine Stahlkugel und die Unterlage bei $z = 0$ eine Stahlplatte, so verformen sich beide Körper elastisch (Bild 3-7; vgl. auch 7.6). Dabei wird die kinetische Energie der Kugel in potentielle Energie der Verformung (Spannungsenergie) umgewandelt. Die dadurch auftretende rücktreibende Kraft bewirkt eine Rückwandlung der Spannungsenergie in kinetische Energie, die Kugel "prallt ab" und bewegt sich wieder aufwärts.

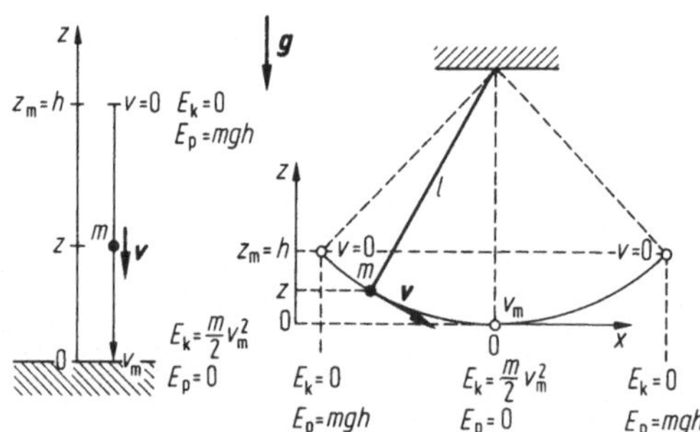

Bild 4-4: Energieerhaltung beim freien Fall und beim Pendel.

Fadenpendel im Erdfeld
In den Umkehrpunkten eines schwingenden Fadenpendels (Bild 4-4) ist $v = 0$ und damit $E_k = 0$, jedoch E_p maximal. Umgekehrt ist es im Nulldurchgang. Es wird also periodisch potentielle Energie $E_p = mgh$ in kinetische Energie

$E_k = mv_m^2/2$ und wieder in potentielle Energie umgewandelt. Die Rechnung ist identisch mit der im ersten Beispiel, die Geschwindigkeit im Nulldurchgang ist durch (4.3-5) gegeben.
Durch Taylorentwicklung findet man $z \approx x^2/(2l)$ und damit aus $E_p = mgz$

$$E_p \approx \frac{mg}{2l} x^2 , \tag{4.3-6}$$

also eine parabolische Abhängigkeit ($\sim x^2$) der potentiellen Energie des Pendels von der horizontalen Auslenkung. Dieser wichtige Fall liegt allgemein bei harmonischen Schwingungen (siehe 5.2) vor.

4.4 Energiesatz bei nichtkonservativen Kräften

In Umkehrung der Definition konservativer Kräfte in 4.2 hängt bei nichtkonservativen Kräften die Arbeit meistens vom Wege ab. Wird z.B. Arbeit allein gegen Reibungskräfte verrichtet, etwa beim Verschieben eines Klotzes auf einer horizontalen Unterlage (Bild 4-5a), so ist die Arbeit gemäß (4-3) offensichtlich davon abhängig, ob die Verschiebung von 1 nach 2 über A oder über B erfolgt:

$$W_{12,A} < W_{12,B} .$$

Die verrichtete Arbeit dient hier nicht zur Erzeugung oder Änderung von $E = E_k + E_p$, sodaß (4.1-4) und (4.2-3) nicht gültig sind.

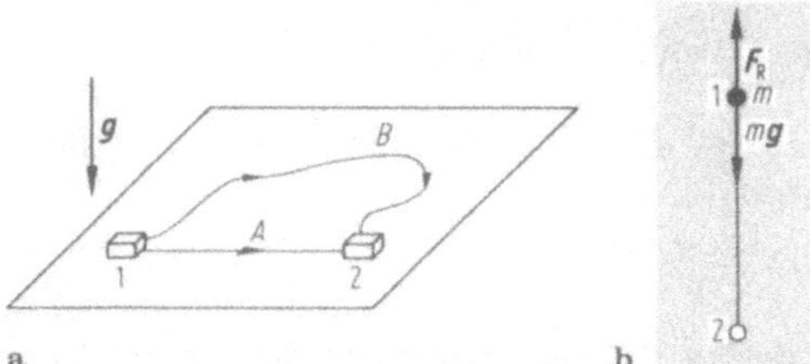

Bild 4-5: Zum Energiesatz beim Auftreten von Reibungskräften.

Allgemein gilt der Energieerhaltungssatz der Mechanik gemäß (4.3-2) bei Auftreten von Reibungskräften nicht mehr, sondern muß durch weitere Energieterme ergänzt werden.
Sinkt z. B. ein Körper in einer zähen Flüssigkeit unter Wirkung des Erdfeldes von 1 nach 2 (Bild 4-5b), so wird ein Teil der bei 1 vorhandenen Energie $E_1 = E_{k1} + E_{p1}$ in Reibungsarbeit W_R umgesetzt, sodaß bei 2 die Summe aus kinetischer und potentieller Energie E_2 kleiner als bei 1 ist. Der Energiesatz muß daher durch W_R ergänzt werden:

$$\boxed{E_{k1} + E_{p1} = E_{k2} + E_{p2} + W_R} . \tag{4.4-1}$$

Die Reibungsarbeit äußert sich letztlich als Wärmeenergie. Der Energieerhaltungssatz in allgemeiner Form ist der I. Hauptsatz der Wärmelehre (vgl. 8).

4.5 Relativistische Dynamik

Die Grundgleichung der klassischen Dynamik (klassische Bewegungsgleichung) ist das Newtonsche Kraftgesetz (3.2-2)

$$\boldsymbol{F} = \frac{\mathrm{d}}{\mathrm{d}t}(m_0 \boldsymbol{v}) = m_0 \frac{\mathrm{d}\boldsymbol{v}}{\mathrm{d}t} = m_0 \boldsymbol{a} \,, \tag{4.5-1}$$

wobei gegenüber (3.2-2) bei der Masse m der Index 0 hinzugefügt wurde, um die im Sinne der klassischen Mechanik zeit- und geschwindigkeitsunabhängige Masse m_0 von der noch einzuführenden relativistischen Masse m zu unterscheiden. Diese klassische Grundgleichung ist nun so zu ändern, daß sie dem Relativitätsprinzip der speziellen Relativitätstheorie genügt, nämlich, daß alle physikalischen Gesetze invariant gegen die Lorentz-Transformation sind (vgl. 2.3.2). Dazu werde das bewegte System S' in den Massenpunkt mit der Geschwindigkeit $\boldsymbol{v}$ gelegt.
Auf Grund der für einen sog. Vierervektor der Geschwindigkeit (der hier nicht behandelt wird) zu fordernden Eigenschaften (Unabhängigkeit des Zeitdifferentials vom Bewegungszustand des Beobachters) folgt für die Raumkomponente der "relativistischen" Geschwindigkeit des Massenpunktes

$$\boldsymbol{u} = \frac{\mathrm{d}\boldsymbol{r}}{\mathrm{d}\tau} \,, \tag{4.5-2}$$

worin $\boldsymbol{r}$ der Ortsvektor im System des Beobachters und $\mathrm{d}\tau$ das Differential der Eigenzeit des Massenpunktes ist. Letzteres hängt mit dem Zeitdifferential $\mathrm{d}t$ des Beobachters gemäß (2.3-15) zusammen:

$$\mathrm{d}\tau = \sqrt{1-\beta^2}\;\mathrm{d}t \qquad \text{mit} \qquad \beta = v/c_0 \,, \tag{4.5-3}$$

sodaß mit $\boldsymbol{v} = \mathrm{d}\boldsymbol{r}/\mathrm{d}t$ für die Raumkomponente der "relativistischen" Geschwindigkeit folgt

$$\boldsymbol{u} = \frac{\boldsymbol{v}}{\sqrt{1-\beta^2}} \,, \tag{4.5-4}$$

und entsprechend für die Raumkomponente des *relativistischen Impulses*

$$\boxed{\boldsymbol{p} = m_0 \boldsymbol{u} = \frac{m_0 \boldsymbol{v}}{\sqrt{1-\beta^2}}} \,. \tag{4.5-5}$$

m_0 wird hier als die *Ruhemasse* des bewegten Massenpunktes bezeichnet, d.h. m_0 ist die Masse in seinem eigenen Koordinatensystem ($\beta = 0$). Damit lautet die *Grundgleichung der relativistischen Dynamik*:

$$\boxed{\boldsymbol{F} = \frac{\mathrm{d}}{\mathrm{d}t}\left(\frac{m_0 \boldsymbol{v}}{\sqrt{1-\beta^2}}\right)} \,. \tag{4.5-6}$$

Für kleine Geschwindigkeiten geht (4.5-6) in die klassische Bewegungsgleichung (4.5-1) über. In (4.5-6) läßt sich der Gesamtkoeffizient von $\boldsymbol{v}$ als nunmehr geschwindigkeitsabhängige *relativistische Masse m* auffassen:

$$\boxed{m = m(v) = \frac{m_0}{\sqrt{1-\beta^2}}} \,. \tag{4.5-7}$$

Für $v \to c_0$ geht m nach unendlich (Bild 4-6). Daraus folgt: Für Partikel mit endlicher Ruhemasse m_0 ist die Lichtgeschwindigkeit nicht zu erreichen, denn wegen $m \to \infty$ für $v \to c_0$ müßte die beschleunigende Kraft $\boldsymbol{F}$ unendlich groß werden, d.h.:

Die Vakuumlichtgeschwindigkeit ist die obere Grenze für Partikelgeschwindigkeiten.

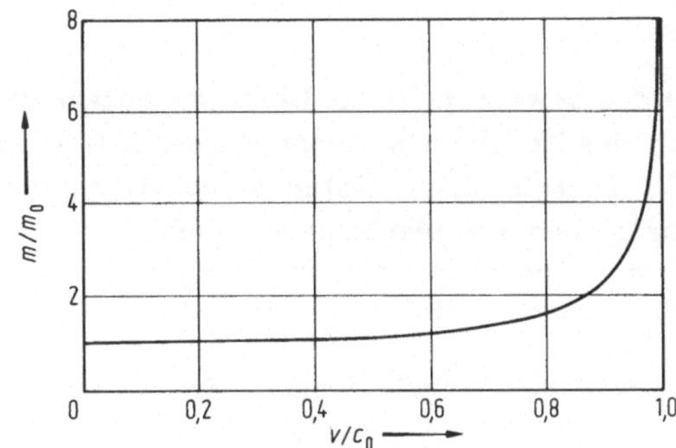

Bild 4-6: Relativistische Abhängigkeit der Masse von der Geschwindigkeit.

Die kinetische Energie im relativistischen Fall läßt sich wie im klassischen Fall aus der Arbeit berechnen, die bei Beschleunigung eines Massenpunktes der Ruhemasse m_0 von 0 auf die Geschwindigkeit $\boldsymbol{v}$ verrichtet wird:

$$E_k = W = \int \boldsymbol{F}\, \mathrm{d}\boldsymbol{r} = \int \boldsymbol{F} \boldsymbol{v}\, \mathrm{d}t . \tag{4.5-8}$$

Für den Integranden ergibt sich mit (4.5-6)

$$\boldsymbol{F}\mathrm{d}\boldsymbol{r} = \boldsymbol{v}\, \boldsymbol{F}\mathrm{d}t = \boldsymbol{v}\, \frac{\mathrm{d}}{\mathrm{d}t}\left(\frac{m_0 \boldsymbol{v}}{\sqrt{1-\beta^2}}\right) \mathrm{d}t = \frac{m_0 \boldsymbol{v}}{(1-\beta^2)^{3/2}}\, \mathrm{d}\boldsymbol{v} = \mathrm{d}\left(\frac{m_0 c_0^2}{\sqrt{1-\beta^2}}\right) .$$

Die Gleichheit der Differentialausdrücke läßt sich durch Ausführen der Differentiationen zeigen. Damit folgt aus (4.5-8)

$$E_k = \int_0^v \mathrm{d}\left(\frac{m_0 c_0^2}{\sqrt{1-\beta^2}}\right) = \frac{m_0 c_0^2}{\sqrt{1-\beta^2}} - m_0 c_0^2 , \tag{4.5-9}$$

bzw. mit (4.5-7) für die *relativistische kinetische Energie*

$$\boxed{E_k = m c_0^2 - m_0 c_0^2 = (m - m_0)\, c_0^2} . \tag{4.5-10}$$

Für kleine Geschwindigkeiten geht (4.5-10) in den klassischen Ausdruck für die kinetische Energie über, wie sich durch Reihenentwicklung der Wurzel in (4.5-9) zeigen läßt:

$$\begin{aligned} E_k &= m_0 c_0^2 \left[1 + \frac{1}{2}\beta^2 + \frac{3}{8}\beta^4 + \ldots - 1\right] \\ &= \frac{1}{2}\, m_0 v^2 \left[1 + \frac{3}{4}\beta^2 + \ldots\right] . \end{aligned} \tag{4.5-11}$$

In erster Näherung ergibt sich also der klassische Wert $E_k = m_0 v^2/2$. Die Beziehung (4.5-10) läßt sich auch in der Form schreiben

$$E = E_0 + E_k \,, \tag{4.5-12}$$

worin

$$E_0 = m_0 c_0^2 \tag{4.5-13}$$

die Bedeutung einer *Ruheenergie* hat und

$$\boxed{E = m c_0^2} \tag{4.5-14}$$

die *Gesamtenergie* des bewegten freien Teilchens entsprechend (4.5-12) darstellt. Bewegt sich das Teilchen in einem konservativen Kraftfeld, so tritt noch die potentielle Energie hinzu. Unter Berücksichtigung der Ruheenergie lautet also der *Energiesatz der* Mechanik nunmehr

$$\boxed{E = m c_0^2 + E_p = m_0 c_0^2 + E_k + E_p = \text{const}} \,. \tag{4.5-15}$$

Nach (4.5-14) entspricht der Energie E eine träge Masse

$$m = \frac{E}{c_0^2} \,. \tag{4.5-16}$$

Die hier für die kinetische Energie abgeleiteten Beziehungen (4.5-13), (4.5-14) und (4.5-16) haben nach Einsteins Relativitätstheorie allgemeine Gültigkeit:

Für alle Energieformen gilt die Äquivalenz von Energie und Masse.

Wegen des großen Wertes von c_0 können Massen als gewaltige Energieanhäufungen betrachtet werden.

Der Zusammenhang zwischen Gesamtenergie $E = m c_0^2$ und Impuls $p = m v$ folgt aus (4.5-7) zu

$$\boxed{E = c_0 \sqrt{m_0^2 c_0^2 + p^2}} \,. \tag{4.5-17}$$

5 Schwingungen

Schwingungen sind z.B. zeitperiodische Änderungen einer physikalischen Größe. Mechanische Schwingungen sind wiederholte, spezieller periodische Bewegungen eines Körpers um eine Ruhelage, bei denen sich jeder auftretende Bewegungszustand (Auslenkung, Geschwindigkeit, Beschleunigung) nach einer Schwingungsdauer T (Periodendauer) wiederholt. Eine Schwingung entsteht durch Zufuhr von Energie an ein schwingungsfähiges System, das bei mechanischen Schwingern aus einem trägen Körper und einer rücktreibenden Kraft besteht, die bei Auslenkung aus der Ruhelage auftritt (Beispiele vgl. 5.2).
Die zeitliche Darstellung einer beliebigen periodischen Bewegung, z. B. die Auslenkung (Elongation) $x = f(t)$ zeigt Bild 5-1.

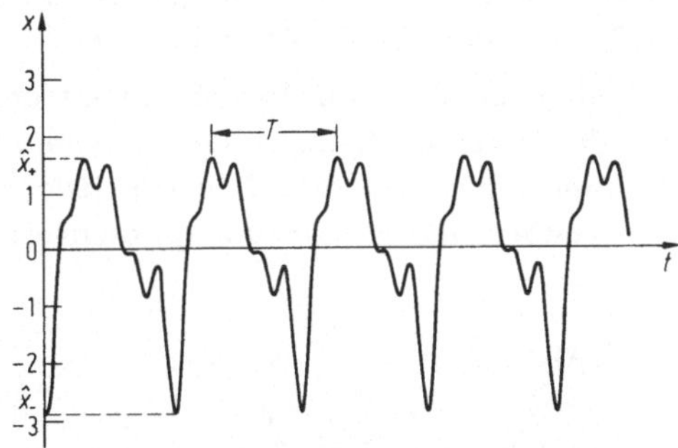

Bild 5-1: Periodische Bewegung.

Periodizität einer Schwingung $f(t)$ liegt dann vor, wenn für jeden Zeitpunkt t gilt

$$x = f(t) = f(t+T)\ . \tag{5-1}$$

Die Amplitude $\hat{x}$ (= Maximalwert der Auslenkung) bleibt bei periodischen Bewegungen zeitlich konstant (Bild 5-1): *ungedämpfte Schwingungen*. Hierbei bleibt die zugeführte Energie erhalten (vgl. 5.1). In realen Schwingungssystemen bleibt auch bei sehr kleinen Energieverlusten die Amplitude nur angenähert während kurzer Beobachtungszeiten konstant, es sei denn, daß der Energieverlust durch periodische Energiezufuhr ausgeglichen wird.

Ist dies nicht der Fall, so liegen in realen Schwingungssystemen immer *gedämpfte Schwingungen* mit zeitlich abnehmender Amplitude $\hat{x}$ vor, die dem Kriterium der Periodizität (5-1) nicht mehr genügen.

5.1 Kinematik der harmonischen Bewegung

Eine besonders wichtige periodische Bewegung ist die *harmonische Bewegung*, bei der die Auslenkung sinus- oder cosinusförmig von der Zeit abhängt (Bild 5-2). Sie tritt z.B. bei der gleichförmigen Kreisbewegung auf, wenn die Projektion des Massenpunktes auf eine der Koordinatenachsen betrachtet wird.

Mathematische Darstellung der harmonischen Bewegung:

$$x = \hat{x} \sin(\omega t + \varphi_0) \; . \qquad (5.1\text{-}1)$$

Hierin bedeuten (vgl. Bild 5-2):

x : Auslenkung (Elongation) zur Zeit t.

$\hat{x}$: Amplitude, Maximalwert der Auslenkung.

t : Zeit.

$\varphi = \omega t + \varphi_0$: Phase, kennzeichnet den momentanen Zustand der Schwingung.

φ_0 : Nullphasenwinkel (Anfangsphase), zur Zeit $t = 0$.

$\omega = 2\pi\nu = 2\pi/T$: Kreisfrequenz. Der Zusammenhang mit T folgt aus der Forderung der Periodizität.

$\nu = 1/T$: Frequenz, Zahl der Schwingungen in der Zeiteinheit.

$T = 1/\nu$: Schwingungsdauer, Periodendauer.

Differentiation von (5.1-1) nach der Zeit liefert die Geschwindigkeit, nochmalige Differentiation die Beschleunigung bei der harmonischen Bewegung, die ebenfalls einen harmonischen Zeitverlauf haben, jedoch um den Phasenwinkel $\pi/2$ bzw. π gegenüber der Auslenkung phasenverschoben sind (vgl.

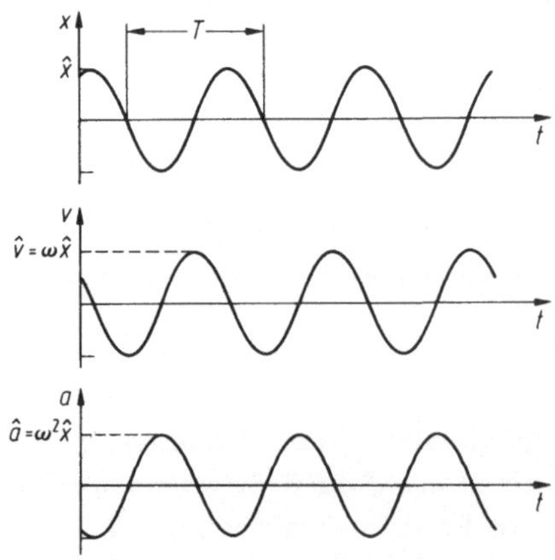

Bild 5-2: Auslenkung, Geschwindigkeit und Beschleunigung als Funktion der Zeit bei der harmonischen Schwingung.

Bild 5-2):

$$v = \hat{v} \cos(\omega t + \varphi_0) \qquad \text{mit} \qquad \hat{v} = \omega \hat{x} , \tag{5.1-2}$$

$$a = -\hat{a} \sin(\omega t + \varphi_0) = -\omega^2 x \qquad \text{mit} \qquad \hat{a} = \omega^2 \hat{x} . \tag{5.1-3}$$

Die Beschleunigung ist nach (5.1-3) stets entgegengesetzt zur Auslenkung gerichtet, wirkt also immer in Richtung zur Ruhelage.

5.2 Der ungedämpfte, harmonische Oszillator

Der harmonische Oszillator ist ein physikalisches Modell zur generalisierten Beschreibung von harmonischen Bewegungen. Solche Bewegungen treten immer dann auf, wenn in einem trägen physikalischen System kleine Auslenkungen aus einer stabilen Gleichgewichtslage lineare rücktreibende Kräfte erzeugen.

5.2.1 Mechanische harmonische Oszillatoren

Beispiele für Schwingungssysteme, die bei Vernachlässigung von Reibungseinflüssen (d.h. ohne Dämpfung) bei Energiezufuhr harmonische Schwingungen durchführen:

Federpendel, linearer Oszillator

Eine Auslenkung um x (Bild 5-3), d.h. Zufuhr von Spannungsenergie (vgl. 4.2), ruft gemäß (3.2-6) eine rücktreibende Kraft $F_f = -Dx$ hervor, die bei Freigeben der Masse m zu einer Beschleunigung a führt:

$$ma = -Dx$$

Daraus ergibt sich die Differentialgleichung der Federpendelschwingung:

$$\boxed{m \frac{\mathrm{d}^2 x}{\mathrm{d}t^2} = -Dx} . \tag{5.2-1}$$

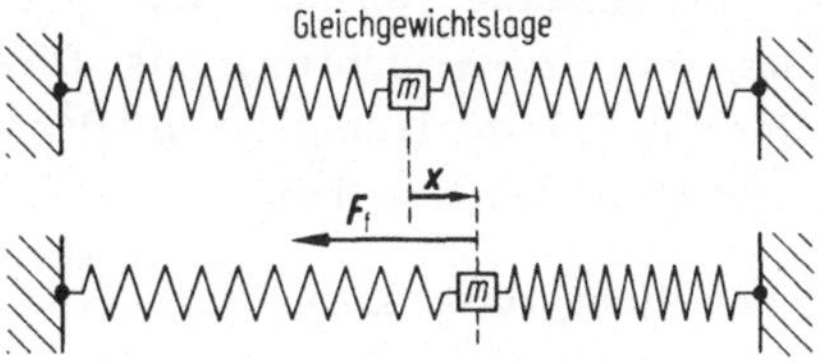

Bild 5-3: Federpendel

Die Lösung dieser Differentialgleichung, d.h. die Berechnung von $x = x(t)$ erfolgt durch einen harmonischen Ansatz, z.B. $x = \hat{x} \cos \omega t$. Einsetzen in (5.2-1) ergibt für ω:

$$\omega = \sqrt{\frac{D}{m}} , \tag{5.2-2}$$

und daraus mit (2.2-4) für Schwingungsfrequenz ν und Schwingungsdauer T

$$\boxed{\nu = \frac{1}{2\pi}\sqrt{\frac{D}{m}}}, \qquad \boxed{T = 2\pi\sqrt{\frac{m}{D}}}. \tag{5.2-3}$$

SI-Einheit: $[\nu] = s^{-1}$ = Hz (Hertz).

Frequenz und Schwingungsdauer hängen nicht von der Schwingungsamplitude $\hat{x}$ ab, ein wichtiges Kennzeichen harmonischer Schwingungssysteme (Oszillatoren), das diese besonders zur Zeitmessung geeignet machen. Beim Federpendel gilt dies nur, solange $F_f \sim x$ (Hookesches Gesetz, vgl. 7.6) gültig ist, d.h. solange die Federdeformation klein gegen die Federlänge bleibt.

Fadenpendel (mathematisches Pendel)

Ein Fadenpendel (Bild 5-4) verhält sich wie ein mathematisches Pendel (punktförmige Masse an masselosem Faden), wenn die Masse des Fadens vernachlässigbar klein gegenüber der Pendelmasse m ist, und wenn deren Abmessung vernachlässigbar klein gegenüber der Fadenlänge l ist.

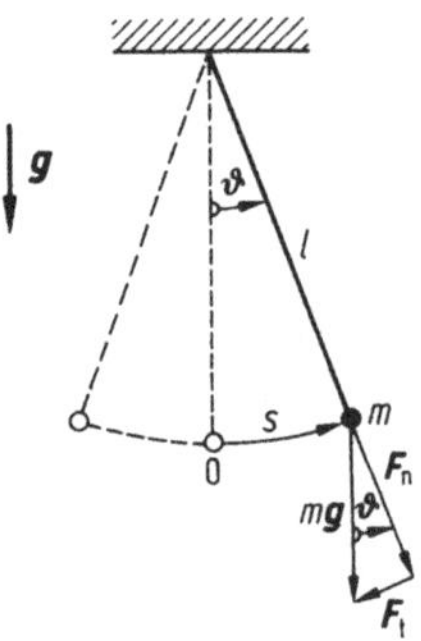

Bild 5-4: Fadenpendel.

Eine Auslenkung um das Bogenstück s von der Ruhelage bedeutet im Erdfeld Zufuhr potentieller Energie (vgl. 4.3 und Bild 4-4). Die Gewichtskraft mg wirkt sich als fadenspannende Normalkraft F_n und als rücktreibende Tangentialkraft $F_t = -mg \sin\vartheta$ in $-s$-Richtung aus. Diese führt bei Freigabe der Pendelmasse zu einer Bahnbeschleunigung $a = d^2s/dt^2$. Für kleine Auslenkungswinkel ϑ gilt $\sin\vartheta \approx \vartheta = s/l$ und damit

$$ma \approx -\frac{mg}{l}s \quad \text{mit der Richtgröße} \quad D = \frac{mg}{l}. \tag{5.2-4}$$

Daraus ergibt sich die Differentialgleichung der Fadenpendelschwingung (bzw. des mathematischen Pendels):

$$\boxed{\frac{d^2s}{dt^2} = -\frac{g}{l}s}. \tag{5.2-5}$$

Diese Differentialgleichung hat die gleiche mathematische Struktur wie (5.2-1). Eine Lösung erhält man durch einen entsprechenden harmonischen

Ansatz, z.B. $s = \hat{s} \cos \omega t$, und Einsetzen in (5.2-5) oder einfach durch Vergleich mit (5.2-1) bis (5.2-3). Daraus folgt für die Kreisfrequenz

$$\omega = \sqrt{\frac{g}{l}}\ , \tag{5.2-6}$$

und daraus mit (2.2-4) für Schwingungsfrequenz ν und Schwingungsdauer T

$$\boxed{\nu = \frac{1}{2\pi}\sqrt{\frac{g}{l}}}\ , \qquad \boxed{T = 2\pi\sqrt{\frac{l}{g}}}\ . \tag{5.2-7}$$

Da die rücktreibende Kraft in (5.2-4) hier ebenso wie die Trägheitskraft die Masse enthält, fällt diese in der Differentialgleichung heraus, sodaß (anders als beim Federpendel) die Schwingungsdauer unabhängig von der Pendelmasse ist. Wegen der Näherung in (5.2-4) sind die Pendelschwingungen nur bei kleinen Amplituden ($\hat{\vartheta} \lesssim 8°$) harmonisch.

Drehpendel, Rotationsoszillator

Drehschwingungen können bei um eine Achse drehbaren Körpern auftreten, wenn eine Auslenkung um einen Drehwinkel ϑ ein rücktreibendes Drehmoment $\boldsymbol{M} = -D^*\boldsymbol{\vartheta}$ hervorruft, das bei Freigeben des Oszillators zu einer Winkelbeschleunigung $\boldsymbol{\alpha}$ bzw. einem zunehmenden Drehimpuls $\boldsymbol{L}$ führt. Das rücktreibende Drehmoment kann z.B. durch einen Torsionsstab oder eine Spiralfeder bewirkt werden (Torsionskonstante oder Winkelrichtgröße: D^*), der rotationsfähige Körper sei z.B. eine Hantel mit zwei Massen m im Abstande r von der Drehachse mit vernachlässigbarer Masse der Hantelachse (Bild 5-5).

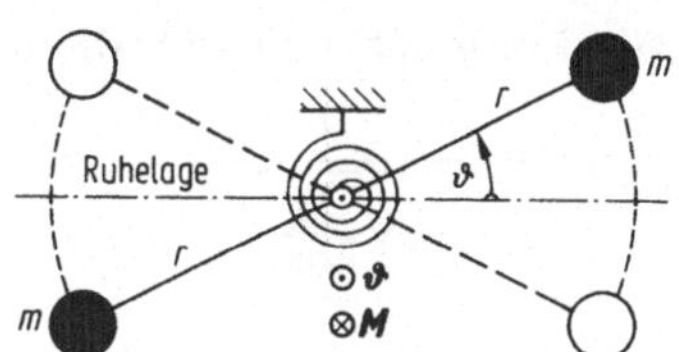

Bild 5-5: Drehpendel.

Der Hantelkörper hat bei Drehung um seine Symmetrieachse senkrecht zur Hantelachse (Bild 5-5) einen Bahndrehimpuls gemäß (3.7-4)

$$\boldsymbol{L} = 2mr^2\boldsymbol{\omega}\ . \tag{5.2-8}$$

Mit

$$J = 2mr^2\ , \tag{5.2-9}$$

dem Massenträgheitsmoment des Hantelkörpers bezüglich der gegebenen Drehachse (vgl. 7.2), folgt aus (5.2-8) der für beliebige Körper mit dem Massenträgheitsmoment J gültige Zusammenhang zwischen Drehimpuls und Winkelgeschwindigkeit (vgl. 7.3)

$$\boldsymbol{L} = J\boldsymbol{\omega} = J\frac{\mathrm{d}\boldsymbol{\vartheta}}{\mathrm{d}t}\ . \tag{5.2-10}$$

Mit (3.7-5) folgt $\boldsymbol{M} = \mathrm{d}\boldsymbol{L}/\mathrm{d}t = -D^*\boldsymbol{\vartheta}$ und daraus mit (5.2-10) die Differentialgleichung der Drehschwingung

$$\boxed{J\frac{\mathrm{d}^2\vartheta}{\mathrm{d}t^2} = -D^*\vartheta} \, . \qquad (5.2\text{-}11)$$

Wie in den vorher behandelten Beispielen folgt mit Hilfe eines harmonischen Lösungsansatzes, z.B. $\vartheta = \hat{\vartheta}\cos 2\pi\nu t$, durch Einsetzen in (5.2-11) für die Frequenz ν und die Schwingungsdauer T

$$\boxed{\nu = \frac{1}{2\pi}\sqrt{\frac{D^*}{J}}} \, , \qquad \boxed{T = 2\pi\sqrt{\frac{J}{D^*}}} \, . \qquad (5.2\text{-}12)$$

(Beachte: ω wurde hier für die zeitlich periodisch veränderliche Winkelgeschwindigkeit des schwingenden Körpers verwendet, nicht - wie in den vorangehenden Beispielen - für die Kreisfrequenz der Schwingung.)

Physikalisches (physisches) Pendel

Wird ein beliebiger Körper an einer Drehachse außerhalb seines Schwerpunktes (Massenzentrum, vgl. 6.1) im Schwerefeld aufgehängt (Bild 5-6), so kann dieser ebenfalls Pendelschwingungen durchführen. Die rücktreibende Kraft wird hier wie beim Fadenpendel von der Tangentialkomponente der Gewichtskraft $F_t = -mg\sin\vartheta \approx -mg\vartheta$ an die Bahn des Schwerpunktes S geliefert. Sie erzeugt ein rücktreibendes Drehmoment

$$M = lF_t = -D^*\vartheta \qquad \text{mit} \qquad D^* = mgl \qquad (5.3\text{-}13)$$

als Winkelrichtgröße.

Damit folgt aus (5.2-12) für Frequenz und Schwingungsdauer des physikalischen Pendels

$$\boxed{\nu = \frac{1}{2\pi}\sqrt{\frac{mgl}{J_A}}} \, , \qquad \boxed{T = 2\pi\sqrt{\frac{J_A}{mgl}}} \, . \qquad (5.2\text{-}14)$$

Wegen der verwendeten Näherung $\sin\vartheta \approx \vartheta$ gilt (5.2-14) nur für Winkel $\lesssim 8°$. J_A ist das Massenträgheitsmoment des Körpers bezüglich der Drehachse A (vgl. 7.1). Ein mathematisches Pendel gleicher Schwingungsdauer müßte eine Länge

$$\boxed{l^* = \frac{J_A}{ml}} \, , \qquad (5.2\text{-}15)$$

die *reduzierte Pendellänge* haben. Die in Bild 5-6 von A über S aufgetragene reduzierte Pendellänge definiert den Schwingungs- oder Stoßmittelpunkt A'. Wie beim mathematischen Pendel der Länge l^* müssen schwingungsanregende Stöße gegen diesen Punkt gerichtet sein, um Stoßkräfte auf den Aufhängepunkt zu vermeiden.

Es läßt sich zeigen, daß die reduzierte Pendellänge l^* und damit die Schwingungsdauer

$$T = 2\pi\sqrt{\frac{l^*}{g}} \qquad (5.2\text{-}16)$$

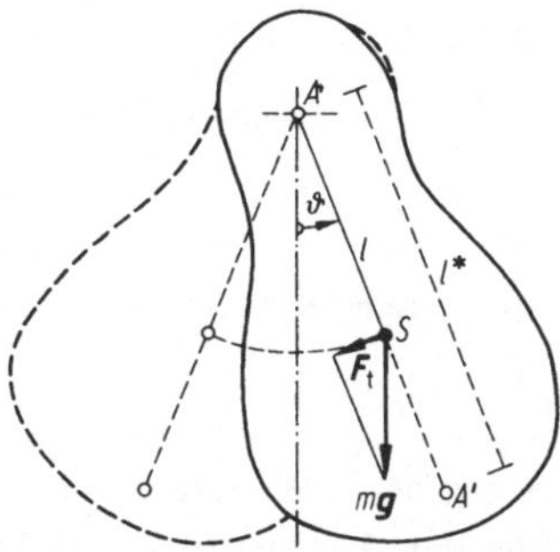

Bild 5-6: Physikalisches Pendel.

sich nicht ändern, wenn statt A der Punkt A' als Drehpunkt gewählt wird. Dies wird bei den *Reversionspendeln* ausgenutzt, die zur Präzisionsbestimmung der Erdbeschleunigung g verwendet werden.

5.2.2 Schwingungsgleichung und Schwingungsenergie des harmonischen Oszillators

Die Differentialgleichungen (5.2-1), (5.2-5) und (5.2-11) der verschiedenen Pendelschwingungen haben alle dieselbe mathematische Struktur. Ersetzt man darin die lineare Auslenkung x, die Bogenauslenkung s, die Winkelauslenkung ϑ usw. durch eine generalisierte Koordinate ξ, die auch Druck p, elektrische Feldstärke $\boldsymbol{E}$, magnetische Feldstärke $\boldsymbol{H}$ usw. bedeuten kann, sowie die Konstanten mit Hilfe von (5.2-2), (5.2-6) und (5.2-12) durch die Kreisfrequenz $\omega = \omega_0$, so folgt für die generalisierte *Schwingungsgleichung des harmonischen Oszillators*

$$\boxed{\frac{\mathrm{d}^2\xi}{\mathrm{d}t^2} + \omega_0{}^2\xi = 0} \, . \qquad (5.2\text{-}17)$$

Sie hat die allgemeine Lösung

$$\boxed{\xi = \hat{\xi} \sin(\omega_0 t + \varphi_0)} \qquad (5.2\text{-}18)$$

mit den beiden wählbaren Konstanten $\hat{\xi}$ und φ_0. Sie lassen sich z. B. durch die *Anfangsbedingungen* festlegen, d.h. durch Vorgabe von Auslenkung und Geschwindigkeit bei t = 0. Wird z.B. der Oszillator bei $t = 0$ mit der Auslenkung $\xi(0) = \xi_0$ freigegeben, ohne ihm gleichzeitig eine Geschwindigkeit zu erteilen, d.h. $v(0) = \dot{\xi}(0) = 0$, so folgt aus den beiden Bedingungen: $\varphi_0 = \pi/2$ und $\xi_0 = \hat{\xi}$, so daß die spezielle Lösung für diesen Fall $\xi = \hat{\xi} \cos \omega_0 t$ lautet. Die Lösung der Schwingungsgleichung (5.2-17) ist also eine harmonische Schwingung mit zeitlich konstanter Amplitude $\hat{\xi}$ (ungedämpfte Schwingung).

Der *Energieinhalt des harmonischen Oszillators* wird am Beispiel des Federpendels berechnet (vgl. 5.2). Auslenkung x und Geschwindigkeit v sind bei der Federpendelschwingung durch (5.1-1) und (5.1-2) und (5.2-2) gegeben:

$$x = \hat{x} \sin(\omega_0 t + \varphi_0) \quad \text{und} \quad v = \omega_0 \hat{x} \cos(\omega_0 t + \varphi_0) \tag{5.2-19}$$

mit

$$\omega_0 = \sqrt{D/m} \quad \text{bzw.} \quad D = m\omega_0^2 . \tag{5.2-20}$$

Damit folgt für die kinetische Energie nach (4.1-2) zu einem Zeitpunkt t

$$E_k = \frac{1}{2} m v^2 = \frac{1}{2} m\omega_0^2 (\hat{x}^2 - x^2) . \tag{5.2-21}$$

Für die potentielle Energie ergibt sich gemäß (4.2-11) und mit (5.2-20) ein parabelförmiger Verlauf über der Auslenkung x (Bild 5-7):

$$E_p = \frac{1}{2} D x^2 = \frac{1}{2} m\omega_0^2 x^2 . \tag{5.2-22}$$

Die Gesamtenergie ist damit

$$E = E_k + E_p = \frac{1}{2} m\omega_0^2 \hat{x}^2 = \frac{1}{2} D \hat{x}^2 = \text{const} , \tag{5.2-23}$$

also zeitlich konstant, da die Federkraft eine konservative Kraft ist.

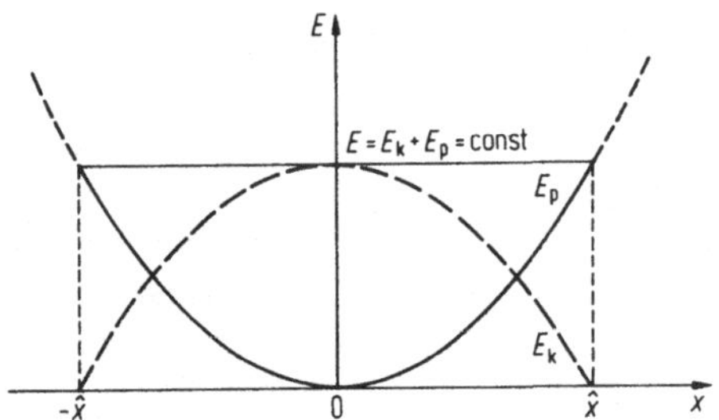

Bild 5-7: Potentielle und kinetische Energie des harmonischen Oszillators als Funktion der Auslenkung.

Es findet eine periodische Umwandlung von potentieller in kinetische Energie statt und umgekehrt (vgl. auch 4.3).
Die zeitliche Mittelung sowohl der kinetischen als auch der potentiellen Energie über eine Periodendauer T

$$\overline{E}_{k,p} = \frac{1}{T} \int_0^T E_{k,p}(t)\, dt \tag{5.2-24}$$

ergibt durch Einsetzen von (5.2-21), (5.2-22) und (5.2-19) in (5.2-24) und Ausführen der Integration, daß die *zeitlichen Mittelwerte von kinetischer und potentieller Energie gleich groß* und gleich dem halben Wert der Gesamtenergie sind:

$$\boxed{\overline{E}_k = \overline{E}_p = \frac{1}{2} E} . \tag{5.2-25}$$

In allgemeinerer Form ist dies die Aussage des sogenannten Gleichverteilungssatzes (vgl. 8).

Quantenmechanischer harmonischer Oszillator

In der klassischen Mechanik kann die Amplitude $\hat{x}$ jeden beliebigen Wert annehmen und damit dem Oszillator jede beliebige Gesamtenergie erteilt werden. In der Quantenmechanik, die hier nicht behandelt werden kann, ist diese Aussage nicht mehr gültig. Der quantenmechanische harmonische Oszillator kann danach nur *diskrete Energiewerte* E_n für die Gesamtenergie annehmen, die sich z. B. mit der *Schrödinger-Gleichung* der Wellenmechanik (siehe 25.3) berechnen lassen. Dieses Verhalten ist dadurch bedingt, daß Materie auch Welleneigenschaften zeigt und in begrenzten Schwingungsbereichen stehende Wellen (vgl. 18) ausbilden muß.

Für ein Parabelpotential, wie beim harmonischen Oszillator, erhält man als mögliche Energiewerte (Bild 5-8)

$$\boxed{E_n = \left(n + \frac{1}{2}\right) h\nu_0 = \left(n + \frac{1}{2}\right) \hbar\omega_0} \quad \text{mit} \quad n = 0,\ 1,\ 2,\ 3,\ \ldots\ . \tag{5.2-26}$$

Hierin ist

$h = 6{,}62607.. \cdot 10^{-34}$ Js: Plancksches Wirkungsquantum, Planck-Konstante,

$\hbar = h/2\pi = 1{,}054\,57... \cdot 10^{-34}$ Js.

Der Energieunterschied zwischen benachbarten Energiewerten ("Energieniveaus") beträgt nach (5.2-26)

$$\boxed{\Delta E = h\nu_0 = \hbar\omega_0} \quad \text{für} \quad \Delta n = 1\ . \tag{5.2-27}$$

Für Frequenzen makroskopischer Oszillatoren ist ΔE praktisch nicht meßbar klein, die möglichen Energiewerte liegen so dicht, daß die "Quantelung" der Oszillatorenergien praktisch nicht bemerkbar ist. Die ***klassische Mechanik*** erweist sich hier als *Grenzfall der Quantenmechanik*. Anders bei Oszillatoren im atomaren Bereich: Ein Atom, das bei Frequenzen $\nu_0 \approx 10^{-14}$ s^{-1} schwingt (Lichtfrequenzen), zeigt gut meßbare diskrete Energieniveaus.

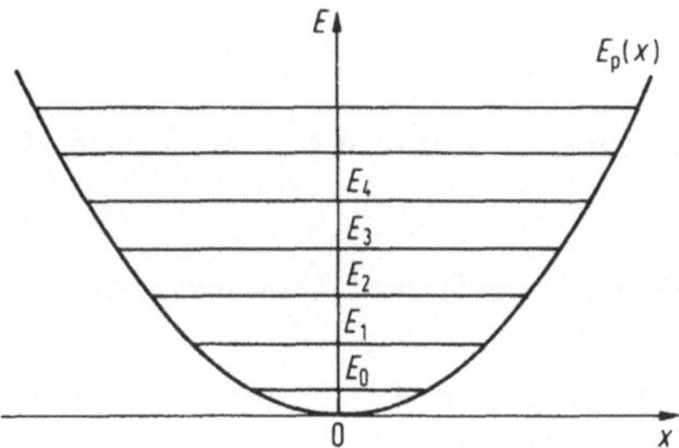

Bild 5-8: Erlaubte Energiewerte beim quantenmechanischen harmonischen Oszillator.

5.3 Freie gedämpfte Schwingungen

Bei realen Schwingungssystemen bleibt die anfängliche Gesamtenergie des Systems nicht erhalten, sondern geht durch das zusätzliche Wirken nichtkonservativer Kräfte (Luftreibung, Lagerreibung, inelastische Deformationen u.a.) allmählich auf die Umgebung über. Die Amplitude einer freien, d.h.

nach einer einmaligen Anregung ungestört bleibenden Schwingung nimmt daher zeitlich ab: *Dämpfung.* Abweichend vom ungedämpften harmonischen Oszillator als idealisiertem Grenzfall gilt daher für reale Oszillatoren $dE/dt < 0$. Mit der plausiblen, empirisch gerechtfertigten Annahme, daß die Abnahme der Energie proportional der im Schwingungssystem vorhandenen Energie ist, folgt der Ansatz:

$$\frac{dE}{dt} = -\delta^* E . \qquad (5.3\text{-}1)$$

Variablentrennung und Integration liefert die zeitliche Änderung der Energie in einem solchen nichtkonservativen System:

$$E(t) = E_0 e^{-\delta^* t} . \qquad (5.3\text{-}2)$$

E_0 ist die Energie des Oszillators zur Zeit $t = 0$. Die Konstante δ^* heißt Abklingkoeffizient (hier der Energie). Der exponentielle Abfall mit der Zeit ist charakteristisch für gedämpfte Systeme.

Als Beispiel eines solchen Schwingungssystems werde das Federpendel (vgl. 5.2) betrachtet. Ein häufig vorkommender Fall und mathematisch leicht zu behandeln ist die Dämpfung durch eine Reibungskraft, die der Geschwindigkeit proportional und ihr entgegengesetzt gerichtet ist (vgl. 3.2.3):

$$F_R = -r v = -r \frac{dx}{dt} . \qquad (5.3\text{-}3)$$

r heißt Dämpfungskonstante. Die Kraftgleichung des ungedämpften harmonischen Oszillators (5.2-1) muß jetzt durch die Reibungskraft (5.3-3) ergänzt werden:

$$ma = -Dx - rv , \qquad (5.3\text{-}4)$$

woraus sich die Differentialgleichung des gedämpften Federpendels ergibt:

$$\boxed{m \frac{d^2x}{dt^2} + r \frac{dx}{dt} + Dx = 0} . \qquad (5.3\text{-}5)$$

Durch Ersetzen der speziellen Konstanten m, r und D durch generalisierte Konstanten gemäß

$$\frac{r}{m} = 2\delta , \quad \delta : \text{Abklingkoeffizient (der Amplitude)} \qquad (5.3\text{-}6)$$

$$\frac{D}{m} = \omega_0^2 , \quad \omega_0 : \text{Kreisfrequenz des ungedämpften Oszillators, vgl. (5.2-2),} \qquad (5.3\text{-}7)$$

ergibt sich die generalisierte *Schwingungsgleichung des freien gedämpften Oszillators*

$$\boxed{\frac{d^2x}{dt^2} + 2\delta \frac{dx}{dt} + \omega_0^2 x = 0} . \qquad (5.3\text{-}8)$$

Diese Differentialgleichung läßt sich durch einen Exponentialansatz gemäß (5.3-2)

$$x = c \exp(\gamma t) \qquad (5.3\text{-}9)$$

lösen. Einsetzen in (5.3-8) ergibt die allgemeine Lösung

$$x = c_1 \exp(\gamma_1 t) + c_2 \exp(\gamma_2 t) \tag{5.3-10}$$

$$\text{mit} \quad \gamma_{1,2} = -\delta \pm \sqrt{\delta^2 - \omega_0^2} \,. \tag{5.3-11}$$

Die Integrationskonstanten $c_{1,2}$ sind aus den Anfangsbedingungen zu bestimmen. Wichtige Spezialfälle der allgemeinen Lösung ergeben sich je nachdem, wie groß δ gegenüber ω_0 ist, ob also die Wurzel in (5.3-11) imaginär, null oder reell ist. Mit steigender Dämpfung (steigender Abklingkoeffizient δ) unterscheidet man:

1) $\delta^2 - \omega_0^2 < 0$: $\longrightarrow$ periodischer Fall,

2) $\delta^2 - \omega_0^2 = 0$: $\longrightarrow$ aperiodischer Grenzfall,

3) $\delta^2 - \omega_0^2 > 0$: $\longrightarrow$ aperiodischer Fall.

Als Anfangsbedingungen nehmen wir wie in 5.2.2 an, daß der gedämpfte Oszillator bei $t=0$ mit der Auslenkung $x(0) = x_0$ freigegeben wird, ohne ihm gleichzeitig eine Geschwindigkeit zu erteilen, d.h. $v(0) = \dot{x}(0) = 0$. Für die Integrationskonstanten folgt dann

$$c_{1,2} = \frac{x_0}{2}\left(1 \mp \frac{\delta}{\sqrt{\delta^2 - \omega_0^2}}\right). \tag{5.3-12}$$

5.3.1 Periodischer Fall (Schwingfall)

Dieser Fall liegt bei geringer Dämpfung vor: $\delta^2 < \omega_0^2$.
Aus (5.3-10) bis (5.3-12) ergibt sich dann unter Beachtung der Exponentialdarstellung der trigonometrischen Funktionen

$$x = x_0\, e^{-\delta t}\left(\frac{\delta}{\omega} \sin \omega t + \cos \omega t\right) \tag{5.3-13}$$

$$\text{mit} \quad \omega = \sqrt{\omega_0^2 - \delta^2} \,. \tag{5.3-14}$$

Für sehr geringe Dämpfung, d.h. $\delta \ll \omega_0$, wird $\omega \approx \omega_0$ bzw. $\omega \gg \delta$, womit sich aus (5.3-13) näherungsweise ergibt

$$x \approx x_0 e^{-\delta t} \cos \omega t \,, \tag{5.3-15}$$

also eine Cosinus-Schwingung, deren Amplitude $\hat{x} = x_0\, e^{-\delta t}$ mit dem Abklingkoeffizienten δ zeitlich exponentiell abnimmt (Bild 5-9). Nach (5.2-23) ist die Schwingungsenergie $E \sim \hat{x}^2$, d.h. sie klingt exponentiell mit $\delta^* = 2\delta$ ab, zeigt also das gemäß (5.3-2) erwartete Verhalten. Mit steigender Dämpfungskonstante β bzw. steigendem Abklingkoeffizienten δ nimmt die Amplitude $\hat{x}$ zunehmend schneller zeitlich ab. Das Verhältnis zweier im zeitli-

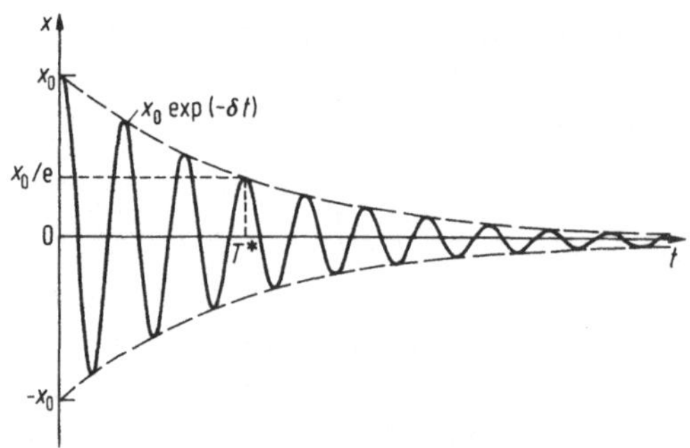

Bild 5-9: Zeitliches Abklingen einer gedämpften Schwingung (Schwingfall).

chen Abstand einer Schwingungsdauer T aufeinander folgender Amplituden ist

$$\frac{\hat{x}_i}{\hat{x}_{i+1}} = e^{\delta T} . \tag{5.3-16}$$

Der Exponent δT wird als *logarithmisches Dekrement* Λ der gedämpften Schwingung bezeichnet:

$$\Lambda = \delta T = \ln \frac{\hat{x}_i}{\hat{x}_{i+1}} . \tag{5.3-17}$$

5.3.2 Aperiodischer Grenzfall

Dieser Fall liegt bei mittlerer Dämpfung dann vor, wenn die Wurzel in (5.3-11) und (5.3-12) verschwindet: $\delta^2 = \omega_0^2$.
Die Lösung für die vorgegebenen Anfangsbedingungen ergibt sich aus (5.3-13) durch Grenzübergang $\omega \to 0$ zu

$$\boxed{x = x_0 e^{-\delta t}(\delta t + 1)} . \tag{5.3-18}$$

Es findet kein periodischer Nulldurchgang mehr statt (Bild 5-10), das Schwingungssystem reagiert nach der Anfangsauslenkung mit der schnellstmöglichen Annäherung an die Ruhelage.

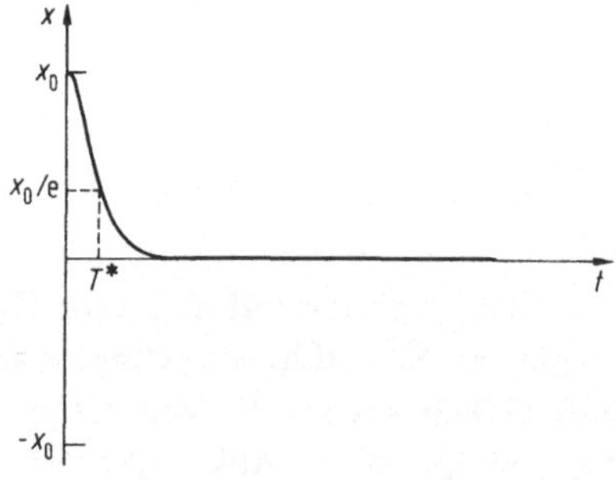

Bild 5-10: Zeitliches Abklingen im aperiodischen Grenzfall.

5.3.3 Aperiodischer Fall (Kriechfall)

Dieser Fall liegt bei großer Dämpfung vor: $\delta^2 > \omega_0^2$.
Mit den gleichen Anfangsbedingungen wie in 5.3.1 ergibt sich unter Beachtung der Exponentialdarstellung der hyperbolischen Funktionen aus (5.3-10) bis (5.3-12) oder unter Verwendung der Beziehungen zwischen trigonometrischen und hyperbolischen Funktionen aus (5.3-13) und (5.3-14)

$$x = x_0 \, e^{-\delta t} \left(\frac{\delta}{\beta} \sinh \beta t + \cosh \beta t \right) \tag{5.3-19}$$

$$\text{mit} \quad \beta = \sqrt{\delta^2 - \omega_0^2} \, . \tag{5.3-20}$$

Für sehr große Dämpfung, d.h. $\delta \gg \omega_0$, wird

$$\beta \approx \delta - \frac{\omega_0^2}{2\delta} \, , \tag{5.3-21}$$

und damit aus (5.3-19) unter Berücksichtigung der Eulerschen Beziehung $\sinh \alpha + \cosh \alpha = e^{\alpha}$:

$$x \approx x_0 \exp\left(- \frac{\omega_0^2}{2\delta} t \right) \, . \tag{5.3-22}$$

Nach der Anfangsauslenkung "kriecht" das Schwingungssystem exponentiell mit der Zeit in die Ruhelage zurück. Da δ hier im Nenner des Exponenten steht, geht dieser Vorgang umso langsamer vor sich, je größer die Dämpfungskonstante r bzw. der Abklingkoeffizient δ ist (Bild 5-11).

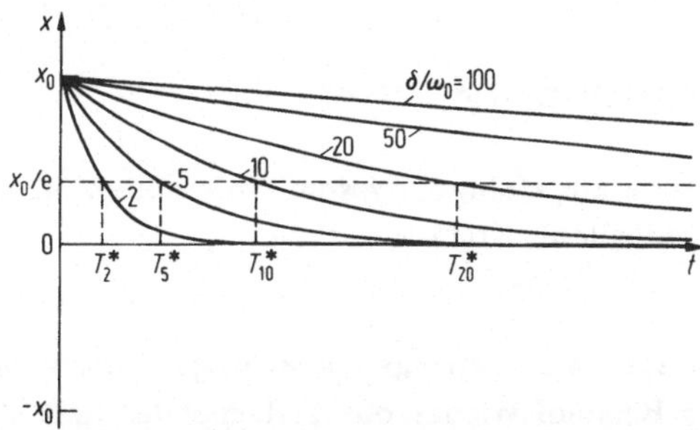

Bild 5-11: Zeitliches Abklingen im Kriechfall.

5.3.4 Abklingzeit

Als Maß für die Zeit, die ein Schwingungssystem benötigt, um sich der Endlage zu nähern, wird die Abklingzeit T^* als diejenige Zeit eingeführt, in der die Amplitude $\hat{x} = x_0 \, e^{-\delta t}$ (im Schwingfall) bzw. die Auslenkung x (im Kriechfall) von x_0 auf x_0/e gesunken ist. Aus (5.3-15) und mit (5.3-6) folgt bei sehr kleiner Dämpfung für den Schwingfall:

$$T^* = \frac{1}{\delta} = \frac{2m}{r} \sim \frac{1}{r} \, . \tag{5.3-23}$$

Aus (5.3-21) und mit (5.3-6) und (5.3-7) folgt bei sehr großer Dämpfung für den Kriechfall:

$$T^* = \frac{2\delta}{\omega_0^2} = \frac{r}{D} \sim r\,. \tag{5.3-24}$$

Mit steigender Dämpfung r nimmt die Abklingzeit T^* zunächst im Schwingfall ab und nimmt dann im Kriechfall wieder zu (Bild 5-12). Das Minimum der Abklingzeit liegt etwa im aperiodischen Grenzfall vor, der deshalb für viele technische Systeme von Bedeutung ist, bei denen einerseits Schwingungen, andererseits zu große Abklingzeiten vermieden werden sollen. Er kann nach 5.3.2 durch Einstellung der Dämpfung auf $\delta = \omega_0$ bzw. gemäß (5.3-6) und (5.3-7) auf

$$r = 2\sqrt{mD} \tag{5.3-25}$$

erreicht werden.

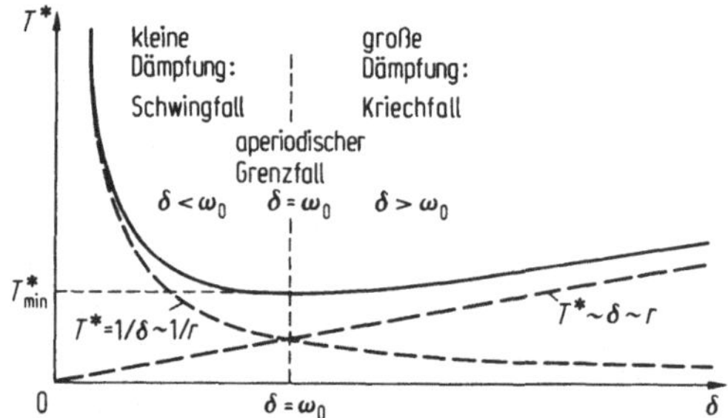

Bild 5-12: Abklingzeit eines Schwingungssystems als Funktion der Dämpfung.

5.4 Erzwungene Schwingungen, Resonanz

Wirkt auf das schwingungsfähige System von außen über eine Kopplung eine periodisch veränderliche Kraft ein, z.B.

$$F(t) = \hat{F}\sin\omega t\,, \tag{5.4-1}$$

so wird das System zum Mitschwingen gezwungen: *erzwungene Schwingungen*. Wählen wir als Beispiel wieder das Federpendel (mit Dämpfung), so ist dessen Kraftgleichung (5.3-5) nun durch die periodische Kraft (5.4-1) zu ergänzen:

$$\boxed{m\frac{d^2x}{dt^2} + r\frac{dx}{dt} + Dx = F(t) = \hat{F}\sin\omega t}\,. \tag{5.4-2}$$

Durch Einführung der generalisierten Konstanten $\delta = r/2m$ und $\omega_0^2 = D/m$ aus (5.3-6) und (5.3-7) folgt daraus die *Differentialgleichung der erzwungenen Schwingung*:

$$\boxed{\frac{d^2x}{dt^2} + 2\delta\frac{dx}{dt} + \omega_0^2 x = \frac{\hat{F}}{m}\sin\omega t}\,. \tag{5.4-3}$$

Die allgemeine Lösung dieser inhomogenen Differentialgleichung ergibt sich als Summe zweier Anteile:

1. der Lösung der homogenen Differentialgleichung ($\hat{F} = 0$), die der freien gedämpften Schwingung entspricht und durch (5.3-10) und (5.3-11) gegeben ist. Sie beschreibt den zeitlich abklingenden *Einschwingvorgang.*
2. der stationären Lösung der inhomogenen Gleichung (5.4-3) für den eingeschwungenen Zustand ($t \gg 1/\delta$).

Für den *stationären Fall* ist ein geeigneter Lösungsansatz

$$\boxed{x = \hat{x} \sin(\omega t + \varphi)} \,. \tag{5.4-4}$$

Einsetzen in die Differentialgleichung (5.4-3) und Anwendung der Additionstheoreme trigonometrischer Funktionen für Argumentsummen liefert

$$\left[(\omega^2 - \omega_0^2) \sin\varphi - 2\delta\omega \cos\varphi\right] \hat{x} \cos\omega t + \\ + \left[(\omega^2 - \omega_0^2) \cos\varphi + 2\delta\omega \sin\varphi\right] \hat{x} \sin\omega t = -\frac{\hat{F}}{m} \sin\omega t \,.$$

Diese Gleichung ist nur dann für alle t gültig, wenn die Koeffizienten der linear unabhängigen Zeitfunktionen $\sin\omega t$ und $\cos\omega t$ getrennt verschwinden. Aus diesen beiden Bedingungen ergibt sich für die *stationäre Amplitude* der erzwungenen Schwingung mit der Kreisfrequenz ω der anregenden periodischen Kraft $F = \hat{F} \sin\omega t$

$$\boxed{\hat{x} = \frac{\hat{F}}{m\sqrt{(\omega^2 - \omega_0^2)^2 + 4\delta^2\omega^2}}} \,, \tag{5.4-5}$$

und für die *Phasendifferenz* φ der Auslenkung gegenüber der Phase der periodischen äußeren Kraft

$$\boxed{\tan\varphi = \frac{2\delta\omega}{\omega^2 - \omega_0^2}} \,. \tag{5.4-6}$$

Anders als bei der freien Schwingung (vgl. 5.2.2 und 5.3) sind Amplitude und Phasenwinkel der stationären erzwungenen Schwingung nicht mehr von den Anfangsbedingungen abhängig, sondern von der Frequenz bzw. Kreisfrequenz ω und der Amplitude $\hat{F}$ der erregenden äußeren Kraft sowie von der Dämpfung (Abklingkonstante δ) des Schwingungssystems.

5.4.1 Resonanz

Die Amplitude der erzwungenen Schwingung zeigt aufgrund der Differenz $(\omega^2 - \omega_0^2)$ im Nenner von (5.4-5) eine ausgeprägte Frequenzabhängigkeit. Bei konstanter, zeitunabhängiger Erregerkraft ($\omega = 0$) ist die statische Auslenkung

$$\hat{x}_{st} = \frac{\hat{F}}{m\omega_0^2} = \frac{\hat{F}}{D} \,. \tag{5.4-7}$$

Mit steigender Erregerfrequenz ω und niedriger Dämpfung δ erreicht die Amplitude besonders hohe Werte bei $\omega \approx \omega_0$: *Resonanz* (Bild 5-13). Die Lage

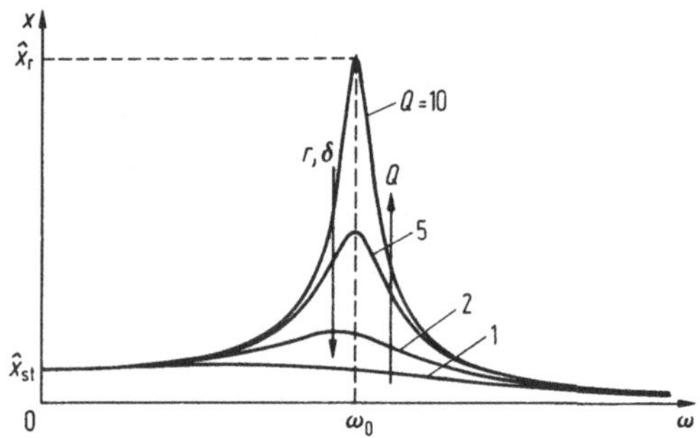

Bild 5-13: Resonanzkurven bei verschiedenen Güten Q.

des Resonanzmaximums $\hat{x}_r = \hat{x}(\omega_r)$ (ω_r: *Resonanzkreisfrequenz*) ergibt sich aus (5.4-5) durch Bildung von $d\hat{x}/d\omega = 0$:

$$\omega_r = \sqrt{\omega_0^2 - 2\delta^2} < \omega_0 \,. \tag{5.4-8}$$

Die *Resonanzamplitude* $\hat{x}_r$ ergibt sich damit aus (5.4-7) zu

$$\boxed{\hat{x}_r = \frac{\hat{F}}{2m\delta\sqrt{\omega_0^2 - \delta^2}}} \,. \tag{5.4-9}$$

Sie ist stets etwas größer als die Amplitude $\hat{x}_0$ bei $\omega = \omega_0$:

$$\hat{x}_0 = \frac{\hat{F}}{2m\delta\omega_0} \,. \tag{5.4-10}$$

Für kleine Dämpfungen ($\delta \ll \omega_0$) gilt $\omega_r \approx \omega_0$ und $\hat{x}_r \approx \hat{x}_0$. Das Verhältnis von Resonanzamplitude $\hat{x}_r$ zur statischen Auslenkung $\hat{x}_{st}$ wird als *Resonanzüberhöhung* oder *Güte Q* bezeichnet. Mit (5.4-7) und (5.4-9) bzw. (5.4-10) folgt

$$Q \equiv \frac{\hat{x}_r}{\hat{x}_{st}} = \frac{\omega_0^2}{2\delta\sqrt{\omega_0^2 - \delta^2}} \approx \frac{\hat{x}_0}{\hat{x}_{st}} = \frac{\omega_0}{2\delta} \qquad \text{für } \delta \ll \omega_0 \,. \tag{5.4-11}$$

Mit steigender Dämpfung bzw. sinkender Güte Q wird $\omega_r < \omega_0$, die Resonanzamplitude sinkt, bis schließlich $\omega_r = 0$ wird bei $\delta = \omega_0/\sqrt{2}$ (Bild 5-13). Für Dämpfungen $\delta > \omega_0/\sqrt{2}$ verschwindet das Resonanzverhalten völlig, die stationäre Schwingungsamplitude $\hat{x}$ ist dann bei allen Frequenzen kleiner als die statische Auslenkung $\hat{x}_{st}$.
Umgekehrt wird mit verschwindender Dämpfung ($\delta \to 0$) die Resonanzamplitude beliebig groß. Da fast jedes mechanisches System (z.B. Brücken, Gebäudedecken, rotierende Maschinen) durch periodische Kräfte zu Schwingungen erregt werden kann, können im Resonanzfalle die Schwingungsamplituden größer werden als es die Festigkeitsbedingungen erlauben, sodaß das System zerstört wird: *Resonanzkatastrophe*. Dies muß vermieden werden durch hohe Dämpfung, Vermeidung periodischer Kräfte oder große Differenz zwischen Erregerfrequenz und Resonanzfrequenz.

Als Maß für den Frequenzbereich, in dem sich die Resonanzerscheinung bei geringer Dämpfung ($\delta \ll \omega_0$, $\omega_r \approx \omega_0$) besonders stark auswirkt, kann die

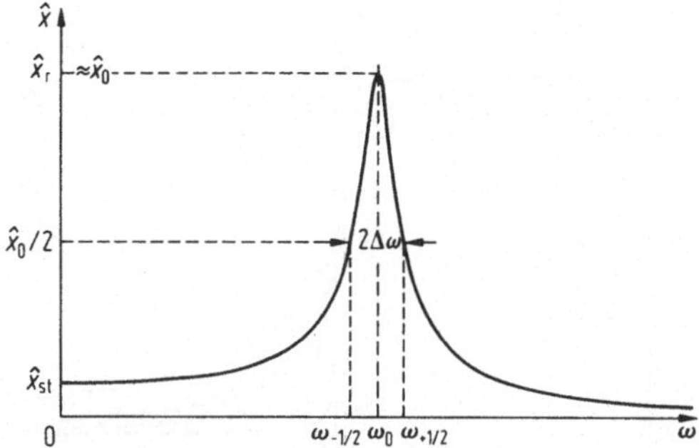

Bild 5-14: Halbwertsbreite der Resonanzkurve.

Halbwertsbreite $2\Delta\omega$ benutzt werden (Bild 5-14). Werden die Kreisfrequenzen, bei denen die Amplitude auf den halben Wert der Resonanzamplitude gefallen ist, mit $\omega_{-1/2}$ bzw. $\omega_{+1/2}$ bezeichnet, sowie

$$\Delta\omega = \omega_{+1/2} - \omega_0 \approx \omega_0 - \omega_{-1/2} \tag{5.4-12}$$

eingeführt, so kann $\Delta\omega$ gemäß der Bedingung $\hat{x}(\omega_{1/2}) \approx \hat{x}_0/2$ aus (5.4-5) und (5.4-10) näherungsweise berechnet werden:

$$\Delta\omega \approx 2\delta = 2/T^* . \tag{5.4-13}$$

T^* ist die Abklingzeit des freien, gedämpften Schwingungssystems, vgl. 5.3.4. Daraus folgt die generell für Schwingungssysteme gültige Beziehung

$$\Delta\omega/\delta = \Delta\omega\, T^* = \text{const} . \tag{5.4-14}$$

Mit (5.4-13) folgt für die Güte aus (5.4-11)

$$\boxed{Q = \frac{\omega_0}{\Delta\omega}} . \tag{5.4-15}$$

Der Phasenwinkel zwischen einander entsprechenden Phasen der Auslenkung und der Erregerkraft beträgt nach (5.4-6)

$$\varphi = \arctan \frac{2\delta\omega}{\omega^2 - \omega_0^2} . \tag{5.4-16}$$

Für verschwindende Dämpfung ($\delta = 0$) ist das eine Sprungfunktion, die unterhalb der Resonanz ($\omega < \omega_0$) den Wert $\varphi = 0$, oberhalb ($\omega > 0$) den Wert $\varphi = -\pi$ annimmt (Bild 5-15).

Mit zunehmender Dämpfung (abnehmende Güte) wird der Übergang stetig und zunehmend breiter, wobei $\varphi(\omega_0) = -\pi/2$ ist. D.h. bei tiefen Erregerfrequenzen schwingt das System nahezu in gleicher Phase mit der Erregerkraft, bei hohen Erregerfrequenzen dagegen gegenphasig.

Im Resonanzfall läuft die Phase der Auslenkung der der Erregerkraft um $\pi/2$ nach. Die Zeitfunktionen sind dann:

Auslenkung	$x(\omega_0) = \hat{x} \sin(\omega t - \pi/2)$
Geschwindigkeit	$\dot{x}(\omega_0) = \omega\hat{x} \cos(\omega t - \pi/2) = \omega\hat{x} \sin \omega t$
Erregerkraft	$F(\omega_0) = \hat{F} \sin \omega t$

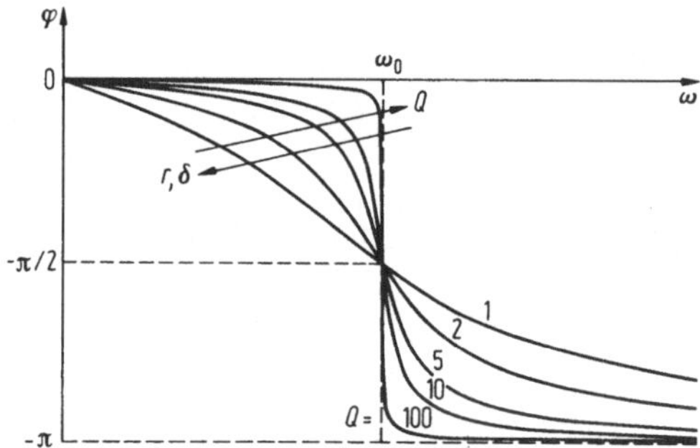

Bild 5-15: Phasenkurven der Auslenkung erzwungener Schwingungen bei verschiedenen Güten Q.

Erregerkraft und Geschwindigkeit sind also im Resonanzfall phasengleich: die Kraft wirkt während der gesamten Periode in die gleiche Richtung wie die Geschwindigkeit, d.h. stets beschleunigend. Bei anderen Frequenzen ist das nicht der Fall. Daraus folgt die hohe Amplitude bei Resonanz.

5.4.2 Leistungsaufnahme des Oszillators

Die Leistung, die von der Erregerkraft auf den Oszillator übertragen wird, ergibt sich aus (4-6) zu $P = F\dot{x} = \hat{F}\sin(\omega t)\,\omega\hat{x}\cos(\omega t + \varphi)$. Zeitliche Mittelung über eine ganze Periode und Einsetzen von (5.4-5) und (5.4-6) liefert

$$\overline{P} = \frac{\hat{F}^2}{m\delta}\cdot\frac{\delta^2\omega^2}{(\omega^2-\omega_0^2)^2+4\delta^2\omega^2}\,. \qquad (5.4\text{-}17)$$

Einführung der Güte $Q = \omega_0/2\delta$ nach (5.4-11) und einer reduzierten Frequenz $\Omega = \omega/\omega_0$ ergibt weiter (Bild 5-16)

$$\overline{P} = \frac{\hat{F}^2}{2m\omega_0}\cdot\frac{Q\Omega^2}{Q^2(\Omega^2-1)^2+\Omega^2}\,. \qquad (5.4\text{-}18)$$

Im Gegensatz zur Amplitudenresonanzkurve hat die Leistungsresonanzkurve ihr Maximum exakt bei $\omega = \omega_0$ ($\Omega = 1$), unabhängig von der Dämpfung bzw. Güte (Bild 5-16). Analog zu (5.4-12) kann hier eine Leistungshalbwertsbreite

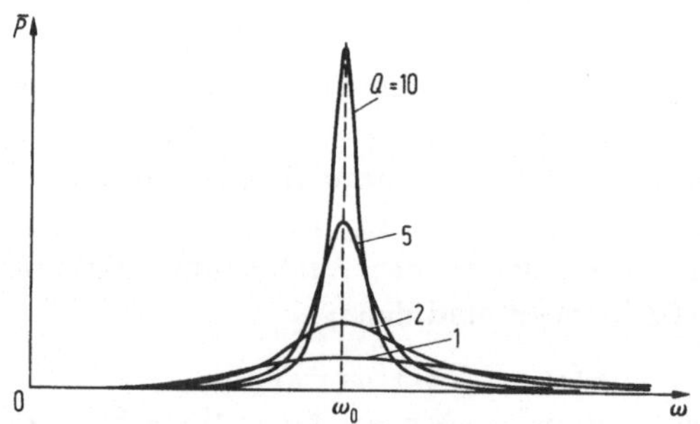

Bild 5-16: Leistungsresonanzkurven bei verschiedener Güte Q.

Tabelle 5-1: Übersicht zum harmonischen Oszillator: Freie Schwingungen.

Freie ungedämpfte Schwingung

$$\frac{d^2x}{dt^2} + \omega_0^2 x = 0$$

Trägheitsglied, Rückstellglied

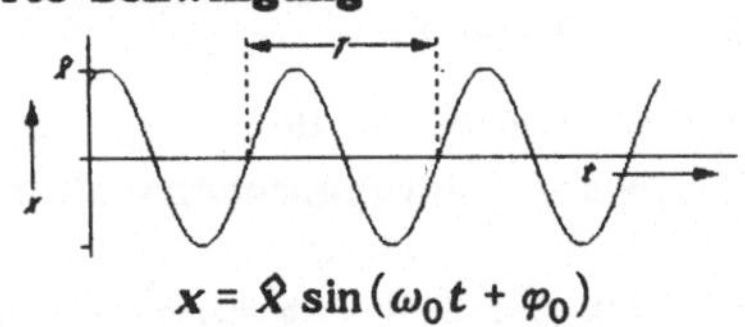

$$x = \hat{x}\sin(\omega_0 t + \varphi_0)$$

Freie gedämpfte Schwingung

$$\frac{d^2x}{dt^2} + 2\delta\frac{dx}{dt} + \omega_0^2 x = 0$$

Trägheitsglied, Reibungsglied, Rückstellglied

Anfangsbedingungen
$x(0) = x_0\,,\quad v(0) = \dot{x}(0) = 0:$

Periodischer Fall (Schwingfall):

$\delta^2 < \omega_0^2$ (geringe Dämpfung)

$$\omega = \sqrt{\omega_0^2 - \delta^2}$$

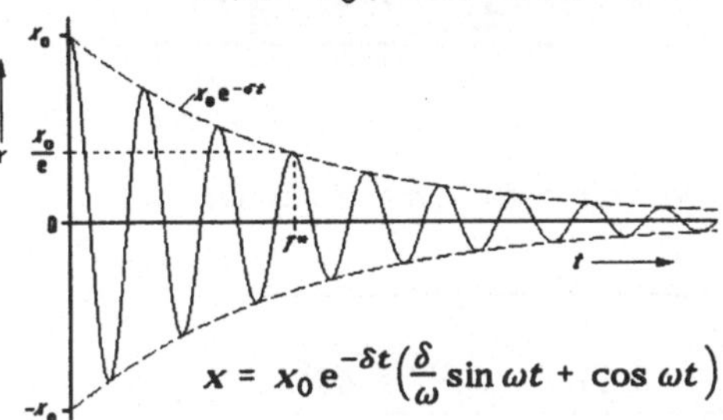

$$x = x_0 e^{-\delta t}\left(\frac{\delta}{\omega}\sin\omega t + \cos\omega t\right)$$

Aperiodischer Grenzfall:

$\delta^2 = \omega_0^2$ (mittlere Dämpfung)

$\omega \to 0$

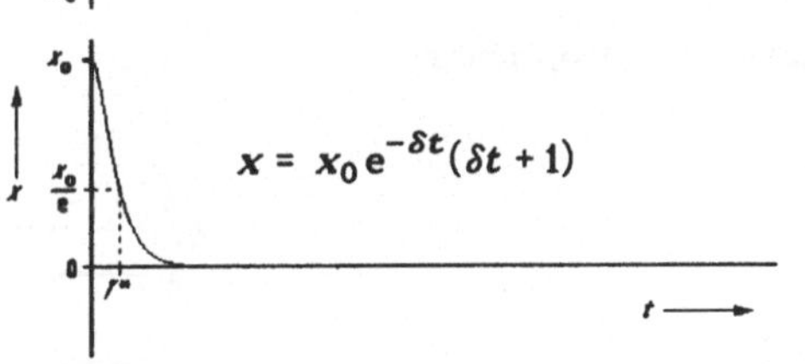

$$x = x_0 e^{-\delta t}(\delta t + 1)$$

Aperiodischer Fall (Kriechfall):

$\delta^2 > \omega_0^2$ (große Dämpfung)

$$\beta = i\omega = \sqrt{\delta^2 - \omega_0^2}$$

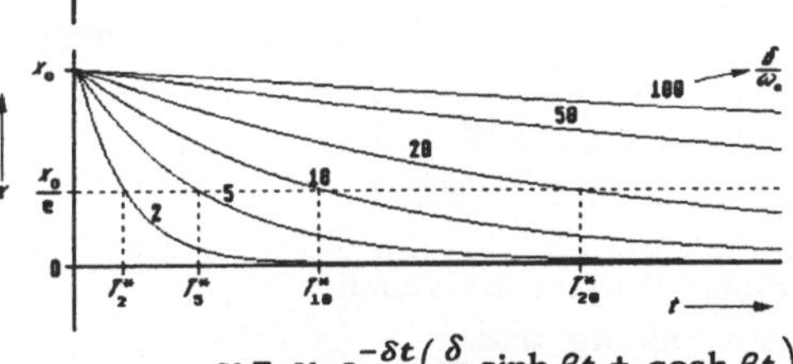

$$x = x_0 e^{-\delta t}\left(\frac{\delta}{\beta}\sinh\beta t + \cosh\beta t\right)$$

Abklingverhalten:

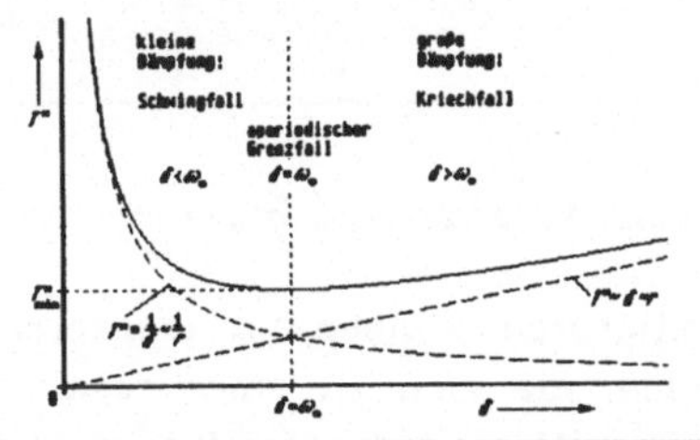

definiert werden, die sich als halb so groß wie die Amplitudenhalbwertsbreite erweist:

$$(\Delta\omega)_P \approx \delta \approx \Delta\omega/2 \,. \tag{5.4-19}$$

Die Halbwertsbreite $\Delta\omega$ der Amplitudenresonanzkurve entspricht also der vollen Breite der Leistungsresonanzkurve bei halber Leistung.

Tabelle 5-2: Übersicht zum harmonischen Oszillator: Erzwungene Schwingungen.

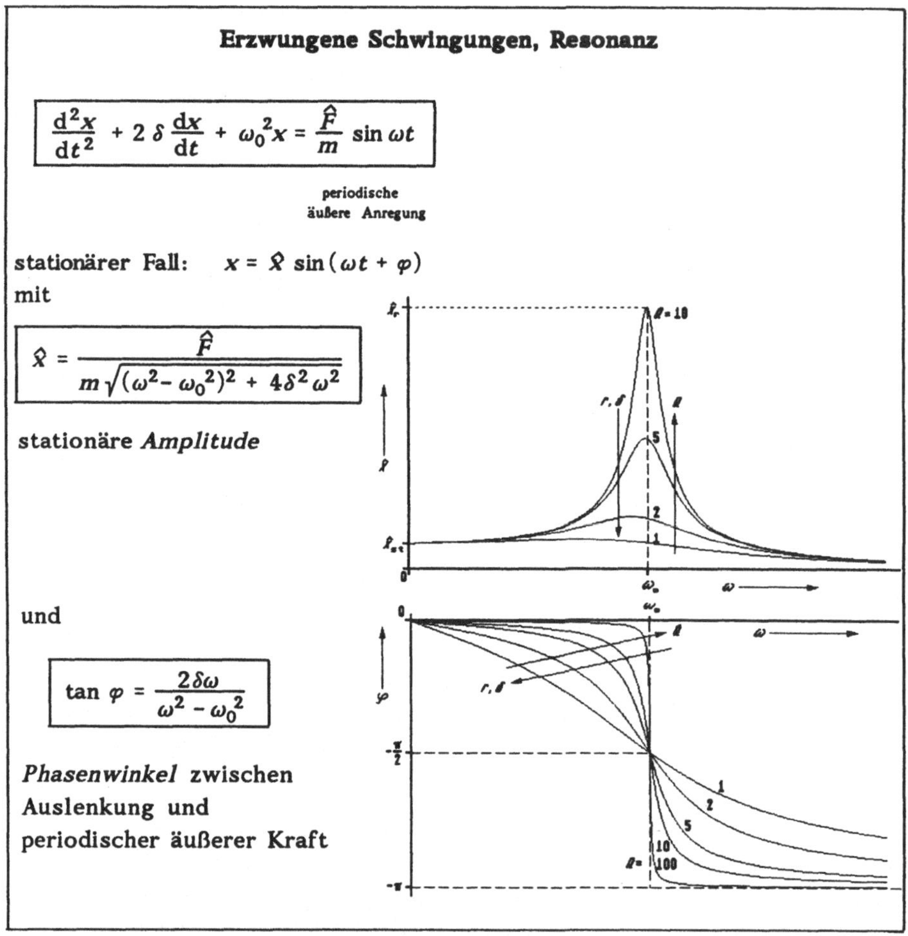

5.5 Überlagerung von harmonischen Schwingungen

Oszillatoren können zu mehreren, gleichzeitigen Schwingungen angeregt werden, die sich zu einer resultierenden Schwingung überlagern. Solange die resultierenden Amplituden die Grenze des linearen Verhaltens (z.B. 3.2-6) nicht überschreiten, gilt das *Prinzip der ungestörten Superposition*:

Wird ein Körper zu mehreren Schwingungen angeregt, so überlagern (addieren) sich deren Auslenkungen ohne gegenseitige Störung.

5.5.1 Schwingungen gleicher Frequenz

Zwei Schwingungen gleicher Schwingungsrichtung und gleicher Frequenz $x_1 = \hat{x}_1 \sin(\omega t + \varphi_1)$ und $x_2 = \hat{x}_2 \sin(\omega t + \varphi_2)$ überlagern sich zu einer resultierenden harmonischen Schwingung derselben Frequenz

$$x = x_1 + x_2 = \hat{x} \sin(\omega t + \varphi) . \tag{5.5-1}$$

Die Anwendung der Additionstheoreme auf (5.5-1) und ein Vergleich der Koeffizienten von $\sin \omega t$ und $\cos \omega t$ liefern Amplitude und Anfangsphase der resultierenden Schwingung:

$$\hat{x} = \sqrt{\hat{x}_1^2 + \hat{x}_2^2 + 2\hat{x}_1\hat{x}_2 \cos(\varphi_1 - \varphi_2)} , \tag{5.5-2}$$

$$\operatorname{tg} \varphi = \frac{\hat{x}_1 \sin \varphi_1 + \hat{x}_2 \sin \varphi_2}{\hat{x}_1 \cos \varphi_1 + \hat{x}_2 \cos \varphi_2} . \tag{5.5-3}$$

Bei gleichen Amplituden $\hat{x}_1 = \hat{x}_2$ und gleichen Anfangsphasen $\varphi_1 = \varphi_2$ überlagern sich beide Schwingungen zur doppelten resultierenden Amplitude (gegenseitige "maximale Verstärkung" beider Schwingungen), bei der Anfangsphasendifferenz $\varphi_1 - \varphi_2 = \pi$ heben sich beide Schwingungen auf (gegenseitige "Auslöschung" beider Schwingungen). Diese Sonderfälle spielen bei der *Interferenz* zweier Schwingungen eine wichtige Rolle.

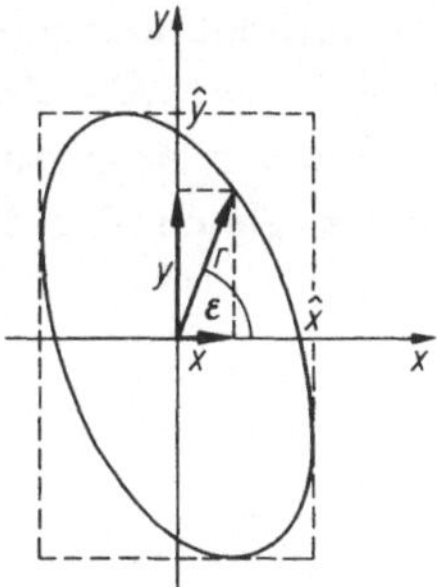

Bild 5-17: Bahnkurve der resultierenden Schwingung aus zwei zueinander senkrechten linearen Schwingungen gleicher Frequenz.

Die Auslenkungen zweier Schwingungen, die zueinander senkrecht mit Kreisfrequenzen ω_x und ω_y erfolgen, z.B. $x = \hat{x} \sin(\omega_x + \varphi_x)$ und $y = \hat{y} \sin(\omega_y + \varphi_y)$, müssen vektoriell addiert werden (Bild 5-17). Die Polarkoordinaten der resultierenden Auslenkung zur Zeit t sind

$$r = \sqrt{x^2 + y^2} \quad \text{und} \quad \operatorname{tg} \varepsilon = \frac{y}{x} . \tag{5.5-4}$$

Im Falle gleicher Frequenzen $\omega_x = \omega_y$ ergeben sich als Bahnkurven der resultierenden Auslenkung Ellipsen (Bild 5-17), deren Exzentrizität und Lage von den Amplituden und Anfangsphasen der Einzelschwingungen abhängen. Bei ungleichen Frequenzen ergeben sich kompliziertere Bahnkurven, sogenannte *Lissajous-Figuren*.

5.5.2 Schwingungen verschiedener Frequenz

Die Überlagerung von linearen harmonischen Schwingungen mit gleicher Schwingungsrichtung, aber unterschiedlicher Frequenz ergibt eine nichtharmonische oder anharmonische Schwingung. Wir betrachten einige wichtige Sonderfälle:

Schwebungen

Typische Schwebungserscheinungen treten bei Überlagerung zweier Schwingungen mit *geringem Frequenzunterschied* auf. Im einfachen Fall gleicher Amplituden beider Schwingungen folgt für eine beliebige Auslenkungskoordinate ξ

$$\xi = \xi_1 + \xi_2 = \hat{\xi} \sin 2\pi \nu_1 t + \hat{\xi} \sin 2\pi \nu_2 t \quad \text{mit} \quad \nu_1 - \nu_2 = \Delta\nu \ll \nu_{1,2} .$$

$\Delta\nu$ ist die Differenzfrequenz. Die Anwendung der Additionstheoreme ergibt daraus

$$\xi = 2\hat{\xi} \cos 2\pi \frac{\Delta\nu}{2} t \, \sin 2\pi \nu t \tag{5.5-5}$$

mit der Mittenfrequenz $\nu = (\nu_1 + \nu_2)/2$. Es ergibt sich also eine Schwingung mit der Mittenfrequenz ν, deren Amplitude periodisch zwischen $2\hat{\xi}$ und 0 schwankt: die Schwingung ist "moduliert" mit einer Frequenz $\nu_m = \Delta\nu/2 = 1/T_m$ (Bild 5-18). Die langsam zeitveränderliche Funktion $2\hat{\xi} \cos(2\pi\Delta\nu t/2)$ stellt die Amplituden-"Hüllkurve" dar. Als *Schwebungsdauer* T_s wird der zeitliche Abstand zweier benachbarter Amplitudenmaxima oder Nullstellen der Amplitude bezeichnet. Sie ist gleich der halben Modulationsperiodendauer T_m und damit

$$T_s = \frac{1}{\Delta\nu} . \tag{5.5-6}$$

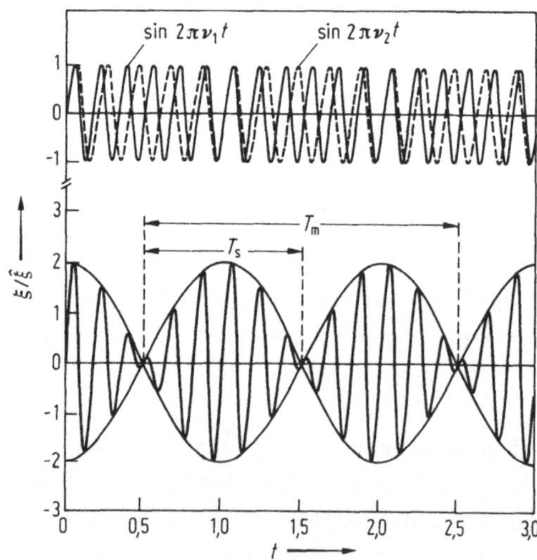

Bild 5-18: Überlagerung zweier Schwingungen mit geringem Frequenzunterschied: Schwebung.

Die Erscheinung der Schwebung wird häufig zum Frequenzvergleich ausgenutzt: Die Schwebungsdauer wird ∞, wenn $\nu_2 = \nu_1$ ist.

Amplitudenmodulation

Wird die Amplitude einer Schwingung der hohen Frequenz Ω periodisch mit einer niedrigeren "Modulations"-Frequenz ω_m verändert, so spricht man von Amplitudenmodulation (Bild 19a). Die Schwebung stellt bereits einen Spezialfall der Amplitudenmodulation dar. Die allgemeine Beschreibung lautet:

$$\xi = \hat{\xi}\,(1 + a \cos \omega_m t) \sin \Omega t \quad \text{mit} \quad a \leq 1 \;. \tag{5.5-7}$$

a wird Modulationsgrad genannt.

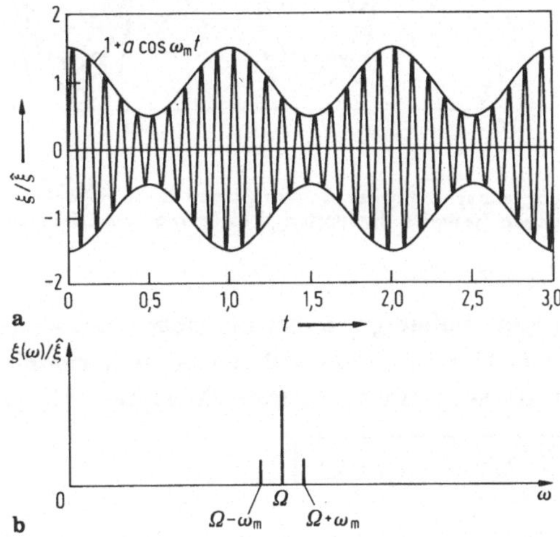

Bild 5-19: a Amplitudenmodulierte Schwingung und b deren Frequenzspektrum.

Nach Anwendung der Additionstheoreme läßt sich (5.5-7) auch in folgender Form schreiben:

$$\xi = \hat{\xi}\left[\sin \Omega t + \frac{a}{2}\Big(\sin(\Omega - \omega_m)t \; + \; \sin(\Omega + \omega_m)t\Big)\right], \tag{5.5-8}$$

Die Amplitudenmodulation einer Schwingung der Frequenz Ω mit einer Modulationsfrequenz ω_m ist also gleichbedeutend mit einer Überlagerung dreier Schwingungen konstanter Amplitude und den Frequenzen Ω ("Trägerfrequenz"), $(\Omega - \omega_m)$ und $(\Omega + \omega_m)$, den unteren und oberen "Seitenfrequenzen", vgl. Frequenzspektrum Bild 5-19b, ein für die Nachrichtenübertragung mit modulierten elektrischen Schwingungen äußerst wichtiger Befund.

Anharmonische Schwingungen, Fourier-Darstellung

Die Schwebung und die amplitudenmodulierte Schwingung sind bereits Beispiele für anharmonische Schwingungen, die als Überlagerung harmonischer Schwingungen mit konstanter Amplitude und unterschiedlichen Frequenzen dargestellt werden konnten. Zwei weitere Beispiele zeigt Bild 5-20.

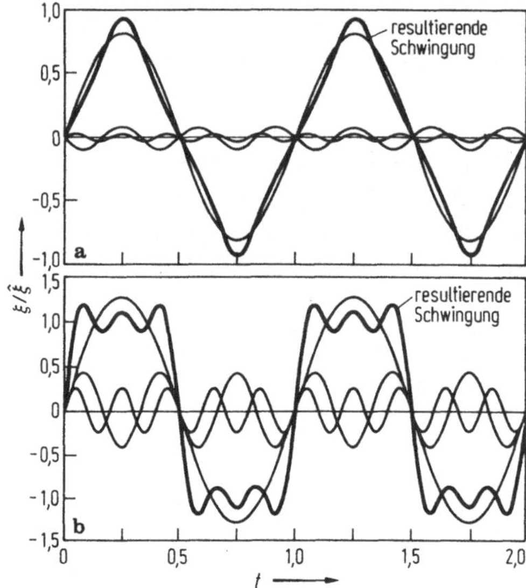

Bild 5-20: Entstehung anharmonischer Schwingungen durch Überlagerung harmonischer Schwingungen (jeweils die ersten drei Terme von 5.5-10 und 5.5-11).

Allgemein lassen sich beliebige anharmonische periodische Vorgänge als Überlagerung von (im Grenzfall unendlich vielen) harmonischen Schwingungen auffassen und als sogenannte *Fourier-Reihe* darstellen:

$$\boxed{\xi(t) = \xi_0 + \sum_{n=1}^{\infty} \xi_n \sin(n\omega_1 t + \delta_n)} \ . \qquad (5.5\text{-}9)$$

Dabei legt die Periode der anharmonischen Schwingung die *Grundfrequenz* ω_1 fest, während die Feinstruktur der anharmonischen Schwingung durch die Amplituden ξ_n und die Anfangsphasen δ_n der *Oberschwingungen* $n\omega_1$ bestimmt wird.
Bei akustischen Schwingungen ("Klängen") entspricht dem der "Grundton" und die "Obertöne", wobei wobei die Frequenz des Grundtones die Klang*höhe* bestimmt und die Amplituden- und Phasenverteilung der Obertöne die Klang*farbe* festlegt.

Die Bestimmung der Koeffizienten ξ_n der einzelnen Teilschwingungen, aus denen sich eine vorgegebene anharmonische Schwingung zusammensetzt, auf mathematischem Wege wird *Fourier-Analyse* genannt. Experimentell kann sie durch einen Satz Frequenzfilter mit unterschiedlichen Durchlaßfrequenzen erfolgen.

Beispiele für anharmonische Schwingungen:

Dreieckschwingung (Bild 5-21), vgl. auch Bild 5-20:

$$\xi = \hat{\xi}\,\frac{8}{\pi^2}\left(\sin\omega_1 t - \frac{1}{3^2}\sin 3\omega_1 t + \frac{1}{5^2}\sin 5\omega_1 t - + \dots\right) . \qquad (5.5\text{-}10)$$

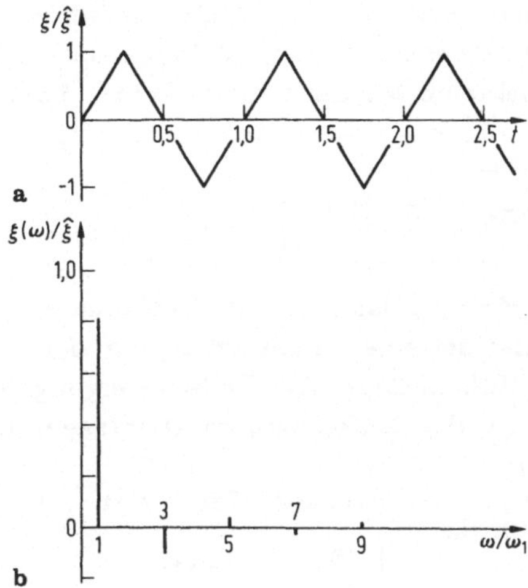

Bild 5-21: Dreieckschwingung und zugehöriges Frequenzspektrum.

Rechteckschwingung (Bild 5-22), vgl. auch Bild 5-20:

$$\xi = \hat{\xi}\,\frac{4}{\pi}\left(\sin\omega_1 t + \frac{1}{3}\sin 3\omega_1 t + \frac{1}{5}\sin 5\omega_1 t + \ldots\right). \qquad (5.5\text{-}11)$$

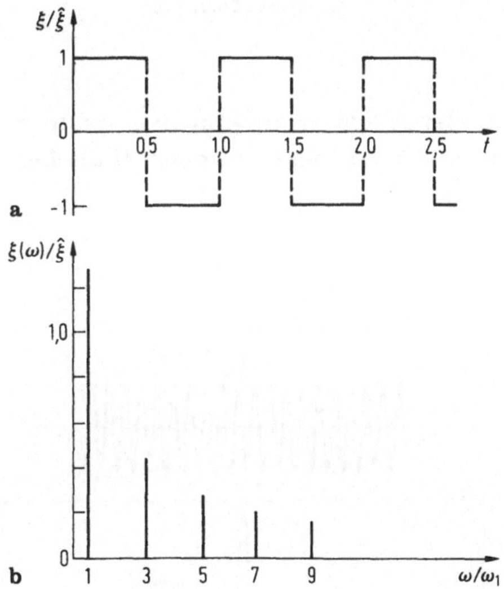

Bild 5-22: Rechteckschwingung und zugehöriges Frequenzspektrum.

Nichtperiodische Vorgänge

Vorgänge, denen keine Periode zugeordnet werden kann (in der Akustik z.B. Zischlaute, Knalle, oder auch begrenzte, nicht unendlich lange harmonische Wellenzüge), lassen sich nicht durch eine Fourier-Reihe mit diskreten Frequenzen $n\omega$ darstellen. Stattdessen ist dies möglich durch Überlagerung unendlich vieler, kontinuierlich verteilter Frequenzen. Die Summe über ein diskretes Frequenzspektrum bei der Fourier-Reihe (5.5-9) ist dann durch das *Fourier-Integral* über ein *kontinuierliches Frequenzspektrum* zu ersetzen:

$$\boxed{\xi(t) = \int_0^\infty \xi_A(\omega) \sin[\omega t + \delta(\omega)]\,d\omega} \,. \tag{5.5-12}$$

Aufgabe der Fourier-Analyse ist hier die Bestimmung der Amplitudenfunktion $\xi_A(\omega)$. Als Beispiel sei eine Sinusschwingung der begrenzten zeitlichen Länge 2τ betrachtet (Bild 5-23a). Als Teilschwingungen kommen dann nur Sinusschwingungen mit der Anfangsphase 0 infrage. Das Fourier-Integral lautet für diesen Fall:

$$\xi(t) = \int_0^\infty \xi_A(\omega) \sin \omega t \, d\omega = \begin{cases} \sin \omega_0 t & \text{für } t = -\tau ....+\tau \,, \\ 0 & \text{sonst} \,. \end{cases} \tag{5.5-13}$$

Die Amplitudenfunktion $\xi_A(\omega)$ ergibt sich dann zu

$$\xi_A(\omega) = \frac{1}{\pi} \int_{-\infty}^{+\infty} \xi(t') \sin \omega t' \, dt' = \frac{1}{\pi} \int_{-\tau}^{+\tau} \sin \omega_0 t' \sin \omega t' \, dt' \,,$$

$$\xi_A(\omega) = \frac{\sin(\omega_0 - \omega)\tau}{\pi(\omega_0 - \omega)} - \frac{\sin(\omega_0 + \omega)\tau}{\pi(\omega_0 + \omega)} \,. \tag{5.5-14}$$

Diese Amplitudenfunktion hat, wie anschaulich zu erwarten, ihr Maximum bei $\omega = \omega_0$ (Bild 5-23b) und eine Halbwertsbreite

$$2\,\Delta\omega \approx \frac{3{,}8}{\tau} \,. \tag{5.5-15}$$

Je größer die Dauer 2τ der Sinusschwingung ist, desto mehr engt sich das Frequenzspektrum auf ω_0 ein. Es liegt ein ganz ähnliches Verhalten vor wie bei der Resonanz, vgl. (5.4-13).

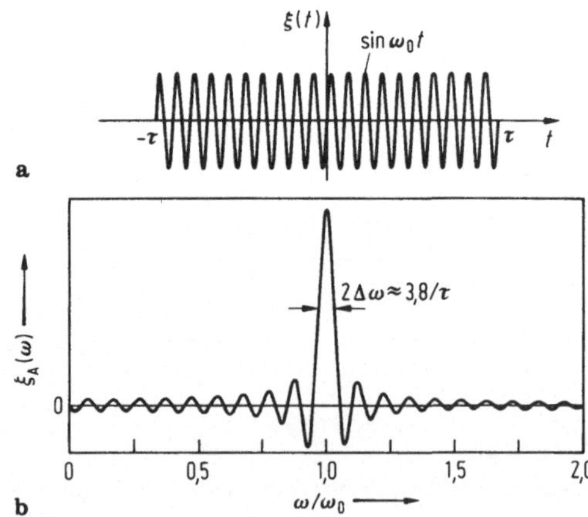

Bild 5-23: Zeitlich begrenzte Sinusschwingung und zugehöriges Frequenzspektrum.

5.6 Gekoppelte Oszillatoren

Oszillatoren werden dann als gekoppelt bezeichnet, wenn sie über eine "Kopplung" Energie austauschen können. Bei mechanischen Schwingern kann der Kopplungsmechanismus z.B. auf elastischer Deformation des Kopplungselementes (Feder zwischen zwei Pendeln), auf Reibung zwischen zwei Schwingern, oder auf Trägheit beruhen (Aufhängung eines Fadenpendels an der Masse eines zweiten).

5.6.1 Gekoppelte Pendel

Als Beispiel zweier linearer, gekoppelter Oszillatoren werde ein System aus zwei identischen Pendeln mit starren Pendelstangen von vernachlässigbarer Masse betrachtet, die über eine Kopplungsfeder verbunden sind (Bild 5-24).

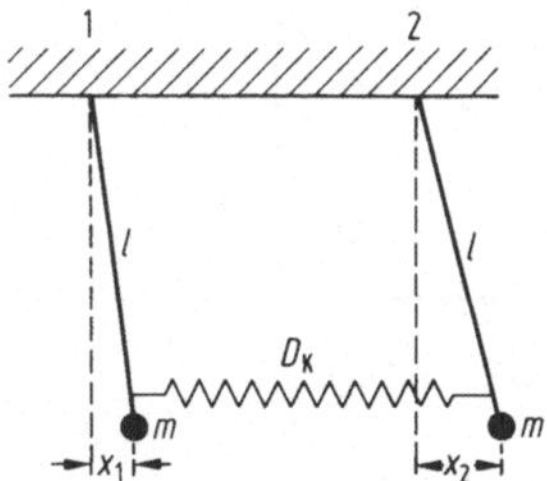

Bild 5-24: Gekoppelte Pendel.

Wird eines der Pendel angestoßen und ihm damit Schwingungsenergie übertragen, so regt es über die Kopplungsfeder das zweite Pendel zu erzwungenen Schwingungen an (mit $\pi/2$ Phasenverzögerung, vgl. Bild 5-15), bis der Energievorrat des ersten Pendels erschöpft, d.h. vollständig an das zweite Pendel übertragen worden ist. Dann übernimmt dieses die Rolle des Erregers für das erste Pendel und so fort. Die Oszillatoren führen Schwebungen durch, die zeitlich um eine halbe Schwebungsdauer T_s gegeneinander versetzt sind.
Die Schwingungsenergie pendelt dabei periodisch zwischen den beiden Oszillatoren hin und her (Bild 5-25).

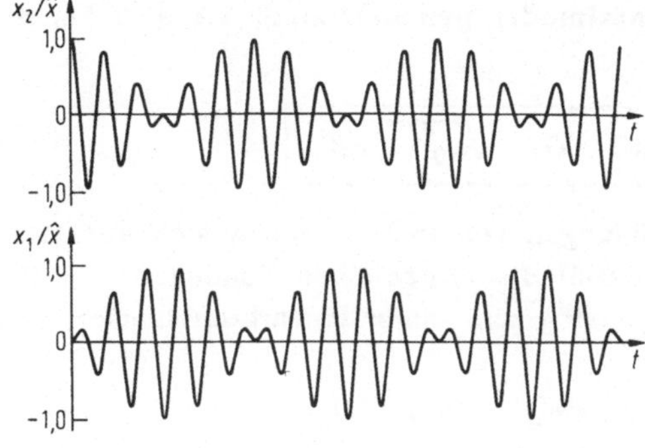

Bild 5-25: Schwebungen gekoppelter Pendel.

Die Eigenfrequenz der isolierten Pendel (ohne Kopplung) ist durch (S.2-6) und (S.2-4) gegeben:

$$\omega_0 = \sqrt{\frac{D}{m}} \quad \text{mit} \quad D = \frac{mg}{l} \,. \tag{S.6-1}$$

Mit Kopplung wird die (hier durch die Schwerkraft bedingte) Richtgröße D der Pendel durch die Richtgröße D_K der Kopplungsfeder verändert, sodaß sich gemäß Bild S-24 folgende Kraftgleichungen für die beiden Pendel ergeben:

$$\begin{aligned} &\text{Pendel 1:} \quad m\frac{d^2x_1}{dt^2} = -Dx_1 + D_K(x_2 - x_1)\,, \\ &\text{Pendel 2:} \quad m\frac{d^2x_2}{dt^2} = -Dx_2 - D_K(x_2 - x_1)\,. \end{aligned} \tag{S.6-2}$$

Daraus folgen die *Differentialgleichungen der gekoppelten Schwingungen*

$$\boxed{\begin{aligned} \frac{d^2x_1}{dt^2} + \omega_0^2 x_1 + K(x_1 - x_2) = 0 \\ \frac{d^2x_2}{dt^2} + \omega_0^2 x_2 - K(x_1 - x_2) = 0 \end{aligned}}$$

mit dem *Kopplungsparameter*

$$K = \frac{D_K}{m} \,. \tag{S.6-4}$$

Es handelt sich um zwei gekoppelte Differentialgleichungen mit x_1 und x_2 als gekoppelte, zeitabhängige Variable. Durch Addition und Subtraktion der beiden Gleichungen und Einführung von "Normalkoordinaten"

$$q_1 = x_1 + x_2 \,, \qquad q_2 = x_1 - x_2 \tag{S.6-5}$$

lassen sich die gekoppelten Differentialgleichungen (S.6-3) zu normalen Schwingungsgleichungen eines harmonischen Oszillators (vgl. S.2-17) entkoppeln:

$$\frac{d^2q_1}{dt^2} + \Omega_1^2 q_1 = 0 \,, \qquad \frac{d^2q_2}{dt^2} + \Omega_2^2 q_2 = 0 \,. \tag{S.6-6}$$

Die Frequenzen dieser *Normalschwingungen* (auch *Fundamentalschwingungen* oder Fundamentalmoden genannt) sind, wie sich bei der Herleitung von (S.6-4) zeigt,

$$\boxed{\Omega_1 = \omega_0 \quad \text{und} \quad \Omega_2 = \sqrt{\omega_0^2 + 2K}} \,. \tag{S.6-7}$$

Die allgemeinen Lösungen von (S.6-6) lassen sich aus (S.2-18) übernehmen, woraus sich mit (S.6-5) die allgemeinen Lösungen von (S.6-3) bzw. (S.6-2) ergeben. Sie setzen sich aus einer Linearkombination von Normalschwingungen zusammen:

$$\begin{aligned} x_1(t) &= \hat{x}_1 \sin(\Omega_1 t + \varphi_{01}) + \hat{x}_2 \sin(\Omega_2 t + \varphi_{02})\,, \\ x_2(t) &= \hat{x}_1 \sin(\Omega_1 t + \varphi_{01}) - \hat{x}_2 \sin(\Omega_2 t + \varphi_{02})\,. \end{aligned}$$

Die Konstanten x_i und φ_{0i} sind aus den Anfangsbedingungen zu bestimmen. So ist z.B. die isolierte Anregung der Normalschwingungen durch folgende Wahl der Anfangsbedingungen möglich:

1. Normalschwingung:
Die Anfangsbedingungen $x_1(0) = x_2(0) = \hat{x}$, $\dot{x}_1(0) = \dot{x}_2(0) = 0$ liefern eine gleichsinnige Schwingung der einzelnen Pendel (Bild 5-26a):

$$x_2(t) = x_1(t) = \hat{x} \cos \Omega_1 t \,. \tag{5.6-9}$$

Hierbei wird die Kopplung überhaupt nicht beansprucht, die Pendel schwingen mit ihrer Eigenfrequenz

$$\Omega_1 = \omega_0 \,. \tag{5.6-10}$$

2. Normalschwingung:
Die Anfangsbedingungen $x_1(0) = -x_2(0) = -\hat{x}$, $\dot{x}_1(0) = \dot{x}_2(0) = 0$ liefern eine gegensinnige Schwingung der einzelnen Pendel (Bild 5-26b):

$$x_2(t) = -x_1(t) = \hat{x} \cos \Omega_2 t \,. \tag{5.6-11}$$

Hierbei wird die Kopplung maximal beansprucht, die Pendel schwingen symmetrisch zur Ruhelage und wegen der um D_K erhöhten Richtgröße mit der gemäß (5.6-7) erhöhten Eigenfrequenz

$$\Omega_2 = \omega_0 \sqrt{1 + 2\frac{K}{\omega_0^2}} = \omega_0 \sqrt{1 + 2\frac{D_K}{D}} \,. \tag{5.6-12}$$

Für die beiden Normalschwingungen Ω_1 und Ω_2 sind die beiden Differentialgleichungen (5.6-2) wegen $x_2 = x_1$ bzw. $x_2 = -x_1$ entkoppelt und können für diese Fälle auch direkt gelöst werden.

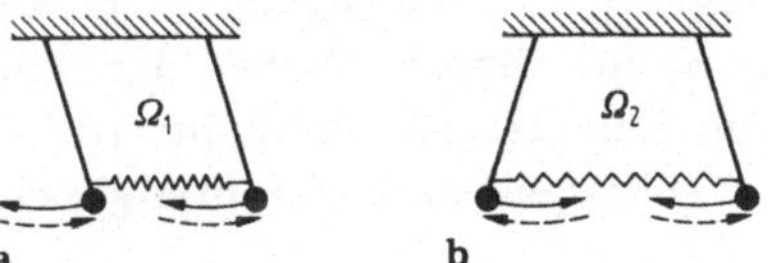

Bild 5-26: Normalschwingungen gekoppelter Pendel.

Aus (5.6-10) und (5.6-12) folgt, daß die Frequenzaufspaltung, d.h. der Abstand der beiden Normalfrequenzen mit steigender Kopplung zunimmt (Bild 5-27). Für $K = 0$ ($D_K = 0$: keine Kopplung) fallen die Frequenzen der Normalschwingungen zusammen ("Entartung"):

$$\Omega_1 = \Omega_2 = \omega_0 \quad \text{für} \quad K = 0 \,. \tag{5.6-13}$$

Schwebung:
Die Anfangsbedingungen $x_2(0) = \hat{x}$, $\dot{x}_2(0) = x_1(0) = \dot{x}_1(0) = 0$ als Beispiel liefern

$$\begin{aligned} x_1(t) &= \frac{\hat{x}}{2}(\cos \Omega_1 t - \cos \Omega_2 t) \,, \\ x_2(t) &= \frac{\hat{x}}{2}(\cos \Omega_1 t + \cos \Omega_2 t) \,. \end{aligned} \tag{5.6-14}$$

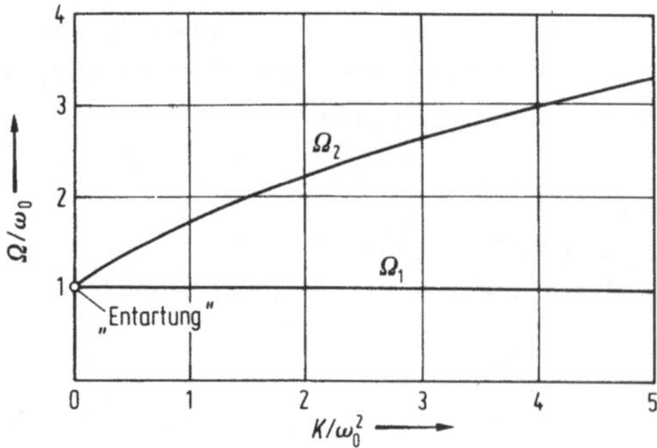

Bild 5-27: Normalfrequenzaufspaltung als Funktion der Kopplung.

Mit

$$\Omega = \frac{1}{2}(\Omega_1 + \Omega_2) \quad \text{und} \quad \Delta\Omega = \Omega_2 - \Omega_1 \tag{5.6-15}$$

folgt durch Anwendung der Additionstheoreme auf (5.6-14) die Beschreibung der eingangs erwähnten Schwebungen (Bild 5-25, vgl. auch 5.5.2)

$$x_1(t) = \hat{x} \sin\frac{\Delta\Omega}{2}t \, \sin\Omega t \, ,$$

$$x_2(t) = \hat{x} \cos\frac{\Delta\Omega}{2}t \, \cos\Omega t \, ,$$

sofern die Frequenzaufspaltung $\Delta\Omega \ll \Omega$, d.h. die Kopplung schwach ($K \ll \omega_0{}^2$) ist.

5.6.2 *N* gekoppelte Oszillatoren

Ein System von N gekoppelten eindimensionalen Oszillatoren besitzt im allgemeinen N Freiheitsgrade der Bewegung (d.h. es sind N voneinander unabhängige Koordinaten zur Beschreibung der einzelnen Auslenkungen notwendig). Analog dem Beispiel für $N=2$ im vorigen Abschnitt wird es durch ein System von N gekoppelten Differentialgleichungen beschrieben:

$$\frac{\mathrm{d}^2 x_i(t)}{\mathrm{d}t^2} = \sum_j A_{ij} x_j(t) \quad \text{mit} \quad i, j = 1, 2, \ldots, N \, . \tag{5.6-17}$$

Durch eine lineare Variablentransformation und Einführung der Normalkoordinaten $q_1, q_2 \ldots, q_N$ kann eine Entkopplung der N Differentialgleichungen (5.6-17) erreicht werden. Man erhält N kopplungsfreie Systeme mit je einem Freiheitsgrad:

$$\frac{\mathrm{d}^2 q_i(t)}{\mathrm{d}t^2} = \Omega_i^2 q_i(t) \quad \text{mit} \quad i = 1, 2, \ldots, N \, , \tag{5.6-18}$$

worin die Ω_i die Eigenfrequenzen der Fundamentalmoden sind. Eine solche Entkopplung läßt sich in jedem System gekoppelter Oszillatoren durchführen, solange die Kräfte linear oder näherungsweise linear von den Auslenkungen abhängen. Die tatsächlichen Schwingungen des gekoppelten Schwingungssystems lassen sich stets als lineare Überlagerung der so gewonnenen Fundamentalschwingungen darstellen. Kann der einzelne Oszillator in allen drei Raumrichtungen schwingen, so erhalten wir $3N$ Fundamentalschwingungen. Dies gilt z.B. für elastische Atomschwingungen im Kristallgitter des Festkörpers. Auch eine Federkette mit z.B. 3 Massen (Bild 5-28) hat demnach $3 \times 3 = 9$ Fundamentalmoden.

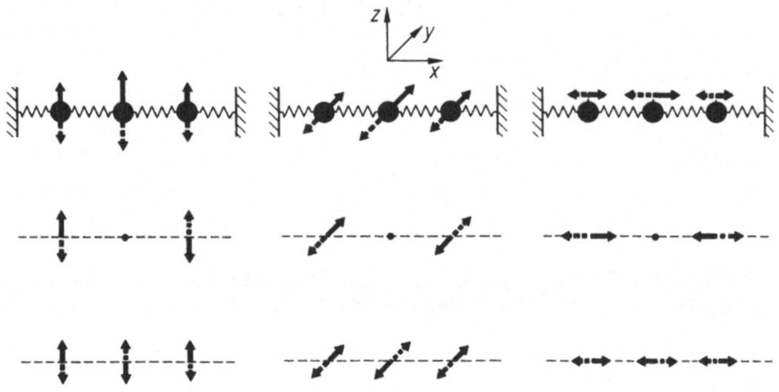

Bild 5-28: Fundamentalmoden einer Federkette.

Die Anregung einzelner Fundamentalschwingungen läßt sich durch geeignete Wahl der Anfangsbedingungen erreichen (siehe 5.6.1). Die 9 Fundamentalmoden einer Federkette mit 3 Massen sind in Bild (5-28) angedeutet. Ähnliche Fundamentalschwingungen treten bei Molekülen auf, jedoch fallen wegen der fehlenden Einspannung hier u.a. diejenigen mit gleichsinniger Schwingungsrichtung aller Atommassen aus.

5.7 Nichtlineare Oszillatoren, chaotisches Schwingungsverhalten

Bei der mathematischen Beschreibung der in 5.2 bis 5.4 behandelten Oszillatoren wurden Näherungen (kleine Federdehnungen, kleine Winkelauslenkungen) benutzt, sodaß die rücktreibenden Größen proportional zur Auslenkung angesetzt werden konnten. Die die Schwingungssysteme beschreibenden Differentialgleichungen waren dadurch linear bezüglich der Auslenkungsvariablen ξ und leicht lösbar. Tatsächlich sind die physikalischen Vorgänge i. allg. nichtlinear. Für nichtlineare Gleichungen gibt es aber kaum allgemeine analytische Lösungsverfahren, sodaß die Approximation nichtlinearer Vorgänge durch lineare Gesetze in den meisten Fällen eine Notwendigkeit bei der mathematischen Beschreibung war. Bei den Schwingungssystemen kommt hinzu, daß im Gültigkeitsbereich der linearen Näherung das für physikalische und technische Anwendungen besonders wichtige *periodische* Schwingungsverhalten auftritt.
Wenn man jedoch den Gültigkeitsbereich der linearen Näherung verläßt, so muß man auch für die in 5.2 bis 5.4 behandelten Oszillatoren die korrekteren nichtlinearen Differentialgleichungen zur Beschreibung des Schwingungsverhaltens heranziehen.

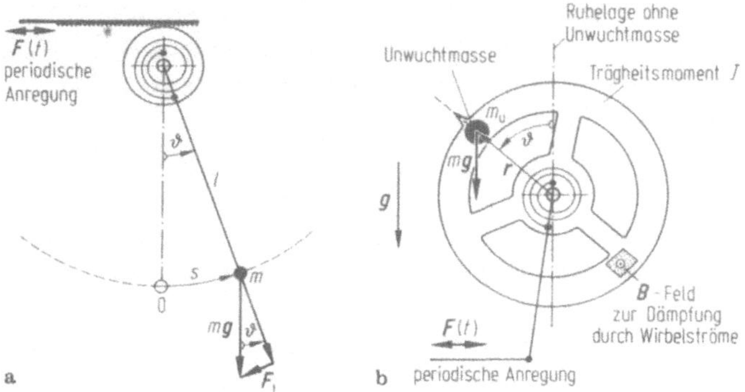

Bild 5-29: Nichtlineare Oszillatoren: **a** periodisch zu größeren Amplituden angeregtes Fadenpendel, **b** periodisch angeregtes Drehpendel mit Unwucht.

So erhält man für das periodisch angeregte Federpendel (Bild 5-29 a) unter Berücksichtigung einer Dämpfung die Kraftgleichung (siehe 5.2.1 und 5.4)

$$m\frac{\mathrm{d}^2 s}{\mathrm{d}t^2} + r\frac{\mathrm{d}s}{\mathrm{d}t} + mg\sin\frac{s}{l} = \hat{F}\sin\omega t\,, \tag{5.7-1}$$

die durch den Sinusterm in s nichtlinear ist. Eine ähnliche Differentialgleichung erhält man für die Drehmomente beim periodisch angeregten Drehpendel in Bild 5-29 b, bei dem eine Unwuchtmasse m_u angebracht ist. Dadurch tritt bei Auslenkung aus der ursprünglichen Ruhelage ein zusätzliches, auslenkendes Drehmoment $(\boldsymbol{r} \times m_u \boldsymbol{g})$ auf, das erst bei größerer Auslenkung ϑ durch das von der Spiralfeder ausgeübte rücktreibende Drehmoment $-D^*\vartheta$ kompensiert wird:

$$J\frac{\mathrm{d}^2\vartheta}{\mathrm{d}t^2} + r\frac{\mathrm{d}\vartheta}{\mathrm{d}t} + D^*\vartheta - m_u gr\sin\vartheta = \hat{D}\sin\omega t\,. \tag{5.7-2}$$

Die Unwuchtmasse m_u bewirkt zwei Gleichgewichtslagen $\bar{\vartheta}$ und $\bar{\vartheta}'$ links bzw. rechts von der ursprünglichen Ruhelage $\vartheta = 0$ des Drehpendels ohne Unwuchtmasse. Die Potentialkurve des Drehpendels (ursprünglich eine Parabel, siehe Bild 5-7) hat nun zwei Minima. Solche Systeme neigen bei bestimmten Parametern zu völlig unregelmäßigen, nichtperiodischen *chaotischen* Schwingungen, deren Ablauf nicht ohne weiteres vorhersehbar ist (Bild 5-30).

Charakteristisch für solche chaotischen Zustände ist, daß kleinste Veränderungen der Anfangsbedingungen u. U. ein völlig anderes Schwingungsverhalten zur Folge haben. Hier tritt also offenbar eine Abweichung von dem sonst meist geltenden Prinzip auf, daß kleine stetige Änderungen der Anfangsbedingungen auch stetige Änderungen der Reaktion des Systems zur Folge haben. Seitdem leistungsfähige Rechner zur Verfügung stehen, mit denen Differentialgleichungen wie (5.7-1) und (5.7-2) numerisch gelöst werden können, kann man Zeitverläufe wie in Bild 5-30 auch berechnen, und zwar bei genau definierten Anfangsbedingungen, wie sie experimentell

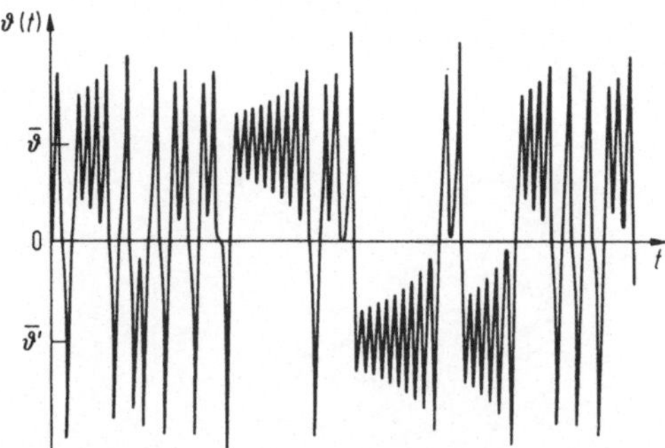

Bild 5-30: Chaotische Schwingung des Drehpendels mit Unwuchtmasse (Bild 5-29 b), die teilweise um die beiden Ruhelagen $\bar{\vartheta}$ bzw. $\bar{\vartheta}'$ erfolgt (nach P. Bergé, Phys. Bl. **46**, 1990, 209).

garnicht einzuhalten sind. Dabei erhält man tatsächlich bei nur minimal anderen Bedingungen völlig andere Kurven $\vartheta(t)$, bei exakt gleichen Bedingungen aber natürlich immer die gleichen Kurven. Die scheinbare Regellosigkeit der Bewegung ist daher dennoch determiniert, man spricht deshalb auch von *deterministischem Chaos.*

Ein weiteres Beispiel für Systeme, die chaotisches Verhalten zeigen können, ist die Bahn eines Planeten in einem Doppelsternsystem (Dreikörperproblem). Während ein Planet eines einzelnen schweren Zentralsterns (Sonne) Kepler-Ellipsen durchläuft (siehe 11.2), also eine periodische Bewegung ausführt, durchläuft ein Planet in einem Doppelsternsystem u. U. sehr komplizierte Bahnen, die sich teilweise um das eine, teilweise um das andere Kraftzentrum bewegen, in gewisser Analogie zum Drehpendel mit Unwucht (Bilder 5-29 b und 5-30). Auch hier gilt, daß bei geeigneten Parametern eine minimale Änderung der Anfangsbedingungen völlig andere Bahnkurven zur Folge haben kann.

Die Theorie des deterministischen Chaos (kurz: Chaos-Theorie) ist zur Zeit Gegenstand intensiver Forschung, die erst durch die heutigen Rechner ermöglicht wird. Auch beispielsweise das turbulente Strömungsverhalten (siehe 9.4 und 10.2) und viele andere Phänomene versucht man, mit Hilfe der Chaos-Theorie zu beschreiben (siehe 26).

6 Teilchensysteme

Reale Materie kann stets als Vielteilchensystem aufgefaßt werden, dessen Bestandteile (die Teilchen des Systems) z.B. die Atome oder Moleküle der betrachteten Materiemenge sind, oder auch fiktive "Massenelemente", d.h. differentiell kleine Bruchteile dm der gesamten Masse m des Vielteilchensystems. Materiemengen können in unterschiedlichen *Aggregatzuständen* auftreten, die charakteristische Eigenschaften als Vielteilchensysteme aufweisen:

1. *Gase*: Die Teilchen (Atome, Moleküle) haben beliebige, stochastisch wechselnde Abstände (Brownsche Bewegung). Zwischen ihnen gibt es weder Fern- noch Nahordnung. Gase füllen jedes verfügbare Volumen aus. Der mittlere Teilchenabstand und damit die Dichte hängen stark von äußeren Kräften (Druck) ab, d.h. Gase haben eine hohe Kompressibilität.

2. *Flüssigkeiten*: Die Teilchen einer Flüssigkeit haben ebenfalls zeitlich variierende Abstände (Brownsche Bewegung), jedoch eine ausgeprägte Nahordnung (keine Fernordnung). Angreifende Kräfte und Drehmomente verformen eine Flüssigkeit, ohne dauerhafte Rückstellkräfte zu erzeugen. Der mittlere Teilchenabstand ($\sim$ Dichte$^{-1/3}$) hängt kaum von äußeren Kräften (Druck) ab, d.h. Flüssigkeiten haben eine geringe Kompressibilität, sie haben ein definiertes Volumen.

3. *Festkörper*: Die Teilchen besitzen feste Abstände untereinander, es besteht eine feste Nah- und Fernordnung (Kristallstruktur). Unter Einwirkung äußerer Kräfte und Drehmomente können sich Festkörper unter Ausbildung von Rückstellkräften elastisch verformen. Unterhalb bestimmter Grenzwerte sind die Deformationen bei Entlastung reversibel, die Festkörper nehmen dann ihre vorherige Form wieder an. Oberhalb dieser Grenzwerte verhalten sich Festkörper plastisch oder brechen. Die Kompressibilität ist noch geringer als bei Flüssigkeiten.

Als weiterer Aggregatzustand der Materie wird nach Langmuir der Plasmazustand (siehe 16.6.3) angesehen:

4. *Plasmen*: Kollektive aus neutralen und einer großen Anzahl elektrisch geladenener Teilchen, die quasineutral sind (gleich viele positiv und negativ

geladene Teilchen), und deren Verhalten durch kollektive Phänomene aufgrund der starken elektromagnetischen Wechselwirkung zwischen den geladenen Teilchen bestimmt ist. Die geladenen Teilchen können z.B. positive oder negative Ionen und freie Elektronen (oder "Löcher" beim Halbleiter) sein. Plasmen können hochionisierte Gase, elektrolytische Flüssigkeiten oder elektrisch leitende Festkörper sein.

Viele Eigenschaften solcher Vielteilchensysteme lassen sich durch idealisierte Modelle beschreiben, wovon in den folgenden Abschnitten mehrfach Gebrauch gemacht wird, z.B.:

Gase: Modell des *idealen Gases* (Teilchen punktförmig, keine Wechselwirkungen etc.), siehe 8 (statistische Mechanik).

Flüssigkeiten: Modell der *idealen Flüssigkeit* (Inkompressibilität, keine innere Reibung), siehe 10 (Hydro- und Aerodynamik).

Festkörper: Modell des *starren Körpers.* In diesem Modell bleiben die *Abstände* aller Elemente des Körpers untereinander *konstant*, auch wenn äußere Kräfte oder Drehmomente angreifen (siehe 7).

In mancher Hinsicht kann ein Teilchensystem wie ein Massenpunkt behandelt werden, dessen Masse gleich der Summe der Massen aller Teilchen im System ist, in anderer Hinsicht nicht. Die Massen der Teilchen in den betrachteten Teilchensystemen werden als konstant angenommen.

6.1 Schwerpunkt (Massenzentrum), Impuls und Drehimpuls von Teilchensystemen

Wir betrachten ein System von Teilchen der Masse m_i (Gesamtmasse $m = \sum m_i$) bei den Ortskoordinaten $\boldsymbol{r}_i$ in einem Kraftfeld mit konstanter Beschleunigung $\boldsymbol{a}$ (z.B. Erdfeld: $\boldsymbol{a} = \boldsymbol{g}$), sodaß auf jedes Teilchen eine Kraft $\boldsymbol{F}_i = m_i \boldsymbol{a}$ wirkt (Bild 6-1a). Bezüglich des vorgegebenen Bezugssystems treten dann Drehmomente

$$\boldsymbol{M}_i = \boldsymbol{r}_i \times \boldsymbol{F}_i = \boldsymbol{r}_i \times m_i \boldsymbol{a}$$

auf. Das Gesamtdrehmoment $\boldsymbol{M} = \sum \boldsymbol{M}_i$ läßt sich nun darstellen als Vektorprodukt zwischen der resultierenden Gesamtkraft $\boldsymbol{F} = \sum \boldsymbol{F}_i = \sum m_i \boldsymbol{a}$ und einer Schwerpunktskoordinate $\boldsymbol{r}_s$, die folgendermaßen eingeführt wird:

$$\begin{aligned} \boldsymbol{M} &= \sum_i \boldsymbol{r}_i \times m_i \boldsymbol{a} \equiv \boldsymbol{r}_s \times \sum_i m_i \boldsymbol{a} \,, \\ \Big(\sum_i \boldsymbol{r}_i m_i\Big) \times \boldsymbol{a} &\equiv \Big(\boldsymbol{r}_s \sum_i m_i\Big) \times \boldsymbol{a} \,. \end{aligned} \tag{6.1-1}$$

Aus der Gleichsetzung der Klammerterme folgt für die *Schwerpunktskoordinate* in dem betrachteten Bezugssystem (meist als *Laborsystem* bezeichnet)

$$\boldsymbol{r}_s = \frac{\sum m_i \boldsymbol{r}_i}{\sum m_i} = \frac{1}{m} \sum_i m_i \boldsymbol{r}_i \,. \tag{6.1-2}$$

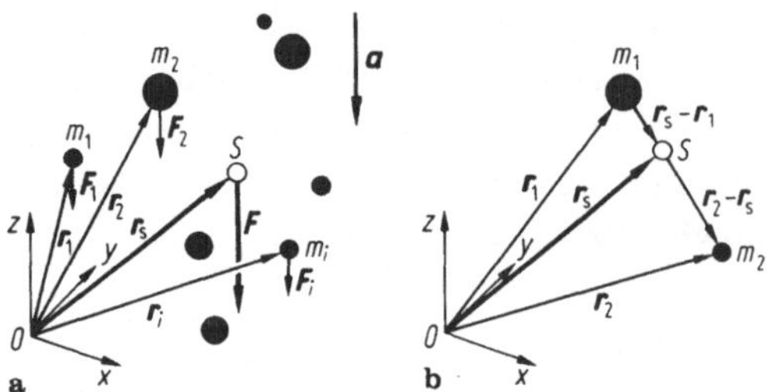

Bild 6-1: **a** Zur Definition des Schwerpunktes eines Teilchensystems. **b** Schwerpunkt eines Systems aus zwei Massen.

Für kontinuierliche Massenverteilungen (starre Körper) müssen die Summierungen durch Integrationen ersetzt werden (vgl. 7).

Beispiel: System aus zwei Massen. Aus (6.1-2) folgt

$$\boldsymbol{r}_s = \frac{m_1\boldsymbol{r}_1 + m_2\boldsymbol{r}_2}{m_1 + m_2} \tag{6.1-3}$$

und weiter $m_1(\boldsymbol{r}_s - \boldsymbol{r}_1) = m_2(\boldsymbol{r}_2 - \boldsymbol{r}_s)$. Dies bedeutet, daß $(\boldsymbol{r}_s - \boldsymbol{r}_1)$ parallel zu $(\boldsymbol{r}_2 - \boldsymbol{r}_s)$ ist und der Schwerpunkt auf der Verbindungslinie der beiden Massen liegt (Bild 6-1b). Wegen

$$\frac{|\boldsymbol{r}_s - \boldsymbol{r}_1|}{|\boldsymbol{r}_2 - \boldsymbol{r}_s|} = \frac{m_2}{m_1} \tag{6.1-4}$$

teilt der Schwerpunkt die Verbindungslinie im umgekehrten Verhältnis der Massen.

Die Schwerpunktskoordinate $\boldsymbol{r}_s$ ist nach (6.1-2) eine mittlere Koordinate der mit den Massen m_i gewichteten Teilchenkoordinaten $\boldsymbol{r}_i$. Der dadurch definierte *Schwerpunkt* S wird daher auch als *Massenzentrum* bezeichnet. In einem Bezugssystem mit S als Ursprung (*Schwerpunktsystem*) verschwindet nach (6.1-1) das resultierende Drehmoment, weil hierin $\boldsymbol{r}_s = 0$ wird.

Für den Gesamtimpuls einesTeilchensystems, in dem die einzelnen Teilchen i Geschwindigkeiten $\boldsymbol{v}_i = \mathrm{d}\boldsymbol{r}_i/\mathrm{d}t$ haben, folgt

$$\boldsymbol{p} = \sum \boldsymbol{p}_i = \sum m_i \frac{\mathrm{d}\boldsymbol{r}_i}{\mathrm{d}t} = \frac{\mathrm{d}}{\mathrm{d}t} \sum m_i \boldsymbol{r}_i \, ,$$

und daraus mit (6.1-2)

$$\boldsymbol{p} = \frac{\mathrm{d}}{\mathrm{d}t}(m\,\boldsymbol{r}_s) = m\,\frac{\mathrm{d}\boldsymbol{r}_s}{\mathrm{d}t} \, .$$

$\mathrm{d}\boldsymbol{r}_s/\mathrm{d}t = \boldsymbol{v}_s$ ist die Geschwindigkeit des Schwerpunktes (Systemgeschwindigkeit), sodaß sich für den *Gesamtimpuls des Teilchensystems* im Laborsystem

$$\boxed{\boldsymbol{p} = m\,\boldsymbol{v}_s} \tag{6.1-5}$$

ergibt. (6.1-5) entspricht der Impulsdefinition (3.1-2) für einen einzelnen Massenpunkt. Hinsichtlich des Impulses verhält sich also das Teilchensystem so, als ob die gesamte Masse des Systems im Massenzentrum (Schwerpunkt) vereinigt ist und sich mit dessen Geschwindigkeit bewegt. Im Schwerpunktsystem verschwindet $\boldsymbol{p} = \boldsymbol{p}_{\text{int}}$ wegen $\boldsymbol{v}_s = 0$:

$$\boldsymbol{p}_{\text{int}} = \sum_i \boldsymbol{p}_{\text{int},i} = 0 \; . \qquad (6.1\text{-}6)$$

$\boldsymbol{p}_{\text{int},i}$ ist hierin der Impuls des i. Teilchens, $\boldsymbol{p}_{\text{int}}$ der Gesamtimpuls des Teilchensystems, beide gemessen im Schwerpunktsystem. Im Folgenden muß zwischen "inneren" ("internen") und "äußeren" ("externen") Kräften unterschieden werden:

Innere Kräfte $\boldsymbol{F}_{\text{int}}$: Kräfte zwischen den Teilen eines betrachteten Systems.

Äußere Kräfte $\boldsymbol{F}_{\text{ext}}$: Kräfte, die zwischen dem System oder Teilen davon und der Umgebung wirken.

6.1.1 Schwerpunktbewegung ohne äußere Kräfte

Ohne äußere Kräfte bleibt der Gesamtimpuls eines Teilchensystems erhalten:

$$\boxed{\boldsymbol{p} = m\boldsymbol{v}_s = \text{const} \quad \text{und damit} \quad \boldsymbol{v}_s = \text{const} \quad \text{für} \quad \boldsymbol{F}_{\text{ext}} = 0} \; . \qquad (6.1\text{-}7)$$

Der Schwerpunkt (das Massenzentrum) des Teilchensystems beschreibt also eine geradlinige Bahn. Eventuell auftretende innere Kräfte ändern daran nichts: Wegen actio = reactio (siehe 3.3.2) ändern sich Impulse von Teilchen, zwischen denen innere Kräfte wirken, um entgegengesetzt gleiche Werte, sodaß der Gesamtimpuls nicht beeinflußt wird.

Beispiel: Das Massenzentrum eines Raumfahrzeugs, das sich fern von Gravitationseinwirkungen ohne Antrieb geradlinig bewegt, beschreibt auch dann weiter dieselbe Bahn, wenn z.B. durch Federkraft eine Raumsonde ausgestoßen wird (Bild 6-2). Das Raumfahrzeug selbst weicht dann von der geradlinigen Bahn des gemeinsamen Massenzentrums S ab!

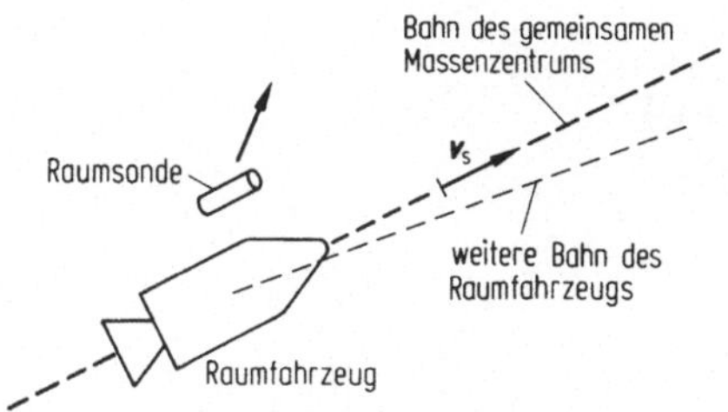

Bild 6-2: Geradlinige Bahn des gemeinsamen Massenzentrums eines Raumfahrzeuges und einer von ihm ausgestoßenen Raumsonde bei fehlender Gravitation.

6.1.2 Schwerpunktbewegung bei Einwirkung äußerer Kräfte

Unterliegen die Teilchen des betrachteten Systems äußeren Kräften $\boldsymbol{F}_{\mathrm{ext},i}$, so gilt nach (3.2-2) z.B. für das i. Teilchen

$$\boldsymbol{F}_{\mathrm{ext},i} = \frac{\mathrm{d}\boldsymbol{p}_i}{\mathrm{d}t}.$$

Für die resultierende Gesamtkraft auf das System ergibt sich wegen $\sum \boldsymbol{p}_i = \boldsymbol{p}$

$$\boldsymbol{F}_{\mathrm{ext}} = \sum_i \boldsymbol{F}_{\mathrm{ext},i} = \sum_i \frac{\mathrm{d}\boldsymbol{p}_i}{\mathrm{d}t} = \frac{\mathrm{d}}{\mathrm{d}t}\sum_i \boldsymbol{p}_i = \frac{\mathrm{d}\boldsymbol{p}}{\mathrm{d}t},$$

und mit (6.1-3)

$$\boxed{\boldsymbol{F}_{\mathrm{ext}} = \frac{\mathrm{d}\boldsymbol{p}}{\mathrm{d}t} = \frac{\mathrm{d}(m\boldsymbol{v}_s)}{\mathrm{d}t}}. \qquad (6.1\text{-}8)$$

(6.1-8) entspricht wiederum dem Kraftgesetz (3.2-2) für einen einzelnen Massenpunkt. Die Bahn des Schwerpunktes (Massenzentrums) eines Teilchensystems verläuft also so, als ob die resultierende äußere Kraft $\boldsymbol{F}_{\mathrm{ext}}$ auf die im Massenzentrum vereinigte Gesamtmasse m des Teilchensystems wirkt. Voraussetzung ist nach 6.1 ein äußeres Kraftfeld mit konstanter Beschleunigung $\boldsymbol{a}$.

Beispiel: Stößt ein Space-Shuttle, das sich unter Einwirkung der Schwerkraft der Erde auf einer Kreisbahn bewegt, durch Federkraft einen schweren Satelliten oder eine Raumstation aus, so bewegt sich das gemeinsame Massenzentrum beider Raumkörper weiterhin auf der ursprünglichen Bahn, solange die Schwerebeschleunigung noch als etwa konstant betrachtet werden kann (Bild 6-3). Das Space-Shuttle weicht dann von der ursprünglichen Kreisbahn ab. (Wegen der tatsächlichen Ortsabhängigkeit der Schwerebeschleunigung im Radialfeld gilt die Aussage über die Schwerpunktbahn für den weiteren Flugverlauf nicht mehr.)

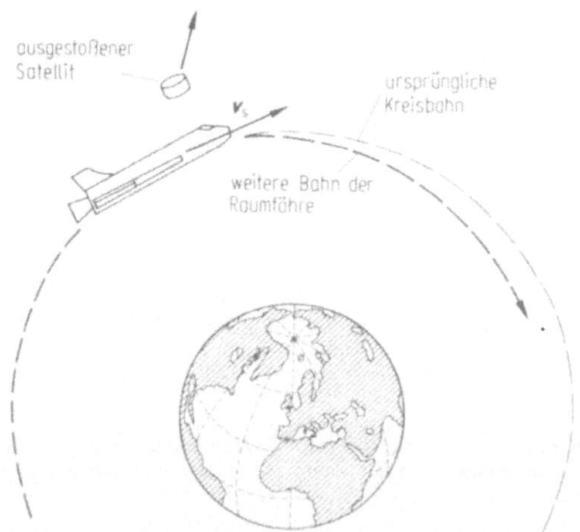

Bild 6-3: Die Bahnkurve des gemeinsamen Massenzentrums einer Raumfähre (Space-Shuttle) und eines von ihr ausgestoßenen Satelliten ist anfänglich mit der ursprünglichen Kreisbahn identisch.

6.1.3 Drehimpuls eines Teilchensystems

Der Drehimpuls eines *einzelnen* Teilchens mit der Ortskoordinate $\boldsymbol{r}$, der Masse m und der Geschwindigkeit $\boldsymbol{v}$, d.h. mit dem Impuls $\boldsymbol{p} = m\boldsymbol{v}$, war in (3.7-1) definiert worden zu

$$\boldsymbol{L} = \boldsymbol{r} \times \boldsymbol{p} = \boldsymbol{r} \times m\boldsymbol{v} \ . \tag{6.1-9}$$

Durch Einwirkung einer Kraft $\boldsymbol{F}$, die gemäß (3.6-1) ein Drehmoment $\boldsymbol{M} = \boldsymbol{r} \times \boldsymbol{F}$ erzeugt, wird nach (3.7-5) eine zeitliche Änderung des Drehimpulses $\boldsymbol{L}$ bewirkt:

$$\frac{\mathrm{d}\boldsymbol{L}}{\mathrm{d}t} = \boldsymbol{M} = \boldsymbol{r} \times \boldsymbol{F} \ . \tag{6.1-10}$$

Bei *Teilchensystemen* kompensieren sich Drehmomente, die durch innere Kräfte zwischen den Teilchen des Systems hervorgerufen werden, zu null (Bild 6-4): Da wegen actio = reactio (siehe 3.3) innere Kräfte zwischen zwei Teilchen 1 und 2 entgegengesetzt gleich groß sind, d.h. $\boldsymbol{F}_{21} = -\boldsymbol{F}_{12}$, gilt für die dadurch bewirkten Drehmomente $\boldsymbol{M}_{\text{int}}$

$$\boldsymbol{M}_{\text{int},12} = \boldsymbol{M}_{\text{int},1} + \boldsymbol{M}_{\text{int},2} = \boldsymbol{r}_1 \times \boldsymbol{F}_{21} + \boldsymbol{r}_2 \times \boldsymbol{F}_{12} = (\boldsymbol{r}_2 - \boldsymbol{r}_1) \times \boldsymbol{F}_{12} = 0 \ ,$$

weil die beiden Faktoren parallele Vektoren sind (Bild 6-4). Dabei ist vorausgesetzt, daß die inneren Kräfte $\boldsymbol{F}_{12}$ und $\boldsymbol{F}_{21}$ längs der Verbindungslinie $\boldsymbol{r}_2 - \boldsymbol{r}_1$ wirken.
Verallgemeinert auf viele Teilchen ergibt sich dann

$$\sum_{i,j} \boldsymbol{M}_{\text{int},ij} = 0 \ . \tag{6.1-11}$$

Der Gesamtdrehimpuls eines Teilchensystems $\boldsymbol{L} = \sum \boldsymbol{L}_i$ wird daher durch innere Kräfte und die dadurch erzeugten Drehmomente nicht verändert. Fehlen ferner äußere Kräfte $\boldsymbol{F}_{\text{ext},i}$ und dadurch hervorgerufene äußere Drehmomente $\boldsymbol{M}_{\text{ext},i}$, so gilt

$$\boxed{\boldsymbol{L} = \sum_i \boldsymbol{L}_i = \text{const} \quad \text{für} \quad \boldsymbol{M}_{\text{ext}} = 0} \ . \tag{6.1-12}$$

Dies ist die allgemeine Form des *Drehimpulserhaltungssatzes* (vgl. auch 3.8):

> Wirken keine äußeren Drehmomente, so bleibt der Gesamtdrehimpuls eines Teilchensystems zeitlich konstant.

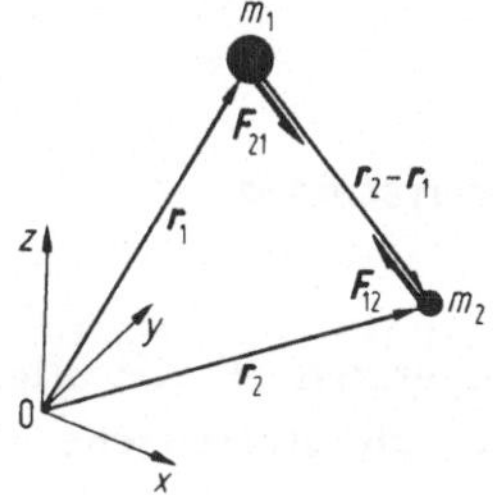

Bild 6-4: Zur Berechnung von Drehmomenten durch innere Kräfte.

Unterliegen die Teilchen des betrachteten Systems jedoch äußeren Kräften $\boldsymbol{F}_{\text{ext},i}$ und dadurch hervorgerufenen äußeren Drehmomenten $\boldsymbol{M}_{\text{ext},i} = \boldsymbol{r}_i \times \boldsymbol{F}_{\text{ext},i}$, so gilt für den Gesamtdrehimpuls $\boldsymbol{L}$ des Teilchensystems im selben Bezugssystem, in dem auch die Drehmomente definiert sind, unter Beachtung von (6.1-10)

$$\frac{\mathrm{d}\boldsymbol{L}}{\mathrm{d}t} = \frac{\mathrm{d}}{\mathrm{d}t}\sum_i \boldsymbol{L}_i = \sum_i \frac{\mathrm{d}\boldsymbol{L}_i}{\mathrm{d}t} = \sum_i \boldsymbol{M}_i \ .$$

In der letzten Summe können die Drehmomentanteile, die durch innere Kräfte bedingt sind, wegen (6.1-11) weggelassen werden:

$$\sum_i \boldsymbol{M}_i = \sum_i \boldsymbol{M}_{\text{ext},i} + \sum_{i,j} \boldsymbol{M}_{\text{int},ij} = \sum_i \boldsymbol{M}_{\text{ext},i} = \boldsymbol{M}_{\text{ext}} \ . \tag{6.1-13}$$

Damit ergibt sich für die zeitliche Änderung des Gesamtdrehimpulses eines Teilchensystems unter Einwirkung eines äußeren Gesamtdrehmomentes $\boldsymbol{M}_{\text{ext}}$ ganz entsprechend zum einzelnen Massenpunkt, vgl. (3.7-5),

$$\boxed{\frac{\mathrm{d}\boldsymbol{L}}{\mathrm{d}t} = \boldsymbol{M}_{\text{ext}}} \ . \tag{6.1-14}$$

Drehimpuls und Drehmoment hängen von der Wahl des Bezugssystems ab. Um von dieser Willkürlichkeit wegzukommen, kann als Bezugssystem das Schwerpunktsystem gewählt werden. Der Gesamtdrehimpuls des Teilchensystems bezogen auf das Massenzentrum werde *innerer Drehimpuls* $\boldsymbol{L}_{\text{int}}$ genannt:

$$\boldsymbol{L}_{\text{int}} = \sum_i \boldsymbol{r}_{\text{int},i} \times \boldsymbol{p}_{\text{int},i} \ , \tag{6.1-15}$$

Im Falle von Elementarteilchen wird der innere Drehimpuls auch *Spin* $\boldsymbol{S}$ genannt. Bezüglich eines anderen Bezugssystems kann ferner ein *Bahndrehimpuls* $\boldsymbol{L}_{\text{Bahn}}$ definiert werden:

$$\boldsymbol{L}_{\text{Bahn}} = \boldsymbol{r}_s \times \boldsymbol{p} = \boldsymbol{r}_s \times m\boldsymbol{v}_s \ , \tag{6.1-16}$$

worin $\boldsymbol{p}$ der Gesamtimpuls und m die Gesamtmasse des Teilchensystems sind, und $\boldsymbol{r}_s$ die Koordinate des Massenzentrums und $\boldsymbol{v}_s$ seine Geschwindigkeit. Der Gesamtdrehimpuls des Teilchensystems kann als Summe beider dargestellt werden (ohne Ableitung):

$$\boxed{\boldsymbol{L} = \boldsymbol{L}_{\text{Bahn}} + \boldsymbol{L}_{\text{int}}} \ . \tag{6.1-17}$$

6.2 Energieinhalt von Teilchensystemen

Die folgenden Betrachtungen enthalten vor allem für Zweiteilchensysteme (z.B. Stöße, siehe 6.3) und für die statistische Mechanik (Gase als Vielteilchensysteme: Thermostatik bzw. -dynamik, siehe 8) benötigte Festlegungen und Folgerungen.

Die Geschwindigkeit $\boldsymbol{v}_i$ des Teilchens i eines Teilchensystems in einem beliebigen Bezugssystem (Laborsystem) läßt sich zerlegen in die Geschwindigkeit $\boldsymbol{v}_s$ des Massenzentrums und in die Geschwindigkeit $\boldsymbol{v}_{\text{int},i}$ des i. Teilchens im Schwerpunktsystem (Bild 6-5):

$$\boldsymbol{v}_i = \boldsymbol{v}_s + \boldsymbol{v}_{\text{int},i} \quad ; \quad \boldsymbol{v}_i^2 = \boldsymbol{v}_s^2 + \boldsymbol{v}_{\text{int},i}^2 + 2\boldsymbol{v}_s \boldsymbol{v}_{\text{int},i} \ . \tag{6.2-1}$$

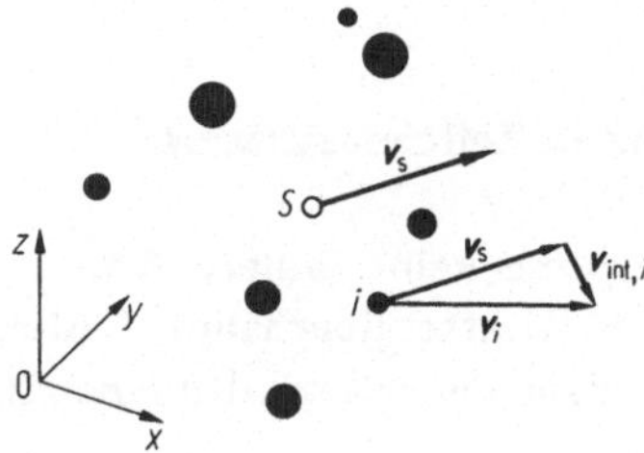

Bild 6-5: Teilchengeschwindigkeit im Laborsystem und im Schwerpunktsystem.

Für die gesamte kinetische Energie eines Teilchensystems folgt mit (6.2-1)

$$\begin{aligned} E_k &= \sum_i \frac{1}{2} m_i \boldsymbol{v}_i^2 = \sum_i \frac{1}{2} m_i \boldsymbol{v}_s^2 + \sum_i \frac{1}{2} m_i \boldsymbol{v}_{\text{int},i}^2 + \sum_i m_i \boldsymbol{v}_s \boldsymbol{v}_{\text{int},i} \\ &= \frac{1}{2} m \boldsymbol{v}_s^2 + E_{\text{k,int}} + \boldsymbol{v}_s \sum_i \boldsymbol{p}_{\text{int},i} \ . \end{aligned} \tag{6.2-2}$$

In (6.2-2) bedeutet der erste Term die kinetische Energie der im Massenzentrum vereinigten Gesamtmasse im Laborsystem, der zweite Term stellt die kinetische Energie im Schwerpunktsystem dar, während der dritte Term verschwindet, weil $\sum \boldsymbol{p}_{\text{int},i} = \boldsymbol{p}_{\text{int}} = 0$ im Schwerpunktsystem, vgl. (6.1-6). Damit gilt für die *kinetische Energie eines Teilchensystems* in einem beliebigen Laborsystem

$$E_k = \sum_i \frac{1}{2} m_i \boldsymbol{v}_i^2 = \frac{1}{2} m \boldsymbol{v}_s^2 + E_{\text{k,int}} \ . \tag{6.2-3}$$

Bei Stoßvorgängen (siehe 6.3) interessieren beide Terme, während z.B. in der statistischen Mechanik (siehe 8) die Schwerpunktsbewegung und damit der erste Term in (6.2-3) meist ohne Interesse ist.

Die potentielle Energie aufgrund innerer konservativer Kräfte (innere potentielle Energie des Teilchensystems) läßt sich als Summe der potentiellen Energien $E_{p,ij}$ von Teilchenpaaren ij aufgrund der Kräfte zwischen den Teilchen i und j (unabhängig vom Bezugsystem) darstellen:

$$E_{\text{p,int}} = \sum_{i,j} E_{p,ij} \ . \tag{6.2-4}$$

E_k und $E_{\text{p,int}}$ hängen nicht von äußeren Kräften ab (obwohl sich E_k durch äußere Kräfte zeitlich ändern kann). Als *Eigenenergie* des Teilchensystems sei daher definiert

$$U = E_k + E_{\text{p,int}} = \frac{1}{2} m \boldsymbol{v}_s^2 + E_{\text{k,int}} + E_{\text{p,int}} \ . \tag{6.2-5}$$

Im Schwerpunktsystem fällt der erste Term weg und man erhält die sogenannte *innere Energie*:

$$U_{\text{int}} = E_{\text{k,int}} + E_{\text{p,int}} \,, \tag{6.2-6}$$

Damit ergibt sich für die Eigenenergie im Laborsystem

$$U = U_{\text{int}} + \frac{1}{2} m \mathbf{v}_s^{\,2} \,. \tag{6.2-7}$$

6.2.1 Energieerhaltungssatz in Teilchensystemen

Wenn an einem Teilchensystem keine äußere Arbeit W durch äußere Kräfte geleistet wird, oder äußere Kräfte überhaupt fehlen, so bleibt die Eigenenergie des Systems nach dem Energieerhaltungssatz zeitlich konstant:

$$U = E_{\text{k}} + E_{\text{p,int}} = \text{const} \quad \text{für} \quad W = 0 \,. \tag{6.2-8}$$

Dabei können sich durch innere Kräfte E_{k} und $E_{\text{p,int}}$ durchaus ändern, die Energiesumme bleibt dennoch erhalten.

Wenn dagegen dem Teilchensystem durch äußere Kräfte äußere Arbeit W_{12} zugeführt wird (ohne daß sonstige Energien zwischen dem System und der Umgebung ausgetauscht werden, vgl. 8.4), so erhöht sich dessen Eigenenergie um W_{12} von U_1 auf U_2 (Energieflußdiagramm Bild 6-6):

$$U_2 - U_1 = W_{12} \,. \tag{6.2-9}$$

Wird die äußere Arbeit durch eine äußere Kraft geleistet, die ebenfalls konservativ ist, so existiert zusätzlich zur inneren potentiellen Energie auch eine äußere potentielle Energie, und es gilt entsprechend (4.2-3)

$$W_{12} = E_{\text{p,ext 1}} - E_{\text{p,ext 2}} \,. \tag{6.2-10}$$

Gleichsetzung von (6.2-2) und (6.2-3) liefert

$$U_2 + E_{\text{p,ext 2}} = U_1 + E_{\text{p,ext, 1}} \,, \tag{6.2-11}$$

woraus folgt, daß die *Gesamtenergie* E des Teilchensystems sich nicht ändert. Der *Energieerhaltungssatz für Teilchensysteme* lautet demnach *bei konservativen äußeren Kräften* analog zu (4.3-2)

$$\boxed{E = U + E_{\text{p,ext}} = \text{const}} \,. \tag{6.2-12}$$

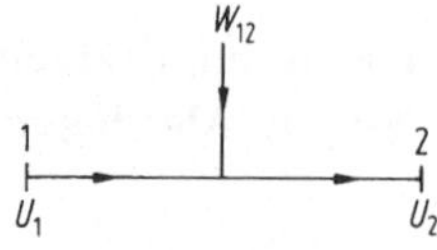

Bild 6-6: Energieflußdiagramm zur Leistung äußerer Arbeit an einem Teilchensystem.

6.2.2 Bindungsenergie eines Teilchensystems

Es werde ein Teilchensystem (der Einfachheit halber im Schwerpunktsystem) betrachtet, dessen Teilchen zunächst (unendlich) weit voneinander entfernt ruhen. Die innere Energie des Systems werde für diesen Fall auf $U_\infty = 0$ normiert, was wegen der beliebigen Normierbarkeit von $E_{p,int}$ immer möglich ist (vgl. 4.2). Werden die Teilchen nun durch irgendeinen Mechanismus zusammengebracht, so hat das Teilchensystem die innere Energie

$$U_{int} = E_{k,int} + E_{p,int} \quad . \tag{6.2-13}$$

E_k ist immer positiv. $E_{p,int}$ kann positiv oder negativ sein, je nachdem, ob beim Zusammenbringen Arbeit zugeführt werden muß (abstoßende Kräfte: $dE_p > 0$) oder frei wird (anziehende Kräfte: $dE_p < 0$). U_{int} kann daher positiv oder negativ sein. Nach (6.2-9) gilt für den Vorgang des Zusammenbringens der Teilchen

$$U_{int} - U_\infty = U_{int} = W \ . \tag{6.2-14}$$

Ist die innere Energie des Teilchensystems nach dem Zusammenbringen positiv ($U_{int} > 0$), so mußte hierfür äußere Arbeit aufgebracht werden ($W > 0$). Es herrschen abstoßende Kräfte, die Teilchen trennen sich wieder. Das System ist nicht stabil (ungebunden). Beispiel: Streuung eines positiv geladenen α-Teilchens an einem positiv geladenen Atomkern.
Ist dagegen die innere Energie nach dem Zusammenbringen negativ ($U_{int} < 0$), so ist bei der Formierung des Systems Energie (Arbeit) nach außen abgegeben worden ($W < 0$), das System hat weniger Energie als die getrennten Teilchen. Um das System wieder aufzulösen, muß der Energiebetrag $-U_{int} (> 0)$ wieder von außen zugeführt werden. Ein System mit negativer innerer Energie ist daher stabil oder "gebunden". Beipiel: Planetensystem der Sonne. $-U_{int}$ ist die *Bindungsenergie des Systems*:

$$- U_{int} = E_b \quad . \tag{6.2-15}$$

Bild 6-7 zeigt die beiden Fälle in einer Energieskala als sog. "Termschemata".

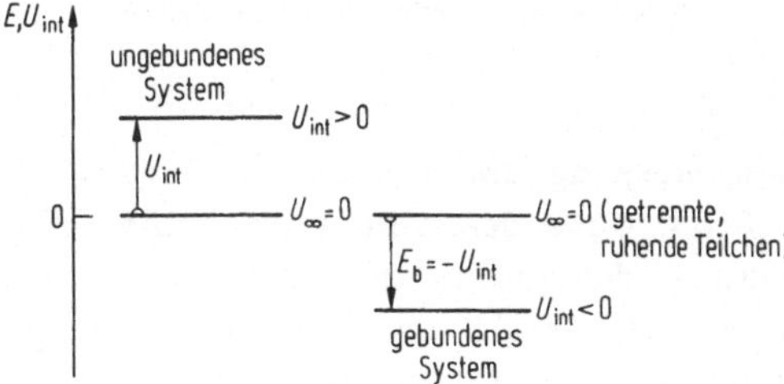

Bild 6-7: Energieterm-Schema eines ungebundenen und eines gebundenen Systems.

6.3 Stöße

Es sei als einfachstes Vielteilchensystem ein solches mit zwei Teilchen betrachtet, die sich mit in großer Entfernung voneinander vorgegebenen Impulsen einander nähern, dabei Kräfte aufeinander ausüben und infolgedessen ihren Bewegungszustand ändern ("Stoß"), und schließlich mit geänderten Impulsen wieder auseinanderfliegen.
Definierte Stoßexperimente sind in der Physik besonders wichtig, weil aus deren Ergebnissen (z.B. Häufigkeit einer bestimmten Ablenkung oder Energieänderungen der Stoßpartner) auf die Art der Wechselwirkung zwischen den stoßenden Teilchen geschlossen werden kann (Kraftfeld der Teilchen, innere Energiezustände, ...). Bei atomaren und elementaren Teilchen sind Stoßversuche oft die einzige Möglichkeit zur Untersuchung dieser Größen. Hier sollen nur die einfachsten dynamischen Grundlagen des Stoßvorganges betrachtet werden.

Aus dem Kraftgesetz (3.2-2) folgt für eine während der Stoßzeit $\Delta t = t_2 - t_1$ wirkende Kraft $\boldsymbol{F}(t)$, daß sie eine Impulsänderung $\Delta\boldsymbol{p} = \boldsymbol{p}_2 - \boldsymbol{p}_1$ hervorruft:

$$\Delta\boldsymbol{p} = \boldsymbol{p}_2 - \boldsymbol{p}_1 = \int_{t_1}^{t_2} \boldsymbol{F}(t)\,\mathrm{d}t\,. \tag{6.3-1}$$

Das Integral über den Zeitverlauf der Kraft wird *Kraftstoß* genannt. (6.3-1) zeigt, daß es für die Impulsänderung nicht auf den zeitlichen Verlauf der Kraft im Einzelnen ankommt, sondern nur auf das Zeitintegral, den Kraftstoß. Wir zerlegen nun den Stoßvorgang in drei Phasen (Bild 6-8):

1. die Phase vor dem Stoß mit vernachlässigbaren Wechselwirkungen zwischen den Teilchen,
2. die Stoßphase mit wesentlichen Wechselwirkungskräften zwischen den stoßenden Teilchen im Stoßbereich, und
3. die Phase nach dem Stoß mit wieder vernachlässigbaren Wechselwirkungen.

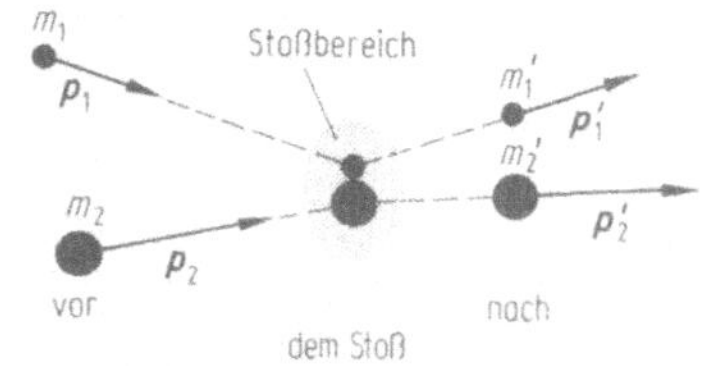

Bild 6-8: Stoß zwischen zwei Teilchen.

Der experimentellen Messung am einfachsten zugänglich sind die Phasen vor und nach dem Stoß. Ohne den Ablauf im Stoßbereich genauer zu kennen, folgt allein daraus, daß nur innere Kräfte beim Stoß wirken, bereits, daß sowohl der Gesamtimpuls als auch die Gesamtenergie erhalten bleiben (die gestrichenen Größen gelten für die Phase nach dem Stoß, die ungestrichenen für die Phase vor dem Stoß):

Impulserhaltung für den Gesamtimpuls beider Teilchen bedeutet:

$$\boxed{\begin{aligned} \boldsymbol{p}_1 + \boldsymbol{p}_2 &= \boldsymbol{p}_1' + \boldsymbol{p}_2' \\ m_1\boldsymbol{v}_1 + m_2\boldsymbol{v}_2 &= m_1'\boldsymbol{v}_1' + m_2'\boldsymbol{v}_2' \end{aligned}} \quad , \quad . \qquad (6.3\text{-}2)$$

Ist E_k bzw. E_k' die Summe der kinetischen Energien vor bzw. nach dem Stoß und U_{int} bzw. U_{int}' die Summe der inneren Energien vor bzw. nach dem Stoß, so fordert die *Energieerhaltung* für die Gesamtenergie beider Teilchen:

$$\boxed{E_k + U_{int} = E_k' + U_{int}'} \; . \qquad (6.3\text{-}3)$$

Ändert sich beim Stoß die innere Energie der Teilchen (z.B. bei Atomen als Stoßpartner durch Anregung höherer Energiezustände, oder beim Stoß bereits vorher angeregter Atome durch Übergang zu niedrigeren Energiezuständen) um die sog. *Reaktionsenergie*

$$Q \equiv U_{int} - U_{int}' \; , \qquad (6.3\text{-}4)$$

so muß sich nach (6.3-3) auch die kinetische Energie ändern:

$$Q = E_k' - E_k = \left(\frac{1}{2}m_1'\boldsymbol{v}_1'^2 + \frac{1}{2}m_2'\boldsymbol{v}_2'^2\right) - \left(\frac{1}{2}m_1\boldsymbol{v}_1^2 + \frac{1}{2}m_2\boldsymbol{v}_2^2\right) . \qquad (6.3\text{-}5)$$

Aus Stoßversuchen, bei denen die kinetischen Energien der Stoßpartner vor und nach dem Stoß gemessen werden, lassen sich daher nach (6.3-5) die Reaktionsenergien berechnen und z.B. bei Atomen oder Molekülen als Stoßpartner deren Anregungsenergien bestimmen. Das ist das Prinzip der Teilchenspektroskopie bzw. *Energieverlust-Spektroskopie* (siehe 20.4).

Fallunterscheidung:

$Q \neq 0$: *unelastischer Stoß*, siehe oben.

$Q = 0$: *elastischer Stoß*, keine Änderung der inneren Energien: Die gesamte kinetische Energie bleibt nach (6.3-5) erhalten.

6.3.1 Zentraler elastischer Stoß

Der zentrale elastische Stoß ist der einfachste Stoßvorgang. Die Stoßpartner bewegen sich vor und nach dem Stoß auf einer gemeinsamen Geraden (Bild 6-9), und die gesamte kinetische Energie bleibt erhalten. Ferner wird angenommen, daß die Teilchenmassen sich nicht ändern. Die Erhaltungssätze liefern für diesen eindimensionalen Stoßvorgang:

Impulserhaltung: $$\boxed{m_1\boldsymbol{v}_1 + m_2\boldsymbol{v}_2 = m_1\boldsymbol{v}_1' + m_2\boldsymbol{v}_2'} \; , \qquad (6.3\text{-}6)$$

Energieerhaltung: $$\boxed{m_1 v_1^2 + m_2 v_2^2 = m_1 v_1'^2 + m_2 v_2'^2} \; . \qquad (6.3\text{-}7)$$

Wegen des eindimensionalen Vorganges können die Geschwindigkeitsvektoren $\boldsymbol{v}_i$ in (6.3-1) durch ihre Beträge v_i ersetzt werden. Ohne Beschränkung

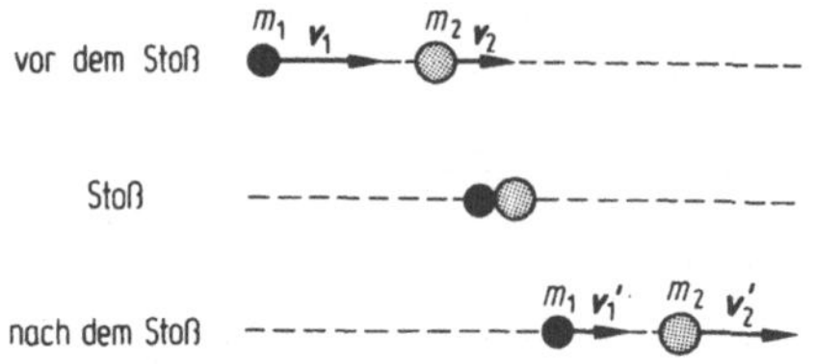

Bild 6-9: Zentraler elastischer Stoß.

der Allgemeingültigkeit kann ferner durch geeignete Wahl des Koordinatensystems $v_2 = 0$ gesetzt werden (Ursprung in m_2 vor dem Stoß). Dann folgt aus (6.3-6) und (6.3-7)

$$\boxed{v_2' = \frac{2m_1}{m_1 + m_2} v_1 , \quad v_1' = \frac{m_1 - m_2}{m_1 + m_2} v_1 \quad \text{für} \quad v_2 = 0} . \tag{6.3-8}$$

Aus (6.3-8) ergeben sich folgende Sonderfälle (Bild 6-10):

1. $m_1 \ll m_2$: $v_1' \approx -v_1$, $v_2' \approx 2 \frac{m_1}{m_2} v_1 \ll v_1$: Impulsumkehr des stoßenden Teilchens, nur geringe Energieabgabe.
2. $m_1 = m_2$: $v_1' = 0$, $v_2' = v_1$: vollständige Impuls- und Energieübertragung.
3. $m_1 \gg m_2$: $v_1' \approx v_1$, $v_2' \approx 2v_1$: Impuls des stoßenden Teilchens fast ungeändert, nur geringe Energieabgabe.

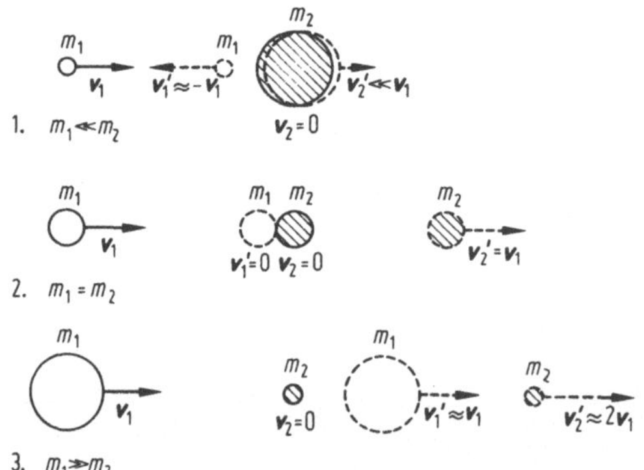

Bild 6-10: Sonderfälle des zentralen elastischen Stoßes. Gestrichelt: Massen und Geschwindigkeiten *nach* dem Stoß.

Für den betrachteten Fall $v_2 = 0$ ist die Energie des gestoßenen Teilchens nach dem Stoß E_2' gleich der vom stoßenden Teilchen übertragenen Energie ΔE, seinem Energieverlust, mit (6.3-8) demnach:

$$\Delta E = E_2' = \frac{m_2}{2} v_2'^2 = \frac{2m_1^2 m_2}{(m_1 + m_2)^2} v_1^2 . \tag{6.3-9}$$

Bezogen auf die Energie des stoßenden Teilchens vor dem Stoß $E_1 = m_1 v_1^2/2$ ergibt sich daraus der relative Bruchteil der beim Stoß übertragenen Energie (relativer Energieverlust des stoßenden Teilchens):

$$\boxed{\frac{\Delta E}{E_1} = \frac{4\, m_1 m_2}{(m_1 + m_2)^2} = \frac{4 m_1/m_2}{(1 + m_1/m_2)^2}} \quad . \tag{6.3-10}$$

In Abhängigkeit vom Massenverhältnis m_1/m_2 zeigt der relative Energieverlust ein Maximum bei $m_1/m_2 = 1$, d.h. für $m_1 = m_2$ (Bild 6-11). Die Abbremsung von schnellen Teilchen durch Stoß mit anderen Teilchen ist daher am wirkungsvollsten mit Stoßpartnern von etwa gleicher Masse.

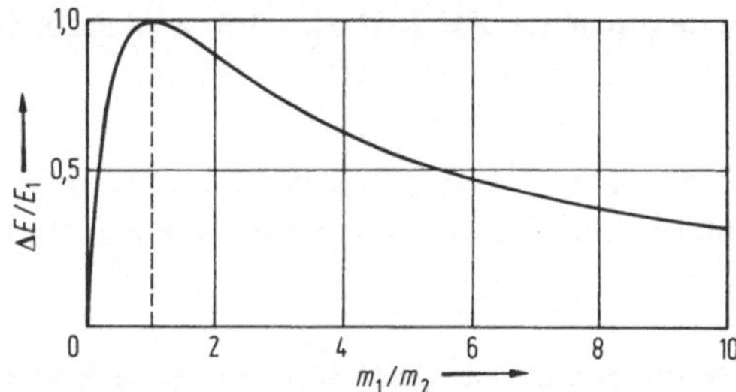

Bild 6-11: Relativer Bruchteil der beim zentralen elastischen Stoß übertragenen Energie als Funktion des Massenverhältnisses der Stoßpartner.

Anwendung: Abbremsung schneller Neutronen im Kernreaktor durch einen Neutronenmoderator. Da Neutronen die Massenzahl 1 haben, werden als Moderatorsubstanzen solche mit mit möglichst niedrigen Massenzahlen ihrer Atome verwendet, z.B. schwerer Wasserstoff oder Graphit. Eine zu beachtende Nebenbedingung: Die Moderatoratome dürfen Neutronen nicht absorbieren (unelastischer Stoß).

Als Beispiel für den elastischen Stoß werde die Impulsübertragung von aus einem Rohr des Querschnitts A mit hoher Geschwindigkeit $\boldsymbol{v}$ strömenden Teilchen der Masse m betrachtet, die an einer Wand elastisch reflektiert werden (Bild 6-12). Die Teilchengeschwindigkeit läßt sich in eine Normalkomponente $\boldsymbol{v}_n$ und eine Tangentialkomponente $\boldsymbol{v}_t$ zerlegen. Der Stoßvorgang ist dann darstellbar als zentraler Stoß der kleinen Masse m mit der Geschwindigkeit $\boldsymbol{v}_n$ gegen die sehr große Wandmasse m_{Wand}, wobei eine Tangentialgeschwindigkeit $\boldsymbol{v}_t$ überlagert ist, die durch den Stoß nicht beeinflußt wird. Die Normalkomponente des Teilchenimpulses wird dabei entsprechend dem oben beschriebenen Sonderfall 1 in der Richtung umgekehrt, so daß der pro Teilchen an die Wand übertragene Impulsbetrag

$$\Delta p = |m\boldsymbol{v}_n - (-m\boldsymbol{v}_n)| = 2mv_n = 2mv \cos \vartheta \tag{6.3-11}$$

ist (Bild 6-12). In einer Zeit Δt treffen alle im Strahlvolumen $V = A\,l$ der Länge $l = v\Delta t$ befindlichen Teilchen auf die Wand. Sind im Teilchenstrahl

n Teilchen pro Volumeneinheit (Teilchenzahldichte), so sind dies

$$Z = nV = nAv\Delta t \tag{6.3-12}$$

Teilchen. In der Zeit Δt wird daher insgesamt der Impuls

$$\Delta p_{ges} = Z\Delta p = 2nmv^2 A\Delta t \cos\vartheta \tag{6.3-13}$$

an die Wand übertragen. Nach dem Newtonschen Kraftgesetz (3.2-2) entspricht dem eine zeitlich gemittelte Normalkraft auf die Wand

$$\overline{F_n} = \frac{\Delta p_{ges}}{\Delta t} = 2nmv^2 A\cos\vartheta\ . \tag{6.3-14}$$

Der Quotient aus Normalkomponente F_n der Kraft $\boldsymbol{F}$ und beaufschlagter Wandfläche A (Flächennormale $\boldsymbol{A}$) wird als *Druck* p bezeichnet:

$$p \equiv \frac{\boldsymbol{F}\boldsymbol{A}}{A^2} = \frac{F_n}{A}\ . \tag{6.3-15}$$

SI-Einheit: $[p] = \mathrm{Nm}^{-2}$ (weitere Druckeinheiten siehe 8.2).

Der Druck p darf nicht mit dem Impuls $\boldsymbol{p}$ bzw. dessen Betrag p verwechselt werden.

Die vom Teilchenstrom getroffene Wandfläche ist $A/\cos\vartheta$. Mit $v\cos\vartheta = v_n$ folgt aus (6.3-14) und (6.3-15) für den durch den gerichteten Teilchenstrom auf die Wand ausgeübten Druck

$$p = 2nmv_n^2\ . \tag{6.3-16}$$

Dieses Ergebnis wird später für die Berechnung des Gasdruckes (siehe 8.1) sowie des Strahlungsdruckes elektromagnetischer Strahlung (siehe 20.3) benötigt.

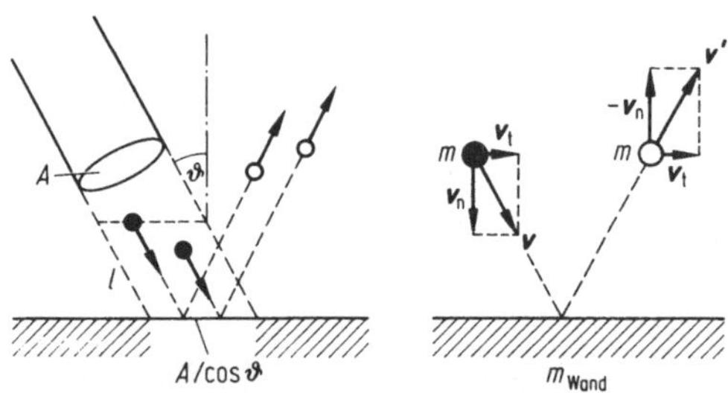

Bild 6-12: Elastische Reflexion eines Teilchenstroms an einer Wand.

6.3.2 Nichtzentraler elastischer Stoß

Der zentrale Stoß, bei dem stoßendes und gestoßenes Teilchen auf derselben Bahngeraden bleiben, ist der einfachste Fall des Stoßes zwischen zwei Teilchen. Im allgemeinen stoßen die Teilchen nicht zentral aufeinander, es existiert ein Stoßparameter b, der den Abstand des (hier wieder als ruhend angenommenen) gestoßenen Teilchens m_2 von der Bahn des stoßenden Teilchens m_1 angibt (Bild 6-13). Dann bilden die Bahnen der Teilchen m_1 und m_2 nach dem Stoß Winkel ϑ_1 und ϑ_2 mit der Bahn des stoßenden Teilchens m_1 vor dem Stoß, die von der Größe des Stoßparameters und vom Massenverhältnis m_1/m_2 abhängen.

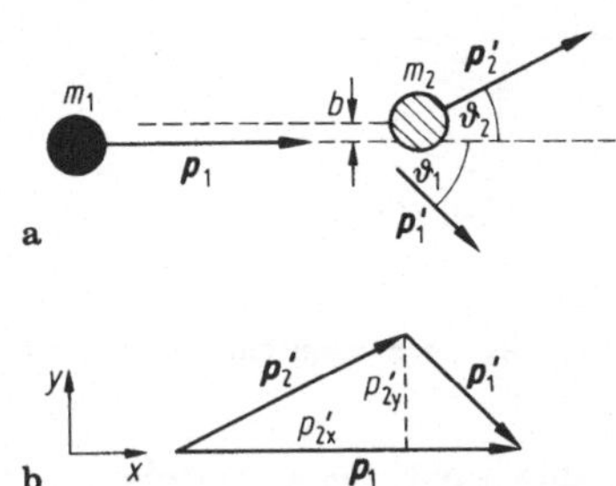

Bild 6-13: Nichtzentraler elastischer Stoß und zugehöriges Vektordiagramm.

In Impulsvektoren ausgedrückt lauten Impuls- und Energieerhaltungssatz (6.3-6) und (6.3-7) für $\boldsymbol{v}_2 = 0$

$$\boldsymbol{p}_1 = \boldsymbol{p}_1' + \boldsymbol{p}_2' , \tag{6.3-17}$$

$$\frac{p_1^2}{2m_1} = \frac{p_1'^2}{2m_1} + \frac{p_2'^2}{2m_2} . \tag{6.3-18}$$

Aus dem Impulsdiagramm Bild 6-13 folgt für die Quadrate der Impulse nach dem Stoß

$$\begin{aligned} p_2'^2 &= p_{2x}'^2 + p_{2y}'^2 , \\ p_1'^2 &= (p_1 - p_{2x}')^2 + p_{2y}'^2 , \end{aligned} \tag{6.3-19}$$

worin p_{2x} und p_{2y} die x- und y-Komponente des Impulses des gestoßenen Teilchens nach dem Stoß sind. Durch Einsetzen in den Energiesatz (6.3-18) folgt nach einiger Umrechnung

$$(p_{2x}' - \mu v_1)^2 + p_{2y}'^2 = (\mu v_1)^2 \tag{6.3-20}$$

mit der *reduzierten Masse*

$$\mu \equiv \frac{m_1 m_2}{m_1 + m_2} . \tag{6.3-21}$$

(6.3-20) ist die Gleichung eines Kreises in den Impulskoordinaten p_{2x} und p_{2y}, des sog. *Stoßkreises*:

$$(p_{2x}' - R)^2 + p_{2y}'^2 = R^2 . \tag{6.3-22}$$

Er ist um den Stoßkreisradius

$$R = \mu v_1 = \frac{m_1 m_2}{m_1 + m_2} v_1 = \frac{p_1}{1 + m_1/m_2} \tag{6.3-23}$$

in positiver x-Richtung verschoben (Bild 6-14). Bei vorgegebenen Werten m_1, m_2, v_1 ($v_2 = 0$) ist der Stoßkreis der geometrische Ort der Spitzen aller möglicher Impulsvektoren des gestoßenen Teilchens nach dem Stoß, vgl. (6.3-19a) und Bild 6-14.

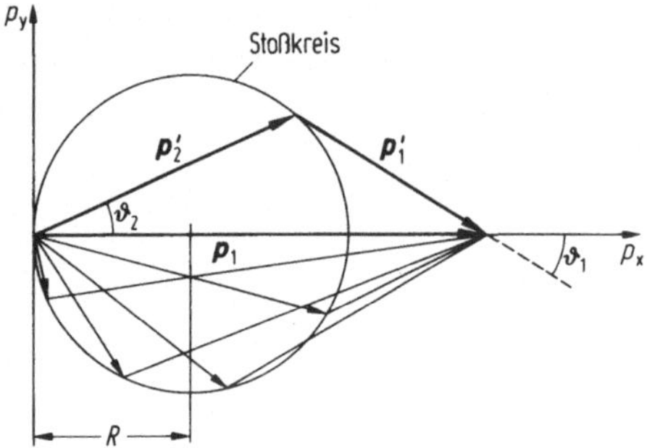

Bild 6-14: Stoßkreis und Lage der möglichen Impulsvektoren für $m_2 < m_1$.

Aus Bild 6-14 folgt, daß das gestoßene Teilchen nur Impulse $\boldsymbol{p}_2'$ in Richtungen des Winkelbereichs $\vartheta_2 = 0^\circ \ldots \pm 90^\circ$ erhalten kann. Der Winkelbereich des Impulses $\boldsymbol{p}_1'$ des stoßenden Teilchens nach dem Stoß hängt von der Größe des Stoßkreisradius R im Vergleich zum Anfangsimpuls p_1 ab, d.h. nach (6.3-23) von m_1/m_2 (Tabelle 6-1 und Bild 6-15).

Tabelle 6-1: Charakteristische Fälle elastischer Stöße

Massenverhältnis	Stoßkreisradius	Streuwinkelbereich $\lvert\vartheta_1\rvert$	Bemerkungen
1. $m_1/m_2 < 1$	$\frac{p_1}{2} < R < p_1$	$0^\circ \ldots 180^\circ$	Vor- oder Rückwärtsstreuung von m_1
2. $m_1/m_2 = 1$	$R = \frac{p_1}{2}$	$0^\circ \ldots\ 90^\circ$	Nach dem Stoß fliegen beide Teilchen unter 90° auseinander
3. $m_1/m_2 > 1$	$m_2 v_1 < R < \frac{p_1}{2}$	$0^\circ \ldots < 90^\circ$	Nur Vorwärtsstreuung von m_1

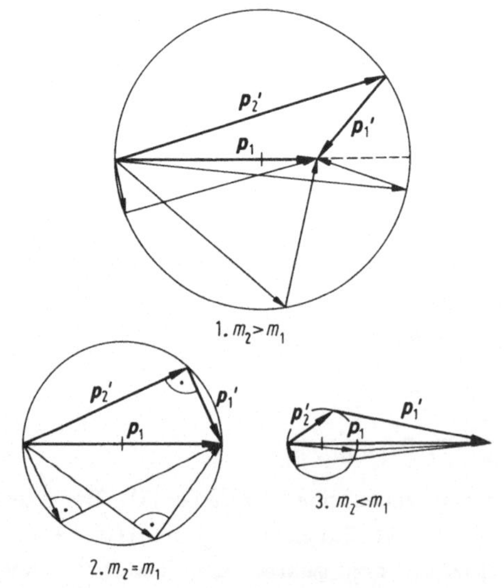

Bild 6-15: Charakteristische Fälle elastischer Stöße.

6.3.3 Unelastischer Stoß

Beim unelastischen Stoß geht mechanische, d.h. kinetische Energie verloren und wird in eine andere Energieform (z.B. Wärme, oder innere Energie in Form elektronischer Anregung, Kernanregung etc.) umgewandelt. Der Energieverlust $Q' = -Q$ (vgl. 6.3-5) muß daher in der Energiebilanz berücksichtigt werden, wobei wir wieder durch geeignete Wahl des Koordinatensystems $\boldsymbol{v}_2 = 0$ setzen:

$$E_1 = \frac{p_1^2}{2m_1} = \frac{p_1'^2}{2m_1} + \frac{p_2'^2}{2m_2} + Q' . \tag{6.3-24}$$

Der Impulssatz gilt unverändert:

$$\boldsymbol{p}_1 = \boldsymbol{p}_1' + \boldsymbol{p}_2' , \tag{6.3-25}$$

damit ebenso das Impulsdiagramm Bild 6-13 und die Zerlegungen nach (6.3-19). Diese eingesetzt in den Energiesatz (6.3-24) liefern

$$(p_{2x}' - \mu v_1)^2 + p_{2y}'^2 = (\mu v_1)^2 - 2\mu Q' . \tag{6.3-26}$$

Hierin ist μ die reduzierte Masse gemäß (6.3-21). (6.3-26) ist wiederum die Gleichung eines Kreises in den Impulskoordinaten p_{2x} und p_{2y}, des *Stoßkreises* für den unelastischen Stoß:

$$(p_{2x}' - R)^2 + p_{2y}'^2 = R_u^2 . \tag{6.3-27}$$

$R = \mu v_1$ ist der Stoßkreisradius für den elastischen Stoß (6.3-23), während der für den unelastischen Stoß geltende Stoßkreisradius

$$R_u = R\sqrt{1 - \frac{Q'}{E_1}\left(1 + \frac{m_1}{m_2}\right)} \tag{6.3-28}$$

kleiner als R ist. Für $Q' = 0$ geht R_u in R über. Aus der Forderung, daß der Stoßkreisradius reell sein muß, folgt, daß der Radikand in (6.3-28) ≥ 0 sein muß. Für den möglichen Energieverlust ergibt sich daraus die Bedingung

$$\boxed{Q' \leq \frac{E_1}{1 + m_1/m_2}} . \tag{6.3-29}$$

Aus (6.3-29) ergeben sich folgende Sonderfälle für den in Wärme etc. umgewandelten maximalen Energieverlust Q'_{max} (total unelastischer Stoß):

1. $m_1 \ll m_2$: $Q'_{max} \approx E_1$: kinetische Energie des stoßenden Teilchens wird fast vollständig vernichtet.
2. $m_1 = m_2$: $Q'_{max} = \frac{E_1}{2}$: kinetische Energie wird zur Hälfte vernichtet.
3. $m_1 \gg m_2$: $Q'_{max} \approx \frac{m_1}{m_2} E_1 \ll E_1$: kinetische Energie bleibt nahezu ganz erhalten.

Beim *total unelastischen zentralen Stoß* wird durch die auftretende Deformation keine auseinandertreibende elastische Kraft erzeugt, beide Stoßpartner bewegen sich nach dem Stoß gemeinsam mit derselben Geschwindigkeit

v' (Bild 6-16). Der Impulssatz lautet dann

$$m_1 v_1 = (m_1 + m_2) v' : \quad \boxed{v' = \frac{m_1}{m_1 + m_2} v_2 \quad \text{für} \quad v_2 = 0} \; . \tag{6.3-30}$$

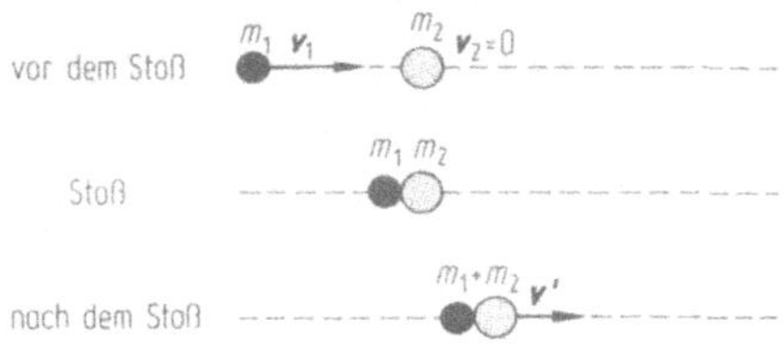

vor dem Stoß m_1 v_1 m_2 $v_2 = 0$

Stoß m_1 m_2

nach dem Stoß $m_1 + m_2$ v'

Bild 6-16: Total unelastischer zentraler Stoß.

Beispiel 1: Für gleiche Massen $m_1 = m_2$ z.B. aus Blei als unelastischem Material reduziert sich die Geschwindigkeit nach dem Stoß gemäß (6.3-30) auf die Hälfte:

$$v' = \frac{v_1}{2} \, . \tag{6.3-31}$$

Beispiel 2: *Ballistisches Pendel* zur Bestimmung hoher Teilchengeschwindigkeiten (Bild 6-17).

Ein schnelles Projektil mit unbekanntem Impuls $\boldsymbol{p} = m\boldsymbol{v}$ trifft horizontal auf die Masse m_p $(m_p \gg m)$ eines Fadenpendels der Länge l und bleibt dort stecken. Die Impulserhaltung fordert

$$m\boldsymbol{v} = (m + m_p)\boldsymbol{v}' , \quad \text{d.h.} \quad v' = \frac{m}{m + m_p} v \approx \frac{m}{m_p} v \, . \tag{6.3-32}$$

Die Geschwindigkeit v des Projektils wird also etwa im Verhältnis der Massen auf v' herabgesetzt. Die Geschwindigkeit v' der Pendelmasse im Moment des Stoßes läßt sich nach (4.3-5) aus der Hubhöhe h bei maximalem Pendelausschlag s_m bzw. ϑ_m bestimmen. Mit $s_m = l\vartheta_m$ und $h \approx s_m \vartheta_m / 2$ (Bild 6-17) folgt für kleine Ausschläge:

$$v' = \sqrt{2gh} \approx \vartheta_m \sqrt{gl} = s_m \sqrt{\frac{g}{l}} \, . \tag{6.3-33}$$

Aus den Meßwerten ϑ_m oder s_m läßt sich dann über (6.3-33) und (6.3-32) der Impuls des Projektils bzw. bei bekannter Masse m dessen Geschwindigkeit v vor dem unelastischen Stoß berechnen.

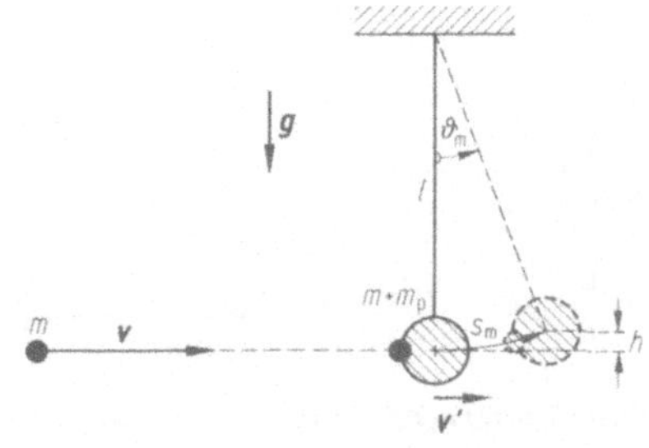

Bild 6-17: Ballistisches Pendel.

7 Dynamik starrer Körper

Ein starrer Körper ist dadurch definiert, daß seine N Massenelemente konstante Abstände untereinander haben und unter der Wirkung äußerer Kräfte keine gegenseitigen Verschiebungen erleiden. Für viele Fälle, vor allem bei Bewegungen, stellt dieses Modell eine ausreichende Näherung für die Beschreibung des Verhaltens eines festen Körpers dar, insbesondere wenn Deformationen des Körpers dabei keine wesentliche Rolle spielen.

7.1 Translation und Rotation eines starren Körpers

Kräfte, die an einem starren Körper angreifen, bewirken beschleunigte Translationen und beschleunigte Rotationen. Innere Deformationen sind beim starren Körper definitionsgemäß ausgeschlossen.

Die Anzahl f der Parameter ("Freiheitsgrade"), die die räumliche Lage von N Massenpunkten eindeutig festlegen, beträgt im allgemeinen Falle der gegenseitigen Verschiebbarkeit der Massenpunkte

$$f = 3N \ .$$

Im Falle des starren Körpers reduziert sich die Zahl der Freiheitsgrade der Bewegung wegen der untereinander festen Abstände der Massenelemente auf

3 Freiheitsgrade der Translation (in 3 Raumrichtungen) und
3 Freiheitsgrade der Rotation (um 3 Achsen im Raum).

Als *Translation* wird eine solche Bewegung eines starren Körpers bezeichnet, bei der eine beliebige, mit dem Körper fest verbundene Gerade ihre Richtung im Raum nicht verändert. Alle Punkte eines sich in Translationsbewegung befindlichen Körpers haben in jedem beliebigen, festen Zeitpunkt dieselbe Geschwindigkeit und Beschleunigung, ihre Bahnkurven s können durch Parallelverschiebung zur Deckung gebracht werden (Bild 7-1a). Daher kann die Betrachtung der Translation eines starren Körpers auf die Untersuchung der Bewegung irgendeines Punktes des Körpers (z.B. des Schwerpunktes) reduziert werden.
Bei der *Rotation* eines starren Körpers ändert eine mit dem Körper fest verbundene Gerade ihre Richtung im Raum um einen zeitabhängigen Winkel α.

Alle Punkte des Körpers beschreiben kreisförmige Bahnen mit der Rotationsachse als Zentrum (Bild 7-1b).
Die *allgemeine Bewegung* eines starren Körpers kann stets als Überlagerung einer Translations- und einer Rotationsbewegung beschrieben werden (Bild 7-1c).

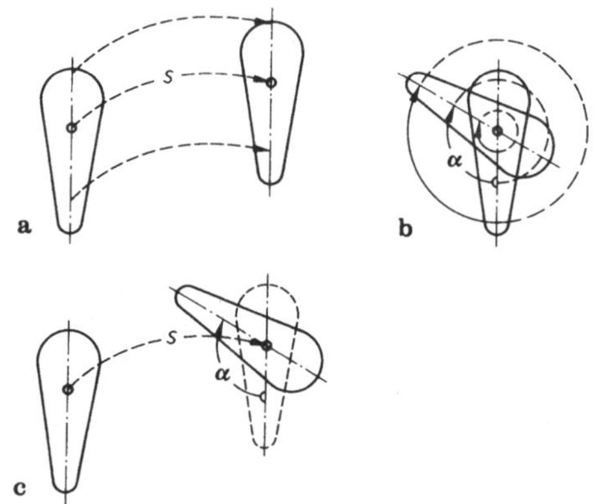

Bild 7-1: **a** Translation, **b** Rotation, und **c** allgemeine Bewegung eines starren Körpers.

Die Lage, d.h der Ortsvektor des *Schwerpunktes* (des Massenzentrums) eines starren Körpers ergibt sich durch Summation über alle Massenelemente

$$\mathrm{d}m = \rho\,\mathrm{d}V \qquad (7.1\text{-}1)$$

des starren Körpers gemäß der Vorschrift (6.1-2), wobei die Summation hier durch eine Integration über den gesamten Körper K zu ersetzen ist:

$$\boldsymbol{r}_s = \frac{\int \boldsymbol{r}\,\mathrm{d}m}{\int \mathrm{d}m} = \frac{1}{m}\int_K \boldsymbol{r}\,\mathrm{d}m = \frac{1}{m}\int_K \rho(\boldsymbol{r})\boldsymbol{r}\,\mathrm{d}m\,. \qquad (7.1\text{-}2)$$

$\mathrm{d}V$ ist das zum Massenelement $\mathrm{d}m$ gehörige Volumenelement. ρ ist die (im allgemeinen Fall ortsabhängige) *Dichte*:

$$\rho(\boldsymbol{r}) \equiv \frac{\mathrm{d}m}{\mathrm{d}V}\,. \qquad (7.1\text{-}3)$$

SI-Einheit: $[\rho] = \mathrm{kg\,m^{-3}}$.

Der Translationsanteil einer allgemeinen Bewegung eines starren Körpers, z.B. beim Wurf (Bild 7-2), kann nun durch die Bewegung des Schwerpunktes beschrieben werden, der gemäß (6.1-8)

$$\boldsymbol{F}_{\mathrm{ext}} = \frac{\mathrm{d}\boldsymbol{p}}{\mathrm{d}t} = \frac{\mathrm{d}(m\boldsymbol{v}_s)}{\mathrm{d}t} \qquad (7.1\text{-}4)$$

die beispielsweise aus Bild 2-4 bekannte Wurfparabel durchläuft. Dieser Bewegungsanteil erfolgt also nach den Regeln der Einzelteilchendynamik und braucht hier nicht weiter behandelt zu werden. Gleichzeitig kann der Körper eine Rotationsbewegung ausführen (Bild 7-2), die durch die Erhaltungssätze für Energie (7.2) und Drehimpuls (7.3) bestimmt ist, und auf die im Folgenden einzugehen ist.

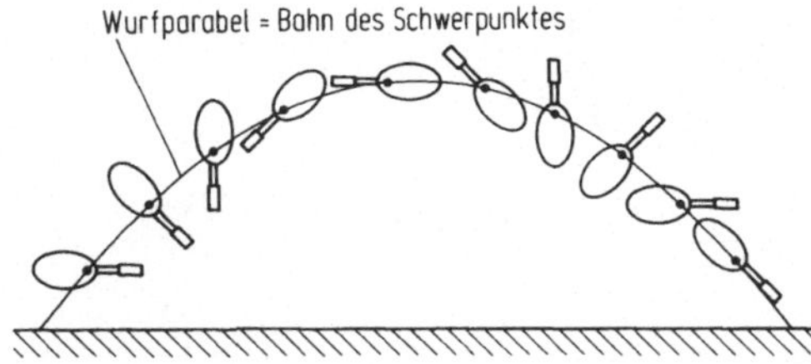

Bild 7-2: Wurfbewegung eines starren Körpers im Erdfeld.

7.2 Rotationsenergie, Trägheitsmoment

Wenn ein starrer Körper um eine Achse mit der Winkelgeschwindigkeit $\boldsymbol{\omega}$ rotiert, so ist $\boldsymbol{\omega}$ für alle seine Massenelemente dm gleich. Jedes Massenelement im Abstande $\boldsymbol{r}$ von der Drehachse bewegt sich dann mit einer Geschwindigkeit $\boldsymbol{v}(\boldsymbol{r}) = \boldsymbol{\omega} \times \boldsymbol{r}$ senkrecht zu $\boldsymbol{r}$ (Bild 7-3), hat also eine kinetische Energie

$$\mathrm{d}E_\mathrm{k} = \frac{1}{2}\, v(r)^2\, \mathrm{d}m = \frac{1}{2}\, \omega^2 r^2 \mathrm{d}m\ . \tag{7.2-1}$$

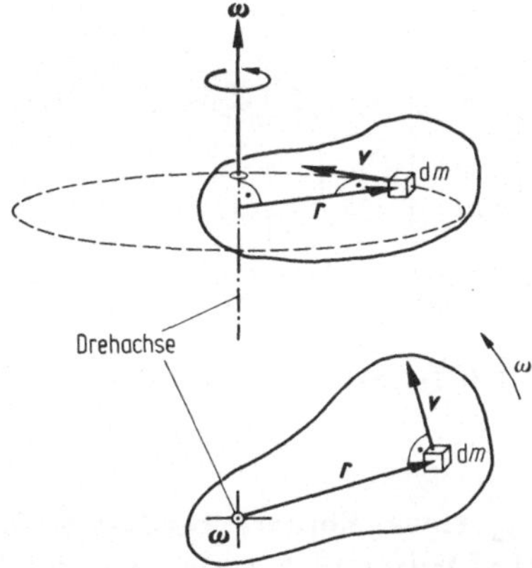

Bild 7-3: Zu Rotationsenergie und Trägheitsmoment eines rotierenden starren Körpers.

Die gesamte kinetische Energie des rotierenden starren Körpers (Rotationsenergie) folgt aus (7.2-1) durch Integration über den ganzen Körper K unter Beachtung von $\omega = \mathrm{const}$:

$$E_\mathrm{k} = \frac{\omega^2}{2} \int_\mathrm{K} r^2\, \mathrm{d}m = E_\mathrm{rot}\ . \tag{7.2-2}$$

Der Integralausdruck in (7.2-2), der nicht von der aufgeprägten Winkelgeschwindigkeit ω abhängt, sondern eine Trägheitseigenschaft bezogen auf die Rotation um die Drehachse darstellt, wird als *Trägheitsmoment* des Körpers bezüglich der vorgegebenen Drehachse bezeichnet:

$$J \equiv \int_K r^2 \,\mathrm{d}m = \int_K \rho(\boldsymbol{r}) r^2 \,\mathrm{d}V \tag{7.2-3}$$

SI-Einheit: $[J] = \mathrm{kg\,m^2}$.

Damit schreibt sich die *Rotationsenergie*

$$\boxed{E_{\mathrm{rot}} = \frac{1}{2} J\omega^2}\,, \tag{7.2-4}$$

in völliger Analogie zur kinetischen Energie (4.1-1) bei der Translation. Das Trägheitsmoment J und die Winkelgeschwindigkeit $\boldsymbol{\omega}$ bei der Rotationsbewegung entsprechen darin der Masse m und der Geschwindigkeit $\boldsymbol{v}$ bei der Translationsbewegung. Das Trägheitsmoment eines Körpers ist jedoch im Gegensatz zur Masse von der Lage der Drehachse abhängig (Bild 7-4)!

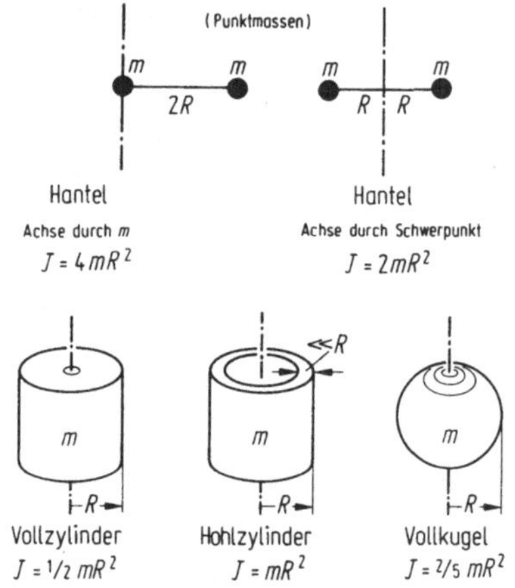

Bild 7-4: Trägheitsmomente einfacher Körper.

Das Trägheitsmoment J_S eines Körpers bezüglich einer Achse, die durch den Schwerpunkt S geht, lautet in kartesischen Koordinaten des Schwerpunktsystems:

$$J_S = \int_K r^2 \,\mathrm{d}m = \int_K \left(x^2 + y^2\right) \mathrm{d}m\,. \tag{7.2-5}$$

Hat die Drehachse bei einem rotierenden Körpers einen Abstand s von einer parallelen Achse durch den Schwerpunkt (Bild 7-5), so läßt sich das Trägheitsmoment J_A des Körpers bezüglich der vorgegebenen Drehachse A in folgender Weise darstellen:

$$J_A = \int_K \left[(x+s)^2 + y^2\right] \mathrm{d}m = J_S + s^2 m + 2s \int_K x \,\mathrm{d}m\,. \tag{7.2-6}$$

x ist die x-Koordinate von $\mathrm{d}m$ im Schwerpunktsystem. Nach (7.1-2) ist $\int x\,\mathrm{d}m = m x_S$ mit x_S als x-Koordinate des Schwerpunktes. Im Schwerpunktsystem ist $x_S = 0$, sodaß der letzte Integralterm in (7.2-6) verschwin-

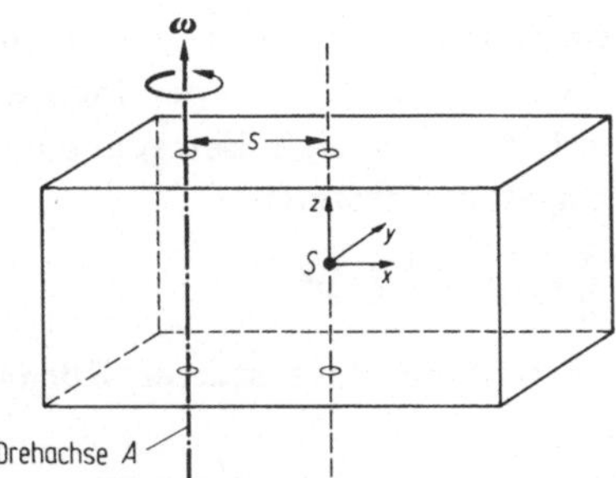

Bild 7-5: Zum Satz von Steiner.

det. Es resultiert der ***Satz von Steiner:***

$$\boxed{J_A = J_S + m s^2} \, . \tag{7.2-7}$$

Der Bewegungsablauf bei der Rotation um die Achse A kann in die folgenden Teilbewegungen zerlegt werden:

1. Translation der im Schwerpunkt S vereinigten Masse m des Körpers auf einer Kreisbahn mit dem Radius s und der Geschwindigkeit $v = \omega s$ (Winkelgeschwindigkeit ω).
2. Rotation des Körpers mit der gleichen Winkelgeschwindigkeit ω um die zu A parallele Achse durch seinen Schwerpunkt S.

Die Rotationsenergie setzt sich dann aus der kinetischen Energie der Schwerpunktbewegung und aus der Energie der Körperrotation um die Schwerpunktachse zusammmen:

$$E_{rot} = \frac{1}{2} m v^2 + \frac{1}{2} J_S \, \omega^2 = \frac{1}{2} m s^2 \omega^2 + \frac{1}{2} J_S \, \omega^2 \, ,$$

$$E_{rot} = \frac{1}{2} \left[m s^2 + J_S \right] \omega^2 \, . \tag{7.2-8}$$

Durch Vergleich mit (7.2-4) folgt auch hieraus der Satz von Steiner (7.2-7).

Das Trägheitsmoment eines starren Körpers bezüglich einer Achse durch den Schwerpunkt hängt im allgemeinen von der Lage dieser Achse ab. Symmetrieachsen des Körpers sind gleichzeitig sog. ***Hauptträgheitsachsen***; die zugehörigen Trägheitsmomente sind Extremwerte und heißen ***Hauptträgheitsmomente.***

Nach (6.2-3) ist die gesamte kinetische Energie eines Teilchensystems, hier des starren Körpers, gleich der Summe aus der kinetischen Energie der im Schwerpunkt vereinigten Masse gemessen im Laborsystem und der inneren kinetischen Energie des Systems gemessen im Schwerpunktsystem:

$$E_k = \frac{1}{2} m \, v_s^2 + E_{k,int} \, . \tag{7.2-9}$$

Der erste Term stellt die kinetische Energie der Translationsbewegung dar, während der zweite Term beim starren Körper identisch mit der Rotationsenergie ist, da die Rotation die einzige Bewegungsmöglichkeit des starren Körpers im Schwerpunktsystem darstellt:

$$E_k = E_{trans} + E_{rot} = \frac{1}{2} m v_s^2 + \frac{1}{2} J_S \omega^2 . \tag{7.2-10}$$

Der Energiesatz für die Bewegung eines starren Körpers in einem konservativen Kraftfeld lautet daher

$$\boxed{E = E_k + E_p = \frac{1}{2} m v_s^2 + \frac{1}{2} J_S \omega^2 + E_p = \text{const}} . \tag{7.2-11}$$

Beispiel: Rollender Zylinder auf einer geneigten Ebene im Erdfeld (Bild 7-6). Die potentielle Energie im Erdfeld ist nach (4.2-7) $E_p = mgz$. Mit abnehmender Höhe z wird potentielle Energie in kinetische Energie der Translation und der Rotation umgewandelt. Bei einer nicht gleitenden Rollbewegung ist die Schwerpunktgeschwindigkeit mit der Winkelgeschwindigkeit gemäß $v_s = \omega r$ (Abrollbedingung) gekoppelt. Der Energiesatz lautet damit

$$E = \frac{1}{2} m v_s^2 + \frac{1}{2} J_S \omega^2 + mgz = \text{const} \quad \text{mit} \quad v = \omega r_s . \tag{7.2-12}$$

Wegen der Kopplung $v_s = \omega r$ hängt das Verhältnis von Translations- zu Rotationsenergie und damit die Translationsgeschwindigkeit v_s bei der jeweiligen Höhe z von der Größe des Rollradius r des Zylinders ab.

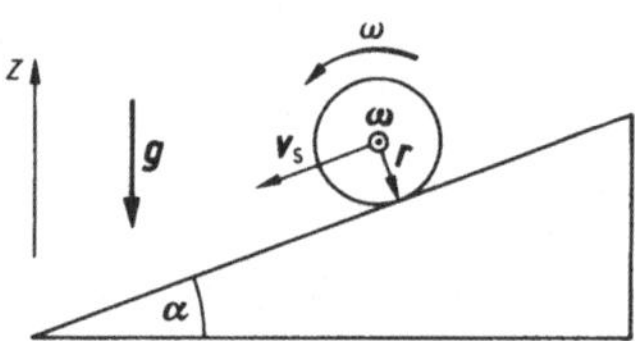

Bild 7-6: Rollender Zylinder auf geneigter Ebene.

7.3 Drehimpuls eines starren Körpers

Der Drehimpuls wurde zunächst für einen Massenpunkt durch (3.7-1) definiert. Entsprechend gilt für ein Massenelement dm eines starren Körpers

$$d\boldsymbol{L} = \boldsymbol{r} \times \boldsymbol{v}\, dm . \tag{7.3-1}$$

Wählen wir für r den senkrechten Abstand von der Drehachse ($\boldsymbol{r} \perp \boldsymbol{\omega}$, vgl. Bild 7-7), so folgt aus (7.3-1) mit $\boldsymbol{v} = \boldsymbol{\omega} \times \boldsymbol{r}$ für den Drehimpuls von dm in Richtung von $\boldsymbol{\omega}$

$$d\boldsymbol{L}_\omega = \boldsymbol{\omega} r^2 dm , \tag{7.3-2}$$

und daraus durch Integration über den ganzen Körper und unter Beachtung von $\boldsymbol{\omega}$ = const sowie der Definition des Trägheitsmomentes (7.2-3) der *Dreh-*

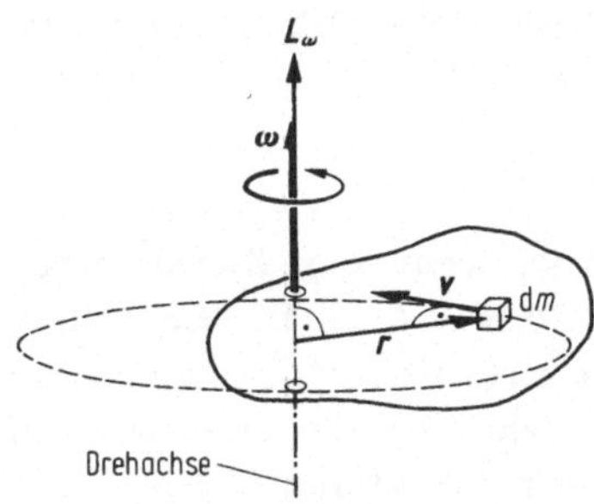

Bild 7-7: Zum Drehimpuls eines starren Körpers.

impuls des starren Körpers:

$$\boxed{L_\omega = \omega \int_K r^2 \, dm = J\omega} \quad . \tag{7.3-3}$$

Anmerkung: In (7.3-2) und (7.3-3) bedeutet L_ω die Drehimpulskomponente in Richtung der Rotationsachse $\boldsymbol{\omega}$, die sich in der obigen Ableitung deshalb ergab, weil für $\boldsymbol{r}$ der senkrechte Abstand von der Drehachse gewählt wurde. Der Drehimpuls eines Massenelementes ist jedoch nach (3.7-1) bezüglich des Abstandes von einem Punkt (nicht von einer Achse) definiert. Wird für alle Massenelemente des starren Körpers der gleiche Bezugspunkt auf der Drehachse gewählt, so zeigt $\mathrm{d}\boldsymbol{L}$ gemäß (7.3-1) für jedes $\mathrm{d}m$ im allgemeinen (außer für $\boldsymbol{r} \perp \boldsymbol{\omega}$) nicht in die Richtung von $\boldsymbol{\omega}$, sondern rotiert mit ω um die Drehachse. Bei der Integration über den ganzen Körper kompensieren sich die verschiedenen $\mathrm{d}L$-Komponenten senkrecht zur Drehachse nur dann, wenn diese identisch mit einer Hauptträgheitsachse (vgl. 7.2) des Körpers ist, z.B. bei einer Symmetrieachse. Anderenfalls haben der resultierende Drehimpuls $\boldsymbol{L}$ und die Winkelgeschwindigkeit $\boldsymbol{\omega}$ eines starren Körpers nicht die gleiche Richtung, und der Verknüpfungsoperator zwischen beiden ist ein Tensor: *Trägheitstensor*. $\boldsymbol{L}$ rotiert ("präzediert") dann mit der Winkelgeschwindigkeit ω um die Richtung von $\boldsymbol{\omega}$. Auf Tensoren kann in diesem Rahmen nicht eingegangen werden. Es läßt sich jedoch zeigen, daß es für jeden Körper (mindestens) drei zueinander senkrechte Hauptträgheitsachsen gibt, für die der Drehimpuls parallel zur Rotationsachse ist. Dann ist das Trägheitsmoment ein Skalar und es gilt *für die Hauptträgheitsachsen*:

$$\boxed{\boldsymbol{L} = J\boldsymbol{\omega}} \quad . \tag{7.3-4}$$

In 6.1.3 wurde gezeigt, daß für ein Teilchensystem die zeitliche Änderung des Gesamtdrehimpulses $\boldsymbol{L}$ gleich dem einwirkenden äußeren Gesamtdrehmoment $\boldsymbol{M}_{\text{ext}}$ ist (6.1-14). Dasselbe gilt für den starren Körper, der sich als System von Massenelementen $\mathrm{d}m$ mit starren Abständen beschreiben läßt. Analog zum Newtonschen Kraftgesetz der Translation gilt also für die Rotation des starren Körpers das Bewegungsgesetz

$$\boxed{\frac{\mathrm{d}\boldsymbol{L}}{\mathrm{d}t} = \boldsymbol{M}_{\text{ext}}} \quad . \tag{7.3-5}$$

Wenn keine äußeren Drehmomente wirken, folgt aus (7.3-5) die *Drehimpulserhaltung*:

$$\boxed{\boldsymbol{L} = \text{const} \quad \text{für} \quad \boldsymbol{M}_{ext} = 0} \,. \tag{7.3-6}$$

Dieser Fall liegt auch vor, wenn der Körper einem konstanten Kraftfeld ausgesetzt ist, z.B. dem Schwerefeld. Die Gewichtskraft greift am Schwerpunkt an, erzeugt aber kein resultierendes Drehmoment, wenn die Drehachse durch den Schwerpunkt geht. Ist die Drehachse gleichzeitig eine Hauptträgheitsachse, so folgt aus (7.3-4) und (7.3-6)

$$J\boldsymbol{\omega} = \text{const} \quad \text{für} \quad \boldsymbol{M}_{ext} = 0 \,. \tag{7.3-7}$$

Ein starrer Körper, der sich um eine Hauptträgheitsachse bei konstantem Trägheitsmoment dreht, rotiert demnach bei fehlendem äußeren Gesamtdrehmoment mit konstanter Winkelgeschwindigkeit. Ein Beispiel ist in Bild 7-2 dargestellt.

Wenn bei einem nichtstarren Körper während der Rotation durch innere Kräfte das Trägheitsmoment J geändert wird, so ändert sich nach (7.3-7) die Winkelgeschwindigkeit im entgegengesetzten Sinne. Beispiel: Die Pirouettentänzerin erhöht die Winkelgeschwindigkeit ihrer Rotation durch Verringerung ihres Trägheitsmomentes, indem sie die Arme eng an den Körper legt.

Drehimpuls von atomaren Systemen und Elementarteilchen

Die Erhaltungsgröße Energie ist beim quantenmechanischen harmonischen Oszillator geqantelt, kann also nur diskrete Energiewerte annehmen, die sich um $\Delta E = \hbar\omega_0$ unterscheiden (vgl. 5.2.2), was sich besonders in atomaren Systemen beobachten läßt.

Ähnliches gilt für den *Bahndrehimpuls* in Atomen und den *Eigendrehimpuls* von Elementarteilchen. Auch diese sind, wie die Quantenmechanik zeigt, gequantelt (vgl. 16.1), d.h. sie können nur diskrete Werte

$$\boxed{L = \sqrt{l(l+1)}\,\hbar} \,, \quad l = 0, 1, 2, \ldots, (n-1) \,, \tag{7.3-8}$$

mit der Komponente $L_z = l\hbar$ in einer physikalisch (z.B. durch ein Magnetfeld) ausgezeichneten Richtung z annehmen, die sich jeweils um

$$\Delta L_z = \hbar \tag{7.3-9}$$

unterscheiden (vgl. 16.1.1). h ist das Plancksche Wirkungsquantum (vgl. 5.2.2) und hat die gleiche Dimension wie der Drehimpuls ($\hbar = h/2\pi$). Auch hier gilt der Drehimpulserhaltungssatz. Bei makroskopischen Systemen wird die Drehimpulsquantelung wegen der Kleinheit von $\hbar$ im allgemeinen nicht bemerkt.

7.4 Kreisel

Ein Kreisel ist ein rotierender starrer Körper. Wir betrachten als einfachen Fall einen symmetrischen Kreisel, dessen Masse rotationssymmetrisch um eine Drehachse verteilt ist. Durch eine Aufhängung im Schwerpunkt, die eine freie Drehbarkeit in alle Richtungen erlaubt (sogenannte "kardanische" Aufhängung), wird der Kreisel *kräftefrei* (Bild 7-8 ohne das Gewicht m). Nach (7.3-6) und (7.3-7) (Drehimpulserhaltung) ist dann $\boldsymbol{L} = \text{const} \parallel \boldsymbol{\omega} = \text{const}$, die Kreiselachse behält ihre einmal eingestellte Richtung bei. Anwendung: Kreiselstabilisierung.

Läßt man dagegen ein äußeres Drehmoment $\boldsymbol{M}$ dauernd angreifen, z.B. durch Anbringen eines Gewichtes der Masse m im Abstande $\boldsymbol{r}$ vom Lagerpunkt ($\boldsymbol{M} = \boldsymbol{r} \times \boldsymbol{F} = \boldsymbol{r} \times m\boldsymbol{g}$, Bild 7-8), so weicht der Kreisel (die Spitze des Vektors $\boldsymbol{\omega}$) senkrecht zur angreifenden Kraft $\boldsymbol{F}$ aus. Ursache hierfür ist das Bewegungsgesetz der Rotation (7.3-5), wonach ein angreifendes Drehmoment eine zeitliche Änderung des Drehimpulses bewirkt,

$$d\boldsymbol{L} = \boldsymbol{M}\,dt\ . \tag{7.4-1}$$

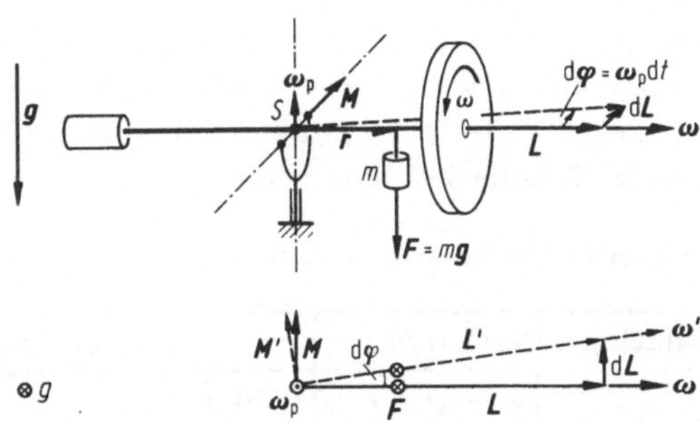

Bild 7-8: Kreiselpräzession unter Einwirkung eines Drehmomentes.

Die Änderung $d\boldsymbol{L}$ erfolgt in Richtung des Drehmomentes $\boldsymbol{M}$, steht also senkrecht auf dem Drehimpulsvektor $\boldsymbol{L}$. Während der Zeit dt dreht sich daher der Drehimpulsvektor um den Winkel

$$d\varphi = \frac{dL}{L} = \frac{M dt}{L} \tag{7.4-2}$$

in die Richtung von $\boldsymbol{L}'$ (Bild 7-8): Präzessionsbewegung des Kreisels. Für die *Winkelgeschwindigkeit der Präzession* $\omega_p = d\varphi/dt$ folgt aus (7.4-2) mit (7.3-4)

$$\omega_p = \frac{M}{L} = \frac{rF}{J\omega} = \frac{rmg}{J\omega}\ , \tag{7.4-3}$$

in vektorieller Schreibweise:

$$\boldsymbol{\omega}_p \times \boldsymbol{L} = \boldsymbol{M} = \boldsymbol{r} \times \boldsymbol{F}\ . \tag{7.4-4}$$

Anmerkung: Die Beziehung (7.4-3) gilt nur näherungsweise, solange $\omega \gg \omega_p$. Anderenfalls hat die resultierende Winkelgeschwindigkeit nicht mehr die Richtung von $\boldsymbol{L}$, sodaß (7.3-4) nicht anwendbar ist. Wird ω zu klein, so wird die Präzessionsbewegung instabil.

Wird auf einen kräftefreien Kreisel ein dauerndes Drehmoment $\boldsymbol{M}$ mit konstanter Richtung ausgeübt (also anders als in Bild 7-8, wo die Richtung des Drehmomentes sich mit der Präzession mitdreht), so richtet sich aufgrund von (7.4-1) $\boldsymbol{L}$ in Richtung von $\boldsymbol{M}$ aus. Dieser Effekt wird beim *Kreiselkompaß* ausgenutzt: Läßt man einen kräftefreien Kreisel z.B. durch eine schwimmende Lagerung sich nur in einer horizontalen Ebene frei bewegen, so übt die Erddrehung ein Drehmoment auf den Kreisel aus, das parallel zur Winkelgeschwindigkeit der Erde wirkt. Dadurch richtet sich der Kreiselkompaß stets in Richtung des geographischen Nordpols aus: *Trägheitsnavigation.* Bahndrehimpulse von Atomen und Eigendrehimpulse von Atomkernen und Elementarteilchen erfahren infolge ihrer meist existierenden magnetischen Momente (vgl. 16.1.1) in Magnetfeldern Drehmomente, die wie beim Kreisel zu Präzessionsbewegungen führen: *Elektronenspinresonanz*, *Kernresonanz.*

7.5 Vergleich Translation - Rotation

Ein Massenpunkt kann nur Translationsbewegungen durchführen. Ein starrer Körper kann dagegen neben der Translation auch Rotationsbewegungen ausführen. Die einander entsprechenden Größen beider Bewegungsarten und ihre Verknüpfungen zeigt Tabelle 7-1, die wichtigsten Gesetze für beide Bewegungsarten sind in Tabelle 7-2 aufgeführt.

Tabelle 7-1: Kinematische und dynamische Größen von Translation und Rotation

Größen der Translation		Verknüpfung	Größen der Rotation	
Weg	$\boldsymbol{s}$	$\boldsymbol{s} = \boldsymbol{\varphi} \times \boldsymbol{r}$	Winkel	$\boldsymbol{\varphi}$
Geschwindigkeit	$\boldsymbol{v} = \dot{\boldsymbol{s}}$	$\boldsymbol{v} = \boldsymbol{\omega} \times \boldsymbol{r}$	Winkelgeschwindigkeit	$\boldsymbol{\omega} = \dot{\boldsymbol{\varphi}}$
Beschleunigung	$\boldsymbol{a} = \dot{\boldsymbol{v}} = \ddot{\boldsymbol{s}}$	$\boldsymbol{a} = \boldsymbol{\alpha} \times \boldsymbol{r} + \boldsymbol{\omega} \times \boldsymbol{v}$	Winkelbeschleunigung	$\boldsymbol{\alpha} = \dot{\boldsymbol{\omega}} = \ddot{\boldsymbol{\varphi}}$
Masse	m	$J = \int r^2 \mathrm{d}m$	Trägheitsmoment	J
Kraft	$\boldsymbol{F}$	$\boldsymbol{M} = \boldsymbol{r} \times \boldsymbol{F}$	Drehmoment	$\boldsymbol{M}$
Impuls	$\boldsymbol{p} = \int \boldsymbol{F} \mathrm{d}t$	$\boldsymbol{L} = \boldsymbol{r} \times \boldsymbol{p}$	Drehimpuls	$\boldsymbol{L} = \int \boldsymbol{M} \mathrm{d}t$
	$\boldsymbol{p} = m\boldsymbol{v}$			$\boldsymbol{L} = J\boldsymbol{\omega}$ **

** gilt nur für Rotation um eine Hauptträgheitsachse.

Tabelle 7-2: Gesetze der Translation und Rotation

Translation		Rotation	
Kraftgesetz	$\boldsymbol{F} = \frac{\mathrm{d}}{\mathrm{d}t}\boldsymbol{p}$	Drehmoment	$\boldsymbol{M} = \frac{\mathrm{d}}{\mathrm{d}t}\boldsymbol{L}$
m = const:	$\boldsymbol{F} = m\frac{\mathrm{d}^2\boldsymbol{s}}{\mathrm{d}t^2}$	J = const:	$\boldsymbol{M} = J\frac{\mathrm{d}^2\boldsymbol{\varphi}}{\mathrm{d}t^2}$ **
kinetische Energie	$E_k = \frac{1}{2}mv^2$	Rotationsenergie	$E_{rot} = \frac{1}{2}J\omega^2$
Leistung	$P = \boldsymbol{F}\boldsymbol{v}$	Leistung	$P = \boldsymbol{M}\boldsymbol{\omega}$
rücktreib. Kraft	$\boldsymbol{F} = -D\boldsymbol{x}$	rücktreib. Drehmoment	$\boldsymbol{M} = -D^*\boldsymbol{\varphi}$
Federpendel	$\omega_0 = \sqrt{D/m}$	Drehpendel	$\omega_0 = \sqrt{D^*/J}$

** gilt nur für Rotation um eine Hauptträgheitsachse.

7.6 Deformierbare Festkörper

Das Modell des starren Körpers ist eine Idealisierung des realen Festkörpers, die für viele kinematische Vorgänge ausreichend ist. Andere physikalische Vorgänge können jedoch nur unter Berücksichtigung der Deformierbarkeit der Festkörper unter Einwirkung äußerer Kräfte zutreffend beschrieben werden (z.B. elastische Schwingungen und Wellen). Bei einer solchen Einwirkung äußerer Kräfte auf einen Festkörper unterscheiden wir zwischen reversiblen und irreversiblen Formänderungen.

Reversible Formänderung: Der Körper nimmt nach Beendigung der Einwirkung äußerer Kräfte wieder die ursprüngliche Form an: ***Elastisches Verhalten***, das bei kleinen Kräften und Deformationen zu beobachten ist.
Irreversible Formänderung: Nach Anwendung größerer Kräfte bleibt oft eine Teildeformation zurück: ***Plastisches Verhalten***.

Dehnung

Nach Hooke ist die Längenänderung Δl eines stabförmigen Festkörpers (Querschnitt A, Länge l; Bild 7-9) proportional der angreifenden Zug- bzw. Druckspannung $\sigma = F/A$ (*Hookesches Gesetz*):

$$\boxed{\frac{\Delta l}{l} = \frac{1}{E} \cdot \frac{F}{A}} \quad \text{bzw.} \quad \boxed{\varepsilon = \frac{\sigma}{E}} \, . \tag{7.6-1}$$

$\varepsilon = \Delta l / l$: Dehnung ; $\sigma = F/A$: Zug- bzw. Druckspannung ; E: Elastizitätsmodul.
SI-Einheit: $[E] = \text{N m}^{-2}$.

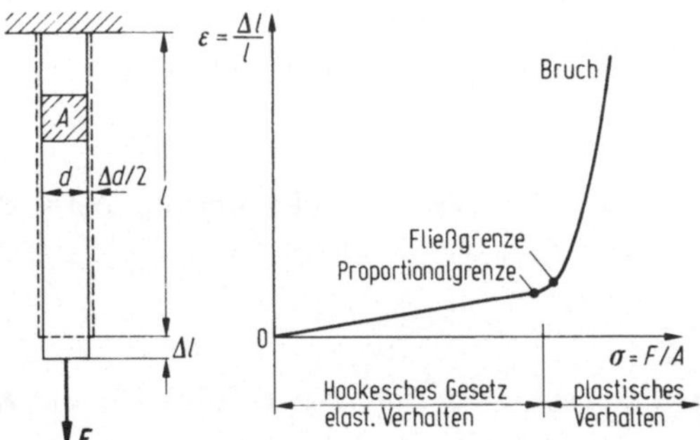

Bild 7-9: Dehnung und Querkontraktion eines Stabes, Dehnungs-Spannungskurve.

Das Hookesche Gesetz, d.h. das elastische Verhalten (reversible Dehnung) mit $\varepsilon \sim \sigma$ gilt nur für kleine Dehnungen (Bild 7-9). Oberhalb der Proportionalitätsgrenze wird die Dehnung mit steigender Zugspannung nichtlinear und ab der Fließgrenze irreversibel: das Material zeigt plastisches Verhalten mit bleibender Dehnung (d.h., die Dehnung geht auch nach Entlastung von der Zugspannung nicht mehr zurück), bis schließlich bei der Zerreißgrenze der Bruch erfolgt.

Diese Eigenschaften können aus dem im allgemeinen kristallinen Aufbau der Festkörper gedeutet werden. Die Atome sind im Kristallgitter des Festkörpers durch Bindungskräfte an ihre Nachbaratome gebunden (vgl. 16.1.2). Äußere Kräfte erzeugen Auslenkungen aus den Gleichgewichtsabständen und entsprechende rücktreibende Kräfte aufgrund der Bindung. Bei Entlastung sorgen die Bindungskräfte wieder für die Einstellung der Gleichgewichtsabstände: elastisches Verhalten. Bei zu großen äußeren Kräften treten an Kristallstörungen, wo die Bindungskräfte i. allg. schwächer sind, irreversible Verschiebungen auf, z.B. durch Abgleiten von benachbarten Atomnetzebenen an Kristallbaufehlern, von Kristalliten an Korngrenzen etc.: plastisches Verhalten.

Eine Zugspannung in Längsrichtung verursacht außer der Dehnung auch eine Verringerung der Querabmessung d um Δd: *Querkontraktion* $\varepsilon_q = \Delta d/d$. Sie ist proportional der Dehnung:

$$\boxed{\frac{\Delta d}{d} = -\mu \frac{\Delta l}{l}} \quad \text{bzw.} \quad \boxed{\varepsilon_q = -\mu\,\varepsilon} \,. \tag{7.6-2}$$

$\mu = -\varepsilon_q/\varepsilon$: Poissonzahl. $\mu = 0{,}3...0{,}4$ für die wichtigsten Metalle. Die Volumenänderung bei Zugbeanspruchung z. B. eines Stabes mit quadratischem Querschnitt beträgt:

$$\Delta V = V' - V = (l + \Delta l)(d + \Delta d)^2 - l d^2 \approx d^2 \Delta l + 2 l d \Delta d \,.$$

Mit $V = ld^2$ folgt für die relative Volumenänderung bei Zugbeanspruchung

$$\frac{\Delta V}{V} = \varepsilon + 2\varepsilon_q = \varepsilon(1 - 2\mu) \,. \tag{7.6-3}$$

Da bei Zugbeanspruchung stets $\Delta V > 0$ sein muß, gilt: $0 < \mu < 0{,}5$.

Kompressibilität

Die Volumenänderung bei allseitiger Druckänderung $\Delta p = -\sigma$ auf einen Körper ist dreimal so groß wie in (7.6-3) angegeben:

$$\frac{\Delta V}{V} = 3\varepsilon(1 - 2\mu) \,. \tag{7.6-4}$$

Mit dem Hookeschen Gesetz $\varepsilon = \sigma/E = -\Delta p/E$ folgt für die *Kompressibilität*

$$\varkappa = \frac{1}{K} = -\frac{1}{V} \cdot \frac{\Delta V}{\Delta p} = 3\,\frac{1 - 2\varepsilon}{E} \,. \tag{7.6-5}$$

K: Kompressionsmodul. SI-Einheit: $[K] = \mathrm{N\,m^{-2}}$.

Scherung

Bei entgegengesetzten Tangentialkräften F_t auf zwei gegenüberliegende Flächen eines Körpers werden die Flächen gegeneinander verschoben, man erhält eine Scherung (Bild 7-10). Der Scherwinkel γ ist proportional zur angreifenden Scherkraft F_t:

$$\boxed{\gamma = \frac{1}{G} \cdot \frac{F_t}{A} = \frac{\tau}{G}} \,. \tag{7.6-6}$$

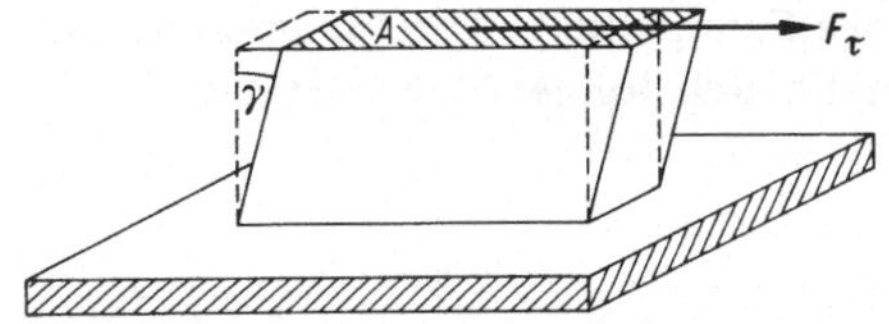

Bild 7-10: Scherung eines Quaders durch eine Schubspannung.

$\tau = F_t/A$: Scher-, Schubspannung; G: Scher-, Schub-, Torsionsmodul.
SI-Einheit: $[G] = \mathrm{N\,m^{-2}}$.

Drillung

Die Drillung (Torsion) eines Stabes (Länge l, Radius R) läßt sich auf die Scherung zurückführen. Dazu werde der Stab in differentiell dünne Hohlzylinderelemente mit dem Radius r und der Wanddicke dr zerlegt (Bild 7-11), deren Abwicklung der Quadergeometrie in Bild 7-10 entspricht. Tangential angreifende Drillkräfte dF_t bzw. Drehmomente dM = r dF_t erzeugen eine Scherung des Hohlzylinders um den Winkel γ bzw. eine Verdrillung des Zylinders um den Winkel $\varphi = \gamma l/r$ (Bild 7-11). Mit (7.6-6) und $\mathrm{d}A = 2\pi r \mathrm{d}r$ ergibt sich für das an einem differentiell dünnen Hohlzylinder angreifende Drehmoment:

$$\mathrm{d}M = r G \gamma \mathrm{d}A = 2\pi G \frac{\varphi}{l} r^3 \mathrm{d}r \ .$$

Die Integration über $r = 0 \ldots R$ ergibt für das gesamte, den Stab um einen Winkel φ verdrillende Drehmoment

$$M = \frac{\pi}{2} G \frac{R^4}{l} \varphi \ . \tag{7.6-7}$$

Daraus folgt eine Winkelrichtgröße (auch Torsionskonstante genannt; vgl. 5.2, Drehpendel)

$$D^* = \frac{\pi}{2} G \frac{R^4}{l} \tag{7.6-8}$$

für den verdrillten Stab, die sehr stark von vom Stabradius R abhängig ist.

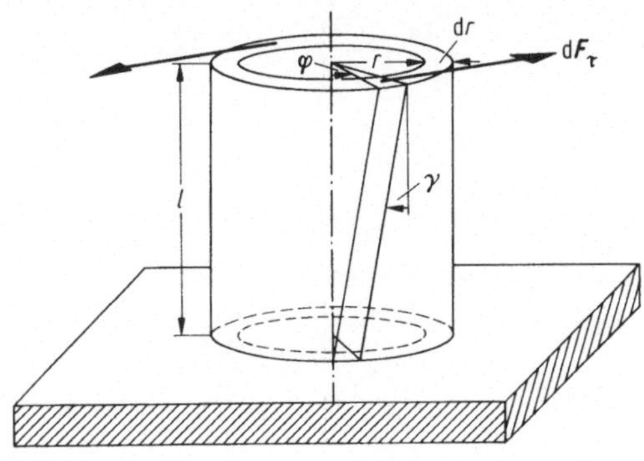

Bild 7-11: Verdrillung eines Stabes durch ein Drehmoment.

Der Zusammenhang des Schub- bzw. Torsionsmoduls mit den anderen elastischen Konstanten ergibt sich (ohne Ableitung) zu

$$\boxed{G = \frac{E}{2(1+\mu)}} \,. \tag{7.6-9}$$

Mit den Grenzwerten 0 und 0,5 für μ ergibt sich: $E/2 > G > E/3$.

8 Statistische Mechanik

Bei Ein- und Zweiteilchensystemen können die individuellen kinematischen und dynamischen Größen der Teilchen aus den Anfangsvorgaben und den wirkenden Kräften (Bewegungsgleichungen $\boldsymbol{F}_i = m_i\ddot{\boldsymbol{r}}_i$) bzw. Energie- und Impulserhaltungssatz für jeden Zeitpunkt berechnet werden. Dasselbe gilt für die Massenelemente des starren Körpers, da mit dessen Bewegung auch diejenige seiner Massenelemente bekannt ist.

Die Situation ist völllig anders bei Systemen aus einer großen Zahl von Teilchen, die nicht starr gekoppelt sind, etwa die N Atome oder Moleküle eines Gases (Teilchendichte $n \approx 10^{26}$ m^{-3}) oder einer Flüssigkeit ($n \approx 10^{29}$ m^{-3}). Die Lösung eines Systems von N Bewegungsgleichungen ist bei solchen Zahlen unmöglich, zumal dazu die Anfangsbedingungen für alle N Teilchen bekannt sein müßten. Als Ausweg werden statistische Methoden angewandt, die Aussagen über repräsentative Mittelwerte ergeben. Diese sind umso genauer, je größer die Zahl N der Teilchen des Systems ist. In der *kinetischen Theorie der Gase* werden so makrophysikalische Eigenschaften (z.B. der Druck einer Gasmenge) aus mikroskopischen Modellvorstellungen berechnet. Im Gegensatz dazu wird in der *phänomenologischen Thermodynamik* der Makrozustand eines solchen Vielteilchensystems durch makrophysikalische Eigenschaften (sogen. Zustandsgrößen wie Druck, Temperatur, Volumen etc.) beschrieben, ohne auf die mikrophysikalischen Ursachen Bezug zu nehmen.

8.1 Kinetische Theorie der Gase

Als Modellvorstellung eines Gases wird das *ideale Gas* benutzt. Es soll folgende Eigenschaften haben:

- Atome bzw. Moleküle werden als *Massenpunkte* betrachtet.
- *Keine Wechselwirkungskräfte* zwischen den Molekülen, außer beim Stoß.
- *Stöße* zwischen den Molekülen untereinander oder mit der Wand werden als *ideal elastisch* behandelt.

Insbesondere die ersten beiden Annahmen sind umso besser erfüllt, je größer der Molekülabstand gegenüber den Molküldimensionen ist, also bei stark verdünnten Gasen (niedriger Druck bei hoher Temperatur).

Die Atome bzw. Moleküle sind statistisch im betrachteten Volumen des Gases verteilt und bewegen sich mit nach Betrag und Richtung statistisch verteilten Geschwindigkeiten. Diese Vorstellung wird durch die Beobachtung der *Brownschen Bewegung* gestützt, einer Wimmelbewegung von im Mikroskop gerade noch sichtbaren Teilchen (z.B. Rauchteilchen in Luft, oder suspendierte Teilchen in Wasser) infolge sich nicht genau kompensierender Stoßimpulse durch die umgebenden, im Mikroskop nicht sichtbaren Moleküle.

Das Teilchensystem befinde sich ferner im sog. statistischen Gleichgewicht, d.h. die individuellen Größen, wie die Teilchengeschwindigkeit oder die Teilchenenergie sollen in der wahrscheinlichsten Verteilung vorliegen, sodaß die jeweilige Verteilung ohne äußeren Eingriff zeitlich gleich bleibt.

Auf dieser Basis lassen sich durch wahrscheinlichkeitstheoretische Überlegungen Vorhersagen z.B. über die Geschwindigkeitsverteilung der N Teilchen eines Gases machen. Ohne genauere Betrachtung lassen sich sofort folgende Aussagen machen:

- Die Geschwindigkeit v bestimmter Teilchen ist nicht bekannt, liegt aber sicher zwischen 0 und ∞.
- Ist $\mathrm{d}N$ die Zahl der Teilchen mit Geschwindigkeiten zwischen v und $v+\mathrm{d}v$, also im Intervall $\mathrm{d}v$, so ist

  $$\mathrm{d}N \sim N\mathrm{d}v\ .$$
- Insbesondere geht $\mathrm{d}N \to 0$ für $\mathrm{d}v \to 0$, d.h. die Wahrscheinlichkeit, ein Teilchen mit genau einer Geschwindigkeit anzutreffen, ist gleich Null.
- Ferner wird $\mathrm{d}N$ von v selbst abhängen:

  $$\mathrm{d}N = N\,f(v)\,\mathrm{d}v\ . \tag{8.1-1}$$

Hierin ist $f(v) = \mathrm{d}N/N\mathrm{d}v$ die Verteilungsfunktion für den Betrag der Teilchengeschwindigkeit, für die hinsichtlich ihrer Grenzwerte sicher gilt: $f(0) = 0$, $f(\infty) = 0$. Zwischen $v = 0$ und $v = \infty$ wird ein Maximum vorliegen. Maxwell hat diese Verteilung unter Zugrundelegung einfacher, klassischer Wahrscheinlichkeitsannahmen berechnet (Bild 8-1). Die *Maxwellsche Geschwindigkeitsverteilung* lautet

$$\boxed{f(v) = 4\pi\left(\frac{m}{2\pi kT}\right)^{3/2} v^2 \exp\left(-\frac{mv^2/2}{kT}\right)}\ . \tag{8.1-2}$$

Hierin bedeuten:

m: Masse der Teilchen,
$k = 1{,}380\,658 \cdot 10^{-23}$ J K^{-1}: Boltzmann-Konstante (siehe 8.2),
T: absolute Temperatur (siehe 8.2).

Der Exponentialfaktor in (8.1-2) wird auch *Boltzmann-Faktor* genannt (siehe 8.2). Das Maximum der Verteilungskurve ergibt sich mit $\mathrm{d}f(v)/\mathrm{d}v = 0$ aus (8.1-2). Es liegt dann vor, wenn die kinetische Energie der Teilchen $mv^2/2 = kT$ ist, d.h. wenn der Boltzmann-Faktor den Wert e^{-1} hat, und lie-

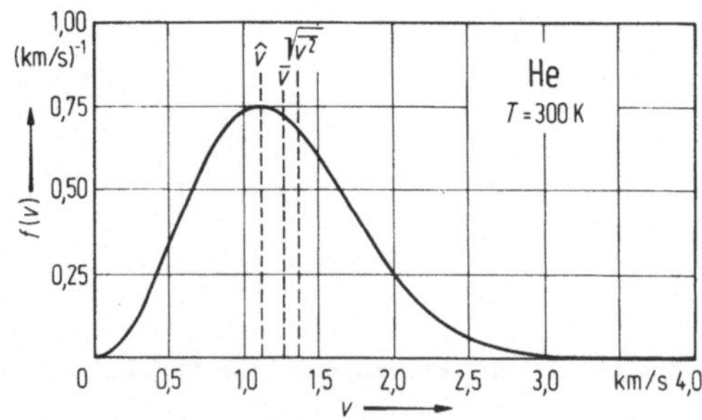

Bild 8-1: Maxwellsche Geschwindigkeitsverteilung.

fert die *wahrscheinlichste Geschwindigkeit*

$$\hat{v} = \sqrt{2\frac{kT}{m}} \ . \tag{8.1-3}$$

Da die Verteilung unsymmetrisch ist, besteht keine Übereinstimmung mit der *mittleren Geschwindigkeit*

$$\overline{v} \equiv \int_0^\infty f(v) v \mathrm{d}v = \frac{2}{\sqrt{\pi}} \hat{v} = 1{,}128\, \hat{v} \ . \tag{8.1-4}$$

Das *mittlere Geschwindigkeitsquadrat* $\overline{v^2}$ ist für die Berechnung der mittleren kinetischen Energie wichtig. Aus der Maxwell-Verteilung (8.1-2) ergibt sich

$$\overline{v^2} \equiv \int_0^\infty f(v) v^2 \mathrm{d}v = 3\frac{kT}{m} = \frac{3}{2}\hat{v}^2 = (1{,}225\hat{v})^2 \ . \tag{8.1-5}$$

Für die mittlere kinetische Energie der Teilchen erhält man daraus die Beziehung $m\overline{v^2}/2 = (3/2)kT$, vgl. (8.2-13).

Zur experimentellen Bestimmung der Gültigkeit der Maxwellschen Geschwindigkeitsverteilung läßt man Gas aus einer Öffnung in einen hochevakuierten Raum strömen, blendet einen Molekülstrahl mittels Kollimatorblenden aus, und läßt den Strahl nacheinander durch zwei gemeinsam rotierende Scheiben mit versetzten Schlitzen treten (Bild 8-2). Je nach Abstand s, Winkelgeschwindigkeit ω und Winkelversatz der Schlitze φ gelangen nur Moleküle eines bestimmten Geschwindigkeitsintervalls $\mathrm{d}v$ in den Detektor. Mit Anordnungen dieser Art konnte die Maxwellsche Geschwindigkeitsverteilung durch Variation von ω sehr gut bestätigt werden. Umgekehrt kann eine Anordnung nach Bild 8-2 als Geschwindigkeitsselektor (Monochromator) für Molekularstrahlen benutzt werden.

Berechnung des Gasdruckes auf eine Wand:
Der Gasdruck p (nicht zu verwechseln mit dem Impuls!) entsteht durch elastische Reflexion der Gasmoleküle an der Wand und läßt sich aus dem Impulsübertrag an die Wand berechnen. Für einen gerichteten Teilchenstrom ergab sich nach (6.3-10) und (6.3-11)

$$p = 2nmv_n^2 \ .$$

Bild 8-2: Geschwindigkeitsselektor für Molekularstrahlen.

In einem Gas sind dagegen die Molekülgeschwindigkeiten und ihre Richtungen isotrop verteilt, sodaß bei einer Moleküldichte n nur $n/2$ Moleküle in die Richtung der betrachteten Wand fliegen (Bild 8-3). Aus dem gleichen Grunde gilt für die Komponenten des mittleren Geschwindigkeitsquadrates

$$\overline{v_x^2} = \overline{v_y^2} = \overline{v_z^2} = \frac{1}{3}\overline{v^2} = \overline{v_n^2} , \qquad (8.1\text{-}6)$$

sodaß für den Gasdruck folgt:

$$\boxed{p = \frac{1}{3} nm\overline{v^2}} . \qquad (8.1\text{-}7)$$

SI-Einheit: $[p]$ = Pa = N m^{-2}. Weitere Druckeinheiten vgl. Tab. 8-1.

Bild 8-3: Zur Berechnung des Gasdruckes. Nur die Moleküle mit $v_n < 0$ bewegen sich zur Wand.

Mit der mittleren kinetischen Energie eines Teilchens

$$\overline{\varepsilon_k} = \frac{1}{2} m\overline{v^2} \qquad (8.1\text{-}8)$$

läßt sich der Gasdruck (8.1-7) darstellen durch

$$\boxed{p = \frac{2}{3} n\overline{\varepsilon_k}} . \qquad (8.1\text{-}9)$$

Definition der Stoffmenge und einiger darauf bezogener Größen:

Die *Stoffmenge* ν ist die Menge gleichartiger Teilchen (z.B. Atome, Moleküle, Ionen, Elektronen oder sonstige Teilchen), die in einem System enthalten sind. Sie ist eine Basisgröße im Internationalen Einheitensystem (SI):

SI-Einheit: $[\nu]$ = mol.

Ein *Mol* ist die Stoffmenge eines Systems, in dem soviel Teilchen enthalten sind wie Atome in 12 g des reinen Kohlenstoffisotops ^{12}C, das sind

Tabelle 8-1: Umrechnungsmatrix für Druckeinheiten.

Einheit Name	Zeichen	Definition	SI-Einheit Pa	bar	Torr	at	psi	atm
Pascal	1 Pa	$=1\frac{N}{m^2}=1\frac{kg}{ms^2}$	1	10^{-5}	$7{,}501\cdot10^{-3}$	$1{,}019\cdot10^{-5}$	$1{,}450\cdot10^{-4}$	$0{,}987\cdot10^{-5}$
Bar	1 bar	$=10^5\frac{N}{m^2}$	10^5	1	750,1	1,019	14,50	0,987
Torr	1 Torr	= 1 mmHg	133,3	$1{,}333\cdot10^{-3}$	1	$1{,}359\cdot10^{-3}$	$1{,}934\cdot10^{-2}$	$1{,}316\cdot10^{-3}$
Techn. Atmosphäre	1 at	$=1\frac{kp}{cm^2}$	$9{,}807\cdot10^4$	0,9807	735,8	1	14,23	0,968
pound per square inch	1 psi	$=1\frac{lb}{sq.\,in}$	$6{,}895\cdot10^3$	$6{,}895\cdot10^{-2}$	51,72	$7{,}029\cdot10^{-2}$	1	$6{,}805\cdot10^{-2}$
Für den *Normalluftdruck* p_n ($\vartheta=0°C$ bzw. $T=273{,}15\,K$) gilt:								
Phys. Atmosphäre	p_n = 1 atm		$1{,}01325\cdot10^5$	$1{,}01325\cdot10^5$	760	1,033	14,70	1

$6{,}022\,136\,7\cdot10^{23}$ Teilchen. Die Zahl gleichartiger Teilchen in einem Mol wird durch die *Avogadro-Konstante* angegeben:

$$N_A = (6{,}022\,136\,7 \pm 0{,}000\,003\,6)\cdot10^{23}\,\text{mol}^{-1}.$$

Anmerkung: In der deutschsprachigen Literatur wird N_A gelegentlich noch Loschmidt-Zahl L genannt. Dieser Name bezeichnet jedoch heute die Zahl der Moleküle im Volumen 1 m^3 eines Gases im Normzustand ($p = p_n$ = 1013,25 hPa, $T = T_0$ = 273,15 K ≙ 0° C, vgl. 8.2 und Tabelle 8-1), die *Loschmidt-Konstante*:

$$n_0\ (=N_L) = \frac{N_A}{V_{m0}} = 2{,}686\,77..\cdot10^{25}\ \text{m}^{-3}\ .$$

Die *molare Masse M* (Molmasse) ist die Masse der Stoffmenge 1 mol. Der Zahlenwert der molaren Masse ist gleich der relativen Molekülmasse M_r (Molekülmasse bezogen auf 1/12 der Masse eines Kohlenstoffatoms der Massenzahl 12).

Das *molare Volumen* V_m (Molvolumen) ist das Volumen der Stoffmenge 1 mol. Insbesondere bei Gasen ist es stark von Druck und Temperatur abhängig. Bei Normbedingungen beträgt das Molvolumen eines idealen Gases $V_m = V_{m0} = 22{,}414\cdot10^{-3}$ m^3 mol^{-1}. Es gilt

$$V_m = \frac{V}{\nu}\ . \qquad (8.1\text{-}10)$$

Ist m die Masse eines Teilchens der betrachteten Stoffmenge und n die Teilchenzahldichte, so gilt

$$N_A = \frac{M}{m} = nV_m \; . \tag{8.1-11}$$

Durch Multiplikation von (8.1-9) mit V_m folgt unter Beachtung von (8.1-11)

$$p\,V_m = \frac{2}{3} N_A \,\overline{\varepsilon_k} \; . \tag{8.1-12}$$

$$N_A \,\overline{\varepsilon_k} = \overline{E_{k,m}} \tag{8.1-13}$$

ist die gesamte, in einem Mol enthaltene kinetische Energie, d.h.

$$\boxed{p\,V_m = \frac{2}{3}\,\overline{E_{k,m}}} \; . \tag{8.1-14}$$

Solange $\overline{E_{k,m}}$ sich nicht ändert (das ist für $T = \text{const}$ der Fall, siehe 8.2), gilt demnach das Gesetz von *Boyle* und *Mariotte*:

$$\boxed{p\,V_m = \text{const} \quad \text{bzw.} \quad p\,V = \text{const}} \; , \tag{8.1-15}$$

das experimentell gefunden worden ist.

8.2 Temperaturskalen, Gasgesetze

Die Temperatur T einer Materiemenge ist ein Maß für die Bewegungsenergie seiner Moleküle. Sie kennzeichnet einen Zustand der Materiemenge, der von ihrer Masse und stofflichen Zusammensetzung unabhängig ist. Die *Temperatur* wird deshalb als *Zustandsgröße* bezeichnet. Wie noch gezeigt werden wird (8.2-12), gilt für das ideale Gas der folgende Zusammenhang zwischen mittlerer kinetischer Energie der Teilchen und der Temperatur:

$$\overline{E_k} = C\,T \; . \tag{8.2-1}$$

C ist eine noch zu bestimmende Konstante. Für $T = 0$ findet danach keine Wärmebewegung mehr statt. Dieser Punkt stellt die tiefste mögliche Temperatur dar und dient als Nullpunkt der absoluten oder *thermodynamischen Temperaturskala* (Kelvin-Skala). Die Temperatur ist eine Basisgröße des Internationalen Einheitensystems (SI).

SI-Einheit: $[T] = \text{K}$.

1 Kelvin ist der 273,16te Teil der thermodynamischen Temperatur des Tripelpunktes von Wasser: $1\,\text{K} = T_{tr}(H_2O)/273{,}160$.

Der Tripelpunkt einer reinen Substanz ist der durch charakteristische, feste Werte von Temperatur und Druck definierte Punkt, an dem allein alle drei Phasen koexistieren (vgl. 8.4). Der Zahlenwert 273,16 folgt aus der früher festgelegten, auf der Temperaturausdehnung des Quecksilbers basierenden *Celsius-Skala* mit den Fixpunkten $\vartheta = 0°\,\text{C}$ (0 Grad Celsius) für den Eispunkt und $\vartheta = 100°\,\text{C}$ für den Siedepunkt des reinen, luftgesättigten Wassers beim

Druck $p = 1013{,}25$ hPa, wenn man für Temperaturdifferenzen fordert

$$\Delta T_{[K]} = \Delta\vartheta_{[^\circ C]} \; . \tag{8.2-2}$$

Die Skalenwerte der Celsius-Temperatur und die der thermodynamischen (Kelvin-) Temperatur sind miteinander verknüpft durch

$$T = T_0 + \vartheta \quad \text{mit} \quad T_0 = 273{,}15 \text{ K} \; . \tag{8.2-3}$$

T_0 ist die Temperatur des Eispunktes $\vartheta = 0^\circ$ C. Wegen der unterschiedlichen Nullpunkte der beiden Temperaturskalen dürfen T und ϑ in einer Formel nicht gegeneinander gekürzt werden! In angelsächsischen Ländern ist ferner die ***Fahrenheit-Skala*** noch üblich, Umrechnung:

$$\vartheta_{[^\circ C]} = (\vartheta_{[^\circ F]} - 32) \cdot 5/9 \; . \tag{8.2-4}$$

Viele physikalische Größen sind temperaturabhängig, z.B. die Linearabmessungen fester Körper, das Volumen von Flüssigkeiten, der elektrische Widerstand von Metallen und Halbleitern, die Temperaturstrahlung von erhitzten Körpern, die elektrische Spannung von Thermoelementen, der Druck von Gasen (bei konstantem Volumen), usw. Sie können zur Temperaturmessung mit Thermometern ausgenutzt werden. Tab. 8-2 gibt einige Hinweise auf die Prinzipien und Meßbereiche absoluter und praktischer Thermometer, ohne daß diese hier im Einzelnen erläutert werden können.

Gasgesetze

Die experimentelle Untersuchung der Temperaturabhängigkeit des Druckes und des Volumens einer Gasmenge ergab das Gasgesetz:

$$\boxed{p\,V = p_0 V_0\,(1 + \alpha\vartheta)} \; . \tag{8.2-5}$$

Tabelle 8-2: Methoden der Temperaturmessung.

Temperatur T (K)	Absolute Thermometer	Praktische Thermometer (müssen geeicht werden)
10^4	Pyrometer (Strahlungsgesetze,	
10^3	Planck-Formel)	
		Thermoelement
10^2	Gasthermometer (Zustands-	Pt-Widerstands-thermometer
10	gleichung)	Hg-Thermometer
1	Dampfdruck-thermometer	
10^{-1}	(Clausius-Clapeyron-Gl.)	Ge-, C-Widerstands-thermometer
10^{-2}	Paramagnetische Suszeptibilität	
10^{-3}	(Curie-Gesetz)	
10^{-4}	Kernsuszeptibilität	

p_0 und V_0 sind Druck und Volumen bei $\vartheta = 0°\,C$ $(T = T_0)$. Dieses Gasgesetz enthält die folgenden empirischen Einzelgesetze:

Gesetz von *Boyle* u. *Mariotte* (vgl. 8.1-15):

$$\vartheta = \text{const:} \qquad \boxed{p\,V = \text{const}}\,,$$

1. Gesetz von *Gay-Lussac*:

$$p = \text{const} = p_0: \qquad \boxed{V = V_0\,(1 + \alpha\vartheta)}\,, \tag{8.2-6}$$

2. Gesetz von *Gay-Lussac*:

$$V = \text{const} = V_0: \qquad \boxed{p = p_0\,(1 + \alpha\vartheta)}\,. \tag{8.2-7}$$

Für die meisten Gase (insbesondere im Zustand fern vom Kondensationspunkt, vgl. 8.4) gilt für die Konstante α:

$$\alpha = \frac{1}{273{,}15}\ \text{K}^{-1} = \frac{1}{T_0}\,. \tag{8.2-8}$$

Mit (8.2-3) läßt sich daher (8.2-5) umformen in

$$p\,V = \frac{p_0 V_0}{T_0}\,T\,. \tag{8.2-9}$$

Der Quotient $p_0 V_0 / T_0$ ist für eine feste Gasmenge konstant, da $p_0 V_0$ nach (8.1-15) für $T = T_0$ konstant ist. Ferner besagt das empirisch gefundene Gesetz von Avogadro, daß die Molvolumina verschiedener Gase bei gleichem Druck und gleicher Temperatur gleich sind. Für die Gasmenge 1 mol ist dann der Quotient $p_0 V_{m0} / T_0$ eine universelle Konstante, deren Wert sich aus dem Normdruck p_n, dem Molvolumen bei Normbedingungen und T_0 berechnen läßt, die universelle *molare Gaskonstante*:

$$\frac{p_0 V_{m0}}{T_0} = R = 8{,}314\,510\ \text{J mol}^{-1}\text{K}^{-1}. \tag{8.2-10}$$

Das Gasgesetz (8.2-9) bekommt damit die Form der *allgemeinen Gasgleichung* (*Zustandsgleichung des idealen Gases*):

$$\boxed{p\,V = \nu R T}\,. \tag{8.2-11}$$

Für $\nu = 1\,\text{mol}$ gilt $p\,V_m = R\,T$. Die allgemeine Gasgleichung gilt in sehr guter Näherung für reale Gase, deren Zustand fern vom Kondensationspunkt ist (siehe 8.4), exakt gilt sie für das ideale Gas. Bild 8-4 zeigt die Abhängigkeit $p(V_m)$ für $T = \text{const}$, die sog. *Isothermen*, nach (8.2-11) im p-V-Diagramm. Wie die Temperatur sind auch Druck und Volumen *Zustandsgrößen*.

Die kinetische Gastheorie ergab für das Modell des idealen Gases, daß $p\,V_m$ proportional zur gesamten mittleren kinetischen Energie der Gasmoleküle ist (8.1-14). Der Vergleich mit (8.2-11) ergibt für die mittlere kinetische Energie pro Mol

$$\boxed{\overline{E_{km}} = \frac{3}{2}\,R\,T}\,. \tag{8.2-12}$$

Gaskinetik Experiment

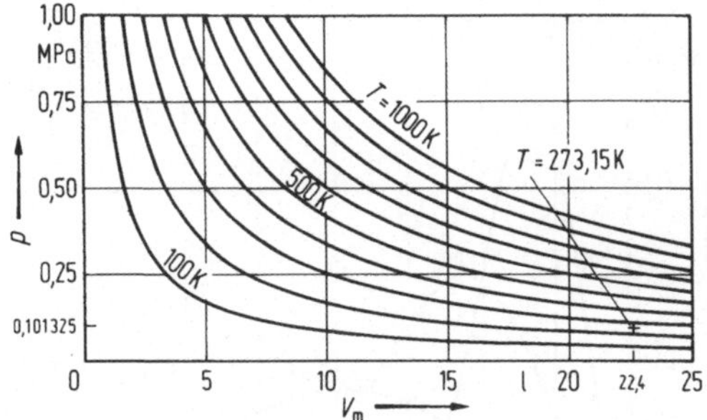

Bild 8-4: Isothermen des idealen Gases im *p-V*-Diagramm.

Nach Division durch die Avogadro-Konstante N_A folgt daraus mit (8.1-13) die mittlere kinetische Energie pro Molekül

$$\boxed{\overline{\varepsilon_k} = \frac{3}{2}\frac{R}{N_A}T = \frac{3}{2}kT}\,, \tag{8.2-13}$$

mit der *Boltzmann-Konstanten*

$$\frac{R}{N_A} = k = 1{,}380658 \cdot 10^{-23}\ \mathrm{JK^{-1}}\,. \tag{8.2-14}$$

(8.2-12) und (8.2-13) stellen die Begründung für die in (8.2-1) angenommene Proportionalität zwischen der im Gas enthaltenen mittleren kinetischen Energie und der Temperatur dar. Die zunächst experimentell eingeführte Größe *Temperatur* stellt sich demnach als Maß für die in der betrachteten Stoffmenge (hier eine Gasmenge) enthaltene *Energie der statistisch ungeordneten Bewegung* der Moleküle dar und ist heute in dieser Weise definiert. Die thermodynamische Temperaturskala hängt damit nicht mehr von speziellen Stoffeigenschaften (z.B. dem Ausdehnungsverhalten des Quecksilbers bei der Celsius-Skala) ab. Bei Flüssigkeiten und Festkörpern gibt es entsprechende Beziehungen.

Die *innere Energie U* eines idealen Gases aus *N* Atomen (bezogen auf das Schwerpunktsystem, vgl. 6.2-6; der Index "int" wird hier weggelassen) beträgt nach (8.2-13)

$$U = N\overline{\varepsilon_k} = \frac{3}{2}NkT \quad \text{bzw. für 1 mol } (N = N_A): \quad U = \frac{3}{2}RT \tag{8.2-15}$$

und ist allein von der Temperatur abhängig. Für mehratomige Molekülgase ergibt sich anstatt 3/2 ein anderer Zahlenfaktor, siehe 8.3. Aus (8.1-8) und (8.2-13) ergibt sich die *gaskinetische Molekülgeschwindigkeit*

$$v_m = \sqrt{\overline{v^2}} = \sqrt{\frac{3kT}{m}}\,, \tag{8.2-16}$$

in Übereinstimmung mit (8.1-5). Sie steigt mit $\sqrt{T}$, wie auch aus Bild 8-5 zu entnehmen ist.

Für den *Druck* eines idealen Gases bei der Teilchendichte *n* ergibt sich aus (8.1-9) mit (8.2-13)

$$\boxed{p = nkT}\,. \tag{8.2-17}$$

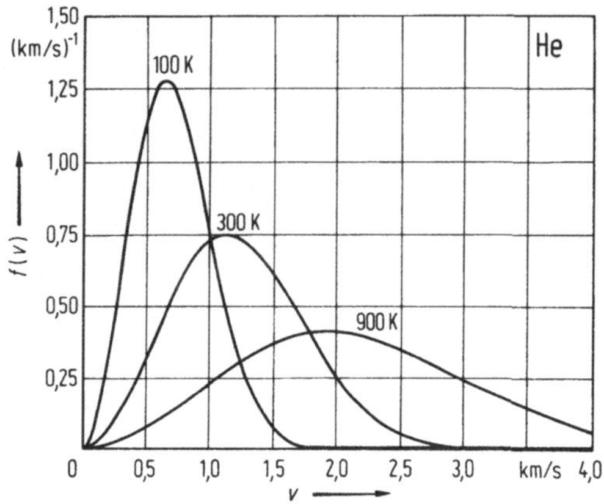

Bild 8-5: Maxwellsche Geschwindigkeitsverteilungen für Helium bei T=100, 300, 900 K.

Unter Einwirkung äußerer Kräfte wird der Gasdruck ortsabhängig, im Gravitationsfeld also höhenabhängig. Zur Berechnung werde eine vertikale Gassäule vom Querschnitt A betrachtet (Bild 8-6). Zwischen den Höhen h und $h+\mathrm{d}h$ liegt eine Druckdifferenz $\mathrm{d}p$ vor, die gleich der an den Teilchen im Volumenelement $A\mathrm{d}h$ angreifenden Kraft $nA\mathrm{d}h\,mg$, dividiert durch die Querschnittsfläche A ist:

$$\mathrm{d}p = -\frac{nAmg\,\mathrm{d}h}{A} = nmg\,\mathrm{d}h\ . \tag{8.2-18}$$

Unter Beachtung von (8.2-17) folgt daraus

$$\frac{\mathrm{d}p}{p} = -\frac{mg\,\mathrm{d}h}{kT}\ . \tag{8.2-19}$$

Die Integration mit der Annahme $T=\mathrm{const}$ liefert

$$p = p_0\,\mathrm{e}^{-\frac{mgh}{kT}} \quad \text{bzw.} \quad n = n_0\,\mathrm{e}^{-\frac{mgh}{kT}}\ . \tag{8.2-20}$$

Mit (8.2-17) und durch Einführen der Dichte (7.1-3)

$$\rho = \frac{\mathrm{d}m}{\mathrm{d}V} = nm \tag{8.2-21}$$

ergibt sich

$$\frac{m}{kT} = \frac{nm}{p} = \frac{\rho}{p} = \frac{\rho_0}{p_0}\ . \tag{8.2-22}$$

Damit folgt aus (8.2-20) die *barometrische Höhenformel*:

$$\boxed{p = p_0\,\mathrm{e}^{-\frac{\rho_0 g}{p_0}h}}\ . \tag{8.2-23}$$

Der Faktor im Exponenten beträgt bei Luft von 0°C $\rho_0 g/p_0 = mg/kT \approx 1/(8\ \mathrm{km})$. Bei etwa konstanter Temperatur ist demnach in 8 km Höhe der Luftdruck auf den e. Teil gefallen. (8.2-23) kann für nicht zu große Höhen zur näherungsweisen Höhenbestimmung aus dem Luftdruck benutzt werden (Anwendung bei Flugzeugen).

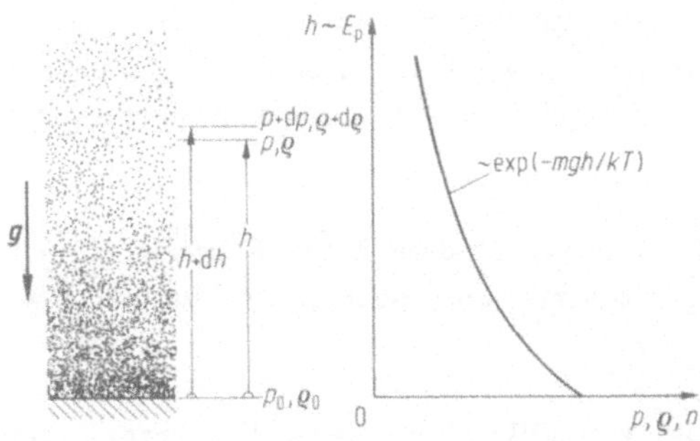

Bild 8-6: Ideales Gas im Schwerefeld (zur barometrischen Höhenformel).

Der Zähler im Exponenten von (8.2-20) stellt die potentielle Energie $E_p = mgh$ der Teilchen im Erdfeld dar (4.2-7), sodaß für die Teilchenzahldichten folgt (Bild 8-7)

$$n = n_0 e^{-\frac{E_p}{kT}} . \tag{8.2-24}$$

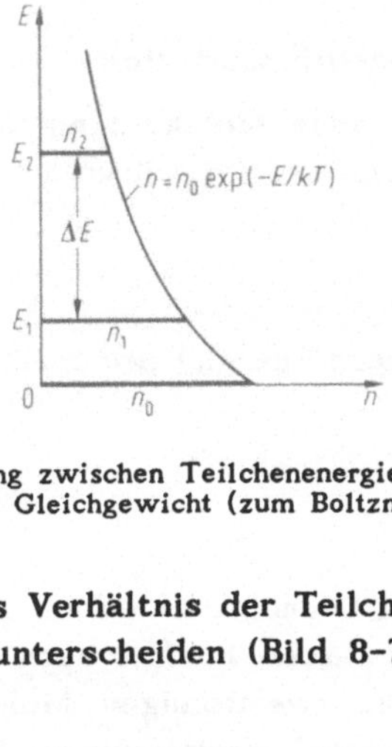

Bild 8-7: Zusammenhang zwischen Teilchenenergie und Teilchenzahldichte im thermischen Gleichgewicht (zum Boltzmannschen e-Satz).

Aus (8.2-24) folgt für das Verhältnis der Teilchenzahldichten bei Energien, die sich um $\Delta E = E_2 - E_1$ unterscheiden (Bild 8-7), der sog. *Boltzmannsche e-Satz*:

$$\boxed{\frac{n_2}{n_1} = e^{-\frac{\Delta E}{kT}}} . \tag{8.2-25}$$

Dieses Gesetz stellt eine wichtige Beziehung von allgemeiner Gültigkeit für Vielteilchensysteme im thermischen Gleichgewicht (T = const) dar. Der *Boltzmann-Faktor* (rechte Seite von 8.2-25) trat auch bereits im Maxwellschen Geschwindigkeitsverteilungsgesetz (8.1-2) auf.

8.3 Freiheitsgrade, Gleichverteilungssatz

Freiheitsgrade der Bewegung eines Teilchens:

> Die Zahl f der Freiheitsgrade ist gleich der Anzahl der Koordinaten, durch die der Bewegungszustand eindeutig bestimmt ist.

Ein einatomiges Gasmolekül hat demnach 3 Freiheitsgrade der Translation, weil es Translationsbewegungen in allen drei Raumrichtungen ausführen kann. Mehratomige Moleküle haben außerdem Freiheitsgrade der Rotation und der Schwingung.

In einem Vielteilchensystem, in dem keine Raumrichtung ausgezeichnet ist, ist die Geschwindigkeitsverteilung isotrop, und es gilt (vgl. auch 8.1-6)

$$\overline{v_x^2} = \overline{v_y^2} = \overline{v_z^2} = \frac{1}{3}\overline{v^2}, \tag{8.3-1}$$

Das läßt sich auf die Moleküle eines Gases übertragen. Nach Multiplikation mit $m/2$ folgt mit der mittleren kinetischen Energie pro Molekül (8.2-13) im thermischen Gleichgewicht

$$\frac{m}{2}\overline{v_x^2} = \frac{m}{2}\overline{v_y^2} = \frac{m}{2}\overline{v_z^2} = \frac{1}{3}\frac{m}{2}\overline{v^2} = \frac{1}{2}kT\,. \tag{8.3-2}$$

Auf jede der drei möglichen Richtungen der Translationsbewegung eines Moleküls, d.h. auf jeden der drei Translationsfreiheitsgrade entfällt danach im Mittel der gleiche Energiebetrag $kT/2$. Verallgemeinert wird dies im

Gleichverteilungssatz (Äquipartitionsprinzip):

Auf jeden Freiheitsgrad eines Moleküls entfällt im Mittel die gleiche Energie: Die mittlere Energie pro Freiheitsgrad und *Molekül* ist

$$\boxed{\overline{\varepsilon_f} = \frac{1}{2}kT}\,, \tag{8.3-3}$$

die mittlere Energie (innere Energie) pro Freiheitsgrad und *Mol* ist

$$\boxed{\overline{E_{f,m}} = \frac{1}{2}RT = U_f} \tag{8.3-4}$$

Bei mehratomigen Molekülen können durch Stoß auch Rotationsbewegungen angeregt werden, so daß kinetische Energie auch als Rotationsenergie aufgenommen werden kann. Bei zweiatomigen Molekülen (H_2, N_2, O_2 etc.) sowie bei gestreckten (linearen) dreiatomigen Molekülen (CO_2) können zwei Rotationsfreiheitsgrade angeregt werden, nämlich Rotationen um die beiden Symmetrieachsen senkrecht zur Molekülachse (Bild 8-8). Eine Rotation um die Molekülachse ist durch Stoß nicht anregbar. Bei drei- und mehratomigen (nicht gestreckten) Molekülen sind alle drei möglichen Rotationsfreiheitsgrade anregbar (Bild 8-8).

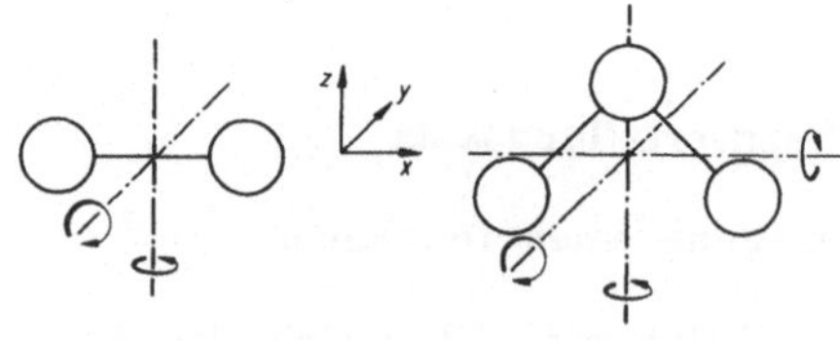

Bild 8-8: Rotationsfreiheitsgrade bei zwei- und dreiatomigen Molekülen.

Schließlich können bei mehratomigen Molekülen durch Stoß auch Schwingungen angeregt werden, wobei je Fundamentalschwingung (Schwingungsmode, vgl. 5.6) Energie in Form von kinetischer und potentieller Energie aufgenommen werden kann, sodaß je Fundamentalschwingung zwei Schwingungsfreiheitsgrade zu rechnen sind (für die eindeutige Festlegung des Bewegungszustandes bei der Schwingung sind zwei Angaben notwendig, z.B. Auslenkung und Geschwindigkeit; das ergibt zwei Freiheitsgrade). Die Zahl der Fundamentalschwingungen bei Molekülen ergibt sich ähnlich wie bei der Federkette (Bild 5-28), jedoch fallen einige Schwingungsmoden wegen der fehlenden Einspannung weg (Bild 8-9).

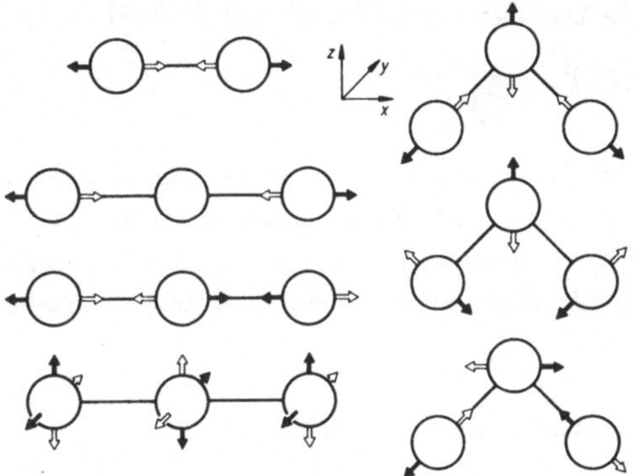

Bild 8-9: Schwingungsmoden zwei- und dreiatomiger Moleküle.

Bei Festkörpern haben die an ihre Ruhelagen gebundenen Atome allein die Möglichkeit der Schwingung in drei Raumrichtungen, sodaß hier 6 Schwingungsfreiheitsgrade auftreten. Eine Übersicht über die Zahl der anregbaren Freiheitsgrade gibt Tab. 8-3.

Tabelle 8-3: Zahl der anregbaren Freiheitsgrade. Die eingeklammerten Schwingungsfreiheitsgrade sind bei Raumtemperatur meist nicht angeregt.

Stoff	Freiheitsgrade			
	Translation	Rotation	Schwingung	Summe
Gas (einatomig)	3	–	–	3
Gas (zweiatomig)	3	2	(2)	5 (7)
Gas (dreiatomig, gestreckt)	3	2	(8)	5 (13)
Gas (dreiatomig, nicht gestreckt)	3	3	(6)	6 (12)
Festkörper	–	–	6	6

Nach dem Gleichverteilungssatz hängt demnach die innere Energie eines Gases von der Zahl f der angeregten Freiheitsgrade ab:

$$U = \frac{1}{2} f R T \quad \text{für 1 mol}. \qquad (8.3\text{-}5)$$

Da sowohl der Rotationsdrehimpuls (und damit die Rotationsenergie) als auch die Schwingungsenergie gequantelt sind (vgl. 7.3 und 5.2.2), muß die mittlere thermische Energie pro Freiheitsgrad mindestens für die Anregung der ersten Quantenstufe der Rotations- bzw. Schwingungsenergie pro Freiheitsgrad ausreichen. Bei tieferen Temperaturen fallen daher Schwingungs- und Rotationsfreiheitsgrade aus.

Berechnung der Grenztemperaturen für die Anregung von Rotations- und Schwingungszuständen am Beispiel des Wasserstoffmoleküls:

Anregung der *Rotationsfreiheitsgrade*:
Die Rotationsenergie beträgt nach (7.2-4) mit (7.3-4)

$$E_{rot} = \frac{1}{2} J \omega^2 = \frac{(J\omega)^2}{2J} = \frac{L^2}{2J} . \qquad (8.3\text{-}6)$$

Nach (7.3-9) ist der Drehimpuls L in einer physikalisch ausgezeichneten Richtung z durch $L_z = l\hbar$ (l: Drehimpulsquantenzahl) gegeben. Der kleinste mögliche Wert für den Drehimpuls (außer 0) ist derjenige für $l = 1$. Daraus folgt als Bedingung für die Anregung eines Rotationsfreiheitsgrades

$$\frac{1}{2} kT \geq \frac{\hbar^2}{2J} , \qquad (8.3\text{-}7)$$

und die Grenztemperatur ergibt sich zu

$$T_{rot} = \frac{\hbar^2}{kJ} . \qquad (8.3\text{-}8)$$

Die H-Atome im Wasserstoffmolekül haben einen Abstand von $r_0 = 0{,}77 \cdot 10^{-10}$ m und eine Masse von $m_p = 1{,}67 \cdot 10^{-27}$ kg. Das Trägheitmoment ist $J = m_p r_0^2/2 = 0{,}495 \cdot 10^{-47}$ kg m^2. Damit folgt für die Grenztemperatur $T_{rot} = 163$ K. Die Rotationsfreiheitsgrade sind demnach bei Zimmertemperatur angeregt.

Anregung der Vibrations- oder *Schwingungsfreiheitsgrade*:
Die Energie des quantenmechanischen Oszillators ist nach (5.2-26) gegeben durch

$$E_n = \left(n + \frac{1}{2}\right) h\nu_0 . \qquad (8.3\text{-}9)$$

Um mindestens eine Stufe anzuregen (von $n = 0$ nach $n = 1$), muß eine Energie von $\Delta E = h\nu_0$ aufgebracht werden, für jeden der beiden Schwingungsfreiheitsgrade also $h\nu_0/2$. Die Bedingung für die Anregung der Schwingungsfreiheitsgrade lautet also

$$\frac{1}{2} kT \geq \frac{h\nu_0}{2} . \qquad (8.3\text{-}10)$$

Die Grenztemperatur ergibt sich daraus zu

$$T_{vib} = \frac{h\nu_0}{k} . \qquad (8.3\text{-}11)$$

Experimentell findet man für das Wasserstoffmolekül $\Delta E \approx 0{,}3$ eV, d.h. $\nu_0 \approx 7{,}3 \cdot 10^{13}$ s^{-1}. Aus (8.3-11) ergibt sich damit eine Grenztemperatur von $T_{vib} \approx 3500$ K. Bei Zimmertemperatur sind daher die Schwingungsfreiheitsgrade (anders als die Rotationsfreiheitsgrade) bei Wasserstoff nicht angeregt.

Diese Grenztemperaturen bestimmen die Temperaturabhängigkeit der Wärmekapazität von Gasen, siehe 8.6. Die bei der Rotations- und Schwingungsanregung auftretenden Quanteneffekte treten grundsätzlich auch bei der Translation auf: Wegen der experimentell unvermeidlichen Beschränkung auf endliche Volumina ist auch die Translationsenergie gequantelt. Infolgedessen können die Translationszustände von Gasen bei sehr tiefen Temperaturen nicht mehr angeregt werden.

8.4 Reale Gase, tiefe Temperaturen

Zur Beschreibung des Phasenüberganges vom gasförmigen in den flüssigen Zustand und umgekehrt (Kondensation und Verdampfung) ist die Zustandsgleichung des idealen Gases (8.2-11) nicht geeignet, da sie Wechselwirkungskräfte zwischen den Molekülen nach der Definition des idealen Gases nicht berücksichtigt. Gerade diese bewirken jedoch die Bindung zwischen den Molekülen im flüssigen Zustand. Bei hoher Gasdichte, wie er in der Nähe der Verflüssigungstemperatur herrscht, müssen daher die *van-der-Waals-Kräfte* zwischen den Molekülen und ferner das Eigenvolumen der Moleküle in einer Zustandsgleichung realer Gase berücksichtigt werden. Interpretiert man das ideale Gasgesetz $p/RT=1/V$ als 1. Näherung einer sogenannten *Virialentwicklung* der Form

$$\frac{p}{RT} = \frac{1}{V_m}\left[1+\frac{B_1(T)}{V_m}+\frac{B_2(T)}{V_m^2}+\ldots..\right] \tag{8.4-1}$$

für den Grenzfall sehr großer Molvolumina V_m, so erhält man eine bessere Näherung für reale Gase unter Berücksichtigung von $B_1(T)$. Experimentell ergibt sich für die Temperaturabhängigkeit von B_1

$$B_1(T) = b - \frac{a}{RT}\ . \tag{8.4-2}$$

Eingesetzt in (8.4-1) ergibt sich unter Vernachlässigung höherer Glieder als eine in weiten Bereichen brauchbare *Zustandsgleichung für reale Gase* die *Van-der-Waals-Gleichung* (für 1 mol)

$$\boxed{\left(p+\frac{a}{V_m^2}\right)\left(V_m - b\right) = RT}\ , \tag{8.4-3}$$

bzw. für eine Stoffmenge von ν mol

$$\left(p+\frac{a\nu^2}{V^2}\right)\left(V - \nu b\right) = \nu RT\ . \tag{8.4-4}$$

a/V_m^2 : *Binnendruck* oder *Kohäsionsdruck*, berücksichtigt die gegenseitige Wechselwirkung der Moleküle und wirkt wie eine Vergößerung des Außendrucks. Der Binnendruck ist proportional dem Kehrwert des Abstandes und der Anzahl der benachbarten Moleküle und damit $\sim n^2$, also $\sim V_m^{-2}$, vgl. (8.4-3).

b : ***Kovolumen***, berücksichtigt das Eigenvolumen der Moleküle, das das freie Bewegungsvolumen der Gasmoleküle, etwa zwischen zwei Stößen, reduziert. Es stellt den unteren Grenzwert von V_m bei hohem Druck dar (flüssiger Zustand). Bei kugelförmigen Teilchen mit dem Radius r_P ist der Stoßradius $r_S = 2r_P$ (vgl. 9.1), das Stoßvolumen des stoßenden Teilchens also $V_S = 8\,V_P$, das des gestoßenen ist dann gleich 0 zu setzen. Im Mittel ist daher das Stoßvolumen gleich $4\,V_P$ und bezogen auf ein Mol

$$b = 4N_A \frac{4\pi r_P{}^3}{3} \,. \tag{8.4-5}$$

Für hohe Temperaturen und große Molvolumina sind die Korrekturen vernachlässigbar und (8.4-3) geht in die Zustandsgleichung des idealen Gases (8.2-11) über. Die Isothermen eines Van-der-Waals-Gases im p-V-Diagramm sind in Bild 8-10 dargestellt.

Die zu höheren Temperaturen gehörenden Isothermen entsprechen erwartungsgemäß denen des idealen Gases (Bild 8-4). Unterhalb einer ***kritischen Temperatur*** T_k bilden die Isothermen Maxima und Minima aus, zwischen denen der Kurvenverlauf eine Druckabnahme bei Volumenverringerung bedeuten würde. Derartige Zustandsänderungen treten nicht auf. Stattdessen werden innerhalb des in Bild 8-10 a als ***Zweiphasengebiet*** gekennzeichneten Bereiches horizontale Geraden durchlaufen, d.h. der Druck bleibt bei Volumenverringerung (für T = const) unverändert. Dies geschieht durch Kondensation eines Teils des Gases in den flüssigen Zustand, einsetzend an der Taugrenze (Bild 8-10 a) und fortschreitend bis zur vollständigen Kondensation an der Siedegrenze. Dann steigt der Druck steil an, da Flüssigkeiten nur eine geringe Kompressibilität besitzen. Der Flüssigkeitsbereich links von der Siedegrenze ist zu kleinen Volumina hin durch das Kovolumen b begrenzt. Die Fläche unter einer Isotherme entspricht der Volumenarbeit $\int p\,dV$ (siehe 8.5.1) bei der Kompression. Die Lage der horizontalen Isother-

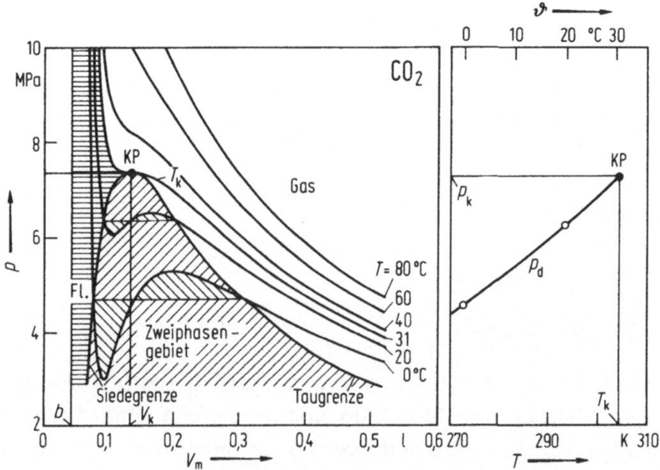

Bild 8-10: a Isothermen eines realen Gases (CO_2) im p-V-Diagramm, berechnet aus (8.4-3). b Dampfdruckkurve für das Zweiphasengebiet.

menstücke regelt sich so, daß die Volumenarbeit bei der Kompression über das ganze Zweiphasengebiet hinweg dieselbe ist wie beim Durchlaufen der Kurve. Daraus folgt, daß die Flächenstücke im Zweiphasengebiet (Bild 8-10 a) zwischen den Kurven und horizontalen Geraden paarweise gleichen Flächeninhalt haben. Die gasförmige Phase unterhalb der kritischen Isotherme wird auch Dampf genannt. Oberhalb der kritischen Temperatur ist eine Verflüssigung allein durch Kompression bei konstanter Temperatur nicht möglich.

Der kritische Punkt KP (Bild 8-10 a) ist durch einen Wendepunkt der kritischen Isotherme mit horizontaler Tangente gekennzeichnet. Die kritischen Größen T_k, p_k, V_k lassen sich daher aus der Van-der-Waals-Gleichung (8.4-3) mittels der Bedingungen $dp/dV=0$ und $d^2p/dV^2=0$ berechnen:

$$T_k = \frac{8a}{27Rb}, \quad p_k = \frac{a}{27\,b^2}, \quad p_k V_k = \frac{3}{8} R T_k, \quad V_k = 3\,b. \tag{8.4-6}$$

Werte für die kritischen Größen und Van-der-Waals-Konstanten finden sich in Tab. 8-4.

Tabelle 8-4: Van-der-Waals-Konstanten, kritische Temperatur und kritischer Druck.

	a	b	ϑ_k	p_k
	Nm^4mol^{-2}	$10^{-6}\ m^3mol^{-1}$	°C	MPa
Ammoniak	0,424	37,2	132	11,3
Argon	0,136	32,2	−122	4,90
Ethan	0,551	64,1	−32	4,88
Butan	1,49	125,0	152	3,8
Chlor	0,655	56,0	144	7,7
Helium	0,003 34	24,0	−268	0,23
Kohlendioxid	0,362	42,5	31	7,38
Krypton	0,231	39,4	−63,8	5,49
Luft			−141	3,78
Methan	0,229	42,7	−82	4,64
Neon	0,021	16,9	−229	2,65
Propan	0,093	90,0	97	4,23
Sauerstoff	0,137	31,6	−118	5,08
Schwefeldioxid	0,68	56,4	158	7,88
Stickstoff	0,136	38,5	−147	3,39
Wasserstoff	0,025	26,7	−240	1,30
Wasserdampf	0,555	31,0	374	22,0
Xenon	0,413	51,2		

Innerhalb des Zweiphasengebietes ist im Gleichgewicht der *Sättigungsdampfdruck* p_d allein eine Funktion der Temperatur. Die zugehörige *Dampfdruckkurve* ist in Bild 8-10 b dargestellt. Ihr Verlauf läßt sich mittels eines Kreisprozesses (siehe 8.8) berechnen. Dazu werde zunächst 1 mol einer Flüssigkeit bei der Temperatur $T+dT$ und dem Sättigungsdampfdruck p_d+dp_d verdampft, wobei sich das Volumen von V_{ml} auf V_{mg} vergrößert (Bild

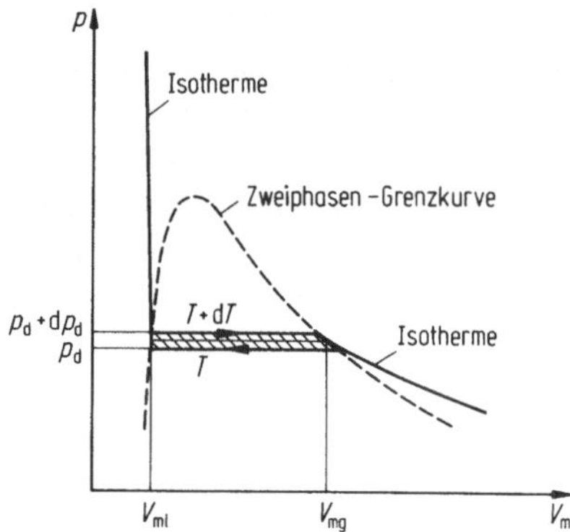

Bild 8-11: Carnot-Prozeß mit einer verdampfenden Flüssigkeit als Arbeitssubstanz (zur Clausius-Clapeyron-Gleichung).

8-11). Anschließend wird der Dampf bei der Temperatur T wieder kondensiert. Die dabei insgesamt geleistete Volumenarbeit $(V_{mg}-V_{ml})dp_d$ entspricht der schraffierten Fläche in Bild 8-11 und hängt mit der beim Verdampfen erforderlichen molaren Verdampfungsenthalpie ΔH_{mlg} (vgl. 8.6.2) über den Wirkungsgrad des Carnot-Prozesses (siehe 8.9) zusammen:

$$\eta = \frac{(V_{mg} - V_{ml})\,dp_d}{\Delta H_{mlg}} = \frac{dT}{T} \,. \tag{8.4-7}$$

Daraus folgt für den Anstieg der Dampfdruckkurve die *Clausius-Clapeyronsche Gleichung*

$$\frac{dp_d}{dT} = \frac{\Delta H_{mlg}}{(V_{mg} - V_{ml})T} \,. \tag{8.4-8}$$

Wird das vergleichsweise kleine Molvolumen der flüssigen Phase gegen das des Dampfes vernachlässigt, ebenso die Temperaturabhängigkeit der molaren Verdampfungswärme, und wird der gesättigte Dampf näherungsweise als ideales Gas behandelt, so folgt aus (8.4-8) nach Integration

$$p_d = C\exp\left(-\frac{\Delta H_{mlg}}{RT}\right) \quad \text{mit} \quad C = p_k \exp\left(\frac{\Delta H_{mlg}}{RT_k}\right) . \tag{8.4-9}$$

Vorrichtungen, die in einem festen Volumen teilweise kondensierte Flüssigkeiten enthalten, und deren Dampfdruck mit einem angeschlossenen Manometer (Druckmesser) gemessen werden kann, werden als Dampfdruckthermometer zur Temperaturmessung verwendet (vgl. Tab. 8-2).

Die Van-der-Waals-Gleichung erfaßt neben dem gasförmigen auch den flüssigen Zustand (Bild 8-10), nicht jedoch den festen Zustand. Dieser muß bei sehr kleinen Molvolumina auftreten. Das vollständige Zustandsdiagramm zeigt Bild 8-12: An den Flüssigkeitsbereich (l) schließt sich links ein schmales Zweiphasengebiet an, in dem Flüssigkeit und fester Zustand (l+s)gleichzeitig existieren können. Das Durchlaufen dieses Gebietes etwa auf einer Isothermen ist wiederum mit einer Volumenveränderung bei konstantem Druck verbunden. Bei noch kleineren Molvolumina schließt sich der Bereich

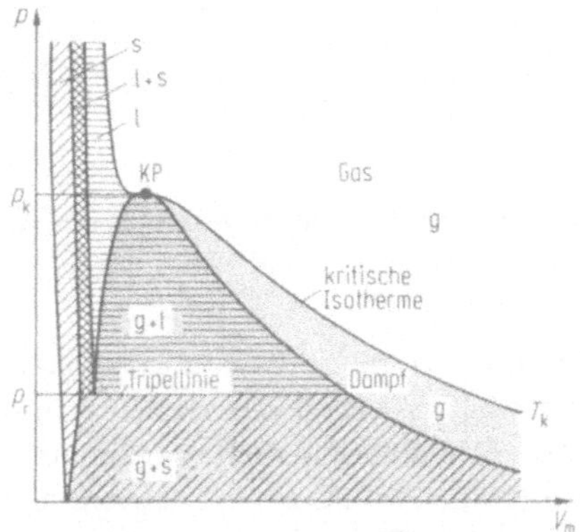

Bild 8-12: Vollständiges Zustandsdiagramm einer realen Substanz (nicht maßstabsgerecht). s fester, l flüssiger, g gasförmiger Zustand.

des festen Zustandes (s) an. Unterhalb des Zweiphasengebietes, in dem Dampf und Flüssigkeit (g+l) koexistieren, liegt der Bereich der Sublimation, in dem Dampf und fester Zustand (g+s) koexistieren. Beide sind durch die Tripellinie getrennt. An dieser Linie im p-V-Diagramm können alle drei Phasen (fest, flüssig, gasförmig) gleichzeitig existieren. In einem p-T-Diagramm entspricht dem ein einziger Punkt, der *Tripelpunkt*.
Der Tripelpunkt von reinen Substanzen wird gern als Temperatur-Fixpunkt benutzt, da er genau definiert ist und sich wegen der mit Phasenänderungen verbundenen Umwandlungsenthalpien (siehe 8.6.2) experimentell leicht über längere Zeit halten läßt.

Die *Verflüssigung* ist bei solchen Gasen, deren kritische Temperatur oberhalb der Raumtemperatur liegt (z.B. CO_2 oder H_2O, vgl. Tab. 8-4), allein durch Kompression möglich. Gase mit kritischen Temperaturen unterhalb der Raumtemperatur (z.B. Luft, H_2, He, vgl. Tab. 8-4) müssen jedoch zunächst unter die kritische Temperatur abgekühlt werden. Dies kann z.B. durch adiabatische Entspannung unter Arbeitsleistung geschehen (siehe 8.7; ist auch bei idealen Gasen möglich), oder durch adiabatische gedrosselte Entspannung:
Joule-Thomson-Effekt. Hierbei handelt es sich um die adiabatische (d.h. wärmeaustauschfreie, siehe 8.7), gedrosselte Entspannung eines realen Gases bei der Strömung durch eine Drosselstelle in einer Anordnung z.B. nach Bild 8-13. Mittels langsam bewegter Kolben wird links der Druck p_1 und rechts der Druck $p_2 < p_1$ aufrecht erhalten. Dabei strömt Gas durch die Drosselstelle von der linken in die rechte Kammer und ändert dabei sein Volumen von V_1 auf $V_2 > V_1$. Bei diesem Vorgang bleibt die *Enthalpie* $H = U + pV$ (U: innere Energie, siehe 8.5) konstant. Bei idealen Gasen sind innere Energie U nach (8.2-15) und pV aufgrund der Gasgleichung (8.2-11) allein von der Temperatur abhängig, damit auch die Enthalpie. Bei idealen Gasen ändert sich daher die Temperatur für $H = \text{const}$ nicht. Bei realen Gasen ist

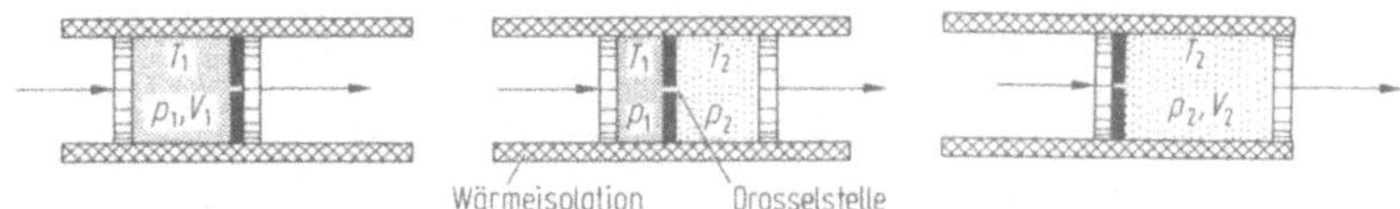

Bild 8-13: Schema des Joule-Thomson-Prozesses: Gedrosselte Entspannung.

dagegen die innere Energie volumen- bzw. druckabhängig. Bei der gedrosselten Entspannung ($\Delta p < 0$) ist wegen der damit verbundenen Abstandsvergrößerung zwischen den Molekülen Arbeit gegen die zwischenmolekularen Kräfte bzw. gegen den Binnendruck zu verrichten: die mittlere kinetische Energie sinkt. Die eintretende Temperaturerniedrigung $\Delta T < 0$ (*Joule-Thomson-Effekt*) läßt sich aus der Bedingung $dH = 0$ mit Hilfe der Van-der-Waals-Gleichung (8.4-3) berechnen. Das Ergebnis der Rechnung, die hier nicht durchgeführt wird, ist für kleine Druckunterschiede Δp in erster Näherung

$$\frac{\Delta T}{\Delta p} \approx \frac{1}{C_{mp}} \left(\frac{2a}{RT} - b \right) . \qquad (8.4\text{-}10)$$

C_{mp} ist die molare Wärmekapazität bei konstantem Druck (vgl. 8.6.1). Bei Temperaturen oberhalb der aus (8.4-10) folgenden *Inversionstemperatur*, für die sich mit (8.4-6) ergibt

$$T_{inv} = \frac{2a}{Rb} = \frac{27}{4} T_k = 6{,}75\ T_k\ , \qquad (8.4\text{-}11)$$

überwiegt in (8.4-10) der Einfluß des Kovolumens b, d.h. abstoßende Kräfte überwiegen. Dann steigt die innere Energie bei der gedrosselten Entspannung, die Temperatur wird höher. Unterhalb der Inversionstemperatur ist der Joule-Thomson-Effekt positiv, es tritt Abkühlung auf.

Lindesches Gegenstromverfahren zur Luftverflüssigung: Wird hochkomprimierte Luft (z.B. $p = 200$ bar = 20 MPa) durch ein Drosselventil entspannt (auf z.B. 20 bar), und die durch den Joule-Thomson-Effekt abgekühlte Luft ($\Delta T = -45$ K) zur Vorkühlung der Hochdruckluft verwendet (Gegenstrom-Kühlung, Bild 8-14), so führt dies bei fortgesetztem Kreislauf zu einer sukzessiven Absenkung der Temperatur bis zur Verflüssigung. Die rückströmende, entspannte Luft wird jeweils erneut komprimiert und muß wegen der dabei auftretenden Erwärmung zusätzlich z. B. durch Wasser vorgekühlt werden.

Tab. 8-5 enthält die Siedetemperaturen einiger für die Tieftemperaturtechnik (Kryotechnik) wichtiger Gase.

Tiefere Temperaturen lassen sich durch Verflüssigung z.B. von Helium erreichen (^{4}He: $T_{lg} = 4{,}2$ K, vgl. Tab. 8-5). Wegen der niedrigen Inversions-

Tab. 8-5: Siedetemperatur kryogener Flüssigkeiten bei Normdruck.

	ϑ_{lg} [°C]	T_{lg} [K]		ϑ_{lg} [°C]	T_{lg} [K]
Helium (^{4}He)	-268,93	4,216	Stickstoff	-195,8	77,4
Wasserstoff	-252,78	20,37	Sauerstoff	-183,0	90,2
Neon	-246	27,1	Luft	-193,0	80,12

temperatur des ^{4}He von 47 K reicht jedoch die Vorkühlung des komprimierten Gases selbst mit flüssigem Stickstoff (T_{lg} = 77,4 K) nicht aus. Es muß daher durch adiabatische Expansion des vorgekühlten Gases unter Arbeitsleistung (siehe 8.7) in einer Expansionsmaschine eine weitere Abkühlung bewirkt werden, ehe die Joule-Thomson-Entspannung nach Gegenstromvorkühlung gemäß Bild 8-14 zur Verflüssigung führt.

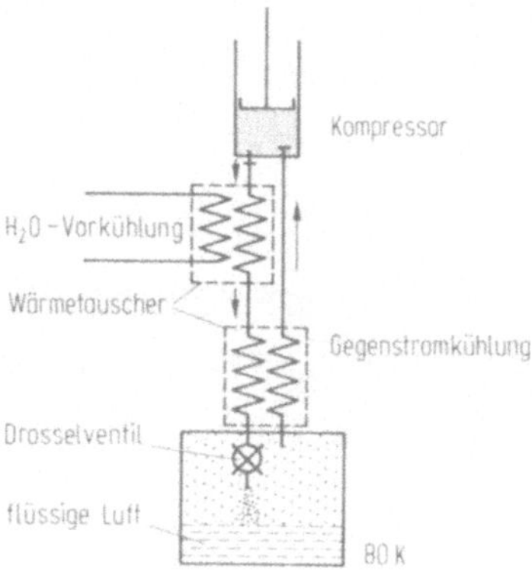

Bild 8-14: Lindesches Gegenstromverfahren zur Luftverflüssigung.

8.5 Energieaustausch bei Vielteilchensystemen

In 6.2.1 wurde der Energieerhaltungssatz für den Fall formuliert, daß ein Vielteilchensystem Energie mit der Umgebung austauscht, z.B. durch äußere Arbeit W. Dabei ändert sich die Eigenenergie gemäß (6.2-2) um

$$\Delta U = U_2 - U_1 = W \,, \tag{8.5-1}$$

wenn sonst kein weiterer Energieaustausch (z.B. als Wärme, siehe 8.5.2) stattfindet. Die Schwerpunktbewegung des Teilchensystems möge vernachlässigbar sein. Die Eigenenergie U ist dann identisch mit der inneren Energie U_{int}. Für U wird daher im weiteren die üblichere Bezeichnung "innere Energie" benutzt.

Vorzeichenfestlegung: Dem Teilchensystem *zugeführte* Energien (z.B. Arbeit und Wärme) werden *positiv* gerechnet.

8.5.1 Volumenarbeit

Die von einem Vielteilchensystem, z.B. einer Gasmenge, geleistete (d.h. nach außen abgegebene) Arbeit setzt sich zusammen aus den individuellen Arbeiten aller Einzelteilchen. Bei einer Gasmenge, die in einem Zylinder mit beweglichem Kolben eingeschlossen ist (Bild 8-15), üben die Moleküle durch impulsübertragende Stöße auf die Kolbenfläche A eine mittlere Normalkraft $F = pA$ aus (p: Druck). Folgt der Kolben der Kraft (dazu muß die durch den Außendruck bedingte Gegenkraft nur differentiell kleiner sein), so läßt sich die dabei abgegebene Arbeit $-\mathrm{d}W$ aus der Kolbenversetzung $\mathrm{d}x$ berechnen (Bild 8-15):

$$-\mathrm{d}W = F\mathrm{d}x = pA\mathrm{d}x = p\,\mathrm{d}V\,,$$

$$\boxed{-\mathrm{d}W = p\,\mathrm{d}V}\;: \quad \text{differentielle Volumenarbeit}\,. \tag{8.5-2}$$

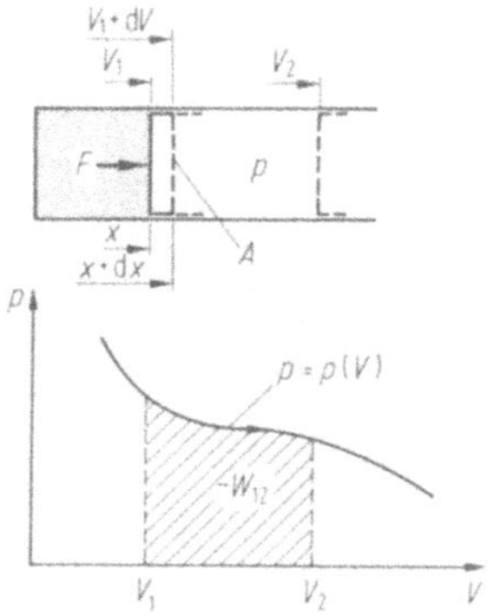

Bild 8-15: Volumenarbeit bei Expansion einer Gasmenge.

Erfolgt die Expansion von einem Anfangsvolumen V_1 auf das Endvolumen V_2, so beträgt die dabei nach außen geleistete Volumenarbeit

$$\boxed{-W_{12} = \int_{V_1}^{V_2} p\,\mathrm{d}V}\,. \tag{8.5-3}$$

Sie entspricht im p-V-Diagramm (Bild 8-15) der Fläche unter der Kurve $p = p(V)$, deren Verlauf von der Prozeßführung abhängt und zur Berechnung des Integrals in (8.5-3) bekannt sein muß.

Volumenarbeiten bei der Expansion von einem Mol eines idealen Gases für verschiedene Prozeßführungen:

Volumenarbeit bei *isobarer Expansion*:
Ein isobarer Prozeß erfolgt bei konstantem Druck p = const (Bild 8-16). Aus (8.5-3) folgt dann

$$-W_{12} = p(V_2 - V_1) = p\Delta V\,. \tag{8.5-4}$$

Volumenarbeit bei *isothermer Expansion*:
Ein isothermer Prozeß erfolgt bei konstanter Temperatur $T = \text{const}$ (Bild 8-16). Mit der Zustandsgleichung des idealen Gases (8.2-11) folgt aus (8.5-3)

$$-W_{12} = RT \ln \frac{V_2}{V_1} . \tag{8.5-5}$$

Volumenarbeit bei *adiabatischer Expansion*:
Bei einem adiabatischen Prozeß wird außer Arbeit keine andere Energie mit der Umgebung ausgetauscht (insbesondere keine Wärme, siehe 8.5.2). Für diesen Fall gilt der Energiesatz in der Form (8.5-1), und mit der inneren Energie (8.2-15) des idealen (einatomigen) Gases folgt

$$-W_{12} = -\Delta U = U_1 - U_2 = \frac{3}{2} R (T_1 - T_2) . \tag{8.5-6}$$

Für mehratomige Gase muß der Faktor $3R/2$ nach 8.6.1 durch die dann geltende molare Wärmekapazität C_{mV} ersetzt werden:

$$W_{12} = C_{mV} (T_1 - T_2) . \tag{8.5-7}$$

Bemerkung: (8.5-6) läßt sich auch durch direkte Berechnung des Arbeitsintegrals (8.5-3) mit Hilfe der Funktion $p = p(V)$ für die adiabatische Zustandsänderung (Bild 8-16)

$$pV^{\varkappa} = \text{const} \quad \text{mit dem Adiabatenexponenten} \quad \varkappa = C_{mp} / C_{mV} \tag{8.5-8}$$

(Adiabatengleichung, siehe 8.7) gewinnen. C_{mp}, C_{mV} : Molare Wärmekapazität bei konstantem Druck bzw. bei konstantem Volumen (vgl. 8.6.1).

Bei der isobaren und bei der isothermen Expansion gilt der Energiesatz in der Form (8.5-1) nicht, da bei diesen Prozeßführungen auch Wärme ausgetauscht werden muß (vgl. 8.7).

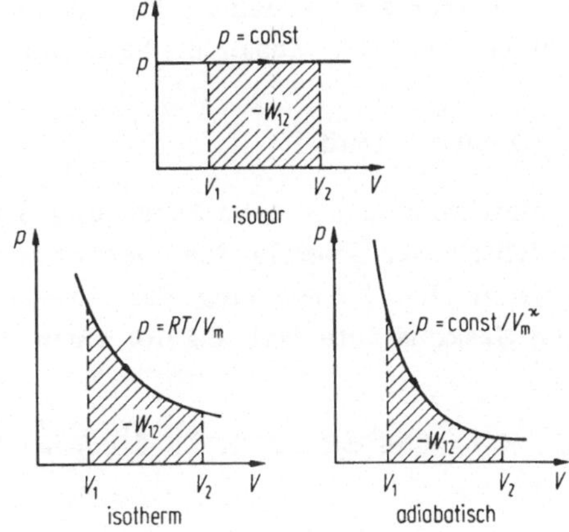

Bild 8-16: Isobare, isotherme und adiabatische Expansion im p-V-Diagramm.

8.5.2 Wärme

Ein Energieaustausch zwischen einem Vielteilchensystem und seiner Umgebung, etwa zwischen einer Gasmenge und der einschließenden Zylinderwand (Bild 8-15), kann auch dann stattfinden, wenn z. B. das Verschieben eines beweglichen Kolbens und dadurch geleistete Volumenarbeit nicht möglich sind: So können z.B. Stöße von Gasmolekülen auf die Wand Schwingungen von Wandatomen anregen, wobei die Gasmoleküle kinetische Energie (d.h. innere Energie) verlieren. Umgekehrt können Gasmoleküle bei der Reflexion an der Wand von schwingenden Wandatomen auch kinetische Energie aufnehmen, wobei die Schwingungsenergie der Wandatome abnimmt. Es findet daher ein Energieaustausch in beiden Richtungen durch die Systemgrenzfläche statt. Da die Temperatur eines Gases durch dessen innere Energie, d. h. durch die kinetische Energie der statistisch ungeordneten Bewegung der Gasmoleküle bestimmt ist (siehe 8.2), und Entsprechendes für die Schwingungsenergie der Festkörperatome gilt (siehe 8.3 u. 8.6), ändern sich die Temperaturen von Teilchensystem und Umgebung, wenn die mittleren Energieströme in beiden Richtungen verschieden sind. Bei gleicher Temperatur von System und Umgebung sind die Energieströme in beiden Richtungen gleich und der resultierende Energiefluß verschwindet: *Thermisches Gleichgewicht.*

Zur phänomenologischen Erfassung des resultierenden Energieflusses wird der Begriff der Wärme Q (früher: Wärmemenge) eingeführt:

> Die *Wärme* Q ist der mittlere Wert der Summe der mikroskopischen, individuellen Teilchenarbeiten bzw. der dadurch übertragenen Energien zwischen dem System und seiner Umgebung. Die Wärme ist also eine Energieform und wird in Energieeinheiten gemessen.
>
> SI-Einheit: $[Q] = \mathrm{J}$.

Für die Wärme wurde früher als besondere Einheit die Kalorie (cal) verwendet (Definition siehe 8.6). Der Zusammenhang mit der Energieeinheit Joule

$$1\ \mathrm{J} = 0{,}239\ \mathrm{cal}\,; \qquad 1\ \mathrm{cal} = 4{,}1868\ \mathrm{J} \tag{8.5-9}$$

wurde experimentell bestimmt und je nach Erzeugung der Wärmemenge aus mechanischer oder elektrischer Energie das *mechanische* oder *elektrische Wärmeäquivalent* genannt. Bei Verwendung der Kalorie als Energieeinheit nimmt die allgemeine Gaskonstante (vgl. 8.2-10) einen besonders einfachen Zahlenwert an:

$$R = 8{,}31451\ \mathrm{J\,mol^{-1}K^{-1}} = 1{,}99\ \mathrm{cal\,mol^{-1}K^{-1}} \approx 2\ \mathrm{cal\,mol^{-1}K^{-1}}\,. \tag{8.5-10}$$

8.5.3 Energieerhaltungssatz für Vielteilchensysteme

Der Energieaustausch eines Vielteilchensystems mit seiner Umgebung kann nach 8.5.1 und 8.5.2 u. a. durch Verrichtung von Arbeit (z.B. Volumenarbeit) und/oder durch Wärmeaufnahme oder -abgabe erfolgen. Beide Arten von Energieaustausch führen zu einer Änderung der inneren Energie des Systems und müssen bei der Formulierung des Energieerhaltungssatzes berücksichtigt werden. (6.2-2) bzw. (8.5-1) muß daher ergänzt werden: Zufuhr von äußerer Arbeit W und/oder Wärme Q führt zu einer Erhöhung der inneren Energie des Systems um $\Delta U = U_2 - U_1$ (Bild 8-17). Das ist der Inhalt des

I. Hauptsatzes der Thermodynamik:

$$\boxed{\Delta U = Q + W} \; . \qquad (8.5\text{-}11)$$

Ein abgeschlossenes thermodynamisches System enthält eine bestimmte, zeitlich unveränderliche innere Energie U, die den Zustand des Systems eindeutig kennzeichnet. U ändert sich nur dann um ΔU, wenn dem System von außen Energie in Form von Wärme Q oder Arbeit W zugeführt wird.

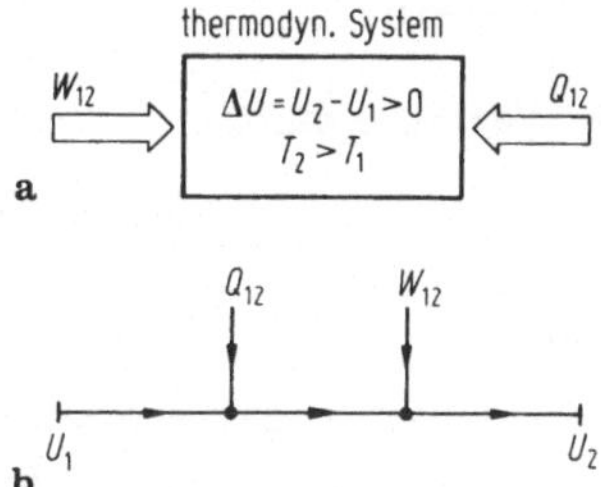

Bild 8-17: Zum 1. Hauptsatz der Thermodynamik: **a** Vorzeichenvereinbarung und **b** Energieflußdiagramm.

Zur inneren Energie tragen im allgemeinen Falle auch weitere Energieformen bei, die einem thermodynamischen System zugeführt werden können, also auch elektrische, magnetische, chemische und sonstige Energieformen.

Differentielle Form des 1. Hauptsatzes:

$$\boxed{\mathrm{d}U = \delta Q + \delta W} \; . \qquad (8.5\text{-}12)$$

Bemerkung: Q und W sind keine Zustandsgrößen des Systems, die differentiellen Größen δQ und δW für sich genommen sind daher keine totalen Differentiale. Deshalb wird statt des gewöhnlichen Differentialzeichens d das Zeichen δ verwendet.

Wenn man beachtet, daß z.B. gemäß (8.2-15) die innere Energie eines abgeschlossenen Systems beschränkt ist, kann der 1. Hauptsatz auch als Unmöglichkeitsaussage formuliert werden:

Es ist unmöglich, ein *perpetuum mobile erster Art*, d.h. eine periodisch arbeitende Maschine, die ohne Energiezufuhr permanent Arbeit verrichtet, zu konstruieren.

8.6 Wärmemengen bei thermodynamischen Prozessen

Thermodynamische Prozesse (Zustandsänderungen) sind mit dem Austausch von Wärme zwischen dem betrachteten System und seiner Umgebung verbunden (außer beim adiabatischen Prozeß, siehe 8.7). Hier sollen Wärmemengen betrachtet werden, die zur Änderung der Temperatur eines betrachteten Systems notwendig sind (Wärmekapazitäten), oder zur Änderung des Aggregatzustandes oder auch des kristallinen Ordnungszustandes bei Festkörpern (Umwandlungswärmen oder Umwandlungsenthalpien).

8.6.1 Spezifische und molare Wärmekapazitäten

Die zur Erhöhung der Temperatur eines Körpers zuzuführende Wärme Q ist proportional zu seiner Masse m und zu der zu erzielenden Temperaturdifferenz ΔT:

$$Q = c\,m\,\Delta T \quad \text{bzw.} \quad \delta Q = c\,m\,\mathrm{d}T\,. \tag{8.6-1}$$

Hierin ist c die *spezifische Wärmekapazität*

$$c = \frac{1}{m}\frac{\delta Q}{\mathrm{d}T}\,. \tag{8.6-2}$$

SI-Einheit: $[c] = \mathrm{J\,K^{-1}\,kg^{-1}}$.

Die bis 1977 für die Wärmemenge zugelassene Einheit Kalorie (cal) war dadurch definiert, daß für Wasser von $\vartheta = 15^\circ\,\mathrm{C}$ die spezifische Wärmekapazität $c = 1\ \mathrm{cal\,g^{-1}\,K^{-1}} = 1\ \mathrm{kcal\,kg^{-1}K^{-1}}$ gesetzt wurde. Umrechnung siehe 8.5-9. Die auf das Mol einer Substanz bezogene Wärmekapazität ist die *molare Wärmekapazität*

$$C_\mathrm{m} = \frac{1}{\nu}\frac{\delta Q}{\mathrm{d}T}\,. \tag{8.6-3}$$

SI-Einheit: $[C] = \mathrm{J\,K^{-1}mol^{-1}}$.

Der Zusammenhang zwischen beiden Wärmekapazitäten ergibt sich aus (8.6-2) und (8.6-3) zu

$$C_\mathrm{m} = \frac{m}{\nu}c\,. \tag{8.6-4}$$

Wärmemischung: Werden zwei Körper von verschiedener Temperatur in Berührung gebracht, so erfolgt ein Wärmeaustausch, wobei die Temperaturdifferenz verschwindet und sich eine gemeinsame Mischungstemperatur T_m einstellt. Für die abgegebene bzw. aufgenommene Wärmemenge gilt die *Richmannsche Mischungsregel*

$$\boxed{c_1\,m_1(T_1 - T_\mathrm{m}) = c_2\,m_2(T_\mathrm{m} - T_2)}\,, \tag{8.6-5}$$

bzw. für n Körper

$$\sum_{i=1}^{n} c_i m_i T_i = T_m \sum_{i=1}^{n} c_i m_i \,. \tag{8.6-6}$$

Diese Mischungsregeln können zur Bestimmung unbekannter spezifischer Wärmekapazitäten von Körpern mit Hilfe von Kalorimetern angewendet werden. Als zweite Substanz von bekannter spezifischer Wärmekapazität wird meist Wasser verwendet.

Bei Festkörpern und Flüssigkeiten sind die spezifischen und molaren Wärmekapazitäten (Tab. 8-6) nur wenig von den Zustandsgrößen Volumen, Druck und Temperatur abhängig. Allgemein gilt das nicht, da nach dem 1. Hauptsatz (8.5-12) die für eine bestimmte Temperaturerhöhung erforderliche Wärmemenge von der Prozeßführung abhängt:

$$\frac{\delta Q}{\mathrm{d}T} = \frac{\mathrm{d}U}{\mathrm{d}T} - \frac{\delta W}{\mathrm{d}T} \,. \tag{8.6-7}$$

Der Wert von $\delta Q/\mathrm{d}T$ bzw. von c und C_m ((8.6-2) und (8.6-3)) hängt also davon ab, ob bei der Erwärmung Arbeit nach außen abgegeben wird, z.B. durch Volumenausdehnung (Volumenarbeit 8.5-1). Bei Festkörpern und Flüssigkeiten ist diese gering.

Molare Wärmekapazitäten von Gasen:
Die Erwärmung eines Gases bei konstantem Volumen (isochorer Prozeß, siehe 8.7) erfolgt wegen $\mathrm{d}V = 0$ ohne Volumenarbeit, sodaß der 1. Hauptsatz (8.5-12) sich zu $\delta Q = \mathrm{d}U$ reduziert. Aus 8.6-3 folgt daher für die molare Wärmekapazität bei konstantem Volumen

$$C_{mV} = \frac{1}{\nu}\left(\frac{\delta Q}{\mathrm{d}T}\right)_V = \frac{1}{\nu}\frac{\mathrm{d}U}{\mathrm{d}T} \,. \tag{8.6-8}$$

Mit (8.3-5) folgt daraus bei f angeregten Freiheitsgraden

$$\boxed{C_{mV} = f\,\frac{R}{2}} \,. \tag{8.6-9}$$

Nach Tab. 8-3 sind für einatomige Gase $f = 3$ Freiheitsgrade der Translation angeregt, d.h. $C_{mV} = 3R/2 \approx 3\ \mathrm{kcal\,K^{-1}\,kmol^{-1}}$. Für zweiatomige Gase sind bei Zimmertemperatur zwei Freiheitsgrade der Rotation zusätzlich angeregt, sodaß hier $f = 5$ und $C_{mV} = 5R/2 \approx 5\ \mathrm{kcal\,K^{-1}\,kmol^{-1}}$ (vgl. Tab. 8-7). Bei Wasserstoff (H_2) als Beispiel werden die Rotationsfreiheitsgrade nach (8.3-8) oberhalb $T_{rot} \approx 163$ K angeregt, die beiden Schwingungsfreiheitsgrade nach (8.3-11) erst oberhalb $T_{vib} \approx 3500$ K. Daraus ergibt sich der Verlauf der molaren Wärmekapazität mit der Temperatur in Bild 8-18.

Die Erwärmung eines Gases bei konstantem Druck (isobarer Prozeß, siehe 8.5) erfolgt nach dem idealen Gasgesetz (8.2-11) mit einer Volumenvergrößerung $\mathrm{d}V = \nu R\,\mathrm{d}T/p$, es wird also eine Volumenarbeit $-\mathrm{d}W = p\,\mathrm{d}V = \nu R\,\mathrm{d}T$ verrichtet, die durch erhöhte Wärmezufuhr aufgebracht werden muß. Der

Tabelle 8-6: Spezifische und molare Wärmekapazitäten fester und flüssiger Stoffe bei 20° C.

Stoff		spezifische Wärmekapazität		molare Wärmekapazität	
		$kJK^{-1}kg^{-1}$	$kcalK^{-1}kg^{-1}$	$kJK^{-1}mol^{-1}$	$kcalK^{-1}mol^{-1}$
Feste Stoffe:					
Aluminium	Al	0,896	0,214	24,2	5,77
Beryllium	Be	1,59	0,38	14,3	3,4
Beton		0,84	0,20		
Blei	Pb	0,129	0,0308	26,7	6,38
Diamant	C	0,502	0,120	6,03	1,44
Graphit	C	0,708	0,169	8,50	2,03
Eis (0°C)	H_2O	2,1	0,50	37,7	9,01
Eisen	Fe	0,452	0,108	25,3	6,03
Fette		2	0,5		
Glas, Flint-		0,481	0,115		
Glas, Kron-		0,666	0,159		
Gold	Au	0,129	0,0308	25,4	6,07
Grauguß		0,540	0,129		
Kupfer	Cu	0,383	0,0915	24,3	5,81
Marmor		0,80	0,19		
Messing		0,385	0,092		
Natriumchlorid	NaCl	0,867	0,207	50,7	12,10
Nickel	Ni	0,448	0,107	26,3	6,28
Platin	Pt	0,133	0,0318	26,0	6,20
Sand (trocken)		0,84	0,20		
Schwefel	S	0,73	0,17	22,8	5,45
Silber	Ag	0,235	0,0561	25,3	6,05
Silizium	Si	0,703	0,168	19,0	4,53
Stahl (V2A)		0,50	0,12		
Teflon		1,0	0,24		
Wolfram	W	0,134	0,0320	24,6	5,88
Zink	Zn	0,385	0,0920	25,2	6,01
Zinn	Sn	0,227	0,0542	26,9	6,43
Flüssigkeiten:					
Äthylalkohol		2,43	0,580		
Azeton		2,16	0,516		
Benzol	C_6H_6	1,725	0,412	134,7	32,2
Brom	Br	0,46	0,11	36,8	8,79
Glyzerin		2,93	0,571		
Methylalkohol	CH_3OH	2,495	0,596	80,0	19,1
Nitrobenzol		1,47	0,35		
Olivenöl		1,97	0,47		
Petroleum		2,14	0,51		
Quecksilber	Hg	0,139	0,033	27,7	6,62
Silikonöl		1,45	0,346		
Terpentinöl		1,80	0,43		
Tetrachlorkohlenstoff		0,861	0,21		
Toluol		1,687	0,403		
Trichloräthylen		0,96	0,23		
Wasser	H_2O	4,182	0,999	75,3	18,0

1. Hauptsatz (8.5-12) lautet damit

$$dQ = dU + \nu R dT \quad \text{für} \quad p = \text{const} . \tag{8.6-10}$$

Aus (8.6-3) folgt dann mit (8.6-8) die molare Wärmekapazität bei konstantem Druck

$$C_{mp} = \frac{1}{\nu}\left(\frac{\delta Q}{dT}\right)_p = C_{mV} + R , \tag{8.6-11}$$

und

$$\boxed{C_{mp} - C_{mV} = R} . \tag{8.6-12}$$

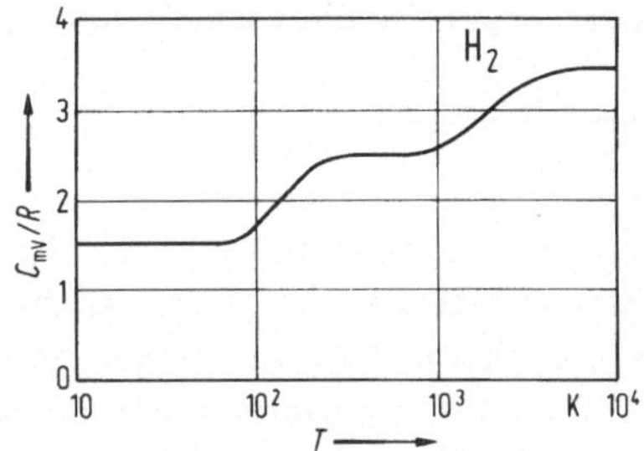

Bild 8-18: Temperaturabhängigkeit der molaren Wärmekapazität C_{mV} von Wasserstoff.

Mit (8.6-9) ergibt sich für f angeregte Freiheitsgrade

$$\boxed{C_{mp} = (f+2)\frac{R}{2}} \; . \tag{8.6-13}$$

Für einatomige Gase ($f=3$) ist demnach $C_{mp} = 5R/2 \approx 5\,\text{kcal}\,\text{K}^{-1}\,\text{kmol}^{-1}$ und für zweiatomige Gase ($f=5$) $C_{mp} = 7R/2 \approx 7\,\text{kcal}\,\text{K}^{-1}\,\text{kmol}^{-1}$ (vgl. Tab. 8-7). Das Verhältnis C_{mp}/C_{mV} wird Isentropen- oder *Adiabatenexponent* genannt (vgl. 8.7):

$$\frac{C_{mp}}{C_{mV}} = \varkappa \; . \tag{8.6-14}$$

Tabelle 8-7: Molare Wärmekapazitäten und Adiabatenexponenten von Gasen.

Gas	C_{mp}		C_{mV}		C_{mp}/C_{mV}	$C_{mp} - C_{mV}$	
	$\frac{\text{kJ}}{\text{K kmol}}$	$\frac{\text{kcal}}{\text{K kmol}}$	$\frac{\text{kJ}}{\text{K kmol}}$	$\frac{\text{kcal}}{\text{K kmol}}$		$\frac{\text{kJ}}{\text{K kmol}}$	$\frac{\text{kcal}}{\text{K kmol}}$
Ar	20,9	4,99	12,7	3,04	1,65	8,2	1,95
He	20,9	5,00	12,7	3,04	1,63	8,2	1,96
Ne	20,8	4,96	12,7	3,03	1,64	8,1	1,93
Xe	20,9	4,99	12,6	3,02	1,67	8,3	1,97
Cl_2	52,8	12,62	39,2	9,36	1,35	13,6	3,26
CO	29,2	6,97	20,9	4,99	1,40	8,3	1,98
O_2	29,3	7,01	21,0	5,02	1,40	8,3	1,99
N_2	29,1	6,93	20,8	4,96	1,40	8,3	1,97
H_2	28,9	6,89	20,5	4,90	1,41	8,4	1,99
CO_2	36,9	8,80	28,6	6,82	1,29	8,3	1,98
NH_3	34,9	8,35	26,6	6,35	1,32	8,3	2,00
CH_4	35,6	8,50	27,2	6,50	1,31	8,4	2,00
O_3	38,2	9,12	27,3	6,53	1,40	10,9	2,59
SO_2	41,0	9,80	32,2	7,69	1,27	8,8	2,11

Molare Wärmekapazitäten von Festkörpern:

Bei Festkörpern kann sich die Temperaturbewegung nicht als Translations- oder Rotationsbewegung, sondern nur in Form von Schwingungen der gebundenen Atome äußern. Nach 8.3 (Tab. 8-3) ergeben sich für die drei linear unabhängigen Schwingungsrichtungen $f = 6$ Schwingungsfreiheitsgrade. Da sich Festkörper bei Erwärmung nur wenig ausdehnen, gilt ferner $C_{mp} \approx C_{mV} = C_m$. Aus (8.6-9) folgt daher für die molare Wärmekapazität einatomiger Festkörper (Atomwärme) die experimentell gefundene Regel von *Dulong-Petit*

$$\boxed{C_m \approx 3R = 24{,}94\ \mathrm{J\,K^{-1}mol^{-1}} \approx 6\ \mathrm{cal\,K^{-1}mol^{-1}}}, \qquad (8.6\text{-}15)$$

die für viele Festkörper gut erfüllt ist (Tab. 8-6). Abweichungen zeigen sich vor allem bei sehr harten Festkörpern (z.B. Be, Diamant, Si), bei denen die Schwingungsfrequenzen sehr hoch sind und daher nach (8.3-11) die Schwingungsfreiheitsgrade bei Zimmertemperatur noch nicht voll angeregt sind. Dies wird durch Messungen der Temperaturabhängigkeit der molaren Wärmekapazität C_m bestätigt (Bild 8-19).

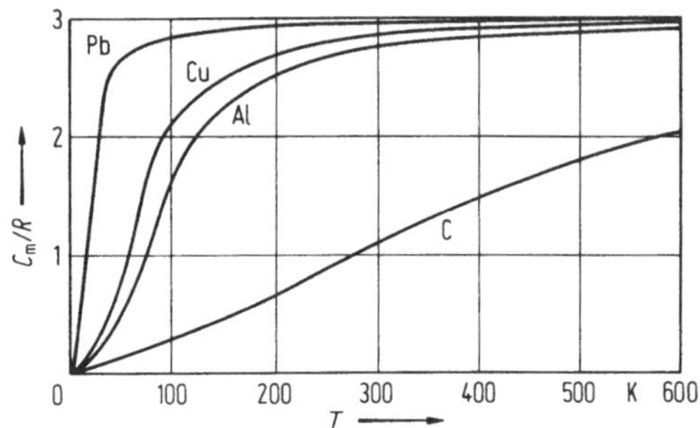

Bild 8-19: Temperaturabhängigkeit der molaren Wärmekapazität von Festkörpern.

8.6.2 Phasenumwandlungswärmen

Hierunter seien die Wärmemengen, genauer die Enthalpien (siehe 8.4) verstanden, die bei den sogenannten Phasenübergängen 1. Art auftreten, z.B. bei den Aggregatzustandsänderungen fest ↔ flüssig (Schmelzen/Erstarren), flüssig ↔ gasförmig (Verdampfen/Kondensieren) und fest ↔ gasförmig (Sublimieren), aber auch bei z.B. bei Änderungen der Kristallstruktur im festen Zustand (Strukturumwandlung). Bei diesen Phasenumwandlungen findet der Wärmeaustausch ohne Temperaturänderung statt, bis die Umwandlung vollständig ist. Beim Schmelzen und Verdampfen muß Arbeit gegen die anziehenden Bindungskräfte geleistet werden, sowie wegen der Volumenausdehnung (vor allem beim Verdampfen) außerdem Volumenarbeit gegen den äußeren Druck. Bei $\mathrm{d}T=0$ muß daher Energie je Kilogramm in Form von *Schmelzenthalpie* ΔH_{sl} bzw. *Verdampfungsenthalpie* ΔH_{lg} zugeführt werden. Die Verdampfungs- bzw. Schmelzenthalpien werden beim Kondensieren bzw. Erstarren wieder frei. Da die Volumenarbeit vom äußeren Druck abhängt, ist vor allem die Verdampfungsenthalpie etwas vom äußeren Druck abhängig. Einige Schmelz- und Verdampfungsenthalpien sind in Tab. 8-8 wiedergegeben.

Beim Erwärmen einer definierten Stoffmenge ausgehend vom festen Zustand steigt dessen Temperatur entsprechend der zugeführten Wärmemenge

Tabelle 8-8: Schmelz- und Siedetemperaturen sowie Schmelz- und Verdampfungsenthalpien einiger Stoffe.

Stoff	ϑ_{sl}	ΔH_{sl}		ϑ_{lg} *	ΔH_{lg} *	
	°C	$kJ\,kg^{-1}$	$kcal\,kg^{-1}$	°C	$kJ\,kg^{-1}$	$kcal\,kg^{-1}$
Al	660	397	94,8	2 450	10 900	2 600
NH_3	-77,7			-33,4	1 370	327
Ar	-189			-186	163	38,9
C_2H_5OH	-114	108	25,8	78,3	840	201
C_6H_6	5,5	128	30,6	80,1	394	94,1
Be	1 278	1 390	332	2 965	32 600	7 790
Pb	327	23,0	5,49	1 750	8 600	2 054
Br	-7,2	67,8	16,2	58,8	183	43,7
Cl	-101			-34,1	290	69,3
Diamant	3 500**					
Graphit	3 650***			4 350		
Fe	1 535	277	66,2	2 730	6 340	1 514
F	-220			-188	172	41,0
Ga	29,8	80,8	19,3	2 230	3 640	869
Ge	959	410	97,9	2 830	4 600	1 099
Au	1 063	65,7	15,7	2 677	1 650	394
He				-269	20,6	4,92
In	156	28,5	6,81	2 050	1 970	471
Ir	2 450	117	27,9	4 350	3 900	931
J	114	124	29,6	183	172	41,1
K	63,3	59,6	14,2	775	1 980	473
Ca	850	216	51,6	1 487	3 750	896
CO_2	-56,6			-78,5	136,8	32,7
CO	-205			-192	216	51,6
Kr	-157			-153	108	25,8
Cu	1 083	205	49,0	2 590	4 790	1 140
Mg	650	368	87,9	1 110	5 420	1 290
CH_4	-183			-162	510	122
CH_3OH	-97,7	92	22	64,6	1 100	263
Na	97,8	113	27,0	883	390	93,1
NaCl	801	500	119	1 465	2 900	693
Ne	-249			-246	91,2	21,8
Ni	1 458	303	72,4	3 177	6 480	1 550
O_3	-251			-113	316	75,5
Pt	1 770	111	26,5	4 000	2 290	547
Hg	-38,9	11,8	2,82	356,6	285	68,0
O_2	-219			-183	213	50,9
CS_2	-112	57,8	13,8	46,3	352	84,1
H_2S	-85,7			-60,2	548	131
Ag	961	105	25,0	1 950	2 350	561
Si	1 420	164	39,2	2 630	14 050	3 360
N_2	-210			-196	198	47,3
H_2O	0	334	79,7	100	2 256	538,9
H_2	-259			-253	454	108
Bi	271	52,2	12,5	1 560	725	173
W	3 380	192	45,9	5 500	4 350	1 040
Woodsches Metall	71,7					
Xe	-112			-108	99,2	23,7
Zn	420	111	26,5	907	1 755	419
Sn	232	59,6	14,2	2 430	2 450	585

* bei $p = 101{,}3$ kPa (= 760 Torr)
** Zersetzungstemperatur
*** Sublimationstemperatur

nach Maßgabe der spezifischen Wärmekapazität (Bild 8-20). Die Schmelz- und die Siedetemperatur machen sich dabei als sogenannte Haltepunkte bemerkbar, bei denen die kontinuierlich zugeführte Wärme zunächst zur Phasenumwandlung dient, und erst nach vollständiger Umwandlung die Temperatur weiter erhöht (Bild 8-20). Das Beobachten von Haltepunkten bei

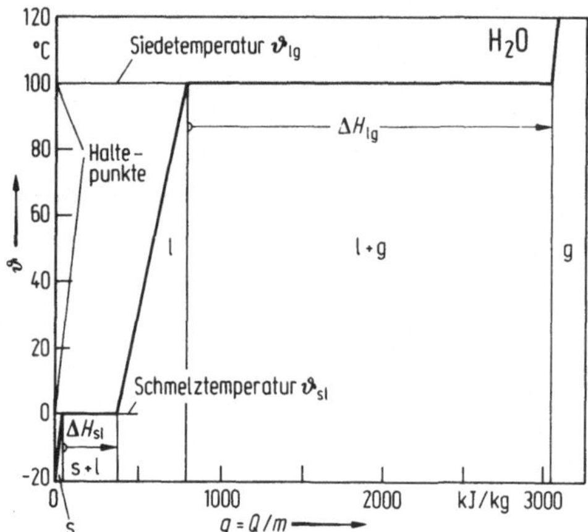

Bild 8-20: Erwärmungsverlauf für 1 kg H_2O: Haltepunkte bei der Schmelz- und bei der Siedetemperatur. s: fester, l: flüssiger, und g: gasförmiger Zustand.

Erwärmungsvorgängen wird daher zur experimentellen Bestimmung von Schmelztemperaturen benutzt, aber auch zur Entdeckung anderer Phasenumwandlungen wie etwa Kristallstrukturänderungen.

8.7 Zustandsänderungen bei idealen Gasen

Der Zustand eines idealen Gases ist eindeutig durch die drei *Zustandsgrößen* Druck p, Volumen V und Temperatur T bestimmt. Davon sind zwei unabhängig wählbar, die dritte ergibt sich dann aus der *Zustandsgleichung* $f(p,V,T) = 0$. Im Falle des idealen Gases ist dies die allgemeine Gasgleichung (8.2-11). Die einem Gas zugeführte Wärme Q oder Arbeit W sind in diesem Sinne keine Zustandsgrößen (sondern sog. Prozeßgrößen), wohl aber die innere Energie $U = U(T)$, vgl. (8.2-15), und die Enthalpie $H = U + pV$, die beim idealen Gas wegen $pV = \nu RT$ ebenfalls allein eine Funktion der Temperatur ist. Der Zustand eines thermodynamischen Systems heißt stationär, wenn er sich nicht mit der Zeit ändert. Ein stationärer Zustand wird Gleichgewichtszustand genannt, wenn er ohne äußere Eingriffe besteht.

Jede thermodynamische Zustandsänderung wird *Prozeß* genannt. Als *Kreisprozeß* wird eine Zustandsänderung eines thermodynamischen Systems bezeichnet, in deren Verlauf das System wieder seinen Anfangszustand erreicht. Bei Zustandsänderungen, z.B. Volumenänderungen (Kompression, Expansion), muß grundsätzlich zwischen zwei Arten der Prozeßführung unterschieden werden, die bei Vielteilchensystemen möglich sind:

Reversible Zustandsänderungen: Prozesse, die sehr langsam, in infinitesimal kleinen Schritten durchgeführt werden, so daß das System jeweils nur sehr wenig aus dem statistischen Gleichgewicht gebracht wird. Im Grenzfall ist also jeder Zwischenzustand zwischen zwei betrachteten Endzuständen ein Gleichgewichtszustand. Nach Umkehrung des Prozesses und Wiedererreichung des Ausgangszustandes oder nach Ablauf eines Kreisprozesses sind keine Änderungen im System oder in seiner Umgebung zurückgeblieben. (Dieses Verhalten entspricht dem von Bewegungsvorgängen von Einzelteilchen in konservativen Kraftfeldern, vgl. 4.2 und 4.3, z. B. läßt sich kinetische Energie vollständig in potentielle Energie rückverwandeln und umgekehrt.)

Irreversible Zustandsänderungen sind demnach solche, bei denen das thermodynamische System nicht in den Ausgangszustand zurückkehren kann, ohne daß in der Umgebung Änderungen eingetreten sind. Reale Prozesse spielen sich mit endlicher Geschwindigkeit ab. Sie sind daher nicht im Gleichgewicht und wegen immer stattfindender Ausgleichsvorgänge irreversibel. Im folgenden werden nur reversible (also idealisierte) Zustandsänderungen betrachtet.

Prozesse, bei deren Verlauf eine der Zustandsgrößen konstant bleibt, heißen
- bei konstantem Volumen V: *isochore* Prozesse
- bei konstantem Druck p: *isobare* Prozesse
- bei konstanter Temperatur T: *isotherme* Prozesse
- bei konstanter Entropie S: *isentropische* Prozesse
- bei konstanter Enthalpie H: *isenthalpische* Prozesse

Prozesse, bei denen das System keine Wärme mit der Umgebung austauscht, werden *adiabatische* Prozesse genannt.

Es werden diejenigen Zustandsänderungen von 1 mol eines idealen Gases betrachtet, die für die in 8.8 zu behandelnden Kreisprozesse wichtig sind. Dabei interessieren die jeweils umgesetzten Energien (Wärme Q, Arbeit W, Änderung der inneren Energie ΔU), die sich aus dem 1. Hauptsatz der Thermodynamik (8.5-11 oder -12) ergeben.

Isochore Zustandsänderung:
Bei konstantem Volumen V wird keine Volumenarbeit geleistet, demnach ist $W = 0$. Der 1. Hauptsatz ergibt dann in Verbindung mit (8.6-8)

$$\Delta U = Q = C_{\mathrm{mV}}\, \Delta T = C_{\mathrm{mV}}\,(T_2 - T_1)\,. \tag{8.7-1}$$

Die zugeführte Wärme Q wird vollständig in innere Energie überführt, die um ΔU erhöht wird (Temperaturzunahme um ΔT). Die Zustandsfunktion für die isochore Zustandsänderung folgt aus der Zustandsgleichung des idealen Gases (8.2-11) für $V_{\mathrm{m}} = \mathrm{const}$:

$$\frac{p}{T} = c_{\mathrm{ic}} \quad \text{mit} \quad c_{\mathrm{ic}} = \mathrm{const} = \frac{R}{V_{\mathrm{m}}}\,. \tag{8.7-2}$$

Isotherme Zustandsänderung:
Bei konstanter Temperatur bleibt nach (8.2-15) die innere Energie konstant, also $\Delta U = 0$. Dann folgt aus dem 1. Hauptsatz

$$Q = -\,W\,. \tag{8.7-3}$$

Die zugeführte Wärme wird vollständig in abgegebene Arbeit umgewandelt und umgekehrt. Die Zustandsfunktion für die isotherme Zustandsänderung folgt aus der Zustandsgleichung des idealen Gases (8.2-11) für T=const:

$$pV_m = c_{it} \quad \text{mit} \quad c_{it} = \text{const} = RT \,. \tag{8.7-4}$$

Bei einer isothermen Expansion eines idealen Gases muß die nach außen abgegebene Volumenarbeit $-W_{12}$ (vgl. 8.5.1) durch Zufuhr von Wärme aus einem Wärmereservoir der Temperatur T ausgeglichen werden, damit die Temperatur des Gases konstant gehalten werden kann (Bild 8-21). Nach (8.5-5) betragen die umgesetzten Energien

$$-W_{12} = Q_{12} = RT \ln\frac{V_2}{V_1} = RT \ln\frac{p_1}{p_2} \,. \tag{8.7-5}$$

Der für diesen Prozeß zu definierende Wirkungsgrad ist $\eta \equiv -W_{12}/Q_{12} = 1$.

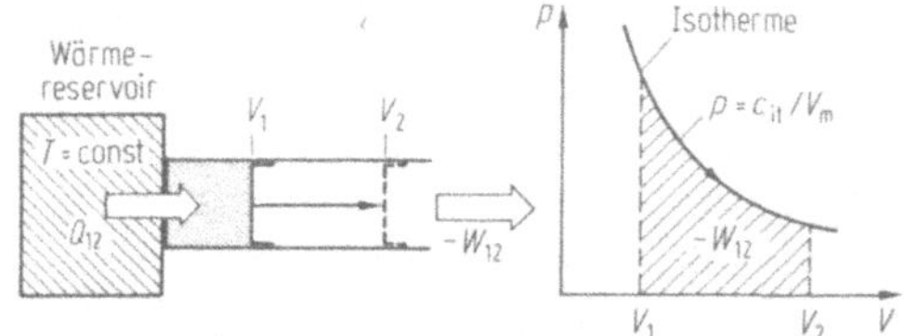

Bild 8-21: Isotherme Expansion eines Gases.

Adiabatische Zustandsänderung:
Bei einem adiabatischen Prozeß wird der Wärmeaustausch zwischen Arbeitsgas und Umgebung unterbunden, d.h. $Q=0$ bzw. $\delta Q=0$, z.B. durch Wärmeisolation des Arbeitszylinders und -kolbens (Bild 8-22). Der 1. Hauptsatz lautet dann

$$\Delta U = W \quad \text{bzw.} \quad \mathrm{d}U = \mathrm{d}W = -p\mathrm{d}V \,. \tag{8.7-6}$$

Mit (8.6-8) folgt weiter (vgl. 8.5-7)

$$-W_{12} = -\Delta U = -C_{mV}\,\Delta T = C_{mV}(T_1 - T_2)$$
bzw. (8.7-7)
$$\mathrm{d}U = C_{mV}\,\mathrm{d}T = -p\mathrm{d}V \,.$$

Arbeit kann wegen der Unterbindung des Wärmeaustausches nur unter entsprechender Verringerung der inneren Energie nach außen abgegeben werden, wobei die Temperatur abnimmt. Der hierfür zu definierende Wirkungsgrad ist $\eta \equiv -W_{12}/(-\Delta U) = 1$.
Die Zustandsfunktion für die adiabatische Zustandsänderung ergibt sich mit Hilfe der Zustandsgleichung des idealen Gases (8.2-11) durch Integration von (8.7-7) zu

$$\boxed{TV^{\varkappa-1} = c_{ad,1} \,, \quad T^{\varkappa}p^{1-\varkappa} = c_{ad,2} \,, \quad pV^{\varkappa} = c_{ad,3}} \,. \tag{8.7-8}$$

Tabelle 8-9: Zustandsänderungen idealer Gase (1 mol).

Prozeß	Zustandsfunktion	abgegeb. Arbeit	zugef. Wärme	innere Energie
isochor $V = \text{const}$ 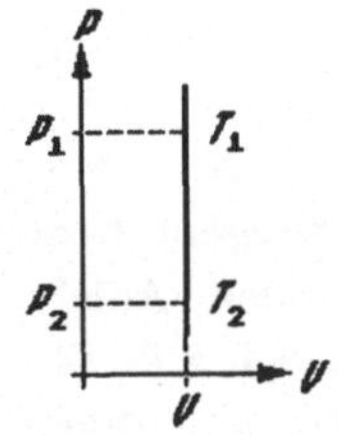	$\frac{p}{T} = c_{ic}$	$-\delta W = 0$ $-W_{12} = 0$	$\delta Q = C_{mV}\, dT$ $Q_{12} = C_{mV}(T_2 - T_1)$	$dU = C_{mV}\, dT$
isobar $p = \text{const}$ 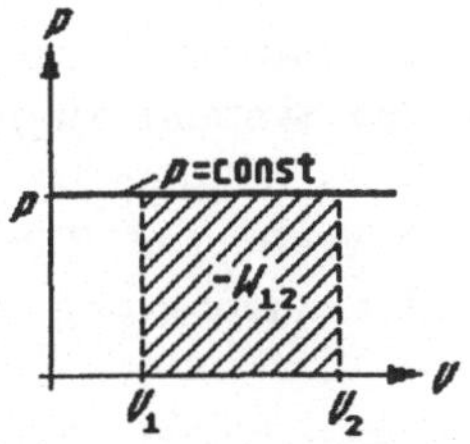	$\frac{V}{T} = c_{ib}$	$-\delta W = p\, dV$ $-W_{12} = p(V_2 - V_1)$	$\delta Q = C_{mp}\, dT$ $Q_{12} = C_{mp}(T_2 - T_1)$	$dU = C_{mV}\, dT$
isotherm $T = \text{const}$ 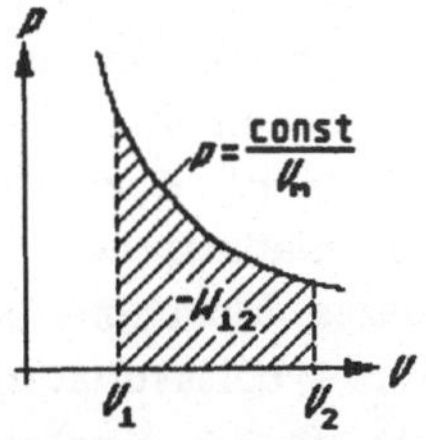	$pV = c_{it}$	$-\delta W = p\, dV$ $-W_{12} = RT \ln \frac{V_2}{V_1}$ $= RT \ln \frac{p_1}{p_2}$	$\delta Q = -\delta W = p\, dV$ $Q_{12} = -W_{12}$	$dU = 0$
adiabatisch $\delta Q = 0$ 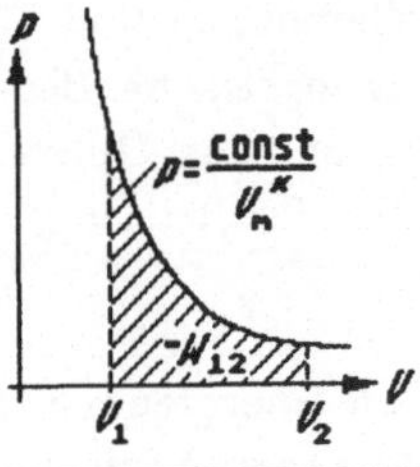	$TV^{\varkappa-1} = c_{ad,1}$ $T^{\varkappa} p^{1-\varkappa} = c_{ad,2}$ $pV^{\varkappa} = c_{ad,3}$	$-\delta W = -dU$ $= p\, dV$ $= -C_{mV}\, dT$ $-W_{12} = C_{mV}(T_1 - T_2)$	$\delta Q = 0$ $Q_{12} = 0$	$dU = \delta W$ $= C_{mV}\, dT$

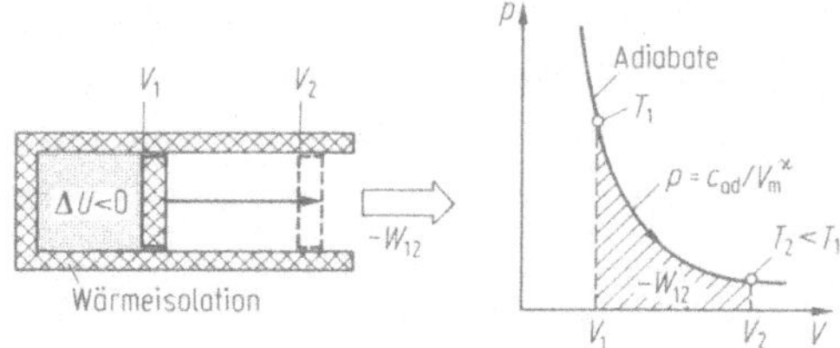

Bild 8-22: Adiabatische Expansion eines Gases.

In diesen ***Adiabatengleichungen*** (auch: ***Poissonsche Gleichungen***) bedeuten die $c_{ad,i}$ Konstanten und $\varkappa = C_{mp}/C_{mV}$ den Isentropen- oder Adiabatenexponenten (vgl. 8.6-14). $\varkappa$ ist wegen (8.6-11) stets größer als 1, z.B. für einatomige Gase 1,67, für zweiatomige Gase 1,40, vgl. 8.6.1. Im p-V-Diagramm verlaufen Adiabaten $p(V)_{ad}$ daher steiler als Isothermen $p(V)_{it}$, vgl. Bild 8-16.

Adiabatische Zustandsänderungen treten typisch bei Vorgängen auf, die einerseits so schnell verlaufen, daß kein Wärmeausgleich mit der Umgebung möglich ist, andererseits so langsam, daß innerhalb des Systems zu jedem Zeitpunkt die Einstellung des thermischen Gleichgewichts möglich ist. Beispiele: Schallausbreitung (adiabatische Kompression), Dieselmotor (Zündung durch adiabatische Kompression), Detonation (Explosionsausbreitung durch Stoßwelle mit adiabatischer Kompression).

8.8 Kreisprozesse

Zur kontinuierlichen Umwandlung von Wärmeenergie in mechanische Arbeit sind periodisch arbeitende Maschinen notwendig, in denen Kreisprozesse (siehe Definition in 8.7) ablaufen. Beim ***Kreisprozeß nach Carnot*** (1824) werden vier verschiedene, abwechselnd isotherme und adiabatische Prozesse hintereinandergeschaltet (Bild 8-23). Die dazu benutzte Maschine besteht aus einem Zylinder mit Kolben gemäß Bild 8-21, der als Arbeitssubstanz eine konstante Menge (z.B. 1 mol) idealen Gases enthält. Durch Kontakt mit Wärmereservoirs sehr großer Wärmekapazität mit den Temperaturen T_1 und $T_2 < T_1$ kann das Arbeitsgas isotherm auf T_1 oder T_2 gehalten werden (Bild 8-23b).
Der Carnot-Prozeß ist ein idealisierter Kreisprozeß, der reversibel geführt wird (vgl. 8.7) und demzufolge auch umkehrbar ist. Reibungs- und Wärmeleitungsverluste werden vernachlässigt. Er hat nur theoretische Bedeutung zur Berechnung des bestmöglichen Wirkungsgrades η bei der Umwandlung von Wärme in mechanische Arbeit. Eine technische Realisierung dieses Kreisprozesses existiert nicht.

Nach 8.7 ergeben sich die in Tabelle 8-10 angegebenen Energieumsetzungen bei den Einzelprozessen der Carnotmaschine. Die Volumenarbeiten der adia-

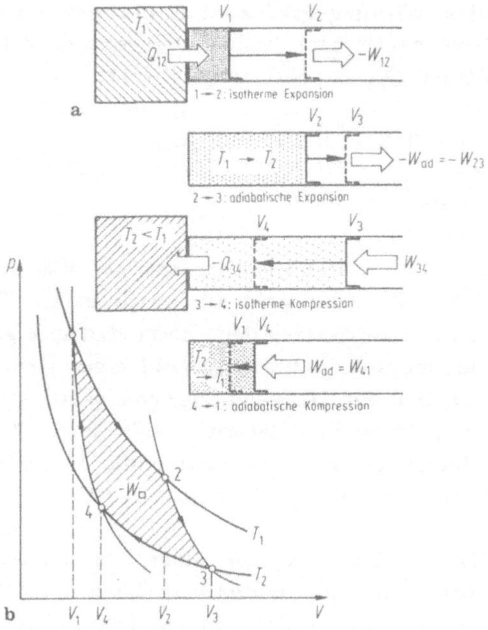

Bild 8-23: Der Carnot-Prozeß.

batischen Teilprozesse heben sich gegenseitig auf. Aus der Anwendung von (8.7-8) auf die beiden Adiabaten in Bild 8-23 ergibt sich $V_2/V_1 = V_3/V_4$. Damit folgt als resultierende, nach außen abgegebene Arbeit $-W_\kappa$ des Carnot-Prozesses aus der Summe der Teilarbeiten (Tab. 8-10)

$$-W_\kappa = -W_{12} - W_{34} = R(T_1 - T_2)\ln\frac{V_2}{V_1}\,. \tag{8.8-1}$$

Ferner wird während der isothermen Expansion eine Wärmemenge Q_{12} bei der Temperatur T_1 aufgenommen und eine Wärmemenge $-Q_{34}$ bei der niedrigeren Temperatur T_2 abgegeben:

$$Q_{12} = RT_1\ln\frac{V_2}{V_1}\,, \qquad -Q_{34} = RT_2\ln\frac{V_2}{V_1}\,. \tag{8.8-2}$$

Tabelle 8-10: Energieumsetzungen beim Carnot-Prozeß.

Teilprozeß	$i \to j$	T	V	$-W_{ij}$	Q_{ij}
isotherme Expansion	$1 \to 2$	T_1	$V_1 \to V_2$	$RT_1\ln\frac{V_2}{V_1}$	$RT_1\ln\frac{V_2}{V_1}$
adiabat. Expansion	$2 \to 3$	$T_1 \to T_2$	$V_2 \to V_3$	$C_{mV}(T_1 - T_2)$	0
isoth. Kompression	$3 \to 4$	T_2	$V_3 \to V_4$	$-RT_2\ln\frac{V_3}{V_4}$	$-RT_2\ln\frac{V_3}{V_4}$
adiabat. Kompression	$4 \to 1$	$T_2 \to T_1$	$V_4 \to V_1$	$-C_{mV}(T_1 - T_2)$	0

Zur Berechnung des Wirkungsgrades muß die gewonnene (d.h. von der Maschine beim Kreisprozeß nach außen abgegebene) Arbeit $-W_*$ nur zur aufgewendeten Wärme Q_{12} in Beziehung gesetzt werden, da die bei der Temperatur T_2 freiwerdende Wärme $-Q_{34}$ für den Carnot-Prozeß nicht mehr nutzbar ist. Aus (8.8-1) und (8.8-2) folgt

$$\boxed{\eta \equiv \frac{-W_*}{Q_{12}} = \frac{T_1 - T_2}{T_1}} \; . \tag{8.8-3}$$

Der Wirkungsgrad des Carnot-Kreisprozesses als Wärmekraftmaschine ist demnach immer kleiner als 1 und geht nur im Grenzfall $T_2 \to 0$ gegen 1. Wie später mit Hilfe des 2. Hauptsatzes der Thermodynamik gezeigt wird, stellt (8.8-3) den maximal möglichen Wirkungsgrad einer periodisch arbeitenden Wärmekraftmaschine bei der Umwandlung von Wärme in Arbeit dar. Im Gegensatz zu allen anderen Energieformen läßt sich Wärme infolge ihrer statistisch ungeordneten Natur nicht vollständig in andere Energieformen überführen (außer im theoretischen Grenzfall $T_2 \to 0$).

Die von den stofflichen Eigenschaften einer Thermometersubstanz unabhängige *thermodynamische Temperaturskala* kann mit Hilfe der Carnot-Maschine festgelegt werden. Läßt man zwischen zwei Wärmereservoirs der Temperaturen T_1 und T_2 einen Carnot-Prozeß ablaufen und bestimmt dessen Wirkungsgrad, so ergibt sich bei Festlegung eines Temperaturwertes, z.B. des Eispunktes des Wassers auf 273,15 K, aus dem gemessenen Wirkungsgrad mit (8.8-3) der zweite Temperaturwert.

Im Gegensatz zum Carnot-Kreisprozeß läßt sich der *Stirling-Kreisprozeß* technisch ausnutzen (Stirling-Motor). Beim Stirling-Prozeß werden die adiabatischen Teilprozesse durch isochore Prozesse ersetzt (Bild 8-24). Deren Gesamteffekt ist nach Tab. 8-11 zunächst die Überführung der Wärmemenge $-Q_{23} = Q_{41} = C_{mV}(T_1 - T_2)$ von T_1 nach T_2. Durch Zwischenspeicherung der bei der isochoren Abkühlung (2→3) freiwerdenden Wärme $-Q_{23}$ (z.B, im Verdrängerkolben, Bild 8-25) und Wiederverwendung bei der isochoren

Tabelle 8-11: Energieumsetzungen beim Stirling-Prozeß.

Teilprozeß	$i \to j$	T	V	$-W_{ij}$	Q_{ij}
isotherme Expansion	1→2	T_1	$V_1 \to V_2$	$RT_1 \ln \frac{V_2}{V_1}$	$RT_1 \ln \frac{V_2}{V_1}$
isochore Abkühlung	2→3	$T_1 \to T_2$	V_2	0	$-C_{mV}(T_1 - T_2)$
isoth. Kompression	3→4	T_2	$V_2 \to V_1$	$-RT_2 \ln \frac{V_2}{V_1}$	$-RT_2 \ln \frac{V_2}{V_1}$
isochore Erwärmung	4→1	$T_2 \to T_1$	V_1	0	$C_{mV}(T_1 - T_2)$

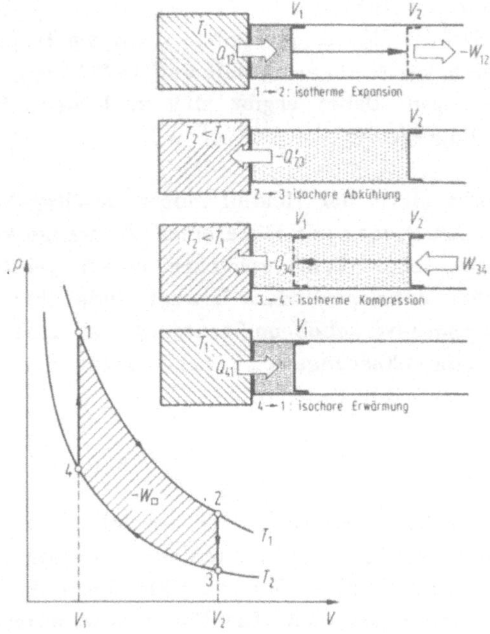

Bild 8-24: Der Stirling-Prozeß.

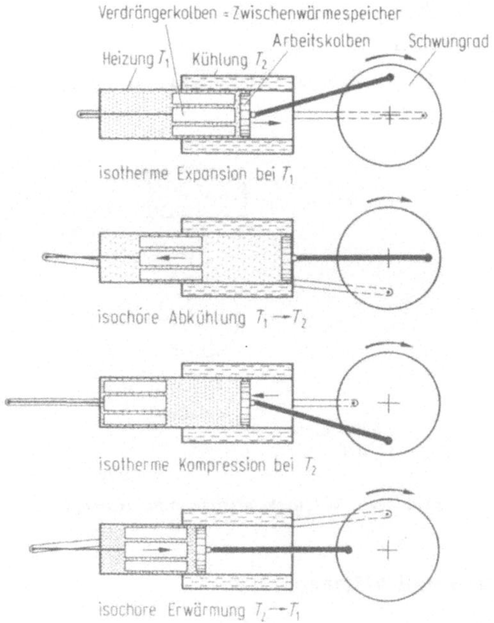

Bild 8-25: Die vier Arbeitsphasen des Stirling-Motors.

Erwärmung (4→1) durch Zufuhr von Q_{41} läßt sich jedoch dieser Verlust beliebig klein halten. Für die Bilanz verbleiben dann die isothermen Prozesse, für die sich dieselben Beziehungen (8.8-1) und (8.8-2) ergeben, wie für den originalen Carnot-Prozeß. Daher ergibt sich auch derselbe Wirkungsgrad (8.8-3) für den Stirling-Prozeß.

Eine technische Form stellt der Heißluftmotor (Stirling-Motor, Bild 8-25) dar. Dabei wird das Arbeitsgas mit Hilfe eines Verdrängerkolbens, der auch als Wärmezwischenspeicher dient, zwischen einem geheizten und einem gekühlten Bereich des Arbeitszylinders bewegt. Eine über das Schwungrad gekoppelte, um 90° phasenverschobene Steuerung von Arbeits- und Verdrängerkolben bewirkt eine näherungsweise Realisierung der Teilprozesse des Stirling-Prozesses gemäß Bild 8-24.

8.8.1 Wärmekraftmaschine

Kreisprozesse wie der Carnot-Prozeß oder der Stirling-Prozeß können als Wärmekraftmaschinen genutzt werden. Die dabei auftretenden Energieflüsse lassen sich in einem vereinfachten Schema (Bild 8-26) darstellen, aus dem sich der Wirkungsgrad ablesen läßt. Die Wärmekraftmaschine (im Schema: Kreis) arbeitet zwischen einem Wärmereservoir höherer Temperatur T_1 (Beispiel: Dampfkessel) und einem weiteren Wärmereservoir tieferer Temperatur T_2 (Beispiel: Kühlwasser), im Schema als Kästen dargestellt. Gemäß (8.8-1) bis (8.8-3) und mit $Q_{12} = Q_1$ beträgt der *Wirkungsgrad der Wärmekraftmaschine*

$$\boxed{\eta = \frac{-W_{\circ}}{Q_1} = \frac{T_1 - T_2}{T_1}}\,, \tag{8.8-4}$$

d.h. es ist stets $\eta < 1$! Der ideale Wirkungsgrad hängt allein von den Arbeitstemperaturen ab.

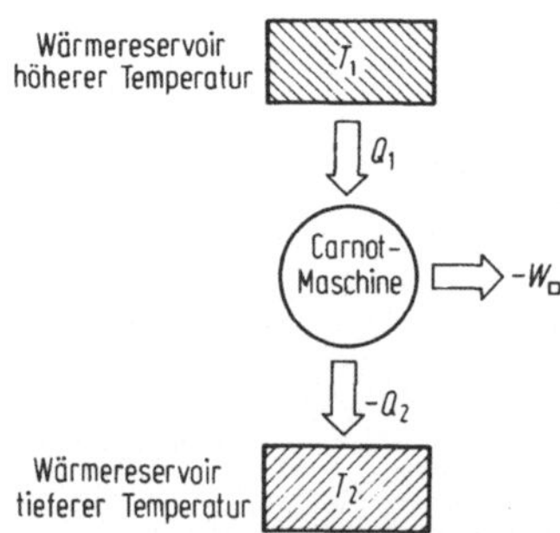

Bild 8-26: Wärmekraftmaschine (Energiefluß).

8.8.2 Kältemaschine und Wärmepumpe

Die reversibel geführten Kreisprozesse können auch im entgegengesetzten Umlaufsinn durchlaufen werden. Beim Stirling-Motor (Bild 8-25) läßt sich das durch eine Umkehrung der Drehrichtung des Schwungrades erreichen. Dann kehren sich die Energieflußrichtungen um (Bild 8-27), d.h. es muß Arbeit W_* zugeführt werden. Dabei wird die Wärme Q_2 (= Q_{43}) dem Wärmereservoir tieferer Temperatur entnommen und eine um W_* vergrößerte Wärme $-Q_1$ (= $-Q_{21}$) dem Wärmereservoir höherer Temperatur zugeführt.

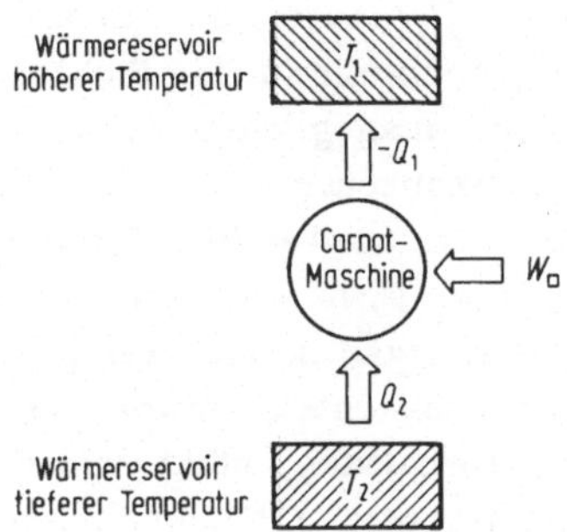

Bild 8-27: Kältemaschine und Wärmepumpe (Energiefluß).

Beim Betrieb als ***Kältemaschine*** interessiert die dem kälteren Wärmereservoir entnommene Wärme Q_2. Für den dementsprechend gemäß Bild 8-27 definierten Wirkungsgrad ergibt sich mit (8.8-1) und (8.8-2) der ***Wirkungsgrad der Kältemaschine***

$$\boxed{\eta \equiv \frac{Q_2}{W_*} = \frac{T_2}{T_1 - T_2} \lesseqgtr 1} , \qquad (8.8\text{-}5)$$

d.h. je nach der Temperaturdifferenz der Wärmereservoirs (z.B. Kühlfach eines Kühlschrankes bei T_2, Umgebung bei T_1) im Vergleich zur tieferen Temperatur T_2 kann hier der Wirkungsgrad auch größer als 1 sein. In der Technik werden Stirling-Maschinen (Bild 8-25) als Kältemaschinen zur Erzeugung flüssiger Luft eingesetzt.

Beim Betrieb als ***Wärmepumpe*** interessiert dagegen die bei der höheren Temperatur T_1 abgegebene Wärme $-Q_1$, die etwa zur Raumheizung eingesetzt werden soll, während die bei tieferer Temperatur T_2 aufgenommene Wärme Q_2 z. B. dem Erdboden, einem Fluß, oder der Umgebungsluft entnommen werden kann. Mit (8.8-1) und (8.8-2) beträgt der dementsprechend gemäß Bild 8-27 definierte ***Wirkungsgrad der Wärmepumpe***

$$\boxed{\eta \equiv \frac{-Q_1}{W_*} = \frac{T_1}{T_1 - T_2} > 1} , \qquad (8.8\text{-}6)$$

ist also immer größer als 1, wie auch aus dem Energieflußschema Bild 8-27 sofort entnommen werden kann. Beträgt die Temperaturdifferenz zwischen geheiztem Raum und Umgebung nicht mehr als 25 K, so ergeben sich theoretische Wirkungsgrade von mehr als 10! Im Gegensatz dazu beträgt der Wirkungsgrad einer elektrischen Heizung mittels Joulescher Wärme lediglich 1.

8.9 Richtungsablauf physikalischer Prozesse

Reversibel geführte thermodynamische Prozesse sind umkehrbar, laufen jedoch nicht von allein ab, da sie voraussetzungsgemäß jederzeit im Gleichgewicht sind. Von selbst laufen dagegen Vorgänge ab, die einen endlichen Unterschied, z.B. der Dichte oder der Temperatur, ausgleichen (Diffusion, Wärmeleitung etc.). Solche Prozesse, bei denen Systemteile nicht im Gleichgewicht sind, laufen jedoch nur in der Richtung von selbst ab, in der die vorhandenen Unterschiede ausgeglichen werden, d.h. Diffusion in Richtung der niedrigeren Teilchenkonzentration, oder Wärmeleitung in Richtung der niedrigeren Temperatur, etc.: irreversible Prozesse.
Der umgekehrte Prozess, also etwa ein von selbst ablaufender Wärmetransport von einem Wärmereservoir tieferer Temperatur zu einem mit höherer Temperatur wird nicht beobachtet, obwohl er dem 1. Hauptsatz der Thermodynamik, der Energieerhaltung, nicht widersprechen würde. Er ist jedoch bei einem Vielteilchensystem (z.B. einer makroskopischen Gasmenge) extrem unwahrscheinlich. Diese Aussage ist der Inhalt des

2. Hauptsatzes der Thermodynamik:

> Wärme fließt nie von selbst von einem Körper tieferer Temperatur zu einem Körper höherer Temperatur (*Theorem von Clausius*, 1850).

Eine andere Formulierung des 2. Hauptsatzes stammt von Carnot:

> Es gibt keine periodisch arbeitende Maschine, die nur einem Körper Wärme entzieht und in Arbeit umwandelt: Unmöglichkeit des *perpetuum mobile zweiter Art* (auch: *Theorem von Thomson*).

Beide Theoreme sind äquivalent. Dies kann dadurch gezeigt werden, daß beide Theoreme gegenseitig auseinander folgen. So folgt das Theorem von Thomson aus dem von Clausius: Nimmt man zunächst an, das Theorem von Thomson gelte nicht, dann wäre eine Maschine möglich, die nur einem Wärmereservoir bei T_2 Wärme entzieht und dafür Arbeit abgibt (I in Bild 8-28). Die Kombination mit einer (in jedem Falle möglichen) Maschine II, die bei $T_1 > T_2$ Arbeit in Wärme umwandelt (z.B. durch Reibung oder Joule-

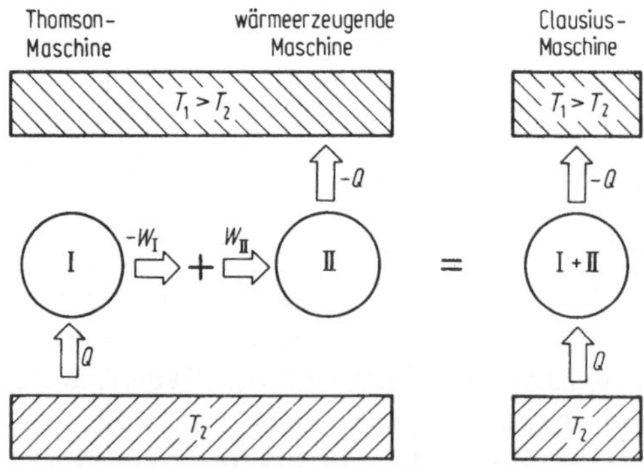

Bild 8-28: Zum Theorem von Thomson.

sche Wärme), ergäbe eine Maschine, die ohne Zufuhr von Arbeit Wärme von T_2 nach $T_1 > T_2$ transportiert (I+II in Bild 8-28), und damit dem Theorem von Clausius widerspricht. Also war die Voraussetzung falsch, daß das Theorem von Thomson nicht gelte.

In ähnlicher Weise läßt sich zeigen, daß das Theorem von Clausius aus dem von Thomson folgt.

Der 2. Hauptsatz der Thermodynamik ist wie der 1. Hauptsatz eine reine Erfahrungstatsache. Mit seiner Hilfe läßt sich zeigen, daß der Carnot-Kreisprozeß den größtmöglichen Wirkungsgrad besitzt. Dazu wird in einem Gedankenexperiment eine Wärmekraftmaschine (I) mit einer Wärmepumpe (II) gekoppelt. Beide sollen zwischen den gleichen Wärmereservoirs arbeiten (Bild 8-29). Die von der Wärmekraftmaschine (I) verrichtete Arbeit $-W_{\text{I}}$ werde vollständig dazu verwendet, die Wärmepumpe (II) zu betreiben, d.h. es sei

$$-W_{\text{I}} = W_{\text{II}} = -W . \qquad (8.9\text{-}1)$$

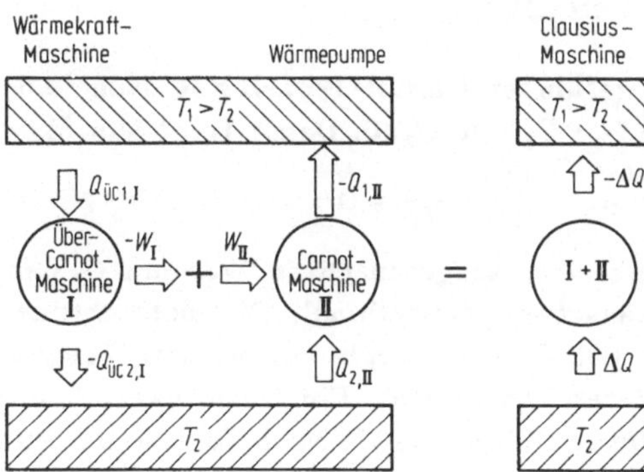

Bild 8-29: Effekt der Kopplung einer "Übercarnot-Maschine" mit einer Carnot-Maschine.

Zunächst seien beide Maschinen Carnot-Maschinen mit den Wirkungsgraden (8.8-4) bzw. (8.8-6):

$$\eta_{\text{C,I}} = \frac{-W_{\text{I}}}{Q_{1,\text{I}}} = \frac{T_1 - T_2}{T_1} \quad \text{und} \quad \eta_{\text{C,II}} = \frac{-Q_{1,\text{II}}}{W_{\text{II}}} = \frac{T_1}{T_1 - T_2} . \qquad (8.9\text{-}2)$$

Aus den beiden reziproken Wirkungsgraden (8.9-2) folgt $Q_{1,\text{I}} = -Q_{1,\text{II}}$ und damit auch $-Q_{2,\text{I}} = Q_{2,\text{II}}$. Der Gesamteffekt der beiden gekoppelten Carnot-Maschinen ist also null, da den beiden Wärmereservoirs die gleichen Wärmemengen entzogen und zugeführt werden.

Nun sei angenommen, daß die Wärmekraftmaschine (I) bei gleicher Arbeitsabgabe $-W_{\text{I}}$ einen größeren als den Carnot-Wirkungsgrad habe, also eine "Übercarnot-Maschine" darstelle:

$$\eta_{\text{ÜC,I}} = \frac{-W_{\text{I}}}{Q_{\text{ÜC1,I}}} > \eta_{\text{C,I}} = \frac{-W_{\text{I}}}{Q_{1,\text{I}}} . \qquad (8.9\text{-}3)$$

Damit wird die für die Erzeugung der Arbeit $-W_I$ aufgewendete Wärme $Q_{\text{ÜC}\,1,I}$ kleiner als die entsprechende Wärmemenge $Q_{1,II}$. Wegen $W = |Q_{\text{ÜC}\,1,I}| - |Q_{\text{ÜC}\,2,I}|$ (1. Hauptsatz) gilt dann auch $|Q_{\text{ÜC}\,2,I}| < |Q_{2,II}|$. Da nun die durch die Übercarnot-Maschine (I) von T_1 nach T_2 transportierten Wärmen kleiner sind als die durch die Carnot-Maschine (II) von T_2 nach $T_1 > T_2$ transportierten Wärmen, wäre der Gesamteffekt der beiden gekoppelten Maschinen nicht mehr null, sondern es würde periodisch ohne Arbeitsaufwand Wärme vom Wärmereservoir tieferer Temperatur zum Wärmereservoir höherer Temperatur transportiert werden. Das ist jedoch nach dem 2. Hauptsatz der Thermodynamik (Theorem von Clausius) nicht möglich. Die Voraussetzung, die Existenz einer "Übercarnot-Maschine", trifft also nicht zu, d.h., der Carnot-Wirkungsgrad ist der größtmögliche.
Daraus folgt ferner, daß der thermische Wirkungsgrad des Carnot-Prozesses (8.8-3) für *jeden* reversibel geführten Kreisprozeß zwischen den gleichen Temperaturen gilt. Technische Kreisprozesse sind jedoch mehr oder weniger irreversibel und haben stets einen kleineren Wirkungsgrad als der Carnot-Prozeß:

$$\eta_{irr} < \eta_{rev} = \frac{-W}{Q_1} = \frac{T_1 - T_2}{T_1} . \tag{8.9-4}$$

Für den reversibel geführten Carnot-Prozeß gilt nach (8.8-1) und (8.8-2) die Energiebilanz $-W = Q_1 + Q_2$ mit $Q_2 < 0$. Damit folgt aus (8.9-4)

$$\frac{Q_2}{Q_1} = -\frac{T_2}{T_1} \quad \text{bzw.} \quad \frac{Q_1}{T_1} + \frac{Q_2}{T_2} = 0 . \tag{8.9-5}$$

Danach sind die reversibel ausgetauschten Wärmen Q_i den Temperaturen T_i während des Austausches proportional. Die Betrachtung des Carnot-Prozesses hat gezeigt, daß Wärmeenergie bei höherer Temperatur besser nutzbar ist als bei tieferer Temperatur. Ein (reziprokes) Maß für die "Nutzbarkeit" ist die *reduzierte Wärme Q/T*. Nach (8.9-5) ist für *reversible Kreisprozesse* die Summe der reduzierten Wärmemengen gleich 0:

$$\boxed{\sum \frac{Q_{rev}}{T} = 0} \quad \text{bzw.} \quad \boxed{\oint \frac{dQ_{rev}}{T} = 0} . \tag{8.9-6}$$

Bei *irreversiblen Kreisprozessen* folgt dagegen aus (8.9-4)

$$\boxed{\sum \frac{Q}{T} < 0} \quad \text{bzw.} \quad \boxed{\oint \frac{dQ}{T} < 0} . \tag{8.9-7}$$

Für zwei Punkte 1 und 2 eines beliebigen, reversiblen Kreisprozesses (Bild 8-30), der sich z.B. aus differentiell kleinen isothermen und adiabatischen Zustandsänderungen zusammensetzen läßt, gilt dann nach (8.9-6) für die beiden Prozeß-Teilwege (a) und (b)

$$\underset{(a)}{\int_1^2} \frac{dQ_{rev}}{T} + \underset{(b)}{\int_2^1} \frac{dQ_{rev}}{T} = 0 \quad \text{bzw.} \quad \underset{(a)}{\int_1^2} \frac{dQ_{rev}}{T} = \underset{(b)}{\int_1^2} \frac{dQ_{rev}}{T} . \tag{8.9-8}$$

(8.9-8) zeigt, daß bei reversibler Prozeßführung das Integral über die reduzierten Wärmen allein vom Anfangs- und Endzustand abhängig ist, nicht

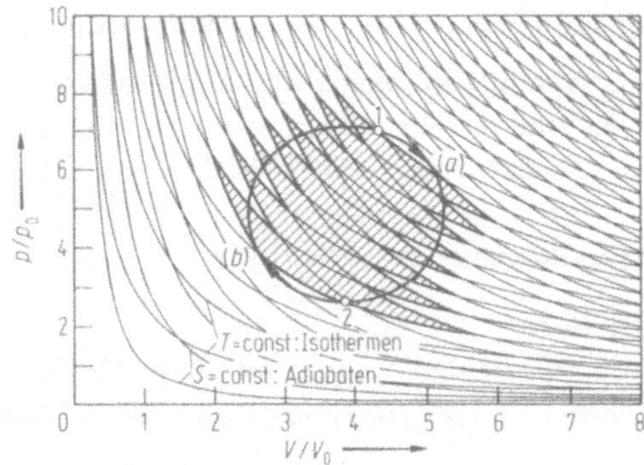

Bild 8-30: Beliebiger Kreisprozeß aus Isothermen- und Adiabatenstücken.

aber vom Wege, längs dessen die Zustandsänderung erfolgt. Das Integral der reduzierten Wärmemengen bei reversibler Zustandsänderung stellt daher eine Zustandsfunktion dar, die als *Entropie S* bezeichnet wird. Die differentielle *Entropieänderung* dS und die *Entropiedifferenz* ΔS zwischen zwei Zuständen betragen dann

$$\boxed{\mathrm{d}S = \frac{\mathrm{d}Q_{\mathrm{rev}}}{T}} \quad \text{und} \quad \boxed{\Delta S = S_2 - S_1 = \int_1^2 \frac{\mathrm{d}Q_{\mathrm{rev}}}{T}} \,. \tag{8.9-9}$$

Für die Zustandsfunktion Entropie läßt sich allgemein schreiben

$$S = \int \frac{\mathrm{d}Q_{\mathrm{rev}}}{T} + S_0 \,. \tag{8.9-10}$$

SI-Einheit: $[S] = \mathrm{J\,K^{-1}}$.

Die Konstante S_0 kann frei gewählt und damit der Nullpunkt der Entropie beliebig festgelegt werden, da physikalisch nur Entropieänderungen von Bedeutung sind. In der Technik wird daher der Nullpunkt der Entropie meist willkürlich auf die Temperatur $T_0 = 273{,}15\,\mathrm{K} = 0^\circ\mathrm{C}$ gelegt.

Bei reversibel geführten adiabatischen Prozessen ist d$Q_{\mathrm{rev}} = 0$, d.h. $\Delta S = 0$ oder $S = \mathrm{const}$: Die Entropie bleibt konstant. *Reversible adiabatische Prozesse* sind daher gleichzeitig *isentropische Prozesse.*

Für irreversible Zustandsänderungen folgt aus (8.9-7) und (8.9-9)

$$\int_1^2 \frac{\mathrm{d}Q}{T} < \int_1^2 \frac{\mathrm{d}Q_{\mathrm{rev}}}{T} = S_2 - S_1 = \Delta S \,, \tag{8.9-11}$$

d.h. der Entropiezuwachs ist größer als das Integral der reduzierten Wärmen. Für abgeschlossene Systeme ist d$Q = 0$. Ist das System nicht im thermischen Gleichgewicht, so laufen die Prozesse in ihm insgesamt irreversibel ab, das System strebt dem thermischen Gleichgewicht zu. Aus (8.9-11) ergibt sich wegen d$Q = 0$ für *abgeschlossene Systeme.*

$$S_2 - S_1 = \Delta S > 0 \quad \text{oder} \quad \boxed{S_2 > S_1} \,. \tag{8.9-12}$$

Daraus folgt eine andere Formulierung des 2. Hauptsatzes der Thermodynamik:

> *Entropiesatz*: In einem endlichen, abgeschlossenen System nimmt die Entropie stets zu und strebt einem Maximalwert zu. Nur solche Prozesse, bei denen die Entropie wächst, laufen von selbst ab.

Beispiele für Entropieänderungen:

Entropie des idealen Gases:
Besteht die bei einer reversiblen Expansion eines idealen Gases verrichtete Arbeit aus Volumenarbeit $-\mathrm{d}W = p\,\mathrm{d}V$, so lautet der 1. Hauptsatz (8.5-12)

$$\mathrm{d}Q_{\mathrm{rev}} = \mathrm{d}U + p\mathrm{d}V \; . \qquad (8.9\text{-}13)$$

Mit (8.9-9) folgt daraus für die Entropieänderung

$$\boxed{\mathrm{d}S = \frac{\mathrm{d}U + p\mathrm{d}V}{T}} \; . \qquad (8.9\text{-}14)$$

Durch Einsetzen der Zustandsgleichung für ν Mole eines idealen Gases (8.2-11) und von $\mathrm{d}U = \nu C_{\mathrm{mV}} \mathrm{d}T$ (8.6-8) ergibt sich nach Integration für die Entropiedifferenz eines idealen Gases zwischen den Zuständen $(V_1,\ T_1)$ und $(V_2,\ T_2)$

$$\Delta S = S_2 - S_1 = \nu C_{\mathrm{mV}} \ln\frac{T_2}{T_1} + \nu R \ln\frac{V_2}{V_1} \; . \qquad (8.9\text{-}15)$$

Sonderfälle:

Isochore Zustandsänderung: $V_2 = V_1 = \mathrm{const}$, d.h.

$$\Delta S = \nu C_{\mathrm{mV}} \ln\frac{T_2}{T_1} \; . \qquad (8.9\text{-}16)$$

Isotherme Zustandsänderung: $T_2 = T_1 = \mathrm{const}$, d.h.

$$\Delta S = \nu R \ln\frac{V_2}{V_1} \; . \qquad (8.9\text{-}17)$$

Die Entropiezunahme (8.9-17) gilt auch für die irreversible Expansion eines idealen Gases in das Vakuum (Gay-Lussac-Versuch). Der hierbei ausbleibende Wärmeaustausch mit der Umgebung ($\Delta T = 0$) bedeutet nicht, daß die Entropie konstant bliebe.

Phasenübergänge von Stoffen:
Beim Schmelzen (Erstarren) oder Verdampfen (Kondensieren) von ν Molen eines Stoffes muß die Umwandlungsenthalpie $\nu\Delta H_{\mathrm{mu}}$ zugeführt (freigesetzt) werden, wobei die Umwandlungstemperatur T_{u} konstant bleibt (ΔH_{mu}: molare Umwandlungsenthalpie, siehe 8.6.2). Die Entropiezunahme (-abnahme) beträgt demnach

$$\Delta S = \frac{1}{T_{\mathrm{u}}} \int_1^2 \mathrm{d}Q_{\mathrm{rev}} = \nu \frac{\Delta H_{\mathrm{mu}}}{T_{\mathrm{u}}} \; . \qquad (8.9\text{-}18)$$

Wärmeleitung:
Die Entropiezunahme beim Übergang einer Wärmemenge Q von einem wärmeren Körper der Temperatur T_1 auf einen kälteren Körper der Temperatur T_2 beträgt nach (8.9-9)

$$\Delta S = S_2 - S_1 = \frac{Q}{T_2} - \frac{Q}{T_1} = Q\,\frac{T_1 - T_2}{T_1 T_2} \,. \qquad (8.9\text{-}19)$$

Entropie und Wahrscheinlichkeit
Wahrscheinlichkeitsbetrachtung: Ein Volumen V_2 enthalte 1 mol eines idealen Gases (d.h. N_A Moleküle). Die Wahrscheinlichkeit W dafür, daß davon sich ein Molekül gleichzeitig in einem bestimmten, kleineren Teilvolumen V_1 befinde, ist $W_{1,1} = V_1/V_2$. Die Wahrscheinlichkeit dafür, daß sich zwei Moleküle gleichzeitig in V_1 befinden, ist $W_{1,2} = (V_1/V_2)^2$, usw., entsprechend für alle N_A Moleküle in V_1: $W_{1,N_A} = (V_1/V_2)^{N_A}$ Wegen der Größe der Avogadro-Konstante N_A (siehe 8.1) ist diese Wahrscheinlichkeit sehr klein. Hingegen ist die Wahrscheinlichkeit, daß sich alle N_A Moleküle in V_2 befinden: $W_{2,N_A} = 1$ (Gewißheit). Das Verhältnis der Wahrscheinlichkeiten dafür, daß sich alle Moleküle in V_2 bzw. in V_1 befinden, ist demnach

$$\frac{W_{2,N_A}}{W_{1,N_A}} = \left(\frac{V_2}{V_1}\right)^{N_A} . \qquad (8.9\text{-}20)$$

Wegen der großen Teilchenzahl N_A ist dieses Verhältnis sehr groß. Die Wahrscheinlichkeit dafür, daß sich das Gas gleichmäßig in dem Gesamtvolumen V_2 verteilt, ist also außerordentlich viel größer als die Wahrscheinlichkeit, daß es sich in dem kleineren Teilvolumen V_1 konzentriert, obwohl dies vom 1. Hauptsatz nicht ausgeschlossen wird. Nur wenn sehr wenige Teilchen vorhanden sind, ist die letztere Wahrscheinlichkeit merklich von Null verschieden. Aus (8.9-20) folgt

$$\ln\frac{W_2}{W_1} = N_A \ln\frac{V_2}{V_1} \,, \qquad (8.9\text{-}21)$$

und weiter aus dem Vergleich mit der Entropieänderung (8.9-17) bei der Expansion $V_1 \rightarrow V_2$ in das Vakuum und bei Beachtung von $R/N_A = k$

$$\Delta S = k \ln\frac{W_2}{W_1} \,, \qquad (8.9\text{-}22)$$

oder allgemein die *Boltzmann-Beziehung*

$$\boxed{S = k \ln W} \,. \qquad (8.9\text{-}23)$$

Die Entropie ist demnach ein Maß für die Wahrscheinlichkeit eines Zustandes. Die Entropie nimmt zu mit steigender Wahrscheinlichkeit des erreichten Zustandes. Prozesse, bei denen der Endzustand wahrscheinlicher ist als der Anfangszustand ($\Delta S > 0$), laufen in abgeschlossenen Systemen von selbst ab (z.B. Diffusion, Wärmeleitung, vgl. 9: Transporterscheinungen). Vorgänge, bei denen $\Delta S < 0$ ist, sind nur unter Energiezufuhr von außen möglich. Auch reversible Prozesse (z.B. der Carnot-Prozeß) laufen nicht von allein ab, da hier $\Delta S = 0$ bzw. in jedem Stadium Gleichgewicht vorausgesetzt ist.

9 Transporterscheinungen

Atome bzw. Moleküle in Gasen, Flüssigkeiten und Festkörpern oder auch elektrische Ladungsträger (Elektronen, Löcher bzw. Defektelektronen, Ionen) in Gasplasmen, Elektrolyten, Halbleitern und Metallen sind nach 8 in ständiger thermischer Bewegung. Ist außerdem ein räumliches Ungleichgewicht vorhanden, z.B. ein Teilchenkonzentrationsgefälle, ein Temperaturgefälle, ein Geschwindigkeitsgefälle oder (bei elektrischen Ladungsträgern) ein elektrisches Potentialgefälle, so entstehen Ströme von Teilchen, Ladungen etc., die so gerichtet sind, daß das Gefälle (der Gradient) abgebaut wird. Es handelt sich also um irreversible Ausgleichsvorgänge in Vielteilchensystemen, die unter dem gemeinsamen Oberbegriff "Transporterscheinungen" behandelt werden können. Insbesondere gehören dazu

- *Diffusion*: Transport von *Teilchen* (*Materie*),
- *Wärmeleitung*: Transport von *Energie*,
- *innere Reibung* (*Viskosität*) bei Strömungen: Transport von *Impuls*,
- *elektrische Leitung*: Transport von *Ladung* (siehe 16).

9.1 Stoßquerschnitt, mittlere freie Weglänge

Eine wichtige Größe bei Transportvorgängen ist die "mittlere freie Weglänge" l_c, das ist der Weg, der im Mittel von einem Teilchen zwischen zwei Stößen mit anderen Teilchen zurückgelegt werden kann. Sie hängt vor allem vom "Stoßquerschnitt" ab, der sich beim Modell der starren Kugeln mit endlichem Radius r für die Teilchen wie folgt berechnen läßt:

Bewegt sich ein Strom von Teilchen (Radius r_1) durch ein System von anderen Teilchen (Radius r_2), so gilt mit $R = r_1 + r_2$ und dem Stoßparameter b als Abstand des Mittelpunktes des Teilchens 2 von der ungestörten Bahn des Mittelpunktes des Teilchens 1 (Bild 9-1):

Es erfolgt ein Stoß, wenn $b < R$,

kein Stoß, wenn $b > R$.

Stöße erfolgen also dann, wenn innerhalb eines Zylinders vom Radius $R = r_1 + r_2$ um die Bewegungsrichtung des stoßenden Teilchens Mittelpunkte anderer Teilchen liegen (Bild 9-2). Die Querschnittsfläche σ dieses Zylinders heißt *Stoßquerschnitt* oder *gaskinetischer Wirkungsquerschnitt*:

$$\sigma = \pi R^2 = \pi(r_1 + r_2)^2 \quad \text{bzw.} \quad \sigma = 4\pi r^2 \quad \text{für} \quad r_1 = r_2 = r \,. \qquad (9.1\text{-}1)$$

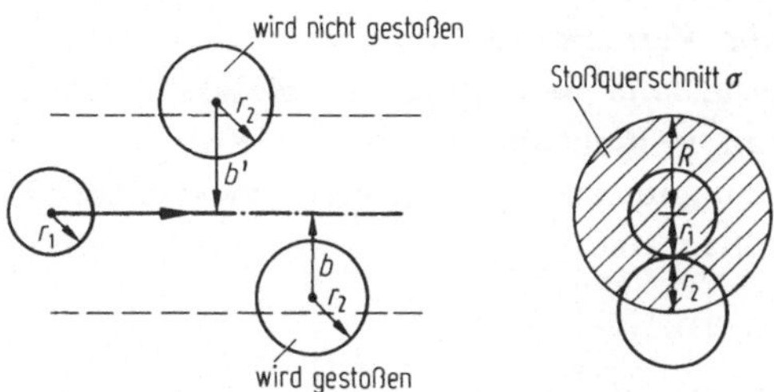

Bild 9-1: Zum Stoßquerschnitt.

Die mittlere Stoßzahl $\overline{Z}$ während der Zeit t ergibt sich aus dem vom stoßenden Teilchen mit seinem Stoßquerschnitt σ in der Zeit t im Mittel überstrichenen Zylindervolumen der Länge $\overline{v_r}t$ (Bild 9-2) sowie aus der Teilchenzahldichte n:

$$\overline{Z} = \sigma \overline{v_r}\, t n \, , \tag{9.1-2}$$

und daraus die mittlere Stoßfrequenz

$$\nu_c = \frac{\overline{Z}}{t} = \sigma \overline{v_r}\, n \, . \tag{9.1-3}$$

Hierin ist $\overline{v_r}$ die mittlere Relativgeschwindigkeit zwischen stoßendem und gestoßenen Teilchen. Da sich auch die gestoßenen Teilchen bewegen, ist $\overline{v_r}$ nicht gleich der mittleren Teilchengeschwindigkeit $\overline{v}$, sondern ergibt sich aus den Einzelgeschwindigkeiten $\boldsymbol{v}_1$ und $\boldsymbol{v}_2$ gemäß

$$\overline{\boldsymbol{v}_r^{\,2}} = \overline{(\boldsymbol{v}_1 - \boldsymbol{v}_2)^2} = \overline{\boldsymbol{v}_1^{\,2}} + \overline{\boldsymbol{v}_2^{\,2}} \, , \qquad \text{da } \overline{\boldsymbol{v}_1 \boldsymbol{v}_2} = 0 \, . \tag{9.1-4}$$

Vernachlässigt man den Unterschied zwischen $\overline{v^2}$ und $\overline{v}^2$, so gilt, wenn beide Stoßpartner Teilchen gleicher Sorte sind ($\overline{v_1} = \overline{v_2} = \overline{v}$),

$$\overline{v_r} \approx \overline{v}\sqrt{2} \, . \tag{9.1-5}$$

$\overline{v}$ kann bei Gasmolekülen aus (8.1-4) oder näherungsweise aus (8.2-16) berechnet werden. Damit folgt für die mittlere Flugzeit zwischen zwei Stößen

$$\tau_c = \frac{1}{\nu_c} = \frac{1}{\sqrt{2}\sigma \overline{v} n} \tag{9.1-6}$$

und für die *mittlere freie Weglänge* zwischen zwei Stößen

$$l_c = \overline{v}\,\tau_c = \frac{1}{\sqrt{2}\sigma n} = \frac{1}{\sqrt{2}\pi R^2 n} = \frac{1}{4\sqrt{2}\pi r^2 n} \, . \tag{9.1-7}$$

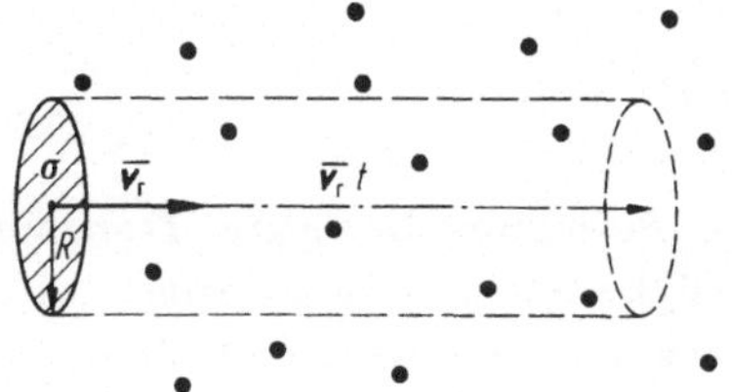

Bild 9-2: Zur Berechnung der Stoßzahl.

Mittlere quadratische Verrückung:
Die statistische thermische Bewegung der Moleküle führt zu einer Versetzung, die sich z.B. in x-Richtung aus den x-Komponenten $s_{x,i}$ der statistischen Einzelversetzungen zwischen jeweils zwei Stößen zusammensetzen (Bild 9-3), bei Z Stößen also:

$$x = \sum_{i=1}^{Z} s_{x,i} \quad . \tag{9.1-8}$$

Im zeitlichen Mittel wird die Versetzung wegen der statistischen Unabhängigkeit der Einzelversetzungen verschwinden, jedoch wird die Schwankung (Streuung) von x mit der Zeit zunehmen. Für das mittlere Verrückungsquadrat folgt

$$\overline{x^2} = \sum_i \overline{s_{x,i}{}^2} = Z\,\overline{s_x{}^2} \; , \tag{9.1-9}$$

da die gemischten Glieder ebenfalls wegen der statistischen Unabhängigkeit der Einzelversetzungen verschwinden. Mit $\overline{s_x} = \overline{v_x}\,\tau_c$ und mit (8.1-6) wird aus (9.1-9)

$$Z\,\overline{s_x{}^2} \approx Z\,\overline{v_x{}^2}\,\tau_c{}^2 = \frac{1}{3}\,\overline{v^2}\,\tau_c{}^2\,Z \; , \tag{9.1-10}$$

worin τ_c die mittlere freie Flugdauer zwischen zwei Stößen ist. Wegen $Z\tau_c = t$ ergibt sich schließlich als *mittlere quadratische Verrückung* näherungsweise

$$\overline{x^2} \approx \frac{1}{3}\,\overline{v^2}\,\tau_c\,t \; . \tag{9.1-11}$$

Der Schwankungsbereich $\Delta x = \sqrt{\overline{x^2}} \sim \sqrt{t}$ wird also mit der Beobachtungszeit t größer.

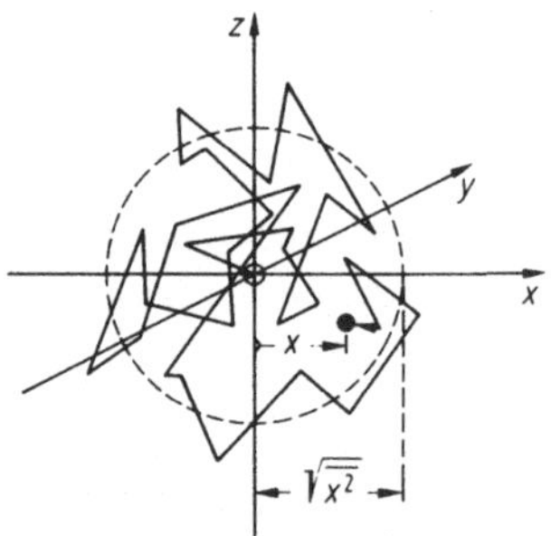

Bild 9-3: Bereich der mittleren quadratischen Verrückung bei der statistischen Molekularbewegung.

9.2 Molekulardiffusion

Der durch die thermische Bewegung bewirkte Transport von Atomen und Molekülen in Gasen, Flüssigkeiten und Festkörpern wird *Diffusion* genannt. Bei der Diffusionsbewegung von Molekülen in einem Stoff, der aus Molekülen derselben Art besteht, spricht man von *Eigen-* oder *Selbstdiffusion*, im anderen Falle von *Fremddiffusion*.

Ist ein räumliches Gefälle der Teilchenkonzentration (Teilchenzahldichte) n vorhanden, so führt die Diffusion zu einem gerichteten Massentransport, einem Teilchenstrom in Richtung der geringeren Teilchenkonzentration. Bei einem eindimensionalen Konzentrationsgefälle $\mathrm{d}n/\mathrm{d}x$ in x-Richtung (Bild 9-4) gilt im stationären (zeitunabhängigen) Fall für die Teilchenstromdichte j das *1. Ficksche Gesetz*

$$\boxed{j \equiv \frac{\mathrm{d}N}{A\,\mathrm{d}t} = -D\,\frac{\mathrm{d}n}{\mathrm{d}x}}\,. \tag{9.2-1}$$

$\mathrm{d}N$: effektive Teilchenzahl, die in der Zeit $\mathrm{d}t$ durch einen Querschnitt A geht (Bild 9-4).

D: Diffusionskoeffizient, im allg. temperaturabhängig.
SI-Einheit: $[D] = \mathrm{m^2\,s^{-1}}$.

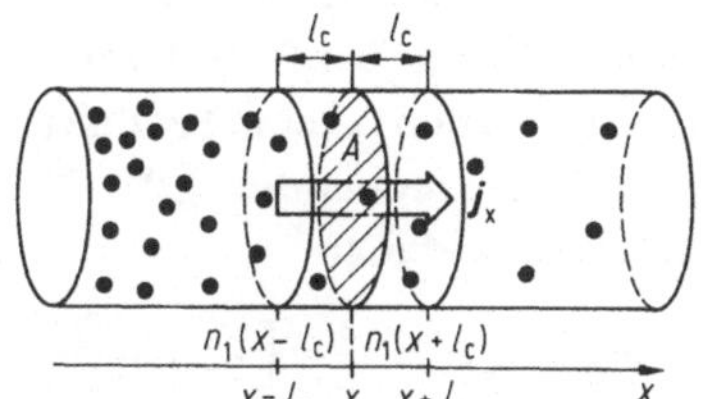

Bild 9-4: Zum Fickschen Gesetz der Diffusion.

Bei zeitlich nicht stationären Verhältnissen der Diffusion z. B. in $+x$-Richtung ändert sich die Teilchenkonzentration $n(x)$ in Volumenelement $\mathrm{d}V = \mathrm{d}x\,\mathrm{d}y\,\mathrm{d}z$ durch den bei x zufließenden Teilchenstrom $j_x(x)\,\mathrm{d}y\,\mathrm{d}z$ und den bei $x+\mathrm{d}x$ abfließenden Teilchenstrom $-j_x(x+\mathrm{d}x)\,\mathrm{d}y\,\mathrm{d}z$. Die daraus resultierende zeitliche Änderung der Teilchenzahl in $\mathrm{d}V$ beträgt

$$\frac{\partial n}{\partial t}\,\mathrm{d}V = [\,j_x(x) - j_x(x+\mathrm{d}x)]\,\mathrm{d}y\,\mathrm{d}z = -\frac{\partial j_x}{\partial x}\,\mathrm{d}V\,.$$

Mit (9.2-1) folgt daraus die (eindimensionale) *allgemeine Diffusionsgleichung* (*2. Ficksches Gesetz*)

$$\boxed{\frac{\partial n}{\partial t} = D\,\frac{\partial^2 n}{\partial x^2}}\,, \tag{9.2-2}$$

die auch für zeitveränderliche Diffusionsvorgänge gültig ist.

Trotz der sehr hohen mittleren thermischen Geschwindigkeit (z.B. Bild 8-5) geht die Diffusion zweier Gase ineinander verhältnismäßig langsam vonstatten, wie bei farbigen Gasen, z.B. Bromdampf in Luft, leicht beobachtet werden kann. Das liegt an der ständigen Richtungsumlenkung der Moleküle durch Stöße und wird vor allem durch die mittlere freie Weglänge l_c bestimmt.

Selbstdiffusion in Gasen

Die Selbstdiffusion von Molekülen in einem Gas gleichartiger Moleküle kann experimentell nur durch Markierung einer Zahl von Molekülen, deren

Diffusion verfolgt werden soll, untersucht werden. Die Markierung der Moleküle kann z.B. darin bestehen, daß ihre Atomkerne radioaktiv sind. Ihre Konzentration sei n_1 und in x-Richtung ortsabhängig: $n_1 = n_1(x)$. Die Gesamtkonzentration n der Moleküle sei jedoch ortsunabhängig. Dann gilt nach (9.2-1) für die Diffusionsstromdichte j_x der markierten Moleküle das 1. Ficksche Gesetz

$$j_x = -D_s \frac{dn_1}{dx}, \tag{9.2-3}$$

worin D_s der Selbstdiffusionskoeffizient ist. Er läßt sich durch eine Teilchenstrombilanz über die mittlere freie Weglänge berechnen. Im Mittel bewegen sich etwa 1/6 der markierten Moleküle in $+x$-Richtung und 1/6 in $-x$-Richtung. Durch eine Querschnittsfläche A an der Stelle $x = \text{const}$ (Bild 9-4) bewegen sich in $+x$-Richtung Moleküle, die im Durchschnitt in der Ebene $x - l_c = \text{const}$ den letzten Stoß erlitten haben und daher eine Teilchenkonzentration $n_1(x - l_c)$ haben (kein Produkt!). Ihre Teilchenstromdichte ist also $\bar{v} n_1(x - l_c)/6$. Entsprechendes gilt für die $-x$-Richtung. Die Netto-Teilchenstromdichte beträgt daher

$$j_x = \frac{1}{6}\bar{v}\, n_1(x - l_c) - \frac{1}{6}\bar{v}\, n_1(x + l_c) = \frac{1}{6}\bar{v}\left[-2\, l_c \frac{\partial n_1}{\partial x}\right]. \tag{9.2-4}$$

Der Vergleich mit (9.2-3) liefert für den Selbstdiffusionskoeffizienten

$$\boxed{D_s = \frac{1}{3}\bar{v}\, l_c}\,. \tag{9.2-5}$$

Mit (8.2-16), (8.2-17) und (9.1-7) folgt daraus

$$D_s = \frac{1}{\sqrt{6}} \cdot \frac{1}{n\sigma} \sqrt{\frac{kT}{m}} = \frac{1}{\sqrt{6}} \cdot \frac{1}{p\sigma} \sqrt{\frac{(kT)^3}{m}}, \tag{9.2-6}$$

d.h. es gilt für die Druckabhängigkeit bei

$$T = \text{const:} \quad D_s \sim \frac{1}{n} \sim \frac{1}{p}, \tag{9.2-7}$$

und für die Temperaturabhängigkeit bei

$$p = \text{const:} \quad D_s \sim T^{3/2}. \tag{9.2-8}$$

Ferner diffundieren leichte Moleküle (z.B. He, H_2) wegen $D_s \sim 1/\sqrt{m}$ schneller als schwere.

9.3 Wärmeleitung

Thermische Energie wird durch Wärmeleitung, durch Konvektion und durch Wärmestrahlung transportiert. Die *Wärmestrahlung* (Transport von Energie durch elektromagnetische Strahlung) wird in 20.2 behandelt. *Konvektion* ist die durch unterschiedliche Massendichte als Folge von Temperaturunterschieden in Flüssigkeiten oder Gasen hervorgerufene Auftriebsströmung im Schwerefeld, die hier nicht weiter behandelt wird. *Wärmeleitung* bezeichnet den Wärmestrom in Materie, der im Gegensatz zur Konvektion nicht durch einen Massenstrom vermittelt wird, sondern durch Weitergabe der thermischen Energie, z.B. in Gasen durch Stoß von Molekül zu Molekül, in Festkörpern über elastische Wellen (Phononen), in Metallen zusätzlich durch Stöße zwischen den Elektronen des quasifreien Leitungselektronengases, in Richtung der niedrigeren Temperatur, d.h. der niedrigeren Energiekonzentration.

Bei Vorhandensein eines Temperaturgefälles $\mathrm{d}T/\mathrm{d}z$ in z-Richtung (Bild 9-5) gilt im stationären Fall für die Wärmestromdichte q analog zum 1. Fickschen Gesetz der Diffusion das *Fouriersche Gesetz*

$$\boxed{q \equiv \frac{\mathrm{d}Q}{A\,\mathrm{d}t} = -\lambda \frac{\mathrm{d}T}{\mathrm{d}z}}\,. \tag{9.3-1}$$

$\mathrm{d}Q$: Wärmemenge, die in der Zeit $\mathrm{d}t$ effektiv durch einen Querschnitt A geht (Bild 9-5).

λ: Wärmeleitfähigkeit. Werte für die Wärmeleitfähigkeit verschiedener Stoffe siehe Tab. 9-1.
SI-Einheit: $[\lambda] = \mathrm{JK^{-1}m^{-1}s^{-1}} = \mathrm{WK^{-1}m^{-1}}$.

Für einen homogenen Zylinder der Länge l folgt aus (9.3-1) für den *Wärmestrom* Φ bei einer Temperaturdifferenz $\Delta T = T_1 - T_2$ (in Analogie zum Ohmschen Gesetz (12.6) des elektrischen Stromes) das sog. *Ohmsche Gesetz der Wärmeleitung*

$$\boxed{\Phi = \frac{\mathrm{d}Q}{\mathrm{d}t} = \frac{\Delta T}{R_{\mathrm{th}}}} \tag{9.3-2}$$

mit dem Wärmewiderstand

$$R_{\mathrm{th}} = \frac{l}{\lambda A}\,. \tag{9.3-3}$$

Bei zeitlich nicht stationären Verhältnissen der Wärmeleitung z. B. in $+z$-Richtung ändert sich die Temperatur $T(z)$ im Volumenelement $\mathrm{d}V = \mathrm{d}x\,\mathrm{d}y\,\mathrm{d}z$ durch den bei z zufließenden Wärmestrom $q_z(z)\,\mathrm{d}x\,\mathrm{d}y$ und den bei $z+\mathrm{d}z$ abfließenden Wärmestrom $q_z(z+\mathrm{d}z)\,\mathrm{d}x\,\mathrm{d}y$. Die daraus resultierende zeitliche Wärmezufuhr in $\mathrm{d}V$ beträgt

$$\frac{\partial Q}{\partial t} = [q_z(z) - q_z(z+\mathrm{d}z)]\,\mathrm{d}x\,\mathrm{d}y = -\frac{\partial q_z}{\partial z}\,\mathrm{d}V$$

führt zu einer Erwärmung von $\mathrm{d}m = \rho\,\mathrm{d}V$ durch $\mathrm{d}Q = c\rho\,\mathrm{d}V\,\mathrm{d}T$ um $\mathrm{d}T$ (c: spezifische Wärmekapazität, ρ: Dichte). Mit (9.3-1) folgt daraus die

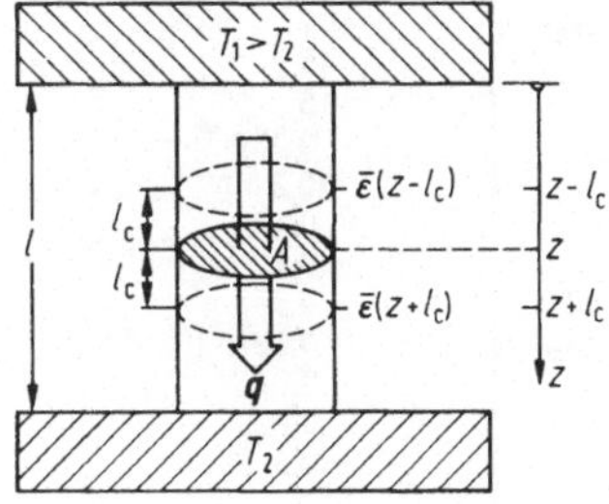

Bild 9-5: Zum Fourierschen Gesetz der Wärmeleitung.

Tabelle 9-1: Wärmeleitfähigkeit einiger Stoffe bei 20 C.

Stoff		Wärmeleitfähigkeit λ	
		$W K^{-1} m^{-1}$	$kcal K^{-1} m^{-1} h^{-1}$
Aluminium (99%)	Al	220	189
Asbestplatten		0,7	0,6
Asbestwolle		0,16	0,13
Baumwollgewebe		≈0,06	≈0,05
Beton		≈1	≈0,86
Blei	Pb	34,8	29,9
Eis (0° C)	H_2O	2,2	1,9
Eisen	Fe	74	64
Erdreich		≈1	≈0,86
Glas, Blei-		0,90	0,77
Flint-		0,78	0,67
Kron-		1,07	0,92
Jena (16 III)		1,00	0,86
Quarz-		1,36	1,17
Glaswolle		0,04	0,036
Glimmer		0,5...0,7	0,4...0,6
Gold	Au	312	268
Granit		2,1...2,9	1,8...2,5
Graphit	C	169	145
Gummi		0,15	0,13
Gußeisen		≈50	≈43
Hartgummi		≈0,2	≈0,17
Hartpapier		≈0,26	≈0,22
Helium	He	0,0015	0,0013
Holz (trocken)		0,1...0,2	0,09...0,18
Kalkstein		2,2	1,9
Kesselstein		≈3	≈2,6
Konstantan		23	20
Kupfer	Cu	384	330
Luft		0,0026	0,0022
Manganin		22	19
Marmor		2,8	2,4
Messing		111	95
Motorenöl		0,14	0,12
Neusilber		25,0	21,5
Nickel	Ni	91	78
Paraffin		0,26	0,22
Pertinax		0,2...0,35	0,17...0,3
Plexiglas		0,19	0,16
Platin		70	60
Polyamid (Perlon, Nylon,...)		≈0,26	≈0,22
Polyethylen		≈0,40	≈0,34
Polystyrol		≈0,15	≈0,13
Polyvinylchlorid (PVC)		0,16	0,14
Porzellan		≈1,0	≈0,86
Quecksilber	Hg	8,2	7,1
Sandstein		1,6...2,1	1,4...1,8
Sand (trocken)		0,35	0,30
Schamotte		≈1,0	≈0,86
Schaumstoff		0,04	0,03
Silber	Ag	407	350
Stahl		45	39
V2A-Stahl		15	13
Styropor		0,036	0,031
Teflon		≈0,2	≈0,17
Transformatorenöl		0,13	0,11
Wachs		0,1	0,09
Wasser	H_2O	0,598	0,514
Wasserstoff	H_2	0,184	0,158
Wolle		0,04	0,03
Zelluloid		0,022	0,018
Ziegelstein		≈0,6	≈0,5
Zink	Zn	112	96,3
Zinn	Sn	65	56

(eindimensionale) *allgemeine Wärmeleitungsgleichung*

$$\boxed{\frac{\partial T}{\partial t} = \frac{\lambda}{c\rho}\frac{\partial^2 T}{\partial z^2}}, \tag{9.3-4}$$

die auch zeitveränderliche Wärmeleitungsvorgänge beschreibt.

Wärmeleitung in Gasen

Die Wärmeleitfähigkeit von Gasen kann in ähnlicher Weise wie der Selbstdiffusionskoeffizient durch eine Wärmestrombilanz über die mittlere freie Weglänge berechnet werden. Im Mittel bewegen sich 1/6 der Moleküle in $+z$-Richtung und 1/6 in $-z$-Richtung. Durch eine Querschnittsfläche A an der Stelle $z = \text{const}$ (Bild 9-5) bewegen sich in $+z$-Richtung Moleküle, die im Durchschnitt in der Ebene $z - l_c = \text{const}$ den letzten Stoß erlitten haben und daher eine mittlere thermische Energie $\overline{\varepsilon}(z - l_c)$ haben (kein Produkt!). Die zugehörige Wärmestromdichte ist also $\overline{v}n\overline{\varepsilon}(z - l_c)/6$. Entsprechendes gilt für die $-z$-Richtung. Für die Netto-Wärmestromdichte folgt daher analog zu (9.2-4)

$$q_z = \frac{1}{6}\overline{v}n\left[-2\,l_c\frac{\partial\overline{\varepsilon}}{\partial z}\right] = -\frac{1}{3}\overline{v}n\,l_c\frac{\partial\overline{\varepsilon}}{\partial T}\frac{\partial T}{\partial z}\,. \tag{9.3-5}$$

Der Vergleich mit (9.3-1) liefert für die *Wärmeleitfähigkeit von Gasen*

$$\lambda = \frac{1}{3}\overline{v}n\,l_c\frac{\partial\overline{\varepsilon}}{\partial T}\,. \tag{9.3-6}$$

$\partial\overline{\varepsilon}/\partial T$ ist die Wärmekapazität bei konstantem Volumen pro Molekül, siehe 8.6.1. Sie hängt von der Zahl der angeregten Freiheitsgrade ab. Für einatomige Gase ist gemäß (8.2-13) die mittlere thermische Energie pro Molekül $\overline{\varepsilon} = 3kT/2$ und damit die *Wärmeleitfähigkeit einatomiger Gase*

$$\boxed{\lambda = \frac{1}{2}k\overline{v}n\,l_c}\,. \tag{9.3-7}$$

Da nach (9.1-7) die mittlere freie Weglänge $l_c \sim n^{-1} \sim p^{-1}$ ist, bleibt die Wärmeleitfähigkeit von Gasen unabhängig vom Druck p. Wenn jedoch bei niedrigen Drucken die mittlere freie Weglänge größer als die Dimension d des Vakuumgefäßes wird, in dem das Gas eingeschlossen ist, so ist in (9.3-6) und (9.3-7) l_c durch d (= const) zu ersetzen. In diesem Druckbereich wird die Wärmeleitfähigkeit wegen des verbleibenden Faktors n proportional zum Druck (Anwendung im Pirani-Manometer zur Messung kleiner Drucke).
Sowohl v als auch l_c nehmen mit steigender Molekülmasse bzw. -größe ab. Daher ist die Wärmeleitfähigkeit für leichte Atome bzw. Moleküle größer als für schwere. Dieser Effekt wird z.B. für Gasdetektoren zum Nachweis von Wasserstoff (im Stadtgas enthalten) ausgenutzt.

9.4 Innere Reibung: Viskosität

Bei strömenden Flüssigkeiten und Gasen tritt neben dem Massentransport der Strömung noch ein weiteres Transportphänomen auf, bei dem die transportierte Größe nicht so deutlich zutage liegt: Die Viskosität (Zähigkeit) als Folge der inneren Reibung, die zu beobachten ist, wenn benachbarte Schichten des Mediums unterschiedliche Strömungsgeschwindigkeiten u haben, also ein Geschwindigkeitsgefälle vorhanden ist.

Molekularkinetisch läßt sich die innere Reibung als *Impulstransport* quer zur Strömungsrichtung deuten. Durch die thermische Bewegung der Moleküle tauschen benachbarte, mit unterschiedlicher Geschwindigkeit strömende Flüssigkeitsschichten Moleküle aus (Bild 9-6). Dadurch gelangen aus der langsamer strömenden Schicht Moleküle mit entsprechend niedrigem Strömungsimpuls in die benachbarte, schneller strömende Schicht und erniedrigen damit dort die mittlere Strömungsgeschwindigkeit. In umgekehrter Richtung gelangen Moleküle mit höherem Strömungsimpuls aus der schneller strömenden in die langsamer strömende Schicht und erhöhen dort die mittlere Strömungsgeschwindigkeit.

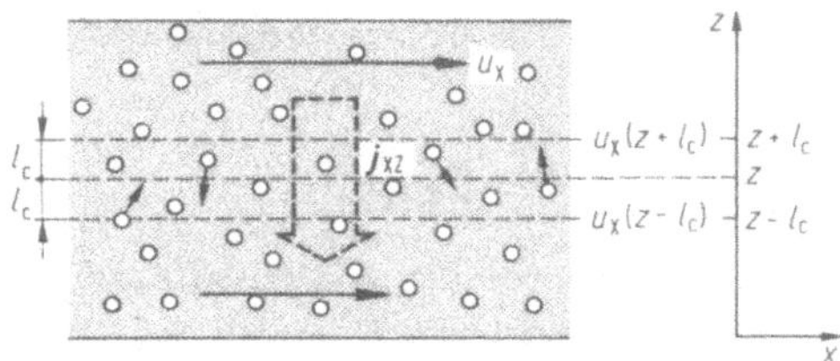

Bild 9-6: Impulstransport senkrecht zur Strömungsrichtung bei viskoser Strömung.

Um die ursprüngliche Geschwindigkeitsdifferenz aufrecht zu erhalten und die Wirkung des Impulsaustausches zu kompensieren, muß daher eine dementsprechende Schubspannung τ_x angewendet werden. Die Impulsstromdichte j_{xz}, d.h. der pro Flächen- und Zeiteinheit effektiv in $+z$-Richtung transportierte Strömungsimpuls ist nach dem Newtonschen Kraftgesetz (3.2-2) gleich der erzeugten Schub- oder Scherspannung τ_x:

$$j_{xz} \equiv \frac{\mathrm{d}p_x}{A\mathrm{d}t} = \tau_x \;. \qquad (9.4\text{-}1)$$

Andererseits ist die Impulsstromdichte analog zu den schon behandelten Transportvorgängen proportional zum Geschwindigkeitsgefälle $\mathrm{d}u_x/\mathrm{d}z$ anzusetzen:

$$j_{xz} \sim -\frac{\mathrm{d}u_x}{\mathrm{d}z} \;. \qquad (9.4\text{-}2)$$

Aus (9.4-1 u. -2) folgt das *Newtonsche Reibungsgesetz* der viskosen Strömung

$$\boxed{\tau_x = -\eta\,\frac{\mathrm{d}u_x}{\mathrm{d}z}} \;. \qquad (9.4\text{-}3)$$

η: *dynamische Viskosität* (auch: dynamische Zähigkeit).
SI-Einheit: $[\eta]$ = N s m^{-2} = kg m^{-1} s^{-1} = Pa s.
Bis 1977 gültige Einheit: Poise. Umrechnung: 1 P = 1 g cm^{-1} s^{-1} = 0,1 Pa s, 1 cP = 1 mPa s.

Gelegentlich wird auch die auf die Dichte ρ bezogene Größe verwendet:
$\nu = \eta/\rho$: kinematische Viskosität oder Zähigkeit.

Flüssigkeiten, für die der Ansatz (9.4-3) streng gilt, werden Newtonsche oder rein viskose Flüssigkeiten genannt. Die Viskosität ist stark temperaturabhängig (Motorenöle!). Bei manchen zähen Medien hängt die Viskosität auch von der Geschwindigkeit der Schubbeanspruchung ab: η steigt (Honig, spezielle Polymerkitte) oder sinkt mit u (Margarine, thixotrope Farben).

Viskosität in Gasen

In analoger Weise wie bei der Selbstdiffusion und bei der Wärmeleitung von Gasen kann die Viskosität von Gasen mit Hilfe der obigen Vorstellung des thermischen Impulstransportes senkrecht zur Strömungsrichtung durch eine Impulsstrombilanz über die mittlere freie Weglänge berechnet werden. Im Mittel bewegen sich 1/6 der Moleküle thermisch in $+z$-Richtung und 1/6 in $-z$-Richtung. Durch eine Ebene $z = \text{const}$ (Bild 9-6) bewegen sich in $+z$-Richtung Moleküle (Teilchenstromdichte $n\bar{v}$), die im Durchschnitt in der Ebene $z - l_c = \text{const}$ den letzten Stoß erlitten haben und daher einen Strömungsimpuls $m\,u_x(z - l_c)$ haben. Die mit diesem Teilchenstrom in $+z$-Richtung verbundene Impulsstromdichte ist also $n\bar{v}m\,u_x(z - l_c)/6$. Entsprechendes gilt für die $-z$-Richtung. Für die Netto-Impulsstromdichte senkrecht zur Strömungsrichtung folgt daher analog zu (9.2-4) und (9.3-5)

$$j_{xz} = \frac{1}{6}\,n\bar{v}m\left[-2\,l_c\,\frac{\partial u_x}{\partial z}\right]. \tag{9.4-4}$$

Der Vergleich mit (9.4-3) ergibt für die *dynamische Viskosität von Gasen*

$$\boxed{\eta = \frac{1}{3}\,n\bar{v}m\,l_c}\,. \tag{9.4-5}$$

Da $l_c \sim n^{-1} \sim p^{-1}$ ist, ist die Zähigkeit von Gasen ebenso wie die Wärmeleitfähigkeit unabhängig vom Druck p, steigt aber wegen $\bar{v} \sim \sqrt{T}$ mit der Temperatur an. Auch hier gilt die Einschränkung, daß die Unabhängigkeit vom Druck nur solange zutrifft, wie die mittlere freie Weglänge klein gegen die Abstände der begrenzenden Flächen ist. Für sehr kleine Gasdrucke geht dagegen die Zähigkeit nach Null.

Zum anderen gilt für alle drei Transportkoeffizienten für Gase, daß die obigen Herleitungen nur gelten, solange die mittlere freie Weglänge groß gegen den Molekülradius ist, sodaß nur Zweiteilchenstöße eine Rolle spielen. Trifft dies nicht mehr zu, etwa bei Flüssigkeiten, so sind die oben abgeleiteten Ausdrücke für die Transportkoeffizienten nicht mehr richtig. Beispielsweise nimmt die Viskosität bei Flüssigkeiten mit steigender Temperatur nicht zu (wie bei Gasen), sondern ab.

Für den Quotienten aus Wärmeleitfähigkeit und Viskosität von Gasen ergibt sich aus (9.3-6) und (9.4-5) nach Erweiterung mit der Avogadro-Konstanten N_A und unter Berücksichtigung von (8.3-3), (8.6-9) sowie von $kN_A = R$ und $mN_A = M$ die Beziehung

$$\frac{\lambda}{\eta} = \frac{C_{mV}}{M}\,, \tag{9.4-6}$$

die experimentell näherungsweise bestätigt wird. Abweichungen ergeben sich vor allem bei der Wärmeleitfähigkeit dadurch, daß bei der Ableitung in

9.3 die Verteilung der Molekülgeschwindigkeiten nicht berücksichtigt wurde, obwohl die schnellen Moleküle in der Verteilung für die Wärmeleitung besonders wichtig sind.

Laminare Strömung viskoser Flüssigkeiten an festen Grenzflächen

Strömungen ohne Wirbelbildung, bei denen die einzelnen Flüssigkeitsschichten sich nebeneinander bewegen, und die vorwiegend durch die Viskosität der Flüssigkeit bestimmt sind, werden *laminare* oder *schlichte Strömungen* genannt. Bei viskosen Strömungen entlang festen Grenzflächen kann angenommen werden, daß die an die Platten angrenzenden Flüssigkeitsschichten an diesen haften.

Für eine Flüssigkeitsschicht der Dicke D zwischen zwei Platten mit Lineardimensionen $\gg D$ bildet sich nach (9.4-3) ein lineares Geschwindigkeitsgefälle aus, wenn die eine Platte parallel zur anderen mit einer Geschwindigkeit u_0 bewegt wird (Bild 9-7).

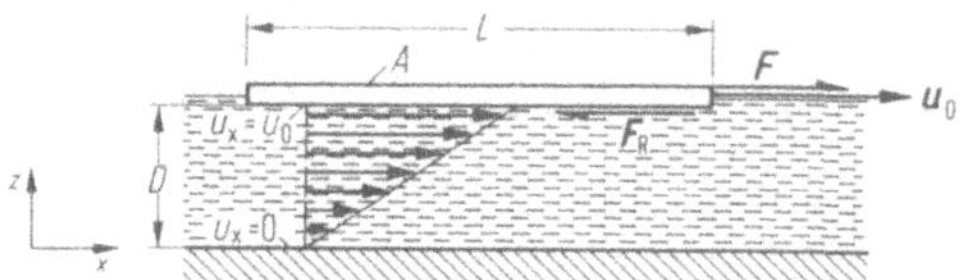

Bild 9-7: Lineares Geschwindigkeitsgefälle in einem fluiden Medium zwischen zwei gegeneinander bewegten Grenzflächen.

Aus (9.4-3) folgt für die zur Aufrechterhaltung der Geschwindigkeit u_0 der oberen Platte gegen die Reibungskraft $F_R = -F$ notwendige Schubkraft $F = \tau_x A$

$$\boxed{F = \eta A \frac{u_0}{D}} \, . \tag{9.4-7}$$

Bei einer gemäß Bild 9-7 bewegten Platte der Fläche A mit Dimensionen L (z.B. Schleppkahn der Länge L), die vergleichbar oder kleiner als D sind, wird die Dicke der Schicht mit etwa linearem Geschwindigkeitsgefälle begrenzt sein. Die bewegte Platte schleppt dann eine Grenzschicht mit sich, deren Dicke δ sich nach Prandtl mit folgender Überlegung abschätzen läßt: Für eine vorwiegend durch Reibung kontrollierte Strömung läßt sich annehmen, daß die Reibungsarbeit W_R größer als die kinetische Energie E_k der bewegten Flüssigkeit ist. Um eine Platte der Fläche A um ihre eigene Länge L zu verschieben, muß die Reibungsarbeit

$$W_R = \eta A \frac{u_0}{\delta} L \tag{9.4-8}$$

aufgebracht werden. Die kinetische Energie der mitbewegten Flüssigkeitsmenge läßt sich durch Integration über alle schichtförmigen Massenelemente $dm = \rho A \, dz$ mit der Geschwindigkeit $u = u_0 z/\delta$ zwischen $z = 0$ und $z = \delta$

bestimmen zu

$$E_k = \frac{1}{6} A \rho \delta u_0^2 . \tag{9.4-9}$$

Aus der Bedingung $W_R > E_k$ folgt dann für die *Dicke der Grenzschicht* der laminaren Strömung

$$\delta < \sqrt{6 \frac{\eta L}{\rho u_0}} . \tag{9.4-10}$$

Außerhalb der Grenzschicht kann die Strömung in erster Näherung als ungestört (im betrachteten Falle also als ruhend) angenommen werden. Mit steigender Geschwindigkeit u_0 nimmt die Dicke der Grenzschicht ab. Zur Abschätzung des Strömungswiderstandes eines Schiffes oder eines Flugzeuges der Länge L kann angenommen werden, daß der umströmte Körper von einer Grenzschicht der Dicke $\delta \approx (\eta L / \rho u_0)^{0,5}$ umgeben ist, innerhalb der die Strömungsgeschwindigkeit sich von u_0 etwa linear auf 0 ändert.

Die Grenzschicht spielt eine wichtige Rolle bei realen Strömungen, wo sie die Bereiche angenähert idealer Strömung mit der Grenzbedingung der viskosen Strömung verknüpft, daß die unmittelbar an einen umströmten Körper angrenzende Flüssigkeit an diesem haftet (siehe 10.2).

Auch *Rohrströmungen* lassen sich mit Hilfe des Newtonschen Reibungsgesetzes (9.4-3) berechnen:
Die durch die Viskosität bei an der Rohrwand haftender Flüssigkeit auftretende Reibungskraft muß im stationären Fall durch ein Druckgefälle $\Delta p = p_1 - p_2$ überwunden werden. Die zur Überwindung der Viskosität notwendige Kraft auf das Ende eines Flüssigkeitszylinders vom Radius $r < R$ (R: Rohrradius, siehe Bild 9-8) beträgt nach (9.4-3) bzw. (9.4-7)

$$F = \pi r^2 \Delta p = -\eta A \frac{du}{dr} .$$

Mit der Mantelfläche $A = 2\pi r l$ des Flüssigkeitszylinders folgt daraus für $u(r)$ nach Integration von $r = 0$ bis $r = R$ ein parabelförmiges Strömungsgeschwindigkeitsprofil (Bild 9-8):

$$u = \frac{\Delta p}{4\eta l}(R^2 - r^2) . \tag{9.4-11}$$

Die über die Querschnittsfläche des Rohres gemittelte Strömungsgeschwindigkeit $\overline{u} = \int u \, dA / \int dA$ ergibt sich aus (9.4-11) mit $dA = 2\pi r \, dr$ (Bild 9-8) zu

$$\overline{u} = \frac{\Delta p}{8\eta l} R^2 , \tag{9.4-12}$$

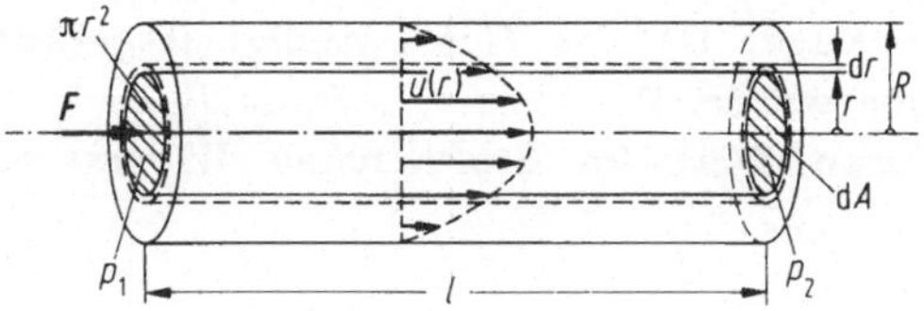

Bild 9-8: Laminare Strömung durch ein Rohr.

die demnach halb so groß ist wie die sich aus (9.4-11) im Rohrzentrum ($r = 0$) ergebende maximale Strömungsgeschwindigkeit. Daraus erhält man das in der Zeit t durch das Rohr strömende Flüssigkeitsvolumen $V = A\bar{u}t$ bzw. den Volumendurchsatz (*Hagen–Poiseuillesches Gesetz*):

$$Q = \frac{V}{t} = \frac{\pi \Delta p R^4}{8\eta l}, \tag{9.4-13}$$

der durch den starken Anstieg mit dem Rohrradius R gekennzeichnet ist. Aus der Druckdifferenz Δp in (9.4-12) läßt sich der Reibungswiderstand bei der viskosen Strömung durch ein Rohr bestimmen:

$$\boxed{F_R = -8\pi\eta l\bar{u}}\ . \tag{9.4-14}$$

Der Druckabfall in einem Rohr mit konstantem Querschnitt ist daher proportional zur Länge, wie sich experimentell leicht mittels Steigrohrmanometern zeigen läßt (Bild 9-9).

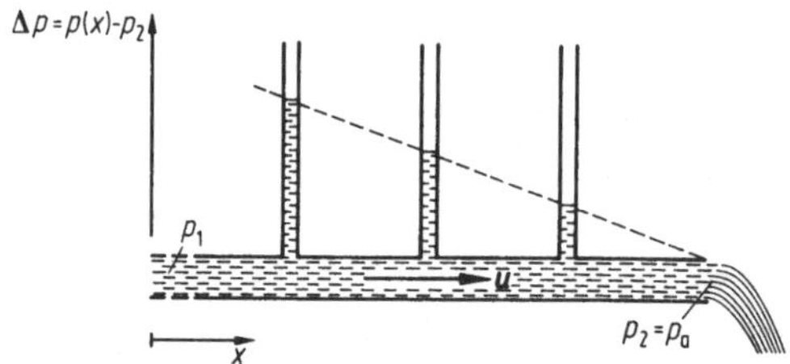

Bild 9-9: Linearer Druckabfall in einem Rohr mit konstantem Querschnitt.

Bei der *laminaren Umströmung einer Kugel* durch eine viskose Flüssigkeit möge die Strömungsgeschwindigkeit im ungestörten Bereich $\boldsymbol{u}$ betragen. Die an die Kugeloberfläche angrenzende Flüssigkeitsschicht haftet an der Kugel, wodurch in einem Störungsbereich der Größenordnung r ein Geschwindigkeitsgefälle $du/dz \approx u/r$ auftritt (Bild 9-10). An der Oberfläche $4\pi r^2$ der Kugel greift also nach (9.4-7) eine Reibungskraft

$$\boldsymbol{F}_R \approx \eta 4\pi r^2 \frac{\boldsymbol{u}}{r} \approx 4\pi\eta r \boldsymbol{u} \tag{9.4-15}$$

an, die durch eine entgegengesetzte äußere Kraft $\boldsymbol{F}$ gleichen Betrages kompensiert werden muß, um die Kugel am Ort zu halten (Bild 9-10).

Da die Kugel in ihrer Umgebung den Strömungsquerschnitt für die Flüssigkeit einengt, ist in der Realität die Strömungsgeschwindigkeit in der Nachbarschaft der Kugel größer (Kontinuitätsgleichung, siehe 10.1), d.h. direkt angrenzend an die Kugel ist das Geschwindigkeitsgefälle größer als für (9.4-15) angenommen wurde. Die exakte, aufwendigere Theorie liefert daher einen etwas größeren Wert im *Stokesschen Widerstandsgesetz* für die Kugel:

$$\boxed{\boldsymbol{F}_R = 6\pi\eta r \boldsymbol{u}}\ . \tag{9.4-16}$$

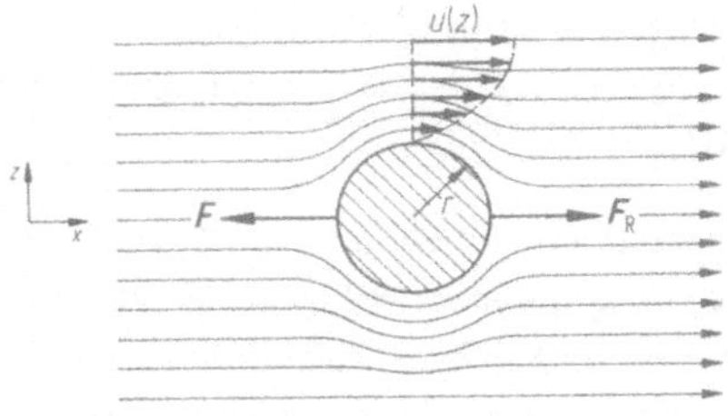

Bild 9-10: Viskose Umströmung einer Kugel.

Laminare und turbulente Rohrströmung

Anstelle der laminaren Hagen-Poiseuille-Strömung (9.4-11) kann in einem Rohr auch ein anderer Strömungszustand auftreten, der durch unregelmäßige, makroskopische Geschwindigkeitsschwankungen quer zur Hauptströmungsrichtung gekennzeichnet ist: *Turbulenz*. Reynolds hat dies durch Anfärbung eines Stromfadens in einer Rohrströmung gezeigt (Bild 9-11):

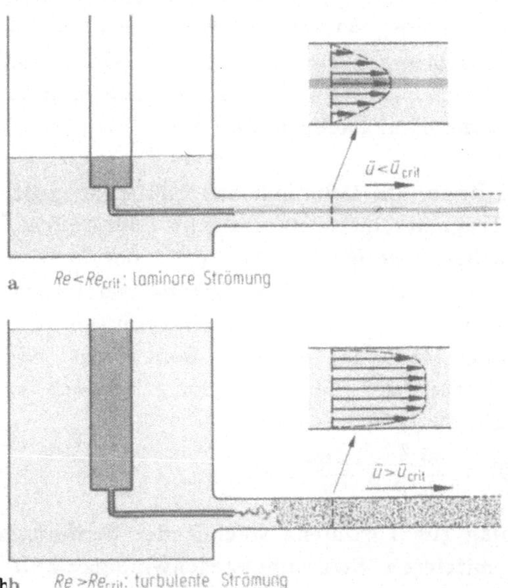

Bild 9-11: Reynoldsscher Strömungsversuch: laminare und turbulente Strömung.

Laminare Strömung: Bei niedrigen mittleren Strömungsgeschwindigkeiten u strömt die Flüssigkeit in Schichten, die sich nicht vermischen.

Turbulente Strömung: Wird bei steigender Strömungsgeschwindigkeit ein Grenzwert $\bar{u}_{crit}$ überschritten, so überlagern sich unregelmäßige Schwankungen, benachbarte Schichten verwirbeln sich, die Strömung wird stärker vermischt. Das Strömungsprofil ändert sich von einem parabolischen bei der laminaren Strömung zu einem ausgeglicheneren bei der turbulenten Strömung, bei der nur in der Nähe der Wand die Strömungsgeschwindigkeit stark abfällt (Bild 9-11).

Der Umschlagpunkt zwischen laminarer und turbulenter Strömung hängt nicht nur von der Strömungsgeschwindigkeit $\bar{u}$ ab, sondern auch vom Rohrradius R und von der kinematischen Zähigkeit $\nu = \eta/\rho$ in der Weise ab, daß die dimensionslose Kombination dieser drei Größen ein Kriterium für den Strömungszustand darstellt, die sog. *Reynolds-Zahl*:

$$\boxed{Re \equiv \frac{\bar{u}R}{\nu} = \frac{\rho \bar{u} R}{\eta}} \,. \tag{9.4-17}$$

Für andere Strömungsgeometrien muß der Rohrradius R durch eine andere charakteristische Länge L ersetzt werden. Damit lautet das *Reynoldssche Turbulenzkriterium*:

$$\begin{aligned} &Re < Re_{crit}\text{: laminare Strömung,} \\ &Re > Re_{crit}\text{: turbulente Strömung.} \end{aligned} \tag{9.4-18}$$

Die kritische Reynoldszahl Re_{crit} muß experimentell bestimmt werden. Für die Rohrströmung gilt $Re_{crit} \approx 1200$. Bei besonders sorgfältiger Vermeidung jeglicher Strömungsstörungen sind jedoch auch wesentlich höhere kritische Reynoldszahlen möglich. Die Reynoldszahl Re bestimmt ferner das Ähnlichkeitsgesetz für Strömungen (siehe 10.2).

Das Reynoldssche Kriterium läßt sich anschaulich begründen aus dem Verhältnis zwischen Trägheitseinfluß (kinetische Energie $\sim \rho u^2$) und Zähigkeitseinfluß (Reibungsarbeit $\sim \eta u/R$): Bei Störungen der laminaren Strömung treten Druckänderungen aufgrund des Trägheitseinflusses (Bernoulli-Gleichung, siehe 10.1) auf, die die Störung verstärken. Die allein trägheitsbestimmte Strömung ist daher instabil. Dem wirkt jedoch die Viskosität entgegen. Das Einsetzen der Turbulenz hängt danach vom Verhältnis der beiden Einflüsse ab, d.h. von

$$\frac{\text{Trägheitseinfluß}}{\text{Reibungseinfluß}} \sim \frac{\rho u^2}{\eta u/R} = \frac{\rho R u}{\eta} = Re \,. \tag{9.4-19}$$

Nach dem Umschlag zur Turbulenz wächst der Strömungswiderstand nicht mehr linear zur mittleren Strömungsgeschwindigkeit $\bar{u}$ an, wie bei der laminaren Strömung, z. B. (9.4-14) oder (9.4-16), sondern mit $\bar{u}^2$ (siehe 10.2), also wesentlich stärker. Turbulente Strömung muß also dort vermieden werden, wo es auf minimalen Strömungswiderstand ankommt (Blutkreislauf, Pipelines). Bei Heizungs- oder Kühlröhren ist dagegen Turbulenz erwünscht wegen des besseren Wärmeaustausches zwischen Flüssigkeit und Heizkörperwand.

10 Hydro- und Aerodynamik

In der Hydro- bzw. Aerodynamik werden die Bewegungsgesetze von Flüssigkeiten und Gasen, d.h. von sogenannten *Fluiden* behandelt, sowie die Wechselwirkung der strömenden Fluide mit umströmten festen Körpern oder mit berandenden festen Wänden. Die Fluide werden dabei als kontinuierliche Medien betrachtet, die den verfügbaren Raum erfüllen. Flüssigkeiten und Gase unterscheiden sich im Sinne der Hydrodynamik lediglich durch die Druckabhängigkeit ihrer Dichte: Flüssigkeiten sind praktisch inkompressibel (z.B. Wasser: ca. 4 % Volumenverringerung bei Druckerhöhung um 1000 bar), bei Gasen ist die Dichte eine Funktion des Druckes.

Für jedes Volumenelement gilt die Newtonsche Bewegungsgleichung (3.2-1) bzw. (3.2-2), wonach die Beschleunigung aus der Summe der angreifenden Kräfte resultiert. Dazu zählen

- Volumenkräfte, das sind äußere Kräfte, die dem Volumen (der Masse) des Flüssigkeitselementes proportional sind (z.B. Schwerkraft),
- Druckkräfte, die auf ein Flüssigkeitselement durch benachbarte Elemente infolge eines Druckgefälles ausgeübt werden, und die senkrecht auf die Oberfläche des betrachteten Elementes wirken,
- Reibungskräfte, die tangential zur Oberfläche des betrachteten Flüssigkeitselementes wirken (Schub- bzw. Scherkräfte, siehe 9.4).

Unter Berücksichtigung dieser Anteile erhält man aus der Newtonschen Bewegungsgleichung die *Navier-Stokesschen Gleichungen*, die hier nicht behandelt werden können. Stattdessen sollen einige Sonderfälle betrachtet werden, bei denen zum leichteren Verständnis der Grundphänomene und zur Vereinfachung bestimmte Vernachlässigungen vorgenommen werden:

1. *Laminare Strömungen*: Hier werden äußere Volumenkräfte und Massenträgheitskräfte vernachlässigt. Das Strömungsverhalten wird allein durch die Reibungskräfte bestimmt. Die stationäre viskose Strömung wurde bereits in 9.4 behandelt.
2. *Turbulente Strömungen*: Hier sind die Massenträgheitskräfte von größerem Einfluß als die Reibungskräfte, vgl. 9.4, Reynoldskriterium. Über einzelne Aspekte der Wirbelbildung siehe 10.2.
3. *Strömungen idealer Flüssigkeiten*: Hier werden die Reibungskräfte vernachlässigt. Auf diesen Fall lassen sich viele Gesetze der Potentialtheorie übertragen: *Potentialströmung* = wirbel- und quellenfreie Strömung.

Potentialströmungen in inkompressiblen Medien lassen sich beliebig überlagern. Aus den Navier-Stokesschen Gleichungen werden dann die *Eulerschen Bewegungsgleichungen*, die in diesem Rahmen ebenfalls nicht behandelt werden können. Durch Integration der Eulerschen Bewegungsgleichung längs einer Stromlinie erhält man die *Bernoulli-Gleichung*, die sich auch aus einfachen Grundannahmen herleiten läßt, wie nachfolgend gezeigt wird, und viele Strömungsphänomene erklärt (10.1). Über die Änderungen, die durch die Viskosität bei der Beschreibung von Strömungen realer Flüssigkeiten bedingt sind, siehe 10.2.

Das Strömungsfeld kann durch Stromlinien und durch Bahnlinien beschrieben werden. Die Tangenten der Stromlinien geben die Geometrie des Geschwindigkeitsfeldes wieder. Die Bahnlinien beschreiben den Weg der einzelnen Flüssigkeitselemente. Für stationäre Strömungen sind Strom- und Bahnlinien identisch. Sie können in Flüssigkeiten durch Anfärben oder in Gasen mittels Rauchinjektionen sichtbar gemacht werden.

10.1 Strömungen idealer Flüssigkeiten

Um bestimmte Gesetzmäßigkeiten strömender Flüssigkeiten einfacher zu erkennen, werde zunächst von der Reibung, d.h. von der Viskosität (Zähigkeit) ganz abgesehen und die stationäre Strömung einer idealen Flüssigkeit der Dichte ρ durch ein Rohr mit örtlich variablem Querschnitt A betrachtet (Bild 10-1).

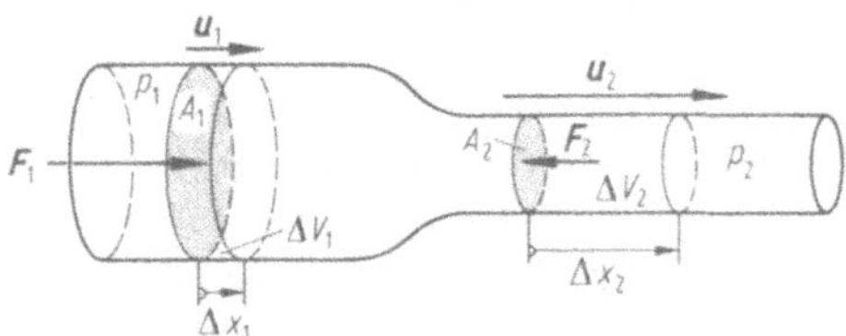

Bild 10-1: Zur Herleitung der Kontinuitätsgleichung und der Bernoulli-Gleichung.

Die in einer Zeit Δt durch einen Rohrquerschnitt A_1 strömende Flüssigkeitsmasse ist $\Delta m = \rho_1 \Delta V_1 = \rho_1 A_1 \Delta x_1 = \rho_1 A_1 u_1 \Delta t$. Entsprechendes gilt für einen anderen Rohrquerschnitt A_2. Für den stationären Zustand fordert die Massenerhaltung, daß der Massendurchsatz für jeden Querschnitt (z.B. für A_1 und A_2) gleich ist, sofern zwischen A_1 und A_2 keine Quellen oder Senken vorhanden sind. Daraus folgt die *Kontinuitätsgleichung*

$$\boxed{\rho_1 A_1 u_1 = \rho_2 A_2 u_2} \; . \qquad (10.1\text{-}1)$$

und für inkompressible Flüssigkeiten ($\rho_1 = \rho_2 = \rho$)

$$A_1 u_1 = A_2 u_2 \quad \text{bzw.} \quad \Delta V_1 = \Delta V_2 = \Delta V \; . \qquad (10.1\text{-}2)$$

In engeren Querschnitten ist also die Strömungsgeschwindigkeit größer als in weiten Querschnitten. Zwischen A_1 und A_2 findet daher eine Beschleunigung, eine Erhöhung der kinetischen Energie E_k statt, die durch ein Druckgefälle mit $p_1 > p_2$ bewirkt werden muß. Die Arbeit ΔW, die dabei zur Beschleunigung aufgewandt werden muß, beträgt unter Berücksichtigung der Kontinuitätsgleichung (10.1-2)

$$\Delta W = F_1 \Delta x_1 - F_2 \Delta x_2 = (p_1 - p_2) \Delta V \,. \tag{10.1-3}$$

Der Energiesatz $\Delta W = E_{k2} - E_{k1}$ liefert dann mit (4.1-2), (10.1-3) und mit $\Delta m / \Delta V = \rho$ entlang einer Stromlinie

$$p_1 + \frac{\rho}{2} u_1^2 = p_2 + \frac{\rho}{2} u_2^2 = p + p_{\mathrm{dyn}} = \mathrm{const} = p_{\mathrm{ges}} \,. \tag{10.1-4}$$

Bei einem im Schwerefeld geneigt stehenden Rohr muß außerdem die Änderung der potentiellen Energie mgz aufgebracht werden, wodurch als weiteres Glied in (10.1-4) der hydrostatische Druck ρgz auftritt. Die Druckbilanz für jeden Punkt einer Stromlinie ergibt die *Bernoulli-Gleichung*

$$\boxed{p + \frac{\rho}{2} u^2 + \rho g z = \mathrm{const} = p_{\mathrm{ges}}} \,. \tag{10.1-5}$$

Entlang einer Stromlinie ist die Summe aus statischem Druck p, dynamischem Druck (Staudruck) $p_{\mathrm{dyn}} = \rho u^2/2$ und Schweredruck ρgz konstant und gleich dem Gesamtdruck p_{ges}.

Die Koordinate z kann auch durch $-h$ ersetzt werden, wenn h die Tiefe unter der Flüssigkeitsoberfläche darstellt.

Obwohl für inkompressible ideale Flüssigkeiten hergeleitet, gilt die Bernoulli-Gleichung näherungsweise auch für reale Flüssigkeiten, und in Grenzen auch für Gase, da deren Kompressibilität sich erst für Strömungsgeschwindigkeiten in der Nähe der Schallgeschwindigkeit erheblich bemerkbar macht. Längs einer Stromlinie gilt sie sowohl für wirbelfreie als auch für wirbelhafte Strömungen. Der Gesamtdruck p_{ges} ist jedoch nur bei wirbelfreien Strömungen für alle Stromlinien gleich.

Die Messung von Gesamtdruck p_{ges}, statischem Druck p und dynamischem (Stau-) Druck $p_{\mathrm{dyn}} = \rho u^2/2$ läßt sich z.B. mit U-Rohr-Manometern durchführen (Bild 10-2). Dabei wird der Gesamtdruck gemessen, wenn die Strömung senkrecht auf die Meßöffnung trifft und $u = 0$ wird (Pitot-Rohr, Bild 10-2a), und der statische Druck, wenn die Meßöffnung tangential an einer Stelle ungestörter Strömung liegt (Druckmeßsonde, Bild 10-2b), jeweils gegen den Außendruck p_a. Die Differenz dieser beiden Drucke ergibt nach (10.1-4) den dynamischen Druck und wird mit dem Prandtlschen Staurohr gemessen (Bild 10-2c).

$$\Delta p = p_{\mathrm{ges}} - p = p_{\mathrm{dyn}} = \frac{\rho}{2} u^2 \,. \tag{10.1-6}$$

Damit kann die Messung des dynamischen Druckes beispielsweise zur Geschwindigkeitsbestimmung von Flugzeugen dienen.

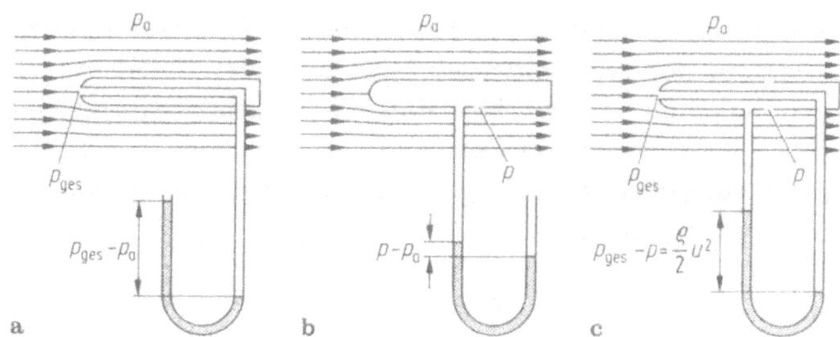

Bild 10-2: Strömungsdruckmessung: **a** Pitot-Rohr (Gesamtdruck), **b** Druckmeßsonde (statischer Druck) und **c** Prandtlsches Staurohr (Staudruck).

Einige Beispiele für die Anwendung der Bernoulli-Gleichung:

Ausfluß aus einem Druckgefäß

Die Ausflußgeschwindigkeit u aus einer engen Öffnung (Querschnitt A) eines Gefäßes, in dem durch einen Kolben (Querschnitt A_K) ein Überdruck Δp gegenüber dem Außendruck p_a aufrechterhalten wird (Bild 10-3a), läßt sich mit Hilfe des Energiesatzes oder einfacher aus der Bernoulli-Gleichung berechnen. Aufgrund der Kontinuitätsgleichung (10.1-2) und wegen $A_K \gg A$ kann die Strömungsgeschwindigkeit in Kolbennähe vernachlässigt werden. Für eine Stromlinie, die in Kolbennähe (1: statischer Druck $p_1 = p_a + \Delta p$) beginnt und durch die Ausflußöffnung (2: statischer Druck $p_2 = p_a$) geht, gilt dann nach Bernoulli (10.1-4)

$$p_a + \Delta p = p_a + \frac{\varrho}{2} u^2 \, ,$$

und daraus

$$u = \sqrt{\frac{2\Delta p}{\varrho}} \, . \tag{10.1-7}$$

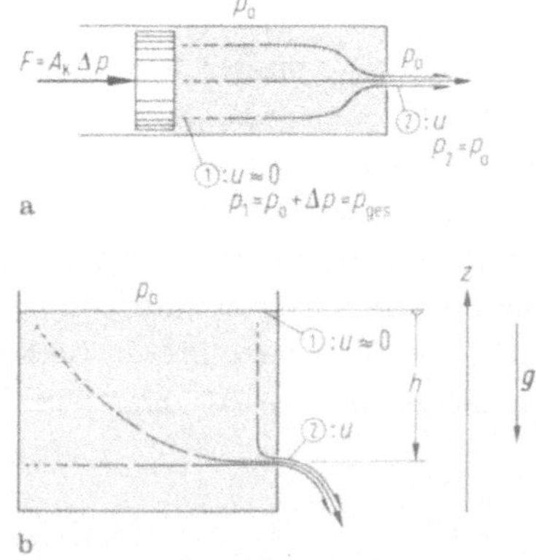

Bild 10-3: Ausströmung aus einem Druckgefäß. Ausflußdruck **a** durch einen Kolben, **b** durch den hydrostatischen Schweredruck erzeugt.

Für zwei verschiedene Gase bei gleichem Druck und gleicher Temperatur folgt aus der allgemeinen Gasgleichung (8.2-11) und mit $V_m = M/\rho$, daß die Molmasse $M \sim \rho$ ist. Aus (10.1-7) ergibt sich damit für das Verhältnis der Ausströmgeschwindigkeiten

$$\frac{u_1}{u_2} = \sqrt{\frac{\rho_2}{\rho_1}} = \sqrt{\frac{M_2}{M_1}}, \tag{10.1-8}$$

eine Beziehung, die im Effusiometer von Bunsen zur Molmassenbestimmung ausgenutzt wird.

Wird der Druck im Gefäß nicht durch einen Kolben erzeugt, sondern durch die Schwerkraft (Bild 10-3b), so muß Δp in (10.1-7) durch den hydrostatischen Druck $\rho g h$ ersetzt werden:

$$u = \sqrt{2gh}, \tag{10.1-9}$$

d.h. bei Vernachlässigung der Viskosität strömt die Flüssigkeit in der Tiefe h unter der Flüssigkeitsoberfläche aus einer Öffnung mit der gleichen Geschwindigkeit aus, als ob sie die Strecke h frei durchfallen hätte (vgl. (4.3-5)): Torricellisches Ausströmgesetz.

Strömung durch Querschnittsverengungen

In Querschnittseinschnürungen von Rohren ($A_0 \rightarrow A_e$) erhöht sich nach der Kontinuitätsgleichung (10.1-2) die Strömungsgeschwindigkeit von u_0 auf $u_e = u_0 A_0/A_e$. Infolgedessen ist nach der Bernoulli-Gleichung dort der statische Druck p_e geringer als im Normalquerschnitt des Rohres (p_0). Dies läßt sich experimentell durch Steigrohrmanometer zeigen (Bild 10-4), wobei bei realen Flüssigkeiten der lineare Druckabfall aufgrund der inneren Reibung überlagert ist (Bild 9-9).

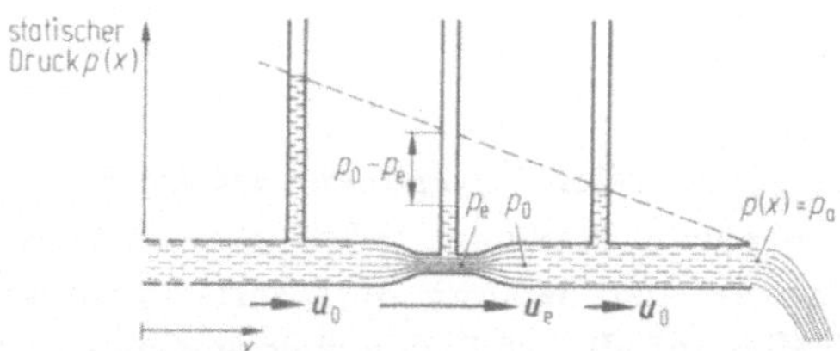

Bild 10-4: Druckerniedrigung in einer Rohrverengung.

Sieht man in der unmittelbaren Nachbarschaft der Verengung vom Druckabfall durch die innere Reibung ab, so ergibt sich aus der Bernoullischen Gleichung (10.1-4) für die lokale Druckerniedrigung

$$\Delta p = p_0 - p_e = \frac{\rho}{2}(u_e^2 - u_0^2) = \frac{\rho}{2}u_0^2\left[\left(\frac{A_0}{A_e}\right)^2 - 1\right]. \tag{10.1-10}$$

Für $A_e \ll A_0$ folgt daraus

$$p_e \approx p_0 - \frac{\rho}{2}u_0^2\left(\frac{A_0}{A_e}\right)^2, \tag{10.1-11}$$

d.h. bei genügend großem Querschnittsverhältnis A_0/A_e kann der statische Druck p_e in der Verengung auch kleiner als der Außendruck p_a werden. Dann verschwindet die Flüssigkeitssäule über der Verengung (Bild 10-4) völlig und es entsteht ein Unterdruck, das Steigrohr saugt aus der Umgebung Gas oder Flüssigkeit an, es wirkt als Pumpe. Das ist das Prinzip der *Wasser-* und *Dampfstrahlpumpen*, der Zerstäuber und Spritzpistolen, des Bunsenbrenners usw.
Eine Differenzmessung der statischen Drucke in und außerhalb der Verengung z.B. mit einem U-Rohrmanometer erlaubt auch die Bestimmung der Strömungsgeschwindigkeit u_0 im Rohr: *Venturi-Rohr*. Aus (10.1-10) folgt hierfür:

$$u_0 = \sqrt{\frac{2\Delta p A_e^2}{\rho(A_0^2 - A_e^2)}} \,. \tag{10.1-12}$$

Kavitation
Sinkt bei einer Strömung durch eine Rohrverengung (oder bei einem sehr schnell durch eine Flüssigkeit bewegten Körper) der statische Druck p_e lokal unter den Dampfdruck der Flüssigkeit p_d (siehe 8.4), so treten Dampfblasen auf, die in dahinterliegenden Strömungsbereichen mit höherem Druck implosionsartig wieder in sich zusammenfallen. Die entstehenden Druckstöße führen zu Zerstörungen angrenzender Oberflächen (Schiffsschrauben, Turbinen). Zur Vermeidung dieser sog. *Kavitation* muß die Bedingung

$$p_e = p_{ges} - \frac{\rho}{2} u_e^2 < p_d \tag{10.1-13}$$

eingehalten werden. Daraus ergibt sich als kritische Grenzgeschwindigkeit für das Auftreten der Kavitation

$$u_{crit} = \sqrt{\frac{2\,(p_{ges} - p_d)}{\rho}} \,. \tag{10.1-14}$$

Wandkräfte in Strömungen
Der statische Druck p_0 in freien Strömungen ist etwa gleich dem Druck p_a des umgebenden, ruhenden Mediums. Wird eine solche Strömung durch Wände eingeengt, so hat der dadurch dort verringerte statische Druck p_e oft unerwartete Kräfte auf die strömungsbegrenzenden Wände zur Folge. Wird z. B. eine Strömung durch bewegliche, gewölbte Flächen eingeengt (Bild 10-5), so entsteht eine Druckdifferenz Δp zwischen dem verringerten statischen Druck p_e und dem äußeren Druck p_a, wodurch die beiden Wände zusammengetrieben werden. Solche unerwarteten Seitenkräfte sind z.B. bei nebeneinander mit hoher Geschwindigkeit fahrenden Kraftfahrzeugen zu beachten.

Ähnlich unerwartet ist der als hydrodynamisches Paradoxon bezeichnete Effekt: Ein Gas- oder Flüssigkeitsstrahl, der aus einem Rohr gegen eine quergestellte, bewegliche Platte strömt (Bild 10-6), drückt diese nicht weg, sondern zieht sie im Gegenteil sogar an, weil die im zentralen Bereich hohe

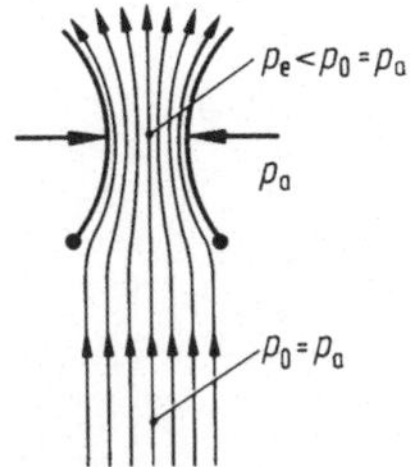

Bild 10-5: Seitenkräfte auf strömungseinengende Flächen.

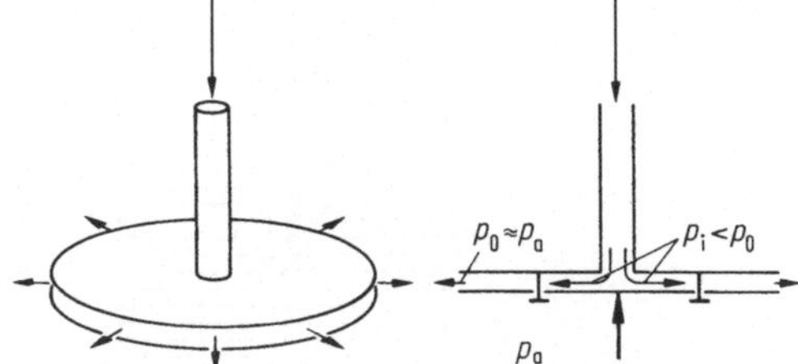

Bild 10-6: Hydrodynamisches Paradoxon.

Strömungsgeschwindigkeit einen kleineren statischen Druck p_i erzeugt als die geringe Strömungsgeschwindigkeit am Rande, wo der dort höhere statische Druck p_0 etwa dem Außendruck p_a entspricht. Im zentralen Bereich entsteht daher eine Druckdifferenz $\Delta p = p_a - p_i$, die die bewegliche Platte auf die Rohröffnung zutreibt.

Umströmte Körper in idealer Flüssigkeit

Bei der Umströmung eines Körpers, der symmetrisch zu einer Ebene parallel zu den ungestörten Stromlinien geformt ist (Kugel, Zylinder, Platte quer oder längs etc., Bilder 10-7 uund 10-8), weichen die Stromlinien symmetrisch zu dieser Ebene aus. Die Stromlinie, die die Trennungslinie zwischen den beiden Strömungsbereichen, die den Körper auf entgegengesetzten Seiten umströmen, darstellt, heißt *Staulinie*. Sie stößt auf der Anströmseite senkrecht auf die Körperoberfläche und startet auf der Rückseite ebenfalls senkrecht von der Körperoberfläche (Bild 10-7). An diesen Stellen, den *Staupunkten*, ist die Strömungsgeschwindigkeit $u = 0$, der dynamische Druck verschwindet demzufolge, und der statische Druck p_{stat} wird gleich dem Gesamtdruck p_{ges}: $p = p_{stat} = p_{ges}$. Am Äquator (Kugel, Bild 10-7) ist hingegen die Strömungsgeschwindigkeit maximal und der statische Druck $p_{äq}$ ein Minimum, kleiner als der statische Druck p_0 im ungestörten Strömungsbereich.

Bei symmetrischer Umströmung liegen die Staupunkte gegenüber, ebenso die Stellen niedrigsten Druckes. Die Druck- und Kraftverteilung ist daher vollständig symmetrisch, die resultierende Kraft auf den umströmten Kör-

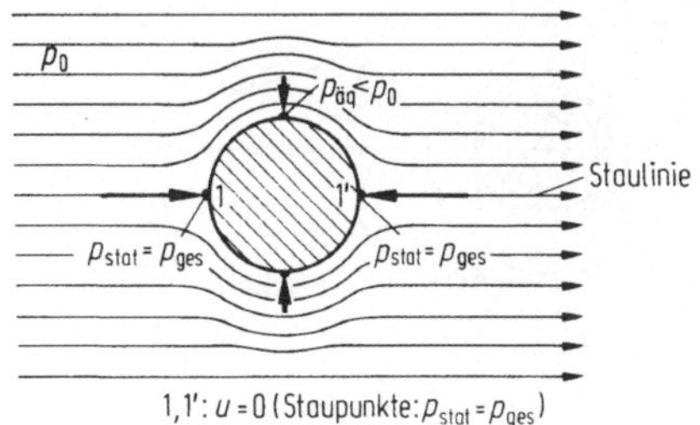

Bild 10-7: Umströmung von Kugel/Zylinder.

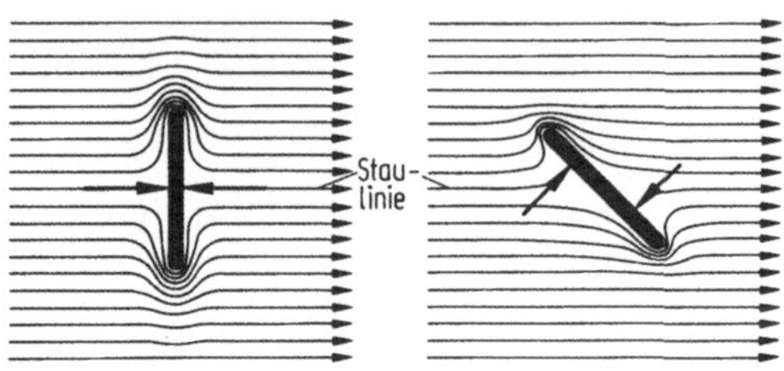

Bild 10-8: Symmetrische und unsymmetrische Umströmung einer Platte.

per verschwindet. D. h. symmetrisch geformte und orientierte Körper erfahren in einer Strömung einer idealen Flüssigkeit keine resultierende Kraft, bzw. sie lassen sich widerstandlos durch eine ideale Flüssigkeit ziehen. Dieses im Widerspruch zur Erfahrung mit realen Flüssigkeiten stehende Ergebnis muß deshalb noch modifiziert werden (siehe 10.2).

Bei unsymmetrisch geformten und/oder orientierten Körpern, z.B. einer schräg in der Strömung orientierten Platte (Bild 10-8), verschieben sich die Staupunkte gegeneinander. Die aus der Asymmetrie folgende Druckverteilung bewirkt das Auftreten eines resultierenden Kräftepaars und damit eines Drehmomentes, das den Körper soweit dreht, bis das Drehmoment verschwindet, d.h. die Platte senkrecht zur Strömung orientiert ist. Dieser Effekt läßt sich zur Bestimmung der Teilchengeschwindigkeit in Longitudinalwellen (Schallschnelle) durch Messen des Drehmomentes ausnutzen (Rayleigh-Scheibe).

Wirbel in idealen Flüssigkeiten

Wirbel sind rotierende Flüssigkeitsbewegungen mit in sich geschlossenen Stromlinien. Sie bestehen aus einem *Wirbelkern* mit dem Radius r_0, in dem im Idealfall (Rankinewirbel) die Flüssigkeit wie ein fester Körper mit einheitlicher Winkelgeschwindigkeit ω rotiert. Er ist umgeben von einer sog. *Zirkulationsströmung*, in der die Geschwindigkeit nach außen abnimmt, z.B. umgekehrt proportional zum Abstand r von der Wirbelachse (Bild 10-9):

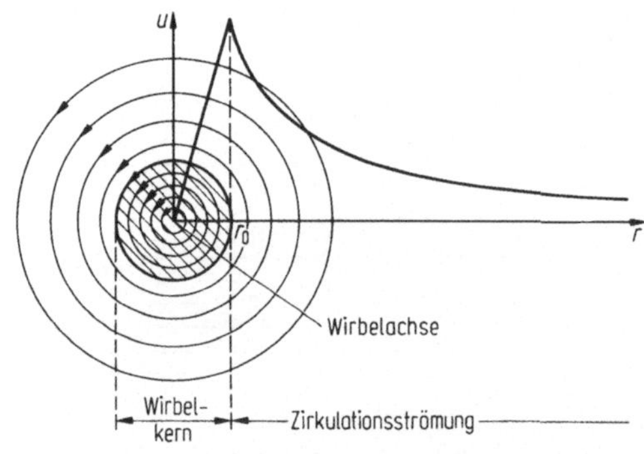

Bild 10-9: Aufbau eines Wirbels.

Wirbelkern: $r < r_0$: $u = \omega r$, (10.1-15)

Zirkulationsströmung: $r > r_0$: $u = \frac{k}{r} = \frac{\omega r_0^2}{r}$. (10.1-16)

Das Produkt aus Querschnittsfläche $A = \pi r_0^2$ des Wirbelkerns und seiner Winkelgeschwindigkeit ω heißt

Wirbelintensität: $J = A\omega = \pi\omega r_0{}^2$. (10.1-17)

Eine Größe, die eine Aussage über Wirbelzustände in einer Strömung macht, ist die Zirkulation:

$$\Gamma \equiv \oint_C \boldsymbol{u}\,\mathrm{d}\boldsymbol{s} \ . \tag{10.1-18}$$

Schließt der Integrationsweg C auch Wirbelkerne oder Teile davon ein, so ist die Zirkulation $\Gamma \neq 0$. Das trifft z.B. auch für viskose laminare Strömungen zu, etwa bei Bild 9-7. Solche Strömungen sind also wirbelbehaftet. Dagegen ist die Zirkulation in Strömungen idealer Flüssigkeiten außerhalb von Wirbelkernen null, wenn der Integrationsweg den Wirbelkern nicht umschließt, also auch in der Zirkulationsströmung, die den Wirbelkern umgibt. Die Aussage $\Gamma = 0$ ist gleichbedeutend mit der Aussage, daß der (hier nicht behandelte) Differentialoperator der Rotation von $\boldsymbol{u}$ verschwindet (rot $\boldsymbol{u} = 0$). Eine solche Strömung wird daher als wirbelfrei oder rotationsfrei bezeichnet. Da man sie dann mit Methoden der Potentialtheorie beschreiben kann, wird sie auch *Potentialströmung* genannt.

Wird die Zirkulation längs einer Linie gebildet, die den Wirbelkern vollständig umschließt, z.B. längs eines Kreises mit $r > r_0$ (Bild 10-9), so ergibt sich mit (10.1-17) die doppelte Wirbelintensität:

$$\Gamma = \oint \boldsymbol{u}\,\mathrm{d}\boldsymbol{s} = 2\pi\omega r_0^2 = 2J \ . \tag{10.1-19}$$

Der Zirkulationsbegriff ist wichtig zur Beschreibung von Kräften auf umströmte Körper, die quer zur Strömungsrichtung wirken (Magnuseffekt, Flugauftrieb etc., siehe 10.2).

Auf Helmholtz gehen die folgenden allgemeinen Aussagen über Wirbelströmungen in idealen Flüssigkeiten zurück (*Helmholtzsche Wirbelsätze*):

1. Satz von der räumlichen Konstanz der Wirbelintensität: Die Zirkulation Γ ist für jeden Querschnitt A senkrecht zur Wirbelachse konstant. Im Innern der Flüssigkeit können daher keine Wirbel beginnen oder enden: Wirbelachsen enden stets an Grenzflächen der Flüssigkeit (Wände, freie Oberflächen) oder sind in sich geschlossen (Wirbelringe).

2. Eine Wirbelröhre besteht dauernd aus denselben Flüssigkeitsteilchen: Wirbel haften an der Materie.

3. Satz von der zeitlichen Konstanz der Wirbelintensität: Die Zirkulation einer Wirbelröhre bleibt zeitlich konstant. In idealer, reibungsfreier Flüssigkeit können daher Wirbel weder entstehen noch verschwinden.

Die Wirbelsätze gelten angenähert auch für Fluide mit geringer Viskosität (z.B. für die Atmosphäre). Ändert sich der Wirbelquerschnitt A örtlich oder zeitlich, so ändert sich wegen der Konstanz der Wirbelintensität die Winkelgeschwindigkeit ω gemäß (10.1-17) und (10.1-19) umgekehrt proportional zu A. Die Einschnürung eines atmosphärischen Tiefdruckwirbels kann daher zu sehr hohen Windstärken führen.

10.2 Strömungen realer Flüssigkeiten

Strömungen realer Flüssigkeiten können näherungsweise umso besser durch die Bernoulli-Gleichung (10.1-4) oder (10.1-5) als Strömung idealer Flüssigkeiten beschrieben werden, je kleiner die Zähigkeit η ist. Diese Näherung versagt jedoch in der unmittelbaren Nachbarschaft einer angrenzenden Wand oder eines umströmten Körpers wegen der Grenzbedingung der viskosen Strömung, wonach die unmittelbar angrenzende Flüssigkeit an der Wand bzw. dem Körper haftet. Am Beispiel der umströmten Kugel zeigte sich im Falle der idealen Flüssigkeit ($\eta = 0$), daß am Kugeläquator die Strömungsgeschwindigkeit nach Bernoulli besonders hoch ist (10.1, Bild 10-7). Im Falle der viskosen Umströmung (siehe 9.4) ist hier dagegen wie an jedem anderen Oberflächenpunkt die Strömungsgeschwindigkeit 0!

Dieser Widerspruch löst sich nach Prandtl durch Berücksichtigung der Viskosität innerhalb einer Grenzschicht (siehe 9.4), in der die lokale Strömungsgeschwindigkeit von null an der Wand bzw. am Körper mit steigendem Abstand anfangs etwa linear bis auf den Wert in der daran angrenzenden Potentialströmung ansteigt (Bild 10-10). Die Dicke dieser Grenzschicht kann nach (9.4-10) abgeschätzt werden. Sie ist umso dünner, je kleiner die Zähigkeit und je größer die Strömungsgeschwindigkeit in der Potentialströmung ist.

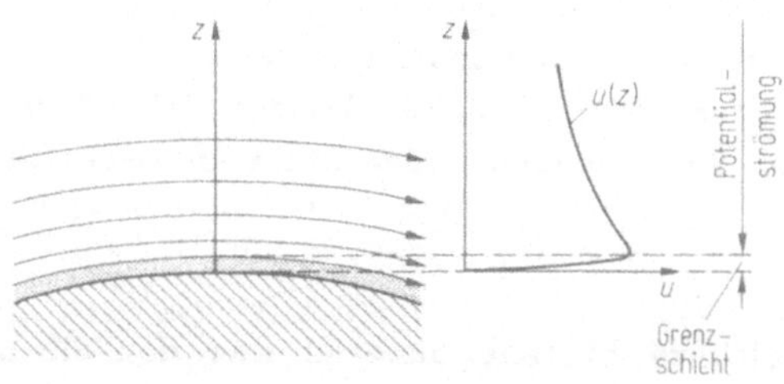

Bild 10-10: Prandtlsche Grenzschicht als Übergang zwischen viskoser Wandhaftung und idealer Strömung.

Die Änderung der Strömungsverhältnisse beim Übergang von der reibungsfreien, idealen Strömung zur Strömung in einer realen (nicht zu zähen) Flüssigkeit sei am Beispiel der Zylinderumströmung betrachtet (Bild 10-11). Auf der Anströmseite entspricht das Strömungsbild qualitativ demjenigen der Potentialströmung (ähnlich Bild 10-7), wobei zusätzlich die viskose Grenzschicht zwischen der Zylinderoberfläche und der Potentialströmung anzunehmen ist. Ein Flüssigkeitselement, das dicht an der Staulinie entlangströmt und in die Grenzschicht gelangt, wird von dem Druckgefälle zwischen Staupunkt und dem Punkt maximaler Strömungsverdrängung beschleunigt. Aufgrund der Viskosität in der Grenzschicht erreicht es jedoch nicht die kinetische Energie, die erforderlich wäre, um das Flüssigkeitselement gegen den Druckanstieg auf der Rückseite des Zylinders wieder bis in die Nähe des hinteren Staupunktes zu bringen, es kommt vielmehr schon vorher zur Ruhe bzw. wird von weiter außen liegenden Stromfäden mitgenommen: *Grenzschichtablösung* . Die abgelösten Grenzschichten auf beiden Seiten umschließen das *Totwassergebiet* direkt hinter dem umströmten Körper, in dem die Bernoulli-Gleichung nicht angewandt werden kann. Zwischen Totwasser und äußerer Potentialströmung bilden sich Wirbel aus, wobei mit zunehmender Reynolds-Zahl (9.4-17) sich zunächst zwei Wirbel entgegengesetzten Drehsinns (Drehimpulserhaltung!) hinter dem Körper ausbilden. Bei höheren Reynolds-Zahlen werden diese Wirbel abwechselnd von der Strömung mitgenommen, es entsteht die *Karmansche Wirbelstraße* (Bild 10-11).

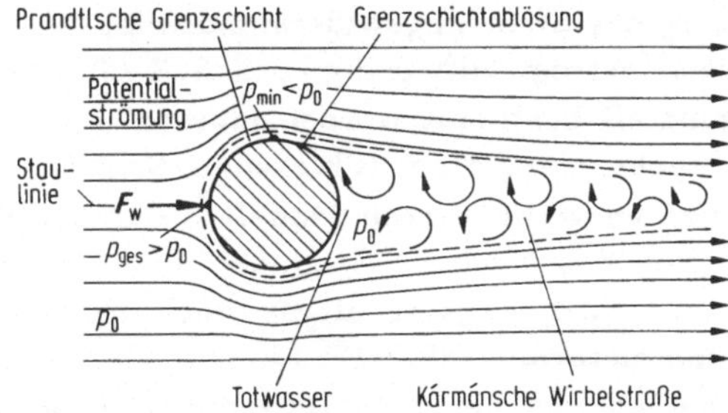

Bild 10-11: Umströmung eines Zylinders in einer realen Flüssigkeit.

Die Wirbel sorgen auch für einen Druckausgleich zwischen dem statischen Druck p_0 der ungestörten Strömung und der hinteren, an das Totwasser angrenzenden Körperoberfläche. Auf der Anströmseite herrscht dagegen der Gesamtdruck p_{ges} der Potentialströmung, sodaß auf einen beliebigen umströmten Körper eine maximale Druckdifferenz

$$\Delta p = p_{ges} - p_0 = \frac{\varrho}{2} u_0^2 \tag{10.2-1}$$

wirkt, die zu einer Widerstandskraft

$$\boxed{F_W = c_W A \Delta p = c_W A \frac{\varrho}{2} u_0^2} \tag{10.2-2}$$

führt. Hierin ist A die der Strömung dargebotene Querschnittsfläche des Körpers und c_W ein dimensionsloser Widerstandsbeiwert, der von der Form des umströmten Körpers abhängt (Bild 10-12). Er berücksichtigt einerseits, daß der statische Druck auf der Anströmseite nur am Staupunkt (und nicht auf der ganzen Querschnittsfläche A) gleich dem Gesamtdruck ist, und andererseits die von der Körperform abhängige Stärke der Wirbelbildung, deren Energie der Strömungsenergie entnommen werden muß und ebenfalls zu einem Strömungswiderstandsanteil führt. Bei gleichem Querschnitt A ist der Strömungswiderstand am kleinsten, wenn die Wirbelbildung unterdrückt wird. Dies kann dadurch geschehen, daß das Totwasser- und Wirbelgebiet durch den Körper selbst ausgefüllt wird: "Stromlinienkörper". Hierfür ist daher der Widerstandsbeiwert besonders klein (Bild 10-12). Im Gegensatz zur linearen Abhängigkeit des Strömungswiderstandes von der Geschwindigkeit bei der laminaren Strömung (9.4-7), (9.4-14) und (9.4-16) ist nach (10.2-2) bei der turbulenten Strömung der Strömungswiderstand proportional zum Quadrat der Strömungsgeschwindigkeit.

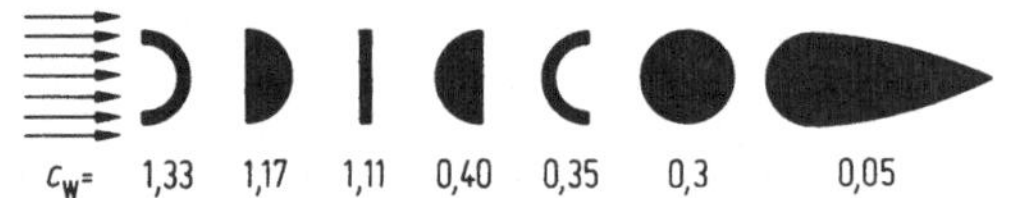

Bild 10-12: Widerstandsbeiwerte verschiedener Strömungskörper.

Hydrodynamisch ähnliche Strömungen

Die exakte Berechnung des Strömungswiderstandes ist bereits bei einfachen Körpern mathematisch extrem aufwendig, sodaß Strömungswiderstände im allgemeinen experimentell bestimmt werden müssen. Bei extremen Abmessungen der zu untersuchenden Körper (Flugzeuge, Schiffe, Kühltürme) müssen solche Messungen an verkleinerten Modellen durchgeführt werden. Die geometrische Ähnlichkeit zwischen Original- und Modellkörper reicht jedoch hinsichtlich des Strömungsverhaltens noch nicht. Es müssen auch die auftretenden Energieformen (kinetische Energie, Reibungsarbeit) bei der Originalströmung und bei der Modellströmung im gleichen Verhältnis zueinander stehen. Dieses Verhältnis wird aber gerade durch die Reynolds-Zahl (9.4-19) gekennzeichnet. Daher gilt:

Zwei Strömungsvorgänge sind hydrodynamisch ähnlich, wenn ihre Reynolds-Zahlen

$$Re = \frac{\rho L u}{\eta} \tag{10.2-3}$$

gleich sind. L ist hierin eine charakteristische Länge der Strömungsgeometrie, etwa der Rohrradius bei der Strömung durch ein Rohr oder der Kugelradius bei der Kugelumströmung.

Setzt man beispielsweise für die Reibungskraft bei der laminaren Kugelumströmung gemäß (9.4-16) formal die Beziehung (10.2-2) an, so erhält man aus dem Vergleich ($L = r$ = Kugelradius) für den Widerstandsbeiwert der

Kugel

$$c_W = 12 \frac{\eta}{\rho r u} = \frac{12}{Re} \,. \qquad (10.2\text{-}4)$$

Da ähnliche Strömungen gleiche Reynolds-Zahlen haben, haben sie nach (10.2-4) auch gleiche Widerstandsbeiwerte. Das gilt nicht nur für die Kugel.

Querkräfte durch überlagerte Zirkulationsströmungen

Bei der Umströmung eines Zylinders kann der Potentialströmung (ähnlich Bild 10-7) in realen Flüssigkeiten eine Zirkulationsströmung dadurch überlagert werden, daß der Zylinder mit einer Winkelgeschwindigkeit ω rotiert und die angrenzende Flüssigkeit durch Reibung mitnimmt. Das resultierende Strömungsbild läßt sich durch Addition der Geschwindigkeitsvektoren beider Strömungen an jedem Ort gewinnen (Bild 10-13). Der Maximalgeschwindigkeit u_m der Potentialströmung am Zylinder überlagert sich die Oberflächengeschwindigkeit ωr des rotierenden Zylinders (Radius r), sodaß die Strömungsgeschwindigkeit oberhalb des Zylinders größer ist als unterhalb. Daraus ergibt sich, daß der statische Druck unterhalb des Zylinders größer ist als oberhalb. Die Druckdifferenz bewirkt eine Auftriebskraft senkrecht zur Anströmrichtung und zum Winkelgeschwindigkeitsvektor der Zylinderrotation: *Magnus-Effekt.*

Die Querkraft kann in folgender Weise abgeschätzt werden: Die Bernoulli-Gleichung (10.1-4) ergibt für die Druckdifferenz Δp an dem mit u_0 angeströmten Zylinder

$$\Delta p = p_{unt} - p_{ob} = \frac{\rho}{2}\left[(u_m + \omega r)^2 - (u_m - \omega r)^2\right] = 2\rho\omega r u_m \,. \qquad (10.2\text{-}5)$$

Die Potentialtheorie ergibt für den Zylinder $u_m = 2u_0$ (ohne Ableitung). Für einen Zylinder der Länge L (projizierte Fläche $A = 2rL$) folgt damit die Quer-

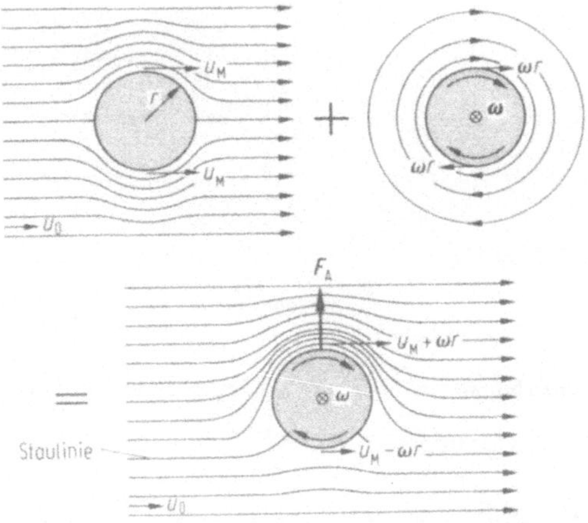

Bild 10-13: Überlagerung von Potential- und Zirkulationsströmung am angeströmten, rotierenden Zylinder (Magnus-Effekt).

kraft

$$F_A \approx A\Delta p = 8\omega r^2 \rho L u_0 \ . \qquad (10.2\text{-}6)$$

Diese Abschätzung liegt etwas zu hoch, da die Druckdifferenz nicht auf die ganze Fläche A mit dem Maximalwert (10.2-5) wirkt. Die Potentialtheorie liefert stattdessen

$$F_A = 2\pi\omega r^2 \rho L u_0 \quad \text{bzw. vektoriell} \quad \boldsymbol{F}_A = 2\pi\rho r^2 L \boldsymbol{u}_0 \times \boldsymbol{\omega} \ . \qquad (10.2\text{-}7)$$

Durch Einführung der Zirkulation Γ gemäß (10.1-18) folgt daraus die allgemeiner (z.B. auch für Tragflächen) gültige *Kutta-Joukowski-Formel*:

$$\boxed{F_A = \rho u_0 L \Gamma} \ . \qquad (10.2\text{-}8)$$

Bei Anströmung einer schrägen Platte durch eine reale Flüssigkeit erhält man (anders als bei der idealen Strömung Bild 10-8) ähnlich wie bei der Zylinderumströmung Bild 10-11 aufgrund von Reibungsverlusten eine Grenzschichtablösung in der Nähe des hinteren Staupunktes und eine dementsprechende Wirbelbildung. Durch geeignete Formgebung (Verrundung der vorderen Kante, scharfe hintere Kante: *Tragflächenprofil*, siehe Bild 10-14) kann die Geschwindigkeit der Kantenumströmung so beeinflußt werden, daß sich nur an der hinteren Kante ein Wirbel ausbildet, der zu Beginn der Strömung von dieser mitgenommen wird: *Anfahrwirbel*. Die Drehimpulserhaltung erfordert jedoch eine Gesamtzirkulation 0. Anstelle des oberen Wirbels mit entgegengesetztem Drehsinn entsteht bei dieser Geometrie eine Zirkulationsströmung entsprechenden Drehsinns um die Tragfläche herum, die sich der Anströmung überlagert und zu einem stationären Strömungsbild gemäß Bild 10-14 führt.

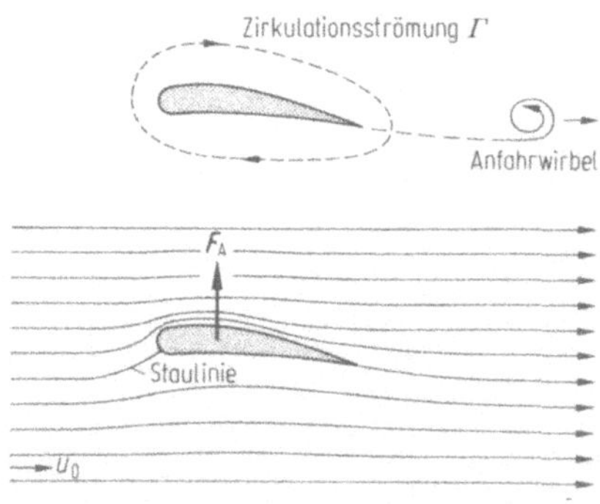

Bild 10-14: Tragflächenumströmung und -auftrieb als Ergebnis von Anfahrwirbel und Zirkulation.

Hieraus ergibt sich wiederum eine Querkraft ähnlich dem Magnuseffekt (Bild 10-13), die den *Tragflächen-Auftrieb* bewirkt. Die Auftriebskraft läßt sich ebenfalls durch die Kutta-Joukowski-Formel (10.2-8) beschreiben.

II WECHSELWIRKUNGEN und FELDER

Im vorangegangenen Abschnitt TEILCHEN und TEILCHENSYSTEME wurden die Bewegungsgesetze von Teilchen und Teilchensystemen unter der Einwirkung von Kräften (allgemeiner: Wechselwirkungen) behandelt, ohne die Art dieser Kräfte und ihre Quellen genauer zu untersuchen. Das soll nun in dem Abschnitt WECHSELWIRKUNGEN und FELDER erfolgen.

Übersicht über die fundamentalen Wechselwirkungen

Nach bisherigen Erkenntnissen lassen sich alle bekannten Kraftarten auf nicht mehr als vier fundamentale Wechselwirkungen zurückführen:

Gravitationswechselwirkung: Sie wirkt zwischen Massen und manifestiert sich z.B. in der Planetenbewegung oder in Form der Gewichtskraft (siehe 3.2.1). Obwohl die schwächste aller bekannten Wechselwirkungen (Tab. 11-1), ist sie als erste quantitativ untersucht worden (Fallgesetze, Kepler-Gesetze, Newtonsches Gravitationsgesetz). Das Kraftgesetz $F \sim r^{-2}$ (siehe 11.3) hat eine unendliche Reichweite zur Folge.

Elektromagnetische Wechselwirkung: Sie wirkt zwischen elektrischen Ladungen und ist die heute am besten verstandene Wechselwirkung. Chemische und biologische Prozesse, die Struktur kondensierter Materie, der überwiegende Teil der Technik beruhen auf elektromagnetischen Wechselwirkungen zwischen Elektronen und Atomkernen und zwischen Atomen untereinander. Das Kraftgesetz (Coulomb-Gesetz, siehe 12.1) zeigt wie bei der Gravitation eine Abstandsabhängigkeit $F \sim r^{-2}$, die wiederum zu einer unendlichen Reichweite führt.

Starke Wechselwirkung oder *Kernwechselwirkung*: Sie ist verantwortlich für die Bindungskräfte zwischen den Teilchen im Atomkern (Protonen, Neutronen: Nukleonen, siehe 17). Sie ist die Grundlage der Kernenergie und damit auch Ursache der Strahlungsenergie der Sonne. Die Reichweite der Kernkräfte ist von der Größenordnung des Kernradius.

Schwache Wechselwirkung: Leptonen (Elektronen, Positronen, siehe 17.5) zeigen keine starke Wechselwirkung, sondern eine um 14 Größenordnungen schwächere Wechselwirkung. Die schwache Wechselwirkung ist maßgebend bei Umwandlungen von Elementarteilchen, u. a. beim β-Zerfall, bei dem ein Neutron n ein Elektron e^- und ein Antineutrino $\bar{\nu}_e$ emittiert und sich in ein Proton p verwandelt, siehe (17.3-5).
Ein anderes Beispiel ist der schwache Prozeß (17.4-7), bei dem aus zwei Protonen ein Deuteriumkern ^2D, ein Positron e^+ und ein Neutrino ν_e entstehen: Er steuert den Brennzyklus der Sonne, insbesondere deren gleichmäßiges und langsames Brennen.
Die Reichweite der schwachen Wechselwirkung ist noch geringer als die der Kernkräfte.

Bei der Gravitationswechselwirkung und bei der elektromagnetischen Wechselwirkung können sich wegen der bis ins Unendliche gehenden Reichweite die Kräfte vieler Teilchen zu makroskopisch meßbaren Kräften überlagern. Bei der starken und bei der schwachen Wechselwirkung ist das nicht möglich, da diese kaum über das erzeugende Teilchen hinausreichen. Das Kraftgesetz kann hier nur durch Teilchensonden (Streuexperimente, siehe 16.1.1) erschlossen werden.

Tabelle 11-1: Die fundamentalen Wechselwirkungen.

Wechselwirkung	Reichweite	relat. Stärke	Beispiel
Gravitation	∞	10^{-38}	Kräfte zwischen Himmelskörpern, z.B. Planetenbewegung
elektromagnetische Wechselwirkung	∞	10^{-2}	Kräfte zwischen elektrischen Ladungen, z.B. im Atom, im Molekül, in Festkörpern
starke Wechselwirkung	$10^{-15}...10^{-16}$m	1	Kräfte zwischen Nukleonen, z.B. im Atomkern
schwache Wechselwirkung	$<10^{-16}$ m	10^{-14}	Wechselwirkungen zwischen Elementarteilchen, z.B. beim Betazerfall

11 Gravitationswechselwirkung

11.1 Der Feldbegriff

Die Kraftgesetze für die Gravitationswechselwirkung zwischen zwei Punktmassen (Newtonsches Gravitationsgesetz, 11.3) oder für die elektrische Wechselwirkung zwischen zwei Punktkladungen (Coulomb-Gesetz, 12.1) sind typische Fernwirkungs-Gesetze, die keine Aussagen über die Vermittlung der Kraft machen. Nach der Nahwirkungstheorie (Faraday) geschieht hingegen die Kraftvermittlung mit Hilfe des Feld-Begriffes: Eine Punktmasse oder eine elektrische Ladung verändern den umgebenden Raum, indem sie ein (Gravitations- bzw. ein elektrisches) *Feld* erzeugen. Eine zweite Masse oder Ladung erfährt dann eine Kraft, die sich aus der lokalen Stärke des Feldes am Ort der zweiten Masse oder Ladung ergibt: *Feldstärke*. Im Falle der Gravitation ergibt sich die Kraft $\boldsymbol{F}$ in diesem Bild aus der Masse m und der Gravitationsfeldstärke $\boldsymbol{A}$ am Ort der Masse:

$$\boldsymbol{F} = m\boldsymbol{A}\,. \qquad (11.1\text{-}1)$$

Die räumliche Richtungsverteilung der Kraft bzw. der Feldstärke in einem solchen Vektorfeld läßt sich besonders anschaulich durch das Feldlinienbild beschreiben: Kraftlinien oder *Feldlinien* sind Raumkurven, deren Tangenten an jeder Stelle P mit der Richtung des Feldstärkevektors $\boldsymbol{A}$ bzw. der Kraft $\boldsymbol{F}$ an dieser Stelle übereinstimmt (Bild 11-1).

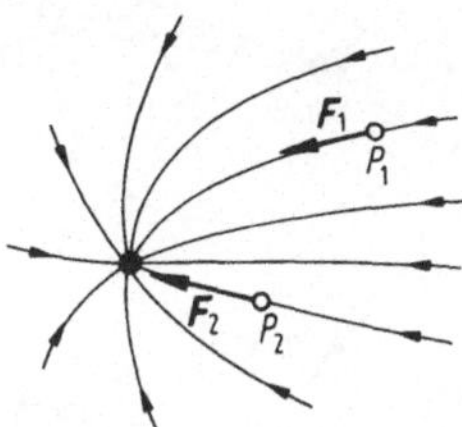

Bild 11-1: Feldliniendarstellung eines Kraftfeldes, das von einer Punktquelle ausgeht.

11.2 Planetenbewegung: Kepler-Gesetze

Die Beobachtung der Gestirnsbahnen und insbesondere der Planetenbahnen durch den Menschen auf der Erde favorisierte das *geozentrische Welt-*

system (Aristoteles, 384–322 v. Chr.), das die zentrale Stellung der Erde auch philosophisch festlegte. Eine einigermaßen genaue Beschreibung der Planetenbahnen war in diesem System allerdings nur durch komplizierte Epizykloiden möglich (Ptolemäus, um 100–160 n. Chr.).

Eine einfachere Beschreibung der Planetenbahnen gelang Kopernikus (1473–1543) durch Einführung des *heliozentrischen Weltsystems*, dessen Ursprünge auf Heraklid (4. Jhdt. v. Chr.) und Aristarch von Samos (3. Jhdt. v. Chr.) zurückgehen. Danach ließen sich die Planetenbahnen näherungsweise auf Kreisbahnen um die Sonne zurückführen. Gestützt auf die astronomischen Beobachtungen von Kopernikus und vor allem auf die noch ohne Fernrohr durchgeführten, sehr sorgfältigen Messungen von Tycho de Brahe (1546–1601) konnte Kepler (1571–1630) drei empirische Gesetzmäßigkeiten über die Bewegung der Planeten gewinnen, die *Keplerschen Gesetze*:

1. *Keplersches Gesetz* (Astronomia nova 1609):
   Die Planetenbahnen sind Ellipsen, in deren gemeinsamen Brennpunkt die Sonne steht (Bild 11–2a).
2. *Keplersches Gesetz* (Astronomia nova 1609):
   Der Radiusvektor $\boldsymbol{r}$ des Planeten überstreicht in gleichen Zeiten Δt gleiche Flächen ΔS (*Flächensatz*, Bild 11–2b):

$$\frac{\mathrm{d}\boldsymbol{S}}{\mathrm{d}t} = \text{const} \,. \tag{11.2–2}$$

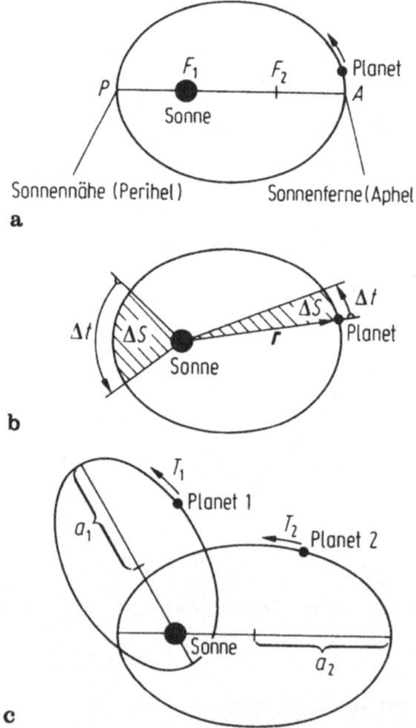

Bild 11-2: Kepler-Gesetze: **a** 1. Kepler-Gesetz über die Planetenbahnen. **b** 2. Kepler-Gesetz über den Flächensatz, **c** 3. Kepler-Gesetz über die Umlaufzeiten.

3. Keplersches Gesetz (Harmonices mundi 1619):

Die Quadrate der Umlaufzeiten T_i der Planeten verhalten sich wie die Kuben ihrer großen Bahnhalbachsen a_i (Bild 11-2c):

$$\frac{T_1^2}{T_2^2} = \frac{a_1^3}{a_2^3} \quad \text{bzw.} \quad T_i^2 = \text{const}\cdot a_i^3 \;, \tag{11.2-3}$$

wobei die Konstante für alle Planeten derselben Sonne gleich ist.

Das vom Radiusvektor $\boldsymbol{r}$ in der Zeit $\mathrm{d}t$ überstrichenen Flächenelement ist $\mathrm{d}\boldsymbol{S} = \boldsymbol{r} \times \mathrm{d}\boldsymbol{r}/2$ (Bild 11-3; zur Vermeidung einer Verwechslung mit der Gravitationsfeldstärke $\boldsymbol{A}$ wird hier für den Flächennormalenvektor der Buchstabe $\boldsymbol{S}$ verwendet). Der Drehimpuls $\boldsymbol{L}$ des Planeten der Masse m läßt sich damit ausdrücken durch die Flächengeschwindigkeit $\mathrm{d}\boldsymbol{S}/\mathrm{d}t$:

$$\boldsymbol{L} = \boldsymbol{r} \times m\boldsymbol{v} = m\left(\boldsymbol{r} \times \frac{\mathrm{d}\boldsymbol{r}}{\mathrm{d}t}\right) = 2m\frac{\mathrm{d}\boldsymbol{S}}{\mathrm{d}t} \;. \tag{11.2-4}$$

Der Flächensatz (11.2-2) ist daher eine Folge der Drehimpulserhaltung.

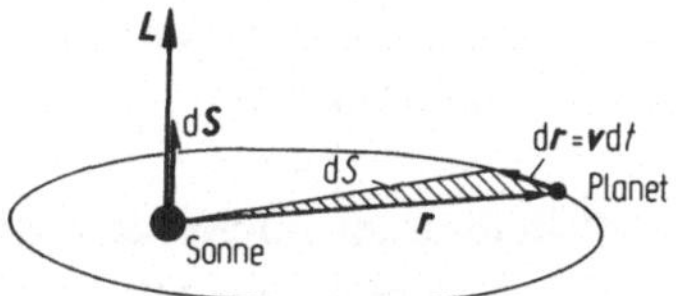

Bild 11-3: Zum Flächensatz (2. Kepler-Gesetz).

11.3 Newtons Gravitationsgesetz

Kepler hatte bereits die Vorstellung einer Anziehungskraft zwischen Planeten und Sonne entwickelt, die die Planeten entgegen ihrer Trägheit auf Ellipsenbahnen hält, und den Namen *Gravitation* hierfür eingeführt. Für den Fall der kreisförmigen Planetenbahn läßt sich die Gravitationskraft leicht aus den Keplerschen Gesetzen (siehe 11.2) herleiten:

Wegen der Gültigkeit des Flächensatzes (2. Keplersches Gesetz), d. h. der Drehimpulserhaltung, handelt es sich um eine Zentralkraft (vgl. 3.8). Die Zentripetalkraft auf den Planeten der Masse m in der Kreisbahn (Sonderfall des 1. Keplerschen Gesetzes) mit dem Radius r

$$F_{gv} = m\omega^2 r = \frac{4\pi^2 mr}{T^2} \tag{11.3-1}$$

wird durch die Gravitationsanziehung ausgeübt (Bild 11-4). Mit dem 3. Keplerschen Gesetz (11.2-3) und $a = r$ folgt daraus

$$F_{gv} = \text{const}\cdot\frac{m}{r^2} \;, \tag{11.3-2}$$

wobei die Konstante für alle Planeten einer Sonne der Masse M gleich ist (vgl. 11.2). Nach dem Reaktionsgesetz (3.3-1) ziehen sich die Massen M und m gegenseitig an, sodaß F_{gv} auch $\sim M$ sein muß. Aus (11.3-2) folgt dann in vektorieller Schreibweise das *Newtonsche Gravitationsgesetz*

$$\boxed{\boldsymbol{F}_{gv} = -G\,\frac{Mm}{r^2}\,\boldsymbol{r}^0} \quad . \tag{11.3-3}$$

$\boldsymbol{r}^0$: Einheitsvektor in Richtung des Radiusvektor (Bild 11-4).
$G = (6{,}67259 \pm 0{,}00085)\cdot 10^{-11}\,m^3 kg^{-1} s^{-2}$ $(= N\,m^2 kg^{-2})$: Gravitationskonstante.

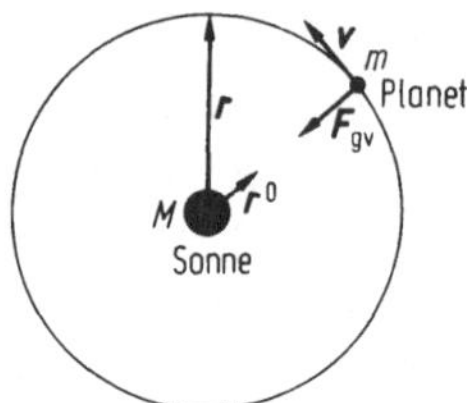

Bild 11-4: Zur Herleitung des Newtonschen Gravitationsgesetzes.

Newton hat 1665 gezeigt, daß aus dem Kraftgesetz $F \sim r^{-2}$ (11.3-3) die elliptischen Umlaufbahnen des 1. Keplerschen Gesetzes folgen, siehe 11.5 (Philosophiae naturalis prinzipia mathematica, 1687).

Die Gravitationskonstante G selbst ist nicht aus den Planetenbewegungen bestimmbar, sondern nur GM. Sie muß deshalb durch die direkte Messung der Anziehungskraft zwischen zwei bekannten Massen bestimmt werden. Obwohl die Gravitationsanziehung zwischen zwei wägbaren Massen außerordentlich klein ist, so daß sie normalerweise nicht bemerkt wird, kann sie mit der Drehwaage nach Cavendish (1798) gemessen werden (Bild 11-5). Im Prinzip wird dabei die Beschleunigung $\boldsymbol{a}$ einer kleinen Masse m infolge der Massenanziehung durch eine größere Masse M im Abstand r mit Hilfe eines langen Lichtzeigers gemessen und daraus die Gravitationskraft bestimmt.

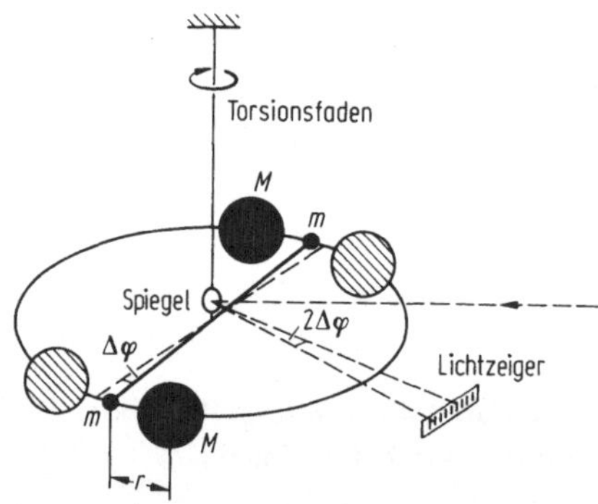

Bild 11-5: Gravitationsdrehwaage nach Cavendish. Die Massen M können in zwei symmetrische Positionen gebracht werden.

11.4 Das Gravitationsfeld

Die Geometrie eines Gravitationsfeldes läßt sich durch Feldlinien beschreiben, die die Richtung der *Gravitationsfeldstärke* $\boldsymbol{A}$ (11.1-1) in jedem Punkt angeben. Der Vergleich von (11.1-1) mit dem Newtonschen Kraftgesetz (3.2-1) zeigt, daß im Falle der Gravitation die Feldstärke gleich der durch sie bewirkten Gravitationsbeschleunigung $\boldsymbol{a}_{gv}$ auf eine Punktmasse m ist:

$$\boldsymbol{A} \equiv \frac{\boldsymbol{F}_{gv}}{m} = \boldsymbol{a}_{gv} \; . \tag{11.4-1}$$

SI-Einheit: $[\boldsymbol{A}] = [\boldsymbol{a}_{gv}] = \mathrm{m\,s^{-2}}$.
Aus dieser Definition von $\boldsymbol{A}$ und dem Gravitationsgesetz (11.3-3) folgt für die von einer Punktmasse M erzeugte Gravitationsfeldstärke

$$\boldsymbol{A} = \boldsymbol{a}_{gv} = -\,G\frac{M}{r^2}\boldsymbol{r}^0 \; . \tag{11.4-2}$$

Dieselbe Gravitationsfeldstärke herrscht im Außenraum einer kugelsymmetrischen, ausgedehnten Masse M vom Radius R, die demnach für $r > R$ dieselbe Gravitationsfeldstärke bzw. -beschleunigung erzeugt wie eine gleich große Punktmasse im Abstande r. Dies wird später im analogen Fall der homogen elektrisch geladenen Kugel gezeigt (12.2). Eine näherungsweise kugelsymmetrische Massenverteilung wie die Erde (Masse M_E, Erdradius $R_E = 6370$ km) zeigt daher an der Erdoberfläche eine Gravitationsbeschleunigung

$$\boldsymbol{a}_{gv}(R_E) = \boldsymbol{A}(R_E) = -\,G\frac{M_E}{R_E^{\,2}}\boldsymbol{r}^0 = \boldsymbol{g} \; , \tag{11.4-3}$$

die den Betrag der Fallbeschleunigung $g \approx 9{,}81\ \mathrm{m\,s^{-2}}$ hat. Aus (11.4-3) folgt dann sofort für die *Masse der Erde*

$$M_E = \frac{g R_E^{\,2}}{G} = 5{,}965 \cdot 10^{24}\ \mathrm{kg} \; . \tag{11.4-4}$$

Aufgrund der Kenntnis der Gravitationskonstanten G kann auch die Masse anderer Himmelskörper aus dem Abstand r und der Umlaufzeit T ihrer Satelliten bestimmt werden, z.B. im System Sonne - Planet oder Planet - Mond. Für Kreisbahnen folgt aus

$$F_{gv} = G\,\frac{Mm}{r^2} = m r \omega^2 = m r \frac{4\pi^2}{T^2} \tag{11.4-5}$$

für die Masse des Zentralkörpers ($M \gg m$)

$$M = \frac{4\pi^2 r^3}{G T^2} \; . \tag{11.4-6}$$

Aus (11.4-2) und (11.4-4) ergibt sich ferner für den Betrag der Gravitationsfeldstärke bzw. -beschleunigung in größerer Entfernung r vom Erdmittelpunkt

$$A_a = a_{gv,a} = G\frac{M_E}{r^2} = g\frac{R_E^{\,2}}{r^2} \quad \text{für} \quad r > R_E \; . \tag{11.4-7}$$

Es läßt sich zeigen, daß Massen im Innern einer homogen mit Masse erfüllten Kugelschale keine Kraft erfahren, da sich die Gravitationswirkungen aller Massenelemente der Kugelschale im Inneren gegenseitig aufheben. Die Gravitationsfeldstärke an einer Stelle r im Innern einer Vollkugel (Bild 11-6), z.B. der Erde, ergibt sich daher allein aus der Gravitationswirkung der Masse $m = 4\pi r^3\rho/3$ innerhalb des Radius r (konstante Dichte ρ angenommen):

$$A_i = a_{gv,i} = \frac{4}{3}\pi\rho G r = G\frac{M_E}{R_E^{\ 3}}r \quad \text{für} \quad r < R_E \ . \tag{11.4-8}$$

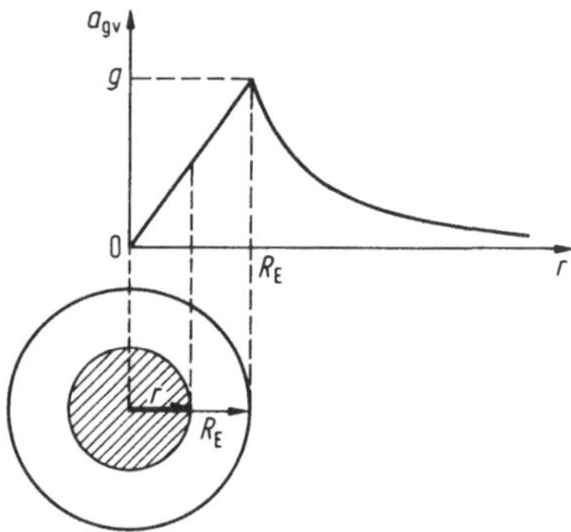

Bild 11-6: Gravitationsfeldstärke bzw. -beschleunigung innerhalb und außerhalb der als homogen angenommenen Erdkugel.

Gravitationspotential und potentielle Energie

Zur Bewegung einer Masse m in einem Gravitationsfeld $\boldsymbol{A}(\boldsymbol{r})$ von $\boldsymbol{r}_1$ nach $\boldsymbol{r}_2$ (Bild 11-7) gegen die Feldkraft $\boldsymbol{F}_{gv}$ ist eine Arbeit

$$W_{12} = -\int_1^2 \boldsymbol{F}_{gv}\,d\boldsymbol{r} = -m\int_1^2 \boldsymbol{A}\,d\boldsymbol{r} \tag{11.4-9}$$

erforderlich. Längs eines geschlossenen Weges $S_1 + S_2$ (Bild 11-7) muß dagegen die Arbeit null sein, da anderenfalls beim Herumführen einer Masse auf einer geschlossenen Bahn ohne Zustandsänderung des Feldes Arbeit gewonnen werden könnte (Verstoß gegen den Energieerhaltungssatz), d.h.

$$\oint \boldsymbol{A}\,d\boldsymbol{r} = 0 \ . \tag{11.4-10}$$

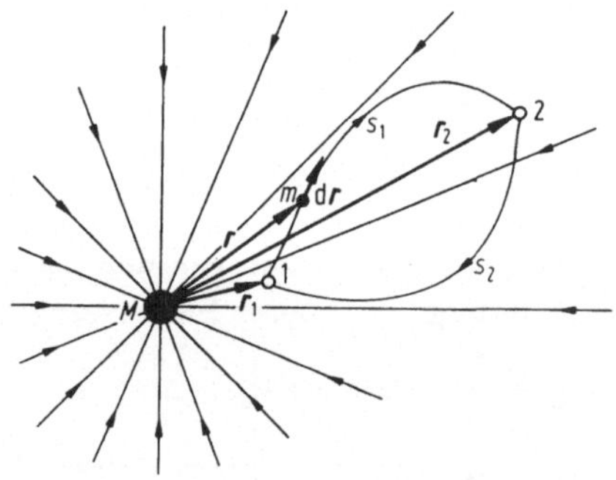

Bild 11-7: Zur Arbeit bei Verschiebung einer Masse im Gravitationsfeld.

Aus (11.4-10) folgt weiter, daß die Arbeit längs zweier verschiedener Wege S_1 und S_2 zwischen 1 und 2 gleich ist, da

$$\underset{(S_1)}{\int_1^2} \boldsymbol{A}\,\mathrm{d}\boldsymbol{r} = -\underset{(S_2)}{\int_2^1} \boldsymbol{A}\,\mathrm{d}\boldsymbol{r} = \underset{(S_2)}{\int_1^2} \boldsymbol{A}\,\mathrm{d}\boldsymbol{r}\,, \tag{11.4-11}$$

d.h. die Arbeit im Gravitationsfeld ist *unabhängig vom Wege*, die *Gravitationskraft* ist eine *konservative Kraft* (vgl. 4.2).

W_{12} hängt daher nur von $\boldsymbol{r}_1$ und $\boldsymbol{r}_2$ ab. Analog zu 4.2 läßt sich dann eine nur vom Ort abhängige *potentielle Energie* $E_p(\boldsymbol{r})$ so angeben, daß die für die Verschiebung aufzuwendende Arbeit als Differenz zweier potentieller Energien darzustellen ist:

$$W_{12} = E_p(\boldsymbol{r}_2) - E_p(\boldsymbol{r}_1)\,. \tag{11.4-12}$$

Da nach (11.4-9) die Größe der bewegten Masse m in die potentielle Energie eingeht, ist es sinnvoll, die massenunabhängige Größe des *Gravitationspotentials* $V_{gv}(\boldsymbol{r})$ einzuführen:

$$V_{gv}(\boldsymbol{r}) \equiv \frac{E_p(\boldsymbol{r})}{m}\,. \tag{11.4-13}$$

SI-Einheit: $[V_{gv}] = \mathrm{J\,kg^{-1}} = \mathrm{m^2\,s^{-2}}$.

Die Arbeit W_{12} gemäß (11.4-9) für die Verschiebung der Masse m von $\boldsymbol{r}_1$ nach $\boldsymbol{r}_2$ läßt sich mit (11.4-13) auch durch eine Potentialdifferenz ausdrücken:

$$W_{12} = -m\int_1^2 \boldsymbol{A}\,\mathrm{d}\boldsymbol{r} = m\left[V_{gv}(\boldsymbol{r}_2) - V_{gv}(\boldsymbol{r}_1)\right]. \tag{11.4-14}$$

Da es zur Berechnung der Arbeit oder der Feldstärke (bzw. der Kraft) stets nur auf Differenzen der potentiellen Energie (11.4-12) und (11.4-17) oder des Potentials (11.4-14) und (11.4-16) ankommt, kann der Nullpunkt der potentiellen Energie bzw. des Potentials frei gewählt werden. Bei *Zentralfeldern* ist es üblich, den Nullpunkt in die Entfernung $r_2 = \infty$ zu legen, d.h. $E_p(\infty) = 0$ bzw. $V_{gv}(\infty) = 0$. Dann folgt aus (11.4-14) für das Gravitationspotential an der Stelle $\boldsymbol{r}$

$$V_{gv}(\boldsymbol{r}) = -\frac{W_{\infty r}}{m} = -\int_\infty^r \boldsymbol{A}\,\mathrm{d}\boldsymbol{r} \tag{11.4-15}$$

als auf die Masseneinheit bezogene Verschiebungsarbeit aus dem Unendlichen an die Stelle $\boldsymbol{r}$ bzw. als Wegintegral der Gravitationsfeldstärke. Die Umkehrung des Zusammenhanges (11.4-15) zwischen Gravitationspotential und -feldstärke lautet (vgl. 4.2)

$$\boxed{\boldsymbol{A} = -\operatorname{grad} V_{gv}(\boldsymbol{r})}\,. \tag{11.4-16}$$

Durch Multiplikation mit der Masse m folgt daraus mit (11.1-1) und (11.1-13) der bereits bekannte Zusammenhang (4.2-6) zwischen Kraft und potentieller Energie

$$\boxed{\boldsymbol{F}_{gv} = -\operatorname{grad} E_p(\boldsymbol{r})}\,. \tag{11.4-17}$$

Aus dem differentiell geschriebenen Zusammenhang (11.4-15)

$$\mathrm{d}V_{gv}(\boldsymbol{r}) = -\boldsymbol{A}\,\mathrm{d}\boldsymbol{r} \qquad (11.4\text{-}18)$$

folgt, daß Flächen, die überall senkrecht zur Gravitationsfeldstärke sind, Flächen konstanten Gravitationspotentials (Äquipotentialflächen) darstellen, weil Wegelemente $\mathrm{d}\boldsymbol{r}$, die in solchen Flächen liegen, stets senkrecht zu $\boldsymbol{A}$ sind. Aus (11.4-18) folgt dann weiter $\mathrm{d}V_{gv}(\boldsymbol{r}) = 0$, d.h. $V_{gv}(\boldsymbol{r}) = \text{const}$:

Äquipotentialflächen stehen ***senkrecht auf Feldlinien.***

Potentialflächen kugelsymmetrischer Massen sind demnach konzentrische Kugelflächen.
Für das Gravitationspotential der Erde ergibt sich aus (11.4-4), (11.4-7) und (11.4-15) nach Integration

$$V_{gv}(r) = -G\frac{M_E}{r} = -\frac{g R_E^2}{r}, \qquad (11.4\text{-}19)$$

und daraus an der Erdoberfläche $r = R_E$

$$V_{gv}(R_E) = -g R_E\,. \qquad (11.4\text{-}20)$$

Die Arbeit im Gravitationsfeld der Erde ist nach (11.4-14) mit (11.4-19)

$$W_{12} = G M_E m \left(\frac{1}{r_1} - \frac{1}{r_2}\right) = m g R_E^2 \left(\frac{1}{r_1} - \frac{1}{r_2}\right). \qquad (11.4\text{-}21)$$

Die Beziehungen (11.4-19) bis (11.4-21) gelten sinngemäß auch für andere Himmelskörper.

Fluchtgeschwindigkeit
Wird einem Körper (z.B. einem Raumfahrzeug) in der Nähe der Erdoberfläche $r \approx R_E$ eine kinetische Energie $E_k(R_E)$ erteilt, die ausreicht, um die Arbeit (11.4-21)

$$W_{R\infty} = m[V_{gv}(\infty) - V_{gv}(R_E)] = E_k(R_E) = \frac{m}{2} v_f^{\,2} \qquad (11.4\text{-}22)$$

gegen die Gravitationsanziehung zu verrichten, so bewegt er sich ohne weiteren Antrieb bis $r \to \infty$. Die dazu erforderliche Geschwindigkeit ergibt sich aus (11.4-20) und (11.4-22) unter Beachtung von $V_{gv}(\infty) = 0$ zu

$$\boxed{v_f = \sqrt{2 g R_E} \approx 11{,}2\ \mathrm{km\,s^{-1}} \approx 40\,000\ \mathrm{km\,h^{-1}}}\,, \qquad (11.4\text{-}23)$$

Fluchtgeschwindigkeit der Erde oder 2. astronautische Geschwindigkeit genannt (vgl. 11.5).

11.5 Satellitenbahnen im Zentralfeld

Im folgenden soll die Bahngleichung der Bewegung eines Körpers der Masse m im Feld einer ruhenden Zentralmasse M ($\gg m$), d.h. unter Einwirkung einer Zentralkraft, berechnet werden. Übergang zu Polarkoordinaten ergibt für die Geschwindigkeit (Bild 11-8)

$$\boldsymbol{v} = \dot{\boldsymbol{\varphi}} \times \boldsymbol{r} + \dot{r}\,\boldsymbol{r}^0 \quad \text{und daraus} \quad v^2 = \dot{r}^2 + r^2\dot{\varphi}^2\,. \qquad (11.5\text{-}1)$$

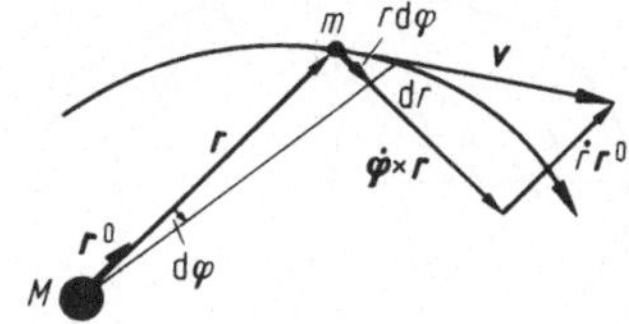

Bild 11-8: Zur Berechnung der Geschwindigkeit in Polarkoordinaten.

Der bei Zentralkräften geltende Drehimpulserhaltungssatz liefert

$$L = mr^2\dot{\varphi} = \text{const} \quad \text{und daraus} \quad d\varphi = \frac{L}{mr^2}\,dt\,. \tag{11.5-2}$$

Der Energieerhaltungssatz lautet mit (11.5-1 u. -2)

$$E = E_k + E_p = \frac{m}{2}\dot{r}^2 + \frac{L^2}{2mr^2} + E_p = \text{const}\,. \tag{11.5-3}$$

Durch Auflösen nach dt und Ersetzen durch $d\varphi$ aus (11.5-2) erhält man die allgemeine Bahngleichung in Polarkoordinaten für die Bewegung im Zentralfeld

$$\varphi(r) = \int \frac{L/r^2}{\sqrt{2m(E-E_p) - (L/r)^2}}\,dt + \text{const}\,. \tag{11.5-4}$$

Im vorliegenden Fall einer Zentralkraft von der allgemeinen Form

$$\boldsymbol{F} = -\frac{\Gamma}{r^2}\,\boldsymbol{r}^0\,, \tag{11.5-5}$$

wie sie bei der Gravitationskraft ($\Gamma = GMm$) oder bei der Coulomb-Kraft ($\Gamma = -Qq/4\pi\varepsilon_0$, siehe 12) zutrifft, hat entsprechend 11.4 die potentielle Energie die Form

$$E_p = -\frac{\Gamma}{r}\,. \tag{11.5-6}$$

Nach Einsetzen von E_p in die allgemeine Bahngleichung (11.5-4) und Anwendung der Substitution $1/r = -w$ und $dr = r^2dw$ läßt sich die Integration ausführen mit dem Ergebnis

$$\varphi(r) = \arcsin \frac{1 - \dfrac{L^2}{m\Gamma r}}{\sqrt{1 + \dfrac{2EL^2}{m\Gamma^2}}} + \text{const}\,. \tag{11.5-7}$$

Durch Einführung der Abkürzungen

$$\frac{L^2}{m\Gamma} \equiv p \quad \text{und} \quad \sqrt{1 + \frac{2EL^2}{m\Gamma^2}} \equiv \varepsilon \tag{11.5-8}$$

und geeignete Wahl des Nullpunktes für φ ergibt sich schließlich aus (11.5-7) als Bahngleichung die Polarkoordinatendarstellung eines Kegelschnittes

$$r = \frac{p}{1 - \varepsilon\cos\varphi} \tag{11.5-9}$$

mit der Exzentrizität ε und dem Bahnparameter p (Bild 11-9).

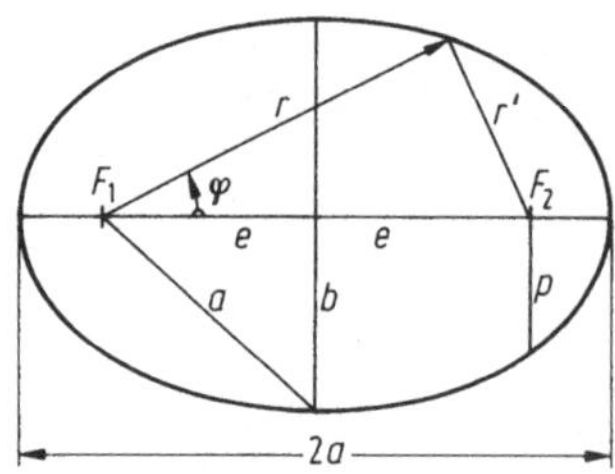

Bild 11-9: Zur Geometrie der Ellipse. $r + r' = 2a$: Definition der Ellipse, a: halbe Hauptachse, b: halbe Nebenachse, F_1, F_2: Brennpunkte, $e = \sqrt{a^2 - b^2}$: Brennweite, $\varepsilon = e/a < 1$: Exzentrizität, $p = b^2/a$: Bahnparameter, $R_a = p$: Hauptachsenscheitel-Krümmungsadius, $R_b = a^2/b$: Nebenachsenscheitel-Krümmungsradius.

Je nach Größe der Gesamtenergie E ergeben sich nach (11.5-8) unterschiedliche Bahnformen:

$$E < 0\,,\quad \varepsilon < 1 : \text{Ellipse}\,,$$
$$E = 0\,,\quad \varepsilon = 1 : \text{Parabel}\,,$$
$$E > 0\,,\quad \varepsilon > 1 : \text{Hyperbel}\,.$$

Eine geschlossene Bahn (gebundener Zustand) erhält man also nur für negative Gesamtenergie, d.h. wenn die kinetische Energie überall auf der Bahn kleiner ist als der Betrag der negativen potentiellen Energie. Bei positiver potentieller Energie, d.h. bei abstoßender Zentralkraft (z.B. zwischen elektrischen Ladungen gleichen Vorzeichens, siehe 12) sind nur Hyperbelbahnen möglich (ungebundener Zustand), da bei $E > 0$ nach (11.5-8) die Exzentrizität $\varepsilon > 1$ ist.

Kreisbahngeschwindigkeit von Satelliten

Für einen Satelliten auf einer Kreisbahn im Abstand r vom Erdmittelpunkt bzw. in der Höhe h über der Erdoberfläche (Bild 11.11) erhält man aus der Gleichsetzung des Ausdruckes für die Zentripetalkraft (3.5-3) mit der Gravitationskraft (11.3-3) unter Beachtung von (11.4-4)

$$v_0 = \sqrt{\frac{G M_E}{r}} = R_E \sqrt{\frac{g}{r}} = R_E \sqrt{\frac{g}{R_E + h}}\,. \qquad (11.5\text{-}10)$$

Die Kreisbahngeschwindigkeit hängt nicht von der Satellitenmasse, sondern allein von der Höhe h ab, wodurch antriebsfreie Gruppenflüge von Raumschiffen in der gleichen Bahn möglich sind. Satelliten in geringer Höhe (z.B. $h = 100$ km $\ll R_E \approx 6370$ km) haben nach (11.5-10) eine Kreisbahngeschwindigkeit (1. astronautische Geschwindigkeit)

$$\boxed{v_0(R_E) = \sqrt{g R_E} \approx 7{,}9\ \text{km s}^{-1} \approx 28\,500\ \text{km h}^{-1}} \qquad (11.5\text{-}11)$$

und benötigen daher knapp 1,5 h für eine Erdumkreisung.

Synchronsatelliten haben die gleiche Winkelgeschwindigkeit wie die Erdrotation (ω_E). Wenn ihre Bahnebene in der Äquatorebene der Erde liegt, bewegen sie sich stationär über einem Punkt des Äquators (Fernseh-Satelliten!). Mit der Bedingung $v_0 = \omega_E(R_E+h)$ folgt für die Bahnhöhe der Synchronsatelliten aus (11.5-10)

$$h = \sqrt[3]{\frac{g R_E^2}{\omega_E^2}} - R_E \approx 36\,000 \text{ km} . \tag{11.5-12}$$

Bahnenergie

Für die Diskussion der möglichen Bahnformen von Satellitenbahnen ist es zweckmäßig, die Gesamtenergie E zu betrachten. Aus (11.5-8) erhält man zusammen mit den Beziehungen zwischen den Ellipsen-Parametern (Bild 11-9)

$$E = -\frac{\Gamma}{2a} , \tag{11.5-13}$$

d.h. die Gesamtenergie ist durch die Länge der Ellipsen-Hauptachse $2a$ bestimmt.

Im Fall der Gravitationsanziehung durch die Erde ist $\Gamma = G M_E m > 0$. Zu einer endlich langen, positiven halben Hauptachse a (Ellipse, $\varepsilon < 1$) gehört nach (11.5-13) eine negative Gesamtenergie (Bild 11-10)

$$E = -\frac{1}{2} G \frac{M_E m}{a} , \tag{11.5-14}$$

d.h. die stets positive kinetische Energie bleibt in jedem Bahnpunkt kleiner als der Betrag der negativen potentiellen Energie (11.5-6)

$$E_p = -G \frac{M_E m}{r} = -\frac{g R_E^2 m}{r} . \tag{11.5-15}$$

Im Fall der Kreisbahn wird $a = r$ und $\varepsilon = 0$. Für die kinetische Energie ergibt sich dann mit (11.5-10)

$$E_k = \frac{m}{2} v_0^2 = \frac{1}{2} G \frac{M_E m}{r} = -\frac{1}{2} E_p , \tag{11.5-16}$$

und die *Gesamtenergie* bei der *Kreisbahn* beträgt

$$E = E_k + E_p = -\frac{1}{2} G \frac{M_E m}{r} = \frac{1}{2} E_p . \tag{11.5-17}$$

Läßt man in (11.5-14) $a \to \infty$ gehen, so wird $E = 0$ und die Ellipse geht in eine Parabel ($\varepsilon = 1$) über. In diesem Fall ist die kinetische Energie $E_k = -E_p$ (d.h. $E_k(\infty) = 0$), und für die Geschwindigkeit des Satelliten folgt mit (11.5-15)

$$v = R_E \sqrt{\frac{2g}{r}} . \tag{11.5-18}$$

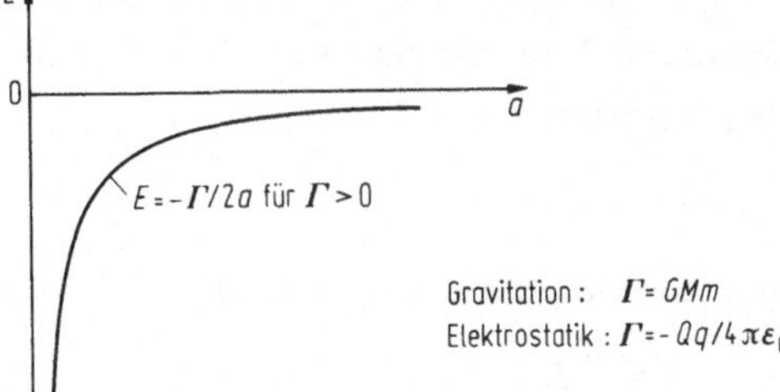

Bild 11-10: Gesamtenergie bei Ellipsenbahnen als Funktion der großen Bahnachse.

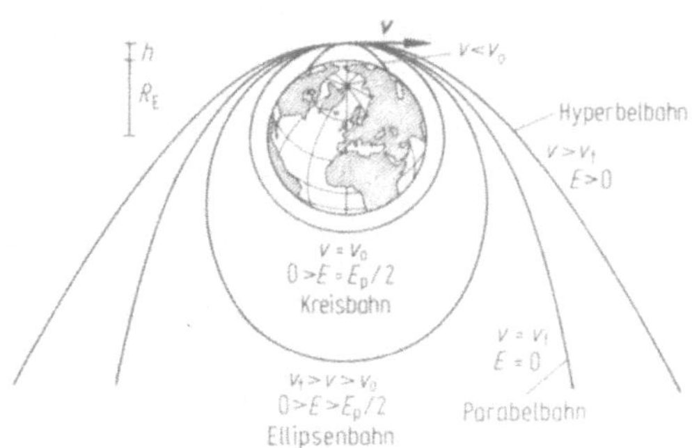

Bild 11.11: Satellitenbahntypen bei verschiedenen Bahneinschußgeschwindigkeiten v bzw. Gesamtenergien E.

Im Scheitelpunkt der Parabel $r = R_E + h$ (Bild 11-11) ergibt sich daraus als notwendige Einschußgeschwindigkeit in die Parabelbahn und damit als Fluchtgeschwindigkeit für die Starthöhe h das $\sqrt{2}$-fache der Kreisbahngeschwindigkeit (11.5-10)

$$v_f = R_E \sqrt{\frac{2g}{R_E + h}} = v_0 \sqrt{2} \ . \qquad (11.5\text{-}19)$$

Bei niedriger Starthöhe $h \ll R_E$ folgt daraus der schon aus einer einfacheren Energiebetrachtung erhaltene Wert (11.4-23) $v_f(R_E) = \sqrt{2 g R_E} \approx 11{,}2 \text{ km s}^{-1}$ für die 2. astronautische Geschwindigkeit.

Für die Sonne als Zentralkörper und die Erde als Startpunkt für eine Parabelbahn um die Sonne ergibt sich analog die 3. astronautische Geschwindigkeit $v_3 \approx 16 \text{ km s}^{-1}$.

Bei Einschußgeschwindigkeiten $v > v_f$ gemäß (11.5-17) wird $E > 0$, das entspricht formal einem negativen Wert der großen Bahnachse $2a$ in (11.5-13). Eine positive Gesamtenergie bedeutet nach (11.5-8) $\varepsilon > 1$, also Hyperbelbahnen (Bild 11-11). In diesem Fall hat die kinetische Energie selbst für $r \to \infty$ einen nicht verschwindenden Wert.

Drehimpuls bei Ellipsenbahnen

Während die Bahnenergie E nach (11.5-13) allein von der Länge der Hauptachse $2a$ der Bahnellipse abhängt, ist der Bahndrehimpuls L zusätzlich von der Länge der Nebenachse $2b$ abhängig. Aus (11.5-8) und (11.5-13) sowie mit dem Bahnparameter $p = b^2/a$ (Bild 11-9) folgt

$$L = \frac{b}{a}\sqrt{a m \Gamma} = b\sqrt{-2mE} \ . \qquad (11.5\text{-}20)$$

Der Maximalwert des Drehimpulses liegt für die Kreisbahn $b = a$ vor:

$$L_{max} = \sqrt{a m \Gamma} \ : \qquad L = \frac{b}{a} L_{max} \ . \qquad (11.5\text{-}21)$$

Im Grenzfall der linearen Tauchbahn ($b = 0$) verschwindet der Drehimpuls. Ellipsenbahnen gleicher Bahnenergie können also verschiedene Drehimpulse haben. Dies ist ein wesentlicher Aspekt des Bohr-Sommerfeldschen Atommodells (siehe 16.1). Bild 11-12 zeigt einige Beispiele.

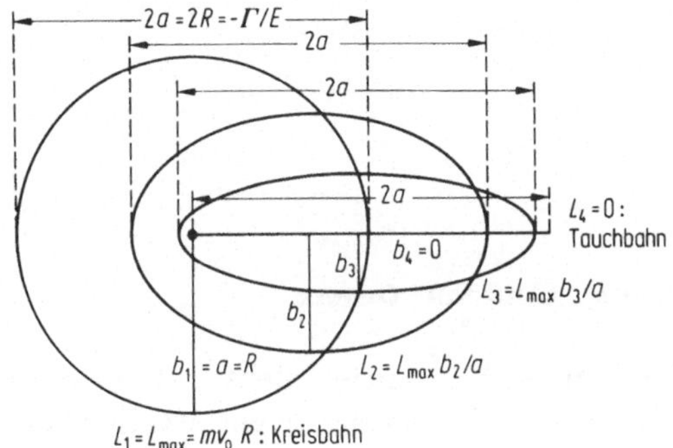

Bild 11-12: Ellipsenbahnen gleicher Energie mit unterschiedlichen Drehimpulsen.

Tabelle 11-2: Daten unseres Sonnensystems.

Körper	Masse	mittlerer Äquatorradius	Rotationsdauer	große Bahnhalbachse	Exzentrizität	Umlaufzeit
	M 10^{24} kg	R 10^3 km	T_r 10^4 s	a 10^6 km	ε	T 10^6 s
Sonne	$1{,}99 \cdot 10^6$	696	230	–	–	–
Merkur	0,32	2,4	503	57,9	0,206	7,60
Venus	4,87	6,1	$2{,}1 \cdot 10^3$	108	0,007	19,4
Erde	5,98	6,37	8,616	149,6	0,017	31,6
Erdmond	0,073	1,74	235	0,384	0,055	2,35
Mars	0,640	3,4	8,86	228	0.093	59,4
Jupiter	$1{,}90 \cdot 10^3$	71,8	3,54	778	0,048	374
Saturn	$5{,}69 \cdot 10^2$	60,3	3,68	1 430	0,056	930
Uranus	87,0	23,7	3,89	2 870	0,046	2 660
Neptun	$1{,}03 \cdot 10^2$	22,9	5,64	4 500	0,009	5 200
Pluto	0,33	2,9	55,1	5 920	0,249	7 820

12 Elektrische Wechselwirkung

12.1 Elektrische Ladung, Coulomb-Gesetz

Materielle Körper lassen sich in einen "elektrisch geladenen" Zustand versetzen (z.B. durch Reiben von manchen nichtmetallischen Stoffen), in dem sie Kräfte auf andere "elektrisch geladene" Körper ausüben, die nicht auf Gravitationsanziehung zurückzuführen sind. Auf den gleichen Stoffen gleichartig erzeugte "elektrische Ladungen" stoßen sich ab. Es existieren jedoch zwei verschiedene Arten der elektrischen Ladung (du Fay 1733), die sich gegenseitig anziehen: Positive und negative Ladungen. Die Definition der Vorzeichen ist willkürlich und wurde historisch festgelegt (Lichtenberg 1777): Harze, z.B. Bernstein, mit Katzenfell gerieben: (+); Glas mit Leder gerieben: (-). Nach heutiger Kenntnis haben die elektrischen Ladungen ihren Ursprung in den elektrischen Eigenschaften der Elementarteilchen. In der uns umgebenden Materie sind dies normalerweise die negativ geladenen Elektronen und die positiv geladenen Protonen (siehe 16.1).

Das Kraftgesetz für die Abstoßung bzw. Anziehung zwischen zwei Ladungen gleichen bzw. entgegengesetzten Vorzeichens wurde experimentell von Coulomb (1785) mit Hilfe der von ihm erfundenen Torsionswaage gefunden. Das Prinzip der Torsionswaage wurde später auch von Cavendish für die Gravitationsdrehwaage (Bild 11-5) eingesetzt, wobei dort die elektrisch geladenen Körper durch elektrisch neutrale Massen ersetzt wurden. Die Kraft zwischen zwei Ladungen Q und q wird durch das *Coulomb-Gesetz* beschrieben:

$$\boxed{\boldsymbol{F}_C = \frac{1}{4\pi\varepsilon_0}\frac{Qq}{r^2}\boldsymbol{r}^0} \quad . \qquad (12.1\text{-}1)$$

Das Coulomb-Gesetz entspricht hinsichtlich Form und Abstandsverhalten völlig dem Gravitationsgesetz (11.3-3). Wie bei der Gravitationskraft handelt es sich um eine Zentralkraft, die längs der Verbindungslinie zwischen den beiden Ladungen wirkt (Bild 12-1).

Die Einheit der Ladungsmenge Q ist das Coulomb (C) und kann über das Coulomb-Gesetz festgelegt werden, wird jedoch aus Genauigkeitsgründen über die noch einzuführende Stromstärke $I = Q/t$ (Einheit der Stromstärke ist das Ampere (A), siehe 12.6) definiert:

SI-Einheit: $[Q] = \mathrm{C} = \mathrm{A\,s}$.

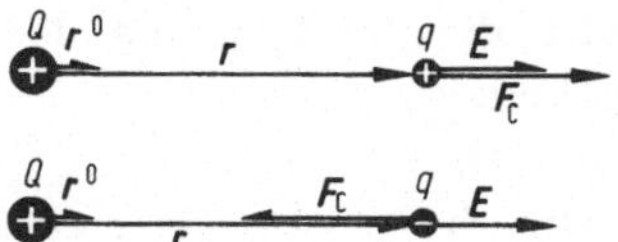

Bild 12-1: Kraftwirkung zwischen zwei Ladungen Q und q gleichen bzw. verschiedenen Vorzeichens.

Die Proportionalitätskonstante wird aus praktisch-rechnerischen Gründen in der Form $1/4\pi\varepsilon_0$ geschrieben und muß im Prinzip experimentell bestimmt werden. Mit der heute gültigen Definition der Vakuumlichtgeschwindigkeit c_0 (siehe 1.3 und 19.1) und der magnetischen Feldkonstante $\mu_0 = 4\pi\cdot 10^{-7}\,\mathrm{VsA^{-1}m^{-1}}$ ergibt sich für die elektrische Feldkonstante

$$\varepsilon_0 = \frac{1}{\mu_0 c_0^2} = 8{,}854\,187\,817\ldots\cdot 10^{-12}\,\mathrm{A\,s\,V^{-1}\,m^{-1}}\ . \tag{12.1-2}$$

Die hier verwendete Einheit Volt (V) ist die Einheit des elektrischen Potentials (12.3).

Zur Messung elektrischer Ladungsmengen können Geräte verwendet werden, die die Abstoßungskräfte zwischen gleichartig geladenen Körpern anzeigen (Elektrometer). Empfindlicher sind Geräte, in denen durch periodische Bewegung der zu messenden Ladung eine periodische Potentialänderung erzeugt wird, die als Wechselspannung verstärkt und gemessen werden kann (Schwingkondensator-Verstärker, siehe 12.3).

12.2 Das elektrostatische Feld

Das Coulomb-Gesetz (12.1-1) ist ein Fernwirkungsgesetz, das eine Kraft beschreibt, die von einer Ladung Q über eine Entfernung r auf eine zweite Ladung q ausgeübt wird. Im Sinne der Nahwirkungstheorie (Faraday 1852) sind positive und negative elektrische Ladungen Quellen und Senken eines *elektrischen Feldes*, dessen *Feldstärke* durch die lokale Kraft auf eine Probeladung q definiert wird:

$$\boxed{\boldsymbol{E} \equiv \lim_{q\to 0}\frac{\boldsymbol{F}}{q}}\ . \tag{12.2-1}$$

SI-Einheit: $[\boldsymbol{E}] = \mathrm{N\,A^{-1}\,s^{-1}} = \mathrm{V\,m^{-1}}$.

Der Betrag E der elektrischen Feldstärke darf nicht mit der Energie E verwechselt werden. Die Vorschrift $q \to 0$ ist nur dann von Bedeutung, wenn durch die Kraftwirkung der Probeladung Verschiebungen der felderzeugenden Ladungen (z.B. auf elektrisch leitenden Körpern: Influenz, 12.7) auftreten können. Die Kraft auf die Probeladung folgt daraus zu

$$\boxed{\boldsymbol{F} = q\boldsymbol{E}}\ , \tag{12.2-2}$$

deren Richtung sich aus dem Vorzeichen der Ladung q ergibt (Bild 12-1). Wie beim Gravitationsfeld läßt sich die Geometrie des elektrischen Feldes durch Feldlinien beschreiben, die die Richtung der elektrischen Feldstärke (12.2-1) in jedem Punkt angeben.

Das elektrostatische Feld wird durch ruhende elektrische Ladungen erzeugt. Das einfachste Feld ist das *homogene Feld*, in dem überall $\boldsymbol{E}$ = const ist. Es ist in guter Näherung realisierbar durch parallele geladenen Platten, deren Ausdehnung groß gegen den Abstand ist (Bild 12-2a). (Anmerkung: ein homogenes Gravitationsfeld ist in entsprechender Weise nicht erzeugbar).

Bewegung von Ladungen im homogenen Feld

Nach (12.2-2) erfährt eine Ladung q im elektrischen Feld eine Beschleunigung

$$\boldsymbol{a} = \frac{\boldsymbol{F}}{m} = \frac{q}{m}\boldsymbol{E} . \tag{12.2-3}$$

Im homogenen Feld ist daher $\boldsymbol{a}$ = const, sodaß frei bewegliche positive Ladungen eine Fallbewegung in, negative Ladungen entgegen der Richtung des elektrischen Feldvektors durchführen. Zur Beschreibung können die Beziehungen für die gleichmäßig beschleunigte Bewegung (2.1) zusammen mit (12.2-3) herangezogen werden. So folgt für eine senkrecht in ein elektrisches Feld mit der Anfangsgeschwindigkeit $\boldsymbol{v}_0$ eingeschossene negative Ladung $-q$ (Bild 12-2b) als Bahnkurve aus (2.1-21) eine Parabel ($\alpha = 0$)

$$z = \frac{qE}{2m v_0^2} x^2 . \tag{12.2-4}$$

Der Ablenkwinkel ϑ nach Durchfliegen des Feldes der Länge l läßt sich nach Differenzieren aus der Steigung an der Stelle l gewinnen:

$$\operatorname{tg} \vartheta = \frac{ql}{m v_0^2} \boldsymbol{E} . \tag{12.2-5}$$

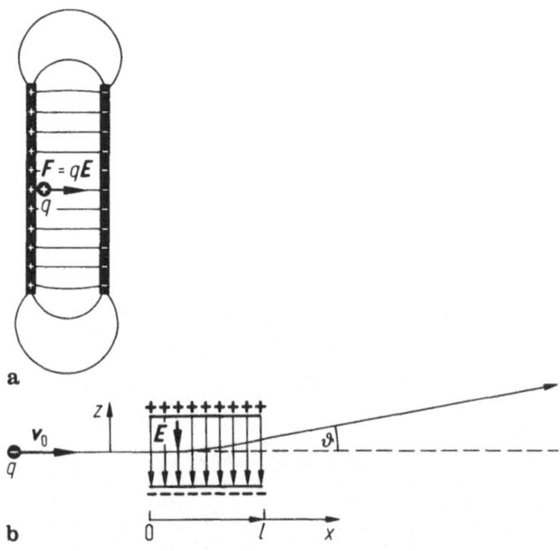

Bild 12-2: Bewegung von Ladungen im homogenen elektrischen Feld.
a Plattenkondensator, **b** Ablenkplatten.

Anwendung: Steuerung der Richtung des Elektronenstrahls in der Oszillographenröhre mitttels Ablenkplatten.

Felder von Punktladungen

Die Feldstärke einer einzelnen Punktladung ergibt sich durch Einsetzen der Coulomb-Kraft (12.1-1) in die Feldstärke-Definition (12.2-1):

$$\boxed{\boldsymbol{E} = \frac{Q}{4\pi\varepsilon_0 r^2}\boldsymbol{r}^0} \quad . \tag{12.2-6}$$

Die zugehörigen Feldlinien haben also überall radiale Richtung (Bild 12-3).

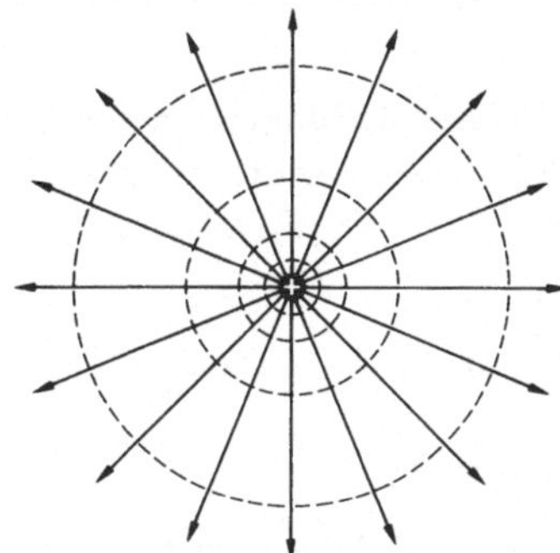

Bild 12-3: Feldlinienbild einer Punktladung (gestrichelt: Äquipotentiallinien).

Feldlinienbilder mehrerer Punktladungen lassen sich durch vektorielle Addition der von den Einzelladungen am jeweiligen Ort erzeugten Feldstärken konstruieren. Während die Feldstärke des aus zwei entgegengesetzt gleichgroßen Ladungen bestehenden Dipols (Bild 12-4) mit der Entfernung schnell abnimmt, nähert sich das Feld zweier gleicher Ladungen Q (Bild 12-5) mit zunehmender Entfernung demjenigen einer Punktladung $2Q$. An der Stelle in der Mitte zwischen beiden Ladungen, an der zwei Feldlinien sich senkrecht kreuzen (Sattelpunkt), ist die Feldstärke null.

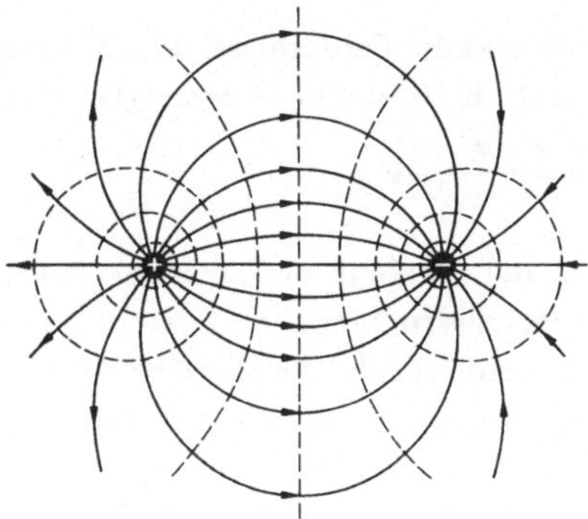

Bild 12-4: Feldlinienbild zweier entgegengesetzt gleichgroßer Ladungen: Dipol (gestrichelt: Äquipotentiallinien).

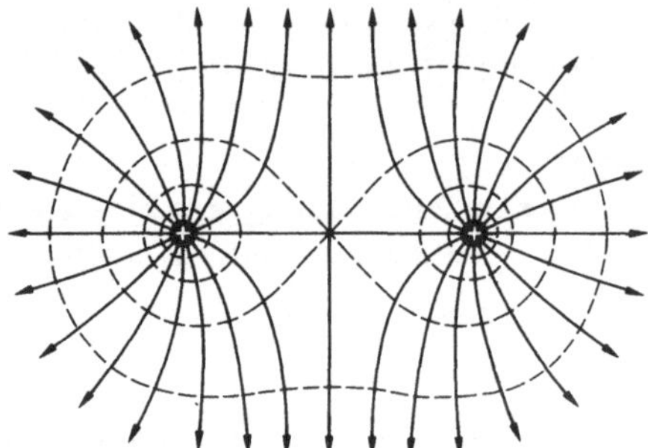

Bild 12-5: Feldlinienbild zweier gleicher Ladungen (gestrichelt: Äquipotentiallinien).

Im allgemeinen Fall von N Punktladungen an den Stellen $\boldsymbol{r}_i$ erhält man die resultierende Feldstärke $\boldsymbol{E}(\boldsymbol{r})$ durch vektorielle Addition (lineare Superposition) aller Punktladungs-Feldstärken $\boldsymbol{E}_i(\boldsymbol{r}_i)$ aus (12.2-6):

$$\boldsymbol{E}(\boldsymbol{r}) = \sum_{i=1}^{N} \boldsymbol{E}_i(\boldsymbol{r}) = \sum_{i=1}^{N} \frac{Q_i}{4\pi\varepsilon_0} \frac{\boldsymbol{r} - \boldsymbol{r}_i}{|\boldsymbol{r} - \boldsymbol{r}_i|^3} , \qquad (12.2\text{-}7)$$

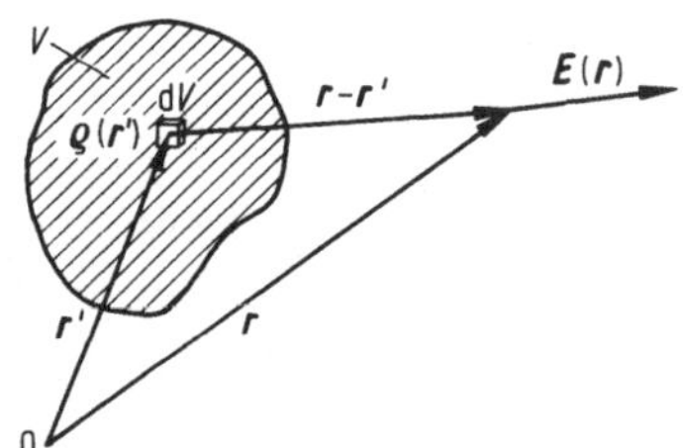

Bild 12-6: Zur Berechnung der von einer kontinuierlichen Raumladungsverteilung erzeugten elektrischen Feldstärke.

Liegt statt diskreter Punktladungen eine kontinuierliche Ladungsverteilung im Volumen V vor (Bild 12-6) mit der ***Raumladungsdichte***

$$\rho(\boldsymbol{r}) = \frac{\mathrm{d}Q}{\mathrm{d}V} , \qquad (12.2\text{-}8)$$

so erhält man die resultierende Feldstärke durch Integration über die von jedem Ladungselement $\mathrm{d}Q$ im Volumen V erzeugte Feldstärke $\mathrm{d}\boldsymbol{E}$:

$$\boldsymbol{E}(\boldsymbol{r}) = \frac{1}{4\pi\varepsilon_0} \int_V \rho(\boldsymbol{r}') \frac{\boldsymbol{r} - \boldsymbol{r}'}{|\boldsymbol{r} - \boldsymbol{r}'|^3} \mathrm{d}V . \qquad (12.2\text{-}9)$$

Experimentell lässt sich der Verlauf elektrischer Feldlinien mittels kleiner, länglicher Kristalle (Gips, Hydrochinon o.ä.) sichtbar machen, die sich z. B. auf einer Glasplatte im Feld durch Dipolkräfte (12.9) in Feldrichtung ausrichten.

Elektrischer Fluß

Im elektrostatischen Feld beginnen und enden elektrische Feldlinien stets auf Ladungen. Die Gesamtheit der Feldlinien, die von einer Ladungsmenge ausgehen, oder besser: das von der Ladungsmenge Q erzeugte Feld ist daher auch ein Maß für die Ladung Q. Eine geeignete Größe zur Beschreibung eines allgemeinen Zusammenhangs zwischen Ladung Q und Feld $\boldsymbol{E}$ ist der elektrische Fluß Ψ. In einem homogenen Feld ist der elektrische Fluß durch eine zur Feldrichtung senkrechte Fläche A (Bild 12-7 a) definiert durch

$$\Psi \equiv \varepsilon_0 E A\,, \tag{12.2-10}$$

und entsprechend die elektrische Flußdichte (im Vakuum)

$$D_0 \equiv \frac{\Psi}{A} = \varepsilon_0 E\,. \tag{12.2-11}$$

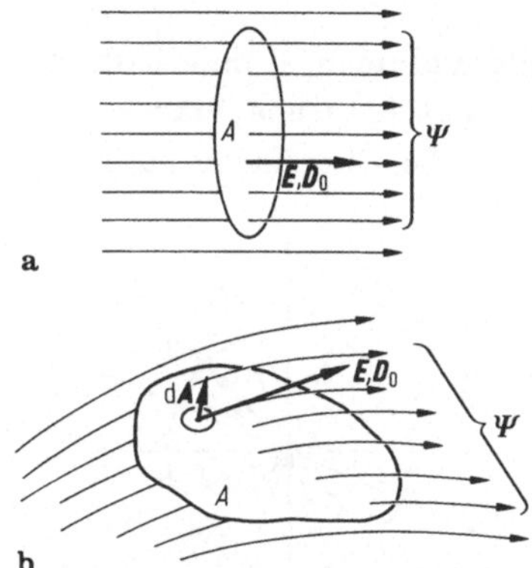

Bild 12-7: Zur Definition des elektrischen Flusses. **a** homogenes Feld, **b** inhomogenes Feld.

D_0 wird *elektrische Verschiebungsdichte* (im Vakuum) oder *elektrische Flußdichte* genannt und ist ein Vektor in Richtung der Feldstärke $\boldsymbol{E}$:

$$\boldsymbol{D}_0 = \varepsilon_0 \boldsymbol{E}\,. \tag{12.2-12}$$

In Verallgemeinerung von (12.2-10) ist der *elektrische Fluß* Ψ eines beliebigen (inhomogenen) Feldes im Vakuum durch eine beliebig orientierte Fläche A (Bild 12-7 b)

$$\Psi = \int_A \varepsilon_0 \boldsymbol{E}\,\mathrm{d}\boldsymbol{A} = \int_A \boldsymbol{D}_0\,\mathrm{d}\boldsymbol{A}\,. \tag{12.2-13}$$

SI-Einheit: $[\Psi] = \mathrm{As} = \mathrm{C}$,
SI-Einheit: $[\boldsymbol{D}] = \mathrm{As\,m^{-2}}$.

Der von einer Ladung Q insgesamt ausgehende elektrische Fluß ergibt sich durch Integration gemäß (12.2-13) über eine die Ladung umschließende, geschlossene Oberfläche, z.B. über eine zu Q konzentrische Kugeloberfläche (Bild 12-8 a):

$$\Psi = \oint_S \boldsymbol{D}_0\,\mathrm{d}\boldsymbol{A} = \varepsilon_0 E\, 4\pi r^2\,. \tag{12.2-14}$$

Mit der Feldstärke (12.2-6) für die Punktladung folgt daraus als eine der *Feldgleichungen des elektrischen Feldes* das allgemein gültige *Gaußsche*

Gesetz (im Vakuum)

$$\Psi = \oint_S \boldsymbol{D}_0 \mathrm{d}\boldsymbol{A} = \oint_S \varepsilon_0 \boldsymbol{E} \mathrm{d}\boldsymbol{A} = Q \,, \tag{12.2-15}$$

d.h., der gesamte elektrische Fluß Ψ durch eine geschlossene Oberfläche ist gleich der eingeschlossenen Ladung Q. In (12.2-15) geht weder die Geometrie der geschlossenen Fläche S noch die Lage der Ladung Q ein (Bild 12-8b). Q kann daher auch aus mehreren Punktladungen q_i oder aus einer Ladungsverteilung der Ladungsdichte $\rho(\boldsymbol{r})$ bestehen:

$$Q = \sum q_i = \int_V \rho(\boldsymbol{r})\,\mathrm{d}V \,, \tag{12.2-16}$$

wobei das zu integrierende Volumen V innerhalb der geschlossenen Fläche S liegen muß. Enthält die geschlossene Fläche keine Ladung (Bild 12-8c), so ist der Gesamtfluß durch die Oberfläche null.

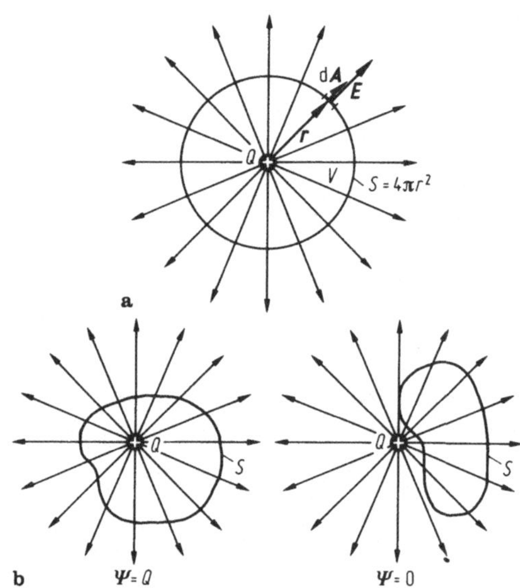

Bild 12-8: Zum Gaußschen Gesetz im elektrischen Feld.

Beispiele für die Anwendung des Gaußschen Gesetzes:

Homogen geladene Kugeloberfläche

Eine z.B. metallische Kugel des Radius R trage eine Gesamtladung Q, die sich im statischen Fall gleichmäßig auf der Oberfläche $A = 4\pi R^2$ verteilt (siehe 12.7), sodaß die *Flächenladungsdichte*

$$\sigma \equiv \frac{\mathrm{d}Q}{\mathrm{d}A} \tag{12.2-17}$$

$\sigma = Q/4\pi R^2$ beträgt. Wird als Integrationsfläche die Oberfläche der Metallkugel gewählt (Bild 12-9a), so folgt aus dem Gaußschen Gesetz (12.2-15)

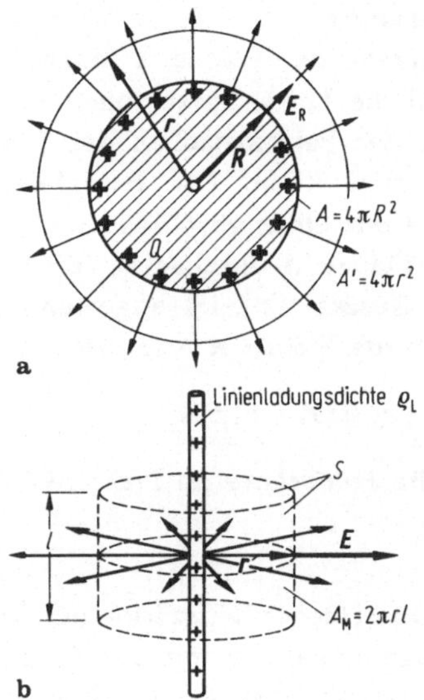

Bild 12-9: Außenfeld **a** einer geladenen Kugel und **b** einer Linienladung.

entsprechend (12.2-14) für die Oberflächenfeldstärke

$$E_R = \frac{Q}{4\pi\varepsilon_0 R^2} = \frac{\sigma}{\varepsilon_0}\,, \qquad (12.2\text{-}18)$$

und analog für einen Radius $r > R$ im Außenraum der geladenen Kugel

$$E(r) = \frac{Q}{4\pi\varepsilon_0 r^2}\,. \qquad (12.2\text{-}19)$$

Die Feldstärke im Außenraum der geladenen Kugel ist also identisch mit der Feldstärke einer gleichgroßen Punktladung im Zentrum der Kugel.

Linienladung

Die Feldlinien im Außenraum einer homogen geladenen Linie (Draht, Linienladungsdichte ρ_L) verlaufen aus Symmetriegründen senkrecht und radial von der Linie weg. Zur Berechnung der Feldstärke benutzen wir eine Integrationsfläche S nach Bild 12-9b. Von der Zylinderoberfläche trägt nur die Mantelfläche $A_M = 2\pi r l$ zum Oberflächenintegral über die Feldstärke bei, da in den Stirnkreisflächen die Feldstärke senkrecht auf der Flächennormalen steht. Die von der Zylinderoberfläche eingeschlossene Ladung ist $Q = \rho_L l$. Das Gaußsche Gesetz (12.2-15) ergibt dann

$$\oint_S \boldsymbol{D}_0\,\mathrm{d}\boldsymbol{A} = \int_{A_M} \varepsilon_0 \boldsymbol{E}\,\mathrm{d}\boldsymbol{A} = \varepsilon_0 E\, 2\pi r l = Q = \rho_L l\,,$$

und daraus für den Betrag der elektrischen Feldstärke im Abstand r von der Linienladung

$$E = \frac{\rho_L}{2\pi\varepsilon_0 r}\,. \qquad (12.2\text{-}20)$$

Geladener Plattenkondensator

Zwei parallele Metallplatten der Fläche A mögen die Ladungen $+Q$ und $-Q$ tragen (Bild 12-10). Sind die Lineardimensionen der Platten groß gegen den Plattenabstand d, so ist das Feld zwischen den Platten homogen (Bild 12-2) und außen vernachlässigbar klein. Zur Berechnung der Feldstärke $\boldsymbol{E}$ im Innern werde eine Platte mit einer geschlossenen Fläche S umhüllt, von der das homogene Feld die Fläche A durchsetzt (Bild 12-10, gestrichelte Berandung). Zum Gaußschen Gesetz (12.2-15) angewandt auf die Fläche S liefert dann nur der Fluß durch die Fläche A einen Beitrag

$$\Psi = Q = \oint_S \boldsymbol{D}_0 \mathrm{d}\boldsymbol{A} = \int_A \varepsilon_0 \boldsymbol{E} \mathrm{d}\boldsymbol{A} = \varepsilon_0 E A \,. \qquad (12.2\text{-}21)$$

Daraus errechnet sich die *Feldstärke im Plattenkondensator* mit (12.2-17) zu

$$E = \frac{Q}{\varepsilon_0 A} = \frac{\sigma}{\varepsilon_0} \,. \qquad (12.2\text{-}22)$$

E ist gleichzeitig die Oberflächenfeldstärke auf den Platten, für die sich demnach der gleiche Zusammenhang mit der Flächenladungsdichte σ ergibt wie für die geladene Kugel (12.2-18). Da die Geometrie der geladenen Körper hierbei nicht eingeht, gilt offenbar für geladene (leitende) Flächen generell der Zusammenhang

$$\sigma = \varepsilon_0 E = D_0 \,, \qquad (12.2\text{-}23)$$

der sich auch allgemein aus (12.2-15) und (12.2-17) herleiten läßt.

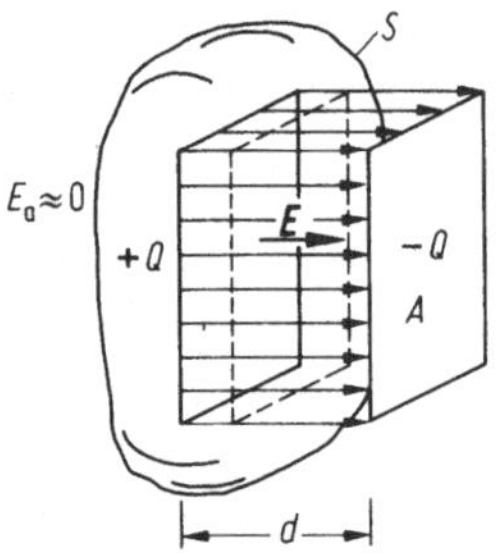

Bild 12-10: Zur Berechnung der Feldstärke im Plattenkondensator mit dem Gaußschen Gesetz.

12.3 Elektrisches Potential

Eine Ladung q in einem elektrostatischen Feld der Feldstärke $\boldsymbol{E}$ unterliegt der Kraft $\boldsymbol{F} = q\boldsymbol{E}$ und besitzt daher eine potentielle Energie E_p, die in kinetische Energie umgewandelt wird, wenn die Ladung der Kraft folgen kann. Die zur Verschiebung von q von $\boldsymbol{r}_1$ nach $\boldsymbol{r}_2$ mit einer Kraft $-q\boldsymbol{E}$ gegen die Feldkraft in einem beliebigen elektrostatischen Feld aufzuwendende äußere Arbeit (Bild 12-11) ist nach dem Energiesatz

$$W_{12} = -\int_1^2 \boldsymbol{F} \mathrm{d}\boldsymbol{r} = -q \int_1^2 \boldsymbol{E} \mathrm{d}\boldsymbol{r} = E_p(\boldsymbol{r}_2) - E_p(\boldsymbol{r}_1) \,. \qquad (12.3\text{-}1)$$

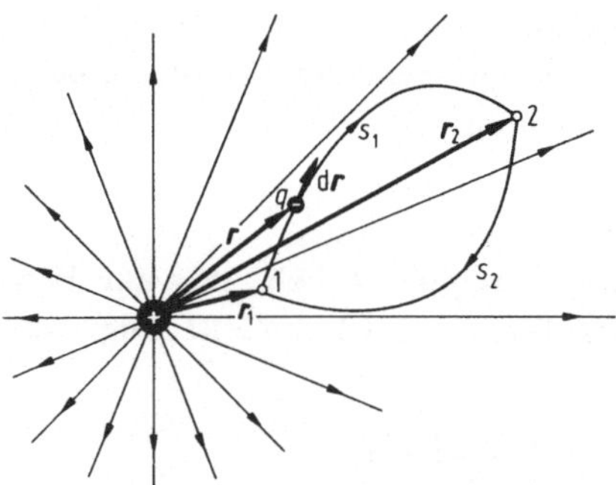

Bild 12-11: Zur Arbeit im elektrischen Feld.

So wie beim Gravitationsfeld die potentielle Energie proportional zur Masse ist, gilt für das elektrische Feld nach (12.3-1), daß die potentielle Energie proportional zur Ladung q ist. Wie in 11.4 ist es daher sinnvoll, eine dem Gravitationspotential (11.4-13) entsprechende, ladungsunabhängige Größe $V(\boldsymbol{r})$ einzuführen: das *elektrische Potential*

$$\boxed{\frac{E_p(\boldsymbol{r})}{q} \equiv V(\boldsymbol{r})} \; . \tag{12.3-2}$$

SI-Einheit: $[V] = \mathrm{J\,C^{-1}} = \mathrm{J\,(As)^{-1}} = \mathrm{V(olt)}$. Hieraus folgt die für die Umrechnung zwischen mechanischen und elektrischen Einheiten im SI-System wichtige Beziehung

$$1\ \mathrm{J} = 1\ \mathrm{VAs}\ . \tag{12.3-3}$$

Die Arbeit (12.3-1) zur Verschiebung zwischen zwei Stellen $\boldsymbol{r}_1$ und $\boldsymbol{r}_2$ beträgt mit (12.3-2)

$$W_{12} = E_p(\boldsymbol{r}_2) - E_p(\boldsymbol{r}_1) = q[V(\boldsymbol{r}_2) - V(\boldsymbol{r}_1)]\ . \tag{12.3-4}$$

Ebenso wie allgemein die potentielle Energie ist auch das Potential nur bis auf eine additive Konstante festgelegt, die bei der Differenzbildung zur Berechnung der Arbeit herausfällt. Der Ort des Potentialnullpunkts kann daher frei gewählt werden. Häufig ist es zweckmäßig, die potentielle Energie bzw. das Potential im Unendlichen null zu setzen:

$$E_p(\infty) = 0\ . \tag{12.3-5}$$

Aus (12.3-1) folgt dann mit $r_1 \to \infty$ und $\boldsymbol{r}_2 = \boldsymbol{r}$ für das Potential an der Stelle $\boldsymbol{r}$

$$V(\boldsymbol{r}) = \frac{E_p(\boldsymbol{r})}{q} = \frac{W_{\infty,r}}{q} = -\int_{\infty}^{\boldsymbol{r}} \boldsymbol{E}\,\mathrm{d}\boldsymbol{r}\ , \tag{12.3-6}$$

das sich danach als Arbeit zur Verschiebung der Probeladung q aus dem Unendlichen an die Stelle $\boldsymbol{r}$, dividiert durch die Probeladung, darstellt.

Die Potentialdifferenz zwischen zwei Punkten wird *elektrische Spannung*

$$U = V(\boldsymbol{r}_2) - V(\boldsymbol{r}_1) \tag{12.3-7}$$

genannt. Sie hat dieselbe SI-Einheit wie das Potential. Damit folgt aus (12.3-4) der allgemeine Zusammenhang für die Arbeit bei Durchlaufen der Spannung U mit einer Ladung Q

$$\boxed{W = QU} \; . \tag{12.3-8}$$

Für die auf die Ladung bezogene Arbeit W_{12} zur Bewegung der Ladung q von 1 nach 2 längs des Weges S_1 (Bild 12-11) folgt aus (12.3-1) mit (12.3-2) und (12.3-7)

$$\frac{W_{12}}{q} = V(\boldsymbol{r}_2) - V(\boldsymbol{r}_1) = U = -\int_1^2 \boldsymbol{E}\,\mathrm{d}\boldsymbol{r} \; . \tag{12.3-9}$$

Längs eines geschlossenen Weges $S_1 + S_2$ (Bild 12-11) muß dagegen im elektrostatischen Feld die Arbeit null sein, da anderenfalls beim Herumführen einer Ladung auf einer geschlossenen Bahn ohne Zustandsänderung des Feldes Arbeit gewonnen werden könnte (Verstoß gegen den Energieerhaltungssatz), d.h.,

$$\boxed{\oint \boldsymbol{E}\,\mathrm{d}\boldsymbol{r} = 0} \quad \text{im elektrostatischen Feld.} \tag{12.3-10}$$

Dies ist neben (12.2-15) eine weitere *Feldgleichung des elektrostatischen Feldes*. Das geschlossene Linienintegral über die elektrische Feldstärke wird *elektrische Umlaufspannung* genannt, die im statischen Fall verschwindet. Aus (12.3-10) folgt weiter, daß die Arbeit längs zweier verschiedener Wege S_1 und S_2 zwischen 1 und 2 (Bild 12-11) gleich ist,

$$\underset{(S_1)}{\int_1^2} \boldsymbol{E}\,\mathrm{d}\boldsymbol{r} = -\underset{(S_2)}{\int_2^1} \boldsymbol{E}\,\mathrm{d}\boldsymbol{r} = \underset{(S_2)}{\int_1^2} \boldsymbol{E}\,\mathrm{d}\boldsymbol{r} \; , \tag{12.3-11}$$

d.h., die Arbeit ist unabhängig vom Wege, das elektrostatische Feld ist ein *konservatives Kraftfeld*. Mit dem (hier nicht behandelten) Stokesschen Integralsatz läßt sich zeigen, daß sich (12.3-10) mit Hilfe des Differentialoperators der Rotation sehr einfach schreiben läßt:

$$\operatorname{rot} \boldsymbol{E}(\boldsymbol{r}) = 0 \; , \tag{12.3-12}$$

d.h. das *elektrostatische Feld* ist *rotationsfrei* (*wirbelfrei*). Für das Coulomb-Feld läßt sich dies auch direkt durch Einsetzen von (12.2-6) in (12.3-11) oder (12.3-12) zeigen. Die verschiedenen Formulierungen (12.3-10) bis (12.3-12) sind gleichbedeutend. Die Umkehrung des Zusammenhangs (12.3-6) zwischen elektrischem Potential und Feldstärke lautet (vgl. (4.2-6) und 11.4)

$$\boxed{\boldsymbol{E}(\boldsymbol{r}) = -\operatorname{grad} V(\boldsymbol{r})} \; . \tag{12.3-13}$$

Aus der differentiellen Formulierung von (12.3-6)

$$\mathrm{d}V(\boldsymbol{r}) = -\boldsymbol{E}\,\mathrm{d}\boldsymbol{r} \tag{12.3-14}$$

folgt analog zu 11.4, daß Flächen, die überall senkrecht zur elektrischen Feldstärke sind, Flächen konstanten elektrischen Potentials (*Äquipotentialflächen*) darstellen. Schnitte solcher Äquipotentialflächen (Äquipotentiallinien) sind in Bild 12-3 bis 12-5 und 12-12 gestrichelt eingezeichnet.

Für ein *homogenes Feld* in x-Richtung erhält man durch Integration von (12.3-14) eine lineare Ortsabhängigkeit des Potentials ($V=0$ bei $x=0$ gesetzt)

$$V = -Ex \tag{12.3-15}$$

und Ebenen $x = \text{const}$ als Äquipotentialflächen (Bild 12-12). Die *Feldstärke im Plattenkondensator* ergibt sich daraus mit (12.3-7) zu

$$\boxed{E = \frac{U}{d}} \; . \tag{12.3-16}$$

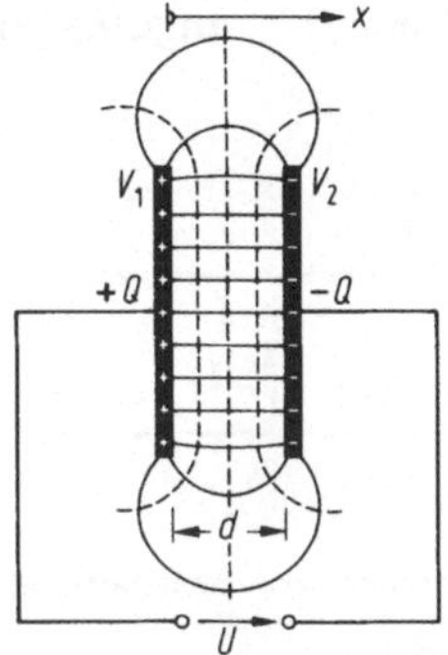

Bild 12-12: Plattenkondensator.

Zusammen mit (12.2-22) erhält man aus (12.3-16)

$$U = Q\frac{d}{\varepsilon_0 A} \; . \tag{12.3-17}$$

Bei konstanter Ladung Q ist $U \sim d$. Dies wird im Schwingkondensator-Verstärker zur empfindlichen Messung von Ladungsmengen ausgenutzt (siehe 12.1).

Das *Potential* im Feld *einer Punktladung* ergibt sich durch Integration über die Feldstärke (12.2-6) gemäß (12.3-6) zu

$$\boxed{V(r) = \frac{Q}{4\pi\varepsilon_0 r}} \; . \tag{12.3-18}$$

Äquipotentialflächen bei der Punktladung sind demnach konzentrische Kugelflächen $r = \text{const}$ (Bild 12-3). Auch das Potential im Außenfeld einer geladenen Kugel (vgl. 12.2, Bild 12-9) wird durch (12.3-18) beschrieben, da die Feldstärken in beiden Fällen gleich sind: (12.2-6) und (12.2-19). Mit (12.2-19) ergibt sich ein einfacher Zusammenhang zwischen Feldstärke und Potential im Zentralfeld:

$$E(r) = \frac{V(r)}{r} \; . \tag{12.3-19}$$

Entsprechend beträgt die Oberflächenfeldstärke einer auf das Potential V aufgeladenen leitenden Kugel (Radius R, Bild 12-9)

$$E_R = \frac{V}{R} \; . \tag{12.3-20}$$

12.4 Quantisierung der elektrischen Ladung

Aus vielen experimentellen Untersuchungen hat sich gezeigt, daß die elektrische Ladung nicht in beliebigen Werten auftritt: Es gibt eine kleinste Ladungsmenge, die *Elementarladung*. Die absolute Messung des Betrages der Elementarladung erfolgte erstmals durch Vergleich der elektrischen Kraft auf geladene Teilchen mit ihrem Gewicht im Schwerefeld (Millikan-Versuch): Geladene feine Öltröpfchen werden unter mikroskopischer Beobachtung in einem Kondensatorfeld durch Einstellung der richtigen Feldstärke mittels der am Kondensator angelegten Spannung zum Schweben gebracht (Bild 12-13).

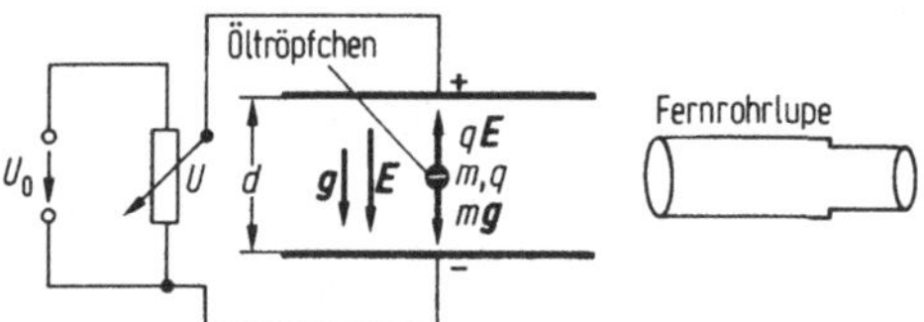

Bild 12-13: Millikan-Versuch zur Bestimmung der Elementarladung.

Aus der Gleichsetzung von Gewichtskraft $F_G = mg$ (3.2-4) und elektrischer Kraft $F_e = qE$ (12.2-2) folgt für die unbekannte Ladung q eines Öltröpfchens

$$q = \frac{mg}{E} = \frac{mgd}{U} \,. \tag{12.4-1}$$

Die zunächst ebenfalls unbekannte Masse m des Öltröpfchens (Dichte ρ) wird aus einem Fallversuch bei ausgeschalteter Spannung ($E = 0$) bestimmt. Wegen der Stokesschen Reibungskraft (9.4–16) der als kugelförmig angenommenen Öltröpfchen beim Fall in dem zähen Medium Luft (Viskosität η) stellt sich eine konstante Fallgeschwindigkeit v der Tröpfchen ein, die unter dem Mikroskop gemessen wird. Die Gleichsetzung von Gewichtskraft und Reibungskraft ergibt

$$F_G = mg = \frac{4}{3}\pi r^3 \rho g = F_R = 6\pi\eta r v \,. \tag{12.4-2}$$

Hieraus kann der Tröpfchenradius r und damit m berechnet werden (genaugenommen muß noch der Auftrieb des Öltröpfchens in Luft berücksichtigt werden). Aus vielen Einzelmessungen mit verschiedenen Öltröpfchen ergab sich, daß nur ganzzahlige Vielfache einer kleinsten Ladung e auftreten:

$$\boxed{q = \pm n e} \qquad (n = 0, 1, 2, \ldots) \tag{12.4-3}$$

mit $e = (1{,}602\,177\,33 \pm 0{,}000\,000\,49) \cdot 10^{-19}\,\mathrm{C}$: Elementarladung.

Die elektrische Ladung ist gequantelt in Einheiten der Elementarladung. Alle in der Natur beobachteten Ladungsmengen sind gleich oder ganzzahlige Vielfache der Elementarladung e. Die Beträge der positiven und negativen Elementarladungen sind exakt gleich.

Die meisten Elementarteilchen sind Träger einer Elementarladung (Tab. 12-1). Bausteine der Atome der uns umgebenden Materie sind die positiv geladenen Protonen, die negativ geladenen Elektronen und die Neutronen, die keine Ladung tragen.

Für die elektrische Ladung gibt es einen Erhaltungssatz:

> Die gesamte elektrische Ladung - d.h. die algebraische Summe der positiven und negativen Ladung - in einem elektrisch isolierten System ändert sich zeitlich nicht.

Beispiele: Ionisation neutraler Atome durch Photonen; Paarerzeugung durch hochenergetische γ-Quanten; Elementarteilchen-Umwandlungen.
Eine mathematische Formulierung des Erhaltungssatzes der elektrischen Ladung ist die Kontinuitätsgleichung für die elektrische Ladung (12.6-9).

Tabelle 12-1: Einige Eigenschaften von Elementarteilchen.
m_e Elektronenmasse, e Elementarladung, $\hbar = h/2\pi$, Plancksches Wirkungsquantum

Teilchen-familie	Teilchen-name	Symbol Teil-chen	Anti-teil-chen	Ruhe-masse	Ladung	mittlere Lebens-dauer s	Spin
	Photon	γ		0	0	–	$\hbar$
Leptonen	Neutrino Antineutrino	ν	$\overline{\nu}$	0	0	∞	$\hbar/2$
	Elektron Positron	e^-	e^+	m_e	$-e$ $+e$	∞	$\hbar/2$
	Myon	μ^-	μ^+	$207\,m_e$	$\mp e$	$2{,}2\cdot10^{-6}$	$\hbar/2$
Mesonen	π-Meson	π^0 π^-	$\overline{\pi}^0$ π^+	$264\,m_e$ $273\,m_e$	0 $\mp e$	$2\cdot10^{-16}$ $2{,}5\cdot10^{-8}$	0
	K-Meson	K^0 K^+	$\overline{K}^0$ K^-	$974\,m_e$ $967\,m_e$	0 $\pm e$	10^{-10} $1{,}2\cdot10^{-10}$	
Baryonen	Proton Antiproton	p^+	p^-	$1\,836\,m_e$	$+e$ $-e$	∞	$\hbar/2$
	Neutron Antineutron	n	$\overline{n}$	$1\,839\,m_e$	0	1 013	$\hbar/2$
	Λ-Hyperon	Λ^0	$\overline{\Lambda}^0$	$2\,183\,m_e$	0	$2{,}5\cdot10^{-10}$	$\hbar/2$
	Σ-Hyperon	Σ^+ Σ^0 Σ^-	$\overline{\Sigma}^-$ $\overline{\Sigma}^0$ $\overline{\Sigma}^+$	$2\,328\,m_e$ $2\,332\,m_e$ $2\,341\,m_e$	$\pm e$ 0 $\mp e$	$0{,}8\cdot10^{-10}$ 10^{-11} $1{,}6\cdot10^{-10}$	$\hbar/2$
	Ξ-Hyperon	Ξ^0 Ξ^-	$\overline{\Xi}^0$ $\overline{\Xi}^+$	$2\,566\,m_e$ $2\,582\,m_e$	0 $\mp e$	$1{,}5\cdot10^{-10}$ $1{,}9\cdot10^{-10}$	$\hbar/2$
	Ω-Hyperon	Ω^-	$\overline{\Omega}^+$	$3\,268\,m_e$	$\mp e$	$1{,}3\cdot10^{-10}$	$\hbar/2$

12.5 Energieaufnahme im elektrischen Feld

Ein Teilchen der Ladung q, der Masse m und der Geschwindigkeit $\boldsymbol{v}$ besitzt in einem elektrischen Feld am Ort $\boldsymbol{r}$ mit dem elektrischen Potential $V(\boldsymbol{r})$ die Gesamtenergie

$$E_{ges} = E_k + E_p = \frac{m}{2}v^2 + qV . \quad (12.5\text{-}1)$$

Kann das Teilchen zwischen den Orten 1 und 2 der elektrischen Feldstärke folgen, so folgt aus dem Energiesatz (12.3-4)

$$\frac{m}{2}v_2^2 - \frac{m}{2}v_1^2 = q\,(V_1 - V_2) = qU . \quad (12.5\text{-}2)$$

Ein Teilchen, das die Spannung U durchläuft, erfährt also einen Zuwachs seiner kinetischen Energie um qU. Wenn q bekannt ist, dann ist auch die durchlaufene Spannung U ein Maß für die Energie. Dies trifft z.B. bei der Beschleunigung von geladenen Elementarteilchen zu, deren Ladung stets $+e$ oder $-e$ ist (Tab. 12-1). Die Multiplikation der Spannung U mit der Ladung $q = e$ kann dann unterbleiben, und die Energieänderung kann in "Elektronenvolt" (eV) angegeben werden. Umrechnung in SI-Einheiten:

$$1 \text{ eV} = (1{,}602\,177\,33 \pm 0{,}000\,000\,49)\cdot 10^{-19} \text{ VAs} = 1{,}602\ldots\cdot 10^{-19} \text{ J} . \quad (12.5\text{-}3)$$

Ist die Anfangsgeschwindigkeit des geladenen Teilchens $v_1 = 0$, so ergibt sich seine Endgeschwindigkeit $v_2 = v$ aus (12.5-2) zu

$$v = \sqrt{\frac{2qU}{m}} . \quad (12.5\text{-}4)$$

Die Masse von Elektronen läßt sich z.B. aus ihrer Ablenkung im Magnetfeld bestimmen (13.2) und beträgt

$$m_e = (9{,}109\,389\,7 \pm 0{,}000\,005\,4)\cdot 10^{-31} \text{ kg} .$$

Aufgrund dieser kleinen Masse wird die Geschwindigkeit von Elektronen im Vakuum schon bei Durchlaufen von nur mäßigen Spannungen sehr hoch:

$$U = 1 \text{ V}: \quad v_e = 593 \text{ km s}^{-1} .$$

Die Anwendung von (12.5-4) auf Elektronen ist daher nur gültig, solange die Geschwindigkeit im nichtrelativistischen Bereich bleibt (4.5):

$$v_e = \sqrt{\frac{2eU}{m_e}} \quad \text{für} \quad U < 10^4 \ldots 10^5 \text{ V} . \quad (12.5\text{-}5)$$

Für höhere Beschleunigungsspannungen U muß statt (12.5-2) der relativistische Energiesatz (4.4-15) angewendet werden. Mit (4.5-10) lautet dieser

$$\boxed{m c_0^2 - m_e c_0^2 = \Delta E_p = eU} . \quad (12.5\text{-}6)$$

mit m_e : Ruhemasse des Elektrons.
Mit Hilfe der Beziehung für die geschwindigkeitsabhängige relativistische Masse (4.5-7) folgt daraus anstelle von (12.5-5) für die Elektronen-

geschwindigkeit

$$v_e = \sqrt{\frac{2eU}{m_e}}\ \frac{\sqrt{1+\dfrac{eU}{2m_e c_0^2}}}{1+\dfrac{eU}{m_e c_0^2}} . \qquad (12.5\text{-}7)$$

Für kleine U geht (12.5-7) in (12.5-5) über. Für $U \to \infty$ wird dagegen $v_e \to c_0$, d.h. die Vakuumlichtgeschwindigkeit stellt auch hier die Grenzgeschwindigkeit dar. (12.5-7) wird durch Messungen genauestens bestätigt (Bild 12-14).

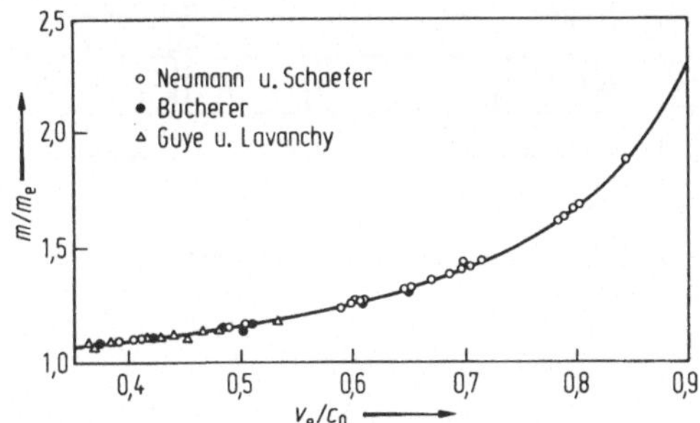

Bild 12-14: Zunahme der Elektronenmasse mit steigender Geschwindigkeit: Theorie (12.5-7) und Messungen.

Elektronen und andere geladene Elementarteilchen können im Vakuum durch elektrische Felder beschleunigt werden, die durch Anlegen einer Spannung U zwischen zwei Elektroden erzeugt werden, z.B. in einer Vakuumdiode (Bild 12-15) oder im Beschleuniger-Rohr eines Van-de-Graaf-Generators. Die auf diese Weise maximal erreichbare Energie entspricht der angelegten Spannung: $E_k = eU$. Aus Isolationsgründen sind die Beschleunigungsspannungen auf einige Millionen Volt (MV) beschränkt. Für Hochenergieuntersuchungen ist dies häufig nicht ausreichend.

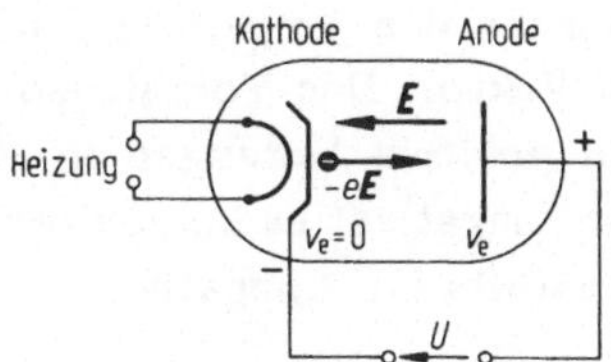

Bild 12-15: Vakuum-Diode.

Höhere Energien lassen sich durch mehrfache Ausnutzung derselben Beschleunigungsspannung z.B. im Hochfrequenz-Linearbeschleuniger (Wideroe 1930) erreichen (Bild 12-16). Dabei durchlaufen die Ladungsträger (z.B. Elektronen) nacheinander zunehmend längere Driftröhren, die abwechselnd mit den beiden Polen einer periodisch das Vorzeichen wechselnden Spannung $U_{\approx}$ verbunden sind. Wird die halbe Periodendauer der Wechselspannung

gleich der Driftdauer durch eine Röhre gemacht, so finden phasenrichtig startende Elektronen zwischen zwei Driftröhren immer ein beschleunigendes Feld vor. Bei einer Anzahl von N Driftröhren läßt sich eine Beschleunigungsenergie $E_k = NeU$ erreichen, allerdings ist der Teilchenstrom gepulst. Es sind Linearbeschleuniger bis zu mehreren Kilometern Länge gebaut worden.
Hochenergetische Teilchen können auch in Kreisbeschleunigern erzeugt werden (siehe 13.2).

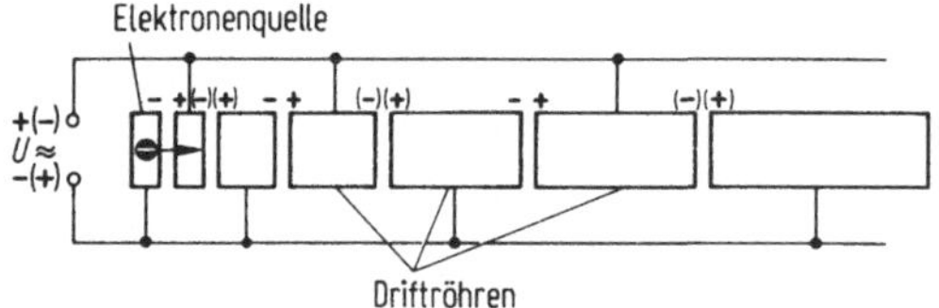

Bild 12-16: Hochfrequenz-Linearbeschleuniger.

12.6 Elektrischer Strom

Bewegte elektrische Ladungsträger, wie sie z.B. durch Beschleunigung in elektrischen Feldern erzeugt werden können (12.5), stellen einen elektrischen Strom dar. Elektrische Ströme können in leitfähiger Materie (Metalle, Halbleiter, elektrolytische Flüssigkeiten, ionisierte Gase) oder auch im Vakuum erzeugt werden. Die während eines Zeitintervalls $\mathrm{d}t$ durch einen beliebigen Querschnitt transportierte elektrische Ladungsmenge $\mathrm{d}Q$ definiert die *elektrische Stromstärke*

$$\boxed{I = \frac{\mathrm{d}Q}{\mathrm{d}t}} \; . \qquad (12.6\text{-}1)$$

SI-Einheit: $[I] = \mathrm{C\,s^{-1}} = \mathrm{A}$ (Ampere).
Zur Definition und Realisierung des Ampere vgl. 1.3 und 13.3, Bild 13-16.
Die Stromstärke I ist kein Vektor. Das Vorzeichen des elektrischen Stromes ist positiv definiert, wenn positive Ladungen in Richtung des elektrischen Feldes fließen bzw. wenn negative Ladungen entgegen der Feldrichtung fließen (Bild 12-17). Anderenfalls ist I negativ.

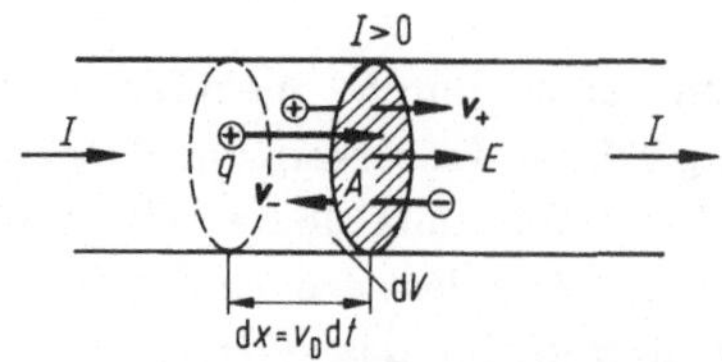

Bild 12-17: Zur Definition der Stromrichtung.

Die räumliche Verteilung der Stromstärke wird durch die *elektrische Stromdichte* beschrieben:

$$\boxed{j = \frac{\mathrm{d}I}{\mathrm{d}A}}\,, \tag{12.6-2}$$

worin dA ein Flächenelement senkrecht zum Vektor der Stromdichte $\boldsymbol{j}$ ist ($\mathrm{d}\boldsymbol{A} \parallel \boldsymbol{j}$). Bei räumlich konstanter Stromdichte gilt z.B. für Bild 12-17: $I = jA$. Zeigt der Flächennormalenvektor $\boldsymbol{A}$ nicht in die Richtung des Stromdichtevektors $\boldsymbol{j}$, so gilt

$$I = \boldsymbol{j}\boldsymbol{A}\,, \quad \text{bzw.} \quad I = \int_A \boldsymbol{j}\,\mathrm{d}\boldsymbol{A}\,, \tag{12.6-3}$$

wenn die Stromdichte $\boldsymbol{j}$ örtlich verschieden ist (Bild 12-18).

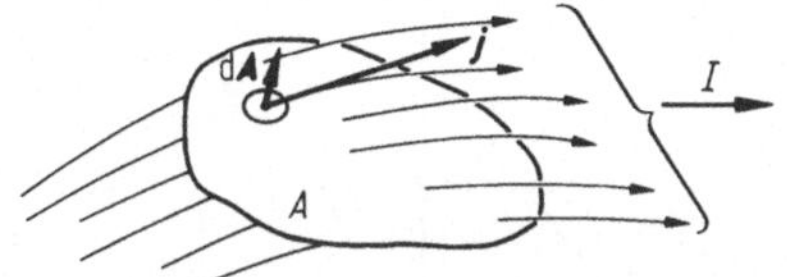

Bild 12-18: Zur Definition der Stromdichte.

Zusammenhang zwischen Stromdichte und Ladungsträger-Driftgeschwindigkeit: Der Einfachheit halber sei angenommen, daß nur eine Sorte Ladungsträger q vorhanden sei, die sich mit einer mittleren Geschwindigkeit, der Driftgeschwindigkeit v_D (16.2) bewegen. Dann durchqueren in der Zeit dt alle Ladungsträger dN, die sich in dem Volumenelement

$$\mathrm{d}V = A\,\mathrm{d}x = A\,v_\mathrm{D}\,\mathrm{d}t$$

befinden (Bild 12-17), den Querschnitt A, also insgesamt die Ladungsmenge

$$\mathrm{d}Q = n\,\mathrm{d}V q$$

(n: Volumenkonzentration der Ladungsträger). Mit (12.6-1) ergibt sich daraus eine Stromstärke

$$I = n\,q\,v_\mathrm{D} A \tag{12.6-4}$$

bzw. mit (12.6-2) eine Stromdichte

$$\boxed{\boldsymbol{j} = n\,q\,\boldsymbol{v}_\mathrm{D}}\,. \tag{12.6-5}$$

Für Elektronen als Ladungsträger z. B. in Metall gilt mit $q = -e$

$$\boldsymbol{j} = -n\,e\,\boldsymbol{v}_\mathrm{D}\,. \tag{12.6-6}$$

Beispiel: Driftgeschwindigkeit der Leitungselektronen in Kupfer.
Wird die Dichte der Leitungselektronen abgeschätzt mit der Annahme, daß jedes Kupferatom ein Elektron in das Leitungsband (siehe 16) abgibt, so beträgt $n_\mathrm{Cu} = 0{,}84 \cdot 10^{29}\ \mathrm{m}^{-3}$. Mit den Vorgaben $I = 10$ A, $A = 1\ \mathrm{mm}^2$, $e = 1{,}6 \cdot 10^{-19}$ As folgt aus (12.6-6) für die Driftgeschwindigkeit der Elektronen $v_\mathrm{D} = 0{,}74\ \mathrm{mm\,s}^{-1} = 2{,}7\ \mathrm{m\,h}^{-1} = 64\ \mathrm{m\,d}^{-1}$. Für die Strecke Berlin - München benötigen die Elektronen daher etwa 30 Jahre. Allein daraus wird erkennbar,

daß die Driftgeschwindigkeit der Elektronen nichts mit der Ausbreitungsgeschwindigkeit elektrischer Signale zu tun hat.

Kontinuitätsgleichung

Wird das Flächenintegral in (12.6-3) bei der Berechnung der Stromstärke aus der Stromdichte über eine geschlossene Fläche A erstreckt (Bild 12-19), so erhält man den insgesamt aus dem von A umschlossenen Volumen V abfließenden Strom

$$I = \oint_A \boldsymbol{j}\, d\boldsymbol{A} = \frac{dQ_{tr}}{dt}, \qquad (12.6\text{-}7)$$

worin Q_{tr} die dabei durch die Oberfläche hindurchtretende (transportierte) Ladung ist.

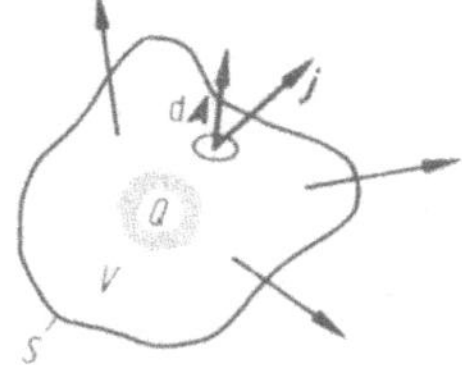

Bild 12-19: Zur Kontinuitätsgleichung für die elektrische Ladung.

Die durch die geschlossene Oberfläche A in der Zeit dt tretende Ladungsmenge dQ_{tr} ist gleich der Abnahme $-dQ$ der in V enthaltenen Ladung Q (Ladungserhaltung, siehe 12.4):

$$\frac{dQ_{tr}}{dt} = -\frac{dQ}{dt} = -\dot{Q}. \qquad (12.6\text{-}8)$$

Aus (12.6-7) ergibt sich damit die *Kontinuitätsgleichung* für die *elektrische Ladung*

$$\boxed{\oint_A \boldsymbol{j}\, d\boldsymbol{A} = -\frac{d}{dt}\int_V \rho\, dV = -\dot{Q}}, \qquad (12.6\text{-}9)$$

die eine mathematische Formulierung für die *Ladungserhaltung* (12.4) darstellt. ρ: Raumladungsdichte (12.2-16).

Stromarbeit und Leistung

Die Energie, die ein konstanter elektrischer Strom I im elektrischen Feld infolge der Beschleunigung der Ladungen beim Durchlaufen der Spannung U aufnimmt, beträgt pro Ladungsträger qU, für N Ladungsträger $NqU = QU$. Mit $Q = It$ (12.6-1) ergibt sich daher die vom Feld aufzubringende Beschleunigungsarbeit zu

$$\boxed{W = QU = UIt}. \qquad (12.6\text{-}10)$$

Die damit verknüpfte elektrische *Leistung* (4-5) beträgt

$$\boxed{P = \frac{\mathrm{d}W}{\mathrm{d}t} = UI} \quad . \tag{12.6-11}$$

SI-Einheit: $[P] = \mathrm{V\,A} = \mathrm{W}$.

(12.6-10) und (12.6-11) gelten auch, wenn bei Strömen in leitender Materie die Energie der Ladungsträger fortlaufend durch Stöße z.B. an das Kristallgitter abgegeben wird (16.2).

Für leitende Materie gilt in den meisten Fällen eine von Ohm (1825) gefundene lineare Beziehung, das *Ohmsche Gesetz*

$$\boxed{U = IR} \quad , \tag{12.6-12}$$

worin R, der ***elektrische Widerstand***, eine Kenngröße ist, die für viele leitende Stoffe bei konstanter Temperatur näherungsweise unabhängig von U und I ist. Eine modellmäßige Begründung für das Ohmsche Gesetz folgt in 16.

SI-Einheit: $[R] = \mathrm{V\,A^{-1}} = \Omega$ (Ohm).

12.7 Elektrische Leiter im elektrostatischen Feld, Influenz

In elektrisch leitender Materie (elektrische Leiter) können sich Ladungen q unter Einfluß der elektrischen Kraft $\boldsymbol{F} = q\boldsymbol{E}$ bewegen, z.B. Elektronen in Metallen. Unter Einwirkung eines elektrischen Feldes verschieben sich daher die Ladungen im Leiter solange, bis das *Innere des Leiters feldfrei* wird und damit der Anlaß für weitere Ladungsverschiebungen entfällt. Die durch das Feld bewirkte Ladungsverschiebung heißt *Influenz*. Die Influenzladungen treten an den äußeren Oberflächen des leitenden Körpers auf (Bild 12-20) und erzeugen ein dem äußeren Feld entgegengesetztes Influenzfeld, das das äußere Feld exakt kompensiert.

Das Auftreten von Influenzladungen läßt sich auch dadurch zeigen, daß als leitender Körper in Bild 12-20 zwei zunächst im Kontakt befindliche Teilkörper (z.B. zwei an der Strichlinie in Bild 12-20 aneinanderliegende Platten) verwendet werden. Werden diese ungeladen in das Feld gebracht, im Feld getrennt und dann herausgeführt, so tragen sie beide entgegengesetzt gleich große Ladungen.

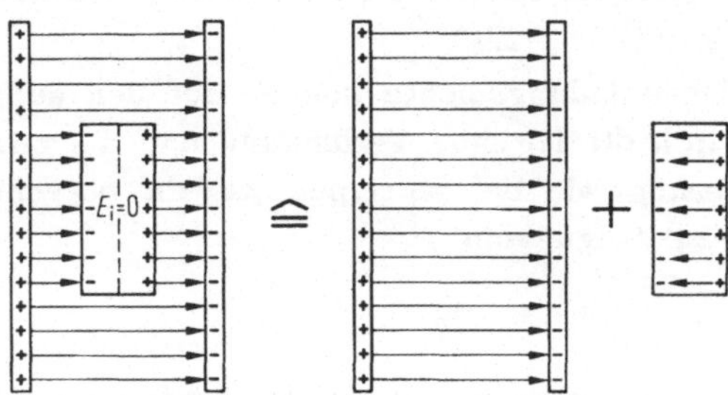

Bild 12-20: Zur Wirkung der Influenz.

Auch für elektrisch geladene Leiter im Feld der eigenen Ladungen (z.B. Bild 12-9) gilt, daß die Ladungen sich im Felde der umgebenden Ladungen solange verschieben, bis die Feldstärke im Innern des Leiters verschwindet. Auch hier verteilt sich die Ladung auf der äußeren Oberfläche.

Das Innere von elektrisch leitenden Körpern in elektrostatischen Feldern ist feldfrei. Das elektrische Potential im leitenden Körper ist daher konstant, insbesondere ist seine Oberfläche eine Äquipotentialfläche. Die Feldstärke steht deshalb senkrecht auf der Leiteroberfläche (siehe 12.3), auf der sich die aufgebrachten Ladungen oder die Influenzladungen verteilen.

$$\boldsymbol{E}_i = 0\,, \quad V_i = \text{const} \quad \text{im Innern leitender Körper.} \tag{12.7-1}$$

(12.7-1) gilt auch für das Innere ***metallisch leitender Hohlräume***, sofern sich darin keine isolierten Ladungen befinden. Zur Abschirmung vor äußeren elektrischen Feldern können daher metallisch umschlossene Räume verwendet werden: *Faraday-Käfig*. In das Innere eines metallischen Hohlraumes gebrachte Ladungen fließen bei Kontakt vollständig auf die Außenfläche der Metall-Umhüllung ab: *Faraday-Becher* zur vollständigen Ladungsübertragung (Bild 12-21).

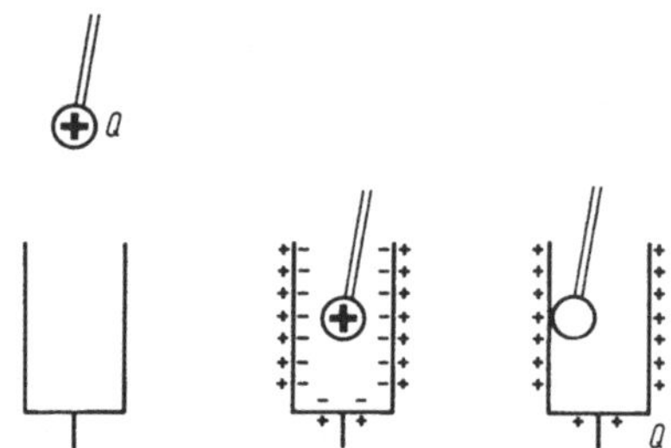

Bild 12-21: Faraday-Becher zur Ladungsübertragung.

Oberflächenfeldstärke und Krümmung

Der Einfluß der Krümmung einer leitenden Oberfläche auf die Oberflächen-Ladungsdichte σ bzw. auf die Oberflächenfeldstärke $\boldsymbol{E}$ läßt sich mit einer Anordnung aus zwei leitenden Kugeln 1 und 2 (Radius R_1 und R_2) abschätzen, die miteinander leitend verbunden sind und dadurch das gleiche Potential V besitzen (Bild 12-22).

Feldstärke und Flächenladungsdichte können auf den äußeren Kugelseiten, wo die Störung durch die leitende Verbindung und die zweite Kugel gering ist, in guter Näherung wie bei einzelnen Kugeln berechnet werden. Aus (12.2-18) und (12.3-20) folgt dann

$$\frac{E_2}{E_1} = \frac{\sigma_2}{\sigma_1} \approx \frac{R_1}{R_2} \quad \text{für} \quad V_1 = V_2\,. \tag{12.7-2}$$

Auf beliebig geformte leitende Körper übertragen bedeutet das, daß an Stellen mit kleinen Krümmungsradien R bei Aufladung des Körpers auf ein

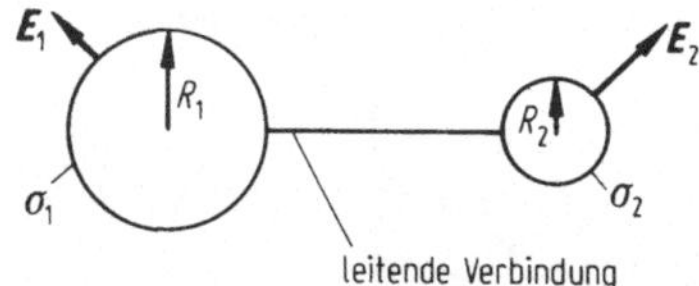

Bild 12-22: Zur Abhängigkeit der Oberflächenfeldstärke eines geladenen leitenden Körpers von dessen Oberflächenkrümmungsradius.

Potential V bzw. eine Spannung U gegenüber der Umgebung besonders hohe Oberflächenfeldstärken

$$E_R \approx \frac{V}{R} \tag{12.7-3}$$

auftreten (12.3-19). Das ist bei hochspannungsführenden Teilen zu beachten: An Spitzen, dünnen Drähten und scharfen Kanten treten bereits bei mäßigen Spannungen U Glimmentladungen oder sogar Feldemission (16.7) auf und führen zu Überschlägen. Kleine Krümmungsradien sind daher möglichst zu vermeiden. Ausgenutzt wird dieser Effekt beim *Feldemissions-Elektronenmikroskop* (Bild 12-23) und beim *Feldionenmikroskop* (Müller 1936 u. 1951).

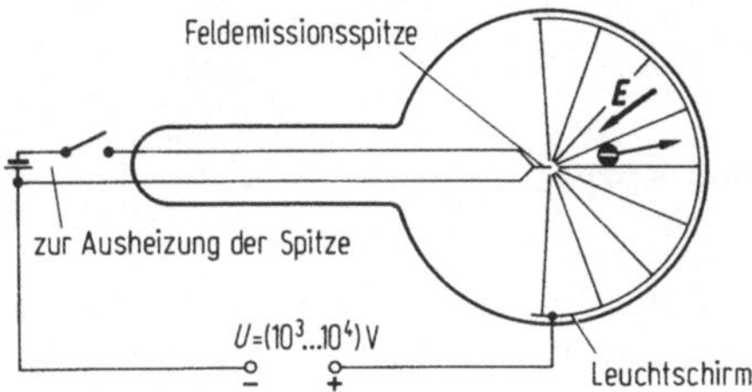

Bild 12-23: Feldemissions-Elektronenmikroskop.

Hierbei werden chemisch geätzte Metallspitzen mit Krümmungsradien von 0,1...1 µm verwendet, sodaß bei einer Spannung von 1000 V Feldstärken von $10^9...10^{10}$ V m^{-1} erzeugt werden. Bei solchen Feldstärken werden aus der Spitze Elektronen durch Feldemission (16.7) freigesetzt und im umgebenden Radialfeld auf den Leuchtschirm zu beschleunigt. Strukturen auf der Spitze, z.B. örtliche Variationen der Austrittsarbeit (16.7) oder angelagerte Moleküle, werden dann auf dem Leuchtschirm als Zentralprojektion mit einer Vergrößerung von $10^5...10^6$ sichtbar.

Elektrische Bildkraft

Ladungen vor ungeladenen, leitenden Oberflächen bewirken durch Influenz eine Ladungsverschiebung im Leiter in der Weise, daß die Feldlinien senkrecht auf der Leiteroberfläche enden (Bild 12-24). Der entstehende Feldlinienverlauf vor einer ebenen Leiteroberfläche kann durch gedachte Spiegelladungen entgegengesetzten Vorzeichens im gleichen Abstand d hinter der Leiteroberfläche (das "Bild" der felderzeugenden Ladung) beschrieben werden (vgl. auch Bild 12-4).

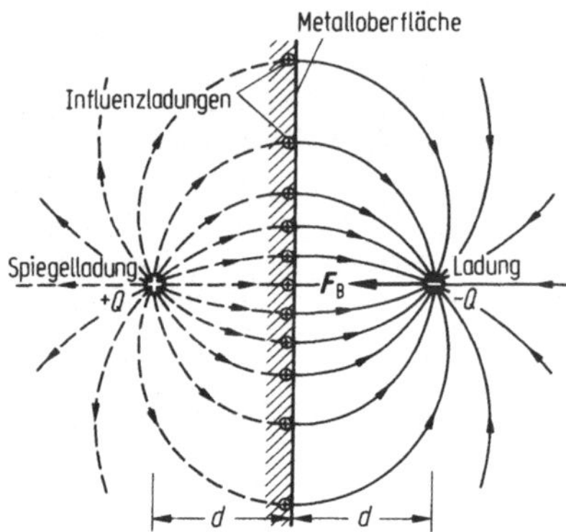

Bild 12-24: Zur Entstehung der Bildkraft: Spiegelladungen durch Influenz an leitenden Flächen.

Daraus resultiert eine Kraft zwischen Ladung Q und ungeladener Leiteroberfläche, die sich aus dem Coulomb-Gesetz (12.1-1) berechnen läßt und senkrecht auf die Leiteroberfläche gerichtet ist:

$$F_B = \frac{Q^2}{4\pi\varepsilon_0(2d)^2} \,. \qquad (12.7\text{-}4)$$

12.8 Kapazität leitender Körper

Das Potential V einer leitenden Kugel (Radius R) ist nach (12.3-17) proportional zur Ladung Q auf der Kugel. Der Quotient beträgt

$$\frac{Q}{V} = 4\pi\varepsilon_0 R \qquad (12.8\text{-}1)$$

und hängt nur von der Geometrie der Kugel (Radius R) ab. Das gilt entsprechend für jeden leitenden Körper. Der Quotient Q/V wird *Kapazität C* des leitenden Körpers,

$$\boxed{C \equiv \frac{Q}{V}} \,, \qquad (12.8\text{-}2)$$

genannt und stellt das Aufnahmevermögen des Körpers für elektrische Ladung Q bei gegebenem Potential V dar.

SI-Einheit: $[C]$ = As V^{-1} = F (Farad).

Aus dem Vergleich mit (12.8-1) ergibt sich die *Kapazität der Kugel* zu

$$C = 4\pi\varepsilon_0 R \,. \qquad (12.8\text{-}3)$$

Kondensatoren

Der Begriff der Kapazität läßt sich auch übertragen auf Systeme aus zwei leitenden Körpern (den Elektroden), die entgegengesetzt gleiche Ladungen tragen (Bild 12-25a): *Kondensator.*

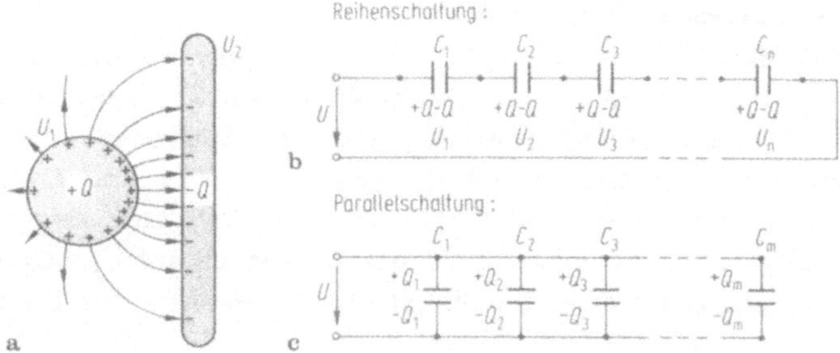

Bild 12-25: a Kondensator aus zwei leitenden Körpern, b Reihenschaltung und c Parallelschaltung von Kondensatoren.

An die Stelle des Potentials V tritt dann die Potentialdifferenz (Spannung) $U = V_1 - V_2$, und die *Kapazität des Kondensators* beträgt

$$\boxed{C \equiv \frac{Q}{U}} \ . \tag{12.8-4}$$

Für den *Plattenkondensator* ergibt sich daraus mit (12.3-17)

$$C = \varepsilon_0 \frac{A}{d} \ . \tag{12.8-5}$$

Bei *Reihenschaltung* von n Kondensatoren (Bild 12-25b) sind die Ladungen auf allen Elektroden $+Q$ bzw. $-Q$. Die Spannungen U_i an den einzelnen Kondensatoren C_i betragen daher nach (12.8-4) $U_i = Q/C_i$. Die Gesamtspannung ist demnach

$$U = \sum_{i=1}^{n} U_i = Q \sum_{i=1}^{n} \frac{1}{C_i} \equiv \frac{Q}{C_{ges}} \ .$$

Die Reihenschaltung von Kondensatoren verhält sich also wie ein Kondensator der Kapazität C_{ges}, die sich aus

$$\frac{1}{C_{ges}} = \frac{1}{C_1} + \frac{1}{C_2} + \frac{1}{C_3} + \ldots + \frac{1}{C_n} = \sum_{i=1}^{n} \frac{1}{C_i} \tag{12.8-6}$$

berechnen läßt.

Bei *Parallelschaltung von m Kondensatoren* (Bild 12-25c) betragen die Ladungen auf den einzelnen Kondensatoren $Q_j = C_j U$. Die Gesamtladung des Systems von m Kondensatoren ist dann

$$Q = \sum_{j=1}^{m} Q_j = U \sum_{j=1}^{m} C_j \equiv U C_{ges} \ .$$

Eine Parallelschaltung von Kondensatoren verhält sich also wie ein Kondensator der Gesamtkapazität C_{ges}, die sich aus

$$C_{ges} = C_1 + C_2 + C_3 + \ldots + C_m = \sum_{j=1}^{m} C_j \tag{12.8-7}$$

berechnen läßt.

Nichtleitende Materie im Kondensatorfeld

Wird ein elektrisch isolierendes Material (*Dielektrikum*) in einen Plattenkondensator geschoben (Bild 12-26), so sinkt die am Kondensator mit einem statischen Instrument (Elektrometer) gemessene Spannung von $U_0 = Q/C_0$ auf den kleineren Wert U_ε. Da sich die gespeicherte Ladung Q dabei nicht geändert hat, wie sich durch Entfernen des Dielektrikums zeigen läßt, ist durch das Dielektrikum offenbar die Kapazität von C_0 auf $C_\varepsilon > C_0$ gestiegen, sodaß $U_\varepsilon = Q/C_\varepsilon < U_0$. Ursache hierfür ist die *Polarisation* des Dielektrikums (siehe 10.9).

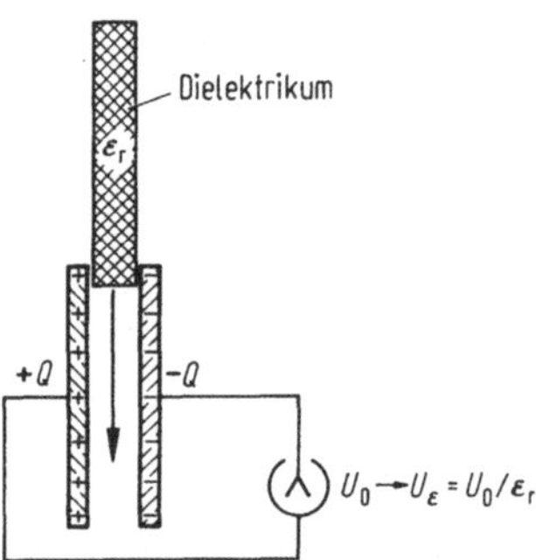

Bild 12-26: Zur Wirkung eines Dielektrikums im Kondensator.

Bei vollständiger Ausfüllung des felderfüllten Volumens durch das Dielektrikum wird das Verhältnis

$$\frac{C_\varepsilon}{C_0} = \frac{U_0}{U_\varepsilon} \equiv \varepsilon_r > 1 \qquad (12.8\text{-}8)$$

Permittivitätszahl oder Dielektrizitätszahl ε_r genannt. Die Dielektrizitätszahl ist eine charakteristische Größe des Dielektrikums (Tab. 12-2). Für das Vakuum gilt $\varepsilon_r = 1$. Aus $C_\varepsilon = \varepsilon_r C_0$ folgt mit (12.8-5) für die Kapazität des *Plattenkondensators mit Dielektrikum*

$$C = \varepsilon_r \, \varepsilon_0 \frac{A}{d} \, . \qquad (12.8\text{-}9)$$

An die Stelle der elektrischen Feldkonstante ε_0 des Vakuums tritt also die *Permittivität* (Dielektrizitätskonstante)

$$\varepsilon = \varepsilon_r \varepsilon_0 \qquad (12.8\text{-}10)$$

des Dielektrikums im Feld. Das gilt generell für elektrische Felder in Dielektrika.

Energieinhalt eines geladenen Kondensators

Die differentielle Arbeit zur weiteren Aufladung eines Kondensators der Kapazität C um die Ladung $\mathrm{d}Q$ bei der Spannung u ist nach (12.3-4) und mit (12.8-4)

$$\mathrm{d}W = u\,\mathrm{d}Q = \frac{1}{C}\,Q\,\mathrm{d}Q \, . \qquad (12.8\text{-}11)$$

Tabelle 12-2: Permittivitätszahlen einiger Stoffe.

Stoff	ε_r	Stoff	ε_r
Feste Stoffe:		*Flüssigkeiten*:	
Bariumtitanat	1 000...9 000	Benzol	2,28
Bernstein	2,2...2,9	Ethylalkohol	25,1
Diamant	5,68	Glyzerin	41,1
Eis	3,2	Kabelöl	2,25
Glas	3...15	Methylalkohol	33,5
Glimmer	5...9	Petroleum	2,2
Hartpapierplatten	5	Transformatorenöl	2,2...2,5
Hartporzellan	5...6,5	Wasser	81
Kochsalz	5,8		
Kunstharze	3,5...4,5		
Marmor	8,4...14	*Gase* (0° C; 1013 hPa):	
Ölpapier	5		
Papier	1,2...3	Argon	1,000 504
Paraffin	2,2	Helium	1,000 066
Pertinax	3,5...5,5	Kohlendioxid	1,000 985
Polyethylen (PE)	2,2...2,7	Luft, trocken	1,000 594
Polypropylen (PP)	2,2...2,6	Sauerstoff	1,000 486
Polystyrol (PS)	2,3...2,8	Stickstoff	1,000 528
Polytetrafluorethylen (PTFE, Teflon)	2,1	Wasserstoff	1,000 252
Polyvinylchlorid (PVC)	3,3...4,6		
Quarz	3,5...4,5		
Quarzglas	4		
Schwefel	3,6...4,3		
Trolitul	2,3...2,5		
Vinidur	3,4...4,0		
Ziegel	2,3		

Die gesamte Aufladearbeit W und damit die im Kondensator gespeicherte Energie E_C erhält man daraus durch Integration ($Q=0$ bis Q, $u=0$ bis U) Umformung mit (12.8-4):

$$\boxed{W = E_C = \frac{1}{2}\frac{Q^2}{C} = \frac{1}{2}QU = \frac{1}{2}CU^2} \; . \qquad (12.8\text{-}12)$$

Die im Kondensator gespeicherte Energie manifestiert sich als Feldenergie des elektrostatischen Feldes zwischen den Elektroden des Kondensators.

Energiedichte des elektrostatischen Feldes

Die Dichte der elektrischen Feldenergie w_e läßt sich für den Fall des Plattenkondensators aus dem Quotienten W/V berechnen, worin $V=Ad$ das Volumen des homogenen Feldes zwischen den Kondensatorplatten ist. Durch Einsetzen der Kapazität des Plattenkondensators (12.8-9) und Einführen der Feldstärke $\boldsymbol{E}$ nach (12.3-16) ergibt sich für die *Energiedichte*

$$\boxed{w_e = \frac{1}{2}\varepsilon E^2 = \frac{1}{2}DE} \; . \qquad (12.8\text{-}13)$$

$\boldsymbol{D}$ ist die elektrische Flußdichte gemäß (12.2-12), hier allerdings bereits für den allgemeinen Fall des Dielektrikums im Feld geschrieben (siehe 12.9). (12.8-13) enthält keine kondensatorspezifischen Größen und gilt für beliebige elektrostatische Felder.

12.9 Nichtleitende Materie im elektrischen Feld, elektrische Polarisation

Wird Materie in ein elektrisches Feld gebracht, so wird der elektrische Zustand der Materie infolge der elektrischen Kraft auf die in der Materie vorhandenen Ladungen verändert. Im bereits in 12.7 behandelten Falle elektrisch leitender Materie können sie der Kraft folgen, Ladungen entgegengesetzten Vorzeichens sammeln sich daher an gegenüberliegenden Oberflächen: Influenz (Bild 12-20). Bei einem Leiter im Feld bildet sich also eine makroskopische Ladungsverteilung aus, die qualitativ der eines elektrischen Dipols (Bild 12-4) entspricht.

In Nichtleitern (Dielektrika) ist eine makroskopische Ladungsverschiebung nicht möglich. Dennoch bilden sich auch hier im Feld Dipolzustände aus, allerdings auf mikroskopischer Basis, die Materie wird polarisiert.

Der elektrische Dipol

Der elektrische Dipol ist ein elektrisch neutrales Gebilde. Er besteht aus zwei gleichgroßen Punktladungen entgegengesetzten Vorzeichens (Bild 12-4), die im Abstand l auf dem Verbindungsvektor $\boldsymbol{l}$ sitzen (Bild 12-27).

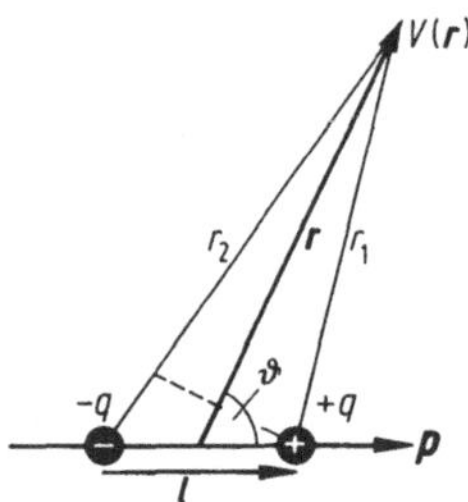

Bild 12-27: Elektrischer Dipol.

Seine Eigenschaften werden durch das *elektrische Dipolmoment* $\boldsymbol{p}$ gekennzeichnet:

$$\boldsymbol{p} \equiv q\boldsymbol{l} . \tag{12.9-1}$$

SI-Einheit: $[\boldsymbol{p}] = \mathrm{C\,m} = \mathrm{As\,m}$.

Anmerkungen: In der Chemie wird wird das Vorzeichen des Dipolmoments meist entgegengesetzt definiert. Ferner darf $\boldsymbol{p}$ nicht mit dem Impuls verwechselt werden.

Das Potential eines Dipols läßt sich durch Überlagerung der Potentiale zweier Punktladungen gewinnen (Bild 12-27):

$$V(\boldsymbol{r}) = \frac{1}{4\pi\varepsilon_0}\left(\frac{q}{r_1} - \frac{q}{r_2}\right) = \frac{q}{4\pi\varepsilon_0}\cdot\frac{r_2 - r_1}{r_1\, r_2} . \tag{12.9-2}$$

Für Entfernungen r, die groß gegen die Dipollänge l sind, gilt

$$r_1, r_2 \gg l: \quad r_2 - r_1 = l\cos\vartheta , \qquad r_1 r_2 = r^2 . \tag{12.9-3}$$

Mit (12.9-1) und (12.9-2) folgt dann für das *Potential* einer Probeladung im Feld *eines Dipols*

$$\boxed{V(\boldsymbol{r}) = \frac{p\cos\vartheta}{4\pi\varepsilon_0 r^2} = \frac{\boldsymbol{p}\boldsymbol{r}^0}{4\pi\varepsilon_0 r^2}} \; . \tag{12.9-4}$$

Das Potential eines Dipols nimmt danach mit $1/r^2$ ab, während das Potential der einzelnen Punktladung nach (12.3-17) nur mit $1/r$ abnimmt. Der schnellere Abfall beim Dipol rührt daher, daß mit steigender Entfernung die beiden Ladungen sich in ihrer Wirkung immer mehr kompensieren. Die Feldgeometrie eines elektrischen Dipols zeigt Bild 12-4.

Im *homogenen elektrischen Feld* wirkt ein Kräftepaar auf die beiden Ladungen des Dipols (Bild 12-28). Die resultierende Kraft auf den Dipol ist Null. Das Kräftepaar bewirkt jedoch ein *Drehmoment* $\boldsymbol{M}$, das sich nach (3.6-3) mit $\boldsymbol{F} = q\boldsymbol{E}$ ergibt zu

$$\boxed{\boldsymbol{M} = \boldsymbol{p} \times \boldsymbol{E}} \tag{12.9-5}$$

und den Dipol in die Feldrichtung zu drehen versucht.

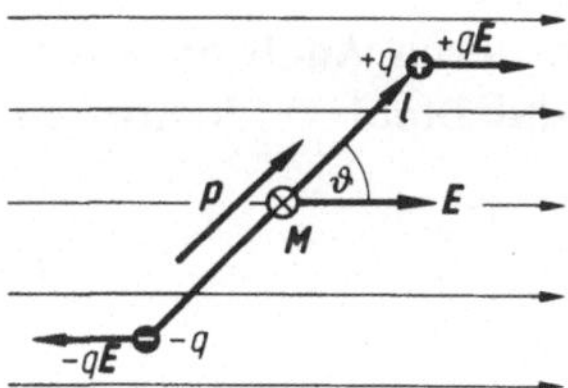

Bild 12-28: Drehmoment auf einen elektrischen Dipol im homogenen elektrischen Feld.

Der Dipol im Feld besitzt daher eine potentielle Energie, die sich aus den potentiellen Energien seiner Einzelladungen zusammensetzt (Bild 12-28):

$$E_{\mathrm{p,dip}} = q\,V_+ + (-q\,V_-) = -q\,l\,\frac{\Delta V}{l} = -p\,E\cos\vartheta \; . \tag{12.9-6}$$

Daraus folgt für die *potentielle Energie* eines elektrischen Dipols im elektrischen Feld

$$\boxed{E_{\mathrm{p,dip}} = -\boldsymbol{p}\boldsymbol{E}} \; . \tag{12.9-7}$$

Sie ist minimal, wenn der Dipolvektor $\boldsymbol{p}$ in Feldrichtung zeigt, und maximal für die entgegengesetzte Richtung.

Im *inhomogenen Feld* sind die Kräfte auf die beiden Ladungen eines Dipols vom Betrag verschieden, so daß neben dem Drehmoment auch eine resultierende Kraft auftritt. Für einen in Feldrichtung ausgerichteten Dipol mit differentiell kleiner Länge $l = \mathrm{d}x$ (Bild 12-29) ist die *resultierende Kraft* proportional zum Feldgradienten $\mathrm{d}E/\mathrm{d}x$:

$$\boxed{F = p\,\frac{\mathrm{d}E}{\mathrm{d}x}} \; . \tag{12.9-8}$$

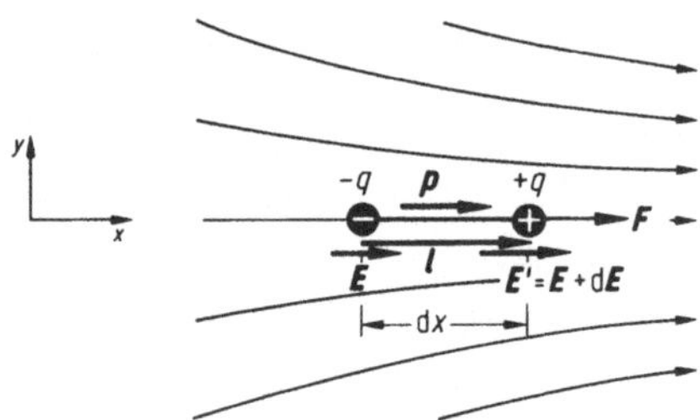

Bild 12-29: Resultierende Kraft auf einen elektrischen Dipol im inhomogenen elektrischen Feld.

Elektrische Polarisation eines Dielektrikums

Wie in Bild 12-26 betrachten wir einen Plattenkondensator mit Dielektrikum. Bei angelegter Spannung bewirkt das elektrische Feld eine Polarisation des Dielektrikums: Durch Verschiebungspolarisation in den Atomen und (bei polaren Molekülen) durch Orientierungspolarisation (siehe unten) wird ein System elektrisch wirksamer Dipole (Bild 12-30) mit dem (mittleren) Dipolmoment $\boldsymbol{p}$ erzeugt. Als Polarisation $\boldsymbol{P}$ wird das auf das Volumen bezogene Dipolmoment definiert, also der Quotient aus dem Gesamtdipolmoment $\boldsymbol{P}_{\text{ges}}$ des Dielektrikums, das sich durch Addition aller Einzeldipole $\boldsymbol{p}$ ergibt, und seinem Volumen V. Ist n die Dipolzahldichte, so folgt für die *elektrische Polarisation*:

$$\boldsymbol{P} \equiv \frac{\boldsymbol{P}_{\text{ges}}}{V} = n\boldsymbol{p} \,. \tag{12.9-9}$$

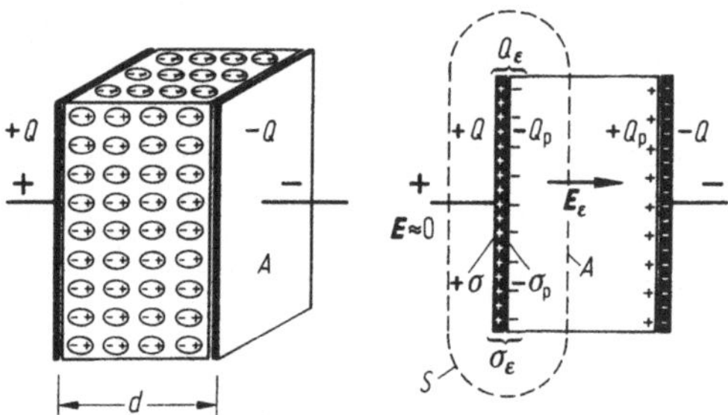

Bild 12-30: Polarisation eines Dielektrikums: Entstehung von Polarisationsladungen an den Grenzflächen.

Als Folge der Polarisation entstehen Polarisationsladungen $Q_p = \boldsymbol{\sigma}_p \boldsymbol{A}$ an den Grenzflächen $\boldsymbol{A}$ mit der Flächenladungsdichte $\boldsymbol{\sigma}_p$ (Bild 12-30). $\boldsymbol{\sigma}_p$ ist ein Vektor parallel zum Flächennormalenvektor $\boldsymbol{A}$. Für das Gesamtdipolmoment ergibt sich hieraus

$$\boldsymbol{P}_{\text{ges}} = Q_p \boldsymbol{d} = \boldsymbol{\sigma}_p A\, d = \boldsymbol{\sigma}_p V \,. \tag{12.9-10}$$

Mit (12.9-9) und (12.2-22) folgt weiter

$$\boldsymbol{P} = n\boldsymbol{p} = \boldsymbol{\sigma}_p = -\varepsilon_0 \boldsymbol{E}_p \,, \tag{12.9-11}$$

worin $\boldsymbol{E}_p$ die durch die Polarisationsladungen erzeugte Polarisationsfeldstärke ist, die dem Polarisationsvektor $\boldsymbol{P}$ entgegengerichtet ist. Die resultierende Feldstärke $\boldsymbol{E}_\varepsilon$ im dielektrikumerfüllten Feld ergibt sich aus der Überlagerung der Vakuumfeldstärke $\boldsymbol{E}_0$ und der Polarisationsfeldstärke $\boldsymbol{E}_p$:

$$\boldsymbol{E}_\varepsilon = \boldsymbol{E}_0 + \boldsymbol{E}_p = \boldsymbol{E}_0 - \frac{\boldsymbol{P}}{\varepsilon_0}. \tag{12.9-12}$$

Sie ist kleiner als die Vakuumfeldstärke, da die Ladungen Q auf den Platten durch die Polarisationsladungen Q_p des Dielektrikums teilweise kompensiert werden. Es bleibt lediglich die Ladung $Q_\varepsilon = Q - Q_p = \sigma_\varepsilon A = \varepsilon_0 E_\varepsilon$ wirksam. Damit ist die in Bild 12-26 geschilderte Beobachtung erklärt. Für die Permittivitätszahl ε_r in (12.8-8) ergibt sich mit (12.9-12) für kleine Polarisationen

$$\varepsilon_r = \frac{U_0}{U_\varepsilon} = \frac{Q_0}{Q_\varepsilon} = \frac{E_0}{E_\varepsilon} = \frac{E_0}{E_0 - \frac{P}{\varepsilon_0}} \approx 1 + \frac{P}{\varepsilon_0 E_0} = 1 + \frac{n p}{\varepsilon_0 E_0}. \tag{12.9-13}$$

Die Abweichung von ε_r von 1 wird *elektrische Suszeptibilität* χ_e genannt und ist gleich dem Quotienten aus Polarisation P und elektrischer Vakuumflußdichte $\Psi_0 = \varepsilon_0 E_0$:

$$\chi_e \equiv \frac{P}{\varepsilon_0 E_0} = \frac{n p}{\varepsilon_0 E_0}, \qquad \boldsymbol{P} = \chi_e \varepsilon_0 \boldsymbol{E}_0. \tag{12.9-14}$$

Suszeptibilität und Permittivitätszahl beschreiben beide die elektrischen Eigenschaften des Dielektrikums und sind verknüpft durch

$$\varepsilon_r = 1 + \chi_e. \tag{12.9-15}$$

Multiplikation von (12.9-15) mit $\varepsilon_0 \boldsymbol{E}_0 = \boldsymbol{D}_0$ führt mit (12.9-14) zu einer Größe

$$\varepsilon_r \varepsilon_0 \boldsymbol{E}_0 = \boldsymbol{D}_0 + \boldsymbol{P}, \tag{12.9-16}$$

die als *dielektrische Verschiebung* oder *elektrische Flußdichte* (*in Materie*) bezeichnet wird,

$$\boxed{\boldsymbol{D} \equiv \varepsilon_r \varepsilon_0 \boldsymbol{E} = \varepsilon \boldsymbol{E}}, \tag{12.9-17}$$

(Index bei $\boldsymbol{E}_0$ weggelassen) und sich aus der Flußdichte im Vakuum und der Polarisation der Materie zusammensetzt:

$$\boxed{\boldsymbol{D} = \boldsymbol{D}_0 + \boldsymbol{P} = (1 + \chi_e)\varepsilon_0 \boldsymbol{E}}. \tag{12.9-18}$$

Der Name "dielektrische Verschiebung" wurde in Hinblick auf den Vorgang der Verschiebungspolarisation gewählt (siehe unten). In isotropen Dielektrika sind ε_r und χ_e Skalare, in anisotropen Dielektrika (Kristalle) dagegen Tensoren, d.h. Verschiebungsvektor $\boldsymbol{D}$ und Feldstärkevektor $\boldsymbol{E}$ haben dann i. allg. nicht dieselbe Richtung.

Wir wenden nun das Gaußsche Gesetz in der Formulierung (12.2-15) ähnlich wie in Bild 12-10 auf eine geschlossene Fläche S an, die eine der Elektroden des mit Dielektrikum gefüllten Plattenkondensators umschließt (Bild 12-30). Das von dieser Fläche berandete Volumen enthält dann die wirksame Ladung

$$Q_\varepsilon = Q - Q_p = \frac{Q}{\varepsilon_r} . \tag{12.9-19}$$

Da außerhalb des Plattenkondensators die Feldstärke als vernachlässigbar klein angenommen werden kann, wenn die Lineardimensionen der Plattenfläche A groß gegen den Plattenabstand d sind, trägt von der Gesamtfläche S nur der Flächenausschnitt A im Kondensatordielektrikum zum Gauß-Integral bei:

$$\oint_S \varepsilon_0 \boldsymbol{E} \mathrm{d}\boldsymbol{A} = \int_A \varepsilon_0 \boldsymbol{E}_\varepsilon \mathrm{d}\boldsymbol{A} = Q_\varepsilon = \frac{Q}{\varepsilon_r} . \tag{12.9-20}$$

Wir bilden nun das entsprechende Integral über die elektrische Flußdichte in Materie (12.9-17), und erhalten in analoger Weise

$$\oint_S \varepsilon_r \varepsilon_0 \boldsymbol{E} \mathrm{d}\boldsymbol{A} = \int_A \varepsilon_r \varepsilon_0 \boldsymbol{E}_\varepsilon \mathrm{d}\boldsymbol{A} . \tag{12.9-21}$$

Das Integral der rechten Seite wird nur über den homogenen Feldbereich im Kondensator erstreckt, wo ε_r konstant ist und vor das Integral gezogen werden kann. Mit (12.9-17) und (12.9-20) folgt dann die allgemein gültige Form des *Gaußschen Gesetzes* für das elektrische Feld in Materie

$$\boxed{\oint_S \boldsymbol{D} \mathrm{d}\boldsymbol{A} = \oint_S \varepsilon_r \varepsilon_0 \boldsymbol{E} \mathrm{d}\boldsymbol{A} = Q} , \tag{12.9-22}$$

worin Q die tatsächlich in das von der geschlossenen Fläche S berandete Volumen eingebrachte Ladung ist.

Verschiebungspolarisation

Makroskopische Materie ist aus Atomen aufgebaut. Diese bestehen aus der negativen Elektronenhülle und dem positiven Atomkern (siehe 16.1). Die Schwerpunkte der positiven und negativen Ladungsverteilungen im Atom fallen normalerweise zusammen. In einem äußeren elektrischen Feld $\boldsymbol{E}_0$ wirken jedoch auf die atomaren Ladungen verschiedenen Vorzeichens entgegengesetzt gerichtete Kräfte $\boldsymbol{F} = \pm q \boldsymbol{E}_0$, sodaß eine Verschiebung der Ladungsschwerpunkte gegeneinander erfolgt, bis die Coulombanziehungskraft der äußeren Kraft entgegengesetzt gleich ist: Es sind *induzierte Dipole* in Richtung des äußeren Feldes entstanden (Bild 12-31): *Verschiebungspolarisation.* Neben dieser elektronischen Verschiebungspolarisation, die bei allen Substanzen auftritt, gibt es z.B. in Ionenkristallen auch eine ionische Verschiebungspolarisation.

Das pro Atom induzierte elektronische Dipolmoment $\boldsymbol{p} = Q\,\delta\boldsymbol{l} = Ze\,\delta\boldsymbol{l}$ kann für nicht zu große Feldstärken proportional zu $\boldsymbol{E}_0$ angesetzt werden, mit der *Polarisierbarkeit* α gemäß

$$\boldsymbol{p} = \alpha \boldsymbol{E}_0 . \tag{12.9-23}$$

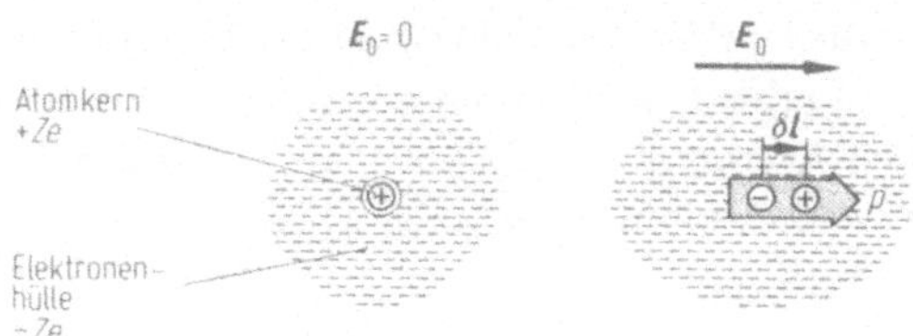

Bild 12-31: Induzierter atomarer Dipol im elektrischen Feld.

Um eine Größenordnung für α abzuschätzen, kann als Modell für die Verschiebungspolarisation eines kugelsymmetrischen Atoms eine leitende Kugel angenommen werden, deren Radius dem Atomradius r_0 entspricht. Das äußere Feld $\boldsymbol{E}_0$ induziert in einer solchen Kugel Influenzladungen, deren Feld außerhalb der Kugel durch das Feld eines Dipols im Kugelzentrum mit dem Dipolmoment

$$\boldsymbol{p} = 4\pi r_0^3\, \varepsilon_0\, \boldsymbol{E}_0 \tag{12.9-24}$$

(ohne Ableitung) wiedergegeben wird. Ein Vergleich mit (12.9-23) liefert eine nach diesem Modell mit dem Atomvolumen V_0 steigende Polarisierbarkeit

$$\alpha = 3\varepsilon_0 \frac{4}{3}\pi r_0^3 = 3\varepsilon_0 V_0 \,. \tag{12.9-25}$$

Die Polarisation aufgrund der induzierten Dipole beträgt nach (12.9-9) und (12.9-23)

$$\boldsymbol{P} = n\boldsymbol{p} = n\alpha\boldsymbol{E} \,. \tag{12.9-26}$$

Der Vergleich mit (12.9-14) liefert für Suszeptibilität und Permittivitätszahl

$$\chi_e = \frac{n\alpha}{\varepsilon_0}\,, \qquad \varepsilon_r = 1 + \frac{n\alpha}{\varepsilon_0}\,. \tag{12.9-27}$$

Diese Beziehungen gelten für dünne Medien (Dipolzahldichte n klein), z.B. Gase, in denen die gegenseitige Wechselwirkung der Dipole noch keine Rolle spielt. In dichten Medien muß für die Polarisation eines induzierten Dipols das von der Polarisation des umgebenden Mediums erzeugte zusätzliche Feld (etwa die ausrichtende Wechselwirkung innerhalb einer Dipolkette) berücksichtigt werden. Das führt (ohne Ableitung) zu den *Clausius-Mosotti-Formeln*

$$\boxed{\chi_e = \frac{\dfrac{n\alpha}{\varepsilon_0}}{1 - \dfrac{1}{3}\dfrac{n\alpha}{\varepsilon_0}}\,, \qquad \varepsilon_r = 1 + \frac{\dfrac{n\alpha}{\varepsilon_0}}{1 - \dfrac{1}{3}\dfrac{n\alpha}{\varepsilon_0}}}\,, \tag{12.9-28}$$

die die Beziehungen (12.9-27) als Grenzfall für kleine n enthalten. Sie gestatten die Berechnung der Dielektrizitätszahl einer dichten nichtpolaren Flüssigkeit aus den Daten ihres Gases.

Orientierungspolarisation

Viele Moleküle besitzen auch bei Abwesenheit eines äußeren elektrischen Feldes bereits ein elektrisches Dipolmoment, sie stellen *permanente elek-*

trische Dipole dar. Dies trifft bei nahezu allen Molekülen zu, die nicht aus gleichen Atomen aufgebaut sind: polare Moleküle (z.B. HCl, H_2O, NH_3, Bild 12-32). Lediglich symmetrisch aufgebaute Moleküle, wie CO_2 oder CH_4, haben kein permanentes Dipolmoment.

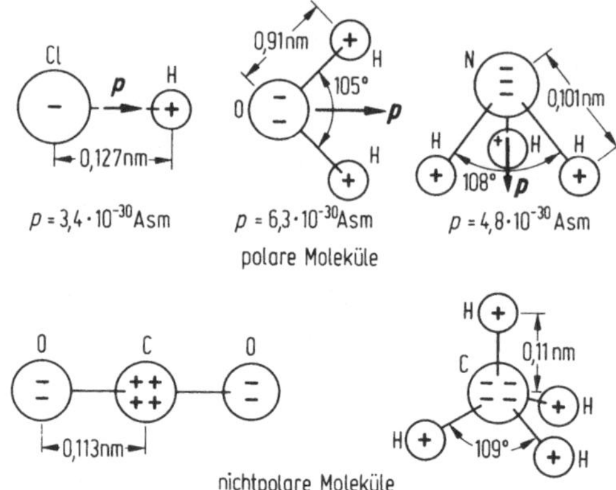

Bild 12-32: Beispiele für molekulare Dipole.

Eine Stoffmenge aus polaren Molekülen (Molekülzahldichte *n*) zeigt ohne äußeres Feld kein resultierendes Dipolmoment, da die thermische Energie für eine statistische Gleichverteilung der Dipolorientierungen sorgt, d.h. je $n/6$ der molekularen Dipole sind in die 6 Raumrichtungen orientiert und heben sich daher in ihrer Wirkung gegenseitig auf. In einem äußeren elektrischen Feld erfahren die Dipole jedoch gemäß (12.9-2) Drehmomente, die für eine mit $\boldsymbol{E}_0$ zunehmende Ausrichtung in Feldrichtung gegen die Temperaturbewegung sorgen (Bild 12-33): *Orientierungspolarisation.*

Anmerkung: Voraussetzung dafür ist eine gegenseitige Wechselwirkung der Moleküle, die einen Energieaustausch ermöglicht. Anderenfalls würde das äußere Feld allein zu Drehschwingungen der Moleküle Anlaß geben, vgl. Bild 5-5.

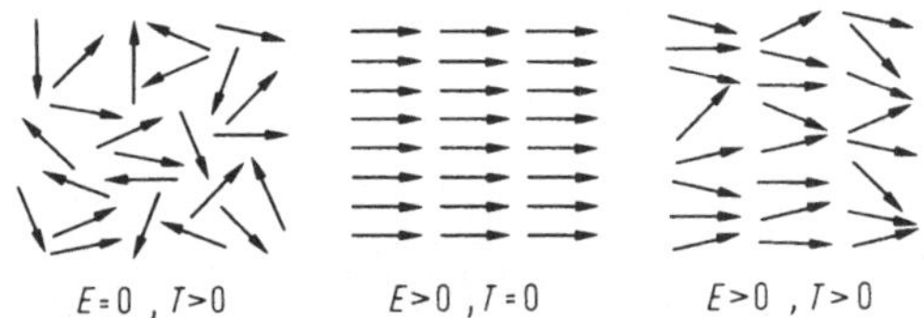

Bild 12-33: Ein System elektrischer Dipole unter dem Einfluß von Temperaturbewegung und äußerem elektrischen Feld.

Im Feld sind daher mehr als $n/6$ Dipole in Feldrichtung orientiert (potentielle Energie E_{p+}) und entsprechend weniger als $n/6$ entgegengesetzt der Feldrichtung (potentielle Energie E_{p-}). Die senkrecht zur Feldrichtung orientierten Dipole heben sich weiterhin in ihrer Wirkung auf. Die Polarisation ergibt sich aus der Differenz der $n_+ \gtrsim n/6$ in und $n_- \lesssim n/6$ gegen die Feldrichtung orientierten Dipole. Sie läßt sich mit Hilfe des Boltzmannschen e-Satzes aus der Differenz der potentiellen Energien (12.9-7) berechnen:

$$\Delta E_p = E_{p-} - E_{p+} = 2pE \,. \tag{12.9-29}$$

E ist hierin die angelegte elektrische Feldstärke. Der Boltzmannsche e-Satz (8.2-25) liefert dann

$$\frac{n_-}{n_+} = e^{-\frac{2pE}{kT}} \,. \tag{12.9-30}$$

Für $E=0$ und endliche Temperatur $T>0$ ist demnach die Orientierung gleichverteilt, ebenso für $T\to\infty$. Für $T\to 0$ und $E>0$ sind dagegen alle Dipole in Feldrichtung ausgerichtet (Bild 12-33). Bei Zimmertemperatur ist $2pE \ll kT$ und $n_- \approx n_+ \approx n/6$, sodaß (12.9-30) entwickelt werden kann:

$$\frac{n_-}{n_+} \approx 1 - \frac{2pE}{kT} \,. \tag{12.9-31}$$

Die resultierende Polarisation ergibt sich aus der Differenz der in und gegen die Feldrichtung ausgerichteten Dipole

$$n_E = n_+ - n_- \approx \frac{n}{6}\left(1 - \frac{n_-}{n_+}\right) \approx \frac{npE}{3kT} \tag{12.9-32}$$

zu

$$P = n_E\, p = \frac{np^2E}{3kT} \,. \tag{12.9-33}$$

Mit (12.9-14) folgt daraus die *paraelektrische Suszeptibilität* und Permittivitätszahl

$$\boxed{\chi_e = \frac{np^2}{3\varepsilon_0 kT}\,, \qquad \varepsilon_r = 1 + \frac{np^2}{3\varepsilon_0 kT}} \,. \tag{12.9-34}$$

Das Temperaturverhalten $\chi_e \sim 1/T$ wird entsprechend dem Curieschen Gesetz der magnetischen Suszeptibilität (13.4) als Curie-Verhalten bezeichnet. Es tritt nur bei Vorhandensein permanenter Dipole, also polarer Moleküle auf.

Allgemein läßt sich die elektrische Suszeptibilität unter Zusammenfassung von (12.9-27) bzw. (12.9-28) und (12.9-34) darstellen durch

$$\chi_e = A + \frac{B}{T}\,, \tag{12.9-35}$$

worin A den temperaturunabhängigen Anteil der Verschiebungspolarisation und B den eventuell vorhandenen Anteil einer Orientierungspolarisation kennzeichnet.

Ferroelektrizität

Kristalline Substanzen mit polarer Struktur können unterhalb einer kritischen Temperatur T_C (Curie-Temperatur) ohne angelegtes äußeres Feld eine spontane Polarisation zeigen. Solche Substanzen werden in Analogie zur entsprechenden Erscheinung bei Ferromagnetika (vgl. 13.4) *Ferroelektrika* genannt. Die Polarisation ist durch eine entgegengesetzte äußere elektrische Feldstärke $E > E_c$ (= Koerzitivfeldstärke) umkehrbar. Es liegt eine Domänenstruktur vor, wobei eine Domäne einen Bereich mit paralleler Ausrichtung der Dipole darstellt und durch die Summation der Wirkung aller seiner Dipole ein gegenüber dem Einzeldipol sehr großes Dipolmoment hat. Das Drehmoment zur Umorientierung einer solchen Domäne erfordert daher nach (12.9-5) nur eine im Vergleich zu paraelektrischen Substanzen geringe äußere Feldstärke: Suszeptibilität χ_e und Permittivitätszahl ε_r sind sehr hoch (z.B. $BaTiO_3$, Tab. 12-2). Sie sind außerdem von der Feldstärke und von der vorherigen Polarisation abhängig. Der Zusammenhang zwischen Polarisation und angelegtem elektrischem Feld ist bei einem Ferroelektrikum daher nicht linear, sondern folgt einer Hysteresekurve (vgl. 13.5). Die parallele Ausrichtung der Dipole innerhalb einer Domäne ist durch die Dipol-Dipol-Wechselwirkung bedingt. Diese Ordnung wird mit steigender Temperatur durch die Wärmebewegung gestört und bricht mit Erreichen der Curie-Temperatur T_C völlig zusammen.

Oberhalb der Curie-Temperatur T_C verhalten sich manche Ferroelektrika (z.B. $BaTiO_3$) paraelektrisch mit einem Temperaturverhalten

$$\boxed{\chi_e = \frac{C}{T - T_C}}, \qquad (12.9\text{-}36)$$

das dem Curie-Weiss'schen Gesetz (siehe 13.5) entspricht.

Andere Ferroelektrika werden für $T > T_C$ piezoelektrisch (siehe unten), z.B. Seignette-Salz (Kalium-Natrium-Tartrat $KNaC_4H_4O_6 \cdot 4\,H_2O$) oder KDP (Kaliumdihydrogenphosphat KH_2PO_4).

Tabelle 12-3: Curie-Temperaturen einiger Ferroelektrika

Name	chemische Formel	T_C / K	C / K
Bariumtitanat	$BaTiO_3$	383	$1{,}8 \cdot 10^5$
KDP	KH_2PO_4	123	$3{,}3 \cdot 10^3$
Kaliumniobat	$KNbO_3$	707	
Lithiumniobat	$LiNbO_3$	≈1 470	
Seignette-Salz	$KNaC_4H_4O_6 \cdot 4\,H_2O$	297*	

*Seignette-Salz hat auch einen unteren Curie-Punkt bei 255 K und ist nur zwischen den beiden Curie-Temperaturen ferroelektrisch.

Piezoelektrizität

Elektrische Polarisation kann bei manchen polaren Kristallen auch durch mechanischen Druck erzeugt werden, sofern sie kein Symmetriezentrum besitzen. Dabei werden die positiven und negativen Ionen so gegeneinander verschoben, daß ein elektrisches Dipolmoment entsteht. Beispiele sind

Quarz, Seignette-Salz, Bariumtitanat. Einen besonders hohen piezoelektrischen Effekt zeigen speziell entwickelte Piezokeramiken wie Blei-Zirkonat-Titanat. Der piezoelektrische Effekt ist umkehrbar: Die Anlegung einer elektrischen Spannung bewirkt eine Längenänderung.
Anwendungen: Frequenznormale mit Schwingquarzen, Frequenzfilter für die Nachrichtentechnik, piezoelektrische Druckmesser und Stellglieder, Erzeugung von Ultraschall, Erzeugung von Hochspannungspulsen.

13 Magnetische Wechselwirkung

13.1 Das magnetostatische Feld, stationäre Magnetfelder

Magnetische Wechselwirkungen sind seit dem Altertum bekannt, z.B. die Kraftwirkungen des als Erz vorkommenden Magneteisensteins Fe_3O_4 auf Eisen. Der Name Magnetismus ist abgeleitet von der kleinasiatischen Stadt Magnesia, wo der Überlieferung nach das Phänomen erstmals beobachtet wurde. Die magnetische Wechselwirkung tritt im Gegensatz zur Gravitation nicht bei allen Körpern auf, und im Gegensatz zur elektrischen Wechselwirkung wirkt sie nicht auf normale Isolatoren. Bei natürlich vorkommenden oder künstlich erzeugten "Magneten" konzentriert sich die magnetische Wechselwirkung auf bestimmte Gebiete: Magnetpole. Jeder Magnet hat mindestens zwei Pole (magnetischer Dipol): Nordpol und Südpol. Magnetische Einzelpole (Monopole) sind bisher nicht beobachtet worden. Auch das Durchtrennen eines Dipols (z.B. Zerbrechen eines Stabmagneten) ergibt keine magnetischen Monopole, sondern erneut zwei Dipole. Gleichnamige Magnetpole stoßen sich ab, ungleichnamige ziehen sich an. Im Magnetfeld der Erde richten sich drehbar gelagerte Stabmagnete (Magnetnadeln) so aus, daß der Nordpol nach Norden zeigt. Der Nordpol der Erde ist daher ein magnetischer Südpol (und umgekehrt).

Die Geometrie des Feldes eines magnetischen Dipols läßt sich wie beim elektrischen Feld durch Feldlinien beschreiben, deren Verlauf durch die ausrichtende Wirkung des Magnetfeldes auf längliche magnetische Teilchen (z.B. Eisenfeilspäne) erkennbar machen gemacht werden können (Bild 13-1).

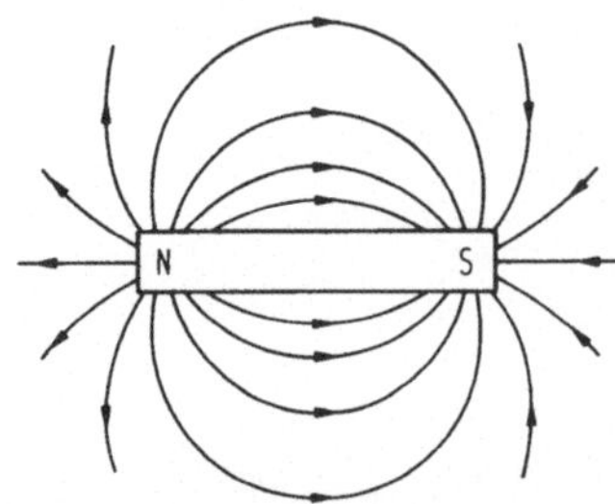

Bild 13-1: Feld eines magnetischen Dipols.

Es entspricht dem des elektrischen Dipols (Bild 12-4). Der positive Richtungssinn der magnetischen Feldlinien wurde von Nord nach Süd festgelegt.

Magnetfelder können außer von Permanentmagneten (*magnetostatische Felder*) auch durch elektrische Ströme erzeugt werden (Oersted 1820). Zeitlich und örtlich konstante Ströme erzeugen *stationäre Magnetfelder*. Ursache sind die bewegten elektrischen Ladungen. Die magnetischen Feldlinien eines geraden, stromdurchflossenen Leiters sind konzentrische Kreise mit dem Leiter als Achse (Bild 13-2). Der Richtungssinn der magnetischen Feldlinien ergibt sich aus der Stromrichtung mit Hilfe der *Rechtsschraubenregel* und ist verträglich mit der Festlegung in Bild 13-1. Die Feldlinien geben die Richtung der *magnetischen Feldstärke* $\boldsymbol{H}$ an.

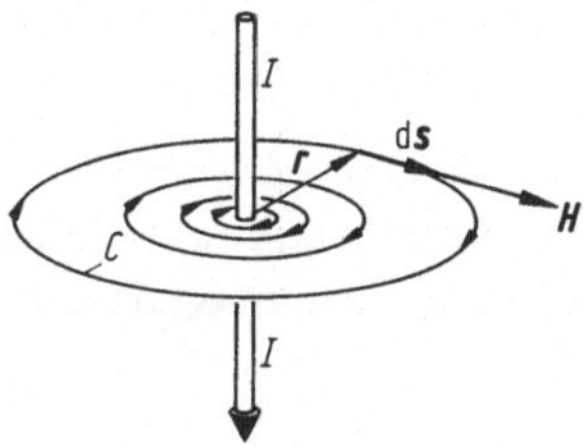

Bild 13-2: Magnetisches Feld eines geraden, stromdurchflossenen Leiters.

Die magnetische Feldstärke wird üblicherweise durch das Feld im Innern einer langen, stromdurchflossenen Zylinderspule definiert (13.1-5, Bild 13-4). Wir wollen stattdessen vom allgemeineren Zusammenhang zwischen magnetischer Feldstärke $\boldsymbol{H}$ und felderzeugendem Strom I ausgehen, dem *Ampereschen Gesetz* oder *Durchflutungssatz*:

$$\boxed{\oint_C \boldsymbol{H}\mathrm{d}\boldsymbol{s} = \Theta = \int_A \boldsymbol{J}\mathrm{d}\boldsymbol{A}} \ . \qquad (13.1\text{-}1)$$

Das Amperesche Gesetz ist eine der Feldgleichungen des stationären magnetischen Feldes. Das Linienintegral über die magnetische Feldstärke längs des geschlossenen Weges C wird *magnetische Umlaufspannung* genannt. Θ ist die gesamte elektrische Stromstärke, die durch die von C berandete Fläche A geht: *Durchflutung*. Bei mehreren Einzelströmen berechnet sich diese durch Summation unter Berücksichtigung der Vorzeichen. Ströme werden positiv gerechnet, wenn ihre Richtung mit der sich aus der Rechtsschraubenregel ergebenden Richtung gemäß dem gewählten Umlaufsinn des Integrationsweges C übereinstimmt (Bild 13-3). Bei räumlich ausgedehnten Ladungsströmen berechnet sich die Durchflutung gemäß (12.6-3) aus der Stromdichte $\boldsymbol{J}$ durch A.

Die Formulierung des Durchflutungssatzes (13.1-1) in differentieller Form, die sich durch Anwendung des Stokesschen Satzes der Mathematik gewinnen läßt, lautet

$$\boxed{\mathrm{rot}\ \boldsymbol{H}(\boldsymbol{r}) = \boldsymbol{J}} \ . \qquad (13.1\text{-}2)$$

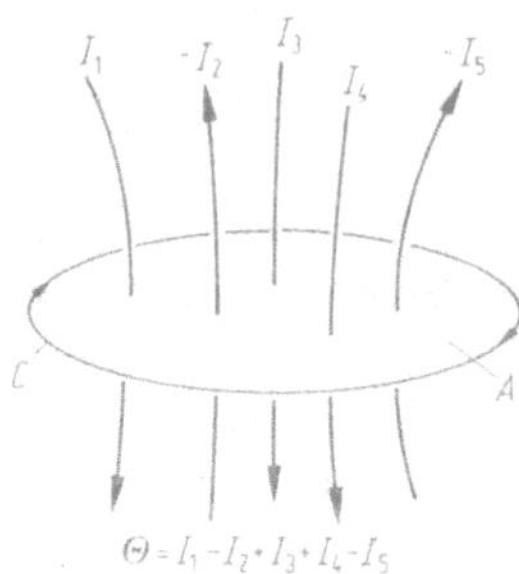

Bild 13-3: Zum Begriff der Durchflutung.

Im Gegensatz zum elektrostatischen Feld ist also das ***stationäre magnetische Feld nicht rotationsfrei.***

Für den geraden, stromdurchflossenen Leiter (Bild 13-2) liefert das Amperesche Gesetz bei Wahl einer kreisförmigen Feldlinie C als Integrationsweg (Abstand r vom Leiter) den Betrag der magnetischen Feldstärke

$$H = \frac{I}{2\pi r} . \tag{13.1-3}$$

Das Feld einer Zylinderspule (Bild 13-4) ist im Innern weitgehend homogen, während das Feld im Außenraum dem eines Dipols (Bild 13-1) entspricht und klein gegen die Feldstärke im Innern ist, sofern die Länge l der Zylinderspule groß gegen den Spulendurchmesser ist. Die Feldstärke im homogenen Bereich läßt sich ebenfalls mit dem Ampereschen Gesetz berechnen. Wird als Integrationsweg z.B. die Feldlinie C gewählt, so liefert nur der Weg der Länge l im Spuleninnern einen wesentlichen Beitrag zum Integral. Die Durchflutung ist andererseits NI (N: Windungszahl der Spule; I: Stromstärke):

$$\oint_C \boldsymbol{H}\mathrm{d}\boldsymbol{s} = \int_l \boldsymbol{H}\mathrm{d}\boldsymbol{s} = Hl = \Theta = NI . \tag{13.1-4}$$

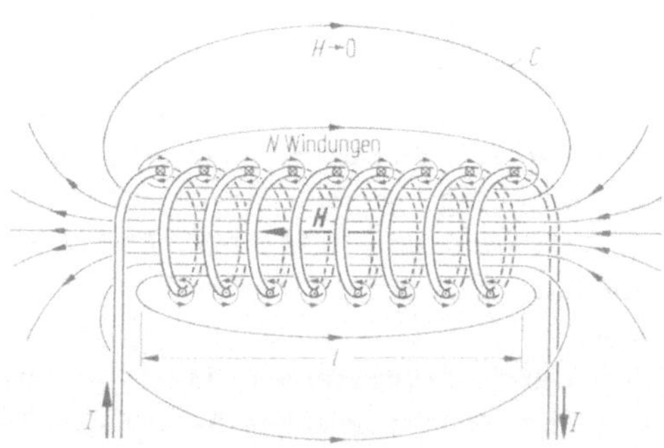

Bild 13-4: Homogenes Magnetfeld im Inneren und Dipolfeld im Außenraum einer stromdurchflossenen Zylinderspule.

Für das homogene Feld der *langen Zylinderspule* gilt daher

$$H = \frac{IN}{l} . \tag{13.1-5}$$

Mit Hilfe der Zylinderspule läßt sich leicht ein definiertes homogenes Magnetfeld erzeugen, dessen Feldstärke sich sehr einfach aus (13.1-5) berechnen läßt. Hieraus läßt sich auch die Einheit der magnetischen Feldstärke $\boldsymbol{H}$ ablesen:

SI-Einheit: $[\boldsymbol{H}] = \mathrm{A\,m^{-1}}$.

Zum Magnetfeld eines stromdurchflossenen Leiters tragen alle Elemente des Stromes bei. Jedes einzelne Element der Länge $\mathrm{d}\boldsymbol{l}$ (Bild 13-5) erzeugt nach Biot und Savart im Abstand $\boldsymbol{r}$ einen differentiellen Anteil $\mathrm{d}\boldsymbol{H}$ der magnetischen Feldstärke gemäß dem ***Biot-Savartschen Gesetz***:

$$\mathrm{d}\boldsymbol{H} = \frac{I}{4\pi} \frac{\boldsymbol{r} \times \mathrm{d}\boldsymbol{l}}{r^3} , \quad \text{Betrag:} \quad \mathrm{d}H = \frac{I}{4\pi} \frac{\mathrm{d}l}{r^2} \sin\alpha . \tag{13.1-6}$$

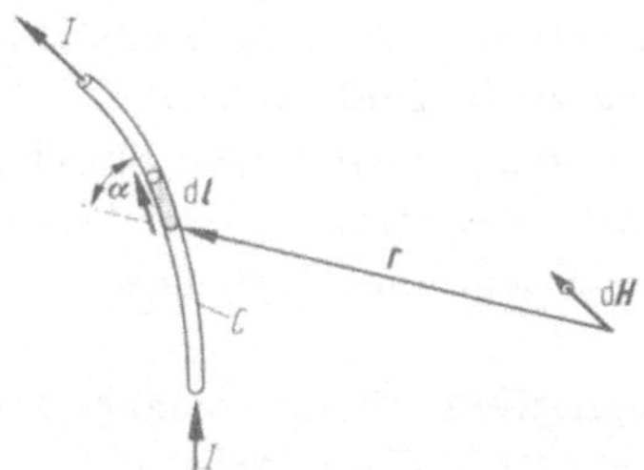

Bild 13-5: Zum Biot-Savartschen Gesetz.

Die gesamte magnetische Feldstärke $\boldsymbol{H}$ ergibt sich aus (13.1-6) durch Integration über den ganzen Stromfaden C:

$$\boxed{\boldsymbol{H} = \frac{I}{4\pi} \int_C \frac{\boldsymbol{r} \times \mathrm{d}\boldsymbol{l}}{r^3}} . \tag{13.1-7}$$

Diese Form des Biot-Savartschen Gesetzes stellt eine spezielle Form des allgemeineren Durchflutungssatzes (13.1-1) dar. Je nach Geometrie der Anordnung ist (13.1-1) oder (13.1-7) zur Berechnung der Feldstärke besser geeignet. Die Anwendung von (13.1-7) auf das Magnetfeld eines geraden, stromdurchflossenen Leiters liefert dasselbe Ergebnis wie (13.1-3), jedoch ist hier die Berechnung über (13.1-1) einfacher. Für die Berechnung des Magnetfeldes einer Stromschleife (Bild 13-6) ist dagegen (13.1-7) zweckmäßiger.

Für das Magnetfeld im Zentrum der kreisförmigen Stromschleife (Radius R) ergibt sich aus (13.1-7) nach Integration über den gesamten Kreisstrom

$$H = \frac{I}{2R} . \tag{13.1-8}$$

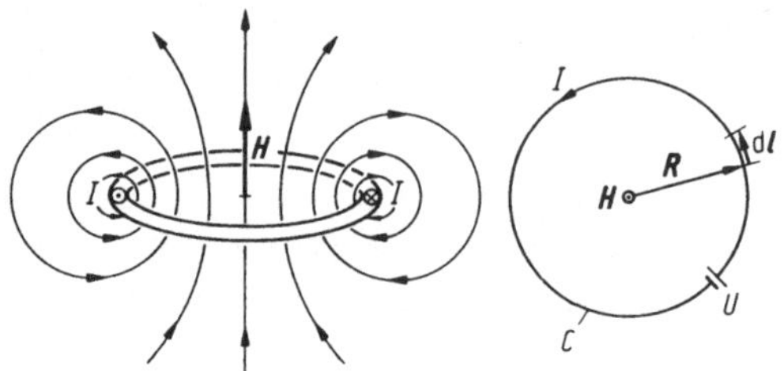

Bild 13-6: Das Magnetfeld einer Stromschleife (links ist die stromerzeugende Spannungsquelle U nicht eingezeichnet).

Magnetischer Fluß

Nach dem Gaußschen Gesetz des elektrischen Feldes (12.2-15) bzw. (12.9-22) ist der von einer elektrischen Ladung Q ausgehende elektrische Fluß $\Psi = Q$, wobei der elektrische Fluß durch (12.2-10) bzw. (12.2-13) definiert wurde. Obwohl im magnetischen Feld magnetische Einzelladungen (Monopole) nicht existieren, läßt sich analog zu (12.2-10) bzw. (12.2-13) ein magnetischer Fluß Φ sowie analog zu (12.2-11) eine magnetische Flußdichte $\boldsymbol{B}$ definieren. Diese beiden Größen werden es gestatten, die Wirkungen des magnetischen Feldes auch in Materie zu beschreiben (vgl. 13.4).

In einem homogenen Magnetfeld sei der magnetische Fluß durch eine zur Feldrichtung senkrechte Fläche A (Bild 13-7a) definiert durch

$$\Phi \equiv \mu H A \,, \tag{13.1-9}$$

und entsprechend die magnetische Flußdichte

$$B \equiv \frac{\Phi}{A} = \mu H \,. \tag{13.1-10}$$

Hierin wird μ die Permeabilität des Stoffes genannt, in dem das Magnetfeld vorliegt. Wie bei der Permittivität $\varepsilon = \varepsilon_0\, \varepsilon_r$ (12.8-8) wird die *Permeabilität* als Produkt

$$\mu = \mu_0 \mu_r \tag{13.1-11}$$

geschrieben, worin nach internationaler Vereinbarung (9. CGPM 1948, Definition des Ampere, siehe 1 und 13.3)

$$\mu_0 = \frac{1}{\varepsilon_0\, c_0^2} = 4\pi \cdot 10^{-7}\ \mathrm{Vs\,A^{-1}\,m^{-1}} = 1{,}256\,637\,061\,4\ldots \cdot 10^{-6}\ \mathrm{Vs\,A^{-1}\,m^{-1}} \tag{13.1-12}$$

die *magnetische Feldkonstante* (Permeabilität des Vakuums) ist. $\mu_r = \mu/\mu_0$ wird Permeabilitätszahl des Stoffes genannt und ist dimensionslos. Für das Vakuum ist $\mu_r = 1$. Weiteres zur Permeabilitätszahl siehe 13.4.

Die *magnetische Flußdichte* $\boldsymbol{B}$ wird auch *magnetische Induktion* genannt und ist in magnetisch isotropen Stoffen ein Vektor in Richtung der magnetischen

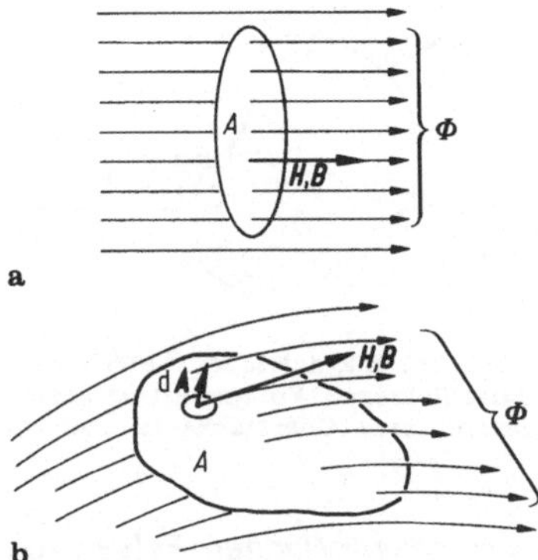

Bild 13-7: Zur Definition des magnetischen Flusses. **a** homogenes, **b** inhomogenes Feld

Feldstärke $\boldsymbol{H}$:

$$\boxed{\boldsymbol{B} \equiv \mu_0 \mu_r \boldsymbol{H} = \mu \boldsymbol{H}} \quad . \tag{13.1-13}$$

In Verallgemeinerung von (13.1-9) ist der *magnetische Fluß* Φ eines beliebigen (inhomogenen) Magnetfeldes durch eine beliebig orientierte Fläche A (Bild 13-7b)

$$\boxed{\Phi = \int_A \mu \boldsymbol{H} \mathrm{d}\boldsymbol{A} = \int_A \boldsymbol{B} \mathrm{d}\boldsymbol{A}} \; , \tag{13.1-14}$$

SI-Einheit: $[\Phi]$ = Vs = Wb (Weber),
SI-Einheit: $[\boldsymbol{B}]$ = Vs m^{-2} = Wb m^{-2} = T (Tesla).

Im elektrischen Feld ergibt das Flächenintegral der elektrischen Flußdichte über eine geschlossene Oberfläche nach (12.2-15) bzw. (12.9-22) gerade die eingeschlossene Ladung Q als Quellen des elektrischen Feldes und Ausgangspunkt elektrischer Feldlinien.
Im magnetischen Feld gibt es dagegen keine magnetischen Einzelladungen als Quellen des magnetischen Feldes bzw. als Ausgangspunkt magnetischer Feldlinien. Magnetische Feldlinien sind daher stets geschlossenene Linien, auch im Falle der Permanentmagnete (Bild 12-1), wo man sich die äußeren Feldlinien im Innern des Magneten geschlossen denken kann. Dies wird durch Zerbrechen des Magneten bestätigt, wobei zwei neue magnetische Dipole entstehen. Wegen der Nichtexistenz magnetischer Monopole muß das Flächenintegral der magnetischen Flußdichte Φ über eine geschlossene Oberfläche S (Bild 13-8) null ergeben (*Gaußsches Gesetz des magnetischen Feldes*):

$$\boxed{\oint_S \boldsymbol{B} \mathrm{d}\boldsymbol{A} = 0} \quad . \tag{13.1-15}$$

Feldlinien, die in das von der Oberfläche eingeschlossene Volumen eintreten, müssen an anderer Stelle wieder austreten (Bild 13-8). (13.1-15) stellt

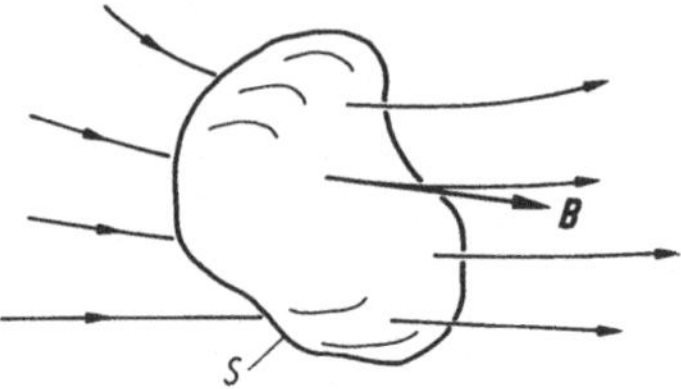

Bild 13-8: Zum Gaußschen Gesetz im magnetischen Feld; eindringende magnetische Feldlinien enden nicht im von S umschlossenen Volumen: Der gesamte magnetische Fluß durch eine geschlossene Oberfläche ist stets null.

die zweite *Feldgleichung des magnetischen Feldes* dar und drückt die *Quellenfreiheit des magnetischen Feldes* aus.

13.2 Die magnetische Kraft auf bewegte Ladungen

Teilchen, die eine elektrische Ladung q tragen und sich mit einer Geschwindigkeit $\boldsymbol{v}$ durch ein Magnetfeld $\boldsymbol{B} = \mu \boldsymbol{H}$ bewegen (Bild 13-9), z.B. die Elektronen im Elektronenstrahl einer Fernseh-Bildröhre durch das Magnetfeld der Ablenkspulen, erfahren eine ablenkende *magnetische Kraft* $\boldsymbol{F}_\mathrm{m}$, die senkrecht zu $\boldsymbol{v}$ und zu $\boldsymbol{B}$ wirkt:

$$\boxed{\boldsymbol{F}_\mathrm{m} = q\,\boldsymbol{v} \times \boldsymbol{B} = \mu\, q\,\boldsymbol{v} \times \boldsymbol{H}} \; . \qquad (13.2\text{-}1)$$

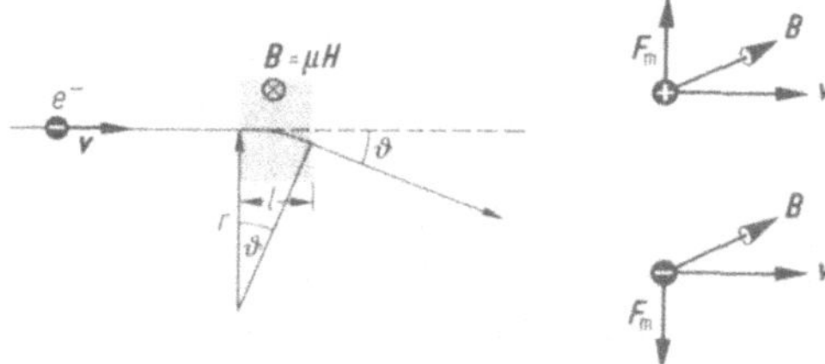

Bild 13-9: Ablenkung von bewegten Ladungsträgern im Magnetfeld.

Positiv und negativ geladene Teilchen erfahren ablenkende magnetische Kräfte in entgegengesetzten Richtungen (Bild 13-9). Die *magnetische Kraft leistet keine Arbeit* an der Ladung q, da die Kraft $\boldsymbol{F}_\mathrm{m}$ stets senkrecht auf der Wegrichtung $\mathrm{d}\boldsymbol{s}$ bzw. auf der Geschwindigkeit $\boldsymbol{v}$ steht, und das Wegintegral der Kraft daher verschwindet:

$$W = \int \boldsymbol{F}_\mathrm{m}\, \mathrm{d}\boldsymbol{s} = \int \boldsymbol{F}_\mathrm{m}\, \boldsymbol{v}\, \mathrm{d}t = 0 \; . \qquad (13.2\text{-}2)$$

Anders als im elektrischen Feld erfährt daher eine elektrische Ladung im Magnetfeld keine Änderung des Geschwindigkeitsbetrages. Liegt neben dem magnetischen Feld $\boldsymbol{B}$ auch ein elektrisches Feld $\boldsymbol{E}$ vor, so wirkt insgesamt auf die Ladung q die *Lorentz-Kraft*

$$\boxed{\boldsymbol{F} = q(\boldsymbol{E} + \boldsymbol{v} \times \boldsymbol{B})} \; . \qquad (13.2\text{-}3)$$

Die magnetische Kraft als relativistische Korrektur der elektrischen Kraft

Die elektrostatische Kraft $\boldsymbol{F}_e = q\boldsymbol{E}$ und die magnetische Kraft $\boldsymbol{F}_m = q\boldsymbol{v}\times\boldsymbol{B}$ sind keine grundlegend verschiedenen Wechselwirkungen. Vielmehr läßt sich zeigen, daß die magnetische Kraft als relativistische Korrektur der elektrostatischen Kraft aufgefaßt werden kann. Dies sei am Beispiel der Kraft auf eine Ladung gezeigt, die sich mit der Geschwindigkeit $\boldsymbol{v}$ parallel zu einem stromdurchflossenen Leiter bewegt (Bild 13-10). Der Strom I im Leiter erzeugt nach (13.1-3) im Abstand r ein Magnetfeld $H = I/(2\pi r)$. Daraus ergibt sich nach (13.2-1) eine magnetische Kraft auf die bewegte Ladung q (im Vakuum) vom Betrag

$$F_m = \mu_0 q v \frac{I}{2\pi r} \, . \tag{13.2-4}$$

Der Strom I im Leiter werde durch Elektronen der Driftgeschwindigkeit v_D (siehe 12.6) im Laborsystem erzeugt, während die im Leiter ortsfesten positiven Ionen im Laborsystem die Geschwindigkeit 0 besitzen (Bild 13-10a). Wir wollen nun die Verhältnisse im Bezugssystem der mit $\boldsymbol{v}$ bewegten Ladung q betrachten (Bild 13-10b). In diesem System hat q die Geschwindigkeit 0, erfährt also keine magnetische Kraft. Die real auf q wirkende Kraft (13.2-4) kann jedoch nicht von der Wahl des Koordinatensystems abhängen. Tatsächlich wird sie im mit $\boldsymbol{v}$ bewegten System in derselben Größe durch die Coulomb-Kraft geliefert: Im bewegten System haben die positiven Ionen die Geschwindigkeit $|-\boldsymbol{v}| = v$, die Elektronen die größere Geschwindigkeit $v' \approx |-\boldsymbol{v}'| \approx |-\boldsymbol{v} + \boldsymbol{v}_D| = v + v_D$ (vgl. (2.3-16) für $\beta \ll 1$). Infolgedessen ist die unterschiedliche relativistische Längenkontraktion (Lorentz-Kontraktion, vgl. 2.3.3) zu berücksichtigen, wonach die Längen in Richtung der Driftgeschwindigkeit sich um den Lorentzfaktor $\sqrt{1 - v_D^2/c_0^2}$ für die Ionen bzw. um $\sqrt{1 - (v + v_D)^2/c_0^2}$ für die Elektronen verkürzen. Dadurch erhöhen sich die Ladungsträgerkonzentrationen n_- und n_+ unterschiedlich stark gegenüber n_0 (bei $v = 0$). Die Gesamtladung ist daher nicht mehr null, der stromführende Leiter erscheint negativ geladen und übt eine elektrostatische Coulomb-Kraft auf die Ladung q aus. In der Näherung $c_0 \gg v \gg v_D$ ergibt sich dann ein Überschuß der Konzentration der negativen Ladungsträger

$$\Delta n = \frac{n_0}{\sqrt{1 - (v + v_D)^2/c_0^2}} - \frac{n_0}{\sqrt{1 - v^2/c_0^2}} \approx \frac{n_0 v v_D}{c_0^2} \, . \tag{13.2-5}$$

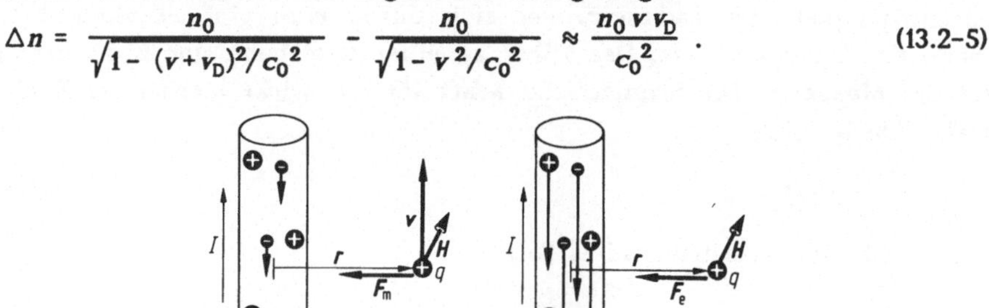

Bild 13-10: Magnetische Kraft auf eine bewegte Ladung im Feld eines Stromes: Beschreibung **a** im Laborsystem und **b** im Bezugssystem der bewegten Ladung q.

Für die resultierende Linienladungsdichte $\rho_L = -A\,e\,\Delta n$ des stromdurchflossenen Leiters (Querschnitt A, Elektronenladung $-e$) erhält man aus (13.2-5) mit $c_0^2 = 1/\varepsilon_0\mu_0$ (vgl. (13.1-12) und 19.1) und mit $I = -n_0\,e\,v_D$ gemäß (12.6-4)

$$\rho_L = -\varepsilon_0\mu_0\,v\,n_0\,e\,v_D\,A = \varepsilon_0\,\mu_0\,v\,I\,. \qquad (13.2\text{-}6)$$

Daraus ergibt sich gemäß (12.2-20) eine elektrische Feldstärke

$$E = \frac{\rho_L}{2\pi\varepsilon_0 r} = \frac{\mu_0 v I}{2\pi r} \qquad (13.2\text{-}7)$$

und weiter eine anziehende elektrische Kraft $F_e = q\,E$ auf die Ladung q, mit (13.1-8)

$$F_e = \mu_0\,q\,v\,\frac{I}{2\pi r} = \mu_0\,q\,v\,H\,, \qquad (13.2\text{-}8)$$

die identisch mit der im Laborsystem berechneten magnetischen Kraft (13.2-4) ist. Je nach dem gewählten Bezugssystem kommt daher der magnetische oder der elektrische Term der Lorentzkraft zur Wirkung, beide sind Ausdruck derselben elektromagnetischen Kraft. In dem betrachteten Beispiel ist zwar wegen der geringen Driftgeschwindigkeit der Elektronen (Größenordnung 10^{-3} ms^{-1}, siehe 12.6) der aus der Lorentz-Kontraktion folgende relative Unterschied in den Ladungsträgerkonzentrationen der Gitterionen und der Leitungselektronen extrem klein. Das wird hinsichtlich der elektrostatischen Wirkung jedoch ausgeglichen durch die gewaltige Ladungsmenge, die sich durch den Leiter bewegt.

Bewegung von Ladungsträgern im homogenen Magnetfeld

Elektrische Ladungen q, die sich senkrecht zu den Feldlinien eines homogenen Magnetfeldes $\boldsymbol{B}$ bewegen, z.B. der Elektronenstrahl, der mit einer Vakuumdiode (ähnlich Bild 12-15, mit durchbohrter Anode) im Magnetfeld erzeugt wird (Bild 13-11), erfahren nach (13.2-1) eine magnetische Kraft senkrecht zur Ladungsgeschwindigkeit $\boldsymbol{v}$ und zum Magnetfeld $\boldsymbol{B}$. Ihr Betrag

$$F_m = q\,v\,B \qquad (13.2\text{-}9)$$

bleibt konstant, da - wie weiter oben bereits erläutert - der Betrag v der Geschwindigkeit der Ladungsträger sich durch eine stets senkrecht wirkende Kraft nicht ändert. Das führt zu einer Kreisbahn der Ladungsträger mit der Masse m. Die magnetische Kraft (13.2-9) wirkt hierbei als Zentralkraft (3.5-3)

$$\frac{m v^2}{r} = q\,v\,B\,, \qquad (13.2\text{-}10)$$

woraus für den Kreisbahnradius folgt

$$r = \frac{m\,v}{q\,B}\,. \qquad (13.2\text{-}11)$$

Die in Bild 13-9 gezeigte Ablenkung eines Elektrons, das ein begrenztes Magnetfeld der Länge l auf einem Kreisbogenstück durchläuft, läßt sich mit (13.2-11) berechnen zu

$$\vartheta \approx \frac{l}{r} \approx \frac{e\,B}{m_e v}\,l \quad \text{für } l \ll r\,. \qquad (13.2\text{-}12)$$

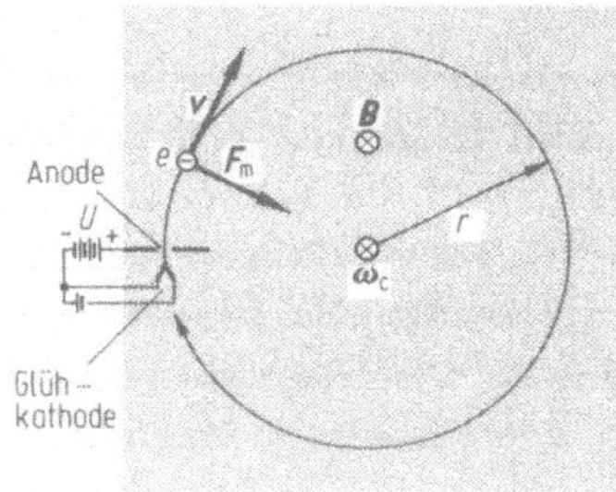

Bild 13-11: Kreisbahn einer Ladung im homogenen Magnetfeld.

Anwendung: Magnetische Ablenkung des Elektronenstrahls in der Fernseh-Bildröhre.

Mit $v = \omega r$ (2.2-5) folgt für die Winkelgeschwindigkeit der Ladung der Betrag $\omega_C = qB/m$, bzw. unter Berücksichtigung der Vektorrichtungen in Bild 13-11 die *Zyklotronfrequenz*

$$\boxed{\boldsymbol{\omega}_C = -\frac{q}{m}\boldsymbol{B}} \quad . \tag{13.2-13}$$

Die Zyklotron-Frequenz ist unabhängig von der Geschwindigkeit $\boldsymbol{v}$ der Ladung sowie vom Bahnradius r. Diese Eigenschaften ermöglichen den Bau von Kreisbeschleunigern nach dem Zyklotron-Prinzip, siehe unten. Ferner ermöglicht die *Zyklotronresonanz* die Messung der effektiven Massen $m^* = qB/\omega_C$ der Ladungsträger in Halbleitern (siehe 16.4).

Bei Ladungsträgern, deren Geschwindigkeit $\boldsymbol{v}$ parallel zur magnetischen Flußdichte $\boldsymbol{B}$ gerichtet ist, tritt nach (13.2-1) keine magnetische Kraft auf, da das Vektorprodukt paralleler Vektoren verschwindet. In diesem Fall bewegt sich die Ladung geradlinig mit konstanter Geschwindigkeit. Bei schiefer Geschwindigkeitsrichtung der Ladungsträger im Magnetfeld erhält man eine Überlagerung von geradliniger Bewegung für die Parallelkomponente und Kreisbewegung für die Normalkomponente der Geschwindigkeit, sodaß eine *Schraubenbewegung* resultiert.
Diese verschiedenen Situationen treten auch beim Einfall geladener Teilchen von der Sonne ("Sonnenwind") auf die Magnetosphäre der Erde auf. Das magnetische Dipolfeld der Erde hat an den Polen eine Feldrichtung senkrecht zur Erdoberfläche, am Äquator parallel zur Erdoberfläche. Die Bahn von Sonnenwindteilchen, die in der Äquatorebene einfallen, wird durch die magnetische Kraft zu Schraubenbahnen aufgewickelt. Sie treffen daher meist nicht auf die Erdatmosphäre, haben aber eine erhöhte Aufenthaltsdauer in diesem Gebiet: *Van-Allen-Strahlungsgürtel*. Anders an den Polen: Dort auftreffende Teilchen bewegen sich etwa parallel zu den Erdfeldlinien und gelangen daher nahezu ungehindert bis zur oberen Erdatmosphäre, wo sie u.a. durch Stoßanregung (siehe 20.4) Moleküle zum Leuchten anregen können: *Polarlichter*.

Kreisbeschleuniger

Die Anwendung der magnetischen Kraft erlaubt es, die großen Längen der Linearbeschleuniger (12.5, Bild 12-16) zur Teilchenbeschleunigung zu vermeiden, indem durch ein Magnetfeld die Teilchenflugbahn zu Kreis- oder Spiralbahnen aufgewickelt wird. Dieses Prinzip wurde zuerst beim *Zyklotron* (E. O. Lawrence, 1930) angewendet. Es besteht aus einer flachen Metalldose, die zu zwei D-förmigen Drifträumen aufgeschnitten ist (Bild 13-12) und senkrecht zur Dosenebene von einem Magnetfeld $\boldsymbol{B}$ durchsetzt wird.

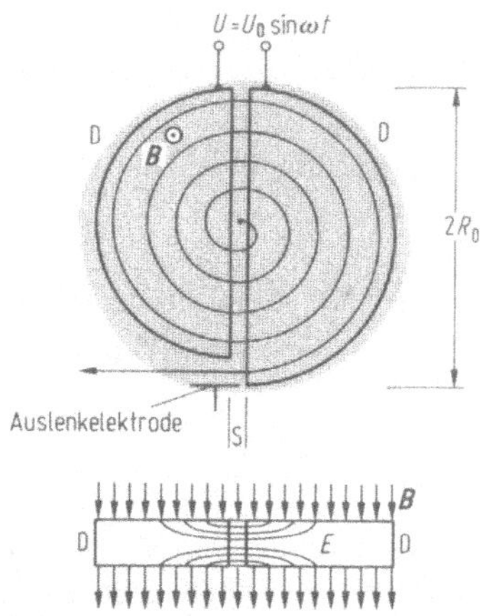

Bild 13-12: Kreisbeschleuniger für geladene Teilchen: Zyklotron.

Eine im Zentrum des Spaltes S angeordnete Ionenquelle (z.B. ein durch Elektronenstoß ionisierter Dampfstrahl) emittiert Ionen der Ladung q, die durch die zwischen den D s angelegte Spannung U in das eine D beschleunigt wird. Im Magnetfeld $\boldsymbol{B}$ laufen die Ionen mit einer Winkelgeschwindigkeit entsprechend der Zyklotronfrequenz (13.2-13) auf Kreisbahnen mit einem Radius nach (13.2-11) um. Wird die Spannung U während jedes halben Umlaufes umgepolt, so werden die Ionen bei jedem Passieren des Spaltes S entsprechend der Spannung $U = U_0$ beschleunigt, und v und r nehmen entsprechend zu. Da die Winkelgeschwindigkeit nach (13.2-13) unabhängig von r ist, läßt sich die periodische Umpolung durch Anlegen einer Hochfrequenzwechselspannung

$$U = U_0 \sin \omega t \qquad \text{mit} \qquad \omega = \omega_C = \frac{q}{m} B \tag{13.2-14}$$

erreichen. Die Grenze der Beschleunigung ist bei $r = R_0$ erreicht. Die Endenergie $E_{k,max} = mv^2/2$ beträgt dann mit (13.2-11)

$$E_{k,max} = \frac{q^2 B^2}{2m} R_0^2 < m_0 c_0^2 \,. \tag{13.2-15}$$

Die Resonanzbedingung $\omega = \omega_C$ (13.2-14) ist beim Zyklotron nicht mehr erfüllt, wenn relativistische Geschwindigkeitsbereiche erreicht werden (siehe 4.5). Das ist der Fall, wenn die kinetische Energie vergleichbar oder größer als die Ruheenergie $m_0 c_0^2$ wird. Wegen der mit der Umlaufzahl steigenden Masse (Bild 12-4) sinkt dann die Zyklotron-Frequenz, und die Resonanzbedingung bleibt nur erhalten, wenn mit der Umlaufzahl die Hochfrequenz ω gesenkt oder das Magnetfeld B erhöht wird: *Synchrozyklotron*. Wird das Magnetfeld mit zunehmender Umlaufzahl entsprechend der steigenden Teilchenenergie in der Weise erhöht, daß der Bahnradius (13.2-11) konstant bleibt (Sollkreis), so lassen sich sehr hohe Energien erreichen: *Synchrotron*.

Massenspektrometer

Die magnetische Kraft kann auch zur Bestimmung der Masse geladener Teilchen im magnetischen Massenspektrometer verwendet werden (Bild 13-13). Durch eine Spannung U beschleunigte Ionen werden in ein Magnetfeld $\boldsymbol{B}$ eingeschossen. Der Kreisbahnradius berechnet sich aus (13.2-11) mit (12.5-5) zu

$$r = \frac{1}{B}\sqrt{2\frac{m}{q}U} \,, \tag{13.2-16}$$

woraus die *spezifische Ladung* q/m bestimmt werden kann:

$$\frac{q}{m} = \frac{2U}{r^2 B^2} \,. \tag{13.2-17}$$

Der Bahnradius r kann aus den Schwärzungsmarken auf der Fotoplatte bestimmt werden. Bei bekannter Ladung (meist $\pm e$) ist daraus die Masse der Ionen zu berechnen.

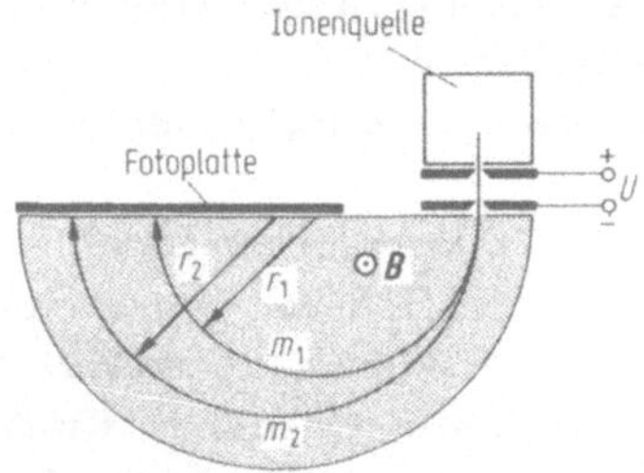

Bild 13-13: Magnetisches Massenspektrometer.

13.3 Die magnetische Kraft auf stromdurchflossene Leiter

In einem stromdurchflossenen Draht im Magnetfeld (Bild 13-14) wirkt auf jeden den Strom bildenden Ladungsträger (d.h. auf die Leitungselektronen bei Metallen) die Lorentz-Kraft (13.2-3). Der elektrische Anteil $-e\boldsymbol{E}$ bewirkt die Driftgeschwindigkeit $\boldsymbol{v}_D$ der Elektronen. Infolge der Driftgeschwindigkeit wirkt auf jedes einzelne Elektron die magnetische Kraft

$$\boldsymbol{F}_e = -e\,\boldsymbol{v}_D \times \boldsymbol{B} \,. \tag{13.3-1}$$

Die Zahl N der Leitungselektronen (Ladungsträgerkonzentration n) im Leiterstück der Länge l und vom Querschnitt A beträgt $N = n\,l\,A$. Insgesamt

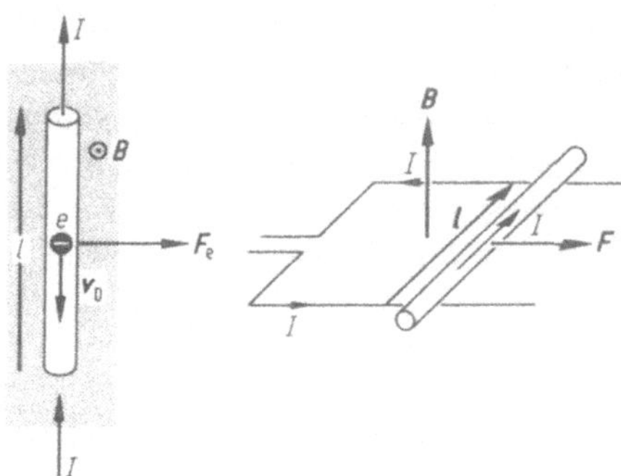

Bild 13-14: Kraft auf stromdurchflossene Leiter im Magnetfeld.

wirkt auf das Leiterstück eine Kraft vom Betrage

$$\boldsymbol{F} = N\boldsymbol{F}_e = -nlAe\boldsymbol{v}_D \times \boldsymbol{B} = nev_D A\boldsymbol{l} \times \boldsymbol{B}\,, \tag{13.3-2}$$

wobei zu beachten ist, daß die Länge $\boldsymbol{l}$ in Richtung des Stromes I zeigt, d.h. bei Elektronen entgegengesetzt zur Driftgeschwindigkeit $\boldsymbol{v}_D$. Der Produktfaktor $nev_D A$ ist nach (12.6-4) gleich der Stromstärke I, und somit

$$\boxed{\boldsymbol{F} = I\boldsymbol{l} \times \boldsymbol{B}}\,, \quad \text{Betrag:} \quad F = IlB\sin\alpha\,. \tag{13.3-3}$$

Nach (13.3-3) wirkt auf einen stromdurchflossenen Draht als Folge der magnetischen Kraft auf die Ladungsträger eine Kraft senkrecht zur Drahtrichtung und zur magnetischen Feldrichtung. Dies ist die Grundlage der elektromechanischen Krafterzeugung, insbesondere des Elektromotors.

Stromschleife im Magnetfeld, magnetischer Dipol

Eine z.B. rechteckige, stromdurchflossene Leiterschleife, die in einem Magnetfeld drehbar angeordnet ist (Bild 13-15), erfährt bezüglich der einzelnen Schleifenstücke nach (13.3-3) unterschiedliche Kräfte. Auf die Stirnstücke (Länge b) wirken entgegengesetzt gleichgroße Kräfte in Drehachsenrichtung, die sich kompensieren. Auf die beiden Längsseiten $\boldsymbol{l}$ wirkt ein Kräftepaar, das nach (3.6-3) ein Drehmoment (zur Unterscheidung von der Magnetisie-

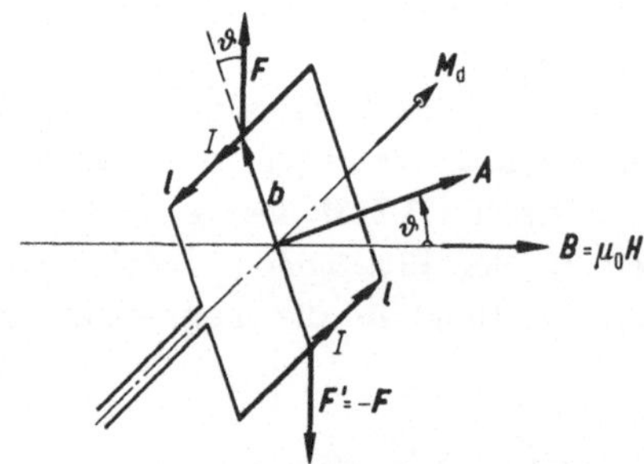

Bild 13-15: Drehmoment einer stromdurchflossenen Leiterschleife im Magnetfeld.

rung $\boldsymbol{M}$ in diesem Abschnitt mit dem Index $_\mathrm{d}$ versehen)

$$\boldsymbol{M}_\mathrm{d} = \boldsymbol{b} \times \boldsymbol{F} \qquad (13.3\text{-}4)$$

in Drehachsenrichtung erzeugt. Mit (13.3-3) folgt daraus ein doppeltes Vektorprodukt, dessen Berechnung mittels des Entwicklungssatzes der Vektorrechnung unter Verwendung des Flächennormalenvektors $\boldsymbol{A}$ der Stromschleife (Betrag $A = b\,l$) das Drehmoment

$$\boldsymbol{M}_\mathrm{d} = I\boldsymbol{A} \times \boldsymbol{B}\,, \quad \text{Betrag:} \quad M_\mathrm{d} = I A B \sin\vartheta \qquad (13.3\text{-}5)$$

ergibt. Die Richtung des Flächennormalenvektors $\boldsymbol{A}$ ist so festgelegt, daß sie sich aus der Stromflußrichtung mit der Rechtsschraubenregel ergibt.
Eine stromdurchflossene Leiterschleife erfährt daher im homogenen Magnetfeld ein Drehmoment, das deren Flächennormale in Feldrichtung auszurichten sucht. Sie verhält sich also wie ein magnetischer Dipol (siehe 13.1) und analog zum elektrischen Dipol im homogenen elektrischen Feld (vgl. 12.9). Zur Beschreibung des Verhaltens eines magnetischen Dipols im Feld analog zum elektrischen Fall (12.9-5) führen wir durch

$$\boldsymbol{M}_\mathrm{d} = \boldsymbol{m} \times \boldsymbol{B} \qquad (13.3\text{-}6)$$

das *magnetische Dipolmoment* $\boldsymbol{m}$ ein.

SI-Einheit: $[\boldsymbol{m}] = \mathrm{A\,m^2} = \mathrm{J\,T^{-1}}$.

Anmerkung: Anders als bei der Einführung des elektrischen Dipolmoments $\boldsymbol{p}$ wird hier nicht die Feldstärke, sondern die Flußdichte $\boldsymbol{B}$ zur Berechnung des Drehmoments benutzt. Deshalb unterscheiden sich die weiter berechneten Ausdrücke für das Dipolmoment im elektrischen und im magnetischen Fall um die jeweilige Feldkonstante. Ferner ist wegen der Nichtexistenz magnetischer Ladungen (Monopole) die Einführung des magnetischen Dipolmomentes über eine Definitionsgleichung entsprechend (12.9-1) nicht sinnvoll.

In entsprechender Weise können die Ausdrücke für die potentielle Energie im homogenen Feld (12.9-7) und für die Kraft auf den Dipol im inhomogenen Feld (12.9-8) übernommen werden (Tab. 13-1).

Durch Vergleich von (13.3-6) mit (13.3-5) erhält man das *Dipolmoment einer Stromschleife* zu

$$\boldsymbol{m} = I\boldsymbol{A}\,. \qquad (13.3\text{-}7)$$

Tabelle 13-1: Vergleich: elektrischer Dipol ↔ magnetischer Dipol.

	Drehmoment	Potentielle Energie	Kraft im inhomogen Feld (Dipol ‖ Feld ‖ x)
elektrischer Dipol	$\boldsymbol{M}_\mathrm{d} = \boldsymbol{p} \times \boldsymbol{E}$	$E_\mathrm{p,dip} = -\boldsymbol{p}\boldsymbol{E}$	$F = p\,\dfrac{\mathrm{d}E}{\mathrm{d}x}$
magnetischer Dipol	$\boldsymbol{M}_\mathrm{d} = \boldsymbol{m} \times \boldsymbol{B}$	$E_\mathrm{p,dip} = -\boldsymbol{m}\boldsymbol{B}$	$F = m\,\dfrac{\mathrm{d}B}{\mathrm{d}x}$

Schaltet man N Stromschleifen zu einer Zylinder- oder Flachspule mit N Windungen zusammen, so ergibt sich für das magnetische *Dipolmoment einer Spule*

$$\boldsymbol{m}_{\mathrm{Sp}} = N I \boldsymbol{A} . \qquad (13.3\text{-}8)$$

Wird eine drehbar gelagerte Spule im Magnetfeld nach Bild 13-15 z.B. durch eine Spiralfeder mit einem rücktreibendem Drehmoment versehen, so stellt sich bei Stromfluß im Drehmomentengleichgewicht ein Ausschlag $\Delta\vartheta$ ein, der mit I ansteigt: Prinzip des *Drehspul-Meßinstrumentes.*

Die gleiche Anordnung ohne rücktreibende Feder, aber mit einer Schleifkontakteinrichtung zur Umpolung der Stromrichtung bei $\vartheta = 0°$ und $180°$ ("Kommutator"), stellt die Grundanordnung eines Gleichstrom-*Elektromotors* dar. Das hierbei wirkende Drehmoment hat durch die Umpolung bei allen Drehwinkeln die gleiche Richtung.

Kräfte zwischen benachbarten Strömen

Zwei stromdurchflossene, parallele Drähte üben aufeinander Kräfte aus, da sich jeder der beiden Ströme im Magnetfeld des jeweils anderen befindet (Bild 13-16).

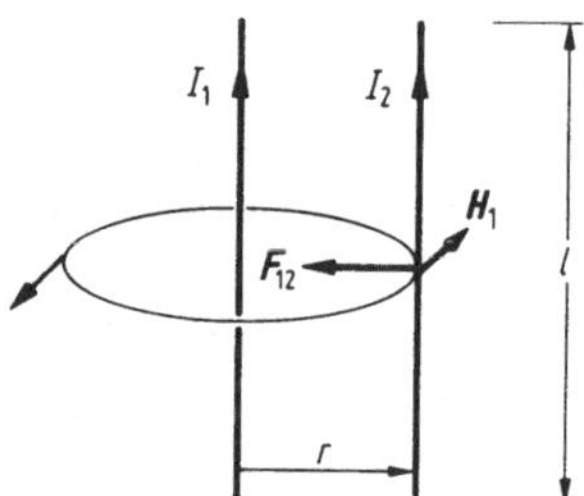

Bild 13-16: Kraftwirkung zwischen benachbarten Strömen.

Die von I_1 im Abstand r erzeugte magnetische Feldstärke beträgt nach (13.1-3)

$$H_1 = \frac{I_1}{2\pi r} . \qquad (13.3\text{-}9)$$

Dadurch erfährt der von I_2 durchflossene Leiter auf der Länge l nach (13.3-3) eine Kraft

$$\boldsymbol{F}_{12} = \mu_0 I_2 \boldsymbol{l} \times \boldsymbol{H} , \quad \text{Betrag:} \quad F_{12} = \mu_0 \frac{l}{2\pi r} I_1 I_2 . \qquad (13.3\text{-}10)$$

Nach dem Reaktionsgesetz (3.3) wirkt auf I_1 eine gleich große, entgegengesetzt gerichtete Kraft $\boldsymbol{F}_{21}$. Aus (13.3-10) folgt, daß gleichgerichtete Ströme einander anziehen, während antiparallele Ströme einander abstoßen. Dieser Effekt wird zur Darstellung der Einheit der Stromstärke, des Ampere, ausgenutzt (siehe 1.3). Benachbarte Windungen in Spulen, die vom Strom gleichsinnig durchflossen werden, ziehen sich demnach an, während sich die gegenüberliegenden Teile einer Windung abstoßen. Eine stromdurchflossene Spule sucht sich daher zu verkürzen und gleichzeitig aufzuweiten. Solche Kräfte können ganz erhebliche Beträge annehmen und müssen bei der Konstruktion von Spulen berücksichtigt werden.

13.4 Materie im magnetischen Feld, magnetische Polarisation

Wird Materie in ein magnetisches Feld gebracht, so bilden sich magnetische Dipolzustände aus: Die Materie erfährt eine magnetische Polarisation bzw. eine Magnetisierung. Phänomenologisch wird das nach (13.1-11) durch die Einführung einer *Permeabilitätszahl* μ_r (relative Permeabilität) im Zusammenhang (13.1-13) zwischen magnetischer Feldstärke $\boldsymbol{H}$ und magnetischer Flußdichte $\boldsymbol{B}$ beschrieben:

$$\boldsymbol{B} = \mu_0 \mu_r \boldsymbol{H} = \mu \boldsymbol{H} . \tag{13.4-1}$$

Bei materieerfüllten Magnetfeldern wird also die magnetische Feldkonstante μ_0 durch die *Permeabilität* $\mu = \mu_0 \mu_r$ ersetzt. Analog zur Einführung der elektrischen Polarisation (12.9-18) kann die Änderung der magnetischen Flußdichte in Materie auch durch eine additive Größe zur Flußdichte $\boldsymbol{B}_0 = \mu_0 \boldsymbol{H}$ im Vakuum beschrieben werden, der *magnetischen Polarisation* $\boldsymbol{J}$:

$$\boldsymbol{B} \equiv \boldsymbol{B}_0 + \boldsymbol{J} = \mu_0 \boldsymbol{H} + \boldsymbol{J} . \tag{13.4-2}$$

Anstelle der magnetischen Polarisation $\boldsymbol{J}$ kann auch eine zur Feldstärke $\boldsymbol{H}$ additive Größe, die *Magnetisierung* $\boldsymbol{M}$ zur Beschreibung der magnetischen Materieeigenschaften benutzt werden:

$$\boldsymbol{B} \equiv \mu_0 (\boldsymbol{H} + \boldsymbol{M}) \tag{13.4-3}$$

mit $$\boldsymbol{M} = \frac{\boldsymbol{J}}{\mu_0} . \tag{13.4-4}$$

Die Magnetisierung hängt von der magnetischen Feldstärke $\boldsymbol{H}$ ab. In vielen Fällen (Diamagnetismus, Paramagnetismus, siehe unten) gilt die Proportionalität

$$\boldsymbol{M} = \chi_m \boldsymbol{H} , \tag{13.4-5}$$

worin χ_m die *magnetische Suszeptibilität* genannt wird. Suszeptibilität und Permeabilitätszahl beschreiben beide die magnetischen Eigenschaften der betreffenden Materie und sind verknüpft durch

$$\mu_r = 1 + \chi_m , \tag{13.4-6}$$

wie sich durch Einsetzen von (13.4-5) in (13.4-3) und Vergleich mit (13.4-1) zeigen läßt.

Der Zusammenhang zwischen der Magnetisierung $\boldsymbol{M}$ eines zylindrischen Stabes und seinem magnetischen Dipolmoment $\boldsymbol{m}_{ges}$ in einem äußeren

Magnetfeld $\boldsymbol{H}$ läßt sich durch Vergleich mit einer Zylinderspule gleicher Abmessungen herstellen, die so erregt wird, daß das durch sie erzeugte zusätzliche Magnetfeld $\boldsymbol{H}_z$ gerade der Magnetisierung $\boldsymbol{M}$ entspricht (Bild 13-17):

$$H_z = \frac{NI}{l} = M \, . \tag{13.4-7}$$

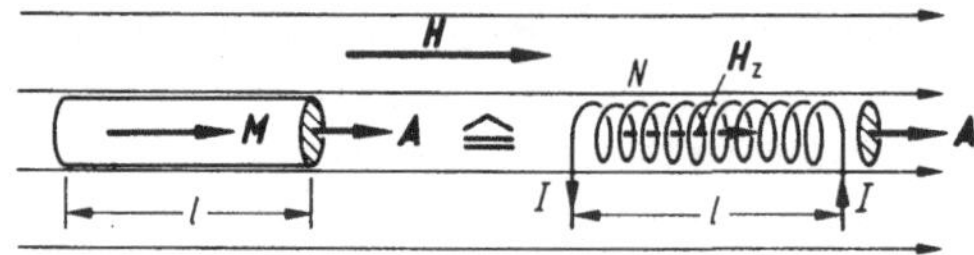

Bild 13-17: Zur Berechnung des magnetischen Dipolmoments eines magnetisierten Stabes.

Das magnetische Dipolmoment des magnetisierten Stabes $\boldsymbol{m}_{ges}$ mit dem Volumen $V = lA$ ist dann gleich dem der Spule gleichen Volumens und beträgt gemäß (13.3-8) mit (13.4-7)

$$\boldsymbol{m}_{ges} = NI\boldsymbol{A} = \boldsymbol{M}V \, . \tag{13.4-8}$$

Die Magnetisierung $\boldsymbol{M} = \boldsymbol{J}/\mu_0$ ist demnach gleich dem auf das Volumen bezogenen magnetischen Dipolmoment und ist damit (bis auf die Feldkonstante, vgl. Anmerkung zu (13.3-6)) der elektrischen Polarisation (12.9-9) analog:

$$\boldsymbol{M} = \frac{\boldsymbol{J}}{\mu_0} = \frac{\boldsymbol{m}_{ges}}{V} \, . \tag{13.4-9}$$

Für das magnetische Dipolmoment $\boldsymbol{m}_{ges}$ eines magnetisierten Körpers gilt nach (13.4-8) mit (13.4-5) $\boldsymbol{m}_{ges} \sim \chi_m \boldsymbol{H}$. Je nach Vorzeichen von χ_m (Tab. 13-1) erfährt daher ein magnetisierter Körper in einem inhomogenen Magnetfeld eine Kraft, die ihn in den Bereich größerer Feldstärke (für $\chi_m > 0$) oder kleinerer Feldstärke (für $\chi_m < 0$) treibt, d.h. in das Magnetfeld hineinzieht oder aus ihm herausdrängt (Bild 13-18).

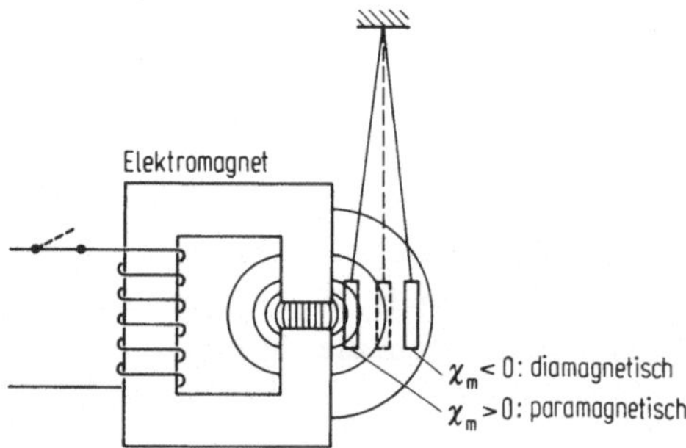

Bild 13-18: Kraftwirkung auf dia- und paramagnetische Körper im inhomogenen Magnetfeld eines Elektromagneten.

Tabelle 13-2: Magnetische Suszeptibilität einiger Stoffe.

Stoff	$\chi_m = \mu_r - 1$	Stoff	$\chi_m = \mu_r - 1$
Diamagnetische Stoffe:		*Paramagnetische Stoffe*:	
Helium	$-1{,}05 \cdot 10^{-9}$	Sauerstoff	$1{,}86 \cdot 10^{-6}$
Wasserstoff	$-2{,}25 \cdot 10^{-9}$	Barium	$6{,}94 \cdot 10^{-6}$
Methan	$-6{,}88 \cdot 10^{-9}$	Magnesium	$1{,}74 \cdot 10^{-5}$
Stickstoff	$-8{,}60 \cdot 10^{-9}$	Aluminium	$2{,}08 \cdot 10^{-5}$
Argon	$-1{,}09 \cdot 10^{-8}$	Platin	$2{,}57 \cdot 10^{-4}$
Kohlendioxid	$-1{,}19 \cdot 10^{-8}$	Chrom	$2{,}78 \cdot 10^{-4}$
Methylalkohol	$-6{,}97 \cdot 10^{-6}$	Mangan	$8{,}71 \cdot 10^{-4}$
Benzol	$-7{,}82 \cdot 10^{-6}$	flüssiger Sauerstoff	$3{,}62 \cdot 10^{-3}$
Wasser	$-9{,}03 \cdot 10^{-6}$	Dysprosiumsulfat	$6{,}32 \cdot 10^{-1}$
Kupfer	$-9{,}65 \cdot 10^{-6}$		
Glyzerin	$-9{,}84 \cdot 10^{-6}$	*Ferromagnetische Stoffe* *	
Petroleum	$-1{,}09 \cdot 10^{-5}$	Gußeisen	50...... 500
Aluminiumoxid	$-1{,}37 \cdot 10^{-5}$	Baustahl	100.... 2 000
Azeton	$-1{,}37 \cdot 10^{-5}$	Übertragerblech	500... 10 000
Kochsalz	$-1{,}39 \cdot 10^{-5}$	Permalloy	6 000... 70 000
Wismut	$-1{,}57 \cdot 10^{-4}$	Ferrite	10.... 1 000

* Maximalwerte aus größter Steigung der Hysteresekurve

Je nach Wert der magnetischen Suszeptibilität χ_m werden die folgenden Fälle unterschieden:

$\chi_m < 0$, $\mu_r < 1$: Diamagnetismus

$\chi_m > 0$, $\mu_r > 1$: Paramagnetismus

$\chi_m \gg 1$, $\mu_r \gg 1$: Ferro-, Ferri- und Antiferromagnetismus

Atomistische Deutung der magnetischen Eigenschaften von Materie

Die magnetischen Eigenschaften von Materie sind durch die Wechselwirkung des Magnetfeldes in erster Linie mit den Elektronen der Atomhülle und deren magnetischen Momenten bedingt. Die Eigenschaften atomarer magnetischer Momente sind quantenmechanischer Natur. Eine anschauliche Behandlung ist problematisch. Dennoch können bestimmte magnetische Eigenschaften gemäß dem Rutherford-Bohrschen Atommodell (siehe 16.1, Behandlung der Atomelektronen als Kreisstrom mit dem positiven Atomkern im Zentrum) anschaulich gemacht und teils richtig, teils nur qualitativ zutreffend berechnet werden.

Im Bohrschen Bild ist der Bahnmagnetismus eines um den Atomkern kreisenden Elektrons leicht richtig zu berechnen (Bild 13-19). In Bezug auf den Atomkern hat das kreisende Elektron einen Bahndrehimpuls (3.7-4)

$$\boldsymbol{L} = m_e \boldsymbol{r} \times \boldsymbol{v} = m_e \boldsymbol{\omega} r^2 \,. \tag{13.4-9}$$

Das rotierende Elektron mit der Umlauffrequenz $\nu = \omega/2\pi$ stellt ferner einen Kreisstrom dar:

$$I = \frac{dQ}{dt} = -\nu e = -\frac{\omega e}{2\pi} \,. \tag{13.4-10}$$

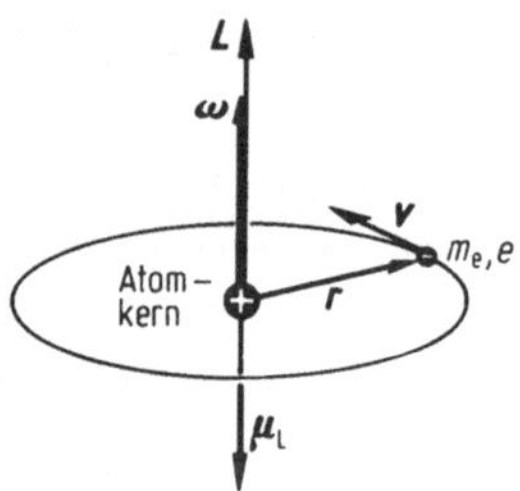

Bild 13-19: Drehimpuls und magnetisches Moment eines kreisenden Atomelektrons.

Nach (13.3-7) ist damit ein magnetisches Moment $\mu_L = IA$ verknüpft, für das sich mit (13.4-9) und (13.4-10) ergibt

$$\boxed{\boldsymbol{\mu}_L = -\frac{e}{2m_e}\boldsymbol{L}} \,. \tag{13.4-11}$$

(Bei atomaren Teilchen werden magnetische Momente mit $\boldsymbol{\mu}$ statt mit $\boldsymbol{m}$ bezeichnet.) Daß atomare Drehimpulse mit magnetischen Dipolmomenten

$$\boldsymbol{\mu}_L = -\gamma \boldsymbol{L} \tag{13.4-12}$$

verknüpft sind, wird als *magnetomechanischer Parallelismus* bezeichnet und wurde durch den *Einstein-de-Haas-Effekt* makroskopisch nachgewiesen. γ heißt *gyromagnetisches Verhältnis* und hat demnach für den Bahnmagnetismus des Elektrons den Wert

$$\gamma = \frac{e}{2m_e} \,. \tag{13.4-13}$$

Nach Bohr hat der Bahndrehimpuls für die Hauptquantenzahl $n = 1$ den Wert $L = \hbar$ (vgl. (7.3-8) und 16.1; $\hbar = h/2\pi$: Plancksches Wirkungsquantum). Damit folgt für das magnetische Dipolmoment der 1. Bohrschen Bahn, das *Bohrsche Magneton*

$$\mu_B = \frac{e\hbar}{2m_e} = (9{,}274\,015\,4 \pm 0{,}000\,003\,1) \cdot 10^{-24}\,\mathrm{J\,T^{-1}} \,. \tag{13.4-14}$$

Neben dem Bahndrehimpuls und dem damit verbundenen magnetischen Moment besitzt das Elektron außerdem einen *Eigendrehimpuls* oder *Spin* $\boldsymbol{S}$ vom Betrage $S = \hbar/2$. Auch der Spin ist mit einem magnetischen Dipolmoment verknüpft, dessen Betrag ebenfalls durch das Bohrsche Magneton gegeben ist.

Je nach Aufbau der atomaren Elektronenhülle und der chemischen Bindungsstruktur in Molekülen und Festköpern und der daraus resultierenden Gesamtwirkung der mit den Bahn- und Eigendrehimpulsen verknüpften magnetischen Momente ergeben sich unterschiedliche magnetische Eigenschaften, deren Grundzüge kurz besprochen werden sollen.

Diamagnetismus

Die meisten anorganischen und fast alle organischen Verbindungen sind diamagnetisch, d.h. sie schwächen das äußere Feld: $\chi_m < 0$, $\mu_r < 1$. Ursache des Diamagnetismus sind die durch das Einschalten des äußeren Magnetfeldes in den Atomen (Molekülen, Ionen) des Stoffes induzierten magnetischen Dipolmomente. Diamagnetika sind daher magnetische Analoga zu den unpolaren Dielektrika (siehe 12.9, Verschiebungspolarisation).

Es werde zunächst eine einzelne Elektronenkreisbahn um den Atomkern betrachtet (z.B. die des i. Elektrons der Elektronenhülle), deren Flächennormalenvektor senkrecht zum äußeren Magnetfeld $\boldsymbol{H}$ stehen möge (Bild 13-20). Das magnetische Moment $\boldsymbol{\mu}_L$ erfährt dadurch nach (13.3-6) ein Drehmoment $\boldsymbol{M}_d = \boldsymbol{\mu}_L \times \boldsymbol{B}$. Wegen des nach (13.4-11) mit $\boldsymbol{\mu}_L$ gekoppelten Bahndrehimpulses $\boldsymbol{L}$ wirkt $\boldsymbol{M}_d$ auch auf $\boldsymbol{L}$ und erzeugt eine Kreiselpräzession mit der Präzessionskreisfrequenz $\omega_L = M_d/L$ (vgl. 7.4). Mit (13.4-11) folgt daraus die *Larmor-Frequenz*

$$\boxed{\boldsymbol{\omega}_L = \mu_0 \frac{e}{2m_e} \boldsymbol{H} = \frac{e}{2m_e} \boldsymbol{B}} \ . \qquad (13.4\text{-}15)$$

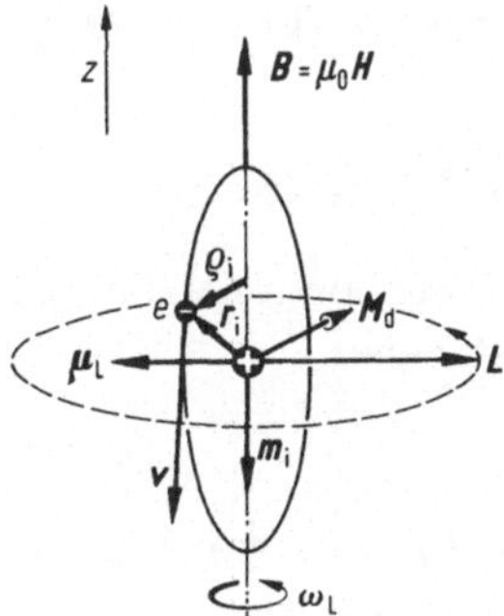

Bild 13-20: Präzessionswirkung eines äußeren Magnetfeldes auf atomare Elektronenbahnen.

Die Präzession der Elektronenbahn mit der Frequenz ν_L um die Feldrichtung $\boldsymbol{B}$ bedeutet einen zusätzlichen Kreisstrom I senkrecht zur Elektronenkreisbahn, für den sich mit (13.4-15) ergibt:

$$I = -\nu_L e = -\frac{e^2}{4\pi m_e} B \ . \qquad (13.4\text{-}16)$$

Daraus folgt ein durch das Einschalten des äußeren Feldes $\boldsymbol{B}$ induziertes magnetisches Moment, das sich nach (13.3-7) mit $A = \pi\overline{\rho}_i^2$ berechnen läßt. Die Präzession ist langsam gegen die Umlaufzeit des Elektrons i auf seiner Kreisbahn. Für die Fläche A des Präzessionskreisstromes I muß daher ein mittlerer Abstand $\overline{\rho}_i$ von der Präzessionsdrehachse angesetzt werden. Mit $m = IA$ (13.3-7) und (13.4-16) folgt für das induzierte magnetische Moment des i. Elektrons

$$\boldsymbol{m}_i = -\frac{e^2 \overline{\rho}_i^2}{4m_e} \boldsymbol{B} \ , \qquad (13.4\text{-}17)$$

das dem äußeren Feld $\boldsymbol{B}$ entgegengerichtet ist, dieses also schwächt. Ein Atom der Ordnungszahl Z (siehe 16.1) enthält Z Elektronen in der Hülle. Bei Einschalten des Magnetfeldes liefert jedes Elektron einen Beitrag $\boldsymbol{m}_i$. Das gesamte induzierte magnetische Moment eines Atoms beträgt daher

$$\boldsymbol{m} = \sum_{i=1}^{Z} \boldsymbol{m}_i = -\frac{Ze^2\overline{\rho}^2}{4m_e}\boldsymbol{B}, \tag{13.4-18}$$

worin

$$\overline{\rho}^2 \approx \overline{\rho^2} = \overline{x^2} + \overline{y^2} \tag{13.4-19}$$

der mittlere quadratische Abstand aller Z Elektronen von der Präzessionsdrehachse ist, wenn diese mit der z-Achse zusammenfällt. Unter der Annahme, daß die Z Elektronen kugelsymmetrisch um den Atomkern verteilt sind, gilt für den mittleren Kernabstand $\overline{r}$ der Elektronen

$$\frac{1}{3}\overline{r}^2 \approx \frac{1}{3}\overline{r^2} = \overline{x^2} = \overline{y^2} = \overline{z^2} \quad \text{und} \quad \overline{\rho}^2 \approx \frac{2}{3}\overline{r}^2 . \tag{13.4-20}$$

Damit folgt für das induzierte magnetische Moment eines Atoms aus (13.4-18)

$$\boldsymbol{m} = -\frac{Ze^2\overline{r}^2}{6m_e}\boldsymbol{B}, \tag{13.4-21}$$

und bei einer Atomzahldichte n für die Magnetisierung diamagnetischer Stoffe (13.4-5)

$$\boldsymbol{M} = n\,\boldsymbol{m} = -n\frac{Ze^2\overline{r}^2}{6m_e}\mu_0\boldsymbol{H} = \chi_{\text{dia}}\boldsymbol{H}, \tag{13.4-22}$$

die dem äußeren Magnetfeld proportional ist. Die magnetische Suszeptibilität für Diamagnetika beträgt daher

$$\chi_{\text{dia}} = -\mu_0\frac{Ze^2\overline{r}^2}{6m_e}n < 0 \tag{13.4-23}$$

und ist < 0, da alle Größen in (13.4-23) positiv sind. Diese diamagnetische Eigenschaft haben die Atome aller Substanzen. Die in (13.4-11) berechneten magnetischen Bahnmomente $\boldsymbol{\mu}_L$ der einzelnen Elektronenbahnen spielen außer als Ursache der Präzession normalerweise keine Rolle, da sie sich in der Summe aller Elektronenbahnen meist gegenseitig kompensieren, wenn nicht bereits im Atom, dann im Molekül oder im Festkörper. Bei manchen Substanzen trifft dies jedoch nicht zu, dann wird der Diamagnetismus durch nichtkompensierte permante magnetische Momente überdeckt, die vom Bahn- oder Spinmagnetismus herrühren: Paramagnetismus, siehe unten.

Der oben hergeleitete Diamagnetismus kann auch als Induktionseffekt (siehe 14.1) beim Einschalten des äußeren Magnetfeldes gedeutet werden. Die Durchrechnung liefert dasselbe Ergebnis (13.4-23).

Bei Metallen liefert das Elektronengas (vgl. 16.2) nach Landau einen zusätzlichen Beitrag zum Diamagnetismus (Landau-Diamagnetismus). Sowohl die diamagnetische Suszeptibilität χ_{dia} nach (13.4-23) als auch in guter Näherung der Landau-Diamagnetismus sind unabhängig von Feldstärke und Temperatur.

Paramagnetismus
Sind permanente, nicht kompensierte magnetische Momente $\boldsymbol{m}$ vorhanden, z.B. durch nichtkompensierte Bahn- oder Spinmomente (nicht abgeschlossene Elektronenschalen, ungerade Elektronenzahlen), so zeigt sich ein magnetisches Verhalten analog zum elektrischen Verhalten eines Systems polarer Moleküle (vgl. 12.9, Orientierungspolarisation). Ohne äußeres Magnetfeld sind die Orientierungen der magnetischen Momente durch die thermische Bewegung statistisch gleichverteilt, sodaß keine makroskopische Magnetisierung resultiert. Ein eingeschaltetes äußeres Feld sucht die Dipole aufgrund des dann wirkenden Drehmomentes (13.3-6) gegen die Temperaturbewegung in Feldrichtung auszurichten, es entsteht eine makroskopische Magnetisierung. Der Ausrichtungsgrad läßt sich wie bei der elektrischen Orientierungspolarisation aus der potentiellen Energie E_p der Dipole im Magnetfeld (Tab. 13-1) mit Hilfe des Boltzmannschen e-Satzes (8.2-25) abschätzen. Wegen $E_p \ll kT$ ergibt sich analog zu (12.9-29) bis (12.9-34) für die *paramagnetische Suszeptibilität* χ_{para} das *Curiesche Gesetz*

$$\chi_{para} = \frac{C_m}{T} \qquad (13.4\text{-}24)$$

und für die Permeabilitätszahl

$$\mu_r = 1 + \frac{C_m}{T}$$

mit der *Curie-Konstanten*

$$C_m = \mu_0 \frac{m^2}{3k} n\,. \qquad (13.4\text{-}25)$$

Für die paramagnetische Suszeptibilität gilt also die gleiche Temperaturabhängigkeit wie für die paraelektrische Suszeptibilität (12.9-34).

Zum Paramagnetismus tragen bei Metallen nach Pauli ferner die magnetischen Momente des Leitungselektronengases bei. Der Pauli-Paramagnetismus ist um einen Faktor 3 größer als der Landau-Diamagnetismus und wie dieser temperaturunabhängig.

Magnetisch geordnete Zustände: Ferro-, Antiferro- und Ferrimagnetismus
Kristalline Substanzen, die permanente magnetische Momente enthalten, können unterhalb einer kritischen Temperatur in einen magnetisch geordneten Zustand, d.h eine *spontane Magnetisierung* ohne äußeres Feld, übergehen. Ursache hierfür ist die gegenseitige Wechselwirkung zwischen den magnetischen Momenten der Atome bzw. zwischen den damit verknüpften Elektronenspins. Die Bahnmomente sowie die Momente des Atomkerns sind dagegen zu vernachlässigen. Die direkte magnetische Wechselwirkung zwischen den magnetischen Momenten ist vergleichsweise klein und führt nur bei sehr tiefen Temperaturen zu spontaner Magnetisierung. Bei Zimmertemperatur sind magnetisch geordnete Zustände nach Heisenberg auf die quantenmechanische Austauschwechselwirkung (aufgrund der Überlappung von Elektronenwellenfunktionen) zwischen den nicht abgesättigten Elektronen-

spins benachbarter Atome zurückzuführen, die zu Parallel- oder Antiparallelstellung der benachbarten Spins führt. Demzufolge treten folgende charakteristische Ordnungszustände der Spins auf (Bild 13-21):

- *Ferromagnetismus*: Parallele Ausrichtung aller Spins. Große Sättigungsmagnetisierung ohne äußeres Magnetfeld unterhalb der *Curie-Temperatur* T_C. Beispiele: Eisen, Nickel, Kobalt.
- *Antiferromagnetismus*: Antiparallele Ausrichtung benachbarter Spins unterhalb der *Néel-Temperatur* T_N mit gegenseitiger Kompensation der magnetischen Momente. Trotz geordneten Zustands der Spins ist daher die Magnetisierung ohne äußeres Magnetfeld Null. Beispiele: MnO, FeO, CoO, NiO.
- *Ferrimagnetismus*: Antiferromagnetische Ordnung, bei der sich die magnetischen Momente wegen unterschiedlicher Größe nur teilweise kompensieren. Unterhalb der Néel-Temperatur bleibt daher ohne äußeres Feld eine endliche Sättigungsmagnetisierung übrig, die typischerweise kleiner ist als beim Ferromagnetismus. Beispiele sind die Ferrite der Zusammensetzung $MeO{\cdot}Fe_2O_3$, wobei Me z.B. für Mn, Co, Ni, Cu, Mg, Zn, Cd oder Fe (→ Magneteisenstein, Magnetit Fe_3O_4) steht.

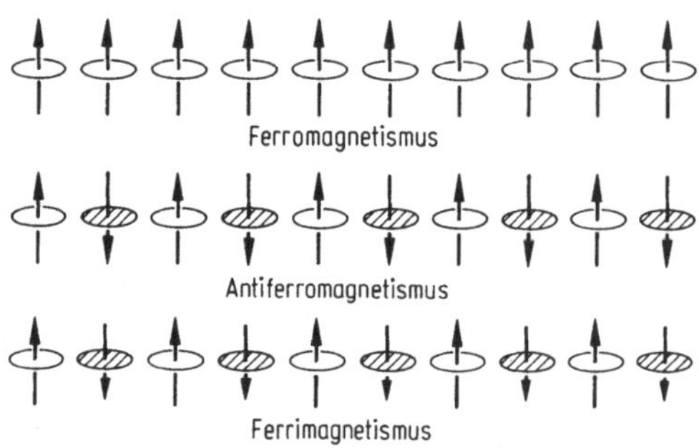

Bild 13-21: Ordnung der magnetischen Dipolmomente in ferro-, antiferro- und ferrimagnetischen Stoffen.

Die Eigenschaften der spontanen Magnetisierung seien anhand der Ferromagnetika betrachtet. Ein einheitlich bis zur Sättigung magnetisierter ferromagnetischer Kristall (alle Spinmomente parallel in eine Richtung ausgerichtet) würde ein großes magnetisches Moment und eine große magnetische Streufeldenergie im Außenraum besitzen. Ohne äußeres Feld zerfällt daher die Magnetisierung des Kristalls in eine energetisch günstigere Anordnung verschieden orientierter ferromagnetischer Domänen: *Weiss'sche Bezirke* (Bild 13-22), die in sich selbst bis zur Sättigung magnetisiert (Abmessungen ca. $(1\text{-}100\ \mu m)^3$) und so orientiert sind, daß der magnetische Fluß sich weitgehend innerhalb des Kristalls schließt (unmagnetisierter Zustand, Bild 13-22a). In wenig gestörten Einkristallen haben die Weiss'schen Bezirke eine geometrisch regelmäßige Form.

Die Magnetisierung der Domänen erfolgt in den sog. *leichten Kristallrichtungen*. Das sind z.B. im kubischen Eisenkristall die Würfelkanten. Die Sät-

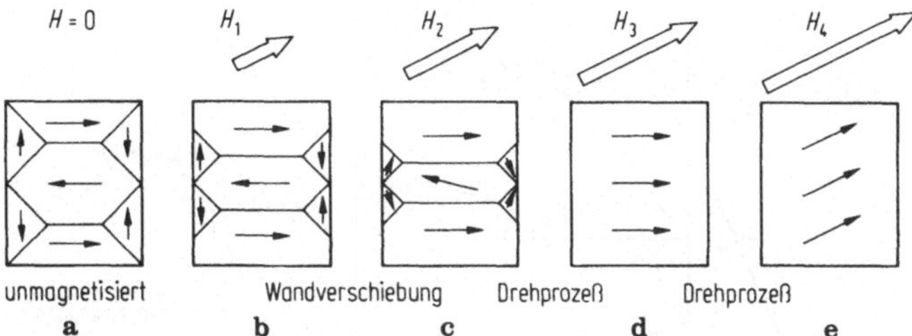

Bild 13-22: Zerfall der spontanen Magnetisierung eines wenig gestörten, ferromagnetischen Einkristalls in Weiss'sche Bezirke und Magnetisierungsablauf:
a unmagnetisierter Zustand.
b Magnetisierung in äußerer Feldrichtung durch Wachsen der richtig orientierten Bereiche (Wandverschiebung).
c Weitere Magnetisierung durch Wandverschiebung und Drehprozesse.
d Magnetischer Einbereich in leichter Kristallrichtung
e Sättigungsmagnetisierung: magnetischer Einbereich in Feldrichtung.

tigungsmagnetisierung läßt sich nur durch Anlegen eines starken äußeren Feldes aus den leichten Richtungen herausdrehen. In den Wänden zwischen verschieden orientierten Domänen springt die Spin-Richtung nicht unstetig von der einen in die andere Orientierung, sondern ändert sich allmählich über einen Bereich von etwa 300 Gitterkonstanten: *Bloch-Wände*.

Die Bloch-Wände können durch das Bitter-Verfahren markiert werden: Bei Aufbringen kleiner ferromagnetischer Kristalle auf die polierte Oberfläche des Ferromagnetikums (z.B. durch Aufschlämmen aus kolloidaler Lösung, oder durch Aufdampfen von Eisen in einer Gasatmosphäre) sammeln diese sich durch Dipolkräfte im inhomogenen Streufeld der Grenzen zwischen den verschieden orientierten Weiss'schen Bezirken, d.h. an den Bloch-Wänden, und machen sie dadurch sichtbar. Zur Sichtbarmachung verschieden orientierter Weiss'scher Bezirke können magnetooptische Effekte ausgenutzt werden: Die Drehung der Polarisationsebene von Licht durch magnetisierte Stoffe (in Transmission: Faraday-Effekt; in Reflexion: Kerr-Effekt).

Beim Magnetisieren des Materials durch ein äußeres Magnetfeld wird vom unmagnetisierten Zustand ausgehend zunächst die sog. "Neukurve" durchlaufen (Bild 13-23). Dabei wachsen die Domänen mit Komponenten in Feldrichtung auf Kosten der anderen durch Blochwand-Verschiebungen (Bild 13-22b). Die Blochwände bleiben dabei teilweise an Kristallinhomogenitäten und Störstellen hängen und reißen sich erst nach weiterer Magnetfelderhöhung los (irreversible Wandverschiebungen). Ist durch Wandverschiebung keine weitere Magnetisierungserhöhung mehr zu erreichen, so dreht das weiter steigende Magnetfeld die Spins aus leichten Kristallrichtungen heraus in die Feldrichtung (Bild 13-22c). Dabei können andere leichte Kristallrichtungen überstrichen werden, die wiederum plötzliche Magnetisierungsänderungen zur Folge haben (irreversible Drehprozesse). Schließlich stehen alle Spins parallel zum Magnetfeld, die Sättigungsmagnetisierung in Feldrichtung ist erreicht (Bild 13-22e). Eine weitere Felderhöhung ändert die

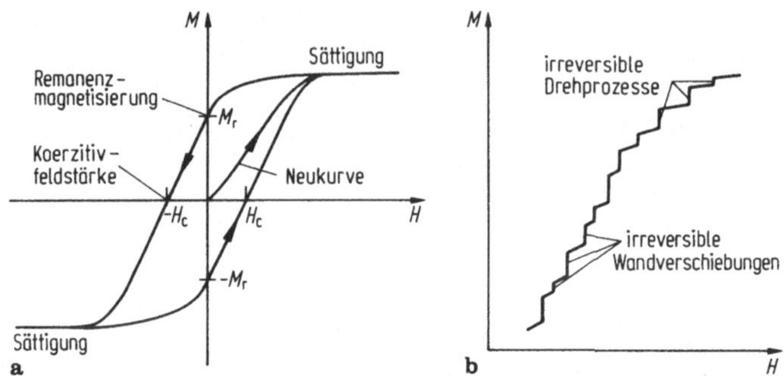

Bild 13-23: a Hysteresekurve eines Ferromagnetikums. b Teil der Magnetisierungskurve höher aufgelöst.

Magnetisierung nicht mehr. Die Magnetisierungskurve ist daher nicht stetig, sondern enthält eine Vielzahl von kleinen Sprüngen (Bild 13-23b). Die damit verbundenen plötzlichen Magnetisierungsänderungen lassen sich mit einer Induktionsanordnung nachweisen: *Barkhausen-Sprünge.* Die äußere Feldstärke, die erforderlich ist, um die Magnetisierung eines Weiss'schen Bezirks in die äußere Feldrichtung zu schwenken, ist sehr viel kleiner als diejenige, die bei ungekoppelten Einzeldipolen zur völligen Ausrichtung gegen die Temperaturbewegung erforderlich ist. Ursache dafür - und damit für die große Permeabilitätszahl von Ferromagnetika, vgl. Tab. 13-2 - ist das gegenüber dem Einzeldipol vielfach höhere magnetische Moment eines Weiss-schen Bezirks und das damit verbundene große Drehmoment im äußeren Feld.

Bei Reduzierung der äußeren Feldstärke bis auf Null verschwindet die Magnetisierung nicht vollständig, sondern es bleibt eine Restmagnetisierung bestehen, diese Erscheinung heißt *Remanenz.* Sie kann durch die Remanenzmagnetisierung M_r, ebensogut auch durch die Remanenzinduktion B_r oder die Remanenzpolarisation J_r beschrieben werden, wobei gilt: $B_r = J_r = \mu_0 M_r$, (Bild 13-23a). Diese verschwindet erst bei Anlegen eines entgegengerichteten Feldes in Höhe der *Koerzitivfeldstärke* $-H_c$. Bei weiterer Variation der äußeren Feldstärke kann die ganze Magnetisierungskurve durchfahren werden, deren beide Äste bei negativer bzw. bei positiver Feldänderung nicht identisch sind: *Hysterese.*

Die Magnetisierung bei einer bestimmten Feldstärke ist daher nicht eindeutig, sondern hängt von der Vorgeschichte ab: Gedächtnis-Effekt. Je nach Richtung der vorherigen Sättigungsmagnetisierung liegt bei $H = 0$ eine Remanenz $+M_r$ oder $-M_r$ vor: Prinzip der magnetischen Informationsspeicherung.

Für Permanentmagnete ist eine hohe Remanenz und eine hohe Koerzitivfeldstärke erwünscht (*hartmagnetische* Werkstoffe). Damit verbunden ist eine große Fläche der Hysteresekurve. Diese ist ein Maß für die Ummagnetisierungsverluste pro Volumeneinheit bei einem vollen Durchlauf. Bei Anwendungen mit ständig wechselndem Magnetfeld (Wechselstrom-Transformatoren, Generatoren, Motoren) sind deshalb *weichmagnetische* Werkstoffe mit niedriger Remanenz und geringer Koerzitivfeldstärke erforderlich.

Die spontane Magnetisierung hat bei $T = 0$ K ihren Höchstwert (Sättigungsmagnetisierung M_s). Mit zunehmender Temperatur verringert die thermische Bewegung die Sättigungsmagnetisierung (Bild 13-24), insbesondere durch das Auftreten von "Spinwellen" im System der parallelen Spins. Die Spinwellen sind - wie auch die elastischen Schwingungen des quantenmechanischen Oszillators (siehe 5.2.2) oder elastische Wellen im Festkörper - gequantelt, die Quanten heißen "Magnonen".

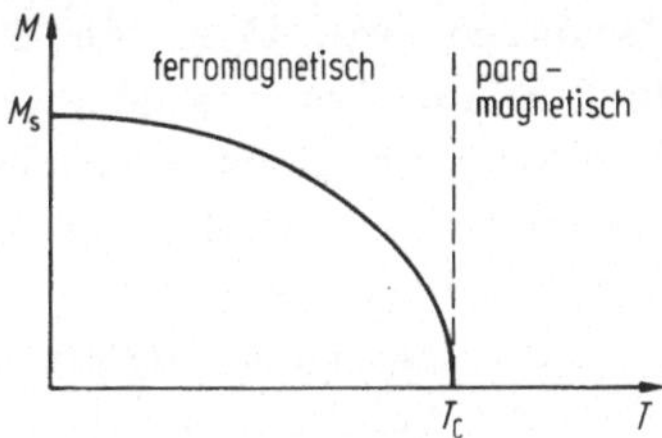

Bild 13-24: Temperaturabhängigkeit der spontanen Magnetisierung.

Oberhalb der Curie-Temperatur (Tab. 13-3) verschwindet die spontane Magnetisierung. Das Material verhält sich dann paramagnetisch mit einer Temperaturabhängigkeit der paramagnetischen Suszeptibilität, die dem Curieschen Gesetz (13.4-23) entspricht, jedoch mit einer um T_C verschobenen Temperaturabhängigkeit (*Curie-Weiss'sches Gesetz*):

$$\chi_m = \frac{C}{T - T_C} \quad \text{für} \quad T > T_C \,. \qquad (13.4\text{-}26)$$

Tabelle 13-3: Curie-Temperaturen einiger Ferromagnetika (T_0 = 273,14 K).

Material	$T_C - T_0$ / K	Material	$T_C - T_0$ / K
Eisen	768	Nickel	360
Kobalt	1075	Alnico	720...760

14 Zeitveränderliche elektromagnetische Felder

Statische, d.h. zeitunabhängige elektrische und magnetische Felder folgen teilweise sehr ähnlichen Gesetzen (vgl. 13 u. 14). Eine Verknüpfung beider Felder geschah bisher jedoch allein über das dem Oersted-Versuch zugrundeliegende Phänomen der Erzeugung eines statischen Magnetfeldes durch einen stationären elektrischen Strom (13.1), das durch das Amperesche Gesetz (Durchflutungssatz, 13.1-1) beschrieben wird. Ferner wirkt auf bewegte elektrische Ladungen und auf elektrische Ströme die magnetische Kraft (13.2-1) bzw. (13.3-3), die in 13.2 bereits als relativistische Ergänzung der elektrostatischen Kraft erkannt wurde. Der innere Zusammenhang beider Felder wird jedoch erst bei der Betrachtung zeitveränderlicher magnetischer und elektrischer Felder deutlich.

14.1 Zeitveränderliche magnetische Felder: Induktion

Die elektromagnetische Induktion (Faraday 1831, Henry 1832) ist das Arbeitsprinzip des Elektrogenerators, des Transformators und vieler anderer Einrichtungen, auf denen die heutige Elektrotechnik, Nachrichtentechnik usw. beruhen.

Induktion durch zeitveränderliche Magnetfelder

Wird z.B. durch eine stromdurchflossene Spule (Bild 14-1) oder mittels eines Permanentmagneten ein magnetisches Feld erzeugt, das gleichzeitig mit einem Fluß Φ eine Leiterschleife durchsetzt, so wird mit einem an die Leiterschleife angeschlossenen Spannungsmeßinstrument (z.B. Drehspulmeßinstrument, siehe 13.3) dann eine induzierte Spannung beobachtet, wenn der durch die Leiterschleife gehende magnetische Fluß Φ sich zeitlich ändert, etwa durch Änderung des Stromes in der felderzeugenden Spule, oder durch Abstandsänderung des Permanentmagneten, oder durch Kippung des induzierenden Feldes gegen die Schleifenfläche: *Induktion*. Experimentell ergibt sich das *Induktionsgesetz*

$$\boxed{u_i = -N\frac{\mathrm{d}\Phi}{\mathrm{d}t}}, \qquad (14.1\text{-}1)$$

worin N die Zahl der Windungen der Leiterschleife ist, in Bild 14-1a also $N=1$. Das Minuszeichen kennzeichnet, daß die Richtung des induzierten elektrischen Feldes bzw. der induzierten Spannung sich aus der Feldänderungsrichtung entgegengesetzt dem Rechtsschraubensinn ergibt.

Ein zeitlich veränderliches Magnetfeld erzeugt also offenbar ein elektrisches Feld, das den magnetischen Fluß umschließt (Bild 14-1b). Es ist nicht an einen vorhandenen Leiter geknüpft, sondern auch im Vakuum vorhanden (wie z.B. die Anwendung zur Elektronenbeschleunigung im Betatron nachweist).

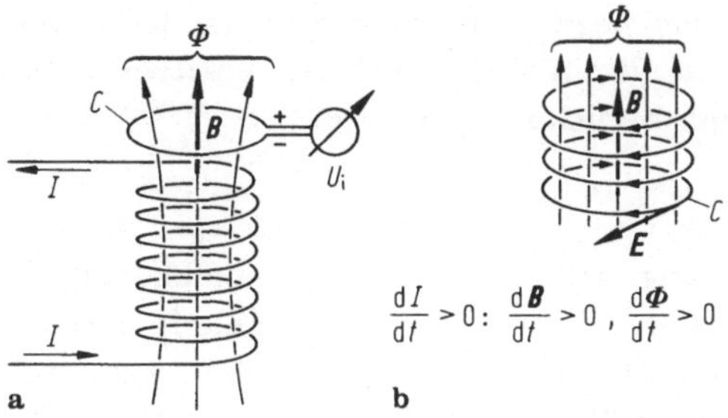

Bild 14-1: Induktion durch zeitliche Änderung des magnetischen Flusses.

Induktion in bewegten Leitern im Magnetfeld

In einem zeitlich konstanten Magnetfeld lassen sich induzierte Spannungen dadurch erzeugen, daß die Leiterschleife oder Teile davon im Magnetfeld bewegt werden. In diesem Fall läßt sich die induzierte Spannung mit Hilfe der magnetischen Kraft auf die Leitungselektronen berechnen. Dazu werde die in Bild 14-2 dargestellte, besonders einfache Geometrie betrachtet, wobei nur das Leiterstück der Länge $\boldsymbol{l}$ senkrecht zum homogenen Magnetfeld $\boldsymbol{B}$ mit einer Geschwindigkeit $\boldsymbol{v}$ bewegt wird.
Auf die Elektronen im bewegten Leiter wirkt die magnetische Kraft (13.2-1). Das entspricht einer durch die Bewegung induzierten elektrischen Feldstärke

$$\boldsymbol{E}_i = \frac{\boldsymbol{F}_m}{-e} = \boldsymbol{v} \times \boldsymbol{B} . \tag{14.1-2}$$

Die im bewegten Leiterstück $\boldsymbol{l}$ induzierte Spannung $u_i = \boldsymbol{E}_i \, \boldsymbol{l}$ ist daher

$$\boxed{u_i = (\boldsymbol{v} \times \boldsymbol{B}) \, \boldsymbol{l} = B \, l \, v} \, . \tag{14.1-3}$$

Dies ist die gesamte in der Leiterschleife induzierte Spannung, da die anderen Leiterschleifenteile ruhen. Auch bei dieser Induktionsanordnung ändert

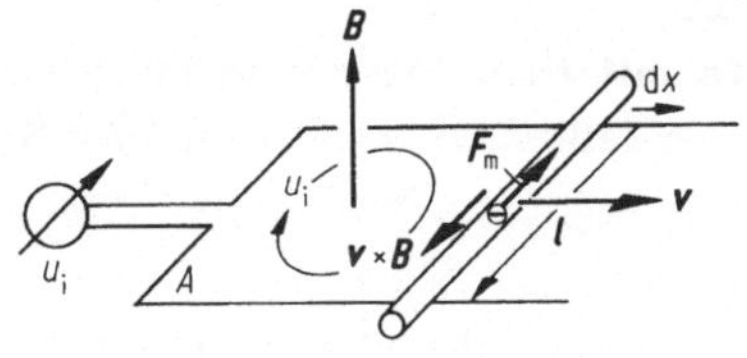

Bild 14-2: Induktion in einem bewegten Leiter im Magnetfeld.

sich durch die Vergrößerung der Schleifenfläche A

$$\frac{\mathrm{d}A}{\mathrm{d}t} = \frac{l\,\mathrm{d}x}{\mathrm{d}t} = l\,v \tag{14.1-4}$$

der magnetische Fluß $\Phi = \boldsymbol{B}\boldsymbol{A} = BA$ in der Leiterschleife (Flächennormalenvektor $\boldsymbol{A} \parallel \boldsymbol{B}$), obwohl $\boldsymbol{B} = \text{const}$ ist:

$$\frac{\mathrm{d}\Phi}{\mathrm{d}t} = \frac{\mathrm{d}(\boldsymbol{B}\boldsymbol{A})}{\mathrm{d}t} = B\frac{\mathrm{d}A}{\mathrm{d}t} = B\,l\,v\,. \tag{14.1-5}$$

Mit (14.1-3) ergibt sich daraus wiederum das Induktionsgesetz (14.1-1) für $N = 1$, wenn mit einem negativen Vorzeichen der in Bild 14-2 eingezeichnete Richtungssinn für u_i im Hinblick auf die positive Flußänderung und den Rechtsschraubensinn berücksichtigt wird:

$$u_\mathrm{i} = -\frac{\mathrm{d}\Phi}{\mathrm{d}t}\,. \tag{14.1-6}$$

Dieser Zusammenhang gilt also offenbar unabhängig davon, auf welche Weise der magnetische Fluß in der Leiterschleife geändert wird, ob durch Änderung des Magnetfeldes $\boldsymbol{B}$ bei stationärer Leiterschleife, oder durch Änderung der Schleifenfläche $\boldsymbol{A}$ bei konstantem Magnetfeld. Im ersten Fall werden die Elektronen im Leiter durch die induzierte elektrische Kraft $-e\boldsymbol{E}$, im zweiten Fall durch die geschwindigkeitsinduzierte magnetische Kraft $-e\boldsymbol{v}\times\boldsymbol{B}$ in Bewegung gesetzt. Auch hierdurch wird deutlich, daß die Kraft auf Ladungen q in voller Allgemeinheit durch die Lorentzkraft (13.2-3)

$$\boldsymbol{F} = q\,(\boldsymbol{E} + \boldsymbol{v}\times\boldsymbol{B}) \tag{14.1-7}$$

gegeben ist. Wählen wir die Schleifenkurve C als Integrationsweg (Bild 14-1), so folgt aus (14.1-6) mit

$$u_\mathrm{i} = \oint_C \boldsymbol{E}\,\mathrm{d}\boldsymbol{s} \tag{14.1-8}$$

und mit der Definition (13.1-14) des magnetischen Flusses für eine beliebige, von C berandete Fläche A die allgemeinere Formulierung des Induktionsgesetzes, das *Faraday-Henry-Gesetz*

$$\boxed{\oint_C \boldsymbol{E}\,\mathrm{d}\boldsymbol{s} = -\frac{\mathrm{d}}{\mathrm{d}t}\int_A \boldsymbol{B}\,\mathrm{d}\boldsymbol{A}}\,. \tag{14.1-9}$$

Dies ist die allgemein gültige Form einer der beiden Feldgleichungen des elektrischen Feldes, die sich vom elektrostatischen Fall (12.3-10) dadurch unterscheidet, daß die rechte Seite nicht verschwindet.

Weitere Induktionseffekte

Ist das die Leiterschleife mit dem Flächennormalenvektor $\boldsymbol{A}$ durchsetzende Magnetfeld $\boldsymbol{B}$ homogen, so läßt sich (14.1-1) mit $\Phi = \boldsymbol{B}\boldsymbol{A}$ auch schreiben

$$u_\mathrm{i} = -N\frac{\mathrm{d}(\boldsymbol{B}\boldsymbol{A})}{\mathrm{d}t}\,. \tag{14.1-10}$$

Wird eine Leiterschleife gemäß Bild 13-15 mit einer Winkelgeschwindigkeit $\omega = \vartheta/t$ im homogenen Magnetfeld gedreht, so wird darin nach (14.1-10) eine

Spannung

$$u_i = -N\frac{d(BA\cos\vartheta)}{dt} = NAB\omega\sin\omega t = \hat{U}\sin\omega t \qquad (14.1\text{-}11)$$

erzeugt: Prinzip des ***Wechselstromgenerators***. Die Spannung ändert mit t periodisch ihr Vorzeichen, d.h ihre Richtung: ***Wechselspannung***. Der Maximalwert (Amplitude) ist $\hat{U} = NAB\omega$.

Der bewegte Leiter im Induktionsversuch Bild 14-2 muß nicht die Form eines Drahtes haben: Ein bewegter Metallstreifen zwischen Schleifkontakten (Bild 14-3a) zeigt aufgrund der auftretenden magnetischen Kraft den gleichen Induktionseffekt. Benutzt man anstelle des Metallstreifens einen ionisierten Gasstrom (Plasma; Bild 14-3b), so erhält man das Grundprinzip des ***magnetohydrodynamischen Generators*** (sog. MHD-Generator), dessen prinzipieller Vorteil darin besteht, keine bewegten Bauteile zu besitzen. Das Plasma wird in einer Brennkammer erzeugt. Da beim MHD-Generator die Umwandlung von thermischer in elektrische Energie direkt erfolgt, kommt der Wirkungsgrad näher an den thermodynamischen Wirkungsgrad (8.8-3) heran als bei herkömmlichen Verfahren der Energiewandlung. Die induzierte Spannung U_{i0} (im Leerlauf) ergibt sich aus (14.1-3).

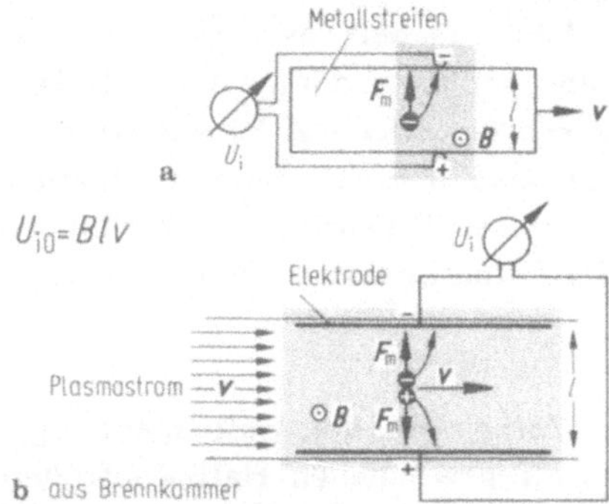

Bild 14-3: a Induktion in einem ausgedehnten bewegten Leiter und **b** Prinzip des magnetohydrodynamischen Generators.

Hall-Effekt

Wird die Bewegung von Ladungsträgern in einem Magnetfeld $\boldsymbol{B}$ nicht durch die Bewegung eines Leiters infolge einer äußeren Kraft erzwungen, sondern durch einen elektrischen Strom in einem ruhenden Leiter, so wirkt auch in diesem Falle die magnetische Kraft (13.2-1) senkrecht zur Ladungsträgergeschwindigkeit $\boldsymbol{v}_D$ und zu $\boldsymbol{B}$. Im Falle eines metallischen Bandleiters werden die Leitungselektronen seitlich abgedrängt (Bild 14-4), sodaß eine Seite des Leiters einen Elektronenüberschuß, also eine negative Ladung erhält, während die gegenüberliegende Seite infolge Elektronendefizits eine positive Ladung durch die ortsfesten Gitterionen erhält. Der Wirkung der magnetischen Kraft

$$\boldsymbol{F}_{\mathrm{m}} = -e\,\boldsymbol{v}_{\mathrm{D}} \times \boldsymbol{B} = -e\,\boldsymbol{E}_{\mathrm{i}} \tag{14.1-12}$$

entspricht eine induzierte Feldstärke

$$\boldsymbol{E}_{\mathrm{i}} = \boldsymbol{v}_{\mathrm{D}} \times \boldsymbol{B} = -\boldsymbol{E}_{\mathrm{H}}\,. \tag{14.1-13}$$

Die dadurch bewirkte Ladungstrennung erzeugt eine entgegengerichtete Coulomb-Feldstärke, die Hall-Feldstärke $\boldsymbol{E}_{\mathrm{H}}$. Mit Hilfe des Zusammenhangs (12.6-4) zwischen Stromstärke I und Driftgeschwindigkeit $\boldsymbol{v}_{\mathrm{D}}$ folgt daraus ($\boldsymbol{B}$ senkrecht zum Bandleiter)

$$E_{\mathrm{H}} = -\frac{IB}{n\,e\,b\,d} = \frac{U_{\mathrm{H}}}{b}\,, \tag{14.1-14}$$

(b, d: Breite und Dicke des Bandleiters, Bild 14-4) und für die *Hall-Spannung*

$$\boxed{U_{\mathrm{H}} = A_{\mathrm{H}}\frac{IB}{d}} \tag{14.1-15}$$

mit dem *Hall-Koeffizienten für Elektronenleitung*

$$A_{\mathrm{H}} = -\frac{1}{n\,e}\,. \tag{14.1-16}$$

In Halbleitern (16.4) ist neben der Leitung durch Elektronen (N-Leitung) auch Leitung durch sog. Defektelektronen oder Löcher möglich. Bei einem Defektelektron oder Loch handelt es sich um eine durch ein fehlendes Elektron hervorgerufene positive Ladung des betreffenden Gitterions. Diese positive Ladung ist durch Platzwechsel benachbarter Elektronen in das Loch beweglich, verhält sich also wie ein realer, beweglicher positiver Ladungsträger: P-Leitung. Bei reiner P-Leitung (Löcherkonzentration p) kehrt sich das Vorzeichen des *Hall-Koeffizienten für Löcherleitung* um

$$A_{\mathrm{H}} = \frac{1}{p\,e} \tag{14.1-17}$$

und damit auch das Vorzeichen der Hall-Spannung. Aus Vorzeichen und Betrag der experimentell gewonnenen Hall-Koeffizienten eines Halbleiters läßt sich daher die Art und die Konzentration der vorhandenen Ladungsträger bestimmen, eine wichtige Meßmethode zur Bestimmung von Halbleitereigenschaften.

Bei gemischter Leitung (Elektronen und Löcher) erhält man

$$A_{\mathrm{H}} = \frac{1}{e(p-n)}\,. \tag{14.1-18}$$

Anmerkung: Die Ausdrücke für den Hall-Koeffizienten (14.1-16 bis -18) gelten korrekt nur bei starkem Magnetfeld $\boldsymbol{B}$ (bzw. $\mu B \gg 1$; μ: Beweglichkeit der Ladungsträger, siehe 15.1). Bei schwachen Magnetfeldern $\mu B \ll 1$ muß die Streuung der Ladungsträger an Kristallfehlern berücksichtigt werden, was zu leicht veränderten Formeln für den Hall-Koeffizienten führt.

Bei bekanntem Hall-Koeffizienten A_{H}, Dicke d des Bandleiters und Stromstärke I kann aus der Messung der Hall-Spannung U_{H} nach (14.1-15) die

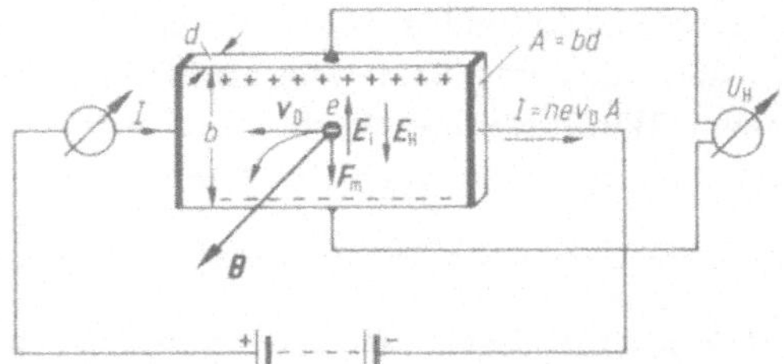

Bild 14-4: Hall-Effekt an einem Bandleiter im Magnetfeld.

magnetische Flußdichte B bestimmt werden: Prinzip der *Hall-Generatoren* bzw. *Hall-Sonden* zur Ausmessung von Magnetfeldern. Wegen des größeren Hall-Effekts werden Hall-Sonden aus Halbleitern hergestellt: ihre gegenüber Metallen niedrigere Ladungsträgerkonzentration (vgl. 16.4) hat nach (14.1-16) und (14.1-17) einen größeren Hall-Koeffizienten zur Folge.

Lenzsche Regel

Die Bedeutung des negativen Vorzeichens im Induktionsgesetz (14.1-1) bzw. (14.1-6) manifestiert sich in der *Lenzschen Regel*:

> Induzierte Ströme sind stets so gerichtet, daß der Vorgang, durch den sie erzeugt werden, gehemmt wird.

Beispiele für die Anwendung der Lenzschen Regel:

Wird in der Anordnung Bild 14-2 das Meßgerät für die induzierte Spannung durch einen Belastungswiderstand R ersetzt, sodaß ein Strom $I = U_i/R$ fließt (Bild 14-5), so erfährt der mit $\boldsymbol{v}$ bewegte Leiter nach (13.3-3) eine hemmende Kraft

$$\boldsymbol{F} = I\boldsymbol{l} \times \boldsymbol{B} \parallel -\boldsymbol{v}, \tag{14.1-19}$$

deren Betrag sich mit (14.1-3) zu

$$F = IlB = \frac{B^2 l^2}{R} v \tag{14.1-20}$$

ergibt. Es tritt also eine die Bewegung hemmende Kraft auf, die der Geschwindigkeit des Leiters proportional ist.

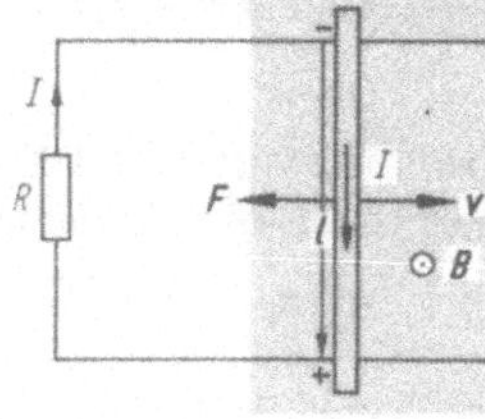

Bild 14-5: Zur Lenzschen Regel: Hemmende Kraft durch induzierte Ströme bei Bewegung eines Leiters im Magnetfeld.

Wird statt des Leiters ein leitendes Blech durch ein Magnetfeld bewegt (Bild 3-5), so führt die induzierte Spannung zu Strömen, die sich innerhalb des Bleches schließen: *Wirbelströme*. Auch diese erzeugen eine bremsende Kraft (*Wirbelstrombremsung*, siehe auch Bild 3-5):

$$\boldsymbol{F}_R \sim -B^2 \boldsymbol{v} . \tag{14.1-21}$$

Die Lenzsche Regel kann für diese Fälle so formuliert werden: Induzierte Ströme suchen die sie erzeugende Bewegung zu hemmen.

Die Wirbelstrombremsung wird technisch angewandt. Dort, wo der Effekt störend ist, etwa im Eisenkern eines Transformators (siehe 15.3.2), muß die Wirbelstrombildung innerhalb des Leiters durch Einschnitte oder Isolierschichten, die den Stromfluß verhindern, vermieden werden (Demonstrationsbeispiel: Waltenhofensches Pendel).
Wirbelströme treten auch auf, wenn der leitende Körper ruht und das Magnetfeld dagegen bewegt wird. Es kommt nur auf die Relativbewegung an. In diesem Falle bewirken die Wirbelströme eine mitnehmende Kraft auf den Leiter, die die Relativgeschwindigkeit zwischen Leiter und Magnetfeld zu verringern sucht (Demonstrationsbeispiel: Arago-Rad). Anwendung z.B. Wirbelstromtachometer, Drehstrommotor.

Die in einer geschlossenen Leiterschleife oder in einem flächenhaft ausgedehnten Leiter (Blech) durch ein sich zeitlich änderndes Magnetfeld induzierten Ströme bzw. Wirbelströme sind ebenfalls so gerichtet, daß ihr Magnetfeld $\boldsymbol{B}_i$ die Änderung des induzierenden Magnetfeldes zu verringern sucht: Steigt das induzierende Magnetfeld an, so ist das induzierte Magnetfeld $\boldsymbol{B}_i$ entgegengesetzt gerichtet. Sinkt das induzierende Magnetfeld, so ist das induzierte Magnetfeld $\boldsymbol{B}_i$ gleichgerichtet (Bild 14-6).

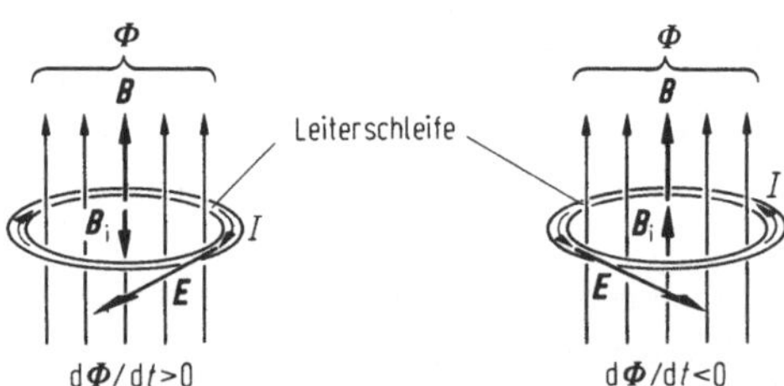

Bild 14-6: Zur Lenzschen Regel: Feldänderungshemmende Wirkung induzierter Ströme.

Für solche Fälle kann die Lenzsche Regel so formuliert werden: Induzierte Ströme suchen durch ihr Magnetfeld die Änderung des bestehenden Magnetfeldes zu hemmen.

Demonstrationsbeispiel: Versuch von Elihu Thomson (Bild 14-7). Bei Einschalten des Stromes I und damit des von 0 ansteigenden Magnetfeldes $\boldsymbol{B}$ werden in dem Aluminiumring Ströme I_i so induziert, daß ihr Magnetfeld $\boldsymbol{B}_i$

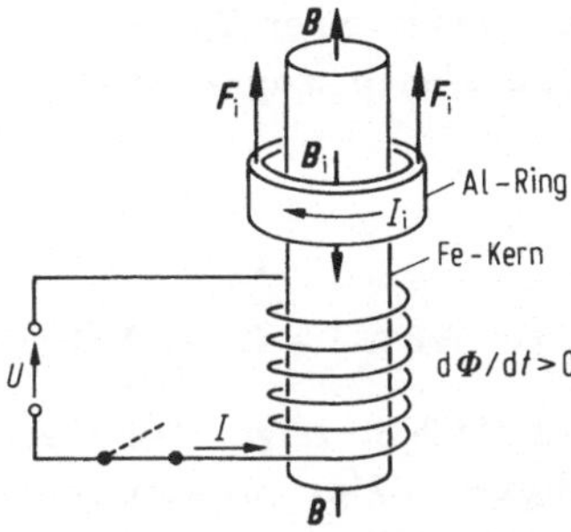

Bild 14-7: Lenzsche Regel: Versuch von Elihu Thomson.

dem ansteigenden Feld $\boldsymbol{B}$ entgegengerichtet ist. Als Folge treten Kräfte $\boldsymbol{F}_i$ auf, die den Ring nach oben beschleunigen.
Der Effekt tritt in entsprechender Weise auch bei Wechselstrom auf, siehe 15.3.2 (Transformator).

14.2 Selbstinduktion

Ein zeitlich veränderlicher Strom i in einer Leiterschleife oder einer Spule erzeugt ein zeitlich veränderliches Magnetfeld. Nach dem Induktionsgesetz (14.1-1) bzw. (14.1-6) hat das veränderliche Magnetfeld auch an der felderzeugenden Schleife oder Spule selbst eine induzierte Spannung u_i zur Folge: *Selbstinduktion.* Die induzierte Spannung u_i wirkt derart auf den zeitveränderlichen Strom i zurück, daß der ursprünglichen Strom- und Feldänderung entgegengewirkt wird (Lenzsche Regel, siehe 14.1). Die Spule zeigt daher ein ähnlich träges Verhalten wie die Masse in der Mechanik.

Beispiel: Lange *Zylinderspule* im Vakuum oder in Luft. Aus (13.1-9) und (13.1-5) folgt für den magnetischen Fluß in der Spule

$$\Phi = \mu_0 \frac{N\,A}{l}\, i\,. \tag{14.2-1}$$

Mit dem Induktionsgesetz (14.1-1) folgt daraus die durch Selbstinduktion entstehende Spannung in der Spule

$$u_i = -N\frac{d\Phi}{dt} = -\,\mu_0 \frac{N^2 A}{l}\frac{di}{dt}\,. \tag{14.2-2}$$

Die Spulendaten werden zu einer Spuleneigenschaft, der Selbstinduktivität, oder kurz Induktivität L zusammengefaßt, womit sich das für beliebige Spulen geltende *Gesetz der Selbstinduktion* ergibt:

$$\boxed{u_i = -L\frac{di}{dt}}\,. \tag{14.2-3}$$

Für eine lange Zylinderspule ergibt sich durch Vergleich von (14.2-2) und (14.2-3) die Induktivität

$$L = \mu_0 \frac{N^2 A}{l}\,. \tag{14.2-4}$$

Allgemein beträgt die Induktivität einer Spule mit N Windungen und einem durch den Strom I hervorgerufenen magnetischen Fluß Φ nach (14.2-2) und (14.2-3)

$$L = N\frac{\Phi}{I} = \frac{N}{I}\int_A \boldsymbol{B}\,\mathrm{d}\boldsymbol{A}\,. \tag{14.2-5}$$

SI-Einheit: $[L] = \mathrm{Vs\,A^{-1}} = \mathrm{Wb\,A^{-1}} = \Omega\mathrm{s} = \mathrm{H}$ (Henry) .

Das Selbstinduktionsgesetz (14.2-3) zeigt, daß die induzierte Spannung der Stromänderungsgeschwindigkeit $\mathrm{d}i/\mathrm{d}t$ proportional ist. Wird insbesondere ein Spulenstrom i ausgeschaltet, d.h. ein sehr schneller Stromabfall erzwungen, so kann bei großen Induktivitäten eine sehr hohe Induktionsspannung entstehen, die zu Überschlägen und zur Zerstörung der Spule führen kann. Hier ist durch Einschaltung von Vorwiderständen für ein kleines $\mathrm{d}i/\mathrm{d}t$ zu sorgen.

14.3 Energieinhalt des Magnetfeldes

Um das Magnetfeld einer Spule aufzubauen, muß der Spulenstrom i von 0 auf den Endwert I gebracht werden. Der Strom i muß dabei durch eine äußere Spannung u gegen die selbstinduzierte Spannung u_i (14.2-3) getrieben werden (Lenzsche Regel):

$$u = -u_i = L\frac{\mathrm{d}i}{\mathrm{d}t}\,. \tag{14.3-1}$$

Die in der Zeit $\mathrm{d}t$ dafür aufzubringende Arbeit $\mathrm{d}W$ beträgt nach (12.6-11) damit

$$\mathrm{d}W = u\,i\,\mathrm{d}t = L\,i\,\mathrm{d}i\,. \tag{14.3-2}$$

Die Gesamtarbeit W ist nach dem Energiesatz gleich der im Magnetfeld gespeicherten Energie E. Sie ergibt sich aus (14.3-2) durch Integration für i von 0 bis I zu

$$\boxed{E = \frac{1}{2}\,L\,I^2}\,. \tag{14.3-3}$$

Bei einer langen Zylinderspule ist das Außenfeld gegenüber dem Feld im Inneren der Spule näherungsweise vernachlässigbar. Für diesen Fall läßt

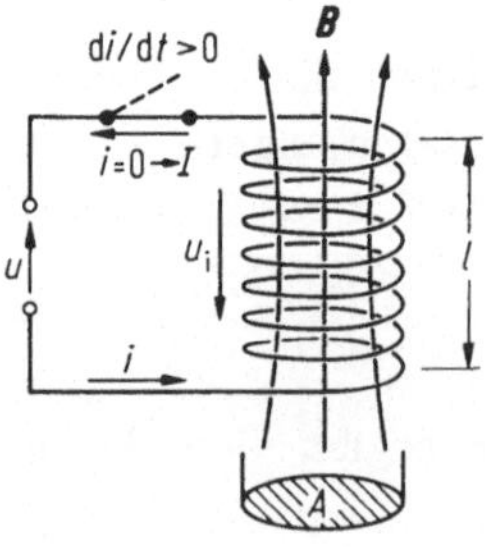

Bild 14-8: Zur Berechnung der magnetischen Feldenergie einer Spule.

sich die *Energiedichte des magnetischen Feldes* der Spule $w_m = E/V$ leicht aus (14.3-3) und dem Spulenvolumen $V = lA$ mit Hilfe der Feldstärke (13.1-5) und der Induktivität (14.2-4) der Zylinderspule berechnen zu

$$\boxed{w_m = \frac{1}{2}\mu H^2 = \frac{1}{2}BH} \,. \tag{14.3-4}$$

Diese Beziehung ist nicht auf das Spulenfeld beschränkt, sondern allgemein für magnetische Felder gültig.

14.4 Wirkung zeitveränderlicher elektrischer Felder

Ein zeitveränderliches magnetisches Feld $\boldsymbol{B}$ bzw. ein zeitveränderlicher magnetischer Fluß Φ erzeugt eine elektrische Umlaufspannung $U = \oint \boldsymbol{E}\mathrm{d}\boldsymbol{s}$ (Bilder 14-1 und 14-6), die durch das *Induktionsgesetz* oder das *Faraday-Henry-Gesetz* (14.1-6) bzw. (14.1-9) beschrieben wird:

$$\oint_C \boldsymbol{E}\mathrm{d}\boldsymbol{s} = -\frac{\mathrm{d}}{\mathrm{d}t}\int_A \boldsymbol{B}\mathrm{d}\boldsymbol{A} = -\frac{\mathrm{d}\Phi}{\mathrm{d}t} \,. \tag{14.4-1}$$

Maxwell erkannte 1864, daß der *Durchflutungssatz* oder das *Ampèresche Gesetz* (13.1-1)

$$\oint_C \boldsymbol{H}\mathrm{d}\boldsymbol{s} = \int_A \boldsymbol{J}\mathrm{d}\boldsymbol{A} = \Theta = i_L \tag{14.4-2}$$

(i_L: Leitungsstrom, siehe unten) durch einen Term zu ergänzen ist, der eine Analogie zum Induktionsgesetz darstellt. Damit ergibt sich das *Ampère-Maxwellsche Gesetz*:

$$\oint_C \boldsymbol{H}\mathrm{d}\boldsymbol{s} = \int_A \boldsymbol{J}\mathrm{d}\boldsymbol{A} + \frac{\mathrm{d}}{\mathrm{d}t}\int_A \boldsymbol{D}\mathrm{d}\boldsymbol{A} \,. \tag{14.4-3}$$

Der zweite Term der rechten Seite von (14.4-3) heißt *Maxwellsche Ergänzung*. In einem elektrisch nicht leitenden Gebiet, in dem keine freien elektrischen Ladungen und damit kein Leitungsstrom i_L vorhanden sind, also die Stromdichte $\boldsymbol{J} = 0$ ist, wird die Analogie zum Induktionsgesetz (14.4-1) vollständig:

$$\oint_C \boldsymbol{H}\mathrm{d}\boldsymbol{s} = \frac{\mathrm{d}}{\mathrm{d}t}\int_A \boldsymbol{D}\mathrm{d}\boldsymbol{A} = \frac{\mathrm{d}\Psi}{\mathrm{d}t} = i_V \qquad \text{für } \boldsymbol{J} = 0 \,. \tag{14.4-4}$$

Diese Gleichung sagt aus, daß ein zeitveränderliches elektrisches Feld $\boldsymbol{E}$ bzw. ein zeitveränderlicher elektrischer Fluß Ψ eine magnetische Umlaufspannung $\oint \boldsymbol{H}\mathrm{d}\boldsymbol{s}$ erzeugt (Bild 14-9), sich also genauso wie ein Leitungsstrom $i_L = \int \boldsymbol{J}\mathrm{d}\boldsymbol{A}$ verhält, vgl. (14.4-2). Der zeitliche Differentialquotient des elektrischen Flusses bzw. der dielektrischen Verschiebung Ψ (siehe 12.2 und 12.9) wird daher Verschiebungsstrom i_V genannt. Zeitveränderliche elektrische und magnetische Felder verhalten sich also ganz analog (Bild 14-9).

Der Ausdruck für die Maxwellsche Ergänzung läßt sich plausibel machen durch die Betrachtung des Aufladevorganges eines Plattenkondensators (Bild 14-10a). Der Ladestrom i bewirkt einen Anstieg des elektrischen Feldes $\boldsymbol{E}$ im Kondensator und damit eine zeitliche Änderung $\mathrm{d}\Psi/\mathrm{d}t$ des elektri-

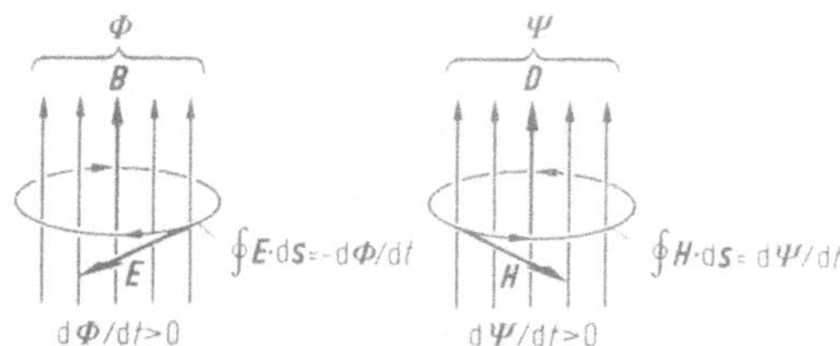

Bild 14-9: Elektrische und magnetische Umlaufspannung bei zeitveränderlichen magnetischen und elektrischen Feldern.

schen Flusses Ψ. Aus der Definition der Kapazität $C = Q/U$ gemäß (12.8-4) folgt durch zeitliche Differentiation unter Berücksichtigung der Stromdefinition (12.6-1)

$$\frac{\mathrm{d}Q}{\mathrm{d}t} \equiv i = C\frac{\mathrm{d}U}{\mathrm{d}t}\ . \tag{14.4-5}$$

Daraus ergibt sich mit der Feldstärke (12.3-16) und der Kapazität (12.8-9) des Plattenkondensators folgender Zusammenhang zwischen Ladestrom i und zeitlicher Änderung des elektrischen Flusses im Kondensator:

$$i = \varepsilon A\frac{\mathrm{d}E}{\mathrm{d}t} = \frac{\mathrm{d}}{\mathrm{d}t}(AD) = \frac{\mathrm{d}\Psi}{\mathrm{d}t}\ . \tag{14.4-6}$$

i und $\mathrm{d}\Psi/\mathrm{d}t$ sind also korrespondierende Größen. Da $\mathrm{d}\Psi/\mathrm{d}t$ gewissermaßen die Fortsetzung des des Ladestroms i innerhalb des Kondensators darstellt (Bild 14-10 a), ist es aus Kontinuitätsgründen plausibel, anzunehmen, daß die nach dem Durchflutungssatz (14.4-2) um den Ladestrom i bestehende magnetische Umlaufspannung $\oint \boldsymbol{H}\mathrm{d}\boldsymbol{s}$ sich auch im Bereich des sich zeitlich

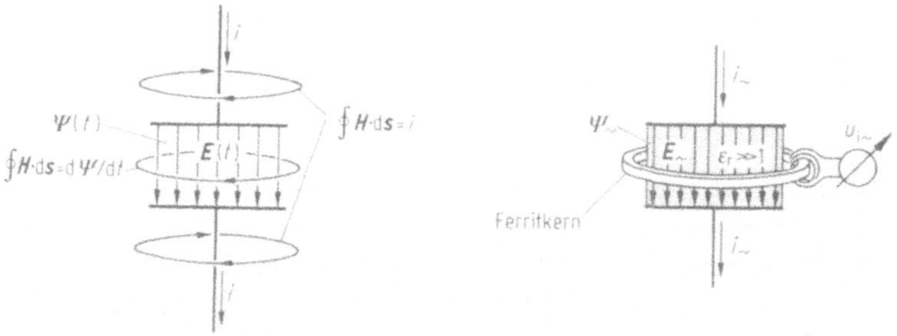

Bild 14-10: **a** Magnetische Umlaufspannung um ein zeitveränderliches Kondensatorfeld und **b** deren experimenteller Nachweis.

ändernden elektrischen Flusses im Kondensator fortsetzt, d.h. daß dort

$$\oint_S \boldsymbol{H} \mathrm{d}\boldsymbol{s} = \frac{\mathrm{d}\Psi}{\mathrm{d}t} \qquad (14.4\text{-}7)$$

ist, entsprechend der Maxwellschen Ergänzung (14.4-4).

Zum experimentellen Nachweis einer magnetischen Umlaufspannung um ein zeitveränderliches Kondensatorfeld läßt man dieses sich zeitlich periodisch ändern, indem als Ladestrom ein Wechselstrom (15.3) verwendet wird. Dann ist auch die entstehende magnetische Umlaufspannung zeitlich periodisch veränderlich. Mit Hilfe einer das Kondensatorfeld umschließenden Ringspule oder einem Ferritring mit Spule (Bild 14-10b) läßt sich dann das mit der magnetischen Umlaufspannung verknüpfte zeitperiodische magnetische Ringfeld durch Induktion nachweisen. Um dabei eine vernünftig meßbare Induktionswechselspannung zu erhalten, muß eine möglichst hohe Wechselstromfrequenz verwendet und das Kondensatorfeld durch ein Dielektrikum mit hohem ε_r verstärkt werden.

14.5 Maxwellsche Gleichungen

Die bisher gefundenen Feldgleichungen (14.1-9), (14.4-3), (12.9-22) und (13.1-15) stellen das Axiomensystem der phänomenologischen Elektrodynamik in integraler Form dar. Da in diesen vier Gleichungen fünf vektorielle Größen ($\boldsymbol{E}$, $\boldsymbol{H}$, $\boldsymbol{D}$, $\boldsymbol{B}$, $\boldsymbol{J}$) und eine skalare Größe (q) als Unbekannte auftreten, werden zur Lösbarkeit des Gleichungssystems noch die sogenannten Materialgleichungen (12.9-17), (13.4-1) und das Ohmsche Gesetz (12.6-12) benötigt. Das Ohmsche Gesetz läßt sich in den lokalen Größen $\boldsymbol{J}$ und $\boldsymbol{E}$ ausdrücken (siehe 15.1):

$$\boldsymbol{J} = \gamma \boldsymbol{E} \qquad (14.5\text{-}1)$$

mit γ: elektrische Leitfähigkeit (spezifischer Leitwert) (15.1-5). Damit erhalten wir das folgende Gleichungssystem der phänomenologischen Elektrodynamik (*Maxwellsche Gleichungen*):

Faraday-Henry-Gesetz (Induktionsgesetz):

$$\boxed{\oint_C \boldsymbol{E} \mathrm{d}\boldsymbol{s} = -\frac{\mathrm{d}}{\mathrm{d}t}\int_A \boldsymbol{B} \mathrm{d}\boldsymbol{A} = -\frac{\mathrm{d}\Phi}{\mathrm{d}t}} \; . \qquad (14.5\text{-}2)$$

Die zeitliche Änderung des magnetischen Flusses durch eine Fläche A erzeugt in der Randkurve C der Fläche eine elektrische Umlaufspannung von gleichem Betrag und entgegengesetztem Vorzeichen.

Ampère-Maxwellsches Gesetz (für $\mathrm{d}\Psi/\mathrm{d}t = 0$: Durchflutungssatz):

$$\boxed{\oint_C \boldsymbol{H} \mathrm{d}\boldsymbol{s} = \int_A \boldsymbol{J} \mathrm{d}\boldsymbol{A} + \frac{\mathrm{d}}{\mathrm{d}t}\int_A \boldsymbol{D} \mathrm{d}\boldsymbol{A} = \Theta + \frac{\mathrm{d}\Psi}{\mathrm{d}t} = I_\mathrm{L} + I_\mathrm{V}} \; . \qquad (14.5\text{-}3)$$

Der Gesamtstrom aus Leitungsstrom und Verschiebungsstrom (bzw. zeitlicher Änderung des elektrischen Flusses) durch eine Fläche A

erzeugt in der Randkurve C der Fläche eine magnetische Umlaufspannung von gleicher Größe.

Zusatzaxiome über die *Quellen der Felder* (Gaußsche Gesetze):

$$\boxed{\oint \boldsymbol{D}\,\mathrm{d}\boldsymbol{A} = Q} \, . \qquad (14.5\text{-}4)$$

Die elektrischen Ladungen Q sind Quellen der elektrischen Flußdichte $\boldsymbol{D}$.

$$\boxed{\oint \boldsymbol{B}\,\mathrm{d}\boldsymbol{A} = 0} \, . \qquad (14.5\text{-}5)$$

Es gibt keine magnetischen Ladungen (magnetische Monopole) als Quellen der magnetischen Flußdichte $\boldsymbol{B}$ (und damit auch kein dem elektrischen Leitungsstrom entsprechender magnetischer Strom in 14.5-2).

Materialgleichungen:

$$\boldsymbol{D} = \varepsilon_r \varepsilon_0 \boldsymbol{E} \qquad (14.5\text{-}6)$$

$$\boldsymbol{B} = \mu_r \mu_0 \boldsymbol{H} \qquad (14.5\text{-}7)$$

$$\boldsymbol{J} = \gamma \boldsymbol{E} \, . \qquad (14.5\text{-}8)$$

Die Materialgleichungen beschreiben den Einfluß von Stoffen auf das elektrische bzw. das magnetische Feld sowie auf den Stromfluß im elektrischen Feld. Die Verknüpfung zwischen den elektrischen und magnetischen Feldgrößen und der Kraft auf elektrische Ladungen Q wird nach (12.2-3) geleistet durch die *Lorentz-Kraft*:

$$\boxed{\boldsymbol{F} = Q\,(\boldsymbol{E} + \boldsymbol{v} \times \boldsymbol{B})} \, . \qquad (14.5\text{-}8)$$

Mit diesem Gleichungssystem lassen sich die makroskopischen Eigenschaften von elektrischen Ladungen und elektrischen und magnetischen Feldern in voller Übereinstimmung mit der experimentellen Erfahrung beschreiben. Insbesondere aus der Verknüpfung der beiden Phänomene, die durch die Maxwellschen Gleichungen (14.5-2) und (14.5-3) für $\boldsymbol{J} = 0$ beschrieben werden, hatte Maxwell bereits erkannt, daß elektromagnetische Wellen möglich sind (siehe 19).

Anmerkung: Für die Lösung mancher Probleme der Elektrodynamik ist die integrale Form der Maxwellschen Gleichungen und der Zusatzaxiome (14.5-2) bis (14.5-5) weniger geeignet als die differentielle Form, die hier nur angegeben sei:

$$\operatorname{rot} \boldsymbol{E} = -\frac{\partial \boldsymbol{B}}{\partial t} \, , \qquad \operatorname{rot} \boldsymbol{H} = \boldsymbol{J} + \frac{\partial \boldsymbol{D}}{\partial t} \, , \qquad (14.5\text{-}9)$$

$$\operatorname{div} \boldsymbol{D} = \rho \, , \qquad \operatorname{div} \boldsymbol{B} = 0 \, . \qquad (14.5\text{-}10)$$

Hierin ist $\boldsymbol{J}$ die Stromdichte (12.6-2) und ρ ist die Raumladungsdichte (12.2-8). Die Differentialoperatoren "Rotation" und "Divergenz" sind in kartesischen

Koordinaten wie folgt definiert:

$$\operatorname{rot} \boldsymbol{E} = \left(\frac{\partial E_z}{\partial y} - \frac{\partial E_y}{\partial z}\right)\boldsymbol{x}^0 + \left(\frac{\partial E_x}{\partial z} - \frac{\partial E_z}{\partial x}\right)\boldsymbol{y}^0 + \left(\frac{\partial E_y}{\partial x} - \frac{\partial E_x}{\partial y}\right)\boldsymbol{z}^0 ,$$

$$\operatorname{div} \boldsymbol{D} = \frac{\partial D_x}{\partial x} + \frac{\partial D_y}{\partial y} + \frac{\partial D_z}{\partial z} ,$$

und entsprechend für rot $\boldsymbol{H}$ und div $\boldsymbol{B}$. $\boldsymbol{x}^0$, $\boldsymbol{y}^0$ und $\boldsymbol{z}^0$ sind die Einheitsvektoren in x-, y- und z-Richtung.

15 Elektrische Stromkreise

Die Zusammenschaltung von elektrischen Stromquellen und Verbrauchern (z.B. Widerstände, Kondensatoren, Spulen, Gleichrichter, Transistoren, ...) wird als Stromkreis bezeichnet. In einem geschlossenen Stromkreis ist ein Stromfluß möglich, in einem offenen Stromkreis ist der Stromfluß, z.B. durch einen nicht geschlossenen Schalter, unterbrochen. Stromkreise können mit Hilfe des Ohmschen Gesetzes und der Kirchhoffschen Gesetze berechnet werden.

15.1 Ohmsches Gesetz

Für elektrische Leiter gilt in den meisten Fällen in mehr oder weniger großen Bereichen der elektrischen Feldstärke $\boldsymbol{E}$ und bei konstanter Temperatur T als Erfahrungsgesetz eine Proportionalität zwischen Strom i und Spannung u, das *Ohmsche Gesetz* (Ohm 1825):

$$\boxed{i = G u} \quad \text{bzw.} \quad \boxed{u = R i}\,, \tag{15.1-1}$$

vgl. (12.6-12). *Elektrischer Leitwert* G und *elektrischer Widerstand* R sind definitionsgemäß einander reziprok:

$$G = \frac{1}{R}\,. \tag{15.1-2}$$

SI- Einheiten: $[G] = \mathrm{A\,V^{-1}} = \mathrm{S}$ (Siemens),
$[R] = \mathrm{V\,A^{-1}} = \Omega$ (Ohm).

Für ein homogenes zylindrisches Leiterstück der Länge l und vom Querschnitt A (Bild 15-1) gilt der aus $u = El$ sowie aus der Stromdefinition (12.6-1) plausible Zusammenhang

$$i = \frac{A}{\rho_R\, l}\, u\,, \tag{15.1-3}$$

aus dem sich durch Vergleich mit (15.1-1) für den elektrischen Widerstand des Leiterstücks ergibt:

$$R = \frac{\rho_R\, l}{A}\,. \tag{15.1-4}$$

Der *spezifische Widerstand* ρ_R (Index "R" zur Unterscheidung von Massendichte oder Raumladungsdichte) ist eine Materialeigenschaft (Tab. 15-1), die ebensogut

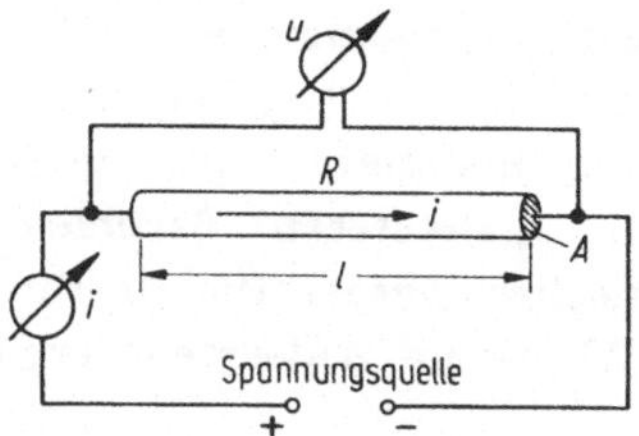

Bild 15-1: Zum Ohmschen Gesetz: Widerstand eines zylindrischen Leiterstücks.

durch ihren Kehrwert, die elektrische *Leitfähigkeit* γ, beschrieben werden kann:

$$\rho_R = R\frac{A}{l} = \frac{1}{\gamma} = \frac{1}{G}\frac{A}{l}\,, \tag{15.1-5}$$

SI-Einheiten: $[\rho_R] = \Omega\,\mathrm{m}$,
$[\gamma] = \mathrm{S\,m^{-1}}$.

Führt man G aus (15.1-5) in (15.1-1) ein, so folgt mit $u = El$ und $i = jA$ das in Feldgrößen ausgedrückte *Ohmsche Gesetz* (14.5-1), vektoriell geschrieben:

$$\boxed{\boldsymbol{j} = \gamma \boldsymbol{E}}\;. \tag{15.1-6}$$

Bei Annahme von Elektronen als Ladungsträger des elektrischen Stromes lautet der Zusammenhang zwischen Stromdichte $\boldsymbol{j}$ und Driftgeschwindigkeit $\boldsymbol{v}_D$ nach (12.6-6)

$$\boldsymbol{j} = -ne\boldsymbol{v}_D\;. \tag{15.1-7}$$

Für die Driftgeschwindigkeit folgt damit

$$\boldsymbol{v}_D = -\frac{\gamma}{ne}\boldsymbol{E} = -\mu_e \boldsymbol{E} \tag{15.1-8}$$

mit der *Beweglichkeit des Elektrons*

$$\mu_e = \frac{|\boldsymbol{v}_D|}{E}\,, \tag{15.1-9}$$

SI-Einheit: $[\mu_e] = \mathrm{m^2\,V^{-1}\,s^{-1}}$.

Die Beweglichkeit gibt die auf die Feldstärke bezogene Driftgeschwindigkeit der Ladungsträger an. Für die Beweglichkeit der Leitungselektronen gilt:

$$\mu_e = \frac{\gamma}{ne} \quad \text{und} \quad \gamma = \frac{1}{\rho_R} = ne\mu_e\;. \tag{15.1-10}$$

Beispiel: Für Kupfer ist $\mu_e \approx 4{,}3 \cdot 10^{-3}\,\mathrm{m^2V^{-1}s^{-1}}$, d.h. bei einer Feldstärke von $1\,\mathrm{Vm^{-1}}$ beträgt die Driftgeschwindigkeit $4{,}3\,\mathrm{mm\,s^{-1}}$ (siehe auch 12.6).

Ursache für die Bewegung der Ladungsträger ist die elektrische Kraft $\boldsymbol{F} = -e\boldsymbol{E}$ (12.2-2). (15.1-8) bedeutet demnach, daß die Kraft geschwindigkeitsproportional ist ($v_D \sim F$), ein für Reibungskräfte typisches Verhalten (siehe 3.2.3). In Leitern wird dieses Reibungsverhalten durch unelastische Stöße mit Gitterstörungen verursacht (siehe 16.2), bei denen die Leitungselektronen die im elektrischen Feld aufgenommene Beschleunigungsenergie immer wieder per Stoß an das Kristallgitter abgeben und dieses damit aufheizen: *Joulesche Wärme*. Nach dem Energiesatz ist die Joulesche Wärme gleich der vom elektrischen Feld geleisteten Beschleunigungsarbeit (12.6-10), woraus sich mit dem Ohmschen Gesetz (15.1-1) für die elektrische Arbeit zur Erzeugung Joulescher Wärme im Widerstand ergibt:

$$\mathrm{d}W = ui\,\mathrm{d}t = \frac{u^2}{R}\,\mathrm{d}t = i^2R\,\mathrm{d}t\ . \tag{15.1-11}$$

Für konstante Spannungen U und Ströme I folgt daraus

$$W = UIt = \frac{U^2}{R}t = I^2Rt\ . \tag{15.1-12}$$

Mit steigender Temperatur wird auch die Zahl der Gitterstörungen größer, an denen die Elektronen gestreut werden (unelastische Stöße erleiden). Daher ist es verständlich, daß der elektrische Widerstand temperaturabhängig ist (Näheres in 16.2). In den meisten Fällen ist ein linearer Ansatz für die Temperaturabhängigkeit des Widerstandes ausreichend:

$$R = R_0[1+\alpha\vartheta] = R_{20}[1+\alpha(\vartheta-20)]\ . \tag{15.1-13}$$

Hierin ist ϑ die Celsius-Temperatur, α der Temperaturkoeffizient des Widerstandes (Tab. 15-1) und R_0 bzw. R_{20} die Widerstandswerte bei 0° bzw. 20° C.

Tabelle 15-1: Spezifische Widerstände und Temperaturkoeffizienten bei 20 C.

Leitermaterial	ρ_R Ωm	α K^{-1}
Aluminium	$0{,}027 \cdot 10^{-6}$	+0,0047
Blei	$0{,}208 \cdot 10^{-6}$	+0,0042
Eisen	$0{,}10 \cdot 10^{-6}$	+0,0061
Gold	$0{,}022 \cdot 10^{-6}$	+0,0039
Kupfer	$0{,}0172 \cdot 10^{-6}$	+0,0039
Nickel	$0{,}087 \cdot 10^{-6}$	+0,0065
Platin	$0{,}107 \cdot 10^{-6}$	+0,0039
Silber	$0{,}016 \cdot 10^{-6}$	+0,0038
Wismut	$1{,}17 \cdot 10^{-6}$	+0,0045
Wolfram	$0{,}055 \cdot 10^{-6}$	+0,0045
Zink	$0{,}061 \cdot 10^{-6}$	+0,0041
Zinn	$0{,}11 \cdot 10^{-6}$	+0,0046
Graphit	$8{,}0 \cdot 10^{-6}$	-0,0002
Kohle (Bürsten-)	$40 \cdot 10^{-6}$	
Quecksilber	$0{,}96 \cdot 10^{-6}$	+0,00099
Chromnickel (80Ni, 20Cr)	$1{,}12 \cdot 10^{-6}$	+0,0002
Konstantan	$0{,}50 \cdot 10^{-6}$	+0,00003
Manganin	$0{,}43 \cdot 10^{-6}$	+0,00002
Neusilber	$0{,}30 \cdot 10^{-6}$	+0,0004
Resistin	$0{,}51 \cdot 10^{-6}$	+0,000008

15.2 Gleichstromkreise, Kirchhoffsche Sätze

Die Aufrechterhaltung eines elektrischen Stromes in einem Leiter erfordert eine Energiezufuhr durch eine *Spannungsquelle* (Bild 15-1). Die Spannungsquelle enthält die von ihr gelieferte elektrische Energie in Form chemischer Energie (Batterie, Akkumulator, Brennstoffzelle), oder sie wird ihr in Form von Strahlungsenergie (Fotozellen, Solarzellen) oder mechanischer Energie (magnetodynamische oder elektrostatische Generatoren) zugeführt.

Wir betrachten zunächst einen geschlossenen Stromkreis wie in Bild 15-2a, auch *Masche* genannt. Bei stationären, d.h. zeitlich konstanten Verhältnissen, bei denen die Potentiale in den verschiedenen Punkten des Stromkreises sich nicht ändern, folgt aus (12.3-10), daß die elektrische Umlaufspannung null ist. Legt man einen Umlaufsinn beliebig fest, und gibt man den Teilspannungen in der Masche dann ein positives Vorzeichen, wenn sie von + nach - durchlaufen werden (anderenfalls ein negatives Vorzeichen), so gilt z.B. für die Masche in Bild 15-2a:

$$-U_0 + IR_i + IR = 0 \,. \tag{15.2-1}$$

Im allgemeinen Fall von m Spannungsquellen und n Widerständen in einer einfachen Masche gilt sinngemäß der *2. Kirchhoffsche Satz* (Maschenregel):

$$\boxed{\sum_{i=1}^{m} U_{0i} + \sum_{j=1}^{n} IR_j = 0} \,. \tag{15.2-2}$$

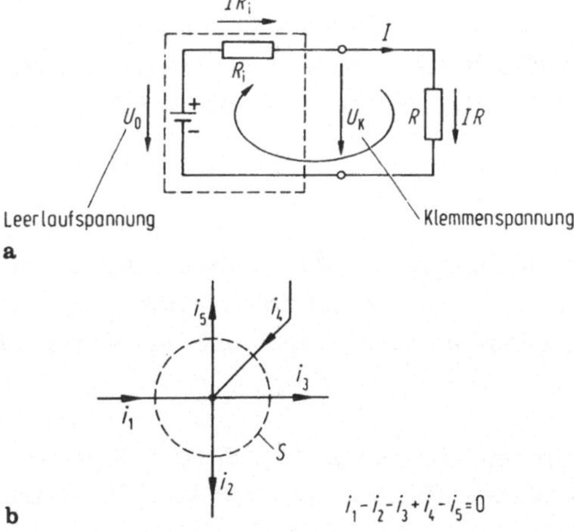

Bild 15-2: **a** Zum 2. Kirchhoffschen Satz: Stromkreis (Masche) aus Spannungsquelle U_0 mit Innenwiderstand R_i und Verbraucherwiderstand R. **b** Zum 1. Kirchhoffschen Satz: Stromverzweigung (Knoten).

Im Falle der Masche Bild 15-2a ist der Spannungsabfall am Widerstand R nach dem Ohmschen Gesetz (15.1-1) gegeben durch $U_K = IR$. Spannungsquellen haben i. allg. einen nicht vernachlässigbaren inneren Widerstand R_i. Die von der Spannungsquelle gelieferte sog. Leerlaufspannung U_0 kann daher nur dann an den Anschlußklemmen gemessen werden, wenn der Strom $I=0$ ist, d.h. kein Verbraucherwiderstand R angeschlossen ist (bzw. $R \to \infty$). Anderenfalls tritt an den Anschlußklemmen die sog. Klemmenspannung U_K auf, für die sich nach (15.2-1) ergibt:

$$U_K = U_0 - IR_i \,. \tag{15.2-3}$$

Die Klemmenspannung ist daher stets kleiner als die Leerlaufspannung. Die Spannungsquelle kann maximal für $R=0$ ($U_K=0$) den sog. Kurzschlußstrom

$$I_k = \frac{U_0}{R_i} \tag{15.2-4}$$

liefern. Sowohl für $R=0$ als auch für $R=\infty$ ist die im Verbraucher umgesetzte Leistung null. Die maximale Leistung im Verbraucher erhält man für $R=R_i$, sog. Leistungsanpassung.

Bei komplizierteren Netzwerken mit Stromverzweigungen lassen sich stets soviele Maschen definieren, daß jeder Strompfad durch mindestens eine Masche erfaßt wird. Aus (15.2-2) erhält man dann entsprechend viele Spannungsgleichungen.

Bei Stromverzweigungen wird jedoch noch eine zusätzliche Bedingung benötigt, die sich aus der Kontinuitätsgleichung für die elektrische Ladung (12.6-9) ergibt. Bei stationären Verhältnissen ist die innerhalb einer geschlossenen Oberfläche S befindliche elektrische Ladung Q konstant, d.h. $\mathrm{d}Q/\mathrm{d}t=0$, und damit

$$\oint_S \boldsymbol{j}\,\mathrm{d}\boldsymbol{A} = 0 \,. \tag{15.2-5}$$

Umschließt die Oberfläche S einen Stromverzweigungspunkt, auch *Knotenpunkt* genannt (Bild 15-2b), so folgt daraus der *1. Kirchhoffsche Satz* (Knotenregel):

$$\boxed{\sum_{i=1}^{n} I_i = 0} \,, \tag{15.2-6}$$

d.h. in einem Verzweigungspunkt oder Knoten muß die Summe der zufließenden Ströme gleich der Summe der abfließenden Ströme sein. Zufließende und abfließende Ströme müssen daher mit unterschiedlichen Vorzeichen versehen werden.

Mit beiden Kirchoffschen Sätzen lassen sich auch Parallel- und Reihenschaltungen von Widerständen (Bild 15-3) oder kompliziertere Schaltungsnetzwerke berechnen.
Für eine Reihenschaltung von n Widerständen R_i nach Bild 15-3a ergibt sich mit der Maschenregel (15.2-2)

$$U = \sum_{i=1}^{n} U_i = \sum_{i=1}^{n} IR_i = I\sum_{i=1}^{n} R_i \equiv IR_{ges} \,.$$

Daraus folgt für den Gesamtwiderstand R_{ges} der Reihenschaltung:

$$R_{ges} = R_1 + R_2 + R_3 + \ldots + R_n = \sum_{i=1}^{n} R_i \,. \tag{15.2-7}$$

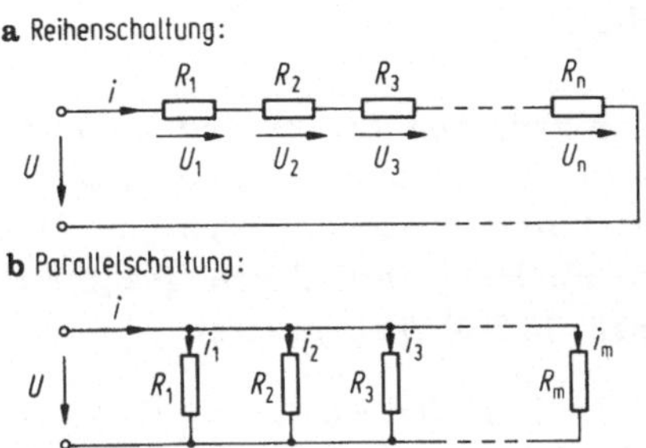

Bild 15-3: a Reihenschaltung und b Parallelschaltung von Widerständen.

Für eine Parallelschaltung von m Widerständen R_j nach Bild 15-3b ergibt sich mit der Knotenregel (15.2-6)

$$i = \sum_{j=1}^{m} i_j = \sum_{j=1}^{m} \frac{U}{R_j} = U \sum_{j=1}^{m} \frac{1}{R_j} = U \frac{1}{R_{ges}} .$$

Daraus folgt für den Gesamtwiderstand R_{ges} der Parallelschaltung:

$$\frac{1}{R_{ges}} = \frac{1}{R_1} + \frac{1}{R_2} + \frac{1}{R_3} + \ldots + \frac{1}{R_m} = \sum_{j=1}^{m} \frac{1}{R_j} . \qquad (15.2\text{-}8)$$

15.3 Wechselstromkreise

Wechselstromgeneratoren erzeugen nach (14.1-11) Induktionsspannungen

$$u = \hat{u} \sin(\omega t + \alpha) \qquad (15.3\text{-}1)$$

mit dem Spitzenwert $\hat{u}$, deren Vorzeichen zeitlich periodisch wechselt: *Wechselspannung*. Der Nullphasenwinkel α hängt von der Wahl des Zeitnullpunktes ab. Ein an einen solchen Generator angeschlossener Verbraucher wird dann von einem ebenfalls zeitperiodischen *Wechselstrom* durchflossen, der die gleiche *Kreisfrequenz* ω, aber - je nach Verbraucher (vgl. 15.3.3) - meist einen anderen Wert des Nullphasenwinkels hat:

$$i = \hat{i} \sin(\omega t + \beta) . \qquad (15.3\text{-}2)$$

Zwischen den entsprechenden Phasen von u und i herrscht die *Phasenverschiebung*

$$\beta - \alpha = \varphi . \qquad (15.3\text{-}3)$$

Obwohl Wechselströme zeitlich veränderliche Größen sind, lassen sich Gleichstrombeziehungen, wie die für die elektrische Arbeit oder die Kirchhoffschen Sätze, auch auf Wechselstromkreise anwenden, wenn sie auf differentiell kleine Zeiten dt beschränkt werden, in denen sich Spannungen und Ströme nicht wesentlich ändern, d.h. wenn sie auf die Momentanwerte von Spannungen und Strömen bezogen werden.

15.3.1 Wechselstromarbeit

Phasenverschiebungen φ zwischen Strom und Spannung (Bild 15-4) treten vor allem dann auf, wenn neben ohmschen Widerständen auch Induktivitäten (Spulen) und Kapazitäten (Kondensatoren) im Wechselstromkreis vorhanden sind. Zur Vereinfachung wird durch geeignete Wahl des Zeitnullpunktes $\alpha = 0$ und gemäß (15.3-3) $\beta = \varphi$ gesetzt:

$$u = \hat{u} \sin \omega t , \qquad i = \hat{\imath} \sin(\omega t + \varphi) . \qquad (15.3\text{-}4)$$

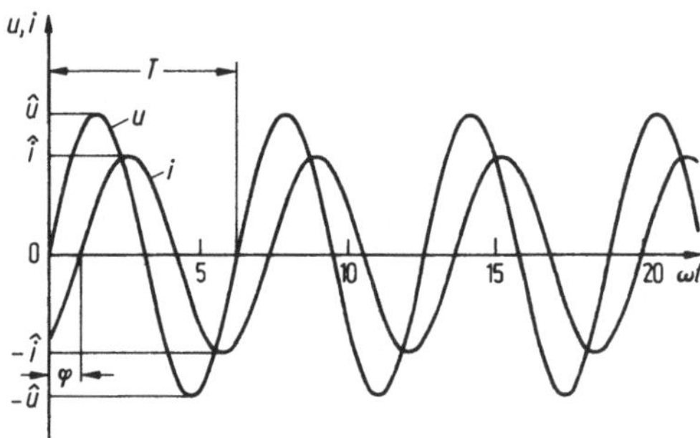

Bild 15-4: Spannungs- und phasenverschobener Stromverlauf in einem Wechselstromkreis.

Die Arbeit $\mathrm{d}W$ in der Zeit $\mathrm{d}t$ beträgt nach (15.1-11)

$$\mathrm{d}W = ui\,\mathrm{d}t , \qquad (15.3\text{-}5)$$

worin u und i die Momentanwerte nach (15.3-4) sind. Die Stromarbeit während einer endlichen Zeit, z.B. einer Periodendauer $T = 2\pi/\omega = 1/\nu$ ergibt sich daraus durch Integration

$$W = \int_0^T \hat{u} \sin \omega t \; \hat{\imath} \sin(\omega t + \varphi)\,\mathrm{d}t . \qquad (15.3\text{-}6)$$

Nach Umformung des Radikanden mittels der Produktenregel trigonometrischer Funktionen läßt sich das Integral lösen:

$$W = \frac{1}{2} \hat{u} \hat{\imath} T \cos \varphi . \qquad (15.3\text{-}7)$$

Für $t \neq nT$ ($n = 1, 2, \ldots$) gilt (15.3-7) nicht exakt, da dann über eine Periode nur unvollständig integriert wird. Für $t \gg T$ ist dieser Fehler jedoch zu vernachlässigen und es gilt

$$W = \frac{1}{2} \hat{u} \hat{\imath} t \cos \varphi . \qquad (15.3\text{-}8)$$

Anstelle der Spitzenwerte $\hat{u}$ und $\hat{\imath}$ werden üblicherweise die *Effektivwerte* U (oder U_{eff}) und I (oder I_{eff}) verwendet. Diese sind als quadratische Mittelwerte

$$U = \sqrt{\frac{1}{T} \int_0^T u^2\,\mathrm{d}t} \quad \text{und} \quad I = \sqrt{\frac{1}{T} \int_0^T i^2\,\mathrm{d}t} \qquad (15.3\text{-}9)$$

definiert und ergeben im zeitlichen Mittel dieselbe Arbeit, wie Gleichspannungen bzw. -ströme gleichen Betrages. Für harmonisch zeitveränderliche u bzw. i ergeben sich aus (15.3-4) und (15.3-9) die Effektivwerte

$$U = \frac{\hat{u}}{\sqrt{2}} \quad \text{und} \quad I = \frac{\hat{i}}{\sqrt{2}} . \tag{15.3-10}$$

Damit folgt aus (15.3-8) für die Arbeit im Wechselstromkreis

$$W = UIt \cos\varphi , \tag{15.3-11}$$

d.h. formal dasselbe Ergebnis wie bei der Gleichstromarbeit (15.1-11), wenn $\varphi = 0$ ist, wie es bei rein ohmschen Verbrauchern der Fall ist (15.3.3). Entsprechend gilt für die *Leistung im Wechselstromkreis*, die *Wirkleistung*:

$$P = UI \cos\varphi . \tag{15.3-12}$$

15.3.2 Transformator

Zwei oder mehr induktiv, z.B. über einen Eisenkern, gekoppelte Spulen stellen einen *Transformator* dar, mit dessen Hilfe Wechselspannungen und -ströme induktiv auf andere Spannungs- und Stromwerte gewandelt werden können (Bild 15-5).

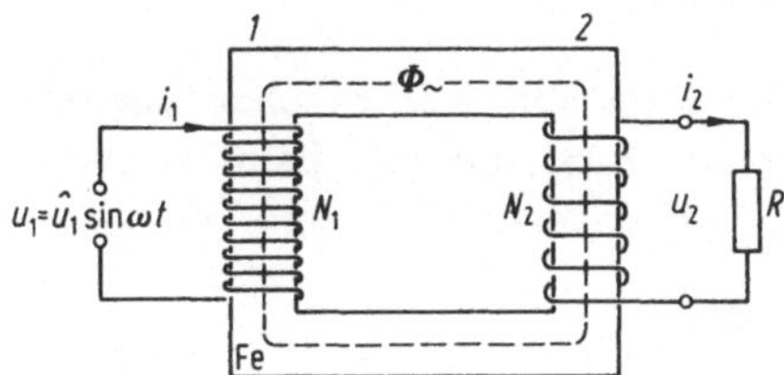

Bild 15-5: Prinzipaufbau eines Transformators.

Es wird hier nur der verlustfrei arbeitende *ideale Transformator* behandelt, für den folgendes gelten soll:

- Der von einer Spule erzeugte magnetische Wechselfluß geht vollständig auch durch die zweite Spule, es tritt kein Streufluß auf (Eisenkern mit $\mu_r \gg 1$).
- Keine Ummagnetisierungsverluste (Hysteresekurve mit vernachlässigbarer Fläche, vgl. Bild 13-23).
- Keine Wirbelstromverluste (lamelliertes Eisen mit Isolierschichten, oder Kernmaterial mit sehr kleiner elektrischer Leitfähigkeit).
- Vernachlässigbarer ohmscher Widerstand der Transformator-Spulenwicklungen.

Wird an die Wicklung 1 eine Wechselspannung $u_1 = \hat{u}_1 \sin\omega t$ angelegt (Bild 15-6), so fließt ein Wechselstrom i_1, der im Eisenkern einen magnetischen Wechselfluß $\Phi_\sim$ erzeugt. Nach dem 2. Kirchhoffschen Satz (15.2-2) gilt für

u_1 und für die durch den Wechselfluß $\Phi_\sim$ in der Wicklung 1 (Windungszahl N_1) induzierten Spannung u_i

$$u_1 + u_i = 0 \,. \qquad (15.3\text{-}13)$$

Mit dem Induktionsgesetz (14.1-1) folgt daraus:

$$u_1 = N_1 \frac{d\Phi_\sim}{dt} \,. \qquad (15.3\text{-}14)$$

Da derselbe magnetische Wechselfluß $\Phi_\sim$ auch die Wicklung 2 (Windungszahl N_2) durchsetzt, wird dort eine Induktionspannung u_2 erzeugt:

$$u_2 = (-)N_2 \frac{d\Phi_\sim}{dt} \,. \qquad (15.3\text{-}15)$$

Da das Vorzeichen von u_2 auch vom Wicklungssinn abhängt, lassen wir es im weiteren fort. Aus (15.3-14) und (15.3-15) folgt

$$\frac{u_2}{u_1} = \frac{U_2}{U_1} = \frac{N_2}{N_1} = ü \,. \qquad (15.3\text{-}16)$$

$ü$ ist das Übersetzungsverhältnis. Die Spannungen transformieren sich also entsprechend dem Windungszahlverhältnis.
Anwendungen: Spannungswandlung, z.B. Hochspannungserzeugung für die Fernübertragung elektrischer Energie (Minimierung der Leitungsverluste), Niederspannungserzeugung für elektronische Anwendungen u.ä.

Ist an die Sekundärwicklung ein Verbraucher angeschlossen, so daß ein Strom i_2 (Effektivwert I_2) fließt, so gilt beim verlustfreien idealen Transformator für die primär- und sekundärseitige Leistung

$$P_1 = U_1 I_1 = P_2 = U_2 I_2 \qquad (15.3\text{-}17)$$

und damit für das Verhältnis der Ströme

$$\frac{I_2}{I_1} = \frac{U_1}{U_2} = \frac{1}{ü} \,. \qquad (15.3\text{-}18)$$

Ströme transformieren sich umgekehrt zum Übersetzungsverhältnis. Bei $ü \ll 1$ lassen sich daher bei mäßigen Stromstärken im Primärkreis u. U. sehr hohe Stromstärken im Sekundärkreis erzielen.
Anwendungen: Schweißtransformator, Induktions-Schmelzofen u. a.

Auch die Anordnung Bild 14-7 stellt einen Transformator dar, allerdings mit einem großen Streufluß, da der Eisenkern nicht geschlossen ist. Der Ring kann als Sekundärwicklung mit einer einzigen, kurzgeschlossenen Windung aufgefaßt werden. Wird an die Primärwicklung eine Wechselspannung angeschlossen, so wird der Ring als Folge der Lenzschen Regel wie beim Einschalten einer Gleichspannung nach oben beschleunigt, bzw. je nach Stärke des Primärstromes gegen die Schwerkraft in der Schwebe gehalten. Wird statt des Ringes über dem Eisenkern eine metallische Platte (nicht ferromagnetisch) angebracht, so werden auch darin Kurzschlußströme

(Wirbelströme!) induziert, die ebenfalls abstoßende Kräfte bewirken: Prinzip der Schwebebahn.

15.3.3 Scheinwiderstand von *R*, *L* und *C*

Neben dem Spannungsabfall an einem nach (15.1-4) zu berechnenden ohmschen Widerstand, der seine Ursache im Leitungsmechanismus des Leitermaterials hat (16.2), treten in Wechselstromkreisen auch Spannungsabfälle an Spulen (Induktivitäten *L*) und Kondensatoren (Kapazitäten *C*) auf. Induktivitäten und Kapazitäten stellen damit ähnlich wie der ohmsche Widerstand sog. Scheinwiderstände *Z* dar, die entsprechend dem Ohmschen Gesetz (15.1-1) und mit (15.3-10) aus

$$Z = \frac{\hat{U}}{\hat{I}} = \frac{U}{I} \qquad (15.3\text{-}19)$$

zu berechnen sind. Ferner gilt in einem Wechselstromkreis nach Bild 15-6 der 2. Kirchhoffsche Satz (15.2-2) in der Form

$$u - u_Z = 0 \quad \text{bzw.} \quad u_Z = u = \hat{U} \sin \omega t \qquad (15.3\text{-}20)$$

für die Momentanwerte der Spannung.

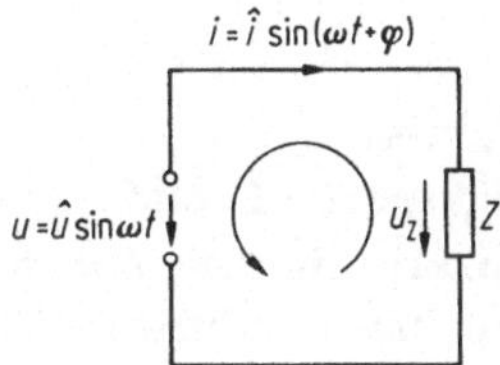

Bild 15-6: Scheinwiderstand in einem einfachen Wechselstromkreis.

Ohmscher Widerstand im Wechselstromkreis

Aus dem Ohmschen Gesetz (15.1-1) folgt mit (15.3-20) für den Strom im ohmschen Widerstand (Bild 15-7 a)

$$i = \frac{u}{R} = \frac{\hat{U}}{R} \sin \omega t = \hat{I} \sin \omega t \quad \text{mit} \quad \hat{I} = \frac{\hat{U}}{R} \qquad (15.3\text{-}21)$$

und damit aus (15.3-19) für den *Scheinwiderstand des ohmschen Widerstandes*

$$Z_R = R\,, \qquad (15.3\text{-}22)$$

der mit seinem Gleichstromwiderstand identisch und frequenzunabhängig ist. Aus (15.3-20) und (15.3-21) folgt ferner, daß zwischen Spannung und Strom die Phasenverschiebung (15.3-3) $\varphi = \varphi_R = 0$ ist (Bild 15-7 a). Damit folgt aus (15.3-12) für die Wirkleistung im ohmschen Widerstand:

$$P = UI\,. \qquad (15.3\text{-}23)$$

Der ohmsche Widerstand ist ein sog. *Wirkwiderstand* (oder *Resistanz*). Es gibt auch Wirkwiderstände (z. B. nichtlineare Widerstände), die nicht ohmsch sind.

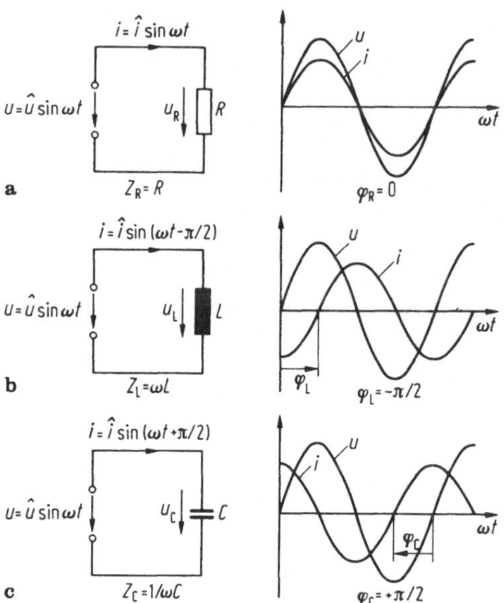

Bild 15-7: **a** Ohmscher, **b** induktiver und **c** kapazitiver Widerstand im Wechselstromkreis.

Induktivität im Wechselstromkreis

Bei einer Spule mit der Induktivität L und vernachlässigbarem ohmschem Widerstand im Wechselstromkreis (Bild 15-7b) muß die angelegte Spannung $u = u_L$ die nach der Lenzschen Regel induzierte Gegenspannung u_i überwinden. Aus (15.3-20) ergibt sich mit der Selbstinduktion nach (14.2-3)

$$u = \hat{u} \sin \omega t = u_L = -u_i = L\frac{di}{dt} \,. \tag{15.3-24}$$

Durch Integration folgt daraus für den Strom

$$i = \frac{\hat{u}}{\omega L} \sin\left(\omega t - \frac{\pi}{2}\right) = \hat{i} \sin\left(\omega t - \frac{\pi}{2}\right) \quad \text{mit} \quad \hat{i} = \frac{\hat{u}}{\omega L} \tag{15.3-25}$$

und mit (15.3-19) für den *Scheinwiderstand einer Induktivität*

$$Z_L = \omega L \,. \tag{15.3-26}$$

Z_L steigt mit der Frequenz des Wechselstroms linear an. Der Strom i hat nach (15.3-25) bei der Induktivität einen Phasennacheilung, d.h. eine Phasenverschiebung von

$$\varphi_L = -\frac{\pi}{2} \tag{15.3-27}$$

gegenüber der Spannung u (Bild 15-7b). Im Lauf einer Periode T ist daher das Produkt ui genauso lange positiv wie negativ und verschwindet im zeitlichen Mittel. Deshalb ist für eine Induktivität die Wirkleistung nach (15.3-11) mit (15.3-27) null. Aus diesem Grunde zählt Z_L zu den sogenannten *Blindwiderständen* (*Reaktanzen*).

Kapazität im Wechselstromkreis
Bei einem Kondensator der Kapazität C im Wechselstromkreis (Bild 15-7c) lädt der infolge der angelegten Spannung u fließende Strom i den Kondensator gemäß (12.8-4) und (12.6-1) auf die Spannung

$$u = \hat{u} \sin \omega t = u_C = \frac{Q}{C} = \frac{1}{C}\int i \, dt \qquad (15.3\text{-}28)$$

auf. Die Differentiation nach der Zeit liefert für den Strom

$$i = \omega C \hat{u} \sin\left(\omega t + \frac{\pi}{2}\right) = \hat{\imath} \sin\left(\omega t + \frac{\pi}{2}\right) \quad \text{mit} \quad \hat{\imath} = \omega C \hat{u} \qquad (15.3\text{-}29)$$

und daraus mit (15.3-19) für den *Scheinwiderstand einer Kapazität*

$$Z_C = \frac{1}{\omega C} \,. \qquad (15.3\text{-}30)$$

Z_C ändert sich umgekehrt proportional mit der Frequenz. Der Strom i hat nach (15.3-29) eine Phasenvoreilung von

$$\varphi_C = \frac{\pi}{2} \qquad (15.3\text{-}31)$$

gegenüber der Spannung u (Bild 15-7c). Auch hier ist daher die Wirkleistung zeitlich gemittelt nach (15.3-11) null und Z_C stellt einen *Blindwiderstand* (*Reaktanz*) dar.

15.4 Elektromagnetische Schwingungen

In Zusammenschaltungen von Induktivitäten, Kapazitäten und ohmschen Widerständen können freie und erzwungene elektromagnetische Schwingungen angeregt werden. Die zugehörigen Differentialgleichungen können aus den Kirchhoffschen Sätzen gewonnen werden und entsprechen denjenigen der mechanischen Schwingungssysteme (5.3, 5.4). Die Lösungen werden daher aus 5.3 und 5.4 übernommen, wobei lediglich die Variablen und Konstanten entsprechend umbenannt werden. Auf die zur Beschreibung derartiger Kombinationen von Schaltelementen ebenfalls sehr geeignete komplexe Schreibweise bzw. Zeigerdarstellung wird hier verzichtet.

15.4.1 Freie, gedämpfte elektromagnetische Schwingungen

Läßt man einen zuvor auf die Spannung U_0 aufgeladenen Kondensator der Kapazität C sich über eine Spule der Induktivität L und einen ohmschen Widerstand R entladen (Reihenschaltung von R, L und C, Bild 15-8), so wird durch den über L fließenden Entladungsstrom i während des Zerfalls des elektrischen Feldes des Kondensators ein Magnetfeld in der Spule aufgebaut. Nach Absinken der Kondensatorspannung u_C auf null wird jedoch der Strom i durch die Spule durch Selbstinduktion weitergetrieben (Lenzsche Regel), was zu einem erneuten Aufbau des elektrischen Feldes im Kondensator in umgekehrter Richtung führt, bis das magnetische Feld in der Spule abgeklungen ist. Nun beginnt der beschriebene Vorgang erneut, jedoch in

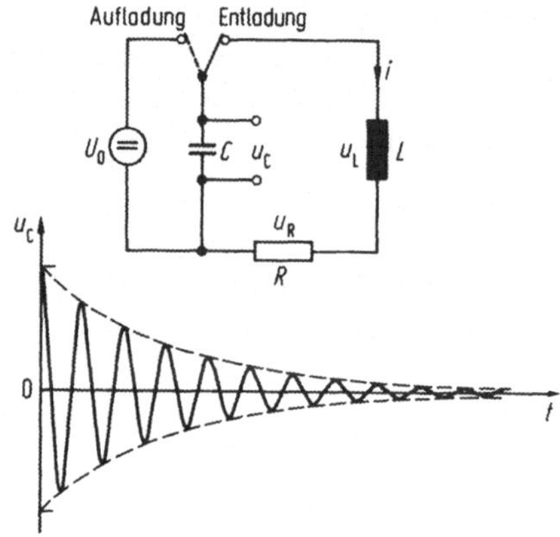

Bild 15-8: Anregung gedämpfter elektromagnetischer Schwingungen in einer Reihenschaltung von *R*, *L* und *C*.

entgegengesetzter Richtung. Die Energie des Systems pendelt also zwischen elektrischer und magnetischer Feldenergie hin und her. Bei kleinem Widerstand *R* führt das zu gedämpften elektromagnetischen Schwingungen, wobei die Dämpfung durch den Energieverlust im ohmschen Widerstand bedingt ist (Joulesche Wärme).

Zur Berechnung des Systems werde von der Energie ausgegangen. Zu einem beliebigen Zeitpunkt *t* ist die Feldenergie im Kondensator nach (12.8-12)

$$E_C = \frac{1}{2} C u_C^2 = \frac{1}{2} \frac{Q^2}{C}, \tag{15.4-1}$$

und in der Spule nach (14.3-3)

$$E_L = \frac{1}{2} L i^2 . \tag{15.4-2}$$

Die Gesamtenergie $E = E_C + E_L$ bleibt zeitlich nicht konstant, sondern wird durch den Strom *i* im Widerstand *R* allmählich in Joulesche Wärme umgesetzt. Die zeitliche Abnahme der Energie *E* ergibt sich aus der umgesetzten Leistung:

$$\frac{dE}{dt} = -u_R i = -R i^2 . \tag{15.4-3}$$

Durch Einsetzen von (15.4-1) und (15.4-2) und Beachtung der Stromdefinition (12.6-1) folgt daraus die Spannungsbilanz entsprechend dem 2. Kirchhoffschen Satz:

$$L \frac{di}{dt} + R i + \frac{Q}{C} = u_L + u_R + u_C = 0 . \tag{15.4-4}$$

Mit $i = dQ/dt$ (12.6-1) ergibt sich schließlich eine Differentialgleichung vom Typ der Schwingungsgleichung (5.3-5) für die Ladung *Q*:

$$L \frac{d^2Q}{dt^2} + R \frac{dQ}{dt} + \frac{1}{C} Q = 0 . \tag{15.4-5}$$

Die Einführung von allgemeinen Kenngrößen entsprechend (5.3-6) und (5.3-7)

$$\frac{R}{2L} = \delta \quad : \text{Abklingkoeffizient der Amplitude} \tag{15.4-6}$$

$$\frac{1}{LC} = \omega_0^2 \quad : \text{Kreisfrequenz } \omega_0 \text{ des ungedämpften Oszillators} \tag{15.4-7}$$

führt zu der (5.3-8) entsprechenden Form der Schwingungsgleichung

$$\frac{\mathrm{d}^2Q}{\mathrm{d}t^2} + 2\delta\frac{\mathrm{d}Q}{\mathrm{d}t} + \omega_0^2 Q = 0 \,. \tag{15.4-8}$$

Für geringe Dämpfung $\delta \ll \omega_0$, d.h. $R \ll 2\sqrt{L/C}$, lautet die Lösung entsprechend (5.3-15) bei den Anfangsbedingungen $Q(0) = Q_0$ und $\dot{Q}(0) = i(0) = 0$:

$$Q \approx Q_0 \mathrm{e}^{-\delta t} \cos\omega t \,. \tag{15.4-9}$$

Es ergibt sich also eine gedämpfte Schwingung der Ladung Q mit der Kreisfrequenz (5.3-14)

$$\omega = \sqrt{\omega_0^2 - \delta^2} \approx \omega_0 = \frac{1}{\sqrt{LC}} \tag{15.4-10}$$

und damit auch z.B. der Spannung $u_C = Q/C$ am Kondensator (Bild 15-8)

$$u_C \approx U_0 \mathrm{e}^{-\delta t} \cos\omega t \qquad \text{mit} \qquad U_0 = \frac{Q_0}{C} \,. \tag{15.4-11}$$

Durch Variation der Dämpfung $\delta \lesseqgtr \omega_0$, also $R \lesseqgtr 2\sqrt{L/C}$, lassen sich hier in gleicher Weise wie beim mechanischen Schwingungssystem (5.3) neben dem gedämpften Schwingfall auch der aperiodische Grenzfall und der Kriechfall einstellen. Der *RLC*-Kreis stellt daher ein schwingungsfähiges elektromagnetisches System dar: *Schwingkreis.*

15.4.2 Erzwungene elektromagnetische Schwingungen, Resonanzkreise

Reihenschwingkreis

Ein elektromagnetischer Schwingkreis, z.B. aus einer Reihenschaltung von Induktivität L, Widerstand R und Kapazität C wie in Bild 15-8, kann durch periodische Anregung, etwa durch Einspeisung einer Wechselspannung $u = \hat{u}$ sint ωt (Bild 15-9), zu erzwungenen Schwingungen veranlaßt werden.

Die Spannungsbilanz (15.4-4) ist hierfür um die Spannungsquelle u zu ergänzen:

$$L\frac{\mathrm{d}i}{\mathrm{d}t} + Ri + \frac{Q}{C} = u_L + u_R + u_C = u = \hat{u}\sin\omega t \,. \tag{15.4-12}$$

Mit $i = \mathrm{d}Q/\mathrm{d}t$ (12.6-1) und den Kenngrößen δ und ω_0 (15.4-6) und (15.4-7) folgt daraus die Differentialgleichung der erzwungenen Schwingung für die Ladung Q

$$\frac{\mathrm{d}^2Q}{\mathrm{d}t^2} + 2\delta\frac{\mathrm{d}Q}{\mathrm{d}t} + \omega_0^2 Q = \frac{\hat{u}}{L}\sin\omega t \,, \tag{15.4-13}$$

die vollständig analog zur Differentialgleichung des entsprechenden mechanischen Schwingungssystems (5.4-3) ist. Als Lösung für den stationären

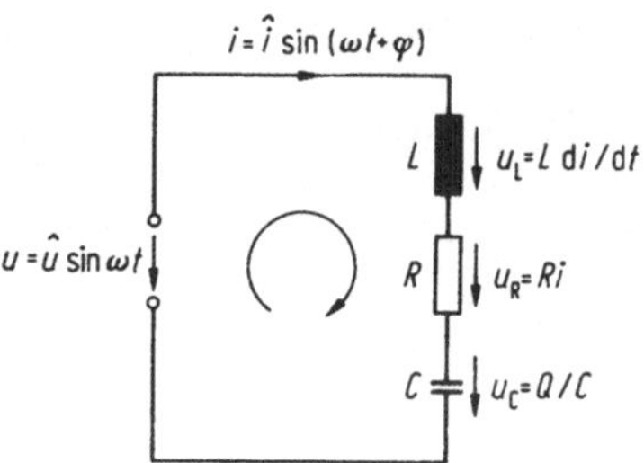

Bild 15-9: Reihenschwingkreis mit Wechselspannungs-Anregung.

Fall (nach Abklingen von Einschwingvorgängen, siehe 5.4) kann wie in (5.4-4) angesetzt werden:

$$Q = \hat{Q}\sin(\omega t + \vartheta) = \hat{Q}\sin\left(\omega t + \varphi - \frac{\pi}{2}\right) \quad \text{mit} \quad \varphi = \vartheta + \frac{\pi}{2}\,. \qquad (15.4\text{-}14)$$

Für den Strom i folgt daraus durch Differenzieren nach der Zeit

$$i = \hat{i}\sin(\omega t + \varphi) \quad \text{mit} \quad \hat{i} = \omega\hat{Q}\,. \qquad (15.4\text{-}15)$$

ϑ und φ sind die zunächst willkürlich angesetzten Phasenverschiebungen (Phasenwinkel) zwischen der Ladung $Q(t)$ bzw. dem Strom $i(t)$ und der Spannung $u(t)$. Sowohl die Amplituden $\hat{Q}$ und $\hat{i}$ als auch die Phasenwinkel ϑ und φ sind Funktionen der anregenden Kreisfrequenz ω. Die mathematische Form dieser funktionalen Abhängigkeit läßt sich durch den Vergleich mit den Beziehungen (5.4-4) bis (5.4-6) für das mechanische Schwingungssystem gewinnen. Dabei entsprechen sich folgende mechanische und elektrische Größen:

$$\begin{array}{llll} m \leftrightarrow L\,, & r \leftrightarrow R\,, & D \leftrightarrow 1/C\,, & \hat{F} \leftrightarrow \hat{u}\,, \\ x \leftrightarrow Q\,, & v \leftrightarrow i\,, & a \leftrightarrow di/dt\,, & \varphi \leftrightarrow \vartheta\,. \end{array} \qquad (15.4\text{-}16)$$

Anmerkung: Der hier über (15.4-14) eingeführte Phasenwinkel φ entspricht also nicht dem gleichbenannten Phasenwinkel beim mechanischen Schwingungssystem, sondern ϑ, siehe (15.4-16).

Durch Vergleich mit (5.4-5) und (5.4-6) erhalten wir nun für die Frequenzabhängigkeit der Ladung*s*amplitude

$$\hat{Q}(\omega) = \frac{\hat{u}}{L\sqrt{(\omega^2 - \omega_0^2)^2 + 4\delta^2\omega^2}} \qquad (15.4\text{-}17)$$

und für die Frequenzabhängigkeit des Phasenwinkels ϑ

$$\operatorname{tg}\vartheta = \frac{2\delta\omega}{\omega^2 - \omega_0^2}\,. \qquad (15.4\text{-}18)$$

Mit $\hat{i} = \omega\hat{Q}$ nach (15.4-15) und durch Ersatz der Kenngrößen δ und ω_0 nach (15.4-6) und (15.4-7) folgt aus (15.4-17) für die Frequenzabhängigkeit des Stromes das sog. *Ohmsche Gesetz des Wechselstromkreises*:

$$\boxed{\hat{i}(\omega) = \frac{\hat{u}}{\sqrt{R^2 + \left(\omega L - \frac{1}{\omega C}\right)^2}}}\,, \qquad (15.4\text{-}19)$$

wobei anstelle der Spitzenwerte $\hat{U}$ und $\hat{I}$ auch die Effektivwerte gemäß (15.3-19) geschrieben werden können. (15.4-19) hat die Form des Ohmschen Gesetzes, worin der Wurzelterm den Scheinwiderstand Z (auch: Betrag der Impedanz) der Reihenschaltung der Blindwiderstände von L und C und des ohmschen Widerstandes R darstellt:

$$Z(\omega) = \sqrt{R^2 + \left(\omega L - \frac{1}{\omega C}\right)^2} \, . \tag{15.4-20}$$

Für die Resonanzfrequenz, die durch die *Thomsonsche Schwingungsformel*

$$\boxed{\omega = \omega_0 = \frac{1}{\sqrt{LC}}} \tag{15.4-21}$$

gegeben ist, hat Z den kleinsten, rein ohmschen Wert (Bild 15-10a)

$$Z(\omega_0) = Z_{min} = R \tag{15.4-22}$$

und der Strom nach (15.4-19) den maximalen Wert (*Stromresonanz*, Bild 15-10b)

$$\hat{I}(\omega_0) = \hat{I}_{max} = \frac{\hat{U}}{R} \, . \tag{15.4-23}$$

Dabei ist vorausgesetzt, daß u von einer Konstantspannungsquelle geliefert wird, deren Klemmenspannung sich durch die erhöhte Strombelastung bei Resonanz nicht ändert. Es liegen also (nach der mathematischen Struktur der Differentialgleichung (15.4-13) zwangsläufig) ganz analoge Resonanzmaxima vor (Bild 15-10) wie bei den erzwungenen Schwingungen der mechanischen Schwingungssysteme (5.4.1).

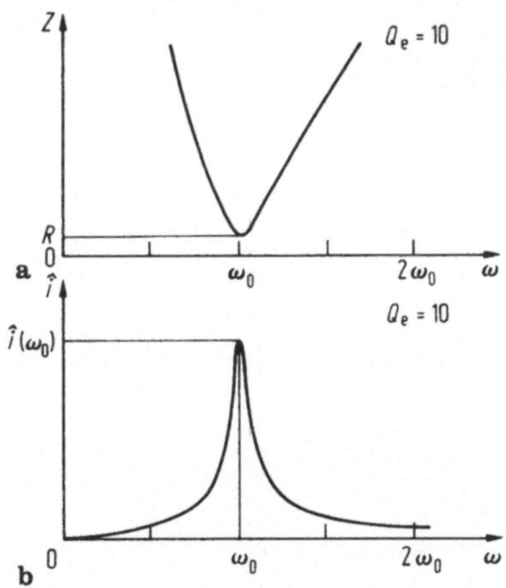

Bild 15-10: a Frequenzabhängigkeit des Scheinwiderstandes und b Resonanzverhalten des Stromes beim Reihenresonanzkreis aus R, L und C.

In (5.4.1) wurde die Güte Q eines Schwingungssystems als Resonanzüberhöhung (5.4-11) der Auslenkungsamplitude $\hat{x}$ definiert. Entsprechend können wir hier die Resonanzüberhöhung der Ladungsamplitude $\hat{Q}$ als Güte Q_e einführen (Index "e" hier zur Vermeidung von Verwechslungen mit der Ladung

Q) und erhalten aus (15.4-17):

$$Q_e = \frac{\hat{Q}(\omega_0)}{\hat{Q}(0)} = \frac{\omega_0}{2\delta} = \frac{\omega_0 L}{R} = \frac{1}{\omega_0 CR}\,. \tag{15.4-24}$$

Die Güte bestimmt gleichzeitig nach (5.4-15) die Halbwertsbreite der Resonanzkurve. Die Konstanten ω_0 und δ wurden aus (15.4-6) und (15.4-7) eingesetzt. Im Resonanzfall erhält man mit (15.4-23) sowie mit (15.3-26) und (15.3-30) für die Spannungen an der Spule bzw. am Kondensator

$$\hat{u}_L(\omega_0) = \hat{\imath}(\omega_0) Z_L = \frac{\omega_0 L}{R}\hat{u} = Q_e\,\hat{u}\,, \tag{15.4-25}$$

$$\hat{u}_C(\omega_0) = \hat{\imath}(\omega_0) Z_C = \frac{1}{\omega_0 CR}\hat{u} = Q_e\,\hat{u}\,. \tag{15.4-26}$$

Die Spitzenspannungen an Spule und Kondensator sind daher im Resonanzfall gleich groß und übersteigen die insgesamt an die Reihenschaltung angelegte Spannungsamplitude $\hat{u}$ um den Gütefaktor Q_e. Daß die Gesamtspannung u im Resonanzfall dennoch nur dem Spannungsabfall u_R am ohmschen Widerstand entspricht, liegt daran, daß u_L und u_C gegenüber dem gemeinsamen Strom i nach (15.3-27) und (15.3-31) um $\pi/2$ bzw. $-\pi/2$, also gegeneinander um π phasenverschoben sind und sich daher gegenseitig kompensieren.

Den Phasenwinkel φ zwischen Strom i und Gesamtspannung u erhalten wir aus (15.4-18), indem wir beachten, daß wegen (15.4-14) $\tan\varphi = -1/\tan\vartheta$ ist. Nach Einsetzen der Konstanten δ und ω_0 aus (15.4-6) und (15.4-7) folgt

$$\boxed{\varphi = \arctan\frac{\frac{1}{\omega C} - \omega L}{R}}\,. \tag{15.4-27}$$

Der Phasenverlauf als Funktion der Frequenz (Bild 15-11) zeigt, daß bei niedrigen Frequenzen ($\omega \ll \omega_0$) $\varphi \approx \pi/2$ ist, der Reihenschwingkreis sich also nach (15.3-31) kapazitiv verhält. Bei hohen Frequenzen ($\omega \gg \omega_0$) wird $\varphi \approx -\pi/2$, der Reihenschwingkreis wirkt nach (15.3-27) wie eine Induktivität. Bei Resonanz ($\omega = \omega_0$) liegt rein ohmsches Verhalten vor ($\varphi = 0$).

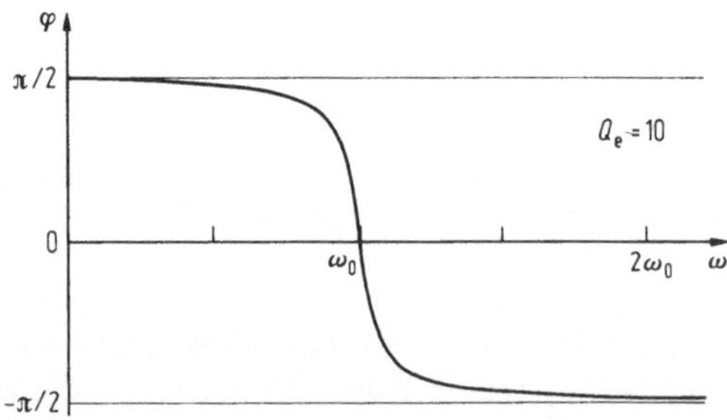

Bild 15-11: Phasenverschiebung zwischen Strom und Spannung im Reihenresonanzkreis.

Die Leistung im Resonanzkreis ist bei Resonanz ein Maximum, da u und i dann phasengleich sind und das Produkt ui wegen der Stromresonanz maximal wird.

Parallelschwingkreis

Auch eine Parallelschaltung von Kapazität C, Widerstand R und Induktivität L (Parallelschwingkreis, Bild 15-12), z.B. mit einer amplitudenkonstanten Einströmung $i = \hat{i} \sin \omega t$ zeigt Resonanzverhalten.

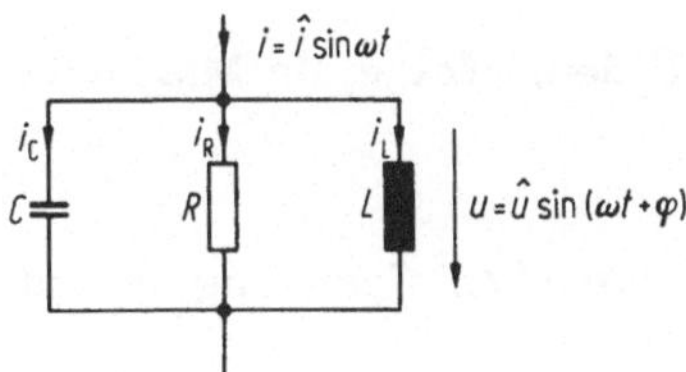

Bild 15-12: Parallelschwingkreis mit Wechseleinströmung.

Ausgehend von der Strombilanz z.B. im oberen Knotenpunkt (1. Kirchhoffscher Satz (15.2-6))

$$C\frac{du}{dt} + \frac{1}{R}u + \frac{1}{L}\int u\, dt = i_L + i_R + i_C = \hat{i} \sin \omega t \qquad (15.4\text{-}28)$$

gelangt man zu einer Differentialgleichung für den Spulenfluß $\Phi = \int u\, dt$

$$C\frac{d^2\Phi}{dt^2} + \frac{1}{R}\frac{d\Phi}{dt} + \frac{1}{L}\Phi = \hat{i} \sin \omega t \,, \qquad (15.4\text{-}29)$$

die wiederum die Differentialgleichung der erzwungenen Schwingung darstellt. Analog dem Vorgehen beim Reihenschwingkreis wird als Lösung für den stationären (eingeschwungenen) Fall angesetzt

$$\Phi = \hat{\Phi} \sin\left(\omega t + \varphi - \frac{\pi}{2}\right) , \qquad (15.4\text{-}30)$$

woraus durch Differenzieren nach der Zeit folgt

$$u = \hat{u} \sin(\omega t + \varphi) \quad \text{mit} \quad \hat{u} = \omega\hat{\Phi} \,. \qquad (15.4\text{-}31)$$

Für die Frequenzabhängigkeit der Spannungsamplitude ergibt sich analog zu (15.4-19)

$$\boxed{\hat{u} = \frac{\hat{i}}{\sqrt{\frac{1}{R^2} + \left(\omega C - \frac{1}{\omega L}\right)^2}}} \,, \qquad (15.4\text{-}32)$$

worin der Wurzelterm den Scheinleitwert Y (auch: Betrag der Admittanz) der Parallelschaltung von L, R und C darstellt:

$$Y = \sqrt{\frac{1}{R^2} + \left(\omega C - \frac{1}{\omega L}\right)^2} \,. \qquad (15.4\text{-}33)$$

Hieraus folgt, daß der Parallelschwingkreis bei gleichen L und C die gleiche, durch die Thomsonsche Schwingungsformel gegebene *Resonanzfrequenz*

$$\boxed{\omega = \omega_0 = \frac{1}{\sqrt{LC}}} \qquad (15.4\text{-}34)$$

wie der Reihenschwingkreis (15.4-21) hat. Bei Resonanz hat der Scheinleitwert einen rein ohmschen Minimalwert

$$Y(\omega_0) = Y_{min} = \frac{1}{R}\,, \qquad (15.4\text{-}35)$$

die Spannungsamplitude $\hat{u}$ demzufolge ein Maximum (*Spannungsresonanz*)

$$\hat{u}(\omega_0) = \hat{\imath}\, R\,. \qquad (15.4\text{-}36)$$

Für den Phasenwinkel φ zwischen Spannung u und Gesamtstrom i ergibt sich analog zu (15.4-27)

$$\boxed{\varphi = \arctan\left[R\left(\frac{1}{\omega L} - \omega C\right)\right]}\,. \qquad (15.4\text{-}37)$$

Die Einzelströme i_C und i_L sind bei Resonanz aufgrund der Spannungsresonanz maximal und um den Gütefaktor höher als der Gesamtstrom i, jedoch gegenphasig. Der Gütefaktor Q_e beim Parallelkreis ergibt sich als Resonanzüberhöhung aus der Frequenzabhängigkeit des Flusses Φ (hier nicht angegeben) zu

$$Q_e = \frac{R}{\omega_0 L} = R\,\omega_0 C\,. \qquad (15.4\text{-}38)$$

Anders als beim Reihenschwingkreis (15.4-24) steigt also beim Parallelschwingkreis die Güte mit dem Widerstand R.

15.4.3 Selbsterregung elektromagnetischer Schwingungen durch Rückkopplung

Reale Schwingungssysteme sind stets gedämpft. Eine angestoßene Schwingung klingt daher mit dem durch die Dämpfung bestimmten Abklingkoeffizienten δ zeitlich ab (5.3-15) oder (15.4-11).

Ungedämpfte Schwingungen eines Schwingungssystems lassen sich dadurch erreichen, daß die Dämpfungsverluste durch periodische Energiezufuhr ausgeglichen werden. Das kann durch eine äußere periodische Anregung geschehen (*Fremderregung*) und führt zu erzwungenen Schwingungen (vgl. 5.4 und 15.4.2). Eine andere Möglichkeit besteht darin, die periodische Anregung durch das Schwingungssystem selbst zu steuern. Das kann mit Hilfe des *Rückkopplungsprinzips* erreicht werden und führt zur *Selbsterregung* von Schwingungen.

Im Falle der elektromagnetischen Schwingungen wird dazu ein Verstärker benötigt, an dessen Ausgang ein Schwingkreis geschaltet ist (Bild 15-13). Ferner ist ein Rückkopplungsweg erforderlich, mit dessen Hilfe ein Bruch-

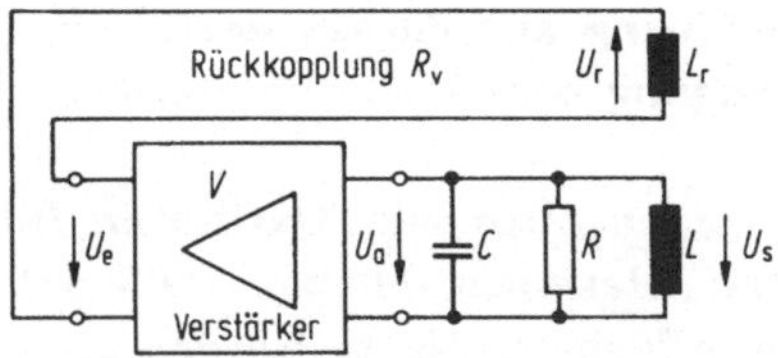

Bild 15-13: Rückkopplungsgenerator zur Erzeugung elektromagnetischer Schwingungen.

teil der Schwingungsenergie des Schwingkreises auf den Eingang des Verstärkers zurückgekoppelt werden kann. Dies kann durch direkten Abgriff von der Schwingkreisspule geschehen (Dreipunktschaltung), oder durch induktive Rückkopplung (Bild 15-13). Wird nun der Schwingkreis etwa durch den Einschaltstromstoß der Stromversorgung des Verstärkers zu einer gedämpften Schwingung der Eigenfrequenz $\omega_0 = 1/\sqrt{LC}$ angeregt, so wird in der Rückkopplungsspule eine Spannung gleicher Frequenz induziert, die verstärkt wieder auf den Schwingkreis am Verstärkerausgang gelangt. Die Phasenlage der rückgekoppelten Spannung muß dabei so sein, daß der Schwingungsvorgang unterstützt wird (Mitkopplung). Ist die Phase dagegen um π verschoben, so wird die Schwingung unterdrückt (Gegenkopplung).

Zur Vereinfachung wird angenommen, daß die Phasenverschiebung zwischen Schwingkreisspannung $\underline{U}_s$ und der Rückkopplungsspannung $\underline{U}_r$ null ist, und daß ferner die Phasenverschiebung zwischen Eingangsspannung $\underline{U}_e$ des Verstärkers und seiner Ausgangsspannung $\underline{U}_a$ ebenfalls null ist (oder beide Phasenverschiebungen π betragen). Dann lassen sich die Verhältnisse folgendermaßen quantitativ beschreiben:

$$\text{Verstärkungsfaktor:} \quad V = \frac{\underline{U}_a}{\underline{U}_e}$$
$$\text{Rückkopplungsfaktor:} \quad R_V = \frac{\underline{U}_r}{\underline{U}_s} \qquad (15.4\text{-}39)$$

Da der Schwingkreis am Verstärkerausgang liegt, ist $\underline{U}_s = \underline{U}_a$. Ist nun die Rückkopplungsspannung $\underline{U}_r$ gerade gleich der Verstärkereingangsspannung $\underline{U}_e$, die verstärkt gleich der ungeänderten Schwingkreisspannung $\underline{U}_s$ ist, so ist offensichtlich ein stationärer Zustand erreicht, bei dem die Schwingkreisverluste durch Rückkopplung und Verstärkung ausgeglichen werden. Für diesen gilt

$$V R_V = \frac{\underline{U}_a}{\underline{U}_e} \frac{\underline{U}_r}{\underline{U}_s} = 1 \,. \qquad (15.4\text{-}40)$$

Für die *Selbsterregungsbedingung*

$$\boxed{V R_V > 1} \qquad (15.4\text{-}41)$$

führt jede Störung (Stromschwankung) zur Aufschaukelung von Schwingungen der Frequenz $\omega = \omega_0 = 1/\sqrt{LC}$. Im allgemeinen ist sowohl die Rückkopplung als auch die Verstärkung mit Phasenverschiebungen verbunden, die in der Selbsterregungsbedingung berücksichtigt werden müssen.

Der erste Rückkopplungsgenerator als Oszillator für elektromagnetische Schwingungen wurde von Alexander Meißner 1913 mit Hilfe einer verstärkenden Elektronenröhre aufgebaut. Heute werden meist Halbleiterverstärker (siehe 16.4.4) hierfür verwendet.

16 Transport elektrischer Ladung: Leitungsmechanismen

Elektrische Leitung, d. h. der Transport elektrischer Ladung durch einen Volumenbereich (Vakuum, Gas, Flüssigkeit, Festkörper) setzt das Vorhandensein elektrischer Ladungen voraus sowie deren Bewegungsmöglichkeit unter dem Einfluß eines elektrischen Feldes. Um die Bedingungen hierfür kennenzulernen, müssen wir zunächst mehr über den elektrischen Aufbau der Materie erfahren.

16.1 Elektrische Struktur der Materie

16.1.1 Atomstruktur

Das Phänomen der elektrolytischen Abscheidung z.B. von Metallen durch Stromfluß in wäßrigen Metallsalzlösungen oder in Metallsalzschmelzen (siehe 16.5) oder der Ionisierbarkeit von Gasen (vgl. 16.6) zeigt, daß die Bestandteile der Materie, die Atome, unter geeigneten Bedingungen elektrisch geladen sein, d.h. "Ionen" bilden können. Aus dem Vergleich chemischer Bindungsenergien (Größenordnung 10 eV) mit der elektrostatischen potentiellen Energie zweier Elementarladungen im Abstand von Atomen in kompakter Materie (aus Beugungsuntersuchungen, siehe 23.2 und 25.4: Größenordnung 10^{-10} m) läßt sich folgern, daß die strukturbestimmenden Kräfte in kompakter Materie, im Molekül und vermutlich auch im Atom elektrostatischer Natur sein dürften. Da ferner die Materie im allgemeinen elektrisch neutral ist, müssen pro Atom im Normalfall gleich viele positive und negative Elementarladungen vorhanden sein. Die relativ leicht abstreifbaren Elektronen (z.B. durch Reiben von Kunststoffen) besitzen nicht genügende Masse, um die Masse der Atome zu erklären. Der Hauptteil der Atommasse muß deshalb durch schwerere Teilchen, z.B. positiv geladene "Protonen" und ungeladene "Neutronen" gebildet sein.
Die Größe der atomaren Bestandteile läßt sich durch *Streuversuche* mit Teilchensonden bestimmen. Lenard (1903) hatte aus der Durchdringungsfähigkeit von Elektronenstrahlen bei dünnen Metallfolien geschlossen, daß das Atominnere weitgehend materiefreier, leerer Raum ist. Rutherford, Geiger und Marsden (1911-1913) haben Streuexperimente mit α-Teilchen (17.3) an dünnen Folien durchgeführt, bei denen aus der Winkelverteilung der gestreuten α-Teilchen auf das Kraftgesetz zwischen diesen und den streuenden Atomen geschlossen werden kann. Dabei ergab sich die Coulomb-Kraft

als maßgebende Wechselwirkung: Rutherford-Streuung, siehe unten. Aus Abweichungen vom so gefundenen Streugesetz bei höheren Energien ließ sich schließlich der Radius der streuenden, massereichen positiven Teilchen des Atoms zu etwa 10^{-15} m ermitteln.

Solche Beobachtungen und die Tatsache, daß die Coulomb-Kraft (12.1-1) dieselbe Abstandabhängigkeit (11.5-5) wie die Gravitationskraft (11.3-3) hat, legten ein Planetenmodell für den Atomaufbau nahe: Protonen (und die erst 1932 durch Chadwick entdeckten Neutronen) bilden den positiv geladenen, massereichen Atomkern (Ladung $+Ze$), um den die Z Elektronen auf Bahnen der Dimension 10^{-10} m kreisen.

Rutherford-Streuung

Als Meßmethode zur Untersuchung atomarer Dimensionen sind Streuexperimente in der Atom- und Kernphysik außerordentlich wichtig. Als Beispiel werde die von Rutherford behandelte Streuung am Coulomb-Potential betrachtet. Wird ein Strom von leichten Teilchen der Masse m und der Ladung Z_1e (α-Teilchen: $Z_1 = 2$) auf ein ruhendes, schweres Teilchen der Masse $M \gg m$ und der Ladung Ze geschossen, so findet aufgrund der Coulombkraft (12.1-1) eine Ablenkung statt, deren Winkel ϑ vom Stoßparameter b (vgl. 6.3.2 und Bild 16-1) abhängt.

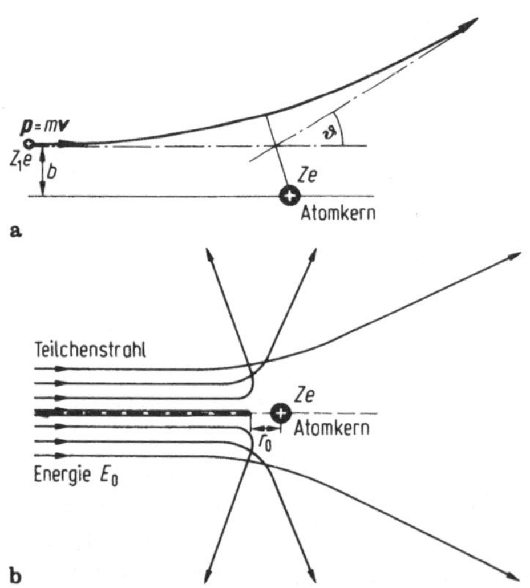

Bild 16-1: Streuung am Coulomb-Feld eines schweren, geladenen Teilchens.

Die Primärenergie der gestreuten Teilchen sei $E_0 = mv_0^2/2 > 0$. Da die Coulomb-Kraft (12.1-1) eine Zentralkraft der Form $F \sim r^{-2}$ (vgl. 11.5-5) darstellt, sind die Bahnkurven für $E > 0$ Hyperbeln (siehe 11.5), deren Asymptoten den Streuwinkel ϑ einschließen. Aus dem Zusammenhang zwischen Coulomb-Kraft und Impulsänderung des gestreuten Teilchens folgt unter Berücksichtigung der Drehimpulserhaltung nach Integration über die Bahnkurve die Beziehung

$$\cot\frac{\vartheta}{2} = \frac{2b}{r_0} \qquad \text{mit} \qquad r_0 = \frac{Z_1 Z e^2}{4\pi\varepsilon_0 E_0}. \tag{16.1-1}$$

Die Konstante r_0 ist der Minimalabstand (Umkehrpunkt, Bild 16-1a) für den zentralen Stoß ($\vartheta = 180°$, $b = 0$), bei dem die gesamte kinetische Energie E_0 des gestreuten Teilchens in potentielle Energie im Coulomb-Feld des streuenden Teilchens umgesetzt ist, wie sich durch Vergleich mit (12.3-18) erkennen läßt.

(16.1-1) läßt sich experimentell nicht im Einzelfall prüfen, da in atomaren Dimensionen der zu einem bestimmten Streuwinkel gehörende Stoßparameter b nicht gemessen werden kann. Deshalb wird bei Streuversuchen ein statistisches Konzept angewendet: Durch einen im Vergleich zu den Atomdimensionen breiten, gleichmäßigen Teilchenstrahl wird dafür gesorgt, daß alle Stoßparameter (< Strahlradius) gleichmäßig vorkommen (Bild 16-1b). In diesem Fall ist die Winkelverteilung, d.h. die Zahl der in ein Raumwinkelelement $d\Omega = 2\pi \sin\vartheta\, d\vartheta$ (mittlerer Streuwinkel ϑ, Bild 16-2) gestreuten Teilchen eine eindeutige und meßbare Funktion des streuenden Potentials.

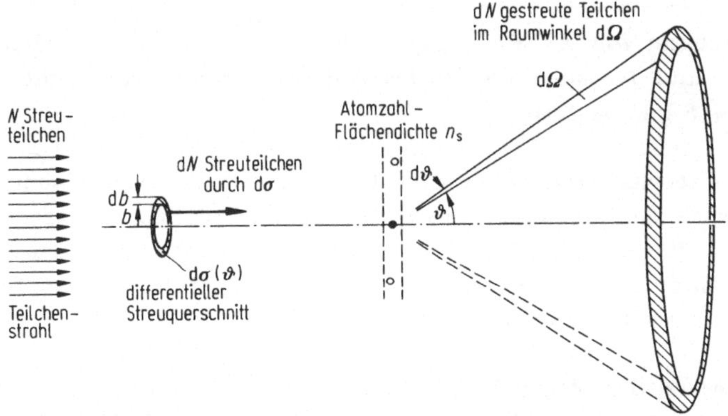

Bild 16-2: Zum Begriff des Streuquerschnittes.

In einen Streuwinkelbereich $d\vartheta$ bei einem mittleren Streuwinkel ϑ werden offensichtlich alle diejenigen Teilchen des primären Strahls gestreut, die ein ringförmiges Flächenstück $d\sigma = 2\pi b\, db$ des Strahlquerschnitts durchsetzen (Bild 16-2). Diese Fläche $d\sigma$ wird differentieller Streuquerschnitt genannt. Aus $b(\vartheta)$ gemäß (16.1-1) erhält man durch Differenzieren nach ϑ den *differentiellen Rutherford-Streuquerschnitt*

$$\boxed{d\sigma(\vartheta) = r_0^2 \frac{d\Omega}{16\sin^4\frac{\vartheta}{2}} = \left(\frac{Z_1 Z e^2}{4\pi\varepsilon_0 E_0}\right)^2 \frac{d\Omega}{16\sin^4\frac{\vartheta}{2}}}\,. \tag{16.1-2}$$

(16.1-2) ist hier in klassischer Rechnung für das reine, punktsymmetrische Coulomb-Potential des Atomkerns gewonnen worden. Das gleiche Ergebnis liefert die erste Näherung der quantenmechanischen Rechnung ("1. Bornsche Näherung"), die hier nicht dargestellt wird. Eine Einschränkung der Gültigkeit besteht ferner darin, daß die Abschirmung des Coulomb-Potentials des streuenden Atomkerns durch die Elektronenhülle nicht berücksichtigt ist. Diese macht sich vor allem in den Randbereichen des Atoms bemerkbar, also bei großen Stoßparametern b, d.h. nach (16.1-1) bei kleinen Streuwinkeln ϑ.

Bei Streuversuchen wird meistens nicht an einzelnen Atomen gestreut, sondern z.B. an dünnen Schichten mit einer Flächendichte n_s der Atome in der Schicht. Wegen der im Vergleich zur Atomgröße sehr geringen Kerngröße überdecken sich die Streuquerschnitte der Atomkerne in dünnen Schichten nur sehr selten. In großer Entfernung von der streuenden Schicht summieren sich dann die Streuintensitäten entsprechend der Zahl der streuenden Atomkerne. Ist N die Zahl der auf die streuende Schicht fallenden Streuteilchen, so ergibt sich aus (16.1-2) für die Zahl der in den Raumwinkel $\mathrm{d}\Omega$ gestreuten Teilchen $\mathrm{d}N$ die *Rutherfordsche Streuformel*

$$\boxed{\frac{\mathrm{d}N}{\mathrm{d}\Omega} = N n_s \left(\frac{Z_1 Z e^2}{4\pi\varepsilon_0 E_0}\right)^2 \frac{1}{16 \sin^4 \frac{\vartheta}{2}}} \,. \tag{16.1-3}$$

Bei der Streuung von α-Teilchen an Folien aus verschiedenen Metallen fanden Geiger und Marsden die Rutherford-Streuformel für nicht zu kleine Streuwinkel ϑ gut bestätigt.

Bei hohen Energien können die Streuteilchen dem Atomkern sehr nahe und in den Bereich der Kernkräfte kommen. Dann wird das Kraftgesetz verändert und die Rutherford-Streuformel gilt nicht mehr. Der Kernradius kann daher mit Hilfe von (16.1-1) aus der Energie ermittelt werden, bei der bei Streuwinkeln $\vartheta \approx 180^\circ$ zuerst Abweichungen von (16.1-3) beobachtet werden.

Zur Erläuterung des *Rutherfordschen Planetenmodells* des Atoms werde als einfachstes das Wasserstoffatom ($Z = 1$) betrachtet (Bild 16-3). Der Kern des Wasserstoffatoms besteht aus einem einzelnen Proton der Masse $m_p = 1{,}672623 \cdot 10^{-27}$ kg (vgl. 17.1) und der Ladung $+e$. Die Elektronenhülle enthält ein Elektron (Ladung $-e$). Die elektrostatische Wechselwirkung zwischen Elektron und Kern ergibt mit (12.1-1) als Radius r der Kreisbahn des Elektrons mit der Geschwindigkeit v

$$r = \frac{e^2}{4\pi\varepsilon_0 m_e v^2} \,. \tag{16.1-4}$$

Die Gesamtenergie des Elektrons auf einer Kreisbahn ergibt sich aus der kinetischen Energie E_k des Elektrons und seiner potentiellen Energie E_p im Feld des Protons aus (12.3-18) mit $Q = e$ in gleicher Weise wie bei der Gravitation (11.5-17) zu

$$E = E_k + E_p = \frac{1}{2} E_p = -\frac{1}{2} \frac{e^2}{4\pi\varepsilon_0 r} \,. \tag{16.1-5}$$

Nach der klassischen Mechanik ist jeder Bahnradius (16.1-4) und damit jeder Wert der Gesamtenergie (16.1-5) des Atoms <0 möglich (Bild 16-3b; vgl. auch Bild 11-10). Dies führt jedoch zu Widersprüchen hinsichtlich der beobachteten Existenz diskreter, stationärer Energiezustände (siehe 20.4), sowie hinsichtlich der Stabilität der Atome: Positiver Atomkern und umlaufendes Elektron bilden einen periodisch zeitveränderlichen elektrischen Dipol, der nach den Gesetzen der Elektrodynamik (siehe 19) elektromagnetische Wellen abstrahlt, damit dem Atom Energie entzieht und so zu einer stetigen Annäherung des Elektrons an den Kern führt. Die Durchrechnung ergibt einen "Zusammenbruch" des Atoms in ca. 10^{-8} s. Das Rutherfordsche Atommodell ist daher nicht ausreichend.

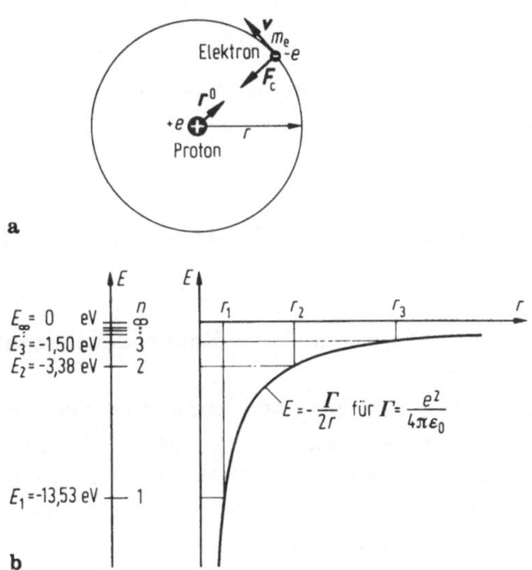

Bild 16-3: Zum Rutherford-Bohrschen Modell des Wasserstoffatoms: **a** Elektronenkreisbahn und **b** Gesamtenergie.

Bohrsches Modell des Atoms

Niels Bohr hat das Rutherfordsche Planetenmodell des Atoms weiter entwickelt und dessen Unzulänglichkeiten dadurch zu beseitigen versucht, daß er annahm, daß die oben genannten, zu Widersprüchen führenden Gesetze der klassischen Makrophysik für das Mikrosystem des Atoms nicht gelten. So postulierte er die Existenz *diskreter, strahlungsfreier Bahnen* im Atom, als deren Auswahlprinzip er für das *Phasenintegral* $\oint p\,\mathrm{d}q$ die Quantenbedingung (*1. Bohrsches Postulat*)

$$\boxed{\oint p\,\mathrm{d}q = nh \quad \text{mit } n = 1, 2, 3, \ldots} \qquad (16.1\text{-}6)$$

fand. Hierin bedeuten $p = m_e v$ den Impuls des Elektrons und $q = r$ seine Ortskoordinate. h ist das Plancksche Wirkungsquantum (Planck-Konstante, siehe 5.2.2).

Anmerkung: Dieselbe Quantenbedingung (16.1-6) stellt auch das Auswahlprinzip für die möglichen Energiewerte des quantenmechanischen harmonischen Oszillators (5.2.2) dar.

Für Kreisbahnen folgt aus (16.1-6) für den Drehimpuls des Elektrons

$$\boxed{L = m_e v_n r_n = n \frac{h}{2\pi} = n\hbar} \; . \qquad (16.1\text{-}7)$$

Das 1. Bohrsche Postulat stellt also eine *Drehimpulsquantelung* dar (vgl. 7.3). Die genauere Quantenmechanik liefert eine ähnliche, nur für kleinere n abweichende Beziehung. Mit (16.1-4) folgt daraus für die möglichen Kreisbahnradien

$$r_n = \frac{4\pi\varepsilon_0 \hbar^2}{m_e e^2} n^2 \; . \qquad (16.1\text{-}8)$$

Für $n = 1$ erhält man den Radius des Wasserstoff-Atoms im Grundzustand, den sog. Bohrschen Radius

$$r_1 = a_0 = (0{,}529177249 \pm 0{,}000000024) \cdot 10^{-10}\ \text{m} \; . \qquad (16.1\text{-}9)$$

Aus (16.1-5) und (16.1-8) folgt schließlich für die *stationären Energiezustände des Wasserstoff-Atoms* nach Bohr

$$\boxed{E_n = -\frac{m_e e^4}{8\varepsilon_0^2 h^2} \cdot \frac{1}{n^2}} \quad (n = 1, 2, 3, \ldots;\ \text{Hauptquantenzahl}) \; . \qquad (16.1\text{-}10)$$

Die gleichen Energiewerte ergeben sich auch aus der Quantentheorie (als Eigenwerte der Schrödinger-Gleichung, vgl. 25.3). Da genaugenommen das Elektron sich nicht um den Kern, sondern um das Massenzentrum (siehe 6.1) des Systems Elektron-Kern bewegt, muß die Elektronenmasse $m_e = 9{,}1093897 \cdot 10^{-31}$ kg in (16.1-10) durch die reduzierte Masse (6.3-16) von Kern und Elektron ersetzt werden, im Falle des Wasserstoff-Atoms:

$$m_e \rightarrow \frac{m_e}{1 + m_e/m_p} = 0{,}9994557\ m_e \; . \qquad (16.1\text{-}11)$$

Die im Rutherfordschen Atommodell beliebigen, kontinuierlich verteilten "erlaubten" Energiewerte werden also im Bohrschen Atommodell mit Hilfe einer Drehimpulsquantelung auf bestimmte, diskrete Energieterme gemäß (16.1-10) eingeschränkt, die stationär und nicht strahlend sind. Das Energieschema eines Atoms ("Termschema") läßt sich daher durch Markierung der "erlaubten" Energiewerte auf der Energieskala darstellen (Bild 16-3).
Anmerkung: Ein gewisses anschauliches Verständnis für das Auftreten der Drehimpulsquantelung wird sich bei der Behandlung der Welleneigenschaften von Elektronen (Materiewellen, siehe 25.2) ergeben.

Eine weitere Annahme von Bohr betrifft den Übergang des Atoms von einem Energiezustand in einen anderen. Analog zur Beschreibung des Verhaltens mikroskopischer harmonischer Oszillatoren (siehe 5.2.2) in der zeitlich vorangegangenen Planckschen Strahlungstheorie (1900, siehe 20.2) postulierte Bohr, daß ein solcher Übergang nur zwischen stationären Energiezuständen E_m und E_n möglich ist, wobei die Energiedifferenz $\Delta E = E_m - E_n$ je nach Richtung des Übergangs absorbiert oder emittiert wird. Die Absorption kann z.B. aus einem äußeren elektromagnetischen Strahlungsfeld erfolgen, wobei die Energie des Atoms erhöht wird (das Atom wird "angeregt"). Umgekehrt kann ein "angeregtes" Atom durch Emission von elektromagnetischer Strahlung der Frequenz ν in einen Zustand geringerer Energie übergehen. Beide Fälle werden durch die Bedingung (*2. Bohrsches Postulat, Bohrsche Frequenzbedingung*)

$$\boxed{\Delta E = E_m - E_n = h\nu} \tag{16.1-12}$$

beschrieben (weiteres siehe 20.4 und 20.5).

Der Erfolg des Bohrschen Atommodells zeigte sich in der außerordentlich genauen Übereinstimmung der aus den Bohrschen Postulaten berechneten Emissions- und Absorptionsfrequenzen mit den experimentell beobachteten Spektren des Wasserstoffs (20.4). Auch wasserstoffähnliche Systeme (ein- bzw. mehrfach ionisierte Atome der Kernladungszahl Z mit einem einzigen Elektron in der Hülle) lassen sich in analoger Weise aus (16.1-10) berechnen, wenn die erhöhte Kernladung durch einen zusätzlichen Faktor Z^2 im Zähler berücksichtigt wird. Mehrelektronensysteme lassen sich dagegen durch das Bohrsche Modell nicht mehr beschreiben. Sommerfeld versuchte, das Bohrsche Atommodell durch Annahme von (wiederum diskreten) Ellipsenbahnen der Elektronen zu erweitern. Danach sollten zu jeder Energie E_n mehrere Ellipsenbahnen gleicher Hauptachsenlänge, aber mit unterschiedlicher Nebenachsenlänge und daher mit unterschiedlichem Drehimpuls (Bild 11-12) erlaubt sein. Das Auswahlprinzip ist wiederum die Drehimpulsquantelung entsprechend (16.1-7). Das liefert eine weitere Quantenzahl, die Neben- oder Drehimpulsquantenzahl. Ihre nach diesem Modell möglichen Werte stimmten jedoch nicht mit den spektroskopischen Daten überein.

Trotz des Erfolges des Bohrschen Atommodells hinsichtlich der wasserstoffähnlichen Systeme ist der Begriff der Elektronen"bahn" im Bohrschen Sinne aber nicht aufrecht zu erhalten. Er würde nämlich eine Lokalisierung des Elektrons zumindest im Bereich des Atoms (ca. 10^{-10} m) erfordern. Aus der Heisenbergschen Unschärferelation (vgl. 25.1) läßt sich dann eine Mindest-Impulsunschärfe und daraus wiederum eine Energieunschärfe berechnen, die in der gleichen Größenordnung liegt wie die sich aus (16.1-5) ergebenden Energiewerte des Atoms. Der Begriff einer Elektronenbahn im Atom mit definiertem Ort und Impuls des Elektrons verliert daher jeglichen Sinn.

Quantenzahlen

Das heutige *wellenmechanische* oder *quantenmechanische Atommodell* nach Schrödinger bzw. Heisenberg setzt an die Stelle des Bahnbegriffs die (komplexe) Zustands- oder *Wellenfunktion* Ψ des Elektrons, auf die später bei der Behandlung der Materiewellen nochmals eingegangen werden wird (vgl. 25). Das Betragsquadrat der Ψ-Funktion kann als Dichte der *Aufenthaltswahrscheinlichkeit* des Elektrons gedeutet werden kann. Die Wellenfunktion erhält man als Lösung der *Schrödinger-Gleichung* des betrachteten atomaren Systems (vgl. 25.3), die auch die zugehörigen Energieniveaus als Eigenwerte liefert. Wegen des erheblichen mathematischen Aufwandes kann darauf in diesem Rahmen nicht im einzelnen eingegangen werden. Die Lösungsfunktionen der Schrödinger-Gleichung enthalten die Quantenzahlen n, l und m als Parameter, die unterschiedliche Elektronen-Zustände beschreiben. Die räumliche Verteilung der Aufenthaltswahrscheinlichkeits-Amplitude der Elektronen im Atom (nicht ganz korrekt auch "Elektronenwolke" genannt) läßt sich durch sog. *Orbitale* darstellen. Sie zeigt für unterschiedliche Quantenzahl-Kombinationen ganz verschiedene Symmetrien.

n wurde bereits als *Hauptquantenzahl* eingeführt und bestimmt beim Wasserstoff-Atom die Eigenwerte der Energie (Bindungsenergie des Elektrons je nach Anregungszustand)

$$E_n = -\frac{m_e e^4}{8\varepsilon_0^2 h^2} \cdot \frac{1}{n^2} = \frac{E_1}{n^2} \qquad \text{(vgl. (16.1-10))}$$

mit dem Wertevorrat

$$n = 1, 2, 3, \ldots, \infty,$$

ein Ergebnis, das auch aus der Bohrschen Rechnung (16.1-10) erhalten wurde. Bei Mehrelektronenatomen hängen die Energieniveaus auch von den anderen Quantenzahlen ab.

Die *Neben-* oder *Drehimpulsquantenzahl* l bestimmt den Betrag des gequantelten Bahndrehimpulses L eines Elektronenzustandes

$$\boxed{L = \sqrt{l(l+1)}\,\hbar}\,, \qquad (16.1\text{-}13)$$

wobei seine maximale Komponente in einer physikalisch ausgezeichneten Richtung (etwa durch ein Magnetfeld z. B. in z-Richtung definiert) durch

$$L_{z,\max} = l\hbar \qquad (16.1\text{-}14)$$

mit dem Wertevorrat

$$l = 0, 1, 2, 3, \ldots, (n-1)$$

(d.h. n mögliche Werte) gegeben ist. Da der Betrag des Drehimpulses $\boldsymbol{L}$ nach (16.1-13) stets etwas größer als L_z ist, bildet der Drehimpulsvektor $\boldsymbol{L}$ einen Winkel φ mit der physikalisch ausgezeichneten Richtung (Bild 16-4 a). Dieser Winkel kann verschiedene Werte annehmen (Richtungsquantelung, siehe unten).

Die *magnetische Quantenzahl* m legt die gequantelte Orientierung des Bahndrehimpulses hinsichtlich einer physikalisch vorgegebenen Richtung fest, indem seine Projektion auf die ausgezeichnete Raumrichtung z wiederum nur Beträge

$$L_z = m\hbar \qquad (16.1\text{-}15)$$

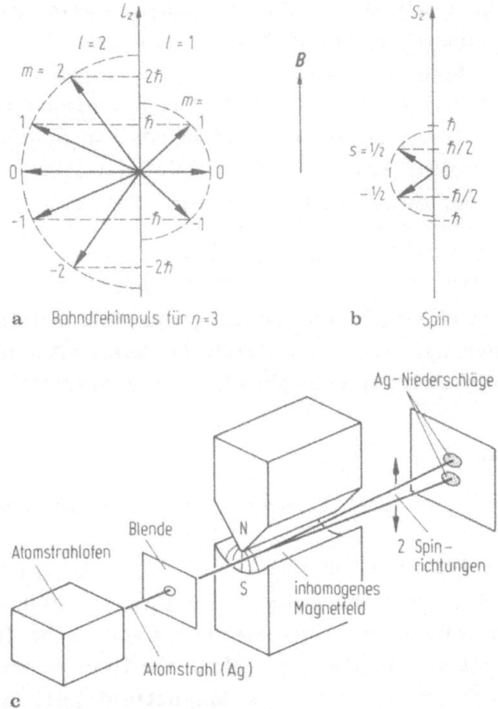

Bild 16-4: Richtungsquantelung: Mögliche Orientierungen **a** des Bahndrehimpulses $\boldsymbol{L}$ für $n = 3$ und **b** des Eigendrehimpulses $\boldsymbol{S}$ des Elektrons (Spin) zu einer physikalisch ausgezeichneten Richtung (Magnetfeld $\boldsymbol{B}$). **c** Schema des Stern-Gerlach-Experimentes zur Richtungsquantelung.

mit dem Wertevorrat

$$m = 0, \pm 1, \pm 2, \ldots, \pm l$$

(d.h. $(2l+1)$ mögliche Werte) annehmen kann: *Richtungsquantelung*. Deren erster experimenteller Nachweis erfolgte durch den Stern-Gerlach-Versuch (siehe unten). Bild 16-4a zeigt die möglichen Orientierungen des Bahndrehimpulses für $n = 3$ in den Fällen $l = 2$ und $l = 1$. Im ferner möglichen Fall $l = 0$ verschwindet der Bahndrehimpuls.

Der Bahndrehimpuls ist mit einem magnetischen Dipolmoment $\boldsymbol{\mu}_L$ verknüpft (magnetomechanischer Parallelismus, siehe 13.4). In einem Magnetfeld wird deshalb ein Drehmoment auf den Bahndrehimpuls ausgeübt, das zu einer Präzession des Drehimpulses um die Feldrichtung und zu einer zusätzlichen potentiellen Energie $E_p = -\boldsymbol{\mu}_L \boldsymbol{B} = -\mu_L B \cos\varphi$ (Tab. 13-1) führt. Je nach Orientierung des Bahndrehimpulses bzw. des damit verbundenen magnetischen Momentes zur Feldrichtung (Bild 16-4) haben daher die durch unterschiedliche Quantenzahlen gekennzeichneten Elektronenzustände etwas unterschiedliche Energien im Magnetfeld: Mit zunehmender Magnetfeldstärke $\boldsymbol{H}$ bzw. Flußdichte $\boldsymbol{B}$ spalten Energiezustände gleicher Hauptquantenzahl n auf in mehrere Energieniveaus, deren Anzahl durch den Wertevorrat der magnetischen Quantenzahl m gegeben ist.

Eine weitere Eigenschaft des Elektrons neben Masse und Ladung ist sein *Eigendrehimpuls* oder *Spin*, der sich nicht auf eine Bahnbewegung zurückführen läßt. Der Spin des Elektrons wurde zunächst hypothetisch von Goudsmit und Uhlenbeck (1925) zur Erklärung der Feinstruktur der Spektrallinien eingeführt. Diese Eigenschaft wird in der Schrödinger-Gleichung nicht berücksichtigt, sondern erst in deren relativistischer Verallgemeinerung (z.B. nach Dirac). Der Betrag des Spinvektors $\boldsymbol{S}$ ist analog zu (16.1-13)

$$\boxed{S = \sqrt{l_s(l_s+1)}\,\hbar = \frac{\sqrt{3}}{2}\,\hbar \quad \text{mit} \quad l_s = \frac{1}{2}} \;. \qquad (16.1\text{-}16)$$

Der Spin unterliegt ebenfalls der Richtungsquantelung (Bild 16-4 b). Er kann zwei Orientierungen annehmen, die durch die *Spinquantenzahl* s beschrieben werden. Seine Projektion auf eine physikalisch ausgezeichnete Richtung z ist durch

$$S_z = s\,\hbar \quad \text{mit} \quad s = \pm\,\frac{1}{2}\;. \qquad (16.1\text{-}17)$$

gegeben. Tab. 16-1 gibt eine Übersicht über die verschiedenen Quantenbedingungen.

Auch der Spin des Elektrons ist mit einem magnetischen Dipolmoment verknüpft (Bohrsches Magneton, siehe 14.3). Dies ermöglichte den Nachweis der Richtungsquantelung im *Stern-Gerlach-Experiment* (1921; Bild 14-4 c): Aus einem Ofen mit verdampfendem Silber wird ein Atomstrahl ausgeblendet und quer durch ein inhomogenes Magnetfeld geschossen. Infolge der Kraft auf einen magnetischen Dipol im inhomogenen Feld (Tab. 13-1) werden die Atome je nach der Orientierung ihres magnetischen Moments und des damit gekoppelten Drehimpulses zum Feld in Feldrichtung unterschiedlich abgelenkt. Statt der bei statistischer Orientierung zu erwartenden diffusen Aufweitung des Silberniederschlags auf einer in den Strahl gestellten Glasplatte wurden zwei relativ scharfe Niederschlagsflecke beobachtet, sodaß hier offenbar nur zwei diskrete Orientierungen des Drehimpulses im Magnetfeld auftreten: Richtungsquantelung des Spins des Elektrons auf der äußersten Schale des Silberatoms gemäß Bild 16-4 b. (Der Bahndrehimpuls dieses Elektrons verschwindet, da hierfür $l = 0$ ist. Alle anderen Bahndrehimpulse und Spins der Hüllenelektronen des Silberatoms kompensieren sich paarweise.)

Elektronenschalen-Aufbau des Atoms

Das *Periodische System der Elemente* in der Chemie stellt ein Schema dar, in dem die chemischen Elemente nach steigender Ordnungszahl Z so angeordnet werden, daß chemisch sich ähnlich verhaltende Elemente in Spalten untereinander stehen. Der Aufbau dieses Schemas wird durch die Struktur der Elektronenhülle der verschiedenen Elemente erklärbar. Hierzu führte Pauli 1925 das folgende Ausschließungsprinzip ein:

Pauli-Prinzip:

> Ein durch eine räumliche Wellenfunktion mit einer gegebenen Kombination von Quantenzahlen n, l und m sowie durch eine Spinquantenzahl s

Tabelle 16-1: Quantenbedingungen für das H-Atom.

Energiequantelung:	**Bahndrehimpulsquantelung:**	**Eigendrehimpulsquantelung des Elektrons (Spin)**
$E_n = -\frac{m_e e^4}{8\varepsilon_0^2 h^2} \cdot \frac{1}{n^2}$	$L = \sqrt{l(l+1)}\ \hbar$	$S = \sqrt{l_s(l_s+1)}\ \hbar = \frac{\sqrt{3}}{2}\hbar$
Hauptquantenzahl: $n = 1, 2, 3, \ldots, \infty$	Für physikal. ausgezeichnete Richtung z gilt: $L_z = l\hbar$	$S_z = l_z\ \hbar$
Termschema: 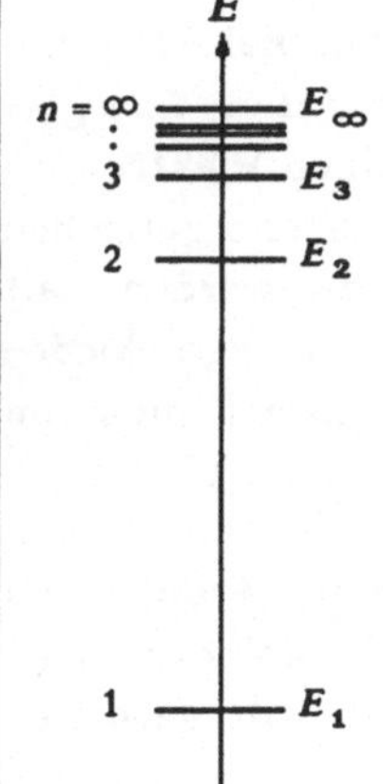	Drehimpuls-/Nebenquantenzahl: $l = 0, 1, 2, \ldots, (n-1)$ Wertevorrat: n	Spinquantenzahl: $l_s = \frac{1}{2}$ Wertevorrat: 1
	Maximale Drehimpulskomponente in z-Richtung: $L_{z,max} = (n-1)\hbar$	$S_{z,max} = \frac{1}{2}\hbar$
	Richtungsquantelung für Bahndrehimpuls:	**Richtungsquantelung für Spin:**
	$L_z = m\hbar$	$S_z = s\hbar$
	Magnet. Quantenzahl: $m = 0, \pm 1, \pm 2, \ldots, \pm l$ Wertevorrat: $2l+1$	Magnet. Spinquantenzahl: $s = \pm\frac{1}{2}$ Wertevorrat: 2

Magnetomechanischer Parallelismus für magnetisches Moment μ_L und Bahndrehimpuls L:

$$\mu_L = -\gamma L$$

Gyromagnetisches Verhältnis des Elektrons:

$$\gamma = \frac{e}{2m_e}$$

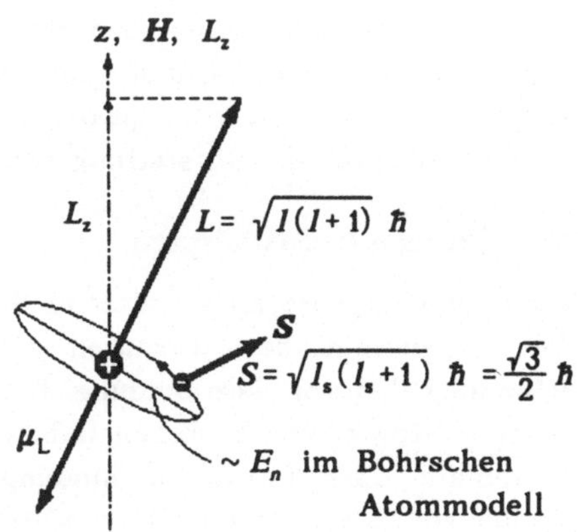

charakterisierter Quantenzustand in einem Atom kann höchstens durch *ein* Teilchen besetzt werden.

Danach müssen sich alle Elektronen eines Atoms voneinander um mindestens eine der vier Quantenzahlen unterscheiden. Aufgrund der oben genannten Wertevorräte für die verschiedenen Quantenzahlen läßt sich für jede Hauptquantenzahl n eine Anzahl von $2n^2$ verschiedenen Quantenzahlkombinationen angeben. Jeder Zustand n kann also maximal $2n^2$ Elektronen aufnehmen. Das System von Elektronen mit der gleichen Hauptquantenzahl n wird *Elektronenschale* genannt. Diese wiederum gliedern sich in Unterschalen, deren Elektronen die gleiche Nebenquantenzahl l aufweisen.

In einem Atom der Ordnungszahl Z (= Kernladungszahl = Hüllenelektronenzahl) nehmen die Elektronen im Grundzustand die niedrigsten Energiezustände ein. Mit steigender Ordnungszahl werden die einzelnen Elektronenschalen aufgefüllt. Ab $n=3$ bleiben einige Unterschalen aus energetischen Gründen zunächst frei, um erst bei höheren Z aufgefüllt zu werden. Mit zunehmendem Z ergeben sich die Elektronenkonfigurationen der verschiedenen Atome des periodischen Systems der Elemente, die hier jedoch nicht im einzelnen besprochen werden sollen.

Chemische Bindungsvorgänge zwischen zwei oder mehreren Atomen zu *Molekülen* spielen sich in den äußersten Elektronenschalen ab, die noch Elektronen enthalten: *Valenzelektronen.* Dabei zeigen Atome mit voll gefüllten (abgeschlossenen) äußeren Elektronenschalen eine besonders hohe Energie zum Abtrennen eines Valenzelektrons (Ionisierungsenergie). Sie sind daher stabil und chemisch inaktiv (z.B. Edelgase). Valenzelektronenschalen, die nur ein oder zwei Elektronen enthalten, oder denen nur ein oder zwei Elektronen zur abgeschlossenen Schale fehlen, sind dagegen chemisch besonders aktiv. Bei der chemischen Bindung zweier Atome werden meist abgeschlossene Elektronenschalen dadurch erreicht, daß z.B. Valenzelektronen von einem Atom abgegeben und vom anderen aufgenommen werden (*Ionenbindung*), oder daß Elektronenpaare beiden Atomen gemeinsam angehören (*Atombindung*). Auf die Darstellung von Einzelheiten wird hier verzichtet.

16.1.2 Elektronen in Festkörpern

Dieselben Bindungsarten, die zu Molekülen führen, können auch makroskopische raumperiodische Strukturen erzeugen: kristalline Festkörper. Die Ionenbindung (heteropolare Bindung) führt zu *Ionenkristallen,* die aus mindestens zwei Atomsorten bestehen (z.B. NaCl, CaF_2, MgO). Die Atombindung (homöopolare oder kovalente Bindung) liegt z.B. bei nichtmetallischen Kristallen vor, die nur aus einer einzigen Atomsorte bestehen (*kovalente Kristalle,* z.B. B, C, Si, P, As, S, Se).

Zusätzlich können bei Festkörpern noch weitere Bindungsarten auftreten. Dipolkräfte zwischen permanenten oder induzierten elektrischen Dipolmomenten der beteiligten Atome oder Moleküle (van-der-Waals-Kräfte) führen zu *van-der-Waals-Kristallen* (z.B. bei sehr tiefen Temperaturen auftretende feste Edelgase, oder Molekülgitterkristalle wie fester Wasserstoff oder alle Kristalle organischer Verbindungen).

Atome, die nur wenige Valenzelektronen in der äußersten Schale haben (z.B. Na, K, Mg, Ca und andere Metalle), lassen sich bis zur "Berührung" der inneren abgeschlossenen Schalen zusammenbringen. Die Bereiche der maximalen Aufenthaltswahrscheinlichkeit der Valenzelektronen überlappen sich dann so stark, daß die Valenzelektronen nicht mehr einem bestimmten Atom zuzuordnen sind. Sie gehören allen Gitterionen gemeinsam an ("*freies Elektronengas*") und können sich im Metall quasi frei bewegen: *Metallische Leitfähigkeit*. Die Bindung der sich abstoßenden Gitterionen durch die freien Elektronen (*metallische Bindung*) ähnelt der kovalenten Bindung, ist jedoch nicht lokalisiert.

Energiebändermodell des Festkörpers

Das Energietermschema eines einzelnen Atoms weist scharf definierte Terme auf (Bild 16-3 Mitte). Im Festkörper (Kristall) beeinflussen sich die Elektronen benachbarter Atome gegenseitig, die Festkörperatome stellen gekoppelte Systeme dar. Bei den Schwingungen haben wir kennengelernt, daß N gleiche Schwingungssysteme auf eine Kopplung in der Weise reagieren, daß die Eigenfrequenz in $3N$ Eigenfrequenzen aufspaltet (siehe 5.6.2), wobei die Aufspaltung zwischen zwei benachbarten Frequenzen umso größer ist, je stärker die Kopplung zwischen den Oszillatoren ist (Bild 5-27).

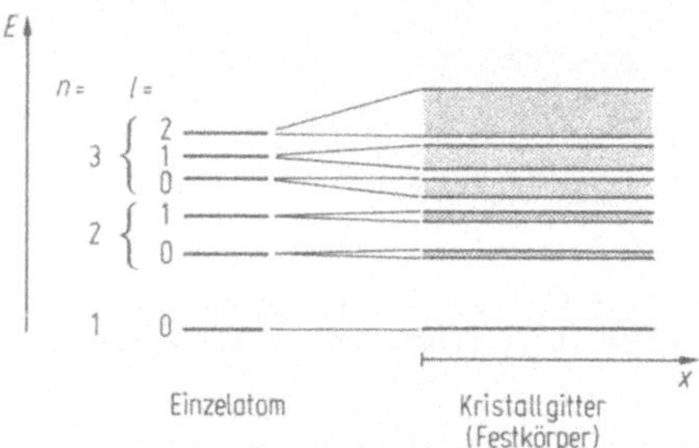

Bild 16-5: Übergang von diskreten Energieniveaus eines einzelnen Atoms zu Energiebändern im Festkörper (Kristallgitter).

Ein dazu analoges Verhalten zeigen die diskreten Eigenenergien der Atome. Bei der Kopplung von N Atomen im Festkörper spalten die Energieterme der Atome in sehr viele (N ist bei einer Stoffmenge von 1 mol von der Größenordnung 10^{23}!) benachbarte Energiewerte auf, die bei einem Festkörper von makroskopischer Größe praktisch beliebig dicht liegen: Es entstehen quasikontinuierliche *Energiebänder* (Bild 16-5). Für die Diskussion elektrischer Leitungsphänomene wird oft horizontal noch eine Ortskoordinate aufgetragen.

Da die höheren Energieniveaus des Atoms zu weiter außen liegenden Bereichen der Elektronenhülle gehören, die die Kopplung mit den Nachbaratomen stärker spüren, als die zu inneren Elektronenschalen gehörenden, tiefer liegenden Energieniveaus, werden die höheren Niveaus (höhere Quantenzahlen) zu breiteren Energiebändern aufgespalten. Die Aufspaltung der Energieniveaus von ganz innen liegenden Elektronenschalen (niedrige Quantenzahlen) bleibt insbesondere bei Atomen mit höherer Ordnungszahl Z gering. Dies ist wichtig bei der Anregung atomspezifischer, charakteristischer Röntgenstrahlung (siehe 19.1).

Die Elektronen des Festkörpers besetzen Energiezustände innerhalb der Energiebänder. Die Energiebänder sind durch sog. "verbotene Zonen" (Energielücken) voneinander getrennt sind. Entsprechend der Zahl der vorhandenen Elektronen (Z für jedes Atom) sind bei einem nicht angeregten Festkörper die unteren Energiebänder mit Elektronen vollständig gefüllt. In vielen Fällen, z.B. bei den Ionenkristallen, sind die äußersten, die Valenzelektronen enthaltenden Schalen der Gitterbausteine (Ionen) voll besetzt (damit wird ja gerade die Bindung erreicht). Das überträgt sich auf die Energiebänder: Das oberste, noch Elektronen enthaltende Band ist voll besetzt: *Valenzband.* Das nächsthöhere Band ist leer (Bild 16-6). Es wird wegen seiner Bedeutung für elektrische Leitungsvorgänge bei energetischer Anregung (siehe 16.4) *Leitungsband* genannt. Dazwischen liegt eine "verbotene Zone" (Energielücke), in der keine Elektronenzustände vorhanden sind.

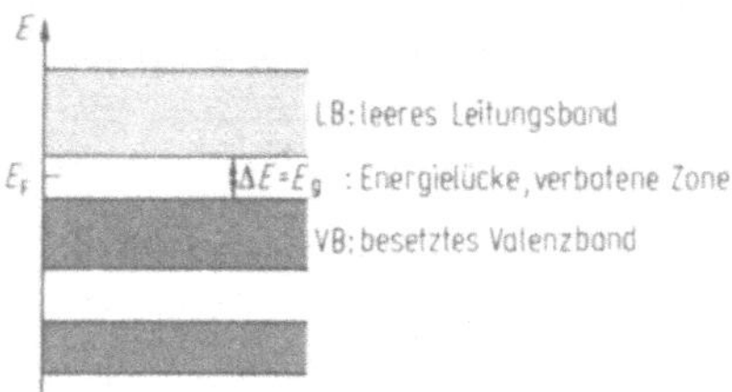

Bild 16-6: Valenzband VB, Leitungsband LB und verbotene Zone $\Delta E = E_g$ im Energiebänderschema eines Festkörpers (Isolator).

Elektronen in vollbesetzten (abgeschlossenen) Schalen bzw. Bändern sind besonders fest an ihre Ionen gebunden, können sich daher auch bei Anlegung eines elektrischen Feldes nicht ohne weiteres bewegen. Die äquivalente Betrachtung im Bändermodell ergibt ebenfalls keine Bewegungsmöglichkeit: Die Aufnahme von Bewegungsenergie würde die Besetzung eines etwas höheren Zustandes im Valenzband erfordern. Diese sind jedoch alle ebenfalls durch Elektronen besetzt, und eine Mehrfachbesetzung von Energiezuständen durch Elektronen ist nach dem Pauli-Verbot (vgl. Pauli-Prinzip, siehe oben) nicht möglich. In einem voll besetzten Energieband können Elektronen daher keine Bewegungsenergie aufnehmen. Ein Festkörper mit einem Bänderschema gemäß Bild 16-6 stellt daher (insbesondere bei $T = 0$ K, vgl. 16.4) einen elektrischen Isolator dar.

In einem Metallkristall (z.B. Elemente der 1. Gruppe des periodischen Systems) sind dagegen die Valenzelektronen in nicht abgeschlossenen Schalen, das entsprechende Energieband ist nur teilweise gefüllt (Bild 16-7). Wie oben bei der metallischen Bindung diskutiert, sind solche Elektronen nicht mehr an ein bestimmtes Gitterion gebunden, sie sind vielmehr quasifrei beweglich (energetisch allerdings auf die Energiebänder beschränkt). Bei Anlegen eines elektrischen Feldes nehmen sie Bewegungsenergie auf und stellen einen elektrischen Strom dar. Im Bändermodell bedeutet dies, daß sie durch die Energieaufnahme etwas höhere Zustände im vorher unbesetzten Teil des Bandes einnehmen. Metalle sind daher elektrische Leiter. Teilweise unbesetzte Energiebänder können auch dadurch auftreten, daß Valenz- und Leitungsband einander überlappen (z.B. Elemente der 2. Gruppe des periodischen Systems).

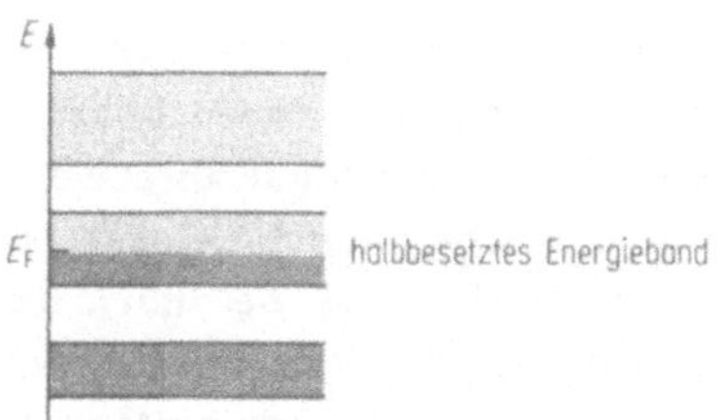

Bild 16-7: Energiebänderschema eines elektrischen Leiters (Metall).

E_F wird ***Fermi-Energie*** oder Fermi-Niveau genannt und kennzeichnet die Grenze zwischen besetztem und unbesetztem Energiebereich. E_F ist eine charakteristische Größe der ***Fermi-Dirac-Verteilungsfunktion***

$$\boxed{f_{FD}(E) = \frac{1}{e^{(E-E_F)/kT}+1}}, \qquad (16.1\text{-}18)$$

die die Wahrscheinlichkeit beschreibt, mit der ein bestimmter Energiezustand mit Elektronen besetzt ist. Die Fermi-Dirac-Statistik gilt für Teilchen mit halbzahligem Spin, zu denen die Elektronen nach (16.1-17) gehören.

Für $T = 0$ K stellt (16.1-18) eine Sprungfunktion dar (*Fermi-Kante* bei $E = E_F$):

$$f_{FD}(E) = \begin{cases} 1 & \text{für } E < E_F \\ 0 & \text{für } E > E_F \end{cases}, \qquad (16.1\text{-}19)$$

d.h. unterhalb der Fermi-Kante sind alle Zustände mit Elektronen besetzt, oberhalb E_F leer (Bild 16-8). Bei Temperaturen $T > 0$ können Elektronen in einem Bereich der Größenordnung kT (k: Boltzmann-Konstante, vgl. 8.2-14) unterhalb der Fermi-Kante thermisch angeregt werden, d.h. ihre Energie erhöht sich um einen Betrag von der Größenordnung kT. Für energetisch tiefer liegende Elektronen ist dies nicht möglich, da sie keine freien Zustände vorfinden. Die Fermi-Kante wird daher mit steigender Temperatur weicher: Die Besetzungswahrscheinlichkeit dicht unterhalb der Fermi-Kante

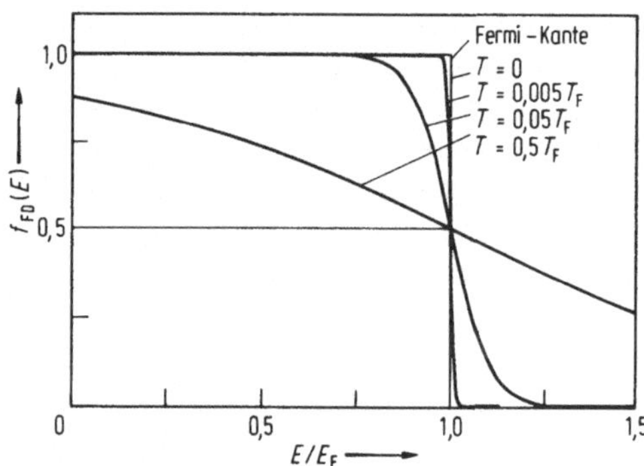

Bild 16-8: Fermi-Dirac-Verteilung der Besetzungswahrscheinlichkeit.

sinkt auf Werte <1, d.h. es sind nicht alle vorhandenen Zustände mit Elektronen besetzt. Die dort fehlenden Elektronen besetzen nun Zustände dicht oberhalb der Fermi-Kante, die Besetzungswahrscheinlichkeit ist jetzt dort >0 (Bild 16-8). Die Breite des Übergangsbereiches ist von der Größenordnung der thermischen Energie kT und bei normalen Temperaturen sehr klein im Vergleich zur Fermi-Energie. Dies ändert sich erst bei Temperaturen T in der Größenordnung der *Fermi-Temperatur*

$$T_F = \frac{E_F}{k}, \qquad (16.1\text{-}20)$$

(vgl. z.B. Bild 16-8 für $T = 0{,}5\ T_F$). Da die Fermi-Temperatur bei Metallen $T_F > 10^4$ K beträgt (Tab. 16-2), tritt dieser Fall bei Festkörpern nicht auf.
Der höherenergetische Teil der Fermi-Dirac-Verteilung (16.1-18) geht in die Boltzmann-Verteilung über (vgl. 8.2-25):

$$f_{FD}(E) \to e^{-(E-E_F)/kT} = f_B(E-E_F) \quad \text{für} \quad (E-E_F) \gg kT\,. \qquad (16.1\text{-}21)$$

Die Fermi-Dirac-Verteilung ist auch gültig für den Fall, daß zwischen besetztem und unbesetztem Bandbereich eine Energielücke auftritt (Bild 16-6). Die Fermi-Kante liegt dann in der Mitte der Energielücke zwischen Valenzband VB und Leitungsband LB.

Tabelle 16-2: Parameter des Fermi-Niveaus von Metallen.

Metall	n	E_F	T_F
	10^{22} cm^{-3}	eV	10^3 K
Li	4,6	4,7	54
Na	2,5	3,1	36
K	1,34	2,1	24
Cu	8,50	7,0	81
Ag	5,76	5,5	64
Au	5,90	5,5	64

16.2 Metallische Leitung

Die elektrischen Leitungseigenschaften der Metalle lassen sich weitgehend durch das Modell des *freien Elektronengases* verstehen. Es beschreibt die Leitungselektronen ähnlich wie die frei beweglichen Moleküle eines Gases. Dabei wird die Wechselwirkung der Leitungselektronen mit den gitterperiodisch angeordneten Atomrümpfen vernachlässigt, es wird lediglich die Begrenzung des metallischen Körpers für die Bewegung der Elektronen berücksichtigt. Wird z.B. ein Würfel der Kantenlänge L (Volumen $V = L^3$) betrachtet, so können im Sinne der Wellenmechanik (siehe 2S) nur solche Wellenfunktionen für die Aufenthaltswahrscheinlichkeit der Elektronen im Würfel existieren, für die in jeder der drei Würfelkantenrichtungen eine ganzzahlige Anzahl von Materiewellenlängen hineinpaßt. Zählt man die Möglichkeiten hierfür ab, so erhält man die Zahl der möglichen Elektronenzustände als Funktion der zugehörigen Energie. Die hier nicht dargestellte Rechnung ergibt für diese *Zustandsdichte*

$$\boxed{Z(E) = \frac{1}{V}\frac{\mathrm{d}N}{\mathrm{d}E} = \frac{1}{2\pi^2}\left(\frac{2m_e}{\hbar^2}\right)^{3/2}\sqrt{E}}\,, \tag{16.2-1}$$

die nur von der Energie der Zustände, nicht aber von der gewählten Geometrie des Metallkörpers abhängt. Sind N Leitungselektronen im Volumen V enthalten, beträgt ihre Dichte also $n = N/V$, so ergibt sich (ohne Rechnung) als energetische Grenze der mit Elektronen besetzten Zustände, also für die *Fermi-Energie* (siehe 16.1)

$$\boxed{E_F = \frac{\hbar^2}{2m_e}\left(3\pi^2 n\right)^{2/3}}\,. \tag{16.2-2}$$

Daraus berechnete Werte für die Fermi-Energie verschiedener Metalle zeigt Tab. 16-2. Die Dichte der besetzten Zustände im Bänderschema (Bild 16-7) ergibt sich nun aus dem Produkt der Zustandsdichte $Z(E)$ nach (16.2-1) und der Fermi-Dirac-Verteilung $f_{FD}(E)$ nach (16.1-18) zu

$$\boxed{Z(E)\,f_{FD}(E) = \frac{1}{2\pi^2}\left(\frac{2m_e}{\hbar^2}\right)^{3/2}\sqrt{E}\,\frac{1}{\mathrm{e}^{(E-E_F)/kT}+1}}\,. \tag{16.2-3}$$

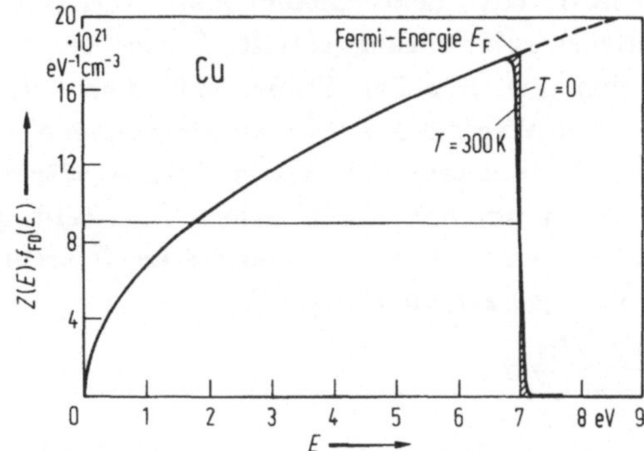

Bild 16-9: Dichte der mit Leitungselektronen besetzten Energiezustände in Kupfer bei T = 300 K.

Bei Zimmertemperatur ist demnach nur ein sehr geringer Anteil der Leitungselektronen thermisch angeregt (Bild 16-9). Das ist auch der Grund dafür, daß das freie Elektronengas im Metall praktisch nicht zu dessen Wärmekapazität beiträgt, obwohl dies vom Gleichverteilungssatz her eigentlich zu erwarten wäre (vgl. 8.6).

Daß sich die Leitungselektronen im Metall etwa wie freie Teilchen verhalten, kann mit dem *Tolman-Versuch* gezeigt werden. Wird ein Metall beschleunigt oder abgebremst (Beschleunigung $\boldsymbol{a}$), so zeigen freie Elektronen träges Verhalten, d.h. hinsichtlich des Metallkörpers als Bezugssystem tritt eine Beschleunigung der Elektronen der Größe $-\boldsymbol{a}$ auf. Der zugehörigen Trägheitskraft $-m_e\boldsymbol{a}$ entspricht eine elektrische Feldstärke $\boldsymbol{E}=m_e\boldsymbol{a}/q$ bzw. eine spezifische Ladung

$$\frac{q}{m_e}=\frac{a}{E}\,. \tag{16.2-4}$$

Tolman hat $\boldsymbol{a}$ und $\boldsymbol{E}$ bei Drehschwingungen eines Metallringes gemessen. Die elektrische Feldstärke $\boldsymbol{E}$ erzeugt dabei einen oszillierenden Ringstrom, dessen magnetisches Wechselfeld induktiv gemessen werden kann. Im Rahmen der Meßgenauigkeit ergab sich dabei die *spezifische Ladung freier Elektronen*

$$\frac{e}{m_e}=(1{,}758\,819\,62\pm0{,}000\,000\,53)\cdot10^{11}\ \mathrm{As\,kg^{-1}}\,, \tag{16.2-5}$$

wie sie im Vakuum durch Versuchsanordnungen gemäß Bild 13-11 bestimmt werden kann. Damit ist nachgewiesen, daß die Ladungsträger des elektrischen Stromes in Metallen quasifreie Elektronen sind.

Klassische Theorie des Elektronengases

Nach Drude und H.A. Lorentz wird die Bewegung der freien Elektronen im Metall wie die Bewegung der Moleküle eines Gases behandelt. Die Leitungselektronen bewegen sich statistisch ungeordnet, tauschen durch Stöße Energie und Impuls mit dem Kristallgitter aus und nehmen daher dessen Temperatur T an. Bei Anlegen eines elektrischen Feldes $\boldsymbol{E}$ erhalten sie eine Beschleunigung $\boldsymbol{a}=-e\boldsymbol{E}/m_e$, die ihnen in der Zeit τ zwischen zwei unelastischen Zusammenstößen mit dem Gitter eine Geschwindigkeit $\boldsymbol{v}_E=\boldsymbol{a}\tau=-e\tau\boldsymbol{E}/m_e$ in (negativer) Feldrichtung erteilt. Ferner sei angenommen, daß die Elektronen bei den unelastischen Stößen mit dem Gitter alle im Feld auf der mittleren freien Weglänge $l_c=\bar{v}\tau$ aufgenommene Energie als Gitterschwingungsenergie (Phononen), d.h. als Joulesche Wärme an das Gitter abgeben und nach jedem solcher Stöße erneut im Feld starten müssen. Dann ergibt sich als mittlere, durch die Feldstärke $\boldsymbol{E}$ verursachte *Driftgeschwindigkeit* der Leitungselektronen (vgl. 12.6)

$$\boldsymbol{v}_D=-\frac{1}{2}\tau\frac{e}{m_e}\boldsymbol{E}=-\frac{e\,l_c}{2m_e\bar{v}}\boldsymbol{E}\,. \tag{16.2-6}$$

Die Driftgeschwindigkeit $\boldsymbol{v}_D$ überlagert sich der viel höheren thermischen Geschwindigkeit $\bar{v}$, jedoch führt nur $\boldsymbol{v}_D$ zu einem resultierenden elektrischen

Strom. (16.2-6) hat die Form der Definitionsgleichung (15.1-8) bzw. (15.1-9) der Beweglichkeit. Durch Vergleich erhält man für die *Beweglichkeit* der Elektronen

$$\mu_e = \frac{1}{2}\tau\frac{e}{m_e} = \frac{e\,l_c}{2m_e\bar{v}} . \tag{16.2-7}$$

Der Zusammenhang (15.1-7) zwischen Stromdichte J und Driftgeschwindigkeit liefert schließlich mit (16.2-6)

$$\boxed{J = \frac{1}{2}\tau\frac{ne^2}{m_e}E = \frac{ne^2 l_c}{2m_e\bar{v}}E} . \tag{16.2-8}$$

Für Metalle ist $v_D \ll \bar{v}$ (siehe 12.6), sodaß $\bar{v}$ bei konstanter Temperatur durch das Anlegen des Feldes praktisch nicht geändert wird. Auch die anderen Faktoren vor der Feldstärke sind von E unabhängig. Damit stellt (16.2-8) das aus dem Drude-Lorentz-Modell hergeleitete *Ohmsche Gesetz* dar. Durch Vergleich mit (15.1-6) ergibt sich für die *elektrische Leitfähigkeit*

$$\gamma = \frac{1}{\rho_R} = \frac{1}{2}\tau\frac{ne^2}{m_e} = \frac{ne^2 l_c}{2m_e\bar{v}} . \tag{16.2-9}$$

Anmerkung: Bei der elektrischen Leitung in verdünnten, ionisierten Gasen (16.6) kann v_D in die Größenordnung der mittleren thermischen Geschwindigkeit $\bar{v}$ kommen, sodaß diese durch E verändert wird. Dann treten Abweichungen vom Ohmschen Gesetz auf.

Es liegt nahe anzunehmen, daß die besonders große Wärmeleitfähigkeit der Metalle ebenfalls auf das freie Elektronengas zurückzuführen ist. Wir können dazu die Beziehung für die Wärmeleitfähigkeit einatomiger Gase (9.3-7) übernehmen:

$$\lambda = \frac{1}{2}k\bar{v}n\,l_c . \tag{16.2-10}$$

Bilden wir nun den Quotienten λ/γ und setzen gemäß (8.3-2) $m\bar{v}^2 \approx 3kT$, so erhalten wir das von Wiedemann und Franz 1853 empirisch gefundene, von Lorenz 1872 ergänzte Gesetz (*Wiedemann-Franzsches Gesetz*):

$$\boxed{\frac{\lambda}{\gamma} = LT} \quad \text{mit} \quad L = \frac{3k^2}{e^2} . \tag{16.2-11}$$

Die korrektere Berechnung unter Berücksichtigung der Fermi-Dirac-Verteilung (16.1-18) bzw. (16.2-3) liefert für die Konstante L (Sommerfeld 1928) einen nur wenig anderen Zahlenwert für alle Metalle und Temperaturen weit oberhalb der Debye-Temperatur Θ_D (charakteristischer Parameter der Debyeschen Theorie der spezifischen Wärmekapazität von Festkörpern, die hier nicht erläutert werden kann)

$$L = \frac{\pi^2 k^2}{3e^2} = 2{,}45 \cdot 10^{-8}\ \mathrm{V^2 K^{-2}} . \tag{16.2-12}$$

Experimentelle Werte liegen bei 2,2 bis $2{,}6 \cdot 10^{-8}\ \mathrm{V^2 K^{-1}}$ für verschiedene reine Metalle ($T \gtrsim 200\ \mathrm{K}$). Die relativ gute Übereinstimmung der klassischen Rechnung mit (16.2-12) liegt mit daran, daß sowohl für die elektrische Leitung als auch für die Wärmeleitung vor allem die schnellen Elektronen maßgebend sind, deren Energieverteilung sich der klassischen Boltzmann-Verteilung annähert (16.1-21). Dagegen versagt die klassische Vorstellung bei der Berechnung der Wärmekapazität des Elektronengases. Hier muß die Fermi-Dirac-Verteilung beachtet werden, die bewirkt, daß bei normalen Temperaturen nur ein sehr geringer Anteil der Leitungselektronen thermisch angeregt ist (vgl. oben).

Temperaturabhängigkeit des elektrischen Widerstandes von Metallen

Reine Metalle zeigen empirisch nach (15.1-13) und Tab. 15-1 einen von der Temperatur abhängigen spezifischen Widerstand

$$\rho_R = \rho_0(1 + \alpha\vartheta) = \rho_0(1 - \alpha T_0 + \alpha T) , \tag{16.2-13}$$

worin $\vartheta = T - T_0$ die Celsius-Temperatur und $T_0 = 273{,}15\,\mathrm{K}$ bedeuten. Für reine Metalle ist nach Tab. 15-1 in den meisten Fällen $\alpha \approx 0{,}004\,\mathrm{K}^{-1} \approx 1/T_0$, sodaß $\alpha T_0 \approx 1$ ist. Damit erhalten wir für reine Metalle aus (16.2-13) in grober Näherung das empirische Ergebnis

$$\rho_R \approx \rho_0 \alpha T \approx \frac{\rho_0}{T_0} T , \tag{16.2-14}$$

das anhand des Modells des freien Elektronengases zu interpretieren ist. Aus (16.2-9) ergibt sich für den spezifischen Widerstand

$$\rho_R = \frac{2m_e\bar{v}}{ne^2 l_c} . \tag{16.2-15}$$

Als temperaturabhängige Größen kommen hierin die Leitungselektronendichte n, die mittlere Geschwindigkeit $\bar{v}$ und die mittlere freie Weglänge l_c in Frage. n ist jedoch nach der Vorstellung vom freien Elektronengas in Metallen nicht temperaturabhängig. Für $\bar{v}$ trifft aufgrund der Fermi-Dirac-Verteilung (Bild 16-9) praktisch das gleiche zu. Als einzige temperaturabhängige Größe bleibt l_c als mittlere freie Weglänge zwischen zwei unelastischen Stößen der Elektronen mit dem Gitter. Solche unelastischen Stöße treten an Störungen des periodischen Aufbaues des Kristallgitters auf, während das regelmäßige, periodische Gitter (aus wellenmechanischen Gründen) von den Leitungselektronen frei durchlaufen werden kann. Solche Störungen sind z.B. die thermischen Gitterschwingungen. Mit steigender Temperatur nimmt daher die freie Weglänge l_c ab, der Widerstand steigt mit T gemäß (16.2-14). Bei tiefen Temperaturen sind dagegen die temperaturunabhängigen Gitterstörungen (wie Fremdatome, Leerstellen, Korngrenzen zwischen verschiedenen Kristalliten usw.) maßgebend für l_c bzw. ρ_R. Der temperaturproportionale Widerstand geht daher bei tiefen Temperaturen ($T \lesssim 10\,\mathrm{K}$) in einen konstanten *Restwiderstand* über, dessen Wert ein Maß für die Reinheit und Ungestörtheit des Metallkristalls ist (Bild 16-10).

Metallegierungen sind stark gestörte Kristalle, in denen l_c klein und damit ρ_R groß ist und beide kaum von der Temperatur abhängen: Widerstandslegierungen (Tab. 15-1).

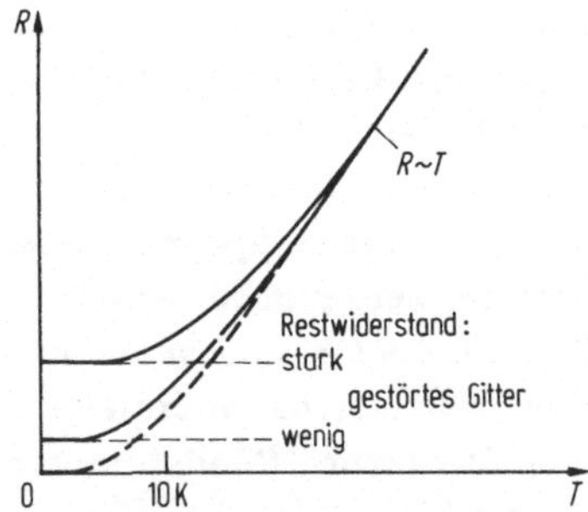

Bild 16-10: Temperaturabhängigkeit des elektrischen Widerstandes verschieden stark gestörter Metallkristalle.

16.3 Supraleitung

Der elektrische Widerstand von Metallen nimmt nach 16.2 mit sinkender Temperatur ab, geht aber für $T \to 0$ in den konstanten Restwiderstand über (Bild 16-10), der durch die Gitterstörungen bestimmt ist. Mit abnehmender Konzentration der Gitterstörungen nähert sich der Widerstand dem Wert 0, verschwindet jedoch nicht vollständig, da absolute Fehlerfreiheit und $T=0$ nicht erreichbar sind. Einige Metalle, z.B. Quecksilber oder Blei, zeigen jedoch bei Unterschreiten einer materialabhängigen *kritischen Temperatur* T_c von wenigen Kelvin (Bild 16-11) einen unmeßbar kleinen Widerstand: *Supraleitung* (Kamerlingh Onnes 1911).

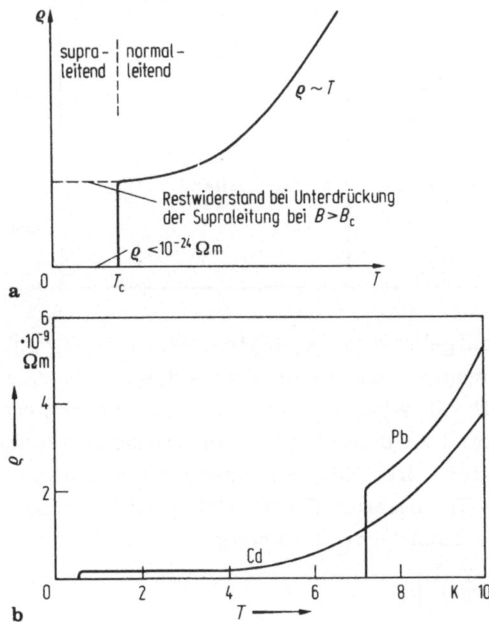

Bild 16-11: Kritische Temperatur und Sprungkurve des spezifischen Widerstandes ρ (ρ_R im Text) von Supraleitern, **a**: schematisch, **b**: für Blei und Cadmium.

Für Elementsupraleiter liegen die Sprungtemperaturen durchweg unter 10 K (Tab. 16-3), bei Verbindungs- und Legierungssupraleitern bisher maximal bei 23 K. Für die Nutzung der idealen Leitfähigkeit von Supraleitern ist daher die Kühlung mit flüssigem Helium (Siedetemperatur 4,2 K, Tab. 8-5) Voraussetzung. Erst 1986 wurden höhere Sprungtemperaturen entdeckt (Bednorz und Müller): Bestimmte keramische Stoffe mit Perowskit-Struktur zeigen Supraleitung bei 37 K, bei 93 K und sogar bei über 100 K (Tab. 16-3): *Hochtemperatur-Supraleiter.* Für solche Supraleiter genügt daher teilweise die Kühlung mit flüssigem Stickstoff (Siedetemperatur 77,4 K, Tab. 8-5), ein enormer technischer Vorteil.

Tabelle 16-3: Sprungtemperaturen T_c und kritische Feldstärken H_c bzw. Flußdichten B_c von verschiedenen Supraleitern.

Stoff	T_c K	$H_c(T\to 0)$ Am^{-1}	$B_c(T\to 0)$ T	$H_{c2}(T\to 0)$ Am^{-1}	$B_{c2}(T\to 0)$ T
Supraleiter 1. Art:					
Al	1,18	$7{,}9\cdot 10^3$	$9{,}9\cdot 10^{-3}$		
Cd	0,52	$4{,}2\cdot 10^3$	$5{,}3\cdot 10^{-3}$		
Hg (α)	4,15	$32{,}8\cdot 10^3$	$41{,}2\cdot 10^{-3}$		
In	3,41	$23{,}3\cdot 10^3$	$29{,}3\cdot 10^{-3}$		
Pb	7,20	$63{,}9\cdot 10^3$	$80{,}3\cdot 10^{-3}$		
Sn	3,72	$24{,}6\cdot 10^3$	$30{,}9\cdot 10^{-3}$		
Supraleiter 2. Art:					
Nb	9,46			$157{,}5\cdot 10^3$	0,198
Ta	4,48			$86\cdot 10^3$	0,108
V	5,30			$105\cdot 10^3$	0,132
Zn	0,9			$4{,}2\cdot 10^3$	0,0053
Supraleiter 3. Art:					
Nb_3Al	17,5				
Nb_3Ge	23				
Nb_3Sn	18			$\sim 20\cdot 10^6$	~25
NbTi (50%)	10,5			$\sim 11\cdot 10^6$	~14
NbZr (50%)	11				
V_3Ga	16,8			$\sim 17\cdot 10^6$	~21
V_3Si	17			$\sim 19\cdot 10^6$	~23,5
Keramische Supraleiter (Hochtemperatursupraleiter)					
$La_{1,85}Sr_{0,15}CuO_4$	37				
$YBa_2Cu_3O_7$	93			$\sim 280\cdot 10^6$	~350 ($B_{c2\,\parallel}$)
Bi-Sr-Ca-O	115				
Ti-Sr-Ca-Cu-O	125				

Die in Tab. 16-3 aufgelisteten Sprungtemperaturen T_c gelten für den Fall, daß keine äußere magnetische Feldstärke anliegt. Für eine äußere magnetische Flußdichte $B_a > 0$ wird dagegen die Sprungtemperatur kleiner, der supraleitende Zustand wird oberhalb einer kritischen äußeren magnetischen Flußdichte B_c zerstört. Der Zusammenhang zwischen der *kritischen Flußdichte* B_c und der Temperatur T läßt sich in den meisten Fällen in guter Näherung durch die empirische Beziehung

$$B_c = B_{c0}\left[1 - \left(\frac{T}{T_c}\right)^2\right] \qquad (16.3\text{-}1)$$

darstellen. Die Bilder 16-13 und 16-14 zeigen diesen Zusammenhang für einige Supraleiter 1. Art und 3. Art (siehe unten).

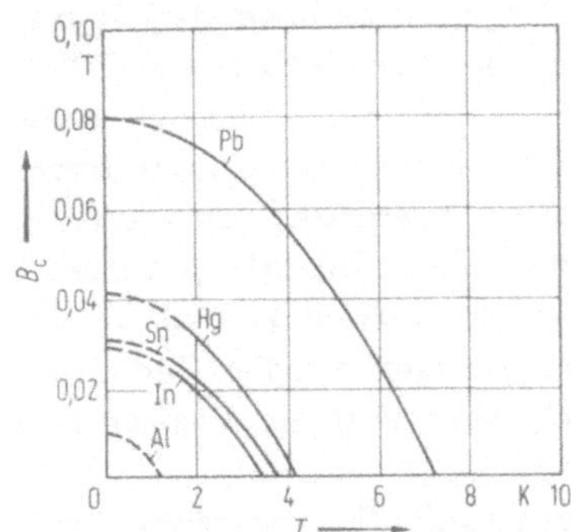

Bild 16-12: Kritische Flußdichte B_c als Funktion der Temperatur für einige Elementsupraleiter 1. Art.

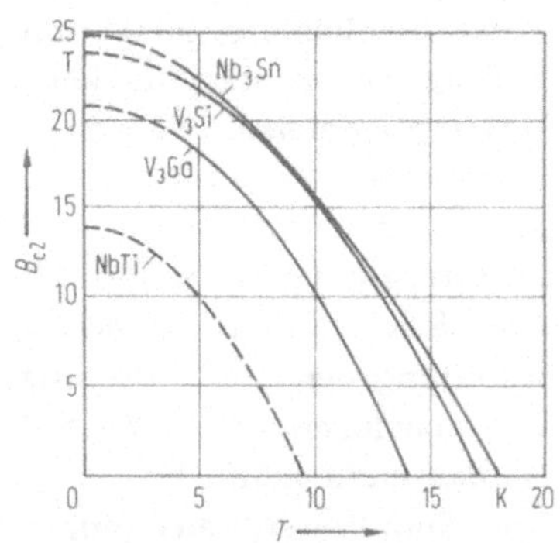

Bild 16-13: Kritische Flußdichte B_{c2} als Funktion der Temperatur für einige Supraleiter 3. Art (Hochfeldsupraleiter).

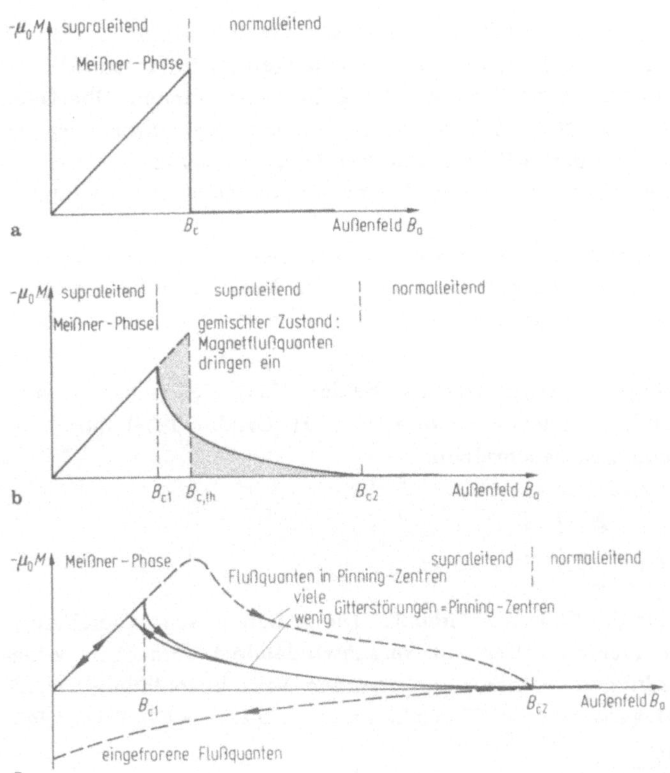

Bild 16-14: Magnetisierungskurven von Supraleitern (lange Stäbe parallel zu B_a). **a** Supraleiter 1. Art, **b** 2. Art, **c** 3. Art.

Diese Erscheinung hängt mit dem zweiten wichtigen Phänomen der Supraleitung neben der idealen Leitfähigkeit, dem *Meißner-Ochsenfeld-Effekt* (1933) zusammen. Danach wird ein Magnetfeld aus dem Inneren eines Supraleiters verdrängt, solange die Energie hierfür kleiner ist, als der Energiegewinn durch den Eintritt des supraleitenden Zustandes. Das erfolgt unabhängig davon, ob das Magnetfeld nach oder vor der Abkühlung unter T_c eingeschaltet wird. Im ersten Fall könnte die ideale Leitfähigkeit allein zur Erklärung der Feldfreiheit des Supraleiters herangezogen werden (Induktion von Abschirmströmen nach der Lenzschen Regel, siehe 14.1). Im zweiten Fall ist das nicht möglich.
Ein Supraleiter, aus dem das äußere Magnetfeld $\boldsymbol{B}_a$ verdrängt wird ($\boldsymbol{B}_i = \mu_r \mu_0 \boldsymbol{H} = 0$), zeigt damit einen *idealen Diamagnetismus*:

$$\mu_r = 0 \quad \text{für} \quad T < T_c \,. \tag{16.3-2}$$

Derselbe Sachverhalt läßt sich auch durch die Magnetisierung $\boldsymbol{M}$ ausdrücken (13.4-3): $\boldsymbol{B}_i = \boldsymbol{B}_a + \mu_0 \boldsymbol{M} = 0$. Die Magnetisierung eines Supraleiters mit vollständigem Meißner-Effekt ergibt sich daher aus

$$-\mu_0 \boldsymbol{M} = \boldsymbol{B}_a \quad \text{für} \quad T < T_c \,. \tag{16.3-3}$$

Vollständigen Meißner-Effekt zeigen nur die *Supraleiter 1. Art* (Tab. 16-3), deren Magnetisierungskurve (für einen langen Zylinder parallel zu $\boldsymbol{B}_a$) Bild 16-14a zeigt. Für $B_a < B_c$ fließen dabei in einer dünnen Oberflächenschicht (Eindringtiefe $\lambda \approx 10^{-7} \dots 10^{-8}$ m, siehe unten) des supraleitenden Körpers Abschirmströme, deren Feld das äußere Feld (bis auf die Oberflächenschicht) exakt kompensiert. Für $B_a \geq B_c$ bricht die Supraleitung sprunghaft zusammen.
Stromführende supraleitende Drähte erzeugen selbst ein Magnetfeld (13.1-3), das schließlich die Supraleitung zerstören kann. Die *Stromtragfähigkeit* ist daher begrenzt und umso geringer, je größer ein von außen angelegtes Feld ist.

Phänomenologisch lassen sich die beiden Haupteigenschaften der Supraleiter nach der Londonschen Theorie (F. u. H. London 1935) durch die *Londonschen Gleichungen* beschreiben:

$$\boxed{\begin{aligned} \frac{\mathrm{d}}{\mathrm{d}t}(\Lambda \boldsymbol{J}_s) &= \boldsymbol{E} \\ \mathrm{rot}(\Lambda \boldsymbol{J}_s) &= -\boldsymbol{B} \end{aligned}} \quad \begin{aligned} &(\mathrm{I}) \\ &(\mathrm{II})\,. \end{aligned} \tag{16.3-4}$$

$\boldsymbol{J}_s = -n_s e_s \boldsymbol{v}_s$ ist die Suprastromdichte. Die I. Londonsche Gleichung beschreibt daher einen idealen Leiter mit verschwindendem ohmschen Widerstand, in dem die Ladungen in einem elektrischen Feld beschleunigt werden, sodaß $\dot{\boldsymbol{v}}_s \sim \boldsymbol{E}$ (im Gegensatz zum Ohmschen Gesetz mit $\boldsymbol{v} \sim \boldsymbol{E}$). Ferner ist

$$\Lambda = \frac{m_s}{n_s \, e_s^{\,2}} \,. \tag{16.3-5}$$

n_s, m_s, e_s und $\boldsymbol{v}_s$ sind Anzahldichte, Masse, Ladung und Geschwindigkeit der supraleitenden Ladungsträger. Die II. Londonsche Gleichung liefert für das

Magnetfeld an einer supraleitenden Oberfläche (Ebene $x = 0$, supraleitend für $x > 0$)

$$B_z(x) = B_z(0)\, e^{-x/\lambda} \,. \tag{16.3-6}$$

Das äußere Magnetfeld klingt also innerhalb des supraleitenden Bereiches exponentiell ab. Seine *Eindringtiefe* λ ist nach der Londonschen Theorie

$$\lambda = \sqrt{\Lambda/\mu_0} \,. \tag{16.3-7}$$

Damit beschreibt die II. Londonsche Gleichung den idealen Diamagnetismus.

Bei *Supraleitern 2. Art* (Tab. 16-3) gibt es bei niedrigem Außenfeld zunächst ebenfalls eine Meißner-Phase (Bild 16-14b). Bei einer ersten kritischen Flußdichte B_{c1} beginnt das äußere Magnetfeld in Form von normalleitenden magnetischen Flußschläuchen in den Supraleiter einzudringen, sodaß die Magnetisierung $-\mu_0 M$ wieder kleiner wird (bei nach wie vor verschwindendem elektrischen Widerstand!), bis schließlich bei einer sehr viel höheren zweiten kritischen Flußdichte B_{c2} die gesamte Probe normalleitend geworden ist. Für theoretische Betrachtungen kann eine fiktive kritische Flußdichte $B_{c,th}$ derart gebildet werden, daß die getönten Flächen in Bild 16-14b gleich sind. Die Magnetisierungskurve der Supraleiter 2. Art ist reversibel, sie kann in beiden Richtungen durchlaufen werden.

Der supraleitende Zustand im Außenfeldbereich $B_{c1} < B_a < B_{c2}$ heißt *gemischter Zustand.* Im gemischten Zustand von supraleitenden Proben aus reinen, ungestörten Kristallen bilden die normalleitenden magnetischen Flußschläuche reguläre trigonale oder rechteckige Flußliniengitter (je nach Orientierung der Kristallstruktur zum Magnetfeld). Die Flußliniengitter wurden erstmals 1966 von Essmann und Träuble durch Dekoration mittels eines Bitter-Verfahrens (siehe 13.4) sichtbar gemacht.
Der gemischte Zustand kann durch die phänomenologische Ginsburg-Landau-Theorie (1950) beschrieben werden, indem für die Grenzfläche zwischen normal- und supraleitendem Bereich eine *Grenzflächenenergie* eingeführt wird. Je nach deren Vorzeichen wird die Bildung solcher Grenzflächen energetisch begünstigt (Supraleiter 2. Art im gemischten Zustand) oder behindert (Supraleiter 1. Art).

Anmerkung: Der gemischte Zustand ist vom *Zwischenzustand* zu unterscheiden, der in Supraleitern 1. und 2. Art bei solchen Probengeometrien auftritt, bei denen durch die Feldverdrängung lokal am Probenrand B_c (bzw. B_{c1}) überschritten wird, obwohl im entfernteren, ungestörten Außenfeld noch $B_a < B_c$ (bzw. $B_a < B_{c1}$) gilt. Im Zwischenzustand ist die supraleitende Probe von makroskopischen, normalleitenden magnetischen Bereichen durchzogen.

Die normalleitenden, magnetischen Flußschläuche sind vollständig von supraleitendem Material umschlossen. Für einen magnetischen Fluß Φ in einem zweifach zusammenhängenden, supraleitenden Gebiet gilt, wie die Wellenmechanik der Supraleitung zeigt, eine Quantenbedingung

$$\Phi = n\,\Phi_0 \quad (n = 0,\, 1,\, 2,\, \ldots) \tag{16.3-8}$$

mit dem *magnetischen Flußquant*

$$\Phi_0 = \frac{h}{2e} = 2{,}067\ldots \cdot 10^{-15}\ \mathrm{Wb}\,. \tag{16.3-9}$$

Die *Flußquantisierung* wurde 1961 von Doll und Näbauer sowie von Deaver und Fairbank (mittels sehr empfindlicher magnetischer Meßmethoden) und später von Boersch und Lischke (mittels elektroneninterferometrischer Methoden) nachgewiesen. Das Auftreten der Ladung $2e$ im Nenner von (16.3-9) ist ein Hinweis auf die Existenz von Elektronenpaaren im Supraleiter, siehe unten.

Im gemischten Zustand des Supraleiters 2. Art enthalten die Flußschläuche gerade ein Flußquant, also den kleinsten, von null verschiedenen Wert. Damit wird ein maximaler Wert der Grenzfläche zwischen supraleitender und normalleitender Phase geschaffen. Bei Supraleitern 2. Art ist dieser Zustand für $B_a > B_{c1}$ energetisch günstig, da hier die Grenzflächenenergie negativ ist. Bei Supraleitern 1. Art ist hingegen die Grenzflächenenergie positiv, weshalb ein gemischter Zustand dort nicht auftritt.

Stark gestörte Supraleiter 2. Art werden *Supraleiter 3. Art* genannt (Tab. 16-3). Die Kristallstörungen wirken als sogenannte Pinning-Zentren, an denen die Flußquanten haften bleiben. Das hat Hysterese-Effekte zur Folge, wobei nach Durchlaufen der Magnetisierungskurve bis $B_a > B_{c2}$ bei verschwindendem Außenfeld eine Restmagnetisierung durch eingefrorene, haftende Flußquanten bestehen bleibt (Bild 16-14c). Die Pinning-Zentren sind für die Stromtragfähigkeit der Supraleiter von großer Bedeutung, da ein von außen aufgeprägter Strom gemäß (13.3-3) eine Kraft auf die Flußschläuche ausübt. Ohne Pinning-Zentren würde dies zum Wandern der Flußschläuche, das heißt, zum Auftreten einer Induktionsspannung und damit zu ohmschen Verlusten führen.

Supraleiter 3. Art haben sehr hohe kritische Flußdichten (Tab. 16-3) bei gleichzeitig großer Stromtragfähigkeit. Sie sind deshalb von technischer Bedeutung vor allem für die Erzeugung großer Magnetfelder im sogenannten *Dauerstrombetrieb*: In einer supraleitend kurzgeschlossenen, supraleitenden Spule fließt der Strom zeitlich konstant beliebig lange ohne Spannungsquelle weiter und das erzeugte Magnetfeld bleibt ohne weitere Energiezufuhr erhalten, wenn man von der Energie für die Kühlung gegen äußere Wärmezufuhr durch flüssiges Helium absieht. Während des Hochfahrens des Stromes durch die supraleitende Spule wird der eingebaute supraleitende Kurzschluß durch eine kleine Heizwicklung normalleitend gehalten (Bild 16-15). Nach Einstellung des erforderlichen Stromes wird die Heizung ausgeschaltet, die Spule arbeitet im Dauerstrombetrieb und die Stromzufuhr kann abgeschaltet werden.

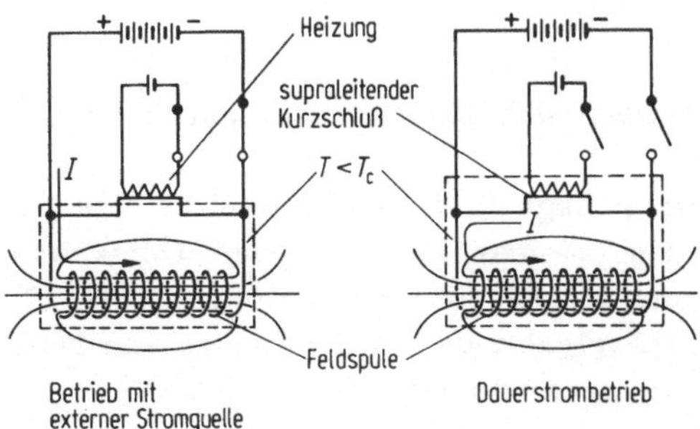

Bild 16-15: Magnetfelderzeugung durch Supraleitungsspulen: Kurzgeschlossene supraleitende Spule **a** im Ladebetrieb mit externer Stromquelle und **b** im Dauerstrombetrieb.

Die mikrophysikalische Begründung der Supraleitung erfolgte 1957 durch Bardeen, Cooper und Schrieffer (*BCS-Theorie*). Diese mathematisch sehr anspruchsvolle Theorie geht von folgenden Grundgedanken aus: Für $T < T_c$ besteht das Leitungselektronensystem des Supraleiters aus normalen freien Elektronen, die sich wie bei der metallischen Leitung (16.2) verhalten, und aus Elektronenpaaren mit antiparallelem Impuls und Spin (*Cooper-Paare*), die den reibungsfreien Suprastrom tragen. Die Kopplung zweier Elektronen zu einem Cooper-Paar erfolgt über die Wechselwirkung mit dem Gitter (Austausch von Phononen, Nachweis durch den *Isotopeneffekt*, d.h. die Abhängigkeit der Sprungtemperatur von der Masse der Gitterionen). Anschauliche Vorstellung: Ein sich durch das Metallgitter bewegendes Elektron polarisiert das Gitter in seiner Nähe, d.h. es zieht die positiven Ionen etwas an. Entfernt es sich schneller, als die Gitterionen zurückschwingen können, so wirkt diese lokale Gitterdeformation als positive Ladung anziehend auf ein weiteres Elektron in der Nähe. Dieser dynamische Vorgang kann zu einer zeitweisen Bindung beider Elektronen zu einem Cooper-Paar führen, wobei die Reichweite (*Kohärenzlänge*) bis etwa 10^{-6} m betragen kann. Die Bindungsenergie liegt bei 10^{-3} eV. Dies führt für $T < T_c$ zur Bildung einer *Energielücke* 2Δ von der Breite der Bindungsenergie symmetrisch zur Fermi-Energie im Energieschema der Elektronen. Die thermische Energie muß klein gegen Δ sein, deshalb tritt Supraleitung vorwiegend bei sehr tiefen Temperaturen auf (Tab. 16-3). Bei Hochtemperatursupraleitern scheint die Cooper-Paar-Bildung von Löchern (16.4) eine Rolle zu spielen.

Wegen des antiparallelen Spins sind Cooper-Paare Quasiteilchen mit dem Spin 0. Sie unterliegen daher nicht der Fermi-Dirac-Statistik (16.1-18), sondern der hier nicht behandelten Bose-Einstein-Statistik, sie sind Bose-Teilchen. Diese unterliegen nicht dem Pauli-Verbot (siehe 16.1) und können daher alle in *einen* untersten Energiezustand übergehen. Alle Cooper-Paare können dann durch eine einzige Wellenfunktion beschrieben werden, sie sind zueinander kohärent. Dieser Zustand kann nur durch Zuführung einer Mindestenergie gestört werden (2Δ pro Cooper-Paar). Dadurch kommt es zum verlustlosen Fließen des Stromes bei Anlegen eines elektrischen Feldes.

16.4 Halbleitung

Halbleiter unterscheiden sich insbesondere durch zwei Eigenschaften von metallischen Leitern:

1. Ihre Leitfähigkeit γ liegt in einem weiten Bereich zwischen etwa 10^{-7} $\mathrm{S\,m^{-1}}$ und 10^5 $\mathrm{S\,m^{-1}}$, also zwischen der Leitfähigkeit von Metallen (10^7 - 10^8 $\mathrm{S\,m^{-1}}$) und derjenigen von Isolatoren (10^{-10} - 10^{-17} $\mathrm{S\,m^{-1}}$).
2. Die Temperaturabhängigkeit des Widerstandes von Halbleitern ist entgegengesetzt zu derjenigen von Metallen (Bild 16-16).

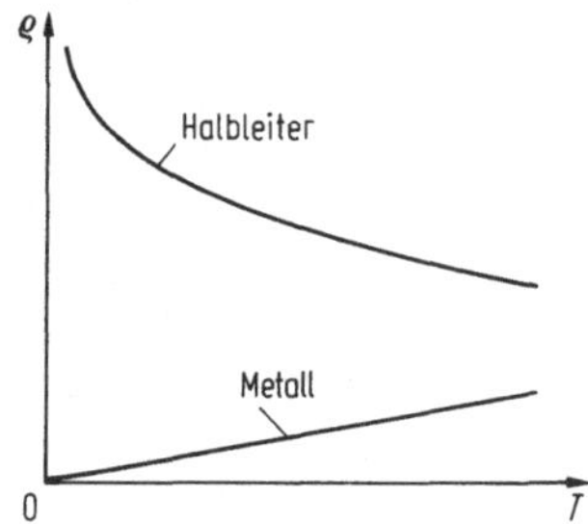

Bild 16-16: Temperaturabhängigkeit des spezifischen Widerstandes ρ (ρ_R im Text) von Metallen und Halbleitern (schematisch).

16.4.1 Eigenleitung

Ein Halbleiter ist bei tiefen Temperaturen fast ein Isolator und wird erst bei höheren Temperaturen elektrisch leitend. Anders als bei Metallen gibt es bei tiefen Temperaturen kein quasifreies Elektronengas, die Elektronen sind weitgehend gebunden. Die Bindungsenergie liegt unter 1...2 eV. Die Verteilung der thermischen Energie reicht bei Zimmertemperatur aus, um einige Elektronen von ihren Atomen zu lösen, die sich nun im elektrischen Feld bewegen können. Die daraus resultierende elektrische Leitfähigkeit steigt mit der Temperatur aufgrund der zunehmenden Anzahldichte n der nicht mehr gebundenen Elektronen, vgl. (16.2-9). Dieser Temperatureffekt übersteigt bei weitem den auch bei Halbleitern vorhandenen Effekt der Verringerung der mittleren freien Weglänge l_c bzw. der mittleren Stoßzeit τ (auch: Relaxationszeit) mit steigender Temperatur. Die Relaxationszeit τ und gemäß (16.2-7) die Beweglichkeit μ zeigen nach der (nicht dargestellten) Theorie aufgrund der Wechselwirkung mit den Gitterschwingungen in reinen Halbleitern eine Temperaturabhängigkeit

$$\mu(T) = \mathrm{const} \cdot T^{-3/2} \,. \qquad (16.4\text{-}1)$$

Im Bändermodell des Halbleiters (Bild 16-6, mit einer schmaleren Energielücke ΔE als beim Isolator, Tab. 16-5) bedeutet die thermische Anregung der Elektronen, daß entsprechend der Besetzungswahrscheinlichkeit gemäß der Fermi-Dirac-Verteilung (Bild 16-8) mit einer bei höherer Temperatur stärker verrundeten Fermi-Kante einige Valenzelektronen in das Leitungsband gehoben werden, wo sie für die elektrische Leitung zur Verfügung stehen. Im Valenzband entstehen dadurch unbesetzte Zustände, die sich wegen des Ionenhintergrundes wie positive Ladungen verhalten. Sie werden *Löcher* oder *Defektelektronen* genannt. Durch Platzwechsel von benachbarten gebundenen Elektronen kann ein Loch an deren Ort wandern (Bild 16-17). Im elektrischen Feld bewegen sich Löcher wie positive Ladungen $+e$ in Feldrichtung und tragen als solche zur Stromstärke bei.

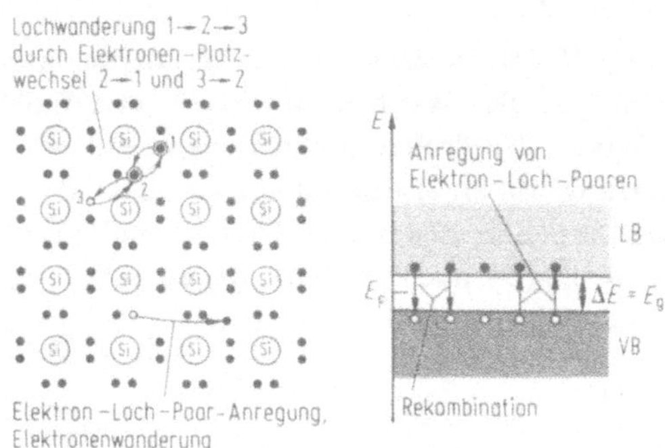

Bild 16-17: Elektron-Loch-Paar-Anregung im planaren Gittermodell und im Bänderschema (Eigenleitung).

Wegen der paarweisen Anregung von Elektronen und Löchern in reinen Halbleitern, d.h. bei reiner *Eigenleitung*, sind die Anzahldichte n der Elektronen im Leitungsband und die Anzahldichte p der Löcher im Valenzband gleich der sog. Eigenleitungsträgerdichte (auch: intrinsische Trägerdichte):

$$n = p = n_i \,. \qquad (16.4\text{-}2)$$

Die Leitfähigkeit beliebiger Halbleiter ergibt sich in Erweiterung von (15.1-10) zu

$$\gamma = e(p\mu_p + n\mu_n) \,, \qquad (16.4\text{-}3)$$

bzw. für Eigenleitung

$$\gamma = e\,n_i(\mu_p + \mu_n) \,, \qquad (16.4\text{-}4)$$

wobei μ_n und μ_p die Beweglichkeiten von Elektronen und Löchern sind (Tab. 16-4).

Tabelle 16-4: Beweglichkeiten von Elektronen und Löchern für einige wichtige Halbleiter ($T = 300$ K).

Halbleiter	μ_n / cm^2 V^{-1}s^{-1}	μ_p / cm^2 V^{-1}s^{-1}
Ge	3 900	1 900
Si	1 350	480
GaAs	8 500	435

Die Zustandsdichten in der Nähe der Bandkanten E_L des Leitungsbandes und E_V des Valenzbandes (Bild 16-18) ergeben sich analog zu (16.2-1) für die Elektronenzustände im Leitungsband

$$Z_n(E) = \frac{1}{2\pi^2}\left(\frac{2m_n^*}{\hbar^2}\right)^{3/2}\sqrt{E-E_L} \tag{16.4-5}$$

und für die Löcherzustände im Valenzband

$$Z_p(E) = \frac{1}{2\pi^2}\left(\frac{2m_p^*}{\hbar^2}\right)^{3/2}\sqrt{E_V-E}\ . \tag{16.4-6}$$

m_n^* und m_p^* sind die ***effektiven Massen*** der Leitungselektronen und Löcher in der Nähe der jeweiligen Bandkanten, die durch den Einfluß des Kristallpotentials von der Masse der freien Elektronen abweichen können. Wie bei der metallischen Leitung (16.2) ergibt sich auch hier die Besetzungsdichte durch Multiplikation mit der Besetzungswahrscheinlichkeit, die durch die Fermi-Dirac-Verteilung $f_{FD}(E)$ nach (16.1-18) gegeben ist. Für die Elektronen nahe der unteren Leitungsbandkante folgt

$$n(E) = Z_n(E)\, f_{FD}(E) \tag{16.4-7}$$

und für die Löcher an der oberen Valenzbandkante

$$p(E) = Z_p(E)\,[1-f_{FD}(E)]\ . \tag{16.4-8}$$

Ist die thermische Energie kT klein gegen die Breite der Energielücke $\Delta E = E_L - E_V = E_g$, so liegt die Fermi-Energie E_F in der Mitte der Energielücke, d.h. $E_F = E_L - E_g/2 = E_V + E_g/2$. Ferner gilt dann für das Leitungsband $E - E_F \gg kT$, d.h. anstelle der Fermi-Dirac-Verteilung kann innerhalb des Bandes die Boltzmann-Näherung (16.1-21) verwendet werden. Die Gesamt-

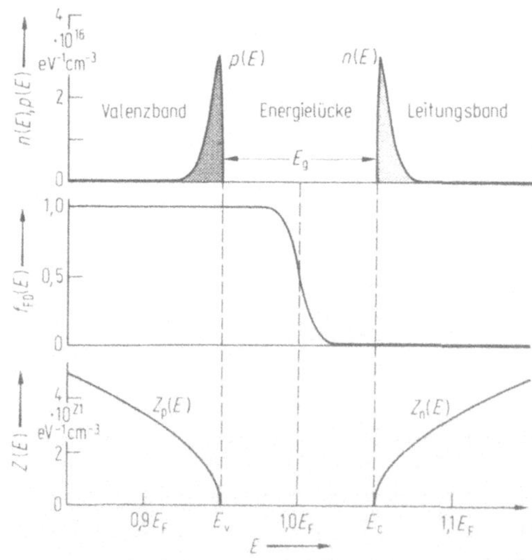

Bild 16-18: Zustandsdichten $Z(E)$, Besetzungswahrscheinlichkeit $f(E)$ und Elektronendichte $n(E)$ bzw. Löcherdichte $p(E)$ im Valenz- und Leitungsband (berechnet für $E_F = 5$ eV, $E_g = 0{,}5$ eV, $T = 300$ K).

dichte der Leitungselektronen im Leitungsband folgt aus

$$n = \int_{E_L}^{\infty} Z_n(E)\, f_{FD}(E)\, dE \; . \tag{16.4-9}$$

(16.4-9) kann in der Näherung $f_{FD}(E) \approx f_{MB}(E)$ als bestimmtes Integral geschlossen angegeben werden und liefert

$$n(T) = a_n\, T^{3/2} e^{-E_g/2kT} \tag{16.4-10}$$

mit

$$a_n = 2\left(\frac{2\pi m_n^* k}{h^2}\right)^{3/2} . \tag{16.4-11}$$

Entsprechend ergibt sich wegen der Symmetrie der Zustandsdichten und der Fermi-Dirac-Verteilung für die Gesamtdichte der Löcher im Valenzband

$$p(T) = a_p T^{3/2} e^{-E_g/2kT} , \tag{16.4-12}$$

worin a_p sich wie (16.4-11) mit $m_n^* \rightarrow m_p^*$ berechnet. Das Produkt von freier Elektronen- und Löcherdichte beträgt nach (16.4-10...12) und (16.4-2)

$$n(T)\, p(T) = n_i^2(T) = 4\left(\frac{2\pi kT}{h^2}\right)^3 \left(m_n^*\, m_p^*\right)^{3/2} e^{-E_g/2kT} . \tag{16.4-13}$$

Für einen gegebenen Halbleiter ist *np* bei fester Temperatur eine Konstante, die sich auch bei Dotierung (siehe 16.4.2) nicht ändert.

Aus (16.4-1), (16.4-3), (16.4-10) und (16.4-12) folgt für die *Temperaturabhängigkeit* des spezifischen Widerstandes von Halbleitern

$$\rho_R(T) = \text{const} \cdot e^{E_g/2kT} . \tag{16.4-14}$$

Wegen der starken, exponentiellen Abhängigkeit besonders bei tiefen Temperaturen (Bild 16-16) sind Halbleiterwiderstände (C, Ge) gut zur Messung tiefer Temperaturen geeignet.

Die Breite der verbotenen Zone E_g (Energielücke, Tab. 16-5) läßt sich aus der Frequenzabhängigkeit der Lichtabsorption bestimmen. Nach der Lichtquantenhypothese (20.3) beträgt die Energie eines Lichtquants $E = h\nu$. Von

Tabelle 16-5: Energielücken zwischen Valenz- und Leitungsband in Halbleitern und Isolatoren (T = 300 K).

Kristall	E_g / eV	Kristall	E_g / eV	Kristall	E_g / eV	Kristall	E_g / eV
C (Diamant)	5,33	InSb	0,16	CdO	2,3	ZnO	3,2
Si	1,14	InAs	0,33	CdS	2,41	ZnS	3,6
Ge	0,67	InP	1,25	CdSe	1,72	ZnSe	2,80
Te	0,38	GaSb	0,67	CdTe	1,40	ZnTe	0,85
Se	1,6 ... 2,5	GaAs	1,39	PbS	0,41	ZnSb	0,56
As (amorph)	1,18	GaP	2,24	PbSe	0,52	Cu_2O	2,06
		BN	4,6	PbTe	0,4	CuO	0,6
		SiC	2,8	MgO	7,4	NaCl	8,97
		Al_2O_3	7,0	BaO	4,4	TiO_2	3,05

einem Halbleiter kann die Energie eines Lichtquants erst dann durch Erzeugung eines Elektron-Loch-Paares absorbiert werden, wenn

$$E = h\nu \geq E_g \, . \tag{16.4-15}$$

Bei angelegtem elektrischen Feld setzt dann ein Fotostrom bei Bestrahlung mit Licht der Frequenz $\nu \geq \nu_{gr} = E_g/h$ ein: *Photoleitung*. Für Licht unterhalb der Grenzfrequenz ν_{gr} bleibt der Halbleiter durchsichtig, weil das Licht nicht absorbiert wird..

Kristalle mit Energielücken $E_g > 2$ eV werden zu den Isolatoren gerechnet. Nach der Breite der Energielücke lassen sich damit die Leitungseigenschaften von Metallen, Halbleitern und Isolatoren gemäß Bild 16-19 charakterisieren:

Metalle: Eine Energielücke zwischen besetztem und unbesetztem Bandbereich ist nicht vorhanden, elektrische Leitung ist immer möglich.

Halbleiter: Zwischen Valenz- und Leitungsband ist eine schmale Energielücke vorhanden, elektrische Leitung ist erst nach Energiezufuhr (thermisch, Licht, ...) durch Elektron-Loch-Paarbildung möglich.

Isolatoren: Es ist keine Leitung möglich, da die Energielücke zwischen Valenz- und Leitungsband zu breit für thermische oder andere Anregung ist.

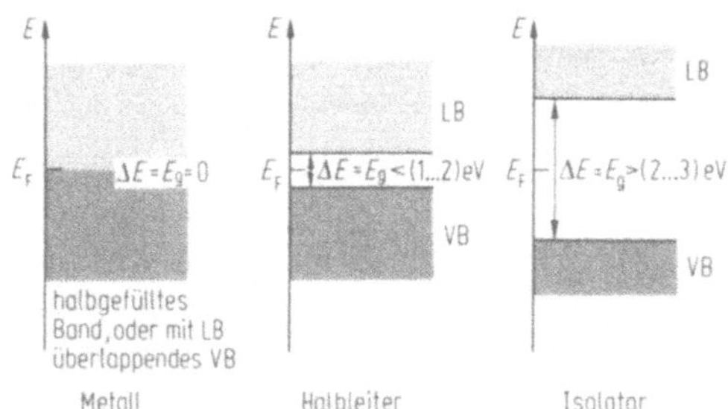

Bild 16-19: Energielücke zwischen Valenz- und Leitungsband bei Metallen, Halbleitern und Isolatoren.

16.4.2 Störstellenleitung

Durch den Einbau von anderswertigen Fremdatomen (Dotierung) in den Halbleiterkristall kann die Leitfähigkeit etwa bei $T = 300$ K um Größenordnungen erhöht werden: Störstellenleitung. Werden z.B. 5-wertige Arsen-Atome in das 4-wertige Grundgitter (Ge, Si) eingebaut, so sind die überzähligen 5. Valenzelektronen nicht innerhalb von Elektronenpaaren an den nächsten Gitternachbar gebunden, sondern können durch geringe Energiezufuhr E_d ($10^{-2} \ldots 10^{-1}$ eV) von ihren Atomen abgetrennt werden (Bild 16-20 a). Solche höherwertigen Fremdatome, die Elektronen liefern, heißen *Donatoren*. Im Bänderschema befinden sich die Donator-Niveaus energetisch dicht unter-

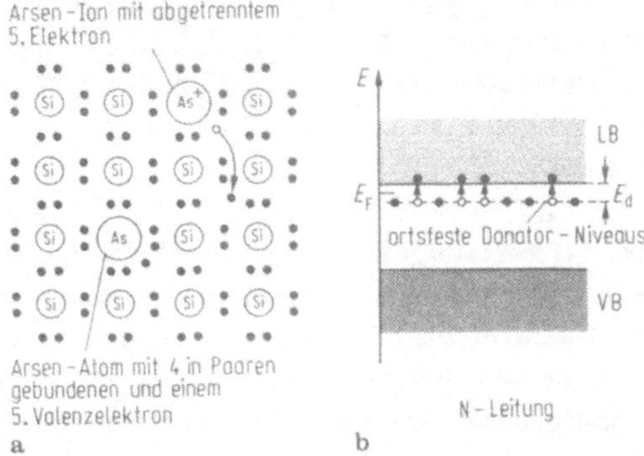

Bild 16-20: N-Leitung in Halbleitern mit Donatorstörstellen.

halb der Leitungsbandkante (Bild 16-20b). Im ionisierten Zustand (d.h. bei abgetrenntem Elektron) sind die ortsfesten Donatoren positiv geladen.

Bei Zimmertemperatur (kT= 0,026 eV) haben die meisten Donatorniveaus ihre Elektronen durch thermische Anregung an das Leitungsband abgegeben. Die elektrische Leitung in solchen Halbleitern erfolgt daher fast ausschließlich durch Elektronen im Leitungsband: *N-Leiter*. Eigenleitung durch Elektronen-Loch-Paar-Anregung wird gegenüber der Störstellenleitung je nach Dotierungsdichte erst bei höheren Temperaturen merklich.

Wird mit geringerwertigen Fremdatomen dotiert, z.B. mit 3-wertigen Bor-Atomen im 4-wertigen Si-Gitter, so ist jeweils eine Elektronen-Paarbindung nicht vollständig (Bild 16-21a). Unter geringem Energieaufwand E_a (10^{-2}... 10^{-1} eV) können solche Fremdatome benachbarte Elektronen aus dem Valenzband aufnehmen (*Akzeptoren*) und damit dort Löcher erzeugen. Im Bänderschema befinden sich die Akzeptor-Niveaus energetisch dicht oberhalb der Valenzbandkante (Bild 16-21b).

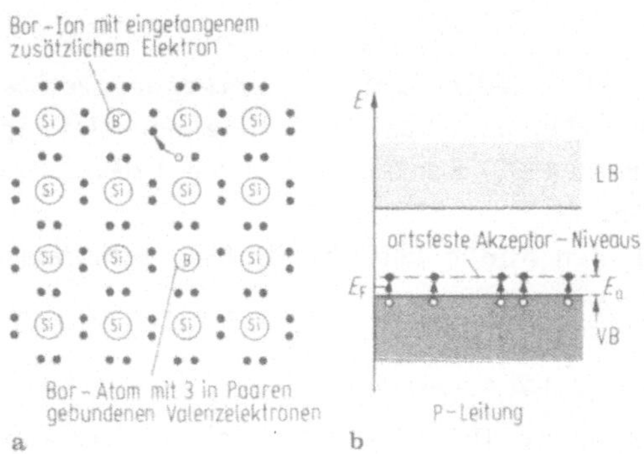

Bild 16-21: P-Leitung in Halbleitern mit Akzeptorstörstellen.

Auch hier sind bei Zimmertemperatur die Störstellen weitgehend ionisiert, d.h. sie haben durch thermische Anregung Elektronen aus dem Valenzband aufgenommen. Die ortsfesten Akzeptoren sind dann negativ geladen. Die elektrische Leitung erfolgt fast ausschließlich durch die erzeugten Löcher im Valenzband: *P-Leiter*.

Die Fermi-Kante E_F (Besetzungswahrscheinlichkeit $f_{FD}(E_F) = 0{,}5$) liegt bei dotierten Halbleitern zwischen den Störstellen-Niveaus und der zugehörigen Bandkante. Für die Gesamtdichten n, p der Leitungselektronen bzw. Löcher ist nunmehr nicht mehr die Breite E_g der Energielücke zwischen Valenz- und Leitungsband maßgebend, sondern die Anregungsenergien E_d bzw. E_a. Demzufolge ergibt sich für die Temperaturabhängigkeit des spezifischen Widerstandes bei N-Leitung

$$\rho_R(T) \sim n(T)^{-1} \sim e^{-E_d/2kT} \tag{16.4-16}$$

und bei P-Leitung

$$\rho_R(T) \sim p(T)^{-1} \sim e^{-E_a/2kT}\,. \tag{16.4-17}$$

16.4.3 Hall-Effekt in Halbleitern

Die experimentelle Feststellung, welche Art von Majoritäts-Ladungsträgern vorliegt, kann mittels des Hall-Effekts erfolgen (siehe 14.1). Die Hall-Spannung U_H senkrecht zum Stromfluß I in einem Bandleiter im transversalen Magnetfeld B (Bild 14-4) ist nach (14.1-15) gegeben durch

$$\boxed{U_H = A_H \frac{IB}{d}} \tag{16.4-18}$$

mit dem Hall-Koeffizienten (14.1-18)

$$A_H = \frac{1}{e(p-n)}\,. \tag{16.4-19}$$

Für reine Löcherleitung (P-Leitung) bzw. reine Elektronenleitung (N-Leitung) folgt daraus

$$A_{HP} = \frac{1}{ep}\,, \qquad A_{HN} = -\frac{1}{en}\,. \tag{16.4-20}$$

N- und P-Leitung sind daher durch die entgegengesetzten Vorzeichen der Hall-Spannung zu erkennen. Aus der Größe der Hall-Spannung bzw. des Hall-Koeffizienten (16.4-20) können ferner die Ladungsträgerdichten n und p bestimmt werden.

Aufgrund der formalen Ähnlichkeit von (16.4-18) mit dem Ohmschen Gesetz $U = RI$ wird

$$R_H = \frac{A_H B}{d} \tag{16.4-21}$$

Hall-Widerstand genannt. Der klassische Hall-Widerstand steigt linear mit dem Magnetfeld B an. Die Hall-Spannung ergibt sich daraus zu

$$U_H = R_H\, I\,. \tag{16.4-22}$$

In geeigneten Halbleiteranordnungen (Silizium-Metalloxid-Oberflächen-Feldeffekttransistor: MOSFET) lassen sich bei bestimmten Betriebsbedingungen nahezu zweidimensionale Leitergeometrien erzeugen (Dicke $d = 5 - 10$ nm). Das Elektronengas in einer solchen Anordnung kann in guter Näherung als zweidimensional behandelt werden, d.h. daß die Dicke d der leitenden Schicht keinen Einfluß mehr auf die Leitung hat. Der Hall-Widerstand R_H wird dann unabhängig von der Geometrie gleich dem spezifischen Hall-Widerstand ρ_H. Der Hall-Widerstand im zweidimensionalen Elektronengas zeigt bei tiefen Temperaturen und hohen Magnetfeldern eine Quantisierung in ganzzahligen Bruchteilen eines größten Wertes R_{H0} (von Klitzing 1980, Nobelpreis 1985), den *Quanten-Hall-Effekt* (Klitzing-Effekt):

$$\boxed{R_H = \rho_H = \frac{R_{H0}}{i} \qquad (i = 1, 2, 3, \ldots)} \tag{16.4-23}$$

mit dem allein durch Naturkonstanten bestimmten Wert des elementaren Quanten-Hall-Widerstandes

$$R_{H0} = \frac{h}{e^2} = 25\ 812{,}8\ \Omega\ . \tag{16.4-24}$$

Der Hall-Widerstand steigt unter diesen Bedingungen nicht mehr linear, sondern stufenförmig mit dem Magnetfeld B an, wobei die Plateaus konstanten Hall-Widerstandes durch (16.4-22) gegeben sind (Bild 16-22). Die Plateaus des quantisierten Hall-Widerstandes sind unabhängig vom Material und sehr genau (10^{-8}) reproduzierbar. Sie eignen sich daher hervorragend als Widerstandnormal.

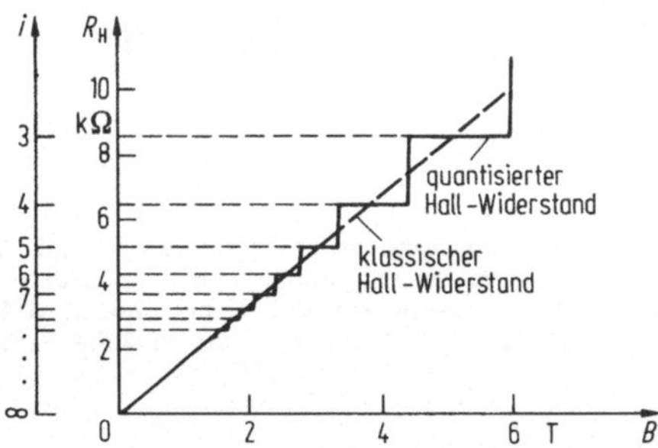

Bild 16-22: Abhängigkeit des Hall-Widerstandes eines zweidimensionalen Elektronengases vom transversalen Magnetfeld: Klassischer Verlauf und nach dem Quanten-Hall-Effekt ($T = 0{,}008$ K).

16.4.4 PN-Übergänge

Grenzt ein P-Halbleiter an einen N-Halbleiter (z.B. durch unterschiedliche Dotierung auf beiden Seiten einer Grenzfläche), so diffundieren im Bereich der Grenzfläche (Diffusionszone) Löcher und Elektronen in das jeweils andere Dotierungsgebiet und rekombinieren mit den dort vorhandenen Elektronen bzw. Löchern, da bei Zimmertemperatur die Energiedifferenz E_g zwischen Valenzband und Leitungsband keine wesentliche thermische Elek-

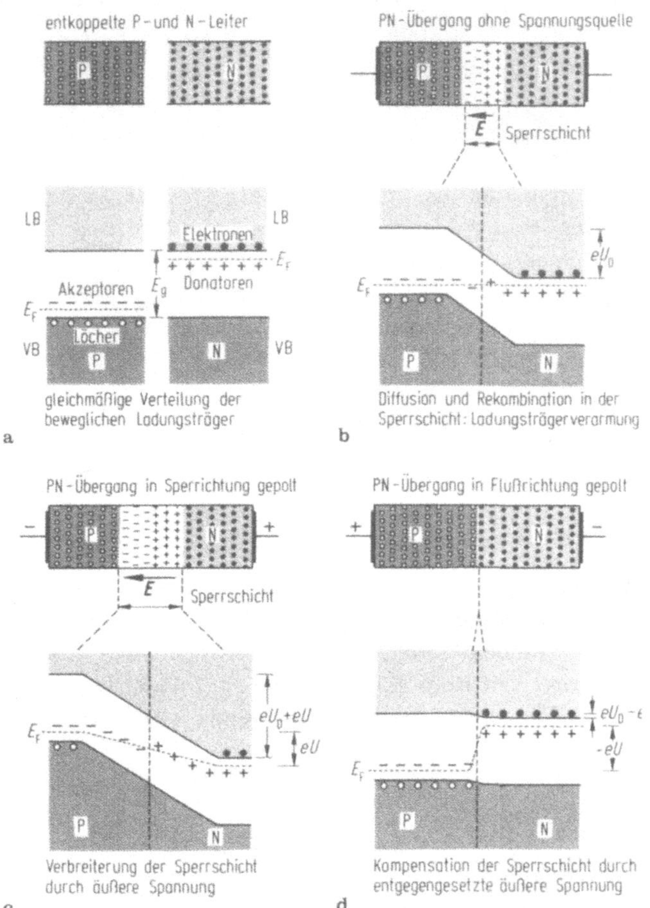

Bild 16-23: Halbleiterdiode (PN-Übergang): **a** entkoppelte P- und N-Leiter; **b** Ausbildung einer Sperrschicht durch Diffusion, Rekombination und ortsfeste Ladungsdoppelschicht; **c** Diode in Sperrichtung gepolt: Verbreiterung der Sperrschicht; **d** Diode in Flußrichtung gepolt: Kompensation der Sperrfeldstärke durch äußere Spannung.

tron-Loch-Paaranregung zuläßt (Bild 16-23a, b). Die ortsfesten positiven Donator-Störstellen und negativen Akzeptor-Störstellen bilden schließlich eine Raumladungs-Doppelschicht, deren Feldstärke eine weitere Diffusion unterbindet (Bild 16-23b). Die Diffusionszone eines solchen *PN-Überganges* zeigt daher eine Verarmung an beweglichen Ladungsträgern: *Sperrschicht.*

Im thermischen Gleichgewicht gleichen sich die Fermi-Niveaus beider Bereiche an, was eine Bandverbiegung um eU_D entsprechend der *Diffusionsspannung* U_D (≈ 0,2...0,8 V) zur Folge hat (Bild 16-23b). Durch Anlegen einer elektrischen Spannung U, die wegen der guten Leitfähigkeit der P- und N-leitenden Bereiche praktisch direkt an der Sperrschicht liegt, werden die Fermi-Niveaus der beiden Bereiche um eU gegeneinander verschoben (Bild

16-23c, d). Bei der Polung nach Bild 16-23c wird die Feldstärke im Verarmungsbereich erhöht, die Verarmungszone wird breiter. Wegen der fehlenden Ladungsträger in dieser Sperrschicht fließt trotz angelegter Spannung kein Strom: Der PN-Übergang ist in *Sperrichtung* gepolt. Wird die äußere Spannung in umgekehrter Richtung angelegt, so wird die Verarmungszone schmaler, bis sie mit steigender Spannung ab $U > |U_D|$ ganz verschwindet (Bild 16-23d) und der Strom steil mit U ansteigt: Der PN-Übergang ist in *Flußrichtung* gepolt. Der PN-Übergang stellt daher einen *Gleichrichter* dar: *Halbleiterdiode.*

Bild 16-24 zeigt qualitativ die Strom-Spannungskennlinie einer Halbleiterdiode. Im Durchlaßgebiet ($U > 0$) steigt der Strom mit wachsender Spannung $U > |U_D|$ steil an. Bei Germanium-Dioden beträgt $U_D \approx 0{,}2...0{,}5$ V, bei Silizium-Dioden ist $U_D \approx 0{,}5...0{,}8$ V. Im Sperrgebiet ($U < 0$) fließt nur ein minimaler Sperrstrom.

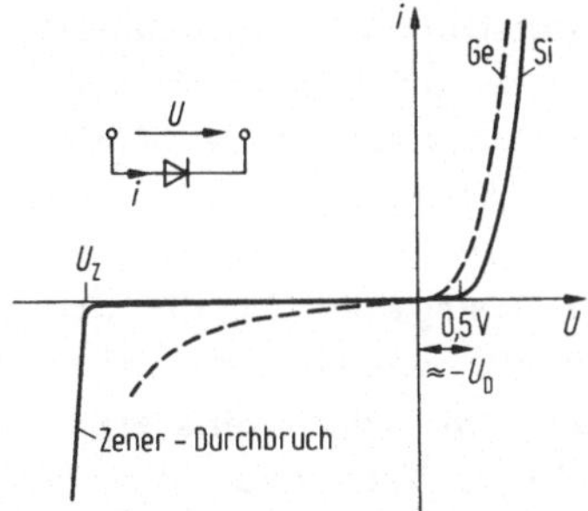

Bild 16-24: Strom-Spannungs-Kennlinien von Halbleiterdioden (schematisch).

Bei Sperrspannungen $|U|$ oberhalb eines Grenzwertes $|U_Z|$ (Bild 16-24) kommt es zum *Durchbruch*, bei dem die Sperrschicht ihre Wirkung völlig verliert. Hierfür gibt es zwei Mechanismen:

1. *Lawinendurchbruch* (*Avalanchedurchbruch*): Bei hinreichend hoher Feldstärke in der Sperrschicht können einzelne (z. B. thermisch angeregte) Minoritätsträger (d.h. Elektronen im P-Gebiet oder Löcher im N-Gebiet) innerhalb ihrer freien Weglänge Gitteratome ionisieren (Stoßionisation), also Elektron-Loch-Paare erzeugen. Das führt zu einem lawinenartigen Anstieg des Stromes (ähnlich dem Zündmechanismus der selbständigen Gasentladung, siehe 16.6.2).

2. *Zenerdurchbruch*: Bei Dioden mit hochdotierten P- und N-Bereichen wird bei hoher angelegter Sperrspannung die Breite der Potentialbarriere zwischen P-leitendem Valenzband und N-leitendem Leitungsband sehr klein. In diesem Fall können durch den quantenmechanischen *Tunneleffekt* wie bei der Feldemission (siehe 16.7.1) Valenzelektronen ohne Energieverlust in das Leitungsband gelangen. Die im Valenzband dadurch entstehenden Löcher und die in das Leitungsband getunnelten Elektronen bilden den Durchbruchstrom.

Bei beiden Mechanismen steigt der Durchbruchstrom mit geringfügig steigender Spannung extrem stark an, und die Diode sperrt nicht mehr. Die extreme Steilheit des Stromanstiegs im Durchbruchsbereich $|U| > |U_Z|$ kann zur Spannungs-Stabilisierung ausgenutzt werden: *Zenerdiode.*

Eine Anordnung aus sehr dicht (ca. 50 µm) benachbarten, gegeneinander geschalteten Übergängen (PNP oder NPN) kann zur Verstärkung elektrischer Signale benutzt werden: *Bipolar-Transistor* (Bardeen, Brattain, Shockley 1948). Bild 16-25 zeigt die Verhältnisse an einem NPN-Transistor mit N-leitendem *Emitter* E, P-leitender *Basis* B und N-leitendem *Kollektor* C in der *Emitterschaltung*, in der Eingangs- und Ausgangsstromkreis den Emitterkontakt gemeinsam haben. Bei der angegebenen Richtung von Basisspannung U_{BE} und Kollektorspannung U_C ist der PN-Übergang zwischen Basis und Emitter (Emitterdiode) in Durchlaßrichtung gepolt, der Sperrschichtwiderstand R_{BE} ist sehr klein. Zur Strombegrenzung muß daher stets ein Basiswiderstand R_B in der Zuleitung zum Basiskontakt B vorgesehen sein (Bild 16-25b), der jedoch in der weiteren Betrachtung vernachlässigt wird. Der PN-Übergang zwischen Kollektor und Basis (Kollektordiode) ist dagegen in Sperrichtung gepolt, für den Sperrschichtwiderstand gilt daher $R_{BC} \gg R_{BE}$. In der Emitterdiode fließt ein großer Elektronenstrom vom N-leitenden Emittergebiet in das P-leitende Basisgebiet. Da die Übergangsgebiete der beiden Dioden herstellungsgemäß nur wenige zehn µm voneinander entfernt sind, diffundiert der Elektronenstrom größtenteils weiter in die Sperrschicht der Kollektordiode, nur ein kleiner Teil fließt über den Basiskontakt ab (Bild 16-25b). Es gilt

$$i_E = i_B + i_C \quad \text{mit } i_B \ll i_C \text{ , d.h.} \quad i_C \lessapprox i_E \text{ .} \qquad (16.4\text{-}25)$$

Wegen $i_C \lessapprox i_E$ gilt auch für Stromänderungen (z.B. Wechselströme) $\Delta i_C \lessapprox \Delta i_E$. Für das Verhältnis der Stromänderungen gilt daher

$$\alpha = \frac{\Delta i_C}{\Delta i_E} \lessapprox 1 \text{ .} \qquad (16.4\text{-}26)$$

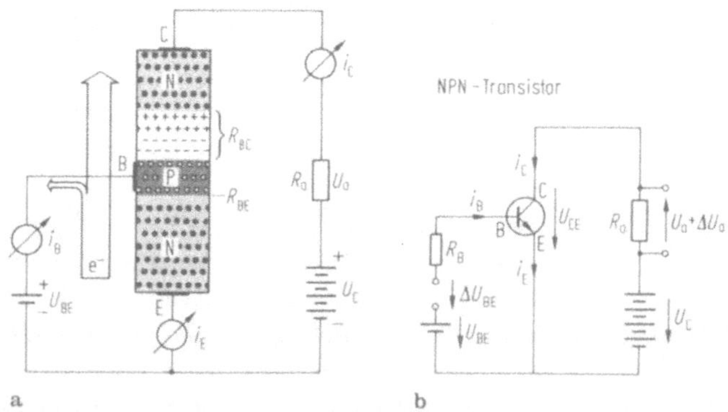

Bild 16-25: a Schematische Darstellung und b Schaltbild eines NPN-Bipolar-Transistors in Emitterschaltung. E: Emitter, B: Basis, C: Kollektor.

α ist die Wechselstromverstärkung bei der (hier nicht behandelten) Basisschaltung. Der Basisstrom i_B steuert den Emitterstrom i_E und damit wegen $i_C \approx i_E$ auch den Kollektorstrom i_C. Für das Verhältnis der Stromänderungen gilt hier mit (16.4-25)

$$\beta = \frac{\Delta i_C}{\Delta i_B} = \frac{\alpha}{1-\alpha} \gg 1 \,. \tag{16.4-27}$$

Für die am Arbeitswiderstand R_a im Kollektorkreis abfallende Spannung U_a ist nach Bild 16-25b $U_a = U_C - U_{CE}$. Da U_C fest ist, gilt für Spannungsänderungen

$$\Delta U_a = \Delta i_C \, R_a = -\Delta U_{CE} \,. \tag{16.4-28}$$

Im Emitterkreis ist

$$\Delta U_{BE} = \Delta i_B \, R_{BE} \,. \tag{16.4-29}$$

Das Verhältnis von Spannungsänderungen im Ausgang (am Arbeitswiderstand R_a) und im Eingang bestimmt die *Spannungsverstärkung* V der Emitterschaltung:

$$V = \frac{\Delta U_a}{\Delta U_{BE}} = -\frac{\Delta U_{CE}}{\Delta U_{BE}} = \frac{\Delta i_C}{\Delta i_B}\frac{R_a}{R_{BE}} = \beta \frac{R_a}{R_{BE}} \gg 1 \,. \tag{16.4-30}$$

Wegen $\beta \gg 1$, und wenn aus Leistungsanpassungsgründen $R_a \approx R_{BC} \gg R_{BE}$ gewählt wird, ist die Spannungsverstärkung des Transistors in Emitterschaltung $V \gg 1$, ähnlich wie bei der Verstärkerschaltung mit einer Elektronenröhre (16.7.2).

Neben den Bipolar-Transistoren gibt es *Feldeffekt-Transistoren* (FET), bei denen die Leitfähigkeit eines halbleitenden, z.B. N-leitenden Kanals zwischen zwei Kontakten (*Source* und *Drain* genannt) durch ein elektrisches, auf den Kanal einwirkendes Feld gesteuert wird. Die Breite des Kanals kann durch seitliche, in Sperrichtung gepolte PN-Übergänge (*Gate*) je nach angelegter Sperrspannung eingeengt und damit der Strom zwischen Source und Drain gesteuert werden.

16.5 Elektrolytische Leitung

Elektrolyte sind Stoffe, deren Lösungen oder Schmelzen den elektrischen Strom leiten. Elektrolytische Leitung tritt bei Substanzen mit Ionenbindung (siehe 16.1) auf, wenn diese durch thermische Anregung aufgebrochen wird (*Dissoziation*) und die Ionen beweglich sind. Das kann bei hohen Temperaturen in Salzschmelzen der Fall sein. Bei Zimmertemperatur reicht die thermische Energie $kT \approx 0{,}026\,\text{eV}$ dazu i. allg. nicht aus. Bei Lösung in einem Lösungsmittel wird jedoch die Coulombkraft (12.1-1) zwischen den Ionen um den Faktor der Permittivitätszahl ε_r des Lösungsmittels reduziert (Wasser: $\varepsilon_r = 81$, siehe Tab. 12.2). Die Dissoziationsarbeit (12.3-1)

$$W = -\int_{r_0}^{\infty} F_C \, dr = \frac{1}{\varepsilon_r} \frac{(ze)^2}{4\pi\varepsilon_0 r_0} \tag{16.5-1}$$

kann dann teilweise durch die thermische Energie aufgebracht werden (z: chemische Wertigkeit; r_0: Bindungsabstand der Ionen). Beispiel: Kochsalzmolekül (NaCl, $r_0 \approx 0{,}2$ nm) in Luft: $W = 7{,}2$ eV, in Wasser: $W = 0{,}09$ eV. Mit steigender Temperatur erhöht sich die Leitfähigkeit der Elektrolyte durch Zunahme der Ladungsträgerdichte und Abnahme der Viskosität.

Ein Salz der Zusammensetzung MSR (M: Metall, SR: Säurerest) dissoziiert in Lösung in die Ionen

$$\mathrm{MSR} \rightarrow \mathrm{M}^{(z+)} + \mathrm{SR}^{(z-)} .$$

Beispiele: $\mathrm{NaCl} \rightarrow \mathrm{Na}^{+} + \mathrm{Cl}^{-}$, $\mathrm{CuSO_4} \rightarrow \mathrm{Cu}^{++} + \mathrm{SO_4}^{--}$.

Beim Ladungstransport im angelegten elektrischen Feld wandern die positiven Ionen (Kationen) zur Kathode, die negativen Ionen (Anionen) zur Anode (Bild 16-26). Dort geben sie ihre Ladung ab und werden an den Elektroden abgeschieden (*Elektrolyse*) oder unterliegen chemischen Sekundärreaktionen. Im Gegensatz zu den Metallen und Halbleitern, die durch den elektrischen Ladungstransport nicht verändert werden, findet bei der elektrolytischen Leitung eine Zersetzung des Leiters statt.

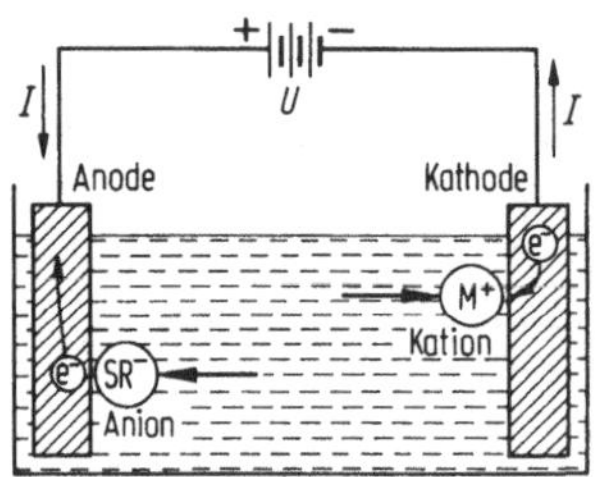

Bild 16-26: Elektrolytische Leitung durch Kationen und Anionen.

Reine Lösungsmittel haben in der Regel eine sehr geringe Leitfähigkeit. Für die Leitfähigkeit gilt daher bei kleinen Konzentrationen c_B eines gelösten Salzes B die Proportionalität $\gamma \sim c_B$, da mit zunehmender Konzentration die Ladungsträgerdichte erhöht wird. Bei hohen Konzentrationen tritt infolge Abschirmung des äußeren Feldes durch Anlagerung entgegengesetzt geladener Ionen eine Sättigung der Konzentrationsabhängigkeit der Leitfähigkeit ein (Debye-Hückel-Theorie).

Geschwindigkeit des Ionentransports

Ähnlich wie bei den Halbleitern und anders als bei den Metallen übernehmen bei den Elektrolyten zwei Sorten von Ladungsträgern mit i. allg. unterschiedlichen Beweglichkeiten μ_+ (Kationen) und μ_- (Anionen) den Stromtransport. Die Leitfähigkeit ist daher analog zu (16.4-3)

$$\gamma = \frac{1}{\rho_R} = n_+ ze\mu_+ + n_- ze\mu_- = nze(\mu_+ + \mu_-) . \qquad (16.5\text{-}2)$$

Die Größenordnung der Ionenbeweglichkeit läßt sich abschätzen aus dem Gleichgewicht zwischen viskoser Reibungskraft einer Kugel gemäß (9.4-16) und der elektrischen Feldkraft auf die Ionen:

$$6\pi\eta r_{ion} v = z e E . \qquad (16.5\text{-}3)$$

η ist die dynamische Zähigkeit (9.4) des Lösungsmittels (z.B. Wasser bei $\vartheta = 20^0$ C: η = 1,002 mPa s). Der Ionenradius beträgt etwa $r_{ion} = (1...2) \cdot 10^{-10}$ m. Daraus ergibt sich eine Ionenbeweglichkeit in Wasser

$$\mu_{ion} = \frac{|v|}{E} = \frac{z e}{6\pi\eta r_{ion}} \approx 5 \cdot 10^{-8}\ \text{m}^2\,\text{V}^{-1}\text{s}^{-1} , \qquad (16.5\text{-}4)$$

die damit um etwa 5 Größenordnungen kleiner als die der Elektronen in Metallen ist (vgl. 15.1 und Tab. 16-6).

Tabelle 16-6: Ionenbeweglichkeiten ($\vartheta = 20^0$ C).

Ionensorte	μ_{ion} / $m^2\,V^{-1}\,s^{-1}$
Na^+	$4{,}6 \cdot 10^{-8}$
Cl^-	$6{,}85 \cdot 10^{-8}$
OH^-	$18{,}2 \cdot 10^{-8}$
H^+	$33 \cdot 10^{-8}$

Elektrolytische Abscheidung

Die beim Ladungstransport durch einen Elektrolyten an den Elektroden abgeschiedene Masse m ist proportional zur transportierten Ladung Q (*1. Faraday-Gesetz*):

$$\boxed{m = \ddot{A}\, Q = \ddot{A}\, I t} . \qquad (16.5\text{-}5)$$

$\ddot{A}$: Elektrochemisches Äquivalent. SI-Einheit: $[\ddot{A}]$ = kg $A^{-1}s^{-1}$ = kg C^{-1} .
Die abgeschiedene Stoffmenge ν (in mol, siehe 8.1) ist ferner durch die transportierte Ladung Q und die Ladung pro Mol zF gegeben:

$$\nu = \frac{Q}{zF} . \qquad (16.5\text{-}6)$$

Hierin ist die Ladung pro Mol für die Wertigkeit $z = 1$ durch die *Faraday-Konstante* gegeben:

$$F = e N_A = (96\,485{,}309 \pm 0{,}029)\ \text{As mol}^{-1} \qquad (16.5\text{-}7)$$

mit $N_A = 6{,}022\,136\,7 \cdot 10^{23}$ mol^{-1}: Avogadro-Konstante (vgl. 8.1).
Für die abgeschiedene Masse ergibt sich daraus mit der molaren Masse M das *2. Faraday-Gesetz*:

$$\boxed{m = \nu M = \frac{M I t}{z F}} . \qquad (16.6\text{-}8)$$

16.6 Stromleitung in Gasen

Den elektrischen Stromtransport durch ein Gas nennt man *Gasentladung*. Luft und andere Gase sind bei nicht zu hohen Temperaturen Isolatoren. Eine Gasentladung kann daher nur entstehen, wenn Ladungsträger in das Gas injiziert oder in ihm durch Ionisation der Gasmoleküle erzeugt werden. Das kann z.B. geschehen durch Elektronenemission aus einer Glühkathode (siehe 16.7.1), durch thermische Ionisierung (Flamme, Glühdraht) oder durch eine ionisierende Strahlung (Ultraviolett-, Röntgen-, radioaktive Strahlung). Bei der Ionisation werden Elektronen abgetrennt, sodaß positive Ionen entstehen. Beide tragen zum Ladungstransport bei.

16.6.1 Unselbständige Gasentladung

Wenn die Stromleitung nach Ende des ladungsträgerliefernden Vorganges (siehe oben) abbricht, so spricht man von einer *unselbständigen Gasentladung*. Die Strom-Spannungs-Charakteristik (Kennlinie) einer unselbständigen Gasentladung, wie man sie etwa mit einer Gasflamme als Ionisationsquelle zwischen zwei Metallplatten als Elektroden in Luft messen kann (Bild 16-27), zeigt ein ausgeprägtes Plateau.

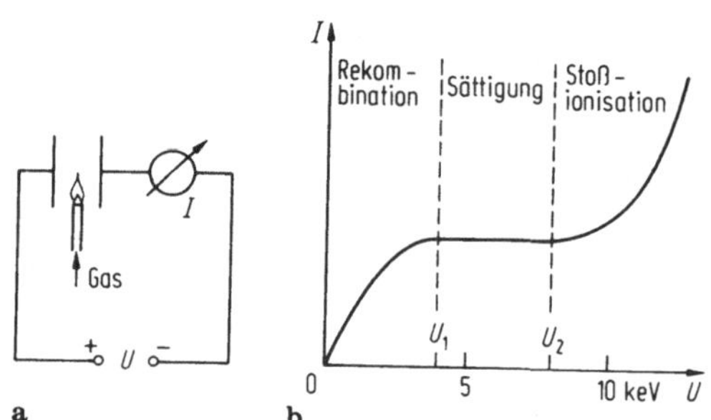

Bild 16-27: Kennlinie einer unselbständigen Gasentladung.

Im Bereich des Plateaus zwischen den Spannungen U_1 und U_2 werden alle je Zeiteinheit von der Ionisationsquelle erzeugten Ladungsträger abgesaugt. Bei steigender Spannung ist daher zunächst kein weiterer Stromanstieg möglich: *Sättigung*. Für $U < U_1$ ist die Driftgeschwindigkeit der Ladungsträger so klein, daß die Wahrscheinlichkeit der Wiedervereinigung von Elektronen und Ionen zu neutralen Molekülen beachtlich wird: *Rekombination*. Sie fallen für den Stromtransport aus. Für $U > U_2$ ist dagegen die Feldstärke E so groß, daß die Energieaufnahme der Elektronen zwischen zwei Stößen mit Gasmolekülen ausreicht, um die Gasmoleküle bei den Stößen zu ionisieren: *Stoßionisation*. Dadurch werden zusätzliche Ladungsträger erzeugt, und der Strom steigt oberhalb des Sättigungsbereiches wieder an. Ist l_e die mittlere freie Weglänge der Elektronen, so lautet die Ionisierungs-Bedingung für Elektronen

$$e\Delta U = eEl_e \geq E_i \qquad (16.6\text{-}1)$$

mit E_i: Ionisierungsenergie. Die entsprechende Bedingung für die Ionisation durch Ionen wird erst bei höheren Feldstärken erreicht, da die mittlere freie Weglänge der Ionen l_i kleiner als die der Elektronen ist. Die Stoßionisation durch Elektronen führt zu *Ladungsträger-Lawinen*, die von jedem Startelektron in Kathodennähe ausgelöst werden (Bild 16-28), bei Ankunft an den Elektroden aber wieder erlöschen.
Die unselbständige Gasentladung wird u.a. bei der *Ionisationskammer* zur Strahlungsmessung eingesetzt, da der Strom (in allen drei Bereichen) proportional zur Zahl und Energie von in den Feldraum eindringenden ionisierenden Teilchen ist.

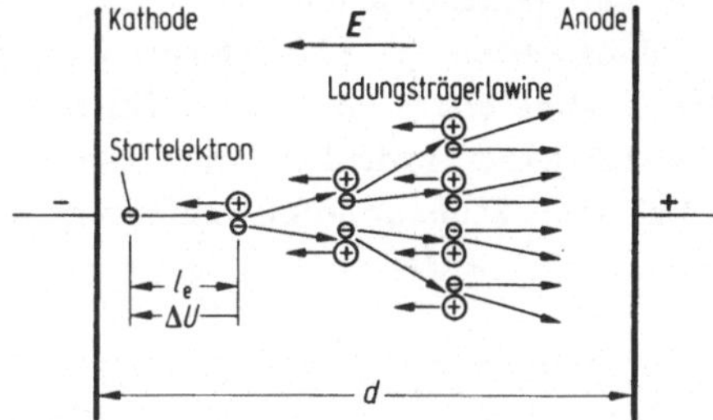

Bild 16-28: Entwicklung von Ladungsträgerlawinen bei Stoßionisation durch Elektronen.

16.6.2 Selbständige Gasentladung

Bei weiterer Erhöhung der Spannung bzw. Feldstärke kann die Gasentladung in eine selbständige Entladung umschlagen, die auch ohne Fremdionisation weiterläuft. Das tritt dann ein, wenn die Energieaufnahme auch der Ionen innerhalb ihrer freien Weglänge l_i so groß wird, daß durch Ionisation von Gasmolekülen neue Elektronen in Kathodennähe erzeugt werden:

$$e\Delta U = eEl_i \geq E_i\,. \qquad (16.6\text{-}1)$$

Daraus läßt sich eine Beziehung für die *Zündspannung* U_z gewinnen. Die mittlere freie Weglänge l_i hängt nach (9.1-5) von der Molekülzahldichte und damit vom Druck p ab: $l_i \sim 1/p$. Ferner gilt für die Feldstärke bei der Zündspannung $E = U_z/d$ mit dem Elektrodenabstand d. Dann folgt aus (16.6-1)

$$U_z = \text{const} \cdot pd\,. \qquad (16.6\text{-}2)$$

Die Zündspannung hängt danach nur vom Produkt aus Gasdruck und Elektrodenabstand ab: *Paschensches Gesetz*

$$U_z = f(pd) \qquad (16.6\text{-}3)$$

In der Form (16.6-2) gilt das Paschensche Gesetz allerdings nur für große Werte von pd. Für niedrige Drucke oder kleine Abstände wird $d < l_i$, die Häufigkeit der Stoßionisation nimmt ab. Die Zündspannung erhöht sich, bis durch Ionenstoß an der Kathode hinreichend Sekundärelektronen (siehe 16.7.1) zur Aufrechterhaltung der Entladung ausgelöst werden. Die Theorie von Townsend ergibt für diesen Fall die Beziehung (*Townsendsche Zündbedingung*)

$$U_z = \frac{C_1 pd}{\ln(pd) - C_2}, \tag{16.6-4}$$

die das Paschensche Gesetz mit enthält und bei großen pd in den Ausdruck (16.6-2) übergeht (Bild 16-29). Für jede Spannung oberhalb einer Minimumspannung gibt es danach bei konstantem Druck einen kleinen und einen großen Elektrodenabstand, für den bei vorgegebener Spannung die Entladungsstrecke zündet: Nah- und Weitdurchschlag.

Anmerkung: Bei großen Schlagweiten ($pd > 1000$ Pa m) wird der Zündmechanismus des Lawinenaufbaus abgelöst vom Kanalaufbau, bei dem sich ein Plasmaschlauch hoher Leitfähigkeit zwischen den Elektroden bildet. An dessen Aufbau ist die bei der Stoßanregung auftretende Lichtstrahlung wesentlich beteiligt.

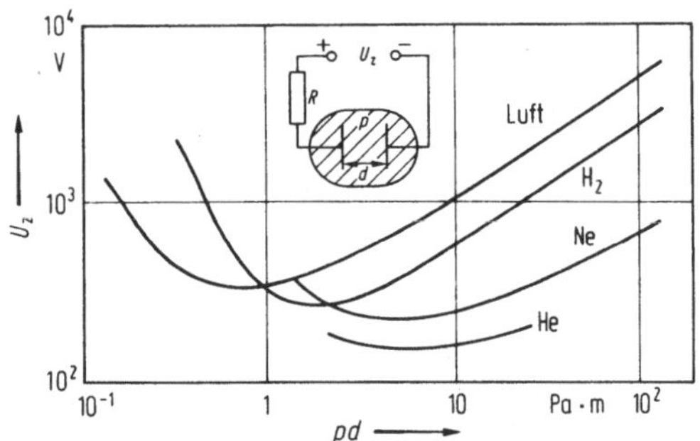

Bild 16-29: Zündspannungen verschiedener Gase für ebene Elektroden.

Selbständig brennende Gasentladungen haben über weite Bereiche eine *fallende Kennlinie,* d.h. die Entladungsstromstärke kann aufgrund der Ladungsträgervermehrung durch Stoßionisation unter Absinken der Brennspannung sehr große Werte annehmen, die zur Zerstörung des Entladungsgefäßes führen können. Gasentladungen müssen daher immer mit einem strombegrenzenden Vorwiderstand (oder bei Wechselspannung auch mit einer Vorschaltdrossel) betrieben werden. Die vollständige Kennlinie einer Gasentladung zeigt Bild 16-30. Sie besteht aus dem Vorstrombereich der unselbständigen Gasentladung, dem sich nach Erreichen der Zündspannung die fallende Kennlinie des selbständigen Entladungsbereiches anschließt. Der obere Schnittpunkt der durch den Vorwiderstand R festgelegten Arbeitsgeraden $I = (U_z - U)/R$ mit der Entladungskennlinie kennzeichnet den sich einstellenden Arbeitspunkt. Der untere Schnittpunkt ist nicht stabil.

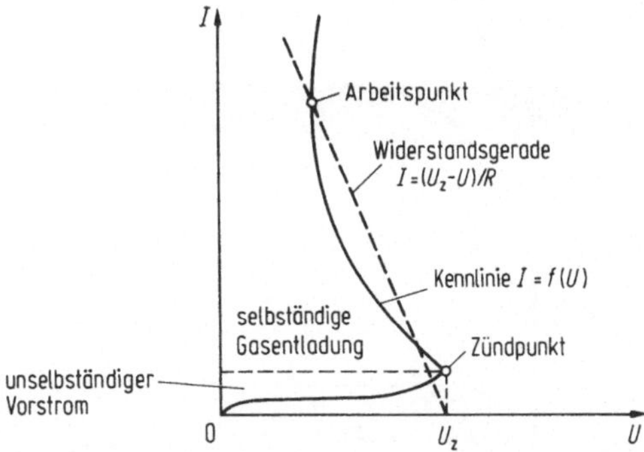

Bild 16-30: Vollständige Kennlinie einer selbständigen Gasentladung.

Leuchterscheinungen in Gasentladungen treten dadurch auf, daß neben der Stoßionisation auch Stoßanregung der Gasatome erfolgt. Die energetisch um ΔE angeregten Gasatome gehen meist nach sehr kurzer Zeit ($\approx 10^{-8}$ s) unter Aussendung von Lichtquanten der Energie $\Delta E = h\nu$ wieder in den Grundzustand über (siehe 20.1). Die Leuchterscheinungen sind sehr verwikkelt und von den Entladungsparametern abhängig, in der Farbe aber charakteristisch für das verwendete Gas. Bild 16-31a zeigt ein typisches Erscheinungsbild einer Gasentladung bei vermindertem Druck (ca. 100 Pa). Der Potential- und Feldstärkeverlauf wird durch die auftretenden Raumladungen gegenüber dem Verlauf ohne Entladung stark verändert (Bild 16-31b): Die Feldstärken sind besonders groß im Gebiet vor der Kathode (Kathodenfall) und (weniger groß) im Gebiet vor der Anode (Anodenfall). Im Bereich der positiven Säule mit konstanter Feldstärke sind Elektronen und positive Ionen in gleicher Dichte vorhanden: quasineutrales *Plasma.*

Gasentladungslampen gemäß Bild 16-31a mit Edelgasfüllung werden als Glimmlampen mit kleinen Elektrodenabständen (positive Säule unterdrückt) für Anzeigezwecke, als sog. Neonröhren mit großen Elektrodenabständen für Reklamezwecke verwendet. Leuchtstoffröhren haben eine Quecksilberdampfatmosphäre, deren Emission im Ultravioletten durch den auf der Innenwand des Glasrohres aufgebrachten Leuchtstoff in sichtbares Licht umgewandelt wird.

Bei großen Entladungsströmen werden die Elektroden durch die aufprallenden Elektronen (Anode) bzw. Ionen (Kathode) stark erwärmt und können dadurch Elektronen emittieren (Thermoemission, siehe 16.7.1). Die Folge ist eine erhebliche Verringerung der Brennspannung, da die Ionen nicht mehr zur Elektronenerzeugung durch Stoßionisation beitragen müssen: *Bogenentladung* (Lichtbogen). Beispiele: Quecksilber-Hochdrucklampe, Kohle-Lichtbogen. Bei letzterem wird die Anodenkohle besonders heiß (ca. 4 200 K) und deshalb als Lichtquelle kleiner Ausdehnung für Projektionszwecke verwendet. Weitere Anwendung: Lichtbogen-Schweißen.

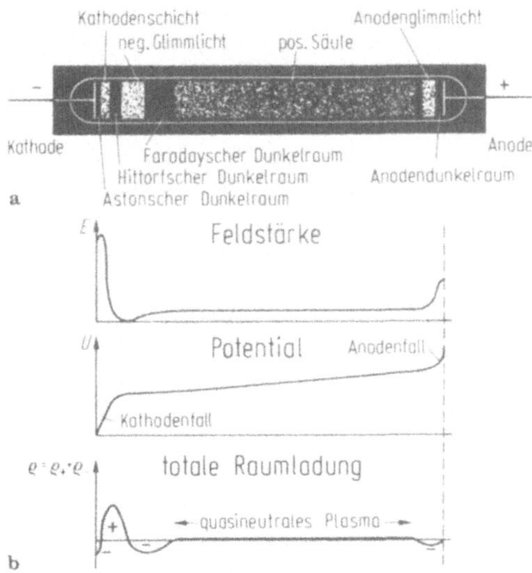

Bild 16-31: **a** Leuchterscheinungen, **b** Feldstärke-, Potential- und Raumladungsverteilung in einer Gasentladung bei vermindertem Druck.

Funken sind rasch erlöschende Bogenentladungen in hochohmigen Stromkreisen, bei denen die Spannung an der Funkenstrecke durch den einsetzenden Entladungsstrom zusammenbricht. Bei gegebener Elektrodenform und Druck ist die Zündspannung U_z recht genau definiert: Anwendung als *Kugelfunkenstrecke* zur Hochspannungsbestimmung aus der Schlagweite.

Zum Nachweis ionisierender Teilchen (radioaktive Strahlung, Höhenstrahlung) wird das *Zählrohr* (Geiger u. Müller) verwendet. Es besteht meist aus einem metallischen Zylinder und einem axial ausgespannten Draht als Elektroden in einer geeigneten Gasfüllung. Eine über einen sehr großen Vorwiderstand R ($10^8 ... 10^9\,\Omega$) angelegte Spannung (500...2000 V) sorgt für eine hohe Feldstärke in Drahtnähe. Eindringende ionisierende Teilchen lösen Ladungsträgerlawinen aus, die als Spannungsimpulse verstärkt und gemessen werden können. Bei niedrigerer Spannung (unselbständige Entladung) arbeitet das Zählrohr im Proportionalbereich, d.h. die Höhe des Spannungimpulses ist der Zahl der primär erzeugten Ionen proportional und gestattet damit eine Aussage über die Ionisationseigenschaften des einfallenden Teilchens. Bei höherer Spannung wird eine selbständige Entladung ausgelöst (Auslösebereich), die jedoch durch den Zusammenbruch der Spannung am Zählrohr infolge des hohen Vorwiderstandes wieder gelöscht wird. Hiermit wird allein die Zahl der einfallenden Teilchen gemessen.

16.6.3 Der Plasmazustand

Der in Gasentladungen (insbesondere in der positiven Säule) auftretende Plasmazustand, in den auch ohne elektrisches Feld jedes Gas bei sehr hohen

Temperaturen übergeht, unterscheidet sich durch das Auftreten frei beweglicher Ladungen (Elektronen und positive Ionen) grundsätzlich von den anderen Aggregatzuständen: *vierter Aggregatzustand*. Thermisches Gleichgewicht kann sich hier oftmals nur innerhalb der einzelnen Teilchensorten einstellen, sodaß man zwischen Neutralteilchentemperatur, Ionentemperatur und Elektronentemperatur unterscheiden muß. Bei hohen Entladungsströmen wirkt das entstehende Magnetfeld komprimierend auf das Plasma: *Pinch-Effekt*. Durch die Einschnürung erhöht sich die Temperatur des Plasmas, ein wichtiger Effekt der Plasma-Physik, der bei Kernfusionsanlagen ausgenutzt wird (vgl. 17.4).

Plasmen können auch zu elektrostatischen Schwingungen angeregt werden: *Plasmaschwingungen* (Rompe u. Steenbeck). Durch Coulomb-Wechselwirkung mit eingeschossenen, schnellen geladenen Teilchen können lokale Ladungstrennungen des quasineutralen Plasmas herbeigeführt werden, oder auch spontan durch Schwankungserscheinungen entstehen. Dadurch ergibt sich bei einer Ladungsträgerdichte n lokal eine elektrische Polarisation (12.9-9) $\boldsymbol{P} = n\boldsymbol{p} = -ne\boldsymbol{r}$, bzw. nach (12.9-12) eine Polarisationsfeldstärke $\boldsymbol{E}_p = -ne\boldsymbol{r}/\varepsilon_0$, was zu einer rücktreibenden Kraft

$$e\boldsymbol{E}_p = -\frac{ne^2}{\varepsilon_0}\boldsymbol{r} = m\ddot{\boldsymbol{r}} \qquad (16.6\text{-}5)$$

führt. (16.6-5) stellt eine Schwingungsgleichung dar. Durch Vergleich mit (5.2-17) ergeben sich als Eigenfrequenzen für Elektronen (Dichte n_e, Masse m_e) bzw. Ionen (Dichte n_i, Masse m_i) die *Elektronen-Plasmakreisfrequenz*

$$\omega_{pe} = \sqrt{\frac{n_e e^2}{\varepsilon_0 m_e}} \qquad (16.6\text{-}6)$$

bzw. die *Ionen-Plasmakreisfrequenz*

$$\omega_{pi} = \sqrt{\frac{n_i e^2}{\varepsilon_0 m_i}}\,. \qquad (16.6\text{-}7)$$

Bei einer Elektronendichte von $n_e \approx 5\cdot 10^{12}\ \mathrm{cm^{-3}}$ ergibt sich eine Plasmafrequenz $\nu_{pe} = \omega_{pe}/2\pi = 2\cdot 10^{10}$ Hz.

Das freie *Elektronengas in Metallen* (siehe 16.2) stellt unter Berücksichtigung des positiven Gitterionen-Hintergrundes ebenfalls ein Plasma dar, in dem allerdings die Dichten n_e wesentlich höher sind.
Beispiel: Die Atomzahldichte von Aluminium ist $n_{Al} = 6{,}03\cdot 10^{22}\ \mathrm{cm^{-3}}$. Drei Leitungselektronen je Atom ergeben eine Elektronendichte $n_e = 18{,}1\cdot 10^{22}$ $\mathrm{cm^{-3}}$ und daraus eine Plasmafrequenz $\nu_{pe} = 3{,}82\cdot 10^{15}$ Hz. Den Plasmaschwingungen lassen sich Quasiteilchen (*Plasmonen*) der Energie $E_{pe} = h\nu_{pe} = 2{,}53\cdot 10^{-18}\ \mathrm{J} = 15{,}8\ \mathrm{eV}$ zuordnen (Bohm u. Pines). Tatsächlich lassen sich beim Durchgang schneller Elektronen durch dünne Al-Schichten Energieverluste dieser Größe nachweisen, die durch Anregung solcher Plasmonen entstehen.

16.7 Elektrische Leitung im Hochvakuum

Im Vakuum stehen keine potentiellen Ladungsträger zur Verfügung. Zur Stromleitung müssen daher Ladungsträger von außen in das Vakuum hineingebracht werden (Ladungsträgerinjektion). Dies kann z.B. durch Elektronenemission aus einer Metallelektrode erreicht werden.

16.7.1 Elektronenemission

Obwohl die Leitungselektronen innerhalb eines Metalls sich quasi frei bewegen können (freies Elektronengas, siehe 16.2), können sie unter normalen Bedingungen nicht aus dem Metall austreten. Dies ist nur möglich bei Aufwendung einer *Austrittsarbeit* Φ, die bei Metallen etwa zwischen 1 und 5 eV beträgt (Tab. 16-7). Dem entspricht das *Austrittspotential*

$$\varphi = \frac{\Phi}{e}\,, \tag{16.7-1}$$

das die Höhe des Potentialwalles an der Oberfläche des Metalls kennzeichnet, den die Leitungselektronen überwinden müssen, wenn sie aus dem Metall in das Unendliche gebracht werden sollen. Die Kraft, gegen die die Austrittsarbeit geleistet werden muß, hat zweierlei Ursachen: 1. Bei Austritt eines Elektrons aus der Metalloberfläche wird die Ladungsneutralität gestört, es treten rücktreibende Coulomb-Kräfte auf, die durch die Bildkraft (siehe 12.7) beschrieben werden können. 2. Durch die infolge der thermischen Bewegung austretenden, aber am Potentialwall sofort wieder reflektierten Elektronen bildet sich eine dünne Ladungsdoppelschicht an der Oberfläche, die selbst zum Potentialwall beiträgt und weitere Elektronen am Austritt hindert. Das Innere eines Metalls hat also ein niedrigeres Potential als das Vakuum, es stellt einen *Potentialtopf* dar, an dessen Boden sich die Elektronen mit der Fermi-Energie E_F befinden (Fermi-See). Die energetische Darstellung zeigt Bild 16-32.

Tabelle 16-7: Austrittsarbeiten einiger Metalle, Halbleiter und Oxide.

Material	Austrittsarbeit Φ eV	Material	Austrittsarbeit Φ eV
Al	4,20	Pd	5,55
Ba	2,52	Pt	5,66
Cs	1,81	Se	4,87
Fe	4,63	Ag	4,43
Ge	5,02	Si	3,59
Au	4,83	Th	3,47
Li	2,46	W	4,57
C	4,36		
Cu	4,65	Ba auf BaO	1,0
Na	2,35	Cs auf W	1,4
Mo	4,19	Th auf W	2,60
Ni	5,09	WO	~10,4

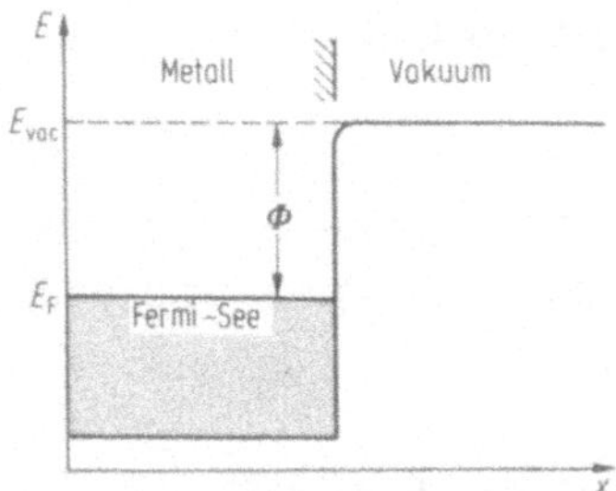

Bild 16-32: Energieschema an der Oberfläche eines Metalls (Potentialtopfmodell).

Nur Elektronen mit der Energie $E > E_F + \Phi$ im Metall können die Austrittsarbeit Φ aufbringen und in das Vakuum gelangen. Die notwendige Mindestenergie Φ kann z. B. aufgebracht werden durch

1. Wärmeenergie: Thermoemission,
2. elektromagnetische Strahlungsenergie (Licht): Photoemission,
3. elektrostatische Feldenergie: Feldemission,
4. kinetische Stoßenergie: Sekundäremission.

Thermoemission (Glühemission)

Bei $T > 0$ ist die Dichte der besetzten Zustände durch die Zustandsdichte $Z(E)$ und die Fermi-Dirac-Verteilung $f_{FD}(E)$ gegeben (siehe 16.2). Bei Zimmertemperatur und $E > E_F + \Phi$ hat die Fermi-Verteilung extrem kleine Werte (Bild 16-9), sodaß keine Elektronen emittiert werden. Bei höheren Temperaturen kann jedoch der Thermoemissionsstrom merkliche Werte annehmen und in folgender Weise berechnet werden.

Bei einer Energie $E = E_F + \Phi$ im Metall haben die Leitungselektronen nach Austritt durch die Metalloberfläche in das Vakuum die kinetische Energie 0. Ihre Zustandsdichte beträgt im Vakuum entsprechend (16.2-1)

$$Z_{vac}(E) = \frac{1}{2\pi^2}\left(\frac{2m_e}{\hbar^2}\right)^{3/2}\sqrt{E - E_F - \Phi} \quad \text{für} \quad E \geq E_F + \Phi \,. \tag{16.7-2}$$

Die Elektronenkonzentration im Vakuum ergibt sich durch Integration über E gemäß

$$n = \int\limits_{E_F+\Phi}^{\infty} Z_{vac}(E) f_{FD}(E)\,\mathrm{d}E = 2\frac{(2\pi m_e kT)^{3/2}}{h^3}\,\mathrm{e}^{-\Phi/kT} \,, \tag{16.7-3}$$

wobei für $E \geq E_F + \Phi$ wie in 16.4 die Fermi-Dirac-Verteilung durch die Boltzmann-Näherung (16.1-21) ersetzt werden kann. Im thermischen Gleichgewicht ist die Stromdichte der aus dem Metall austretenden Elektronen gleich der Stromdichte der aus dem Vakuum auf das Metall treffenden Elektronen

$$j_s = j_x = \frac{1}{2} e\, n\, \overline{|v_x|} \,. \tag{16.7-4}$$

Die mittlere absolute Geschwindigkeitskomponente senkrecht zur Metalloberfläche $\overline{|v_x|}$ läßt sich durch Mittelung von $|v_x|$ gewichtet mit der eindimensionalen Boltzmann-Verteilung errechnen zu

$$\overline{|v_x|} = \sqrt{\frac{2kT}{\pi m_e}} \,. \tag{16.7-5}$$

Aus (16.7-3) bis (16.7-5) folgt schließlich für die thermische Elektronenemission bei der Temperatur T die *Richardson-Dushman-Gleichung*

$$\boxed{j_s = A_R T^2 e^{-\Phi/kT}} \tag{16.7-6}$$

mit der universellen Richardson-Konstante

$$A_R = \frac{4\pi m_e e k^2}{h^3} = 1{,}20 \cdot 10^6 \text{ A m}^{-2}\text{ K}^{-2} \,. \tag{16.7-7}$$

Die thermische Emissionsstromdichte hängt also exponentiell von der Temperatur und von der Austrittsarbeit ab. Bei $T = 3000$ K ergibt sich eine Emissionsstromdichte von $j_s = 13{,}5$ A cm^{-2}. Für A_R werden experimentell Werte im Bereich $(0{,}2 \ldots 0{,}6) \cdot 10^6$ A m^{-2} K^{-2} gefunden.

Photoemission

Die Energie zur Aufbringung der Austrittsarbeit für Elektronen im Fermi-See eines Festkörpers kann auch durch äußere Einstrahlung von Energie in Form elektromagnetischer Strahlung (Licht, Röntgenstrahlung) zugeführt werden: *Photoeffekt* (*lichtelektrischer Effekt*, H. Hertz 1887, Hallwachs 1888). Die experimentelle Untersuchung (Hallwachs, Lenard) ergab für den Photoeffekt:

1. Die Photoemissions-Stromdichte ist proportional zur eingestrahlten Lichtintensität.
2. Die maximale kinetische Energie der emittierten Elektronen $E_{k,max}$ ist bei monochromatischer Lichteinstrahlung eine lineare Funktion der Frequenz ν des Lichtes, aber unabhängig von der Lichtintensität. Unterhalb einer Grenzfrequenz ν_{gr} tritt keine Photoemission auf (Bild 16-33b).
3. Die Photoemission setzt auch bei geringster Bestrahlungsintensität ohne Verzögerung praktisch trägheitslos ein.

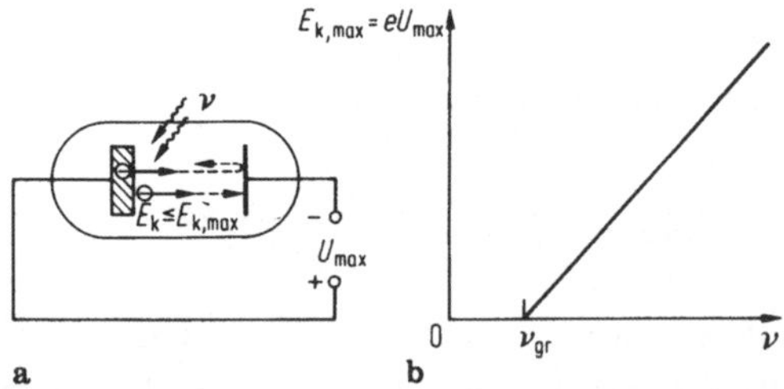

Bild 16-33: Photoeffekt: Emission von Elektronen bei Lichteinstrahlung.

Die Erklärung des Photoeffektes erfolgte durch die *Lichtquantenhypothese* (Einstein 1905): Die Photoelektronenauslösung erfolgt durch Einzelprozesse zwischen je einem Lichtquant der Energie

$$\boxed{E = h\nu} \tag{16.7-8}$$

und einem Leitungselektron. Dabei wird das Lichtquant absorbiert. Seine Energie gemäß (16.7-8) liefert die Austrittsarbeit, einen eventuellen Überschuß erhält das Photoelektron als kinetische Energie $E_{k,max}$ mit, von der ein Teil $E_{i,coll}$ durch unelastische Stöße im Innern des Metalls verloren gehen kann. Die Energiebilanz lautet damit

$$h\nu = \Phi + E_{i,coll} + E_k \,. \tag{16.7-9}$$

Die maximal mögliche kinetische Energie eines ausgelösten Photoelektrons ergibt sich daraus nach der *Lenard-Einsteinschen Gleichung* zu

$$\boxed{E_{k,max} = h\nu - \Phi} \,, \tag{16.7-10}$$

die dem experimentellen Befund entspricht (Bild 16-33b). Die *Grenzfrequenz des Photoeffekts* ergibt sich daraus für $E_{k,max} = 0$ zu

$$\nu_{gr} = \frac{\Phi}{h} \tag{16.7-11}$$

und gestattet in einfacher Weise die Bestimmung der Austrittsarbeit Φ. Aus der Steigung der Geraden in Bild 16-33b kann ferner das Plancksche Wirkungsquantum h bestimmt werden. Die maximale kinetische Energie $E_{k,max}$ läßt sich mit der Anordnung Bild 16-33a messen: Die ausgelösten Photoelektronen treffen auf die gegenüberliegende Elektrode und laden sie auf, bis das so aufgebaute, stromlos zu messende Gegenpotential $U_{max} = E_{k,max}/e$ eine weitere Aufladung verhindert.

Die Einsteinsche Erklärung des Photoeffektes führte die *Quantisierung des elektromagnetischen Strahlungsfeldes* ein, wobei die Quanten (Lichtquanten, Photonen) als räumlich begrenzte elektromagnetische Wellenzüge (*Wellenpakete*, siehe 18.1) zu denken sind, mit einer durch (16.7-8) gegebenen Energie.

Schottky-Effekt und Feldemission

Wird an eine Metallkathode ein starkes elektrisches Feld angelegt, so wird die Potentialschwelle Φ auf eine effektive Austrittsarbeit $\Phi' = \Phi - \Delta\Phi$ erniedrigt, die sich durch die Überlagerung des durch die äußere Feldstärke $\boldsymbol{E}$ bedingten Abfalls der potentiellen Energie $(E_{vac} - e|\boldsymbol{E}|x)$ mit der durch die Bildkraft verrundeten Potentialschwelle der Austrittsarbeit ergibt (Bild 16-34). Für den Korrekturterm $\Delta\Phi$ erhält man

$$\Delta\Phi = \sqrt{\frac{e^2|\boldsymbol{E}|}{4\pi\varepsilon_0}} \,. \tag{16.7-12}$$

Diese Absenkung der Austrittsarbeit kann, da sie in den Exponenten der Richardson-Gleichung (16.7-6) eingeht, eine erhebliche Erhöhung der Thermoemission zur Folge haben: *Schottky-Effekt* (Thermo-Feldemission).

Nicht thermisch angeregte Elektronen im Fermi-See des Metalls (Bild 16-34) können die auch bei großer Feldstärke $\boldsymbol{E}$ noch vorhandene Potentialschwelle der Höhe Φ' und der Breite Δx nach den Gesetzen der klassischen Physik nicht überwinden. Die Wellenmechanik zeigt jedoch, daß die Wellen-

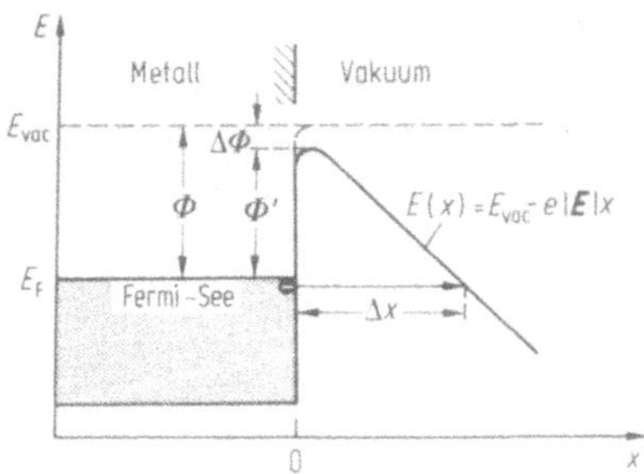

Bild 16-34: Absenkung der Austrittsarbeit durch den Schottky-Effekt bei Anlegung eines äußeren elektrischen Feldes E und dadurch bedingte Umformung der Austrittsenergiestufe Φ in eine Potentialschwelle endlicher Breite Δx.

funktionen der Elektronen, wenn auch stark gedämpft, in die Potentialschwelle eindringen. Wenn die Schwellenbreite Δx sehr klein ist (einige nm bei Feldstärken $|E| = 10^9\ \mathrm{V\,m^{-1}}$), ist die Amplitude der Wellenfunktionen auf der Vakuumseite der Potentialschwelle noch merklich, d.h. die Metallelektronen haben auch außerhalb der Austrittspotentialschwelle noch eine gewisse Aufenthaltswahrscheinlichkeit. Die Elektronen können demnach mit einer gewissen Wahrscheinlichkeit den Potentialberg wie durch einen Tunnel durchlaufen: *quantenmechanischer Tunneleffekt*. Die Durchtrittswahrscheinlichkeit D für ein Elektron der Energie E_e durch einen Potentialberg $E(x)$ der Höhe $\Delta E = E_{max} - E_e$ und der Breite $\Delta x = x_2 - x_1$ ergibt sich näherungsweise zu

$$D \approx \exp\left\{-\frac{2}{\hbar}\int_{x_1}^{x_2}\sqrt{2m_e\big(E(x) - E_e\big)}\,\mathrm{d}x\right\} \approx \exp\left\{-\frac{\alpha\Delta x}{\hbar}\sqrt{2m_e\Delta E}\right\} \tag{16.7-13}$$

mit $\alpha \approx (1 \dots 2)$ je nach Form des Potentialberges. Die Energie E ist hier nicht mit dem Betrag der Feldstärke $|E|$ zu verwechseln.

Der Tunneleffekt ermöglicht eine Elektronenemission auch bei kalter Kathode allein durch hohe Feldstärken $|E| \geq 10^9\ \mathrm{Vm^{-1}}$. Bei einem homogenen Feld nach Bild 16-34 ergibt die Rechnung, die ähnlich wie für die Thermoemission verläuft (unter Berücksichtigung der Durchlaßwahrscheinlichkeit 16.7-13), für die Feldemissions-Stromdichte bei nicht zu hohen Temperaturen die *Fowler-Nordheim-Gleichung*

$$\boxed{j_F = A_F \frac{|E|^2}{\Phi} e^{-\beta\,\Phi^{3/2}/|E|}} \tag{16.7-14}$$

mit

$$A_F = \frac{e^3}{8\pi h} = 2{,}5 \cdot 10^{-25}\ \mathrm{A^2\,V^{-1}s} \tag{16.7-15}$$

und

$$\beta = \frac{4\sqrt{2m_e}}{3\hbar e} = 1{,}06 \cdot 10^{38}\ \mathrm{kg^{0,5}\,V^{-1}\,A^{-2}\,s^{-3}}\ . \tag{16.7-16}$$

Die Abhängigkeit der Feldemissions-Stromdichte von der Feldstärke entspricht genau der Abhängigkeit der Thermoemissions-Stromdichte von der Temperatur (16.7-6).
Ausreichend hohe elektrische Feldstärken lassen sich nach (12.7-3) besonders leicht an feinen Spitzen mit Krümmungsradien von 0,1 bis 1 µm erzeugen. Anwendungen: Feldemissions-Elektronenmikroskop (Bild 12-23), Rastertunnelmikroskop (Bild 25-9).

Sekundärelektronenemission
Die Austrittsarbeit kann schließlich auch durch die kinetische Energie primärer Teilchen (Elektronen, Ionen), die auf die Festkörperoberfläche fallen, aufgebracht werden. Die so ausgelösten Elektronen werden *Sekundärelektronen* genannt. Der Sekundärelektronen-Emissionskoeffizient für Elektronen

$$\delta = \frac{j_{sec}}{j_0} \tag{16.7-17}$$

(j_{sec}: Emissionsstromdichte der Sekundärelektronen; j_0: Stromdichte der auffallenden Primärelektronen) hängt von der Energie der Primärelektronen ab (Bild 16-35) und hat bei Metallen Werte um 1, bei Halbleitern und Isolatoren bis über 10. Dieser Unterschied hängt damit zusammen, daß aus Impulserhaltungsgründen (vgl. 6.3.2) beim Stoß äußerer Primärelektronen auf freie Leitungselektronen eine Rückwärtsstreuung sehr viel unwahrscheinlicher ist als beim Stoß auf gebundene Elektronen in Halbleitern oder Isolatoren.

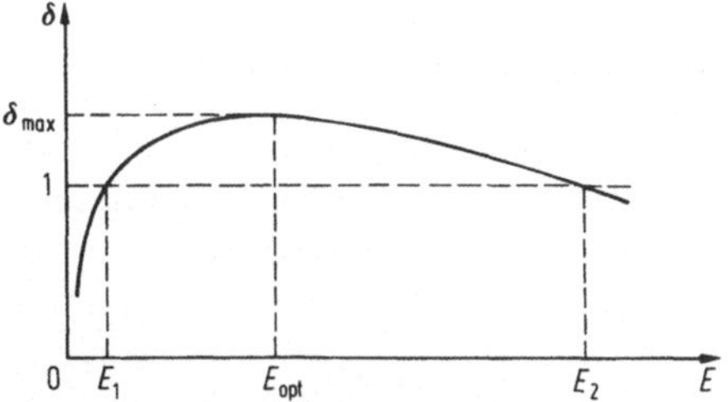

Bild 16-35: Sekundärelektronen-Emissionskoeffizient als Funktion der Energie der Primärelektronen (schematisch).

Die Energie der ausgelösten Sekundärelektronen beträgt $\lesssim$ 20 eV. Mit steigender Primärelektronenenergie nimmt δ zunächst zu, um nach Durchlaufen eines maximalen Wertes ($E_{opt} \approx 500 \dots 1500$ eV) wieder abzusinken, da wegen der steigenden Eindringtiefe der Primärelektronen die Auslösung in so großen Tiefen erfolgt, daß die Austrittswahrscheinlichkeit der Sekundärelektronen abnimmt.

Im Energiebereich zwischen E_1 und E_2 (Bild 16-35), wo δ vor allem bei mit Cäsium (sehr kleine Austrittsarbeit, Tab. 16-7) versetzten Materialien Werte $\gg 1$ annehmen kann, ist demnach die Zahl der Sekundärelektronen u. U.

Tabelle 16-8: Maximaler Sekundärelektronen-Emissionskoeffizient und zugehörige Energie für einige Festkörper.

Metalle	δ_{max}	E_{opt} / eV	Nichtmetalle	δ_{max}	E_{opt} / eV
Fe	1,3	350	Ge	1,1	400
C	1,0	300	NaCl	6	600
Cu	1,3	600	BaO	6	500
Mo	1,25	375	MgO	2,4	1500
Ni	1,3	550	Al_2O_3	4,8	1300
Pt	1,6	800	Glimmer	2,4	380
Ag	1,5	800	$Ag\text{-}Cs_2O\text{-}Cs$	8,8	550
W	1,4	600			

erheblich höher als die Zahl der auslösenden Primärelektronen. Dieser Effekt wird u.a. bei den Sekundärelektronen-Vervielfachern und Kanalmultipliern ausgenutzt. Die material- und winkelabhängige Sekundärelektronenemission wird ferner als Bildsignal im Rasterelektronenmikroskop (Bild 25-8) verwendet.

Auch Ionen können Sekundärelektronen auslösen, z.B. 1 bis 5 Elektronen pro auftreffendes Ion. Beginnend bei einer Ionenenergie von etwa 2 keV steigt die Ausbeute etwa linear an. Ein Maximum der Ausbeute wie bei Elektronen gibt es bei Ionen bis 20 keV nicht. Die Auslösung von Elektronen durch Ionen spielt eine wichtige Rolle bei der selbständigen Gasentladung (16.6.2).

16.7.2 Bewegung freier Ladungsträger im Vakuum

Die Bewegung von freien Ladungsträgern q mit der Geschwindigkeit $\boldsymbol{v}$ im Vakuum, in dem nur elektrische und/oder magnetische Felder $\boldsymbol{E}$ bzw. $\boldsymbol{B}$ auftreten, wird durch die Lorentz-Kraft (13.2-3)

$$\boldsymbol{F} = q(\boldsymbol{E} + \boldsymbol{v} \times \boldsymbol{B}) \qquad (16.7\text{-}18)$$

beschrieben. Die Bewegung *einzelner* geladener Teilchen in solchen Feldern wurde bereits früher besprochen: Beschleunigung und Ablenkung im elektrischen Längs- und Querfeld (12.2), Energieaufnahme im elektrischen Feld (12.5), Ablenkung im magnetischen Feld (13.2).

Treten *viele* geladene Teilchen als *Raumladung* der Dichte $\rho(\boldsymbol{r}) = n(\boldsymbol{r})q$ auf, so werden die von außen vorgegebenen Feldstärken und Potentiale durch die Raumladung verändert, da von den Ladungen selbst ein elektrischer Fluß Ψ ausgeht. Für den Fall einer ebenen Geometrie ergibt sich nach dem Gaußschen Gesetz (12.2-15) aus der Bilanz für den elektrischen Fluß durch die Oberfläche einer raumladungserfüllten, flachen Scheibe im Vakuum (Bild 16-36)

$$\frac{\mathrm{d}E_x}{\mathrm{d}x} = \frac{\rho(x)}{\varepsilon_0} . \qquad (16.7\text{-}19)$$

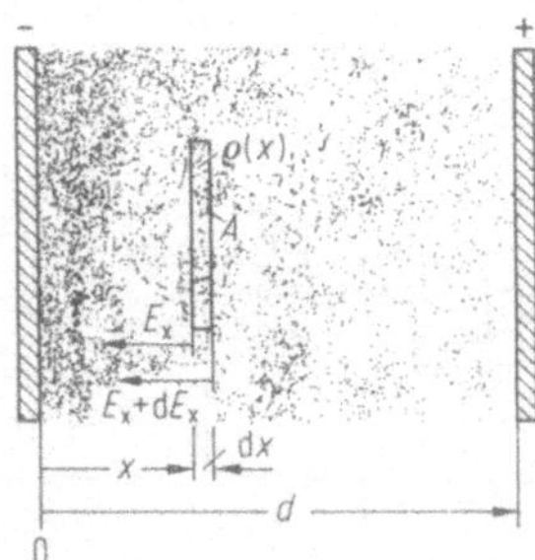

Bild 16-36: Zur Herleitung der Potentialgleichung.

Die Feldstärke ergibt sich aus der Änderung des Potentials $V(x)$ mit x gemäß (12.3-14), und somit

$$\frac{\mathrm{d}^2 V(x)}{\mathrm{d}x^2} = -\frac{\rho(x)}{\varepsilon_0} . \qquad (16.7\text{-}20)$$

Dies ist der eindimensionale Sonderfall der allgemein gültigen *Potentialgleichung*, der *Poisson-Gleichung*:

$$\boxed{\Delta V \equiv \frac{\partial^2 V}{\partial x^2} + \frac{\partial^2 V}{\partial y^2} + \frac{\partial^2 V}{\partial z^2} = -\frac{\rho}{\varepsilon_r \varepsilon_0}} . \qquad (16.7\text{-}21)$$

Vakuumdiode

Der Effekt der Raumladung soll anhand des von der Kathode in einer Vakuumdiode (Bild 16-37 a) ausgehenden Thermoemissions-Elektronenstroms diskutiert werden. Die Kennlinie $i_A = f(u_{AK})$ zeigt drei charakteristisch verschiedene Bereiche:

1. $u_{AK} < 0$: Die aus der Kathode entsprechend der Kathodentemperatur T_K austretenden Elektronen (16.7-6) müssen gegen ein Anodenpotential $-|u_{AK}|$ anlaufen. Sie finden also eine gegenüber der Austrittsarbeit Φ um eu_{AK} erhöhte Energieschwelle vor, die nur von den Elektronen mit $E_k > e|u_{AK}|$ überwunden wird. Analog zur Richardson-Gleichung (16.7-6) ergibt sich daher für den Anodenstrom im *Anlaufstromgebiet*

$$i_{AK} = i_{A0}\, \mathrm{e}^{-e|u_A|/kT} , \qquad (16.7\text{-}22)$$

worin $T = T_K$ die Kathodentemperatur ist.

2. $u_{AK} > 0$: Die Elektronen werden zur Anode beschleunigt. Der Anodenstrom i_A steigt dennoch nicht sofort auf den durch die Richardson-Gleichung (16.7-6) gegebenen Wert, da bei niedrigen Spannungen die durch den Anodenstrom $i_A = -nevA$ hervorgerufene negative Raumladung $\rho = -ne = i_A/vA$ in Kathodennähe besonders groß ist (v klein), und die Elektronen geringerer kinetischer Energie von der Raumladung zur Kathode reflektiert werden: *Raumladungsgebiet*. Die Potentialgleichung (16.7-20) lautet für diesen Fall

$$\frac{\mathrm{d}^2 V(x)}{\mathrm{d}x^2} = -\frac{\rho(x)}{\varepsilon_0} = -\frac{i_A}{\varepsilon_0 v} . \qquad (16.7\text{-}23)$$

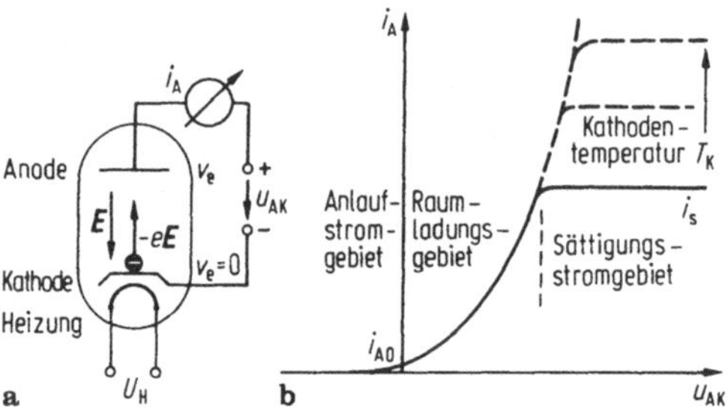

Bild 16-37: Vakuumdiode und deren Kennlinien für verschiedene Kathodentemperaturen.

Die Integration ergibt mit (12.5-5)

$$\frac{1}{2}\left(\frac{dV}{dx}\right)^2 - \frac{1}{2}\left(\frac{dV}{dx}\right)^2_{x=0} = \frac{2i_A}{\varepsilon_0}\sqrt{\frac{m_e}{2e}}\sqrt{V} . \qquad (16.7\text{-}24)$$

Wir nehmen nun an, daß die Elektronenemission aus der Kathode raumladungsbegrenzt sei, d.h. daß durch die negative Raumladung vor der Kathode die Feldstärke dort fast 0 ist (tatsächlich ist sie etwas negativ). Dann ist $(dV/dx)_{x=0} \approx 0$ und (16.7-24) kann weiter integriert werden $(x=(0...d)$: $V=(0...u_{AK}))$ mit dem Ergebnis (*Schottky-Langmuirsche Raumladungsgleichung*)

$$i_A = \frac{4}{9}e_0\sqrt{\frac{2e}{m_e}}\frac{u_{AK}^{3/2}}{d^2} , \qquad (16.7\text{-}25)$$

häufig auch "$u^{3/2}$-Gesetz" genannt. Mit steigender Anodenspannung steigt auch die Geschwindigkeit v der Elektronen, sodaß die Raumladung $\rho = ne \sim 1/v$ abgebaut wird und i_A entsprechend der Schottky-Langmuir-Gleichung ansteigt.

3. $u_{AK} > 0$: Eine Grenze für das Ansteigen des Anodenstromes mit u_{AK} ist durch die Richardson-Gleichung (16.7-6) gegeben. Bei hinreichend großer Anodenspannung verschwindet die Raumladungsbegrenzung, und alle von der Kathodenoberfläche A emittierten Elektronen werden abgesaugt. Für das *Sättigungsstromgebiet* gilt dann

$$i_s = AA_R T_K^2 e^{-\Phi/kT_K} , \qquad (16.7\text{-}26)$$

wonach der Sättigungsstrom nur von der Kathodentemperatur T_K abhängt. Aus der Kennlinie (Bild 16-37b) folgt, daß die Vakuumdiode den elektrischen Strom praktisch nur für positive Anodenspannung leitet. Anwendung: Gleichrichtung von Wechselströmen.

Triode

Im Raumladungsgebiet der Vakuumdiode bestimmt die Größe der Raumladung vor der Kathode den Anodenstrom i_A. Durch Einführung eines negativ vorgespannten Steuergitters zwischen Kathode und Anode erhält man eine künstliche, regelbare Raumladung mit der Möglichkeit, durch kleine Steuer-

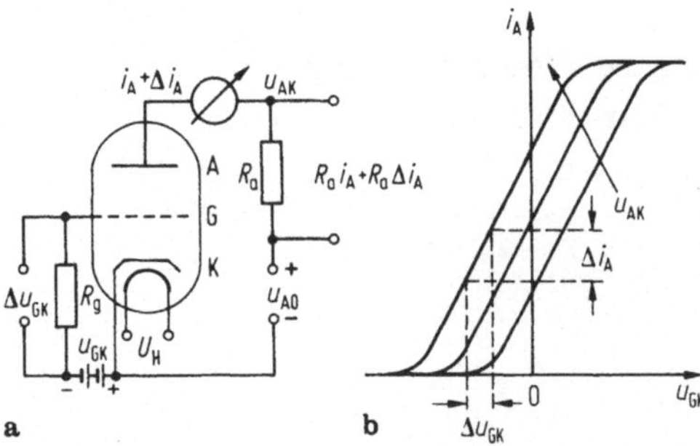

Bild 16-38: Triode in Verstärkerschaltung und zugehörige Kennlinien (schematisch).

gitterspannungs-Änderungen Δu_{GK} entsprechende Anodenstrom-Änderungen Δi_A zu erzeugen (Bild 16-38). Für konstante Spannung u_{AK} wird das Verhältnis

$$\left(\frac{\Delta i_A}{\Delta u_{GK}}\right)_{u_{AK}} = S. \tag{16.7-27}$$

Steilheit genannt. Übliche Elektronenröhren haben Steilheiten $S = (1 \ldots 10)$ mA V^{-1}.

Bei Einschaltung eines Arbeitswiderstandes R_a in den Anodenstromkreis bewirkt Δu_{GK} eine Änderung des Spannungsabfalls an R_a von $\Delta u_{AK} = R_a \Delta i_A \approx S R_a \Delta u_{GK}$. Daraus folgt ein *Spannungsverstärkungsfaktor*

$$\frac{\Delta u_{AK}}{\Delta u_{GK}} \approx S R_a , \tag{16.7-28}$$

der erheblich größer als 1 sein kann. Da bei negativer Steuergitterspannung u_{GK} praktisch kein Gitterstrom fließt, erfolgt die Spannungsverstärkung mit Elektronenröhren nahezu leistungslos.

Elektronenröhren als Verstärkerelemente sind heute mit Ausnahme im Bereich der Hochleistungssender weitgehend durch Halbleiterverstärker (Transistoren, siehe 16.5, Bild 16-25) verdrängt.

17 Starke und Schwache Wechselwirkung
Atomkerne und Elementarteilchen

Die Kern- und Elementarteilchenphysik wird in der Hauptsache durch die starke und die schwache Wechselwirkung bestimmt (vgl. Einleitung zum Abschnitt II: WECHSELWIRKUNGEN und FELDER, vor 11). Die zugehörigen Kräfte haben eine extrem kurze Reichweite $\approx 10^{-15}$ m und spielen daher in der sonstigen Physik gegenüber den langreichweitigen elektromagnetischen und Gravitations-Kräften keine Rolle. Im Bereich der Atomkerne und Elementarteilchen sind sie jedoch die bestimmenden Kräfte: Die starke Wechselwirkung bewirkt den Zusammenhalt der Atomkerne, indem die anziehenden Kernkräfte zwischen unmittelbar benachbarten Nukleonen die abstoßenden Coulomb-Kräfte übersteigen. Dagegen nehmen die Leptonen (Tab. 12-1) nicht an der starken Wechselwirkung teil. Bei der Streuung schneller Elektronen an Atomkernen beispielsweise wird daher der Hauptteil des Streuquerschnittes (vgl. 16.1.1) durch die Coulomb-Wechselwirkung mit den positiven Ladungen der Protonen (Tab. 12-1) im Atomkern verursacht. Zerfälle bzw. Umwandlungen von Elementarteilchen schließlich werden durch die schwache Wechselwirkung geregelt.

17.1 Atomkerne

Aus den Streuversuchen von Rutherford, Geiger und Marsden mit α-Teilchen (16.1.1) zeigte sich, daß der Atomkern soviel positive Elementarladungen enthält, wie die Ordnungszahl Z des Atoms im Periodischen System der Elemente angibt. Massenspektrometrische Untersuchungen (Bild 13-13) ermöglichen ferner die Bestimmung der Massen der verschiedenen Elemente. Dabei zeigt sich, daß die *Protonen*, die positiv geladenen Kerne der Wasserstoffatome als leichtestem aller Elemente, zur Erklärung der Atomkernmassen nicht ausreichen, sondern daß dazu elektrisch neutrale Teilchen, die *Neutronen* (Chadwick 1932) hinzugenommen werden müssen. Bestandteile der Atomkerne sind demnach die *Nukleonen*

Proton (p) mit der Ladung $+e$ und der Ruhemasse

$$m_p = (1{,}672\,6231 \pm 0{,}000\,0010) \cdot 10^{-27}\,\text{kg}$$

und *Neutron* (n) mit der Ladung 0 und der Ruhemasse

$$m_n = (1{,}674\,9286 \pm 0{,}000\,0010) \cdot 10^{-27}\,\text{kg}\ .$$

Die Ruhemasse der Nukleonen ist damit etwa 1840 mal größer als die Ruhemasse der Elektronen (12.4). Ein beliebiger Atomkern enthält A Nukleonen, davon Z Protonen und N Neutronen:

$$A = Z + N \quad (\textit{Massenzahl} \text{ des Atomkerns}). \tag{17.1-1}$$

Die Massenzahl A ist gleich der auf ganze Zahlen gerundeten relativen Atommasse A_r. Z heißt *Kernladungszahl* und ist mit der Ordnungszahl im Periodischen System identisch. Schreibweise zur Kennzeichnung eines Atomkerns eines chemischen Elementes X:

$${}^{A}_{Z}X, \quad \text{z.B.} \quad {}^{1}_{1}H\,,\ {}^{4}_{2}He\,,\ {}^{235}_{92}U\ \ldots$$

Der Index Z (Kernladungszahl) wird häufig auch weggelassen, da diese durch das chemische Symbol eindeutig bestimmt ist. Atomkerne werden auch *Nuklide* genannt. Unterschiedliche Nuklide unterscheiden sich in mindestens einer der Zahlen A, Z, N.
Die *relative Atommasse* A_r ist das Verhältnis der Atommasse m_a zur sog. vereinheitlichten Atommassenkonstante m_u:

$$A_r = \frac{m_a}{m_u}\,. \tag{17.1-2}$$

Entsprechend wird die *relative Molekülmasse* M_r (siehe 8.1) eines Moleküls der Masse m_m definiert:

$$M_r = \frac{m_m}{m_u}\,. \tag{17.1-3}$$

Die *Atommassenkonstante* m_u ist definiert als 1/12 der Masse eines Kohlenstoffnuklids der Massenzahl 12 und beträgt

$$m_u = \frac{1}{12}\, m\,(^{12}C) = (1{,}660\,540\,2 \pm 0{,}000\,001\,0) \cdot 10^{-27}\ \text{kg}\,.$$

Die Masse dieses Betrages wird als sog. *atomare Masseneinheit* verwendet und dann u genannt.

Aus Streuversuchen mit α-Teilchen hinreichend hoher Energie (16.1.1) erhält man auch Aussagen über den Kernradius, für den sich die empirische Beziehung

$$r_N \approx r_{N0} \sqrt[3]{A} \qquad \text{mit} \quad r_{N0} \approx 1{,}2 \cdot 10^{-15}\ \text{m} = 1{,}2\ \text{fm} \tag{17.1-4}$$

ergibt. r_{N0} entspricht dem Radius eines Nukleons. (17.1-4) bedeutet, daß das Kernvolumen ($\sim r_N^3$) proportional zur Nukleonenzahl A ansteigt, die Dichte der Kernsubstanz also etwa konstant ist für alle Kerne:

$$\rho_N \approx \frac{A m_p}{\frac{4\pi}{3} r_N^3} \approx \frac{m_p}{\frac{4\pi}{3} r_{N0}^3} \approx 2 \cdot 10^{14}\, \text{g}\,\text{cm}^{-3}\,. \tag{17.1-5}$$

Die Kerndichte ist also etwa um einen Faktor 10^{14} größer als die Dichte von Festkörpern!
Atome gleicher Ordnungszahl Z, aber verschiedener Neutronenzahl N und damit auch verschiedener Massenzahl A werden *Isotope* des chemischen Elements mit der Ordnungszahl Z genannt. Die meisten in der Natur vorkommenden Elemente sind Mischungen aus mehreren Isotopen. Dadurch

erklärt sich, daß die relativen Atommassen A_r oft von der Ganzzahligkeit relativ stark abweichen.

Sowohl Protonen als auch Neutronen haben wie die Elektronen (16.1) einen Eigendrehimpuls oder Spin der Größe $\hbar/2$. Ferner muß angenommen werden, daß Nukleonen Bahnbewegungen im Atomkern durchführen, die zu einem Bahndrehimpuls führen. Der resultierende Drehimpuls eines Atomkerns, der *Kernspin* J, ist wie der Drehimpuls der Elektronenhülle gequantelt, wobei die zugehörige Quantenzahl J den Betrag des Kernspins $\hbar\sqrt{J(J+1)}$ kennzeichnet. Auch hier gilt eine Richtungsquantelung (vgl. 16.1). Kerne mit geraden Zahlen von Protonen und Neutronen (g,g-Kerne) haben eine Spinquantenzahl $J=0$, d.h. die Spins der Nukleonen sind offenbar paarweise antiparallel angeordnet. Mit dem Kernspin ist schließlich auch ein magnetisches Dipolmoment verknüpft.

Bei der Wechselwirkung zwischen zwei Protonen sind die Kernkräfte (starke Wechselwirkung) für Abstände $r > 0{,}7$ fm anziehend und übersteigen die abstoßende Coulomb-Kraft um einen Faktor $> 10^2$. Bereits bei $r \geq 2$ fm sind die Kernkräfte abgeklungen. Für $r < 0{,}7$ fm wirken die Kernkräfte abstoßend, halten also die Nukleonen in entsprechenden Abständen. Das steht im Einklang mit der von der Massenzahl unabhängigen, etwa konstanten Kerndichte. Aufgrund der Spinwechselwirkung gibt es ferner nichtzentrale Anteile der Kernkraft. Sieht man von solchen Kraftanteilen ab, so läßt sich qualitativ ein Verlauf des Kernpotentials annehmen, wie er in Bild 17-1 dargestellt ist (Energie-Nullpunkt bei getrennten Nukleonen angenommen: Bei gebundenen Nukleonen ist die innere Energie U_{int} bzw. die potentielle Energie E_p dann negativ, vgl. Bild 6-7). Für die Wechselwirkung zwischen zwei Neutronen oder zwischen einem Neutron und einem Proton ist dabei allein das Potential aufgrund der Kernkraft wirksam, für die Wechselwirkung zwischen zwei Protonen wird dieses noch vom Coulomb-Potential überlagert.

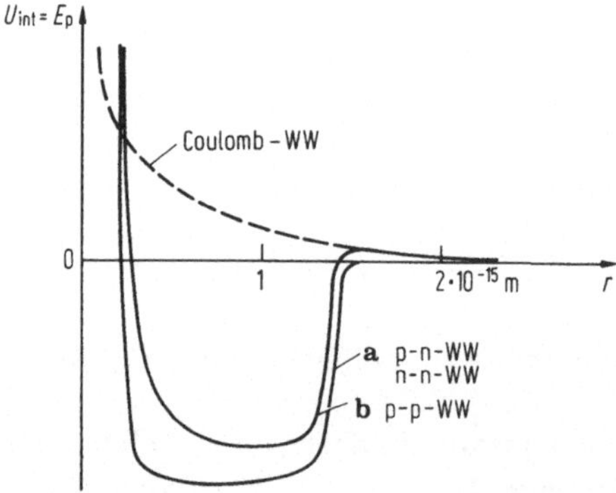

Bild 17-1: Potentielle Energie von Nukleonen (schematisch, Coulomb-Wechselwirkung stark überhöht dargestellt): **a** p-n- und n-n-Wechselwirkung, **b** p-p-Wechselwirkung.

17.2 Massendefekt, Kernbindungsenergie

Die zur Zerlegung eines Atomkerns gegen die anziehenden Kernkräfte aufzubringende Arbeit stellt die *Kernbindungsenergie* E_b dar, die meist je Nukleon angegeben wird (Bild 17-2). Bei der Zusammenlagerung von mehreren Nukleonen zu einem Atomkern wird die entsprechende Energie frei. Aufgrund der Einsteinschen Masse-Energie-Beziehung (4.5-13) ist daher die Masse eines Atomkerns m_N stets kleiner als die Masse aller beteiligten Nukleonen im ungebundenen Zustand $(Zm_p + Nm_n)$. Aus der experimentell bestimmbaren Differenz, dem *Massendefekt*

$$\Delta m = Zm_p + Nm_n - m_N \qquad (17.2\text{-}1)$$

läßt sich die *Bindungsenergie je Nukleon* berechnen:

$$E_b = \frac{\Delta m\, c_0^2}{A}\,. \qquad (17.2\text{-}2)$$

Einem Massendefekt von der Größe der atomaren Masseneinheit 1 u entspricht eine Bindungsenergie von 931,49 MeV. Für Atomkerne mit Massenzahlen $A > 20$ beträgt die Bindungsenergie je Nukleon ungefähr 8 MeV (Bild 17-2). Bei Atomkernen mit Massenzahlen um 60 hat die Energie je Nukleon ein flaches Minimum (maximale Bindungsenergie). Zu kleineren und zu größeren Massenzahlen steigt sie an.

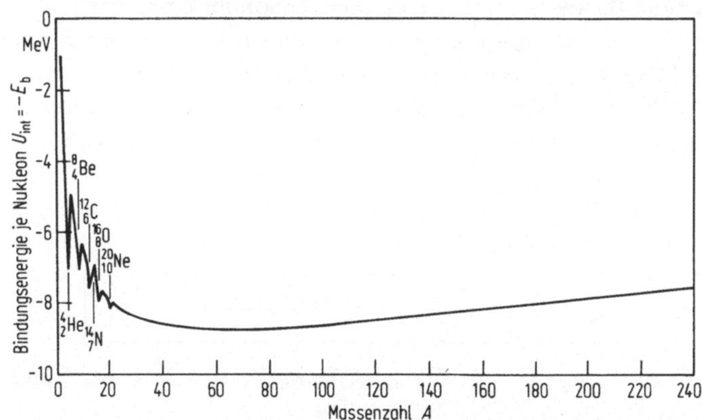

Bild 17-2: Bindungsenergie je Nukleon als Funktion der Massenzahl des Kerns (berechnet aus der Weizsäcker-Formel 17.2-4 sowie 17.2-6).

Die Abhängigkeit der Kernbindungsenergie je Nukleon von der Massenzahl des Kerns läßt sich durch *Kernmodelle* deuten.

Beim *Tröpfchenmodell* wird der Atomkern mit einem makroskopischen Flüssigkeitstropfen verglichen, der ebenfalls eine konstante Dichte unabhängig von seiner Größe aufweist, sowie schnell mit der Entfernung abnehmende Bindungskräfte. So, wie beim Flüssigkeitstropfen die Oberflächenspannung für die kugelförmige Gestalt sorgt, muß auch beim Atomkern eine Oberflächenspannung angenommen werden, die eine etwa kugelförmige

Gestalt des Kerns bewirkt. Die Bindung an der Oberfläche ist jedoch geringer als im Volumen. Die Zunahme der Bindungsenergie je Nukleon mit der Massenzahl bei leichten Atomkernen rührt daher vom steigenden Verhältnis der Zahl der Nukleonen im Volumen zu derjenigen an der Oberfläche. Bei schweren Kernen bewirkt hingegen die Zunahme der elektrostatischen Abstoßung der Protonen untereinander aufgrund ihrer steigenden Anzahl eine Verringerung der Bindungsenergie je Nukleon. Die Folge ist eine Verschiebung des Energieminimums (Bindungsenergiemaximums) zugunsten eines Neutronenüberschusses. Andererseits scheint, wie sich bei leichten Kernen zeigt, ein energetischer Vorteil für symmetrische Kerne (Protonenzahl = Neutronenzahl) zu existieren.

Beim *Schalenmodell* des Atomkerns wird davon ausgegangen, daß der Kern ähnlich wie die Elektronenhülle in *Schalen* unterteilt ist, innerhalb derer die Nukleonen gruppiert und diskreten Energiezuständen zugeordnet sind. Dabei sättigen sich die Drehimpulse je zweier Protonen oder zweier Neutronen gegenseitig ab. Kerne mit gerader Protonenzahl und gerader Neutronenzahl (g,g-Kerne) enthalten nur gepaarte Protonen und Neutronen und sind deshalb stabiler als g,u- oder u,g-Kerne. Die Bindungsenergie je Nukleon ist bei g,g-Kernen besonders hoch. Das Gegenteil ist bei u,u-Kernen der Fall, die sowohl ein ungepaartes Proton als auch ein ungepaartes Neutron enthalten. Dieser Effekt wirkt sich besonders bei den leichten Atomkernen aus und erklärt die dort starken Schwankungen der Bindungsenergie je Nukleon (Bild 17-2). Kerne mit abgeschlossenen Schalen enthalten 2, 8, 20, (28), 50, 82 oder 128 Protonen oder Neutronen (*magische Zahlen*) und sind überdurchschnittlich stabil. Beispiele sind ${}^{4}_{2}\mathrm{He}$, ${}^{16}_{8}\mathrm{O}$, ${}^{40}_{20}\mathrm{Ca}$ und ${}^{208}_{82}\mathrm{Pb}$.

Die verschiedenen Einflüsse auf die gesamte Kernbindungsenergie E_B lassen sich in der *Weizsäcker-Formel* zusammenfassen:

$$\boxed{E_B = a_V A - a_O A^{2/3} - a_C \frac{Z^2}{A^{1/3}} - a_{as} \frac{(A-2Z)^2}{A} + \delta \frac{34}{A^{3/4}}} \qquad (17.2\text{-}3)$$

mit $a_V = 15{,}75$ MeV, $a_O = 17{,}8$ MeV, $a_C = 0{,}71$ MeV, $a_{as} = 23{,}7$ MeV und

$$\delta = \begin{cases} +1 & \text{für g,g-Kerne} \\ 0 & \text{für g,u- und u,g-Kerne} \\ -1 & \text{für u,u-Kerne} \end{cases} .$$

Der erste Term beschreibt die Zunahme der Bindungsenergie mit der Anzahl der Nukleonen (Volumenenergie). Der zweite Term berücksichtigt die geringere Bindung der Oberflächen-Nukleonen. Der dritte Term beschreibt die Coulomb-Abstoßung der Protonen $\sim Z^2/r$. Der vierte Term stellt die bindungslockernde Asymmetrieenergie dar, die bei $N = Z = A/2$ verschwindet. Bei großen Massenzahlen liegt jedoch wegen der Coulomb-Abstoßung der Protonen untereinander das Energieminimum (Bindungsenergiemaximum) bei $N > Z$. Der fünfte Term berücksichtigt die Paarenergie der Nukleonen-Spins, er hat bei g,g-Kernen einen positiven, bei u,u-Kernen einen negativen Wert.

Die Kernbindungsenergie je Nukleon E_b ergibt sich daraus zu

$$E_b = \frac{E_B}{A} = a_V - a_0 \frac{1}{A^{1/3}} - a_C \frac{Z^2}{A^{4/3}} - a_{as} \frac{(A-2Z)^2}{A^2} + \delta \frac{34}{A^{7/4}} . \qquad (17.2\text{-}4)$$

Für jede Massenzahl A zeigt die Energie des Kerns bei einer bestimmten Protonenzahl Z ein Minimum (Maximum der Kernbindungsenergie), dessen Lage sich aus (17.2-3) mit der Bedingung

$$\left(\frac{\partial E_B}{\partial Z}\right)_{A=\text{const}} = 0 \qquad (17.2\text{-}5)$$

berechnen läßt. Daraus ergibt sich eine ***Stabilitätslinie*** (Linie der β-Stabilität, siehe Bild 17.3)

$$Z = \frac{A}{2+0{,}015\,A^{2/3}} < \frac{A}{2} \quad \text{bzw.} \quad N = A - \frac{A}{2+0{,}015\,A^{2/3}} > \frac{A}{2} , \qquad (17.2\text{-}6)$$

die bei schweren Kernen zunehmend von der Linie $N = Z = A/2$ der symmetrischen Atomkerne abweicht (Bild 17-3). Mit (17.2-6) folgt aus (17.2-4) der in Bild 17-2 dargestellte Verlauf der Bindungsenergiekurve.
Die stabilen Elemente (siehe 17.3) liegen auf bzw. dicht an der Stabilitätslinie.

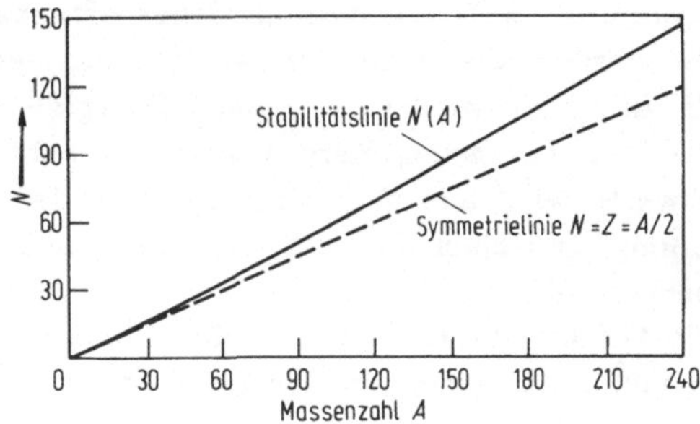

Bild 17-3: Stabilitätslinie $N(A)$ nach der Weizsäcker-Formel.

17.3 Radioaktiver Zerfall

Atomkerne, die nicht dicht an der Stabilitätslinie (Bild 17-3) liegen, oder die große Massenzahlen A aufweisen, können Strahlung emittieren und dabei in einen stabileren Zustand übergehen. Solche instabilen Atomkerne heißen *radioaktiv*. Bei der zuerst an Uransalzen entdeckten (Becquerel 1896), dann an Polonium, Radium, Aktinium, Thorium, Kalium, Rubidium, Samarium, Lutetium u.a. gefundenen und untersuchten ***natürlichen Radioaktivität*** (Marie und Pierre Curie ab 1898, u.a.) werden verschiedenartige Strahlungen beobachtet:

1. Die ***α-Strahlung*** besteht aus zweifach positiv geladenen Teilchen der Massenzahl 4, also He-Kernen.
2. Die ***β-Strahlung*** besteht aus schnellen Elektronen.
3. Die ***γ-Strahlung*** besteht aus energiereichen elektromagnetischen Strahlungsquanten.

17.3.1 Alpha-Zerfall

Bei der Emission eines α-Teilchens (He-Kern), das als g,g-Kern mit abgeschlossenen Schalen eine besonders stabile Kernstruktur darstellt, aus einem schweren Atomkern X (der sich dabei in einen anderen Atomkern Y umwandelt) wird eine Reaktionsenergie

$$Q = \Delta E = (m_X - m_Y - m_\alpha)\, c_0^2 = \Delta m c_0^2 > 0 \tag{17.3-1}$$

frei, sofern die Massenzahl des Ausgangskerns A_X hinreichend groß ist, wie sich aus dem Verlauf der Bindungsenergie pro Nukleon (Bild 17-2) schließen läßt. α-Strahlung wird in erster Linie für $A_X > 208$ beobachtet. Die Massenzahl des Ausgangskerns reduziert sich beim α-Zerfall um 4, die Kernladungszahl um 2, sodaß ein anderes chemisches Element (im Periodischen System gegenüber dem Ausgangselement zwei Plätze zurück) entsteht:

$$^{A}_{Z}X \longrightarrow {}^{A-4}_{Z-2}Y + {}^{4}_{2}He + \Delta E\,, \text{ z.B.: } {}^{238}_{92}U \xrightarrow{4{,}5\cdot 10^9\,a} {}^{234}_{90}Th + {}^{4}_{2}He\,. \tag{17.3-2}$$

Der Zerfall erfolgt bei den natürlich radioaktiven Elementen von selbst (spontan), allerdings sehr langsam, anderenfalls würden sie nicht mehr existieren. Bei der Emission des α-Teilchens muß daher offenbar eine Energieschwelle überwunden werden, die höher ist, als die bei der Emission verfügbare Energie ΔE, die sich wiederum gemäß Energie- und Impulssatz (Rückstoß, siehe 3.3.2) auf den neuen Kern Y und das α-Teilchen (E_α) verteilt. Die Energieschwelle wird aus dem Potentialtopf der Kernkräfte und der Coulomb-Abstoßung zwischen Kern Y und dem α-Teilchen gebildet (Bild 17-4 a). Das Energiespektrum der α-Strahlung einer Kernsorte mit diskreten Linien (Bild 17-4 b) ist ein Hinweis auf die Existenz diskreter Quantenzustände im Kern mit entsprechenden Energieniveaus.

Die Wahrscheinlichkeit des Zerfalls wird dann durch den quantenmechanischen Tunneleffekt (16.7-13) geregelt (Gamow 1938), der auch die Feldemis-

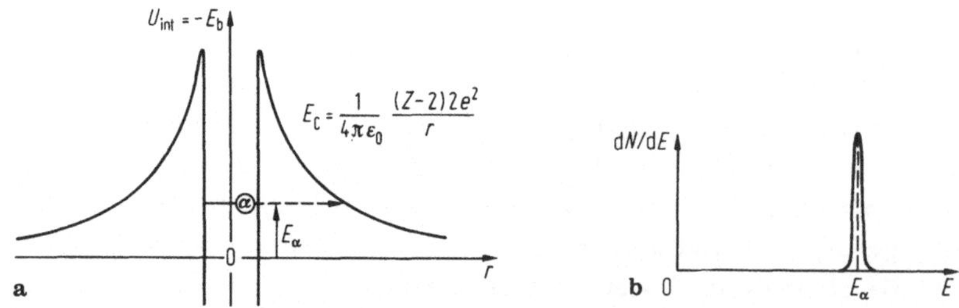

Bild 17-4: α-Zerfall: **a** Zu durchtunnelnde Energieschwelle des Kernpotentials, **b** diskretes Energiespektrum der α-Strahlung.

sion von Elektronen aus Metallen bestimmt (16.7.1). Dementsprechend gibt es eine (zunächst empirisch gefundene) gleichsinnige Beziehung zwischen der Zerfallswahrscheinlichkeit und der Energie E_α des emittierten α-Teilchens, die *Geiger-Nuttallsche Regel*:

$$\log \lambda = A + B \log E_\alpha \, , \qquad (17.3\text{-}3)$$

mit für alle α-Strahler annähernd gleichen Konstanten A und B. λ ist die Zerfallskonstante des Zerfallsgesetzes (17.3-8) und (17.3-9).
Anmerkung: Üblicherweise wird die Geiger-Nuttallsche Regel mit Hilfe der hier nicht eingeführten Reichweite R der α-Teilchen in Materie (z.B. in Luft) formuliert. Diese ist jedoch einer Potenz von E_α proportional, sodaß sich nur die Konstante B ändert.

17.3.2 Beta-Zerfall

Nuklide, die nicht dicht an der Linie der β-Stabilität (Bild 17-3) liegen, können durch Emission eines Elektrons oder eines Positrons (eines positiv geladenen Elektrons) dieser Linie der minimalen Energie näherkommen. Dabei bleibt die Massenzahl A ungeändert, jedoch ändern sich Neutronenzahl N und Protonenzahl Z gegensinnig um je 1.

Der β^--*Zerfall* tritt bei Nukliden mit Neutronenüberschuß oberhalb der Stabilitätslinie (Bild 17-3) auf. Es entsteht ein Element mit einem um 1 höheren Platz im Periodischen System:

$${}^{A}_{Z}\mathrm{X} \longrightarrow {}^{A}_{Z+1}\mathrm{Y} + {}^{0}_{-1}\mathrm{e} + \Delta E \, , \quad \text{z.B.:} \quad {}^{234}_{90}\mathrm{Th} \xrightarrow{24{,}1\,\mathrm{d}} {}^{234}_{91}\mathrm{Pa} + \mathrm{e}^- \, . \qquad (17.3\text{-}4)$$

Zugrunde liegt diesem Prozeß die Umwandlung eines Neutrons in ein Proton und ein Elektron. Im Gegensatz zur α-Strahlung ist das Energiespektrum der β-Strahlung jedoch nicht diskret (linienhaft), sondern kontinuierlich zwischen 0 und einer maximalen Energie E_β verteilt (Bild 17-5). Ferner ergibt sich aus Nebelkammer- oder Blasenkammer-Aufnahmen des β-Zerfalls, daß scheinbar der Impulserhaltungssatz meist nicht erfüllt ist: Der Fall entgegengesetzter Impulse von Rückstoßkern und emittiertem Elektron (Fall a in Bild 17-5) tritt nur selten auf. Viel häufiger ist der Fall b, bei dem scheinbar die Impulssumme nicht verschwindet. Außerdem ist scheinbar auch der Drehimpulserhaltungssatz verletzt: Beim β-Zerfall wird der Kernspin (ganz- oder halbzahlig) nicht geändert, dennoch nimmt das Elektron einen Spin $\hbar/2$ mit. All diese Widersprüche ließen sich durch die Annahme eines weiteren Elementarteilchens, des *Elektron-Neutrinos* ν_e (hier genauer des Antiteilchens $\overline{\nu}_e$ wegen der Erhaltung der Leptonenzahl, siehe 17.5) beseitigen (Pauli 1931). Die Neutrinos besitzen keine elektrische Ladung (ionisieren daher nicht), eine sehr kleine Ruhemasse ($< 10^{-3} m_e$, wahrscheinlich 0) und einen Spin $\hbar/2$. Neutrinos zeigen wegen der fehlenden Ladung und Ruhemasse nur eine extrem geringe Wechselwirkung mit anderer Materie und wurden deshalb erst 1956 direkt nachgewiesen (Reines, Cowan).

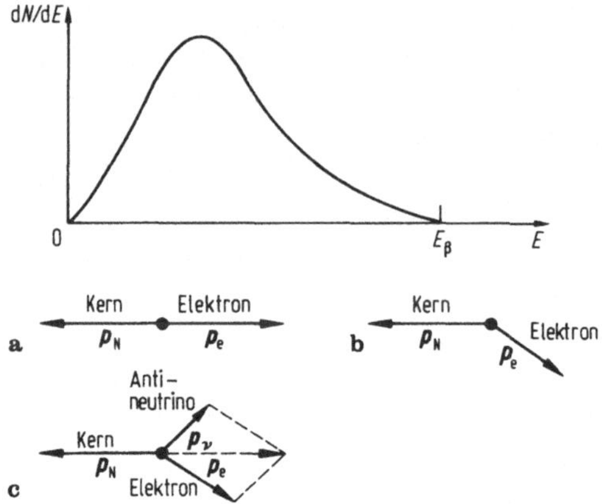

Bild 17-5: Kontinuierliches Energiespektrum der β-Strahlung, Impulsdiagramme zum Impulserhaltungssatz beim β-Zerfall.

Wird beim β-Zerfall gleichzeitig mit dem Elektron ein Neutrino emittiert, so nimmt dieses einen vom Emissionswinkel abhängigen Anteil der Energie und des Impulses (Bild 17-5 c) mit und gleicht den Spin des emittierten Elektrons aus. Damit sind Energie-, Impuls- und Drehimpulssatz erfüllt und das kontinuierliche β-Spektrum wird erklärbar.

Dem β^--Zerfall liegt daher folgende Neutronen-Umwandlung zugrunde:

$$n \longrightarrow p + e^- + \bar{\nu}_e \,. \tag{17.3-5}$$

Die Reaktionsgleichungen (17.3-4) müssen demnach durch ein Antineutrino $\bar{\nu}_e$ ergänzt werden.

Der β^+*-Zerfall* tritt bei Nukliden auf, die eine geringere Neutronenzahl aufweisen, als es der Linie der β-Stabilität (Bild 17-3) entspricht. Es entsteht ein Element mit einem um 1 niedrigeren Platz im Periodischen System:

$$^A_Z X \longrightarrow {}^{\;\;A}_{Z-1}Y + {}^0_1 e + \Delta E \,, \quad \text{z.B.:} \quad {}^{10}_{6}C \longrightarrow {}^{10}_{5}B + e^+ \,. \tag{17.3-6}$$

Der β^+-Zerfall legt die Annahme der Umwandlung eines Protons in ein Neutron nahe unter gleichzeitiger Aussendung eines positiven Elektrons (eines *Positrons*) e^+ und eines Elektron-Neutrinos ν_e. Dies kann jedoch nicht zutreffen, da die Masse des Protons kleiner ist als die des Neutrons. Stattdessen muß angenommen werden, daß aus überschüssiger Kernbindungsenergie zunächst ein Elektronenpaar (Elektron und Positron) entsteht und das Proton sich mit dem Elektron zu einem Neutron verbindet:

$$p + e^- + e^+ \longrightarrow n + e^+ + \nu_e \,. \tag{17.3-7}$$

Dementsprechend müssen auch hier die Reaktionsgleichungen (17.3-6) ergänzt werden durch ein Neutrino ν_e. Statt der Aussendung eines Positrons kann der instabile Atomkern auch ein Hüllenelektron einfangen (meist ein

K-Elektron): *Elektroneneinfang* oder K-Einfang (K-Elektronen besitzen eine gewisse Aufenthaltswahrscheinlichkeit auch im Kern). Anschließend tritt charakteristische Röntgenstrahlung (siehe 20.4) durch Auffüllung der Elektronenlücke in der K-Schale auf.

Umwandlungen der Art (17.3-5) und (17.3-7), bei denen Elektronen und Neutrinos als Ausgangs- oder Endteilchen auftreten, stellen einen speziellen Fall der *schwachen Wechselwirkung* dar (17.5).

γ-Emission

Nach Emission von α- oder β-Teilchen verbleiben die Atomkerne meist in einem energetisch mehr oder weniger angeregten Zustand. Beim Übergang in den energieärmeren Grundzustand wird die Energiedifferenz in Form von elektromagnetischer Strahlung mit großem Durchdringungsvermögen, der *γ-Strahlung* abgegeben. Dabei ändert sich die Stellung des Atomkerns im Periodischen System nicht.

Das Gesetz des radioaktiven Zerfalls

Der radioaktive Zerfall ist rein statistischer Natur, d.h. die Atomkerne wandeln sich unabhängig voneinander und von äußeren Bedingungen (wie Temperatur, Druck, chemische Bindung usw.) mit einer für alle gleichartigen Kerne gleichen Zerfallswahrscheinlichkeit um. Der innerhalb eines Zeitintervalls $\mathrm{d}t$ zerfallende Bruchteil $\mathrm{d}N$ der Atomkerne eines Nuklids bzw. die *Aktivität* $A = -\mathrm{d}N/\mathrm{d}t$ ist deshalb proportional zur Anzahl N der noch vorhandenen, nicht umgewandelten radioaktiven Kerne:

$$A = -\frac{\mathrm{d}N}{\mathrm{d}t} = \lambda N \qquad (17.3\text{-}8)$$

mit der *Zerfallskonstante* λ.

SI-Einheit: $[A]$ = Bq (Bequerel) = s^{-1}.

Früher übliche Einheit: Curie (Ci), die Aktivität von etwa 1 g Radium. 1 Ci $\hat{=}$ $3{,}7 \cdot 10^{10}$ Bq.

Durch Integration von (17.3-8) folgt das *Zerfallsgesetz*

$$\boxed{N = N_0\,\mathrm{e}^{-\lambda t}}\,, \qquad (17.3\text{-}9)$$

wobei N_0 die anfangs vorhandene Zahl der radioaktiven Kerne ist. Aus (13.7-8) oder (13.7-9) folgt, daß in gleichen Zeitintervallen stets der gleiche Bruchteil der vorhandenen Kerne zerfällt. Die Zeit, in der jeweils die Hälfte zerfällt, wird *Halbwertszeit* $T_{1/2}$ genannt. Sie folgt aus (17.3-9) für $N = N_0/2$ zu

$$T_{1/2} = \frac{\ln 2}{\lambda} \approx \frac{0{,}639}{\lambda}\,. \qquad (17.3\text{-}10)$$

Gelegentlich wird auch die mittlere *Lebensdauer* $\tau = 1/\lambda$ benutzt. Das für die Altersbestimmung nach der Radiocarbon-Methode ausgenutzte Kohlenstoffnuklid $^{14}\mathrm{C}$ hat eine Halbwertszeit $T_{1/2} = 5{,}8 \cdot 10^3$ a.

Ersetzt man die Zahl N der vorhandenen Ausgangskerne durch die Masse m der Substanz, so folgt mit der Avogadro-Konstanten N_A und der Molmasse M aus (17.3-8) die für die praktische Anwendung geeignetere Beziehung

$$A = \lambda \frac{m N_A}{M} \, . \tag{17.3-11}$$

17.4 Künstliche Kernumwandlungen, Kernenergiegewinnung

Hochangeregte Atomkerne können bei Neutronenüberschuß unter Emission eines Neutrons, bei Protonenüberschuß unter Emission eines Protons zerfallen. Der hochangeregte Zustand (gekennzeichnet durch ein Sternchen *) kann z.B. aus einem instabilen Kern bei vorausgegangener β-Emission entstanden sein:

$$\begin{aligned} {}^{17}_{7}\mathrm{N} &\longrightarrow {}^{17}_{8}\mathrm{O}^* + {}^{0}_{-1}\mathrm{e} + \overline{\nu}_e \\ {}^{17}_{8}\mathrm{O}^* &\longrightarrow {}^{16}_{8}\mathrm{O} + {}^{1}_{0}\mathrm{n} \, . \end{aligned} \tag{17.4-1}$$

In Fällen dieser Art emittiert der hochangeregte Kern das Neutron sehr schnell, sodaß die Halbwertszeit für das Abklingen der Neutronenstrahlung durch diejenige des vorangegangenen β-Zerfalls gegeben ist (*verzögerte Neutronen*). Die Tatsache der Emission verzögerter Neutronen eröffnet eine wichtige Möglichkeit zur Regelung eines Kernreaktors (siehe unten).

Hochangeregte Atomkerne können auch durch Einschuß von energiereichen Teilchen wie Protonen, Neutronen, Deuteronen (Kerne des Schweren Wasserstoffs: 1 Proton + 1 Neutron), Tritonen (Kerne des überschweren Wasserstoffs: 1 Proton + 2 Neutronen), α-Teilchen oder hochenergetische γ-Quanten erzeugt werden. Wird als Folge ein Teilchen anderer Ladung emittiert, so ist eine *künstliche Kernumwandlung* erfolgt. Die erste künstliche Kernumwandlung wurde von Rutherford beim Beschuß von Stickstoffatomen mit α-Teilchen beobachtet (1919):

$${}^{14}_{7}\mathrm{N} + {}^{4}_{2}\alpha \longrightarrow {}^{17}_{8}\mathrm{O} + {}^{1}_{1}\mathrm{p} \, . \tag{17.4-2}$$

Eine kürzere Schreibweise setzt die Symbole für Einschuß- und emittiertes Teilchen in Klammern zwischen die Symbole von Ausgangs- und Tochterkern:

$${}^{14}_{7}\mathrm{N}\,(\alpha,\mathrm{p})\,{}^{17}_{8}\mathrm{O} \, .$$

Die bekannten Möglichkeiten für Umwandlungen eines Nuklids bei Beschuß mit energiereichen Teilchen (Austauschreaktionen) zeigt Bild 17-6.

Kernspaltung

Statt der Umwandlung durch Emission einzelner Nukleonen oder eines kleinen Aggregats von Nukleonen (Deuteronen, α-Teilchen) können instabile oder hochangeregte Kerne großer Massenzahl auch in zwei Kerne mittlerer Massenzahlen zerfallen (Bild 17-7): *Kernspaltung* oder *Fission* (Hahn u.

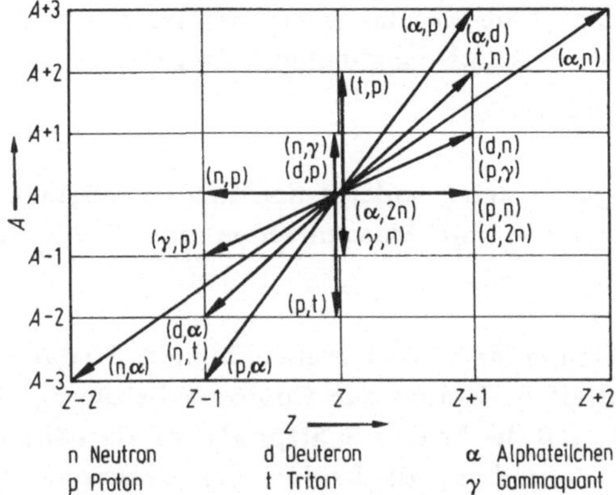

Bild 17-6: Übersicht über mögliche künstliche Kernumwandlungen.

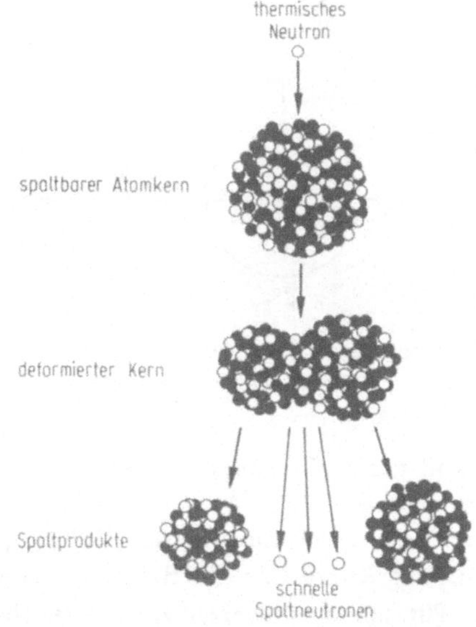

Bild 17-7: Neutroneninduzierte Spaltung eines Atomkerns.

Strassmann 1938). Dabei wird nach der Weizsäcker-Kurve (Bild 17-2) Bindungsenergie frei.

Die Spaltung eines Atomkerns kann durch Einschuß eines langsamen (thermischen) Neutrons ausgelöst (induziert) werden. Im Tröpfchenmodell läßt sich dieser Vorgang verstehen, wenn angenommen wird, daß durch den Einschuß des Neutrons eine Kerndeformation erfolgt, die - infolge der gegenüber den kurzreichweitigen anziehenden Kernkräften dann zur Auswirkung kommenden langreichweitigen Coulomb-Abstoßung zwischen den beiden positiven Ladungsschwerpunkten - zu einem Zerplatzen in hauptsächlich zwei Teilkerne führt. Eine solche neutroneninduzierte Kernspaltung wird z.B. durch die folgende Reaktionsgleichung dargestellt:

$$^{235}_{92}\mathrm{U} + \mathrm{n} \longrightarrow {}^{145}_{56}\mathrm{Ba}^* + {}^{88}_{36}\mathrm{Kr}^* + 3\,\mathrm{n} + \Delta E\,. \tag{17.4-3}$$

Es sind auch eine ganze Reihe anderer Spaltungen möglich, wobei eine Häufung von Spaltprodukten mit Massenzahlen um 90–100 und um 145 beobachtet wird.

Eine grobe Abschätzung der dabei freiwerdenden Bindungsenergie ΔE läßt sich aus der potentiellen Energie der Coulombabstoßung (12.3-18) gewinnen unter der Annahme, daß die beiden Spaltprodukte als näherungsweise kugelförmige Ladungen Z_1 und Z_2 zu Beginn der Trennung entsprechend den beiden Kernradien dicht aneinander liegen (Bild 17-8):

$$\Delta E \approx E_p = Z_1 e\, V(Z_2 e) = \frac{Z_1 Z_2 e^2}{4\pi\varepsilon_0 r}\,. \tag{17.4-4}$$

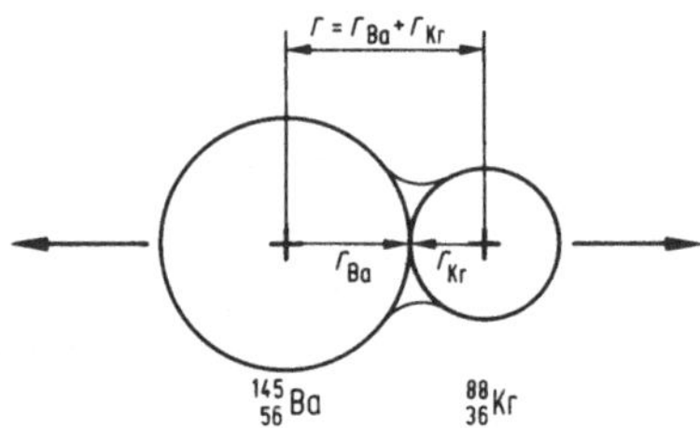

Bild 17-8: Zur Berechnung der Spaltenergie aus der potentiellen Energie der Coulomb-Abstoßung.

Benutzt man als Abstand der Ladungsschwerpunkte $r = r_{Ba} + r_{Kr} \approx 1{,}16 \cdot 10^{-14}$ m (aus 17.1-4), so ergibt sich aus (17.4-4) $\Delta E \approx 250$ MeV an freiwerdender Bindungsenergie. Dieser Betrag stimmt in der Größenordnung überein mit dem Wert, der sich aus der Kurve für die Bindungsenergie je Nukleon (Bild 17-2) abschätzen läßt: Für einen schweren Kern wie Uran beträgt die Bindungsenergie ca. 7,5 MeV je Nukleon, für Kerne mittlerer Massenzahl ca. 8,4 MeV je Nukleon. Bei einem Spaltvorgang gemäß (17.4-3) werden daher etwa 0,9 MeV je Nukleon frei, oder etwa 210 MeV für alle Nukleonen des Urankerns. Diese Energie ist um einen Faktor 10^7 größer als die chemische Bindungsenergie zweier Atome! Sie wird zu > 80 % von den Spaltprodukten einschließlich der Spaltneutronen als kinetische Energie übernommen.

Das Auftreten der Spaltneutronen erklärt sich aus dem relativen Neutronenüberschuß, der bei schweren Kernen höher ist als bei mittelschweren (Bild 17-3), und der daher bei der Spaltung abgebaut wird. Die Spaltneutronen ermöglichen den Vorgang der *Kettenreaktion*, da sie in einer nächsten Generation wiederum Spaltreaktionen hervorrufen können. Die Zahl N_{i+1} der Spaltreaktionen der $(i+1)$. Generation ergibt sich aus der Zahl N_i der Spaltreaktionen der *i*. Generation entsprechend dem Multiplikationsfaktor

$$k = \frac{N_{i+1}}{N_i} \quad (i = 1, 2, 3, \dots). \tag{17.4-5}$$

Für $k < 1$ nimmt die Zahl der Spaltreaktion je Generation ab, und die Kettenreaktion bricht schließlich ab. Kann dagegen für eine gewisse Zeit $k > 1$ aufrechterhalten werden, so nimmt die Zahl der Kernspaltungen zeitlich exponentiell zu. Bei kurzer Generationsdauer und großem k (bei stark angereichertem oder reinem ^{235}U und überkritischer Masse, siehe unten) kommt es zur Kernexplosion: *Atombombe*.

Kernspaltungsreaktor

Für eine zeitlich konstante Kernspaltungsrate muß $k = 1$ gehalten werden: Kontrollierte Kettenreaktion im *Kernreaktor* (Fermi 1942). Für die Kernenergiegewinnung mittels Kernspaltungsreaktoren ist daher die Regelung des Multiplikationsfaktors k von entscheidender Bedeutung. Sie wird dadurch erleichtert, daß bei der Spaltung von ^{235}U etwa 1 % der Spaltneutronen aus dem β-Zerfall von Spaltprodukten stammen mit einer Halbwertszeit von der Größenordnung einer Sekunde (verzögerte Neutronen, siehe oben). Wird die Vermehrungsrate der *prompten* Neutronen bei 0,99 gehalten und der Multiplikationsfaktor durch die verzögerten Neutronen zu 1 ergänzt, so bleibt im Falle einer Abweichung genügend Zeit zur Nachregelung.

Im Uran-Reaktor treten aufgrund mehrerer möglicher Kernspaltungsreaktionen ähnlich (17.4-3) im Mittel 2,43 Spaltneutronen je ^{235}U-Kern mit einer kinetischen Energie von 1 bis 2 MeV auf. Bei geringer Größe des Uran-Volumens gehen jedoch die meisten Spaltneutronen durch die Oberfläche verloren. Das Verhältnis Volumen/Oberfläche muß daher hinreichend groß gemacht werden, damit mindestens ein Neutron je Spaltreaktion eine weitere Spaltung hervorruft: *Kritische Masse* des Spaltmaterials. Die kritische Masse hängt stark von der Anreicherung des Isotops ^{235}U ab, da natürliches Uran im wesentlichen das neutronenabsorbierende Isotop ^{238}U enthält und nur zu 0,7 % das spaltbare ^{235}U.

Die schnellen Spaltneutronen haben nur eine geringe Wahrscheinlichkeit, im ^{235}U-Kern angelagert zu werden und eine Spaltung zu bewirken, sie werden vorwiegend gestreut. Eine hohe Spaltwahrscheinlichkeit tritt erst bei thermischen Geschwindigkeiten auf. Die Neutronen müssen daher abgebremst werden, z.B. durch elastische Stöße mit Kernen vergleichbarer Masse (vgl. (6.3-10) und Bild 6-11). Hierzu werden *Moderator*-Substanzen verwendet, das sind Substanzen mit Kernen möglichst niedriger Massenzahl, die jedoch Neutronen nicht absorbieren dürfen, z.B. Deuterium (im Schweren Wasser) oder Graphit. Zur Regelung des Multiplikationsfaktors werden hingegen Substanzen mit hohem Neutroneneinfangquerschnitt verwendet, z.B. Cadmiumstäbe, die mehr oder weniger in den Reaktorkern eingefahren werden (Bild 17-9).

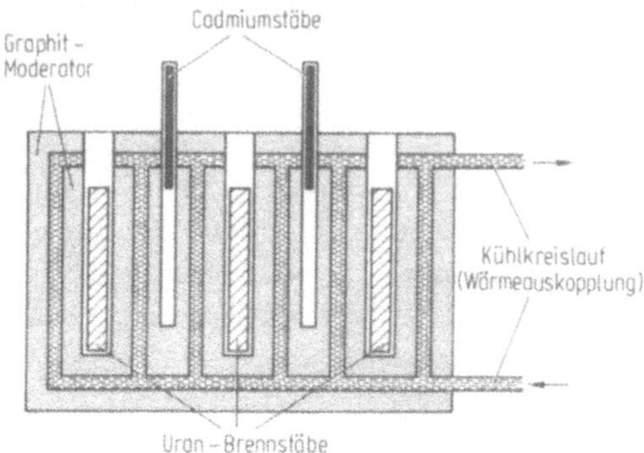

Bild 17-9: Prinzipieller Aufbau eines Kernspaltungsreaktors.

Die Spaltprodukte geben ihre kinetische Energie durch Stöße an die umgebenden Atome des Kernbrennstoffs und des Moderatormaterials in Form von Wärme ab, die durch ein zirkulierendes Kühlmittel, z.B. Wasser oder flüssiges Natrium aus dem Kernreaktor abgeführt und z.B. zur Erzeugung elektrischer Energie ausgenutzt wird.

Das im Uran-Kernbrennstoff enthaltene Isotop ^{238}U wandelt sich unter Neutronenbeschuß über zwei Zwischenstufen zu Plutonium um:

$$
\begin{aligned}
&{}^{238}_{92}U + {}^{1}_{0}n \longrightarrow {}^{239}_{92}U + \gamma \\
&{}^{239}_{92}U \longrightarrow {}^{239}_{93}Np + e^- \\
&{}^{239}_{93}Np \longrightarrow {}^{239}_{94}Pu + e^- .
\end{aligned}
\qquad (17.4\text{-}6)
$$

Im Uran-Reaktor entsteht daher auch das ebenfalls spaltbare Plutonium: *Brutprozeß.* Problematisch ist beim Kernspaltungsreaktor das Entstehen zahlreicher radioaktiver Spaltprodukte.

Kernfusion

Wie die Bindungsenergiekurve Bild 17-2 ausweist, wird auch beim Aufbau mittelschwerer Kerne aus sehr leichten Kernen bis zu Massenzahlen um 20 Bindungsenergie frei: Kernfusion. Energetisch besonders ergiebig sind Kernverschmelzungen, die als Endprodukt ${}^{4}_{2}He$-Kerne mit ihrer großen Bindungsenergie (Bild 17-2) ergeben. Solche Fusionsreaktionen liefern die Energie der Sterne und auch der Sonne. Auf der Erde konnte eine Energiefreisetzung auf dieser Basis bisher nur in Form der unkontrollierten Kernfusion in der *Wasserstoffbombe* realisiert werden.

Der Grund dafür sind die hohen Schwellenenergien dieser Prozesse: Die Fusion setzt voraus, daß sich zwei Kerne gegen die Coulomb-Abstoßung einander soweit nähern, daß die kurzreichweitige Kernkraft die Oberhand gewinnt. Für zwei Protonen beispielsweise ist dafür nach (17.4-4) eine kinetische Energie der Größenordnung 1 MeV erforderlich. Sie sind zwar durch

Beschleuniger leicht zu erreichen, jedoch sind so nur vereinzelt Fusionen zu erzielen, da die Reaktionsquerschnitte gegenüber den Streuquerschnitten sehr klein sind. Zur Energiegewinnung muß eine große Anzahl von Kernen eine hinreichend hohe thermische Energie besitzen, damit trotz des kleinen Reaktionsquerschnittes hinreichend viele Fusionsprozesse erfolgen. Im Sonneninnern werden Temperaturen von $10^7 \dots 10^8$ K angenommen. Die daraus gemäß (8.2-13) zu berechnende mittlere thermische Energie beträgt 1 bis 10 keV, reicht also nicht aus, um den 1 MeV-Wall zu übersteigen. Da es sich jedoch einerseits um eine Verteilung (Bild 8-1) mit auch höherenergetischen Kernen handelt, andererseits der Potentialwall (Bild 16-34 und 17-4) dann bereits durch Tunneleffekt (16.7-13) durchdrungen werden kann, setzt die Kernfusion bereits bei diesen Temperaturen ein. Bei der Wasserstoff-Bombe wird eine Uran-Bombe als Zünder zur Erzeugung der erforderlichen Temperaturen benutzt.

Die *Sonne* und ähnliche Sterne beziehen ihre Energie vorwiegend aus dem sog. *Deuterium-Zyklus* (Bethe 1939):

$$\begin{aligned}
&{}^1_1\mathrm{p} + {}^1_1\mathrm{p} \longrightarrow {}^2_1\mathrm{D} + e^+ + \nu_e + 1{,}4\ \mathrm{MeV}\quad \text{(langsam)}\\
&{}^2_1\mathrm{D} + {}^1_1\mathrm{p} \longrightarrow {}^3_2\mathrm{He} + \gamma + 5{,}5\ \mathrm{MeV}\quad \text{(schnell)}\\
&{}^3_2\mathrm{He} + {}^3_2\mathrm{He} \longrightarrow {}^4_2\mathrm{He} + 2\,{}^1_1\mathrm{p} + 12{,}9\ \mathrm{MeV}\quad \text{(schnell)}\ .
\end{aligned} \tag{17.4-7}$$

Darin bestimmt der erste Prozeß als langsamster die Brenngeschwindigkeit der Sonne. Der Bruttoprozeß dieser drei Reaktionen lautet:

$$4\,{}^1_1\mathrm{p} \longrightarrow {}^4_2\mathrm{He} + 2e^+ + 2\nu_e + 2\gamma + 26{,}7\ \mathrm{MeV}\ . \tag{17.4-8}$$

Etwa 7 % der insgesamt freiwerdenden Energie ($\approx 1{,}9$ MeV) gehen auf die Neutrinos über und wird mit diesen nicht ausnutzbar weggeführt.

Bei Sternen mit etwas höheren Temperaturen läuft bevorzugt ein weiterer Zyklus ab, der ebenfalls zur Fusion von 4 Protonen zu einem He-Kern führt, der *Bethe-Weizsäcker-Zyklus* oder CN-Zyklus:

$$\begin{aligned}
&{}^{12}_6\mathrm{C} + {}^1_1\mathrm{p} \longrightarrow {}^{13}_7\mathrm{N} + \gamma + 1{,}95\ \mathrm{MeV}\\
&{}^{13}_7\mathrm{N} \longrightarrow {}^{13}_6\mathrm{C} + e^+ + \nu_e + 2{,}22\ \mathrm{MeV}\\
&{}^{13}_6\mathrm{C} + {}^1_1\mathrm{p} \longrightarrow {}^{14}_7\mathrm{N} + \gamma + 7{,}54\ \mathrm{MeV}\\
&{}^{14}_7\mathrm{N} + {}^1_1\mathrm{p} \longrightarrow {}^{15}_8\mathrm{O} + \gamma + 7{,}35\ \mathrm{MeV}\\
&{}^{15}_8\mathrm{O} \longrightarrow {}^{15}_7\mathrm{N} + e^+ + \nu_e + 2{,}71\ \mathrm{MeV}\\
&{}^{15}_7\mathrm{N} + {}^1_1\mathrm{p} \longrightarrow {}^{12}_6\mathrm{C} + {}^4_2\mathrm{He} + 4{,}96\ \mathrm{MeV}\ .
\end{aligned} \tag{17.4-9}$$

Die Bruttoreaktion ist identisch mit der des Deuterium-Zyklus (17.4-8). Die Menge des Kohlenstoffs, der quasi als Katalysator wirkt, ändert sich dabei nicht.

Bei etwa 10^8 K geht das "Wasserstoffbrennen" in das "Heliumbrennen" über, z.B. nach dem *Salpeter-Prozeß*, dessen Bruttoreaktion

$$3\ {}^4_2\mathrm{He} \longrightarrow {}^{12}_{6}\mathrm{C} + \gamma + 7{,}28\ \mathrm{MeV} \tag{17.4-10}$$

in der Verschmelzung von He-Kernen zu Kohlenstoff-Kernen besteht.

Die *kontrollierte Kernfusion* zur irdischen Fusionsenergiegewinnung ist bisher nicht gelungen. In Betracht gezogen werden z.B. die folgenden Fusionsreaktionen:

$$\begin{aligned} &{}^2_1\mathrm{D} + {}^2_1\mathrm{D} \longrightarrow {}^3_2\mathrm{He} + {}^1_0\mathrm{n} + 3{,}2\ \mathrm{MeV} \\ &{}^2_1\mathrm{D} + {}^2_1\mathrm{D} \longrightarrow {}^3_1\mathrm{T} + {}^1_1\mathrm{p} + 4{,}2\ \mathrm{MeV} \\ &{}^2_1\mathrm{D} + {}^3_1\mathrm{T} \longrightarrow {}^4_2\mathrm{He} + {}^1_0\mathrm{n} + 17{,}6\ \mathrm{MeV}\ . \end{aligned} \tag{17.4-11}$$

Die technische Bedeutung der Fusionsenergie ist durch die praktische Unerschöpflichkeit des Brennstoffs Deuterium (zu 0,015 % im Wasser enthalten) und durch die fehlende Radioaktivität der Fusionsprodukte bedingt. Allerdings tritt Neutronenstrahlung auf, die in einem potentiellen Fusionsreaktor abgeschirmt werden muß, sodaß künstliche Radioaktivität aufgrund von Sekundärreaktionen nicht vollständig vermeidbar ist.

Fusionsreaktor-Experimente

Wegen der erwähnten hohen Schwellenenergie von Fusionsreaktionen sind Temperaturen von 10^7 bis 10^8 K erforderlich. Der Fusionsbrennstoff wird dabei zum vollionisierten Plasma. Das Plasma muß bei diesen Temperaturen mit möglichst großer Teilchendichte n möglichst lange zusammengehalten werden (Energieeinschlußzeit τ). Das kann nicht mit materiellen Wänden geschehen. Stattdessen wird versucht, z.B. kleine Mengen (Pellets) aus festem Deuterium oder Tritium durch Beschuß mit Hochleistungslasern (*Laserfusion*) oder Teilchenstrahlen schnell aufzuheizen und zu komprimieren, um bei hoher Dichte die Teilchen aufgrund ihrer Massenträgheit eine gewisse Zeit τ zusammenzuhalten (*Trägheitseinschluß*), damit durch Fusionsreaktionen ein Energieüberschuß gegenüber der Aufheizenergie erzielt werden kann. Eine andere Möglichkeit für Fusionsreaktoren stellt der *magnetische Einschluß* von Plasmen dar, z.B. durch den Pinch-Effekt (siehe 16.6.3), der in den im Pulsbetrieb arbeitenden *Tokamaks* ausgenutzt wird. Hierbei bildet ein Plasma-Ringstrom die Sekundärwindung eines Transformators. Die *Stellaratoren* arbeiten dagegen mit externen Magnetfeldern und können kontinuierliche Ringplasmen erzeugen. Neben der Temperatur ist daher der *Einschlußparameter* $n\tau$ wichtig. Die Fusion wird energetisch lohnend, wenn das sog. ***Lawson-Kriterium*** (1957) erfüllt ist, das z.B. für die Deuterium-Tritium-Reaktion eine Temperatur von 10^8 K und einen Einschlußparameter $n\tau > 10^{14}$ s cm^{-3} fordert (Bild 17-10).

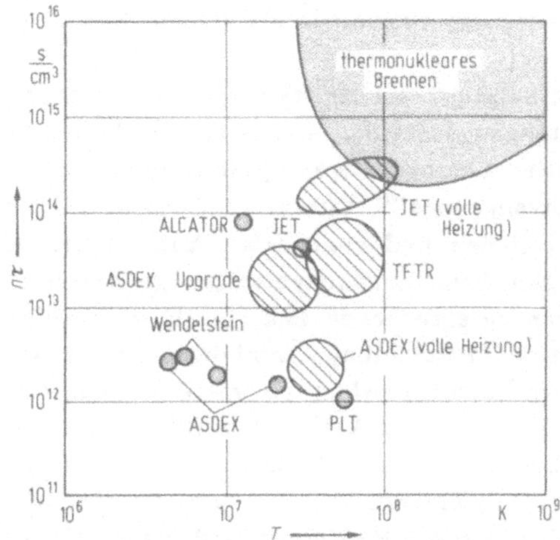

Bild 17-10: Lawson-Diagramm mit bisherigen und projektierten Fusionsexperimenten: Graue Kreise: bisher erreichte Werte; schraffierte Flächen: erwartete Bereiche der laufenden Experimente. Stellarator-Anlage: Wendelstein (Garching). Tokamak-Anlagen: ASDEX (Axial Symmetric Divertor Experiment, Garching), Nachfolger: ASDEX Upgrade; PLT (Princeton Large Torus); ALCATOR (MIT Cambridge); TFTR (Tokamak Fusion Test Reactor); JET (Joint European Torus, Culham), Nachfolger: NET (Next European Torus). Nach Hering et al., siehe 26.

Die bisherigen Experimente liegen noch um je eine Größenordnung hinsichtlich der Temperatur und des Einschlußparameters unter den erforderlichen Werten. Es besteht die Hoffnung, mit dem JET-Experiment (Joint European Torus), vom Tokamak-Typ in den Bereich des thermonuklearen Brennens vorzustoßen. Ein erster Erfolg gelang 1991, als der Brennbereich für 2 Sekunden erreicht werden konnte.

17.5 Elementarteilchen

Die Untersuchung des Aufbaus der stofflichen Materie führt auf die Frage nach den Elementarbausteinen, aus denen sich alle bekannten Teilchen, Atomkerne, Atome und Moleküle als Grundbausteine der chemischen Elemente und Verbindungen zusammensetzen. Einige solcher Elementarteilchen wurden bereits in Tab. 12-1 aufgezählt. Entsprechend ihren Massen werden die Elementarteilchen in drei Familien eingeteilt, in der Reihenfolge steigender Massen: ***Leptonen***, ***Mesonen*** und ***Baryonen***. Baryonen und Mesonen unterliegen allen vier bekannten Wechselwirkungen (Tab. 11-1) einschließlich der starken (Kern-) Wechselwirkung, während Leptonen für die starke Wechselwirkung nicht empfindlich sind, sondern nur für die schwache, die elektromagnetische und die Gravitations-Wechselwirkung. Mit hochenergetischen Elektronen (als Leptonen) oder Protonen (als Baryonen) werden daher bei Streuversuchen an Atomkernen ganz unterschiedliche Kerneigenschaften untersucht: im ersten Falle z. B. die Ladungsverteilung, im zweiten Falle zusätzlich die Verteilung der Kernkräfte. Die der starken Wechselwirkung unterliegenden Mesonen (ganzzahliger Spin, meist 0) und Baryonen (halbzahliger Spin) werden zusammen als *Hadronen* bezeichnet (Bild 17-1).

Zu jedem Teilchen existiert ein *Antiteilchen* mit entgegengesetzter elektrischer Ladung, entgegengesetztem magnetischen Moment und entgegengesetzten Werten aller ladungsartigen Quantenzahlen (z.B. Baryonenzahl B, Leptonenzahl L, Strangeness S, Charm C, Bottom B^*, Isospinkomponente I_3, siehe unten). Teilchen und zugehörige Antiteilchen (z.B. Elektron und Positron) können sich beim Zusammentreffen gegenseitig vernichten, wobei die den Ruhemassen entsprechende Energie als γ-Strahlung in Erscheinung tritt: *Paarvernichtung* (Zerstrahlung, Annihilation). Aus Gründen der Impulserhaltung entstehen dabei gewöhnlich zwei γ-Quanten mit entgegengesetztem Impuls. Auch der umgekehrte Prozeß wird beobachtet: Aus hinreichend energiereicher γ-Strahlung (γ-Quanten der Energie $E_\gamma = h\nu = 2mc_0^2 > 2m_0c_0^2$) kann im Kernfeld ein Teilchenpaar, bestehend aus Teilchen und Antiteilchen gebildet werden: *Paarbildung*. Die Überschußenergie

$$\Delta E = h\nu - 2m_0c_0^2 = E_k = 2(mc_0^2 - m_0c_0^2) \tag{17.5-1}$$

(mit 4.5-10) wird von den entstandenen Teilchen als kinetische Energie übernommen (hier für beide Teilchen gleich angesetzt). Der Impulserhaltungssatz ist nicht auf diese Weise erfüllbar: Der Impuls eines γ-Quants ist nach (20.2.3) und mit $h\nu = 2mc_0^2$

$$p_\gamma = \frac{h\nu}{c_0} = 2mc_0 > 2mv = p_{+-} \; , \tag{17.5-2}$$

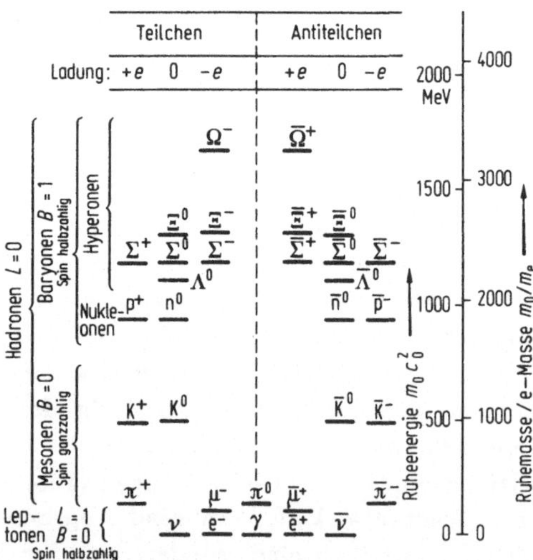

Bild 17-11: Teilchen und Antiteilchen mit mittleren Lebensdauern > 10^{-16} s, angeordnet nach Ladung und Ruheenergie bzw. Ruhemasse. (Das γ-Quant ist kein Lepton.)

d.h. immer größer als der Impuls $p_{+-} = 2mv$ des Teilchenpaars. Es muß daher stets ein drittes Teilchen (z.B. ein Atomkern) anwesend sein, das den überschüssigen Impuls übernehmen kann. Für die Erzeugung eines Elektron-Positron-Paars ist eine Energie des γ-Quants von $E_\gamma > 1{,}02$ MeV, für die Erzeugung eines Proton-Antiproton- oder eines Neutron-Antineutron-Paars eine Energie von $E_\gamma > 1{,}9$ GeV erforderlich. Daß bei der Paarbildung stets Teilchen mit entgegengesetzten Ladungen oder der Ladung 0 entstehen, folgt aus dem Erhaltungssatz für die elektrische Ladung (12.4), da das erzeugende γ-Quant keine Ladung trägt.

Baryonenladung, Leptonenladung

Neben den klassischen Erhaltungssätzen (Energie, Impuls, Drehimpuls, elektrische Ladung) gelten für die Elementarteilchen noch weitere Erhaltungssätze, z.B. für die *Baryonenladung* und die *Leptonenladung*, die beide nichts mit der elektrischen Ladung zu tun haben. Den Baryonen wird die Baryonenzahl $B = +1$ (Antiteilchen: $B = -1$), den Mesonen und Leptonen die Baryonenzahl $B = 0$ zugeordnet. Den Leptonen wird die Leptonenzahl $L = +1$ (Antiteilchen $L = -1$), den Hadronen die Leptonenzahl $L = 0$ zugeordnet.

Bei Reaktionen zwischen Elementarteilchen bleibt die Summe der Baryonenladungen und die Summe der Leptonenladungen erhalten.

Beispielsweise lautet die Gleichung für die Erzeugung eines π^+-Mesons (Pion)

$$p + p \longrightarrow p + n + \pi^+ . \tag{17.5-3}$$

Die Baryonenladungsbilanz lautet hierfür $1 + 1 = 1 + 1 + 0$, die Leptonenladung ist auf beiden Seiten 0, da kein Lepton beteiligt ist. Für den β^--Zerfall des Neutrons (17.3-5) lautet die Baryonenladungsbilanz $1 = 1 + 0 + 0$ und die Leptonenladungsbilanz $0 = 0 + 1 - 1$, d.h. das entstehende Elektron-Neutrino muß ein Antiteilchen sein.

Zeitlich stabile Elementarteilchen gibt es nur sehr wenige (Tab. 12-1): Elektron-Neutrino (es gibt auch andere Neutrinos, z.B. die beim Zerfall des Myons auftretenden μ-Neutrinos), Elektron, Proton, Neutron (dieses ist nur im Kernverband völlig stabil) und die dazugehörigen Antiteilchen. Alle anderen zerfallen mit einer Halbwertszeit $< 2 \cdot 10^{-6}$ s in andere Elementarteilchen mit geringerer Ruhemasse, wobei sich u. U. Folgezerfälle anschließen. Die Erhaltung der Baryonenzahl bedingt dann, daß das leichteste Baryon, das Proton, stabil sein muß. Ebenso muß das leichteste ladungstragende Lepton, das Elektron, aufgrund der Erhaltung der elektrischen Ladung stabil sein.

Neben den in Tab. 12-1 und in Bild 17-11 aufgeführten Elementarteilchen wurde eine Vielzahl weiterer Teilchen gefunden, die meist extrem kurzlebig sind (10^{-22} bis 10^{-23} s) und die z. T. als Anregungszustände anderer Teilchen interpretiert werden.

Strangeness, Hyperladung

Hyperonen und K-Mesonen, die stets gemeinsam entstehen, wie z.B. beim Zusammenstoß eines Pions mit einem Proton:

$$\pi^- + p \longrightarrow \Lambda^0 + K^0 , \tag{17.5-4}$$

haben eine im Vergleich zur theoretischen Erwartung bzw. zu ihrer Erzeugungsdauer (10^{-23} s) sehr lange mittlere Lebensdauer der Größenordnung 10^{-10} s. Zur Kennzeichnung dieses seltsamen Verhaltens wurde eine weitere Quantenzahl, die *Strangeness* (deutsch "Seltsamkeit") S eingeführt. Für in diesem Sinne normale Teilchen ist $S = 0$, während für die *seltsamen Teilchen* gilt:

$$\begin{aligned} &K^+, K^0 &&: S = +1 \\ &K^-, \Lambda^0 &&: S = -1 \\ &\Sigma^+, \Sigma^0, \Sigma^- &&: S = -1 \; . \end{aligned} \tag{17.5-5}$$

Die Summe der Quantenzahlen S bleibt bei Prozessen der starken und der elektromagnetischen Wechselwirkung erhalten, nicht aber bei der schwachen Wechselwirkung.

Im Beispiel (17.5-4) lautet die Bilanz für die Strangeness: $0 + 0 = -1 + 1$.

Der entsprechende Erhaltungssatz gilt wegen der Erhaltung der Baryonenladung auch für die zur *Hyperladung* Y zusammengefaßten Baryonenladung B und Strangeness S

$$Y = B + S \, . \tag{17.5-6}$$

Isospin

Bei den Hadronen (Baryonen und Mesonen) existieren verschiedene Gruppen von Teilchen, die jeweils nahezu gleiche Masse haben, sich aber in der Ladung unterscheiden. Solche Teilchen (z.B. Proton und Neutron) können als verschiedene Zustände ein und desselben Teilchens (hier des Nukleons) aufgefaßt werden. Unter anderem zur Unterscheidung dieser Zustände wurde der *Isospin* I als Quantenzahl eingeführt. Es handelt sich um einen Vektor mit drei Komponenten im abstrakten Isospinraum, der wie der Drehimpulsvektor $(2I+1)$ verschiedene Orientierungen annehmen kann (siehe 16.1). Die dritte Komponente I_3 des Isospins liefert eine Aussage über die Ladung. Sie kann entsprechend den möglichen Orientierungen $(2I+1)$ Werte annehmen. Für $I = 1/2$ ergeben sich demnach 2 Werte für I_3, und zwar $+1/2$ für das Proton und $-1/2$ für das Neutron. Pionen ist dagegen der Isospin $I = 1$ zuzuordnen, entsprechend den drei I_3-Werten $+1$ für das π^+-Meson, 0 für das π^0-Meson und -1 für das π^--Meson. Bei Umwandlungen von Teilchen mit starker Wechselwirkung gilt auch für den Isospin ein Erhaltungssatz ($\Delta I = 0$), während bei der elektromagnetischen Wechselwirkung nur I_3 erhalten bleibt ($\Delta I = 0, 1$; $\Delta I_3 = 0$).

Die dritte Komponente I_3 des Isospins, die Hyperladung Y und die Quantenzahl $Q^* = Q/e$ der elektrischen Ladung sind über die Formel von *Gell-Mann* und *Nishijima*

$$Q^* = I_3 + \frac{Y}{2} \tag{17.5-7}$$

miteinander verknüpft. Für das Proton ergibt sich damit $Q^* = +1$ $(Q = +e)$, für das Neutron $Q^* = 0$.

Parität

Die Parität P kennzeichnet den Symmetriecharakter der Wellenfunktion des Teilchens bezüglich der räumlichen Spiegelung: Ändert die Wellenfunktion bei Spiegelung ihr Vorzeichen, so ist $P = -1$ (ungerade Parität); bleibt das Vorzeichen erhalten, so ist $P = +1$ (gerade Parität). Bei Prozessen der schwachen Wechselwirkung kann sich die Parität ändern. Das heißt, daß eine Reaktion der schwachen Wechselwirkung in ihrer räumlich gespiegelten Form nicht in genau derselben Weise (z.B. mit der gleichen Häufigkeit) abläuft und bedeutet eine grundlegende Rechts-links-Asymmetrie.

Quarks

In die Vielfalt der heute bekannten "Elementarteilchen" brachte das *Quarkmodell* (Gell-Mann 1964) eine gewisse Ordnung. Nach diesem Modell lassen sich alle bekannten Hadronen aus jeweils nur wenigen Quarks aufbauen. Die Quarks, die gedrittelte elektrische Ladungen haben, scheinen nur in gebundenen Zuständen vorzukommen. Die Baryonen bauen sich aus drei Quarks auf, die Mesonen aus einem Quark und einem Antiquark. Aus Streuexperimenten mit hochenergetischen Elektronen und mit Neutrinos läßt sich auf drei Streuzentren in der inneren Struktur des Protons schließen, was als Bestätigung für das Quarkmodell gelten kann.

Es gibt sechs Quarks q, die die Namen Up (u), Down (d), Charm (c), Strange (s), Top (t), Bottom (b) erhalten haben, und die sich in drei Generationen einteilen lassen:

$$\begin{array}{llccc} & Q^*: & & & \\ \text{Quarks:} & \begin{array}{l} +2/3 \\ -1/3 \end{array} & \begin{pmatrix} \text{u} \\ \text{d} \end{pmatrix} & \begin{pmatrix} \text{c} \\ \text{s} \end{pmatrix} & \begin{pmatrix} \text{t} \\ \text{b} \end{pmatrix} \\ \text{Generation:} & & 1 & 2 & 3 \end{array} \tag{17.5-8}$$

Dazu gehören ferner die Antiteilchen (Antiquarks) $\overline{\text{q}}$. Um alle Quarks durch Quantenzahlen beschreiben zu können, werden außer den bereits aufgeführten noch die Quantenzahlen *Charm C* und *Bottom B** benötigt, die bei elektromagnetischer und starker Wechselwirkung erhalten bleiben. Tab. 17-1 gibt eine Übersicht über die Quarks und die zugehörigen Quantenzahlen.

Eine ähnliche Systematik, wie sie in (17.5-8) dargestellt ist, scheint auch für die Leptonen zu gelten, die entweder neutral oder ganzzahlig geladen sind.

Tabelle 17-1: Quantenzahlen von Quarks und Antiquarks.

Name	Symbol	Spin	Baryonenzahl	Isospin		Strangeness	Charm	Bottom	Ladung
	q, $\bar{q}$	J	B	I	I_3	S	C	B^*	Q^*
Up	u	1/2	+1/3	1/2	+1/2	0	0	0	+2/3
	$\bar{u}$	1/2	-1/3	1/2	-1/2	0	0	0	-2/3
Down	d	1/2	+1/3	1/2	-1/2	0	0	0	-1/3
	$\bar{d}$	1/2	-1/3	1/2	+1/2	0	0	0	+1/3
Charm	c	1/2	+1/3	0	0	0	+1	0	+2/3
	$\bar{c}$	1/2	-1/3	0	0	0	-1	0	-2/3
Strange	s	1/2	+1/3	0	0	-1	0	0	-1/3
	$\bar{s}$	1/2	-1/3	0	0	+1	0	0	+1/3
Top	t	1/2	+1/3	0	0	0	0	0	+2/3
	$\bar{t}$	1/2	-1/3	0	0	0	0	0	-2/3
Bottom	b	1/2	+1/3	0	0	0	0	-1	-1/3
	$\bar{b}$	1/2	-1/3	0	0	0	0	+1	+1/3

Unsere gewöhnliche Materie baut sich nur aus den Teilchen der 1. Generation auf, z.B. die Nukleonen nur aus u- und d-Quarks:

$$\begin{aligned} &\text{Proton:} && p = 2u + d \\ &\text{Neutron:} && n = u + 2d \end{aligned} \tag{17.5-9}$$

Gemäß Tab. 17-1 ergibt sich daraus eine elektrische Ladungszahl $Q^* = +1$ bzw. 0, eine Baryonenzahl $B = 0$ und ein Isospin $I_3 = 1/2$ bzw. $-1/2$, sowie ein halbzahliger Spin (bei paarweise antiparalleler Spinanordnung).

Die Pionen setzen sich aus je einem Quark und einem Antiquark der 1. Generation zusammen:

$$\begin{aligned} &\pi^+\text{-Meson:} && \pi^+ = u + \bar{d} \\ &\pi^-\text{-Meson:} && \pi^- = \bar{u} + d \end{aligned} \tag{17.5-10}$$

Das ergibt eine elektrische Ladungszahl $Q^* = +1$ bzw. -1, eine Baryonenzahl $B = 0$ und einen Isospin $I_3 = +1$ bzw. -1, sowie einen ganzzahligen Spin (0).

Die schwereren Teilchen haben als Bestandteile Quarks der 2. und 3. Generation. Abschließend läßt sich feststellen: Es gibt anscheinend zwei Klassen von wirklich elementaren Teilchen, die Leptonen, zu denen das Elektron und das Neutrino gehören, und die Quarks, die die Bestandteile der Hadronen sind.

III WELLEN und QUANTEN

Wellen sind zeitperiodische Vorgänge, die sich räumlich ausbreiten. Sie werden meist durch im mathematischen Sinne periodische Funktionen beschrieben. Solche Funktionen sind strenggenommen unendlich ausgedehnt. Dies stört bei der Beschreibung vieler Welleneigenschaften nicht. Reale Wellenvorgänge sind jedoch zeitlich und räumlich begrenzt. Wo es auf diese Begrenztheit ankommt, es sich also um *endliche Wellenzüge* handelt, spricht man von *Wellengruppen* bzw. *Wellenpaketen* (siehe 18.1) oder auch von *Quanten*, denen, wie sich zeigen wird, wiederum Teilcheneigenschaften zugeordnet werden können (siehe z. B. 20.3).

18 Wellenausbreitung

In einem Medium, in dem die Abweichung eines physikalischen Zustandes vom Gleichgewicht an einem betrachteten Ort über einen Kopplungsmechanismus eine entsprechende, aber zeitlich verzögerte Zustandsabweichung an den benachbarten Orten hervorruft, können sich *Wellen* ausbreiten. Ein solcher "Zustand" kann z. B. die Auslenkung eines Massenpunktes in einem elastischen Medium sein (z. B. Seilwellen, Wasserwellen), oder der Druck in einem Gas (Schallwellen), die elektrische oder magnetische Feldstärke in Materie oder im Vakuum (z. B. Radiowellen, Lichtwellen), die Aufenthaltswahrscheinlichkeit eines sich bewegenden Teilchens im Raum (Materiewellen).

18.1 Beschreibung von Wellenbewegungen, Wellengleichung

Der Begriff "Welle" ist meist mit harmonischen, d.h. sinusförmigen Wellen verknüpft; jedoch gibt es auch anharmonische Wellen und sogar nichtperiodische "Störungen", die sich wie Wellen ausbreiten. Zunächst werden harmonische Wellen betrachtet.

Fortschreitende Wellen

Eine (eindimensionale) *harmonische Welle* kann mathematisch dargestellt werden als örtlich sinusförmige Verteilung (z.B. der Auslenkung ξ eines Seiles am Orte x), bei der die Ortskoordinate x durch das orts- und zeitabhängige Argument $(x \mp v_p t)$ ersetzt wird:

$$\xi = \hat{\xi} \sin \frac{2\pi}{\lambda}(x \mp v_p t) \ . \qquad (18.1\text{-}1)$$

Hierin bedeuten $\hat{\xi}$: Amplitude (der Auslenkung), λ: Wellenlänge (örtliche Periodenlänge), $2\pi(x \mp v_p t)/\lambda = \Phi$: Phase, v_p: Ausbreitungsgeschwindigkeit der Welle, genauer der Phase Φ (Phasengeschwindigkeit). (18.1-1) beschreibt die mit der Zeit t zunehmende Verschiebung der örtlich sinusförmigen Verteilung (Bild 18-1).

Die zu einer bestimmten Auslenkung (Elongation, z.B. $\xi = 0$ oder $\xi = \hat{\xi}$) gehörende Phase (im Beispiel $\Phi = 0$ bzw. $\Phi = \pi/2$) bewegt sich mit einer Geschwindigkeit $v_p = \pm x/t$ in $(+x)$- bzw. $(-x)$-Richtung. Nach Ablauf einer Schwingungsdauer T (zeitliche Periodendauer) hat sich die Welle um eine Wellenlänge λ verschoben und jeder Punkt x hat eine vollständige Schwin-

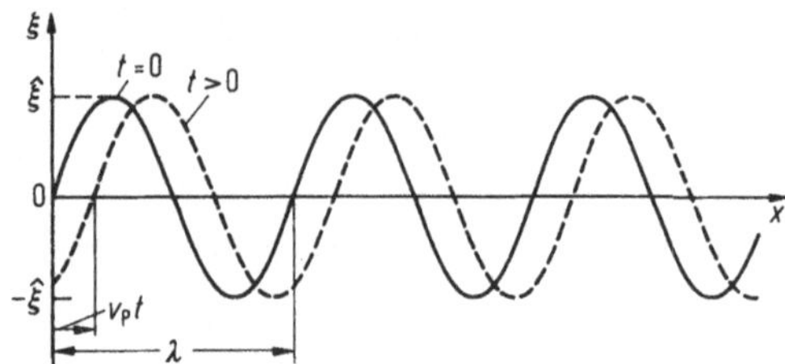

Bild 18-1: Eindimensionale laufende Welle.

gung durchgeführt. Es gilt daher

$$v_p = \frac{\lambda}{T} \, . \tag{18.1-2}$$

Durch Einführung der Frequenz $\nu = 1/T$ und der Kreisfrequenz $\omega = 2\pi\nu = 2\pi/T$ (siehe 5.1) und der Kreiswellenzahl (meist nur kurz "Wellenzahl") $k = 2\pi/\lambda$ erhält man aus (18.1-2) die *Phasengeschwindigkeit*

$$\boxed{v_p = \nu\lambda = \frac{\omega}{k}} \, . \tag{18.1-3}$$

Die Darstellung (18.1-1) einer eindimensionalen, laufenden harmonischen Welle lautet damit

$$\xi = \hat{\xi} \sin(kx \mp \omega t) \, . \tag{18.1-4}$$

Wellengleichung

Die harmonische laufende Welle (18.1-4) stellt sowohl eine zeitliche Sinusverteilung (Schwingung) $\xi(t)$ bei festem Ort x dar, als auch eine örtliche Sinusverteilung $\xi(x)$ zu einer bestimmten, festen Zeit t. Die Welle $\xi(x,t)$ muß demnach zwei Differentialgleichungen vom Typ der Schwingungsgleichung (5.2-17) gehorchen:

$$\frac{\partial^2 \xi}{\partial t^2} + \omega^2 \xi = 0 \qquad \text{für festes } \xi \text{ und} \tag{18.1-5}$$

$$\frac{\partial^2 \xi}{\partial x^2} + k^2 \xi = 0 \qquad \text{für festes } t \, . \tag{18.1-6}$$

Eliminierung des in ξ linearen Gliedes führt mit (18.1-3) zu der *eindimensionalen Wellengleichung*

$$\boxed{\frac{\partial^2 \xi}{\partial x^2} - \frac{1}{v_p^2} \frac{\partial^2 \xi}{\partial t^2} = 0} \, . \tag{18.1-7}$$

Die Wellengleichung beschreibt allgemein Wellenausbreitungsvorgänge. Neben den harmonischen Wellen sind auch beliebige Funktionen der Form

$$\xi = f(x \mp v_p t) \, , \tag{18.1-8}$$

also z.B. impulsartige Störungen, Lösungen der Wellengleichung, wie sich durch Einsetzen in (18.1-7) verifizieren läßt. Sie breiten sich wie harmonische Wellen aus.

Neben Wellen in linearen Medien gibt es auch Wellen, die sich räumlich ausbreiten. Eine Fläche in einer Welle, deren sämtliche Punkte zum gleichen Zeitpunkt die gleiche Phase besitzen, wird *Phasenfläche, Wellenfläche* oder *Wellenfront* genannt. Nach der Form der Wellenflächen werden *ebene Wellen, Zylinder-* oder *Kreiswellen* und *Kugelwellen* unterschieden. Während ebene Wellen bei geeigneter Wahl des Koordinatensystems (x-Richtung = Wellenflächennormale) ebenfalls durch (18.1-1) bzw. (18.1-4) beschrieben werden können, gelten für vom Erregerzentrum bei $r=0$ weglaufende Zylinder- und Kugelwellen die Gleichungen

$$\xi_Z = \frac{\xi_1}{\sqrt{r}} \sin(kr - \omega t) \quad (\textit{Zylinderwelle}) \tag{18.1-9}$$

$$\xi_K = \frac{\xi_1}{r} \sin(kr - \omega t) \quad (\textit{Kugelwelle})\,. \tag{18.1-10}$$

ξ_1 ist die Amplitude bei $r=1$. Sie nimmt mit steigendem Abstand r entsprechend der größer werdenden Wellenfläche ab. Solche räumlich ausgedehnten Wellen sind Lösungen der gegenüber (18.1-7) auf drei Raumdimensionen erweiterten *dreidimensionalen Wellengleichung*

$$\boxed{\Delta\xi - \frac{1}{v_p^2}\frac{\partial^2\xi}{\partial t^2} = 0}\,. \tag{18.1-11}$$

Hierin bedeutet

$$\Delta = \frac{\partial^2}{\partial x^2} + \frac{\partial^2}{\partial y^2} + \frac{\partial^2}{\partial z^2}$$

den sog. Deltaoperator. In Kugelkoordinaten läßt sich die dreidimensionale Wellengleichung in der Form schreiben

$$\frac{\partial^2(r\xi)}{\partial r^2} - \frac{1}{v_p^2}\frac{\partial^2(r\xi)}{\partial t^2} = 0\,, \tag{18.1-12}$$

aus der die Lösung für die Kugelwelle (18.1-10) durch Vergleich mit (18.1-4) und (18.1-7) direkt ablesbar ist.

Beispiele: Von einem punktförmigen Erregungszentrum in einer Wasseroberfläche ausgehende Wasserwellen sind Kreiswellen. Von einem Lautsprecher ausgehende Schallwellen in Luft oder von einer Punktlampe ausgehende Lichtwellen sind Kugelwellen.

Energietransport

Wie sich sofort etwa bei einer Seilwelle erkennen läßt, ist die Wellenausbreitung nicht mit der Fortbewegung von Elementen des die Welle tragenden Mediums (hier des Seils) verbunden, sondern stellt die Ausbreitung eines Bewegungszustandes dar, der mit dem Transport von Energie verbunden ist. Bei den mechanischen (elastischen) Wellen werden zwar die materiellen Elemente des Mediums bewegt, sie schwingen jedoch nur periodisch um die Ruhelage. Ein schwingendes Volumenelement $\mathrm{d}V$ mit der Masse $\mathrm{d}m = \rho\,\mathrm{d}V$ hat nach (5.2-23) die Energie

$$\mathrm{d}E = \frac{1}{2}\rho\omega^2\hat{\xi}^2\mathrm{d}V \tag{18.1-13}$$

und die *Energiedichte*

$$w = \frac{dE}{dV} = \frac{1}{2}\rho\omega^2\hat{\xi}^2 \sim \hat{\xi}^2 . \qquad (18.1\text{-}14)$$

Die *Energiestromdichte* oder *Intensität* S einer mechanischen Welle ergibt sich wie jede Stromdichte aus dem Produkt von Dichte und Strömungsgeschwindigkeit, hier also von Energiedichte w und Ausbreitungsgeschwindigkeit v_p

$$S = w v_p = \frac{1}{2} v_p \rho\omega^2\hat{\xi}^2 \sim \hat{\xi}^2 . \qquad (18.1\text{-}15)$$

Die Intensität einer *Kugelwelle* (18.1-10) nimmt demnach mit $1/r^2$ ab, in Übereinstimmung mit der Tatsache, daß die Wellenfläche mit r^2 zunimmt.

Steht der Vektor $\boldsymbol{\xi}$ der schwingenden Größe (z.B. Auslenkung $\boldsymbol{\xi}$, oder elektrische Feldstärke $\boldsymbol{E}$) senkrecht auf der Ausbreitungsrichtung $\boldsymbol{v}_p$ der Welle, so wird diese als *Transversalwelle* oder Querwelle bezeichnet. Liegt der Vektor $\boldsymbol{\xi}$ der schwingenden Größe parallel zu $\boldsymbol{v}_p$ (wie etwa die Auslenkung bei Schallwellen in Gasen, oder allgemein Dichte- bzw. Druckschwingungen), so handelt es sich um eine *Longitudinalwelle* oder Längswelle. Ist bei Transversalwellen die durch $\boldsymbol{\xi}$ und $\boldsymbol{v}_p$ definierte Schwingungsebene fest oder dreht sie sich definiert um die Ausbreitungsrichtung, so spricht man von einer *polarisierten* Welle. Ändert sich die Schwingungsebene statistisch (z.B. natürliches Licht), so heißt die Welle *unpolarisiert*. Bei longitudinalen Wellen gibt es keine Polarisation.

Stehende Wellen

Durch Überlagerung von gegeneinander laufenden Wellen mit gleicher Frequenz und Wellenlänge

$$\xi = \hat{\xi}\sin(kx - \omega t) + \hat{\xi}\sin(kx + \omega t) \qquad (18.1\text{-}16)$$

gemäß Bild 18-2 ergeben sich ***stehende Wellen*** mit ortsfesten *Schwingungsknoten* (Amplitude ständig 0) und *-bäuchen* mit der Amplitude $2\hat{\xi}$ (Bild 18-3). Trigonometrische Umformung von (18.1-16) ergibt eine nur ortsabhängige sinusförmige Auslenkungsverteilung $\sin kx$ mit der zeitperiodischen Amplitude $2\hat{\xi}\cos\omega t$ (Bild 18-3):

$$\xi = 2\hat{\xi}\cos\omega t \, \sin kx . \qquad (18.1\text{-}17)$$

Stehende Wellen lassen sich durch Reflexion einer laufenden Welle an der Grenze des Mediums erzeugen, in dem sich die Welle ausbreitet. Die Reflexion kann mit einem Phasensprung verknüpft sein. Dazu werde die Reflexion eines sehr kurzen Wellenzuges, einer Halbwelle, auf einem Seil am Seilende betrachtet. Ist das Seilende fest eingespannt (Bild 18-4 a), so erfolgt die Reflexion mit einem Phasensprung $\Delta\Phi = \pi$ der reflektierten Welle gegenüber der ankommenden Welle am Seilende, da nur so die Auslenkungen von ankommender und reflektierter Welle sich am Seilende zur Amplitude 0 überlagern, wie es die feste Einspannung erfordert. Bei einem losen Seilende

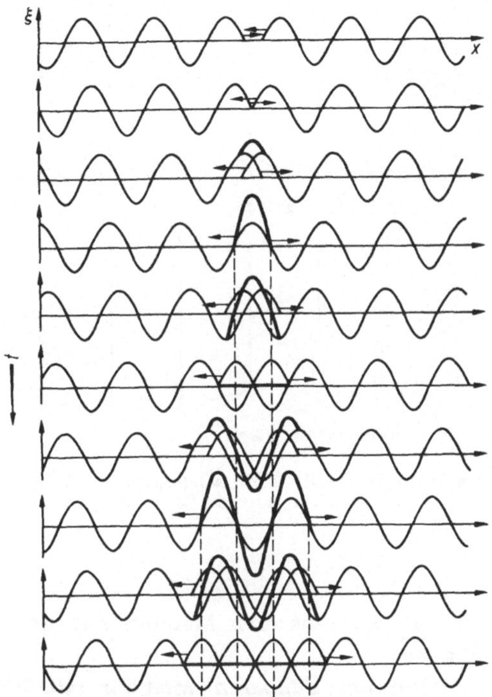

Bild 18-2: Entstehung einer stehenden Welle durch Überlagerung von zwei entgegengerichtet laufenden Wellen. Gestrichelt: Knotenlinien.

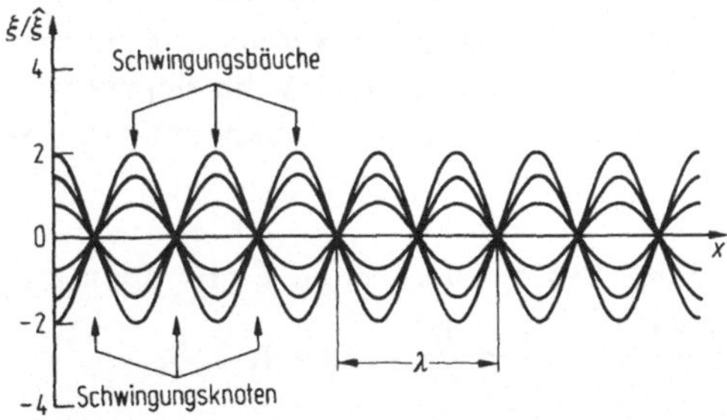

Bild 18-3: Stehende Welle: Auslenkungsverteilung zu verschiedenen Zeitpunkten.

(Bild 18-4b) wird dagegen die ankommende Welle ohne Phasensprung ($\Delta\Phi = 0$) reflektiert. Dann überlagern sich ankommende und reflektierte Welle am Seilende zu maximaler Amplitude: Am Seilende liegt ein Schwingungsbauch. Das geschilderte Phasenverhalten tritt generell bei der Reflexion von Wellen an Grenzen zwischen Wellenausbreitungsmedien auf, in denen die Ausbreitungsgeschwindigkeit geringer (*dichteres* Medium) bzw. höher (*dünneres* Medium) als im jeweils anderen Medium ist. Der *Phasensprung* beträgt

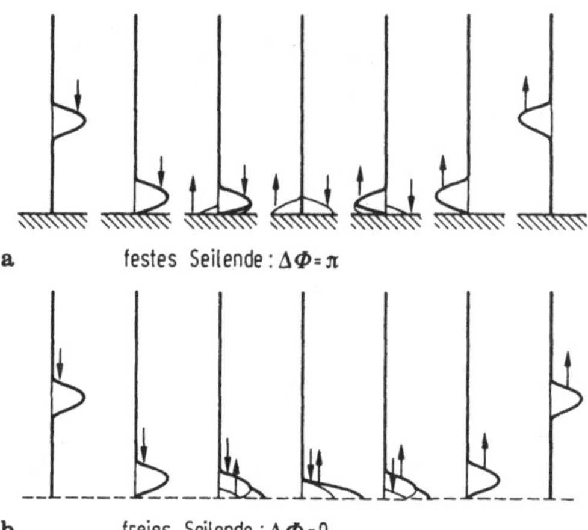

Bild 18-4: Reflexion einer Welle **a** am eingespannten Seilende ($\Delta\Phi = \pi$), **b** am losen Seilende ($\Delta\Phi = 0$).

$\Delta\Phi = \pi$ bei Reflexion am *dichteren* Medium mit geringerer Phasengeschwindigkeit,

$\Delta\Phi = 0$ bei Reflexion am *dünneren* Medium mit höherer Phasengeschwindigkeit.

Ist ein Medium beidseitig (Seil, Saite, Stab, Luftsäule) oder allseitig (Membran, Platte, in Behälter eingeschlossenes Gasvolumen) begrenzt, so sind nur bestimmte, *diskrete Frequenzen stationär* als (ein-, zwei- oder dreidimensionale) stehende Wellen anregbar. Ist die Begrenzung durch eine feste Einspannung bedingt, so müssen an den Einspannungen Schwingungsknoten vorliegen.

Für ein eindimensionales System der Länge L gilt dann mit (18.1-3)

$$L = n\frac{\lambda_n}{2}: \quad \lambda_n = \frac{2L}{n}, \quad \nu_n = n\frac{v_p}{2L}, \quad n = 1, 2, 3, \dots . \qquad (18.1\text{-}18)$$

Die gleiche Bedingung gilt, wenn beide Enden frei schwingen können (z. B. Luftsäule in einem offenen Rohr: offene Pfeife). Dann liegen an den Enden Schwingungsbäuche. Sind die Begrenzungen (wie bei der gedackten Pfeife) so, daß ein Ende fest liegt (Knoten), das andere aber frei schwingen kann (Bauch), so gilt

$$L = (2n-1)\frac{\lambda_n}{4}: \quad \lambda_n = \frac{4L}{2n-1}, \quad \nu_n = (2n-1)\frac{v_p}{4L}, \quad n = 1, 2, 3, \dots . \qquad (18.1\text{-}19)$$

Durch die vorgegebenen Randbedingungen können also nur stehende Wellen mit bestimmten, diskreten Frequenzen und Wellenlängen auftreten, die durch die *Quantenbedingungen* (18.1-18) und (18.1-19) gegeben sind. Die diskreten Frequenzen der stehenden Wellen (18.1-18) entsprechen den Fundamentalfrequenzen der Federkette (vgl. 5.6.2).

Wellenpakete, Gruppengeschwindigkeit

Bisher wurden Wellen einer bestimmten, diskreten Frequenz ν bzw. Kreisfrequenz ω betrachtet (in der Optik: *monochromatische* Wellen). Solche Wellen kommen in der Natur nicht vor: Es handelt sich stets um örtlich und zeitlich begrenzte Wellenzüge, sie haben eine bestimmte Länge und Dauer. Begrenzte Wellenzüge lassen sich nach dem Fourier-Theorem (5.5-12) als Überlagerung eines kontinuierlichen Spektrums unendlich langer Wellen auffassen, deren Amplitudenverteilung (ähnlich wie bei der zeitlich begrenzten Schwingung Bild 5-23) sich um eine Mittenfrequenz ν_0 bzw. ω_0 gruppiert. Die Frequenzbreite $2\Delta\omega$ der Spektralverteilung ist umso kleiner, je länger der Wellenzug ist. In erster Näherung kann daher meist allein mit der Mittenfrequenz als der Frequenz des (langen) Wellenzuges gerechnet werden.

In anderen Fällen, z.B. im Zusammenhang mit der Lokalisierbarkeit von *Lichtquanten* (20.3) und vor allem von Teilchen bei deren Beschreibung durch *Materiewellen* in der Wellenmechanik (25) kommt es jedoch auf die besonderen Eigenschaften von begrenzten Wellenzügen, sogenannten *Wellengruppen* oder *Wellenpaketen*, an. Um diese kennenzulernen, betrachten wir eine Wellengruppe mit einem schmalen Frequenzspektrum $(\omega_0 - \Delta\omega) < \omega < (\omega_0 + \Delta\omega)$ mit konstanter Amplitude $A/\Delta\omega$ (Bild 18-5). Die Fourierdarstellung lautet dann:

$$\xi(x,t) = \frac{A}{\Delta\omega}\int_{\omega_0-\Delta\omega}^{\omega_0+\Delta\omega}\sin[k(\omega)x - \omega t]\,\mathrm{d}\omega\,. \tag{18.1-20}$$

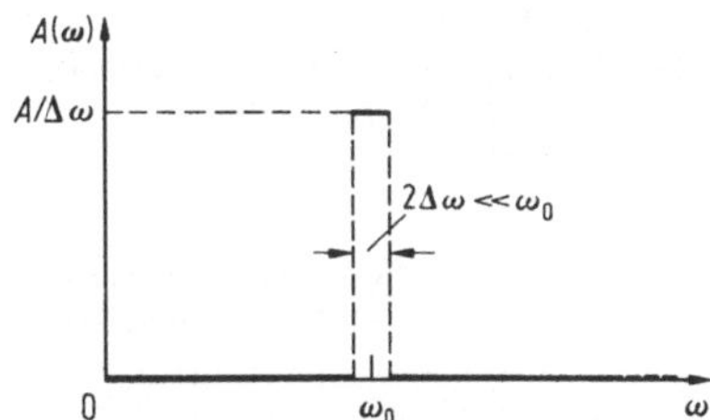

Bild 18-5: Frequenzspektrum des Wellenpakets in Bild 18-6.

Die Wellenzahl k hängt über (18.1-3) von der Kreisfrequenz ω ab. Wir entwickeln k nach Taylor in der Umgebung von ω_0:

$$k(\omega) = k_0 + (\omega - \omega_0)\left(\frac{\mathrm{d}k}{\mathrm{d}\omega}\right)_{\omega_0} + \ldots\,. \tag{18.1-21}$$

Bei hinreichend kleinem Intervall $\Delta\omega \ll \omega_0$ kann nach dem 2. Glied abgebrochen werden. Das Fourierintegral (18.1-20) mit (18.1-21)

$$\xi(x,t) = \frac{A}{\Delta\omega}\int_{\omega_0-\Delta\omega}^{\omega_0+\Delta\omega}\sin\left[k_0 x + (\omega - \omega_0)\left(\frac{\mathrm{d}k}{\mathrm{d}\omega}\right)_{\omega_0} x - \omega t\right]\mathrm{d}\omega \tag{18.1-22}$$

läßt sich direkt integrieren und ergibt mit (18.1-21)

$$\left(\frac{\mathrm{d}k}{\mathrm{d}\omega}\right)_{\omega_0} = \frac{k - k_0}{\omega - \omega_0} = \frac{\Delta k}{\Delta\omega} \tag{18.1-23}$$

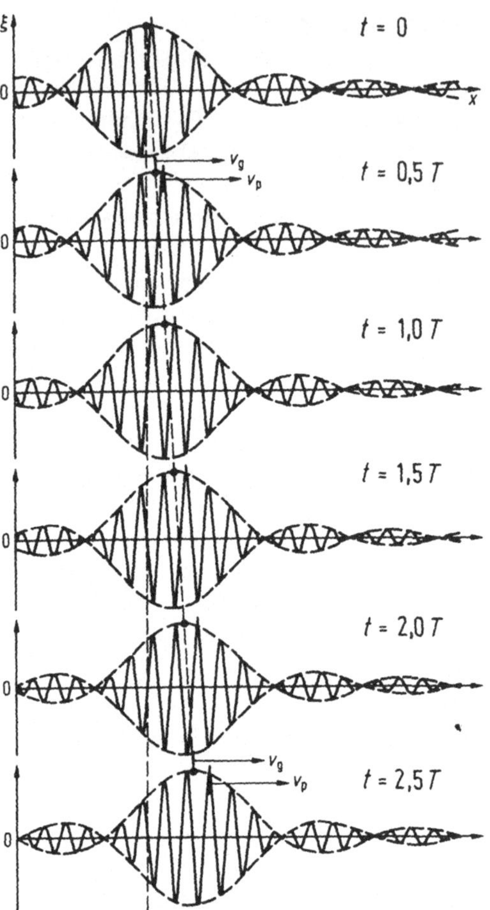

Bild 18-6: Ausbreitung einer Wellengruppe bei normaler Dispersion: Phasengeschwindigkeit > Gruppengeschwindigkeit ($v_g = 0{,}8\, v_p$).

die Darstellung

$$\xi(x,t) = 2A \frac{\sin(\Delta kx - \Delta\omega t)}{\Delta kx - \Delta\omega t} \sin(k_0 x - \omega_0 t) \; . \qquad (18.1\text{-}24)$$

Das Argument $(k_0 x - \omega_0 t)$ stellt die Phase einer Welle dar, die sich mit der Phasengeschwindigkeit $v_p = \omega_0/k_0$ weiterbewegt. Diese Welle ist moduliert durch eine langsamer veränderliche Amplitudenfunktion $\sin\Phi/\Phi$, die ihr Hauptmaximum bei $\Phi = \Delta kx - \Delta\omega t = 0$ hat und sich im Wesentlichen zwischen den Nullstellen $\Phi = \mp\pi$ erstreckt. Sie bewegt sich mit der *Gruppengeschwindigkeit*

$$v_g = \frac{\Delta\omega}{\Delta k} = \left(\frac{d\omega}{dk}\right)_{\omega_0} \qquad (18.1\text{-}25)$$

in $+x$-Richtung weiter (Bild 18-6):

$$\xi(x,t) = 2A \frac{\sin \Delta k(x - v_g t)}{\Delta k(x - v_g t)} \sin k_0(x - v_p t) \quad (\textit{Wellenpaket}) \; . \qquad (18.1\text{-}26)$$

Phasen- und Gruppengeschwindigkeit können verschieden sein. Durch Differenzieren von (18.1-3) und von $k = 2\pi/\lambda$ folgt

$$\boxed{v_g = \frac{d\omega}{dk} = v_p + k\,\frac{dv_p}{dk} = v_p - \lambda\,\frac{dv_p}{d\lambda}}\ . \qquad (18.1\text{-}27)$$

Die Gruppengeschwindigkeit ist demnach nur dann gleich der Phasengeschwindigkeit, wenn die Phasengeschwindigkeit nicht von der Wellenlänge λ (bzw. der Wellenzahl k) abhängt, d.h. wenn keine *Dispersion* vorliegt (Beispiel: Lichtausbreitung im Vakuum). Anderenfalls gilt:

$$\begin{aligned} &\frac{dv_p}{d\lambda} > 0 \quad (\textit{normale Dispersion}): \quad v_g < v_p\ , \\ &\frac{dv_p}{d\lambda} < 0 \quad (\textit{anomale Dispersion}): \quad v_g > v_p\ . \end{aligned} \qquad (18.1\text{-}28)$$

Im Gruppenmaximum der Wellengruppe sind die Amplituden maximal, daher bilden die Gruppenmaxima den Sitz der Energie der Welle. Ferner kann eine Information (Signal) nur mit einem begrenzten Wellenzug bzw. einer Wellengruppe oder einer modulierten Welle übertragen werden. Damit gilt:

Die Ausbreitung der Energie einer Welle erfolgt mit der Gruppengeschwindigkeit. Sie ist gleich der *Signalgeschwindigkeit.*

18.2 Elastische Wellen, Schallwellen

Schallwellen sind elastische Wellen in deformierbaren Medien (Festkörper, Flüssigkeiten, Gase). Für den Menschen *hörbarer* Schall umfaßt etwa den Frequenzbereich $\nu = 16$ Hz ... 16 kHz.

Wellen in deformierbaren Medien werden durch die *elastischen Eigenschaften* des Mediums (vgl. 7.6) bestimmt, die durch die folgenden Beziehungen beschrieben werden (Wiederholung für Festkörper und Übertragung auf Flüssigkeiten und Gase):

Festkörper: Relative Längenänderung (Dehnung) $\varepsilon = \Delta L/L$ eines Stabes mit der Länge L, dem Querschnitt A und dem Elastizitätsmodul E unter Einwirkung einer Zugspannung $\sigma = F/A$ (Hookesches Gesetz, siehe (7.6-1)):

$$\frac{\Delta L}{L} = \frac{1}{E}\frac{F}{A}\ . \qquad (18.2\text{-}1)$$

Scherwinkel (Scherung) γ eines quaderförmigen Volumens des Festkörpers mit dem Schubmodul G unter Einwirkung einer auf die Querschnittsfläche A wirkenden Schub- oder Scherspannung $\tau = F/A$, siehe (7.6-6):

$$\gamma = \frac{1}{G}\frac{F}{A}\ . \qquad (18.2\text{-}2)$$

Flüssigkeiten: Kompressibilität $\varkappa$ (relative Volumenänderung $\Delta V/V$ bei einer Druckänderung Δp) eines Volumens V einer Flüssigkeit mit dem Kompressionsmodul K, siehe (7.6-5):

$$\varkappa \equiv \frac{1}{K} = -\frac{1}{V}\frac{\mathrm{d}V}{\mathrm{d}p}\,. \tag{18.2-3}$$

Für eine Flüssigkeitssäule der Länge L ergibt sich daraus bei konstantem Querschnitt A unter Einwirkung einer Druckspannung $\sigma = -F/A$ eine relative Längenänderung

$$\frac{\Delta L}{L} = -\frac{\mathrm{d}V}{V} = \varkappa\,\mathrm{d}p = \varkappa\frac{F}{A} = \frac{1}{K}\frac{F}{A}\,. \tag{18.2-4}$$

Der Kompressionsmodul $K = 1/\varkappa$ in Flüssigkeiten entspricht daher dem Elastizitätsmodul E von Festkörpern, vgl. (18.2-1).

Gase: (18.2-3) gilt auch für Gase, wobei der Kompressionsmodul K mit Hilfe der allgemeinen Gasgleichung (8.2-11) berechnet werden kann. Für die schnellen Druckänderungen bei Schallwellen kann ein Wärmeausgleich nicht stattfinden, sodaß K unter *adiabatischen* Bedingungen aus (18.2-3) berechnet werden muß. Mit Hilfe der Adiabatengleichung (8.7-8) erhält man dann

$$K = \frac{1}{\varkappa} = \varkappa_{\mathrm{ad}}\,p = \varkappa_{\mathrm{ad}}\frac{RT}{V_{\mathrm{m}}} \quad \text{mit} \quad \varkappa_{\mathrm{ad}} = \frac{C_{\mathrm{mp}}}{C_{\mathrm{mV}}}\,. \tag{18.2-5}$$

V_{m}: Molvolumen; C_{mp}, C_{mV}: molare Wärmekapazitäten bei konstantem Druck bzw. konstantem Volumen (vgl. 8.6.1, Index "ad" zur Unterscheidung zwischen dem Adiabatenexponenten $\varkappa_{\mathrm{ad}}$ (8.6-14) und der Kompressibilität $\varkappa$ (18.2-3)).

Ausbreitung transversaler Wellen auf gespannten Seilen und Saiten

Nach einer vorausgegangenen transversalen Auslenkung eines mit einer Kraft F_0 bzw. der Zugspannung $\sigma = F_0/A$ gespannten Seils bzw. einer Saite (Querschnitt A) wirkt auf jedes Saitenelement der Länge $\mathrm{d}x$ (Bild 187) eine rücktreibende Kraft

$$F_\xi = F_0 \sin(\alpha + \mathrm{d}\alpha) - F_0 \sin\alpha \approx F_0\,\mathrm{d}\alpha\,. \tag{18.2-6}$$

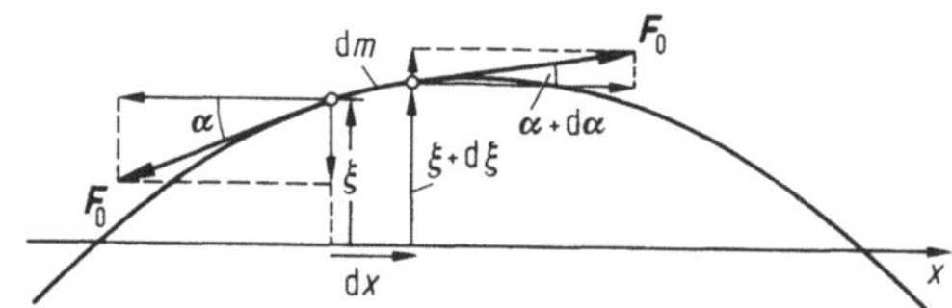

Bild 18-7: Zur Herleitung der Wellengleichung für transversale Saitenwellen.

Aus $\alpha \approx \mathrm{tg}\alpha = \partial\xi/\partial x$ folgt $\mathrm{d}\alpha \approx \mathrm{d}x(\partial^2\xi/\partial x^2)$ und damit für die rücktreibende Kraft

$$F_\xi = F_0\,\mathrm{d}x\frac{\partial^2\xi}{\partial x^2}\,. \tag{18.2-7}$$

Die Masse des Saitenelements $\mathrm{d}x$ beträgt $\mathrm{d}m = \rho A\,\mathrm{d}x$ (ρ: Massendichte). Damit lautet die Bewegungsgleichung für $\mathrm{d}m$

$$F_\xi = \mathrm{d}m\frac{\partial^2\xi}{\partial t^2}\,. \tag{18.2-8}$$

Aus (18.2-7) und (18.2-8) folgt die *Wellengleichung der transversalen Saitenwelle*

$$\boxed{\frac{\partial^2 \xi}{\partial x^2} - \frac{\varrho}{\sigma}\frac{\partial^2 \xi}{\partial t^2} = 0} \,. \qquad (18.2\text{-}9)$$

Durch Vergleich mit (18.1-7) ergibt sich die *Phasengeschwindigkeit der transversalen Saitenwelle*

$$\boxed{v_p = \sqrt{\frac{\sigma}{\varrho}}} \,. \qquad (18.2\text{-}10)$$

Ausbreitung longitudinaler Wellen in elastischen Medien

Die periodische longitudinale Auslenkung von Massenelementen in einem kontinuierlichen elastischen Medium bewirkt eine periodische Dichteverteilung: Longitudinale elastische Wellen sind *Dichtewellen*. Für den Fall eines Gases ist dies schematisch in Bild 18-8 dargestellt.

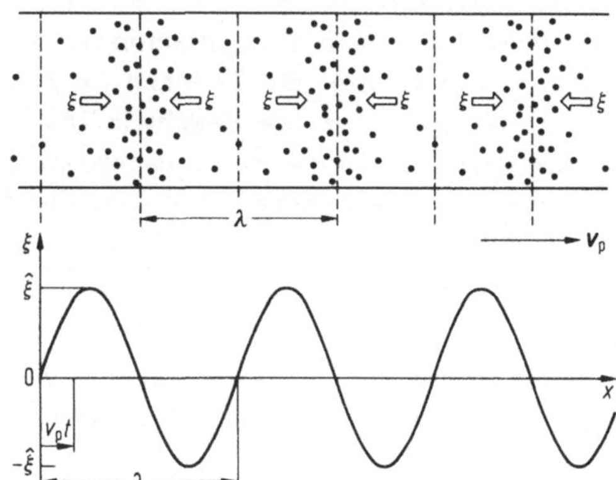

Bild 18-8: Bei Longitudinalwellen bewirkt die periodische Auslenkung $\xi \parallel v_p$ eine Dichtemodulation.

Die zur Behandlung der transversalen Saitenwelle analoge Betrachtung eines Volumenelementes der Masse dm und der Länge dx in einem zylindrischen Stab (Massendichte ϱ, Querschnitt A), das durch eine vorausgegangene longitudinale Auslenkung ξ und der dadurch bedingten, ortsabhängigen Spannung $\sigma = F/A$ um dξ gedehnt wird, liefert unter Zuhilfenahme des Hookeschen Gesetzes (18.2-1) und der Bewegungsgleichung für dm wiederum die *Wellengleichung longitudinaler Wellen im Festkörper*:

$$\boxed{\frac{\partial^2 \xi}{\partial x^2} - \frac{\varrho}{E}\frac{\partial^2 \xi}{\partial t^2} = 0} \,, \qquad (18.2\text{-}11)$$

aus der sich durch Vergleich mit (18.1-7) die Phasengeschwindigkeit longitudinaler Wellen (18.2-14) ergibt. Sie ist auch für ausgedehnte Festkörper gültig.

Die Berechnung der Phasengeschwindigkeit c_l longitudinaler Wellen (und damit der Ausbreitungsgeschwindigkeit von Schall) kann auch auf direkterem Wege erfolgen. Dazu betrachten wir die Ausbreitung einer Störung (Verdichtungsstoß) in einem zylindrischen Stab der Massendichte ρ, die durch einen Stoß mit der Kraft F_x während der Zeit dt auf das linke Stabende erzeugt wird (Bild 18-9).

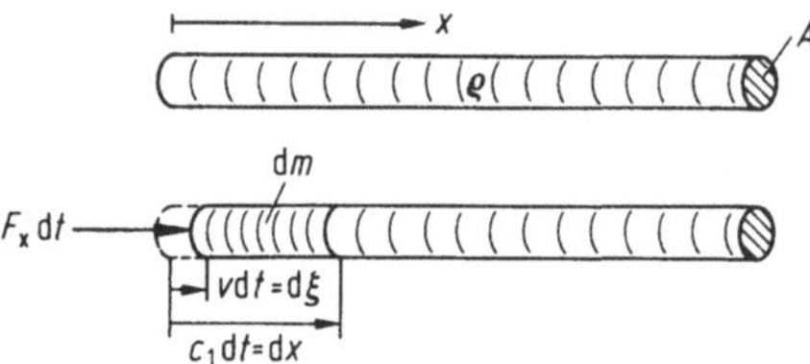

Bild 18-9: Ausbreitung einer Longitudinalstörung in einem Stab.

Dadurch wird das linke Ende des Stabes mit einer Geschwindigkeit v um $d\xi = v\,dt$ nach rechts verschoben. Die Kompressionsstörung läuft mit der Phasengeschwindigkeit c_l nach rechts, die Teilchen im Kompressionsbereich erreichen in der Zeit dt nacheinander die Geschwindigkeit v. Das Massenelement $dm = \rho A dx$, das durch den Kompressionsbereich $dx = c_l\,dt$ definiert werde, erfährt damit eine Impulsänderung $dp_x = v\,dm$ als Folge der einwirkenden Kraft

$$F_x = \frac{dp_x}{dt} = \rho A v c_l \, . \qquad (18.2\text{-}12)$$

Durch die Kraft F_x wird ferner das Massenelement dm der Länge dx um $d\xi = v\,dt$ komprimiert. Den Zusammenhang liefert das Hookesche Gesetz (18.2-1):

$$\frac{d\xi}{dx} = \frac{v}{c_l} = \frac{1}{E}\frac{F_x}{A} = \frac{1}{E}\rho v c_l \, . \qquad (18.2\text{-}13)$$

Daraus folgt für die *Phasengeschwindigkeit longitudinaler Wellen (Schallgeschwindigkeit) in Festkörpern*

$$\boxed{c_l = \sqrt{\frac{E}{\rho}}} \qquad (18.2\text{-}14)$$

Festkörper können auch tangentiale Scherkräfte aufnehmen, wie sie bei Scherschwingungen auftreten. Deshalb können in Festkörpern auch transversale Wellen auftreten. Die elastische Deformation bei Scherung wird durch (18.2-2) beschrieben. Statt des Elastizitätsmoduls E tritt hier der Schubmodul G auf. Entsprechend ergibt sich für die *Phasengeschwindigkeit* von *transversalen Scherwellen* und von *Torsionswellen* (die auch auf Scherung beruhen, siehe 7.6) in Festkörpern

$$\boxed{c_t = \sqrt{\frac{G}{\rho}}} \, . \qquad (18.2\text{-}15)$$

Flüssigkeiten und Gase können keine Tangentialkräfte (Scherkräfte) aufnehmen. Demzufolge können sich hier nur Longitudinalwellen über längere Strecken ausbreiten. Transversale Wellen können nur direkt angrenzend an transversal schwingende Erregerflächen auftreten und klingen mit steigendem Abstand davon schnell exponentiell ab.

Die Schallgeschwindigkeit in Flüssigkeiten, etwa in einer Flüssigkeitssäule, deren elastische Eigenschaften durch (18.2-4) beschrieben werden, läßt sich analog zur Berechnung der Schallgeschwindigkeit im festen Stab bestimmen. Im Ergebnis (18.2-14) ist dazu der Elastizitätsmodul E durch den Kompressionsmodul K bzw. die Kompressibilität $\varkappa$ (18.2-3) zu ersetzen, um die *Schallgeschwindigkeit in Flüssigkeiten* zu erhalten:

$$\boxed{c_1 = \sqrt{\frac{K}{\rho}} = \sqrt{\frac{1}{\varkappa\rho}}}\ . \qquad (18.2\text{-}16)$$

Für Gase erhält man die Schallgeschwindigkeit unter Berücksichtigung der elastischen Eigenschaften bei *adiabatischer* Kompression. Mit (18.2-5) und der Molmasse $M = \rho V_m$ folgt dann aus (18.2-16) die *Schallgeschwindigkeit in Gasen*:

$$\boxed{c_1 = \sqrt{\varkappa_{ad}\frac{p}{\rho}} = \sqrt{\varkappa_{ad}\frac{RT}{M}}}\ . \qquad (18.2\text{-}17)$$

In Gasen ist daher die Schallgeschwindigkeit stark temperaturabhängig. Sie ist am größten für die Gase mit der kleinsten molaren Masse, Wasserstoff und Helium (Tab. 18-1).

18.3 Doppler-Effekt, Kopfwellen

Bewegen sich Wellenerzeuger (Quelle Q mit der Frequenz ν_Q) und Beobachter B relativ zueinander, so wird vom Beobachter eine andere Frequenz ν_B registriert, als im Fall ruhender Quelle und Beobachter (Doppler 1842). Je nachdem, ob sich Quelle oder Beobachter relativ zum Übertragungsmedium der Welle (z.B. Luft bei Schallwellen, Wasseroberfläche bei Wasserwellen) bewegen, oder ob ein solches Medium nicht existiert (Lichtwellen im Vakuum), sind verschiedene Fälle zu unterscheiden.

Doppler-Effekt bei mediengetragenen Wellen: Bewegter Beobachter

Die in ruhender Luft von einer ebenfalls ruhenden Schallquelle mit der Frequenz $\nu_Q = c_s/\lambda$ erzeugten Schallwellen breiten sich in Form von Kugelwellen mit der Schallgeschwindigkeit c_s aus, deren Wellenberge einen radialen Abstand λ (Wellenlänge) haben (Bild 18-10). Bewegt sich ein Beobachter B mit der Geschwindigkeit v_B auf die Quelle Q zu (B_1) bzw. von ihr weg (B_2), so registriert der Beobachter eine Geschwindigkeit $c_s \pm v_B$ der auf ihn zukommenden Wellenberge und demzufolge gemäß (18.1-3) eine erhöhte (erniedrigte) Frequenz ν_B

$$\nu_B = \frac{c_s \pm v_B}{\lambda} = \nu_Q\left(1 \pm \frac{v_B}{c_s}\right)\ . \qquad (18.3\text{-}1)$$

Tabelle 18-1: Schallgeschwindigkeit.

Stoff	c_l in ms^{-1}	Stoff		c_l in ms^{-1}
Feste Stoffe (20^0 C):		*Flüssigkeiten* (20^0 C):		
Aluminium	5110	Azeton		1190
Blei	1200	Benzol		1320
Eis (-4^0 C)	3200	Ethylalkohol		1170
Eisen	5180	Glyzerin		1923
Basalt	5080	Methylalkohol		1123
Flintglas	4000	Nitrobenzol		1470
Granit	4000	Paraffinöl		1420
Gummi	54	Petroleum		1320
Hartgummi	1570	Propylalkohol		1220
Holz: Buche	3300	Quecksilber		1421
Eiche	3800	Schwefelkohlenstoff		1158
Tanne	4500	Schweres Wasser		1399
Kronglas	5300	Tetrachlorkohlenstoff		943
Kupfer	3800	Toluol		1308
Marmor	3800	Xylol		1357
Messing	3500	Wasser (dest.)	0^0 C	1403
Paraffin	1300		20^0 C	1483
Porzellan	4880		40^0 C	1529
Quarzglas	5400		60^0 C	1551
Stahl	5100		80^0 C	1555
Ziegel	3650		100^0 C	1543
Zink	3800	Meerwasser		1531
Zinn	2700			
Gase (0^0 C, 101,1 kPa):				
Ammoniak	415	Luft, trocken	-20^0 C	319
Argon	308		0^0 C	332
Azetylen	327		$+20^0$ C	344
Brom	135		$+40^0$ C	355
Chlor	206	Sauerstoff		315
Helium	971	Schwefeldioxid		212
Kohlendioxid	258	Stadtgas		450
Kohlenmonoxid	337	Stickstoff		334
Methan	430	Wasserstoff		1286
Neon	433	Xenon		170

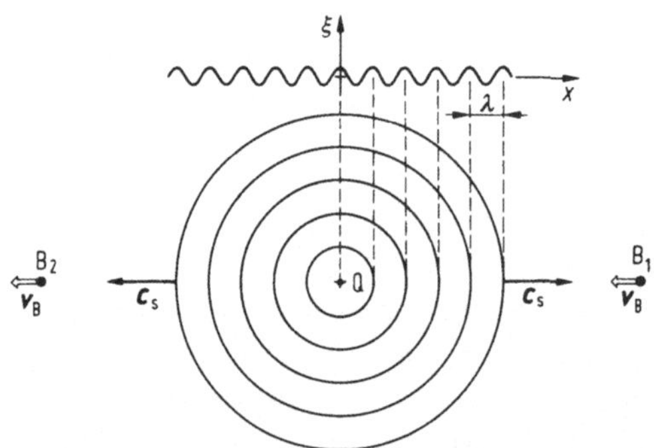

Bild 18-10: Zum Doppler-Effekt bei bewegtem Beobachter.

Doppler-Effekt bei mediengetragenen Wellen: Bewegte Quelle

Bewegt sich bei relativ zum Übertragungsmedium (Luft) ruhendem Beobachter (Bild 18-11) die Schallquelle auf den Beobachter zu (B_1) bzw. weg (B_2), so verkürzen sich vor der Quelle die Wellenlängen (λ_1'), während sie

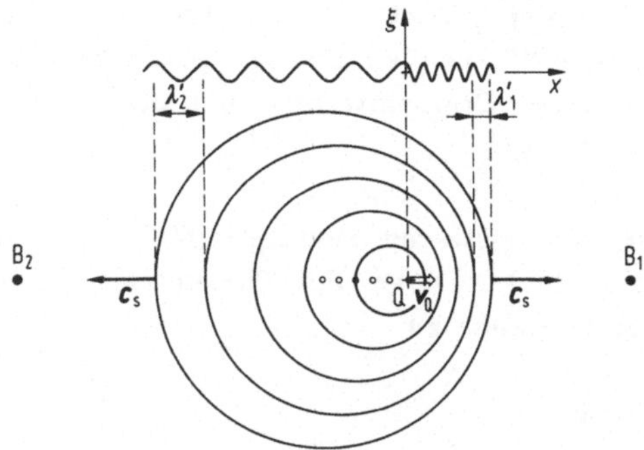

Bild 18-11: Zum Doppler-Effekt bei bewegter Schallquelle.

sich hinter der Quelle verlängern (λ_2'). Ursache dafür ist, daß sich die von der Quelle mit der Frequenz ν_Q erzeugten Wellen nach wie vor im ruhenden Medium mit der Schallgeschwindigkeit c_s ausbreiten, gegenüber der bewegten Quelle jedoch dann eine (je nach Richtung) andere Geschwindigkeit haben. Auf den Beobachter bewegen sich die Wellen mit der Phasengeschwindigkeit c_s zu, der aufgrund der geänderten Wellenlänge $\lambda' = (c_s \mp v_Q)/\nu_Q$ eine erhöhte (erniedrigte) Frequenz registriert:

$$\nu_B = \frac{c_s}{\lambda'} = \frac{\nu_Q}{1 \mp \frac{v_Q}{c_s}} \,. \tag{18.3-2}$$

Bewegt sich die Schallquelle an einem Beobachter vorbei, so schlägt die Frequenz im Moment des Passierens von einem höheren auf einen niedrigeren Wert um.

Der akustische Doppler-Effekt (18.3-1) bzw. (18.3-2) zeigt also bei bewegtem Beobachter ein etwas anderes Ergebnis als bei bewegter Quelle. Bewegen sich sowohl die Schallquelle als auch der Beobachter, so gilt

$$\boxed{\nu_B = \nu_Q \frac{c_s \pm v_B}{c_s \mp v_Q}} \,. \tag{18.3-3}$$

Das jeweils obere Vorzeichen von v_B bzw. v_Q gilt für eine Bewegung in Richtung auf die Quelle bzw. auf den Beobachter zu, das jeweils untere Vorzeichen für eine Bewegung von der Quelle bzw. vom Beobachter weg.

Doppler-Effekt bei elektromagnetischen Wellen (Licht)

Aus dem Prinzip der Konstanz der Vakuumlichtgeschwindigkeit c_0 in zueinander bewegten Inertialsystemen (siehe 2.3.2) folgt, daß für die Lichtausbreitung kein Übertragungsmedium wie bei der Schallausbreitung existiert. Dann sollte der Doppler-Effekt allein von der Relativgeschwindigkeit v_r zwischen Lichtquelle und Beobachter abhängen. Tatsächlich ergibt sich für den *relativistischen Doppler-Effekt* (ohne Ableitung)

$$\boxed{\nu_B = \nu_0 \sqrt{\frac{c_0 \pm v_r}{c_0 \mp v_r}}} \,. \tag{18.3-4}$$

Der relativistische Doppler-Effekt wird als Rotverschiebung der Spektrallinien von sich schnell entfernenden Sternen beobachtet (untere Vorzeichen), bei umeinander rotierenden Doppelsternen auch als periodisch abwechselnde Rot- und Blauverschiebung.

Für $v_r \ll c_0$ geht der relativistische Doppler-Effekt (18.3-4) in den klassischen Doppler-Effekt (18.3-3) über. Für diesen Fall ergibt sich die *Doppler-Verschiebung* der Frequenz zu

$$\boxed{\frac{\Delta\nu}{\nu_Q} \approx \frac{v_r}{c}} \quad \text{für} \quad v_r \ll c\,. \tag{18.3-5}$$

Anwendung: Geschwindigkeitsmessung an Licht- oder Radiowellen-emittierenden Sternen oder Satelliten; Radar-Geschwindigkeitsmessung durch Reflexion an bewegten Körpern.

Kopfwellen, Mach-Kegel

Nähert sich die Geschwindigkeit v_Q einer Schallquelle (z.B. ein Flugzeug) der Schallgeschwindigkeit c_s, so überlagern sich alle bereits emittierten Wellenberge in Vorwärtsrichtung direkt an der Schallquelle (Bild 18-12a) und erzeugen sehr hohe Druckamplituden und -gradienten. Nach Durchstoßen dieser sogenannten "Schallmauer" fliegt die Quelle mit *Überschallgeschwindigkeit* $v_Q < c_s$ und erzeugt ein Wellenfeld gemäß Bild 18-12b: Die nacheinander ausgelösten Kugelwellenberge durchdringen einander und überlagern sich zu einer kegelförmigen *Kopfwelle* (*Schockwelle*, *Mach-Kegel*), in deren Spitze sich die Schallquelle bewegt.

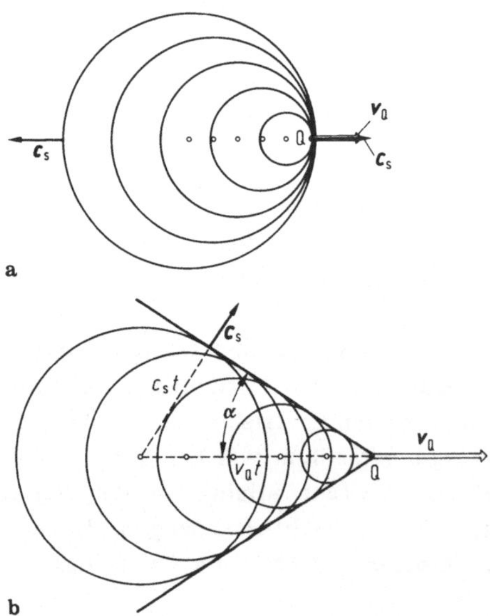

Bild 18-12: Wellenfelder einer bewegten Schallquelle bei **a** $v_Q \approx c_s$ und **b** $v_Q > c_s$.

Die Quelle muß dazu gar keine Schallwellen in üblicher Weise aussenden. Die durch die Bewegung des Körpers in Luft erzeugte Druckstörung breitet sich ebenfalls in der beschriebenen Weise aus und ist dann an der Erdoberfläche als Überschallknall zu hören.
Der Öffnungswinkel α des Mach-Kegels (Bild 18-12b) wird durch das Verhältnis von Schall- zu Quellengeschwindigkeit bestimmt:

$$\sin\alpha = \frac{c_s}{v_Q} = \frac{1}{Ma} \,. \tag{18.3-6}$$

Die dimensionslose Größe $Ma = v_Q/c_s$ wird als *Mach-Zahl* bezeichnet. Sie hängt nicht nur von der Quellengeschwindigkeit v_Q, sondern wegen (18.2-17) auch von der Temperatur der Luft ab.

Kopfwellen können auch bei elektromagnetischen Wellen erzeugt werden. Schnell bewegte, elektrisch geladene Teilchen strahlen elektromagnetische Wellen ab. In Substanzen mit der optischen Brechzahl $n > 1$ (siehe 21.1) ist die Phasengeschwindigkeit des Lichtes $c_n = c_0/n < c_0$. Geladene Teilchen, die mit Geschwindigkeiten $v > c_n$ in solche Substanzen geschossen werden, erzeugen dann elektromagnetische Kopfwellen: *Cerenkov-Strahlung*. Für den Öffnungswinkel folgt aus (18.3-6)

$$\sin\alpha = \frac{c_0}{n v} \,. \tag{18.3-7}$$

Durch Messung von α kann die Teilchengeschwindigkeit bestimmt werden: Cerenkov-Detektoren.

19 Elektromagnetische Wellen

Zeitveränderliche elektrische und magnetische Felder sind untrennbar miteinander verknüpft, sie erzeugen einander gegenseitig (Bild 14-9): Ein zeitveränderliches elektrisches Feld erzeugt ein magnetisches Feld (Maxwellsches Gesetz 14.4-4), und ein zeitveränderliches magnetisches Feld erzeugt ein elektrisches Feld (Faraday-Henry-Gesetz bzw. Induktionsgesetz 14.4-1). Die Kombination beider Prinzipien legt daher die Existenz elektromagnetischer Wellen nahe (Maxwell 1865): Die zeit*periodische* Änderung eines lokalen elektrischen (oder magnetischen) Feldes erzeugt ein ebenfalls zeitperiodisches, das erzeugende Feld umschlingendes magnetisches (bzw. elektrisches) Feld. Dieses wiederum induziert um sich herum ein weiteres zeitperiodisches elektrisches (bzw. magnetisches) Feld und so fort (Bild 19-1). Der periodische Vorgang breitet sich daher wellenartig im Raum aus und stellt eine elektromagnetische Welle dar. Die experimentelle Bestätigung erfolgte durch Heinrich Hertz (1888).

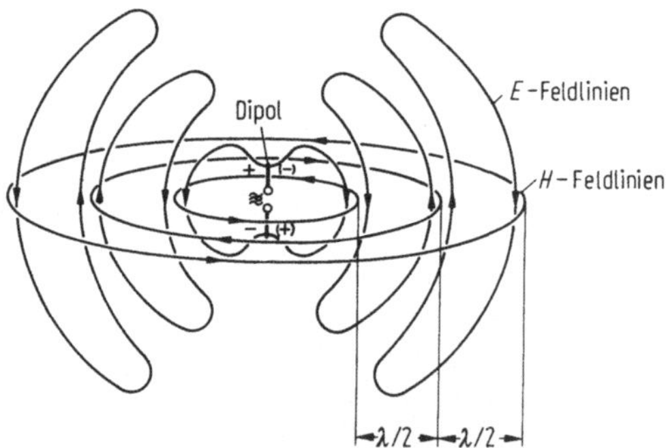

Bild 19-1: Elektrische und magnetische Feldlinien um einen schwingenden elektrischen Dipol.

19.1 Erzeugung und Ausbreitung elektromagnetischer Wellen

Ein zeitperiodisches elektrisches Feld (Wechselfeld) als Quelle einer sich frei ausbreitenden elektromagnetischen Welle kann z.B. durch eine *Dipolantenne* erzeugt werden, in die eine hochfrequente Wechselspannung eingespeist wird (Bild 19-1 u. 19-2). Die Dipolantenne stellt dann einen elektrischen Dipol mit periodisch wechselnder Richtung und Betrag des Dipolmoments (12.9-1) dar. Die erzeugte elektromagnetische Welle ist linear polarisiert, wobei (in der Äquatorebene) die elektrische Feldstärke $\boldsymbol{E}$ parallel zur Dipolachse orientiert ist und die magnetische Feldstärke senkrecht zu $\boldsymbol{E}$ und zur Ausbreitungsrichtung $\boldsymbol{c}$ (Bild 19-2). Der Nachweis kann wiederum mit einer Dipolantenne erfolgen, an die ein Meßinstrument (oder im Demonstrationsexperiment eine Glühlampe) angeschlossen ist. Die Lampe leuchtet maximal, wenn der Empfangsdipol parallel zum Sendedipol und damit parallel zum elektrischen Feldstärkevektor ausgerichtet ist (Nachweis der Polarisation). Ein magnetischer Empfangsdipol muß dagegen senkrecht dazu, d.h. parallel zum magnetischen Feldstärkevektor orientiert werden (Bild 19-2).

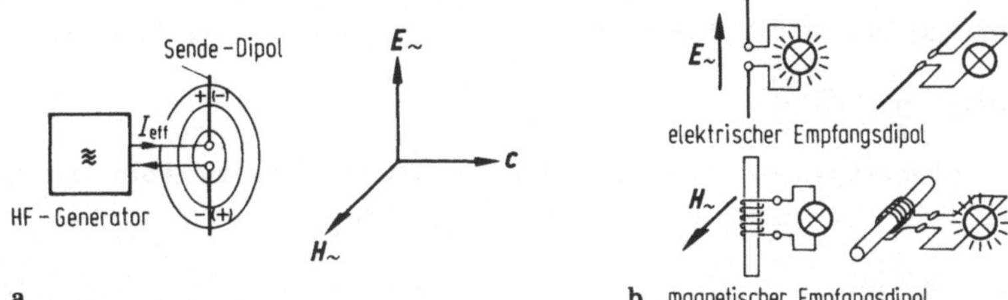

Bild 19-2: **a** Abstrahlung polarisierter elektromagnetischer Wellen durch einen elektrischen Sende-Dipol. **b** Nachweis durch einen elektrischen oder magnetischen Empfangs-Dipol mit Glühlampe. Der elektrische Dipol muß parallel zum elektrischen Feldstärkevektor, der magnetische Dipol parallel zum magnetischen Feldstärkevektor ausgerichtet sein.

Aus diesen Beobachtungen folgt:

> Bei elektromagnetischen Wellen stehen elektrischer und magnetischer Feldstärkevektor senkrecht aufeinander und auf der Ausbreitungsrichtung: Elektromagnetische Wellen sind *Transversalwellen.*

Eine Dipolantenne erzeugt elektromagnetische Kugelwellen, bei denen in unmittelbarer Dipolnähe (*Nahfeld*: $l \ll r \ll \lambda$) ein Gangunterschied von $\lambda/4$ (Phasendifferenz $\pi/2$) zwischen elektrischem und magnetischem Feld besteht, wie es für die quasistationäre elektrische Schwingung im Dipol anschaulich zu erwarten ist (hier macht sich die endliche Ausbreitungsgeschwindigkeit der Welle noch nicht bemerkbar). Im *Fernfeld* ($r \gg \lambda$) schwingen dagegen elektrisches und magnetisches Feld gleichphasig. In sehr großer Entfernung r kann die Kugelwelle näherungsweise als ebene Welle betrachtet werden (Bild 19-3).

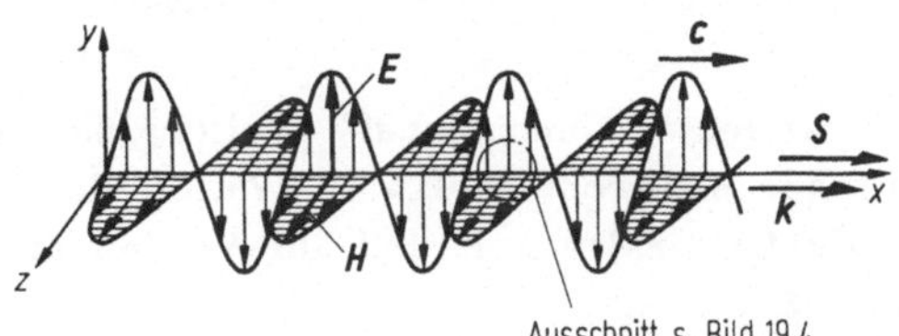

Bild 19-3: Linear polarisierte elektromagnetische Welle, die sich in x-Richtung ausbreitet.

Wellengleichung elektromagnetischer Wellen

Einen Ausschnitt der Feldverteilung in einer elektromagnetischen Welle (Bild 19-3) zeigt Bild 19-4. Im nichtleitenden freien Raum ist die Stromdichte $J = 0$. Die Anwendung des Faraday-Henry-Gesetzes (Induktionsgesetz 14.4-1)

$$\oint \boldsymbol{E} \mathrm{d}\boldsymbol{s} = -\frac{\mathrm{d}}{\mathrm{d}t} \int \boldsymbol{B} \mathrm{d}\boldsymbol{A} \tag{19.1-1}$$

auf einen geschlossenen Weg c_1 in der x-y-Ebene mit den Abmessungen dx und dy (Fläche dA = dxdy) liefert mit $\boldsymbol{B} = \mu \boldsymbol{H}$ (14.5-7)

$$\frac{\partial E_y}{\partial x} = -\mu \frac{\partial H_z}{\partial t} . \tag{19.1-2}$$

Entsprechend liefert die Anwendung des Maxwellschen Gesetzes (14.4-4)

$$\oint \boldsymbol{H} \mathrm{d}\boldsymbol{s} = \frac{\mathrm{d}}{\mathrm{d}t} \int \boldsymbol{D} \mathrm{d}\boldsymbol{A} \tag{19.1-3}$$

auf einen geschlossenen Weg c_2 in der x-z-Ebene mit den Abmessungen dx und dz (Fläche dA = dxdz) und mit $\boldsymbol{D} = \varepsilon \boldsymbol{E}$ (14.5-6)

$$\frac{\partial H_z}{\partial x} = -\varepsilon \frac{\partial E_y}{\partial t} . \tag{19.1-4}$$

Partielle Differentiation von (19.1-2) nach x und von (19.1-4) nach t und Eliminierung von $\partial^2 H_z / \partial x \partial t$ ergibt

$$\frac{\partial^2 E_y}{\partial x^2} - \varepsilon\mu \frac{\partial^2 E_y}{\partial t^2} = 0 . \tag{19.1-5}$$

Entsprechend ergibt die partielle Differentiation von (19.1-2) nach t und von (19.1-4) nach x und Eliminierung von $\partial^2 E_y / \partial x \partial t$

$$\frac{\partial^2 H_z}{\partial x^2} - \varepsilon\mu \frac{\partial^2 H_z}{\partial t^2} = 0 . \tag{19.1-6}$$

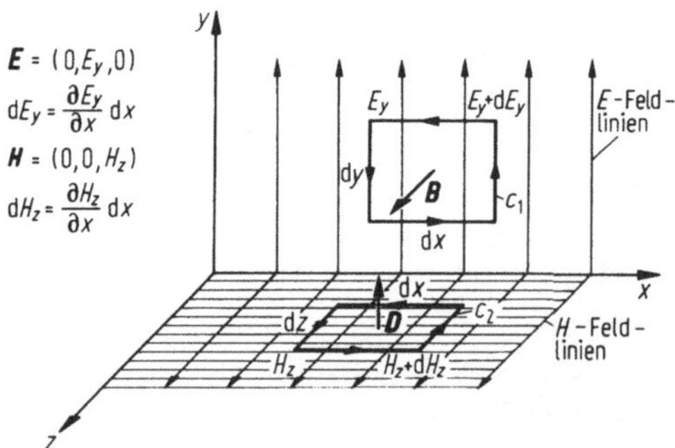

Bild 19-4: Zur Herleitung der Wellengleichung elektromagnetischer Wellen.

(19.1-5) und (19.1-6) stellen eindimensionale Wellengleichungen für sich in x-Richtung ausbreitende elektromagnetische Wellen dar. Die Verallgemeinerung auf den dreidimensionalen Fall und auf Wellen mit beliebiger Polarisationsrichtung lautet

$$\boxed{\Delta \boldsymbol{E} - \frac{1}{c^2} \frac{\partial^2 \boldsymbol{E}}{\partial t^2} = 0} , \qquad \boxed{\Delta \boldsymbol{H} - \frac{1}{c^2} \frac{\partial^2 \boldsymbol{H}}{\partial t^2} = 0} . \tag{19.1-7}$$

Hierin ist c die *Phasengeschwindigkeit* der elektromagnetischen Wellen, für die sich aus dem Vergleich mit (19.1-5) und (19.1-6) ergibt:

$$\boxed{c = \frac{1}{\sqrt{\varepsilon\mu}} = \frac{1}{\sqrt{\varepsilon_r\mu_r\varepsilon_0\mu_0}}} \quad . \tag{19.1-8}$$

Im Vakuum ist $\varepsilon_r = \mu_r = 1$. Mit $\varepsilon_0 = 8{,}854...\cdot 10^{-12}\,\mathrm{AsV^{-1}m^{-1}}$ und $\mu_0 = 1{,}2566...\cdot 10^{-6}\,\mathrm{VsA^{-1}m^{-1}}$ folgt daraus die *Phasengeschwindigkeit elektromagnetischer Wellen im Vakuum*:

$$\boxed{c_0 = \frac{1}{\sqrt{\varepsilon_0\mu_0}} = 2{,}998\cdot 10^8\ \mathrm{ms^{-1}}} \quad . \tag{19.1-9}$$

Der Wert von c_0 ist identisch mit der *Vakuumlichtgeschwindigkeit* (1.3-1) und unabhängig von der Frequenz bzw. der Wellenlänge (d.h. keine Dispersion). Daher liegt die Annahme nahe, die von Maxwell in seiner elektromagnetischen Lichttheorie aufgestellt wurde:

Licht ist eine *elektromagnetische Welle.*

Die Annahme wird bestätigt durch zahlreiche Experimente (z.T. bereits von Hertz durchgeführt), die dieselben Eigenschaften elektromagnetischer Wellen zeigen, wie sie für Licht von der Optik her bekannt sind, insbesondere:
Reflexion an Metallflächen; stehende elektromagnetische Wellen im Raum vor der reflektierenden Fläche; Bündelung durch metallische Hohlspiegel.
Brechung an großen Prismen (Abmessungen » λ) aus dielektrischem Material (Pech (Heinrich Hertz), Paraffin); Fokussierung durch Paraffin-Linsen (vgl. 21.1).
Lineare *Polarisation* und Transversalität der von Dipolen abgestrahlten elektromagnetischen Wellen: Nachweis durch "Polarisationsfilter" (vgl. 21.2), hier aus Metallstab-Gittern mit Stab-Abständen « λ, die für elektromagnetische Wellen undurchlässig sind, wenn die Gitterstäbe parallel zum Feldstärkevektor $\boldsymbol{E}$ orientiert sind (Kurzschluß des elektrischen Feldes durch leitende Stäbe), und durchlässig bei senkrechter Orientierung (Gitterstäbe ohne leitende Verbindung miteinander).
Beugung elektromagnetischer Wellen an Doppel- und Mehrfachspalten in Metallschirmen (siehe 23).

Die ebene elektromagnetische Welle im Fernfeld eines Dipols (Bild 19-3) läßt sich beschreiben durch

$$\begin{aligned} E_y &= \hat{E}\sin(kr-\omega t+\varphi_0) \\ H_z &= \hat{H}\sin(kr-\omega t+\varphi_0)\ , \end{aligned} \tag{19.1-10}$$

wobei die Amplituden $\hat{E}$ und $\hat{H}$ eine gegenseitige Abhängigkeit zeigen, die sich aus der Kopplung zwischen $\boldsymbol{E}$- und $\boldsymbol{H}$-Feld gemäß (19.1-2) und (19.1-4) ergibt. Einsetzen von E_y und H_z liefert mit (19.1-8) den Zusammenhang

$$\hat{E} = \sqrt{\frac{\mu}{\varepsilon}}\,\hat{H} = Z_F\hat{H}\ . \tag{19.1-11}$$

Hierin hat Z_F die Dimension eines elektrischen Widerstandes und heißt der *Feldwellenwiderstand*:

$$Z_F = \sqrt{\frac{\mu}{\varepsilon}} . \qquad (19.1\text{-}12)$$

Der Feldwellenwiderstand des Vakuums ist

$$Z_0 = \sqrt{\frac{\mu_0}{\varepsilon_0}} = 376{,}7\ldots\ \Omega . \qquad (19.1\text{-}13)$$

Wegen der Gleichphasigkeit von $\boldsymbol{E}$ und $\boldsymbol{H}$ im Fernfeld gilt (19.1-10) auch für jeden Betrag der Feldstärken:

$$E = Z_F H \quad \text{(Fernfeld)} . \qquad (19.1\text{-}14)$$

Energiestromdichte, Strahlungscharakteristik

Die Energiedichte des elektromagnetischen Wellenfeldes w setzt sich aus der Energiedichte w_e des elektrischen Feldes (12.8-11) und der Energiedichte w_m des magnetischen Feldes (14.3-4) zusammen:

$$w = w_e + w_m = \frac{1}{2}\varepsilon E^2 + \frac{1}{2}\mu H^2 . \qquad (19.1\text{-}15)$$

Wegen der Kopplung (19.1-12) und (19.1-14) zwischen $\boldsymbol{E}$- und $\boldsymbol{H}$-Feld bei der elektromagnetischen Welle sind die Energiedichten w_e und w_m gleich und damit

$$w = \varepsilon E^2 = \mu H^2 = \frac{EH}{c} . \qquad (19.1\text{-}16)$$

Die *Energiestromdichte* oder *Strahlungsintensität* einer elektromagnetischen Welle ergibt sich analog (18.1-5) aus Energiedichte w und Ausbreitungsgeschwindigkeit c zu

$$S = wc = EH , \qquad (19.1\text{-}17)$$

oder vektoriell geschrieben als sog. *Poynting-Vektor*

$$\boxed{\boldsymbol{S} = w\boldsymbol{c} = \boldsymbol{E} \times \boldsymbol{H}} . \qquad (19.1\text{-}18)$$

SI-Einheit: $[\boldsymbol{S}] = \mathrm{W\,m^{-2}}$.

Der Poynting-Vektor gibt Betrag und Richtung der elektromagnetischen Feldenergie an, die 1 $\mathrm{m^2}$ Fläche in 1 s senkrecht durchströmt. Betrachtet man eine geschlossene Oberfläche A, die ein Volumen V umschließt, so läßt sich der *Energieerhaltungssatz in elektromagnetischen Feldern* in folgender Weise formulieren:

$$\boxed{-\frac{\partial}{\partial t}\int_V w\,\mathrm{d}V = \int_V p_V\,\mathrm{d}V + \oint_A \boldsymbol{S}\,\mathrm{d}\boldsymbol{A}} . \qquad (19.1\text{-}19)$$

p_V ist die räumliche Dichte der Jouleschen Leistung im Volumen V.

Satz von Poynting:

> Die zeitliche Abnahme der Gesamtenergie eines elektromagnetischen Feldes ist gleich der pro Zeiteinheit im Volumen erzeugten Joulesche Wärme und der durch die Oberfläche abgestrahlten Strahlungsleistung.

Anmerkung: Der Poynting-Vektor ist für sich genommen nicht eindeutig hinsichtlich der Energieströmung, da z.B. auch gekreuzte ***statische*** $\boldsymbol{E}$- und $\boldsymbol{H}$-Felder einen Beitrag zu $\boldsymbol{S}$ liefern, aber natürlich keine Energieströmung bedeuten. Erst die Betrachtung des geschlossenen Oberflächenintegrals in (19.1-20) liefert im statischen Fall als eindeutige Aussage die Gesamtausstrahlung 0, da die geschlossenen Magnetfeldlinien gleichgroße Beiträge entgegengesetzten Vorzeichens zu $\oint \boldsymbol{S}\,\mathrm{d}\boldsymbol{A}$ ergeben.

Die Hertzsche Theorie ergibt für die Strahlungsintensität eines kurzen Dipols ($l \ll \lambda$, Hertzscher Oszillator) mit dem maximalen Dipolmoment $\hat{p}$ die *Dipolcharakteristik*

$$S = \frac{\hat{p}^2 \omega^4}{32\pi^2 \varepsilon_0 c_0^3} \cdot \frac{\sin^2\vartheta}{r^2} . \qquad (19.1\text{-}20)$$

ϑ ist der Winkel zur Dipolachse. Maximale Intensität wird demnach in der Äquatorebene abgestrahlt, in Richtung der Dipolachse ist hingegen die Intensität null (Bild 19-5).

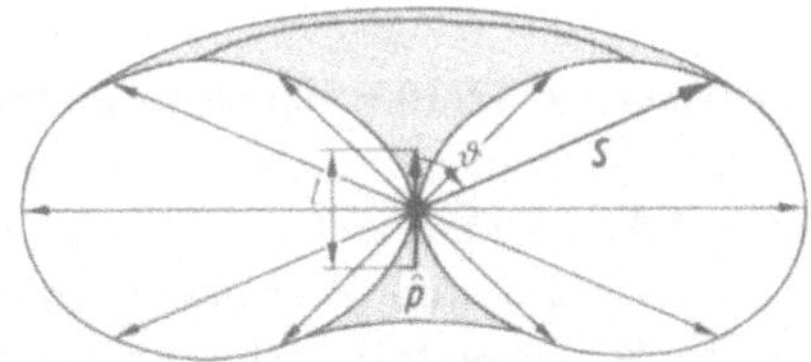

Bild 19-5: Schnitt durch die Strahlungsintensitäts-Charakteristik eines Hertzschen Dipols (rotationssymmetrisch um die Dipol-Achse).

Die *Gesamtausstrahlung* Φ *des Hertzschen Dipols* (Strahlungsleistung) erhält man aus (19.1-20) durch Integration über eine den Dipol einschließende geschlossene Oberfläche zu

$$\Phi = \frac{\hat{p}^2 \omega^4}{12\pi \varepsilon_0 c_0^3} . \qquad (19.1\text{-}21)$$

Mit der effektiven Ladung $q(t)$ an den Enden des Dipols der Länge l beträgt das Dipolmoment des periodisch erregten Dipols nach (12.9-1) $p = q(t)\, l = \hat{p} \sin \omega t$ und daraus der im Dipol fließende Strom

$$I = \frac{\mathrm{d}q}{\mathrm{d}t} = \frac{1}{l}\frac{\mathrm{d}p}{\mathrm{d}t} = \frac{\omega \hat{p}}{l} \cos \omega t , \qquad (19.1\text{-}22)$$

bzw. der Effektivwert des Stromes (15.3-10)

$$I = \frac{\omega \hat{p}}{\sqrt{2}\, l} . \qquad (19.1\text{-}23)$$

Dem Antennenstromkreis geht Energie in Form der abgestrahlten elektromagnetischen Wellen verloren. Die Strahlungsleistung Φ der Antenne (19.1-21) ist gleich der durch die Abstrahlung bedingten elektrischen Verlustleistung P der Antenne, die durch die eingespeiste effektive Stromstärke I wie bei den Wechselstromkreisen (siehe 15.3) ausgedrückt werden kann:

$$\Phi = P = R_{\mathrm{rd}} I^2 . \qquad (19.1\text{-}24)$$

R_{rd} wird Strahlungswiderstand der Antenne genannt und hat die Dimension eines ohmschen Widerstandes.
Einsetzen von (19.1-9), (19.1-13), (19.1-21) und (19.3-23) in (19.1-24) ergibt für den *Strahlungswiderstand eines Hertzschen Dipols*

$$R_{rd} = \frac{2\pi}{3}\sqrt{\frac{\mu_0}{\varepsilon_0}}\left(\frac{l}{\lambda}\right)^2 = \frac{2\pi}{3} Z_0 \left(\frac{l}{\lambda}\right)^2 \approx 789\left(\frac{l}{\lambda}\right)^2 \Omega \quad \text{für} \quad l \ll \lambda . \tag{19.1-25}$$

Der Strahlungswiderstand einer auf leitender Erde stehenden (halben) Dipolantenne ist doppelt so groß, da nur das halbe Wellenfeld (Erdoberfläche wirkt als Spiegelebene) und damit die halbe Energie ausgestrahlt wird.

Bei technischen Wechselstromfrequenzen ist $\lambda \ggg l$ und demzufolge R_{rd} gegenüber dem ohmschen Leitungswiderstand R zu vernachlässigen. Die Abstrahlung steigt jedoch mit steigender Frequenz ν (sinkende Wellenlänge λ) stark an (19.1-21). Der Strahlungswiderstand erreicht ein Maximum bei $l = \lambda/2$ (Standardform der Antenne) und beträgt $R_{rd} \approx 70\ \Omega$ für den $\lambda/2$-Dipol ((19.1-25) ist dann nicht mehr gültig).

Abstrahlung elektromagnetischer Wellen durch beschleunigte Ladungen
Das Dipolmoment des schwingenden Hertzschen Dipols $p(t) = \hat{p}\sin\omega t$ wurde bei konstanter Dipollänge l durch eine zeitperiodische Ladung $q(t)$ gebildet, die vom eingespeisten, hochfrequenten Wechselstrom erzeugt wurde. Derselbe Sachverhalt kann auch dargestellt werden durch eine schwingende konstante Ladung q mit zeitperiodisch veränderlicher Dipollänge $l = \hat{l}\sin\omega t$:

$$p(t) = q\,l(t) = q\,\hat{l}\sin\omega t . \tag{19.1-26}$$

Zweifache zeitliche Ableitung ergibt einen Zusammenhang zwischen dem Dipolmoment p und der Beschleunigung $a = \ddot{l}$ der Ladung, für die Maximalwerte geschrieben:

$$\hat{p}^2\omega^4 = q^2\hat{a}^2 . \tag{19.1-27}$$

Wird dies in (19.1-20) und (19.1-21) eingeführt unter Verwendung des quadratischen Mittelwertes der Beschleunigung $\overline{a^2} = \hat{a}^2/2$, so erhalten wir für die *Strahlungscharakteristik einer beschleunigten Ladung q*

$$S = \frac{q^2\,\overline{a^2}}{16\pi^2\varepsilon_0 c_0^3}\,\frac{\sin^2\vartheta}{r^2} , \tag{19.1-28}$$

wobei ϑ der Winkel zwischen dem Poynting-Vektor $\boldsymbol{S}$ und der Beschleunigung $\boldsymbol{a}$ ist. Für die *Gesamtausstrahlung einer beschleunigten Ladung q* folgt entsprechend die *Larmorsche Formel*

$$\Phi = \frac{q^2\,\overline{a^2}}{6\pi\varepsilon_0 c_0^3} . \tag{19.1-29}$$

(19.1-28) und (19.1-29) gelten nicht nur für den betrachteten Fall der schwingenden Ladung, sondern generell für eine mit $\boldsymbol{a}$ beschleunigte Ladung:

Eine beschleunigte Ladung strahlt elektromagnetische Energie ab.

Die Strahlungscharakteristik entspricht (im nichtrelativistischen Fall) derjenigen eines Dipols (19.1-28) mit der Achse in Beschleunigungsrichtung. Die beschleunigte Ladung strahlt also vorwiegend senkrecht zur Beschleunigungsrichtung.

Leitungsgeführte elektromagnetische Wellen

Bei Frequenzen $\nu \geq 100\,\mathrm{MHz} = 10^8\,\mathrm{s}^{-1}$ (UKW- und Fernseh-Frequenzen) wird die Wellenlänge elektromagnetischer Wellen $\lambda \leq 3\,\mathrm{m}$. Für Leitungslängen dieser Größenordnung kann daher die endliche Ausbreitungsgeschwindigkeit elektromagnetischer Wellen nicht mehr vernachlässigt werden. Es werde eine *Doppelleitung* (*Lecher-System*) betrachtet, die keine ohmschen Leitungsverluste habe (ideale Doppelleitung). Dann wird das elektromagnetische Verhalten durch die Induktivität L' je Längeneinheit der Doppelleitung und durch die Kapazität C' zwischen den Leitern je Längeneinheit bestimmt (Bild 19-6).

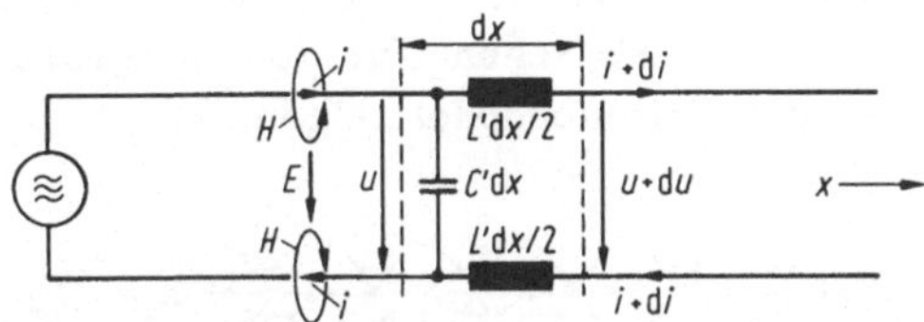

Bild 19-6: Doppelleitung (Lecher-System) mit Ersatzschaltbild für die Länge d*x*.

Beträgt der Abstand der beiden Leiter *d* und der Drahtradius *r*, so erhält man für Induktivität und Kapazität je Längeneinheit (ohne Ableitung)

$$L' = \frac{\mu}{\pi}\ln\frac{d}{r}\,, \qquad C' = \frac{\pi\varepsilon}{\ln\frac{d}{r}}\,. \tag{19.1-30}$$

Für einen differentiell kleinen Leitungsabschnitt der Länge dx ist eine quasistatische Betrachtung möglich, und die Kirchhoffschen Sätze (15.2-2) und (15.2-6) sind auf die Momentanwerte von Strömen und Spannung anwendbar. Die in einem Ersatzschaltbild (Bild 19-6) zu berücksichtigenden Induktivitäten und Kapazitäten betragen $\mathrm{d}L = L'\,\mathrm{d}x$, $\mathrm{d}C = C'\,\mathrm{d}x$. Die Anwendung der Kirchhoffschen Sätze auf das Ersatzschaltbild liefert

$$\frac{\partial u}{\partial x} + L'\frac{\partial i}{\partial t} = 0\,, \qquad \frac{\partial i}{\partial x} + C'\frac{\partial u}{\partial t} = 0\,. \tag{19.1-31}$$

Durch partielle Differentiation nach x bzw. t und Eliminierung des jeweiligen gemischten Differentialquotienten ergibt sich die *Wellengleichung für Leitungswellen*

$$\boxed{\frac{\partial^2 i}{\partial x^2} - L'C'\frac{\partial^2 i}{\partial t^2} = 0\,, \quad \frac{\partial^2 u}{\partial x^2} - L'C'\frac{\partial^2 u}{\partial t^2} = 0}\,. \tag{19.1-32}$$

Für die *Phasengeschwindigkeit* c_L *der Leitungswellen* erhält man durch Vergleich mit (19.1-7) sowie nach Einsetzen von (19.1-30)

$$\boxed{c_L = \frac{1}{\sqrt{L'C'}} = \frac{1}{\sqrt{\varepsilon\mu}} = c} \quad , \tag{19.1-33}$$

die sich damit als identisch erweist mit der Phasengeschwindigkeit freier elektromagnetischer Wellen.

Elektromagnetische Wellen breiten sich daher auf Leitungen ähnlich aus wie elastische Wellen auf Seilen, Drähten oder Stäben. Insbesondere werden sie an den Enden der Leitung reflektiert und bilden stehende Wellen (vgl. 18.1). Bei offenem Ende der Doppelleitung wird die Spannungswelle ohne Phasensprung reflektiert, d.h. am Leitungsende liegt ein Spannungsbauch und ein Stromknoten, da hier ständig $i = 0$ sein muß (Bild 19-7a). Bei kurzgeschlossenem Ende der Doppelleitung wird die Spannungswelle mit einem Phasensprung von π reflektiert, da durch den Kurzschluß ein Spannungsknoten erzwungen wird. Die Stromwelle zeigt einen Strombauch (Bild 19-7b). In beiden Fällen besteht zwischen Spannungsbäuchen und Strombäuchen eine Phasendifferenz von $\pi/2$ (Wegdifferenz $\lambda/4$). Dies läßt sich experimentell durch einen elektrischen (für Spannungsbäuche) oder magnetischen Nachweisdipol (für Strombäuche) zeigen.

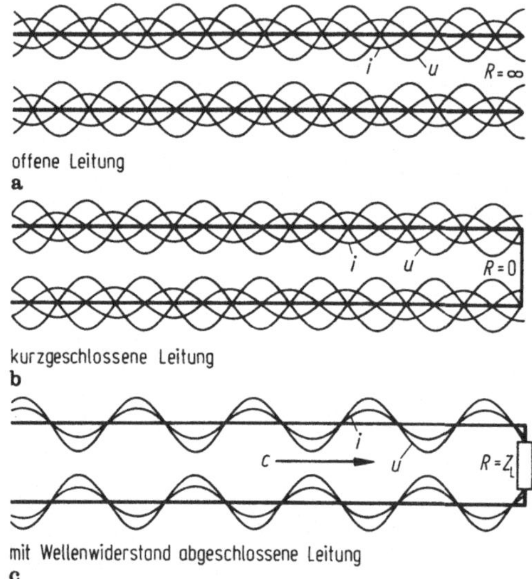

Bild 19-7: Stehende und laufende Wellen auf der Doppelleitung (Lecher-System).

Spannung und Strom einer in $+x$-Richtung laufenden Welle auf der idealen Doppelleitung sind darstellbar durch

$$\begin{aligned} u &= \hat{u} \sin(kx - \omega t + \varphi_u) \; , \\ i &= \hat{i} \sin(kx - \omega t + \varphi_i) \; , \end{aligned} \tag{19.1-34}$$

wobei die Kopplung zwischen u und i durch (19.1-31) $\varphi_u = \varphi_i$ erzwingt. Mit

(19.1-33) folgt der *Wellenwiderstand der Doppelleitung*

$$Z_L = \frac{\hat{U}}{\hat{I}} = \frac{U}{I} = \sqrt{\frac{L'}{C'}} . \qquad (19.1\text{-}35)$$

Wird diese Bedingung, die auch für unsymmetrische Doppelleitungen (z.B. Koaxialkabel) gilt, auch am Leitungsende eingehalten durch Abschluß mit einem Ohmschen Widerstand R von der Größe des Wellenwiderstandes (Bild 19-8 c), so wird die Welle vollständig vom Abschlußwiderstand absorbiert und nicht reflektiert (wichtig u. a. bei Antennenleitungen). Mit (19.1-30) folgt für die symmetrische Doppelleitung

$$Z_L = \frac{1}{\pi} \ln\left(\frac{d}{r}\right) \sqrt{\frac{\mu}{\varepsilon}} , \quad \text{im Vakuum:} \quad Z_{L0} \approx 120 \ln\left(\frac{d}{r}\right) \Omega . \qquad (19.1\text{-}36)$$

19.2 Elektromagnetisches Spektrum

Nach (19.1-29) werden elektromagnetische Wellen bei allen Vorgängen erzeugt, bei denen elektrische Ladungen beschleunigt (oder abgebremst) werden. Der elektrische Feldstärkevektor schwingt dabei wie bei der Dipolcharakteristik in der durch die Ausbreitungsrichtung $\boldsymbol{k}$ und den Beschleunigungsvektor $\boldsymbol{a}$ definierten Ebene senkrecht zum Wellenvektor $\boldsymbol{k}$. Beispiele für die Erzeugung kurzwelliger elektromagnetischer Strahlung durch beschleunigte oder abgebremste elektrische Ladungen sind:

Wärmestrahlung

Die Wärmebewegung in Materie bedeutet, daß die Bestandteile der Atome, Elektronen und Ionen mit einer Vielzahl von Frequenzen schwingen (vgl. 5.6.2, N gekoppelte Oszillatoren), d.h. periodisch beschleunigt werden und damit elektromagnetische Wellen ausstrahlen, die wir als Wärmestrahlung (*Ultrarot-* oder *Infrarotstrahlung*) registrieren. Bei hohen Temperaturen treten höhere Frequenzen auf, die Materie "glüht", d.h. das Spektrum der erzeugten elektromagnetischen Strahlung reicht bis in das Gebiet der sichtbaren *Lichtstrahlung*, bei sehr hohen Temperaturen (Lichtbogen, Sonnenoberfläche) darüberhinaus in den Bereich der *Ultraviolettstrahlung*. Da die Beschleunigungsrichtungen bei der Wärmebewegung statistisch verteilt sind, ist die Wärmestrahlung unpolarisiert.

Röntgenbremsstrahlung

Schnelle geladene Teilchen, etwa Elektronen, die in einem elektrischen Feld auf eine Energie von z. B. 10 keV beschleunigt wurden, haben dann nach (12.5-5) eine Geschwindigkeit von $v \approx 6 \cdot 10^7\,\mathrm{m\,s^{-1}}$. Treffen sie dann auf einen Festkörper, wie die Anode einer Röntgenröhre (Bild 19-8), so werden sie innerhalb einer Strecke von 10 ... 100 nm auf die Driftgeschwindigkeit von Leitungselektronen ((12.6-6), ca. $1\,\mathrm{mm\,s^{-1}}$) abgebremst. Der weit überwiegende Teil der Teilchenenergie wird dabei in Wärmeenergie des Festkörpers umgewandelt. Ein kleiner Teil der Energie geht jedoch in eine elektromagnetische Strahlung über: *Röntgenbremsstrahlung* (Röntgen 1895). Diese Strah-

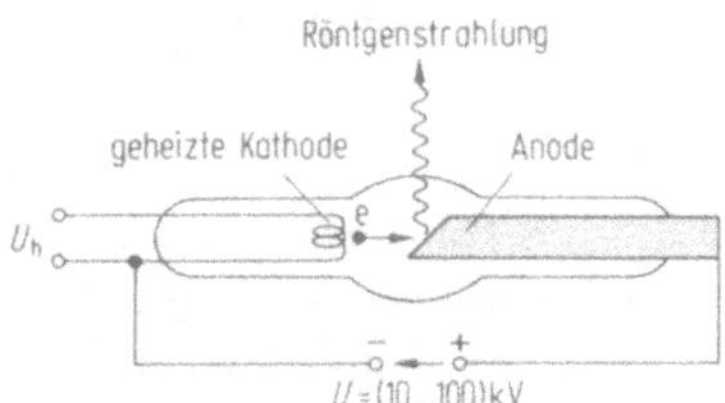

Bild 19-8: Röntgen-Röhre.

lung, deren Wellencharakter erst später durch Interferenzexperimente an Kristallen nachgewiesen wurde (v. Laue 1912), ist sehr durchdringend (Anwendung: Röntgen-Durchleuchtung).

Da es sich bei der Teilchenabbremsung nicht um periodische, sondern um pulsartige Vorgänge handelt, ist das Frequenzspektrum der Röntgenbremsstrahlung nicht diskret, sondern zeigt nach dem Fourier-Theorem (vgl. 5.5.2) eine breite, kontinuierliche Verteilung (Bild 19-9).

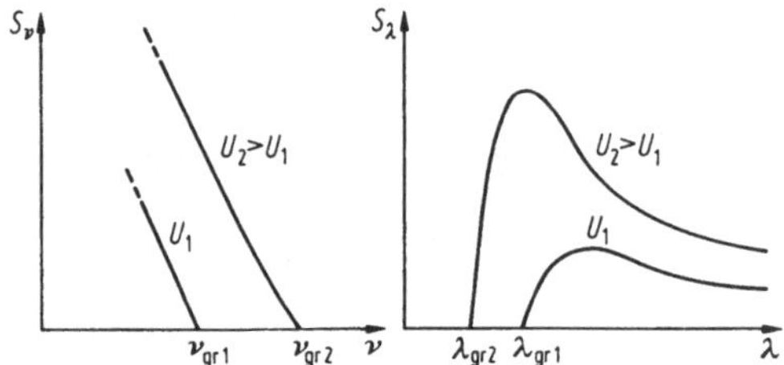

Bild 19-9: **a** Frequenz- und **b** Wellenlängenspektrum der Röntgenbremsstrahlung.

Die Spektren zeigen eine von der Beschleunigungsspannung U abhängige obere Grenzfrequenz ν_{gr} bzw. eine untere Grenzwellenlänge λ_{gr} (Bild 19-9). Die Erklärung hierfür ergibt sich aus der schon u.a. bei der Photoleitung (16.4) und bei der Photoemission (16.7.1) verwendeten Lichtquantenhypothese (20.3). Hiernach tritt auch die Röntgenbremsstrahlung in Form von Lichtquanten oder Photonen der Energie $E = h\nu$ (16.7-8) auf, hier auch *Röntgenquanten* genannt, die durch Einzelprozesse bei der Abbremsung eines Elektrons entstehen. Die höchste Quantenenergie, die auf diese Weise entstehen kann, ergibt sich bei vollständiger Umwandlung der Elektronenenergie eU in ein einziges Röntgenquant:

$$\boxed{eU = h\nu_{gr}} \, . \qquad (19.2\text{-}1)$$

Der im Grunde zu berücksichtigende Energiegewinn der Austrittsarbeit von einigen eV durch die in das Anodenmetall eindringenden Elektronen (Tab. 16-7) kann gegenüber der Beschleunigungsenergie der Elektronen vernachlässigt werden. Für die *Grenzfrequenz des Röntgenbremsspektrums* folgt aus (19.2-1)

$$\nu_{gr} = \frac{e}{h} U \,. \tag{19.2-2}$$

Mit $\nu = c/\lambda$ folgt weiter das *Duane-Huntsche Gesetz*

$$\boxed{U\lambda_{gr} = \frac{hc}{e} = \text{const}} \,. \tag{19.2-3}$$

Dem kontinuierlichen Spektrum der Röntgenbremsstrahlung überlagert tritt eine linienhafte Röntgenstrahlung auf, die aufgrund von Übergängen zwischen diskreten Energieniveaus der Anodenatome emittiert wird und spezifisch für jede Ordnungszahl Z ist: *Charakteristische Röntgenstrahlung* (siehe 20.4).

Synchrotronstrahlung

Geladene Teilchen, die sich auf gekrümmten Bahnen bewegen (z.B. infolge von einwirkenden Magnetfeldern $\boldsymbol{B}$), unterliegen einer Normalbeschleunigung $\boldsymbol{a}$. Dies ist u.a. bei Hochenergie-Kreisbeschleunigern (z.B. Synchrotrons) der Fall und führt dort ebenfalls zur Emission von elektromagnetischer Strahlung: *Synchrontronstrahlung* (Bild 19-10).

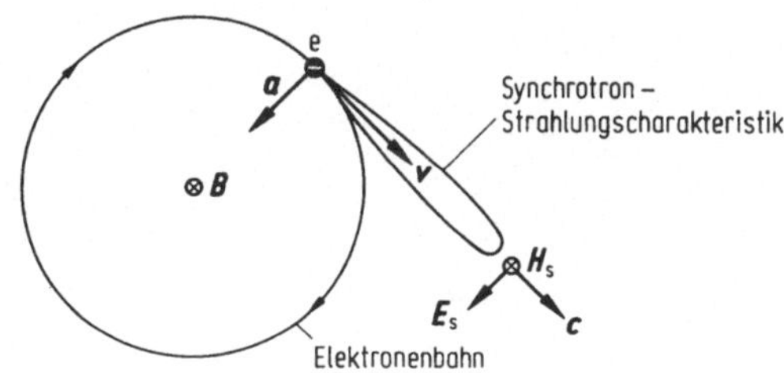

Bild 19-10: Synchrotronstrahlung bei Kreisbeschleunigern.

Die Synchrotronstrahlung ist eine Dipolstrahlung, bei der allerdings die Strahlungscharakteristik des Dipols (Bild 19-5) durch relativistische Effekte zu einer schmalen, intensiven Strahlungskeule in Vorwärtsrichtung deformiert ist. In Richtung der Beschleunigung $\boldsymbol{a}$ wird wie beim Dipol keine Strahlung emittiert. Die Synchrotronstrahlung ist wie die Dipolstrahlung polarisiert (Richtung der Feldvektoren $\boldsymbol{E}_s$ und $\boldsymbol{H}_s$ vgl. Bild 19-10) und hat ein kontinuierliches Frequenzspektrum, das je nach Beschleunigungsenergie im Ultravioletten und im weichen oder harten Röntgengebiet liegen kann.

Eine Übersicht über das gesamte Spektrum der elektromagnetischen Strahlung mit Hinweisen auf weitere Erzeugungsmechanismen zeigt Bild 19-11. Das sichtbare Licht stellt hierin einen sehr schmalen Frequenzbereich dar.

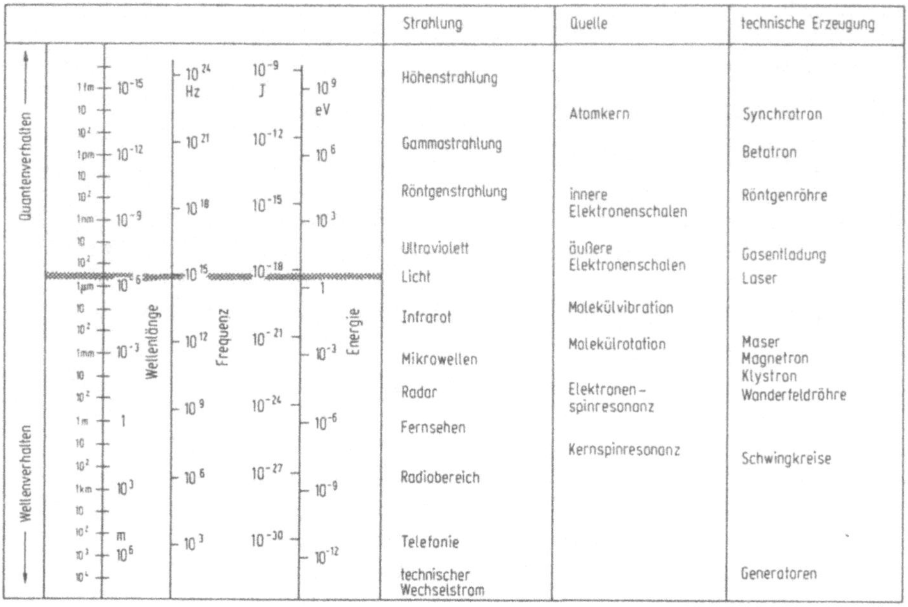

	Wellenlänge (m)	Frequenz (Hz)	Energie (J)	Energie (eV)	Strahlung	Quelle	technische Erzeugung
Quantenverhalten	1 fm, 10^{-15}	10^{24}	10^{-9}	10^{9}	Höhenstrahlung		
	10, 10^{2}					Atomkern	Synchrotron
	1 pm, 10^{-12}	10^{21}	10^{-12}	10^{6}	Gammastrahlung		Betatron
	10, 10^{2}				Röntgenstrahlung	innere Elektronenschalen	Röntgenröhre
	1 nm, 10^{-9}	10^{18}	10^{-15}	10^{3}			
	10, 10^{2}				Ultraviolett	äußere Elektronenschalen	Gasentladung
	1 µm, 10^{-6}	10^{15}	10^{-18}	1	Licht		Laser
Wellenverhalten	10, 10^{2}				Infrarot	Molekülvibration	
	1 mm, 10^{-3}	10^{12}	10^{-21}	10^{-3}	Mikrowellen	Molekülrotation	Maser Magnetron Klystron
	10, 10^{2}				Radar	Elektronen-spinresonanz	Wanderfeldröhre
	1 m, 1	10^{9}	10^{-24}	10^{-6}	Fernsehen		
	10, 10^{2}					Kernspinresonanz	Schwingkreise
	1 km, 10^{3}	10^{6}	10^{-27}	10^{-9}	Radiobereich		
	10, 10^{2}						
	10^{3}, 10^{6}	10^{3}	10^{-30}	10^{-12}	Telefonie		
	10^{4}				technischer Wechselstrom		Generatoren

Bild 19-11: Spektrum der elektromagnetischen Strahlung.

20 Wechselwirkung elektromagnetischer Strahlung mit Materie

20.1 Ausbreitung elektromagnetischer Wellen in Materie, Dispersion

Für die Phasengeschwindigkeit elektromagnetischer Wellen in Materie folgt aus (19.1-8) und (19.1-9)

$$c = \frac{c_0}{\sqrt{\varepsilon_r \mu_r}} < c_0 \,. \tag{20.1-1}$$

Da sowohl die Permittivitätszahl ε_r als auch die Permeabilitätszahl μ_r bis auf ganz spezielle Fälle stets ≥ 1 sind, ist die Phasengeschwindigkeit elektromagnetischer Wellen in Materie kleiner als die Vakuumlichtgeschwindigkeit. So erweist sich z.B. bei gleicher Frequenz ν die Wellenlänge λ stehender Wellen auf einem Lecher-System (Bild 19-7), das in Wasser getaucht ist, um einen Faktor 9 kleiner als in Luft oder Vakuum, d.h. $c_{H_2O} \approx c_0/9$.

Das Verhältnis $c_0/c_n > 1$ wird als *Brechzahl* n des Ausbreitungsmediums definiert, wobei c_n die Phasengeschwindigkeit im Medium der Brechzahl n sei. Aus (20.1-1) folgt dann die *Maxwellsche Relation*

$$\boxed{n = \frac{c_0}{c_n} = \sqrt{\varepsilon_r \mu_r}} \,. \tag{20.1-2}$$

Für nichtferromagnetische Stoffe ist $\mu_r \approx 1$, sodaß sich (20.1-2) vereinfacht zu

$$n \approx \sqrt{\varepsilon_r} \,. \tag{20.1-3}$$

Die Maxwellsche Relation wurde experimentell an vielen Stoffen, z.B. an Gasen bestätigt. Auch für Wasser mit der aufgrund des permanenten Dipolmoments seiner Moleküle (Bild 12-32) hohen Dielektrizitätszahl $\varepsilon_r = 81$ (Tab. 12-2) ergibt sich $n = \sqrt{81} = 9$ für elektromagnetische Wellen nicht zu hoher Frequenz (siehe oben: Lecher-System in Wasser). Bei Frequenzen des sichtbaren Lichtes allerdings ist die Brechzahl des Wassers $n = 1{,}33$ (vgl. Tab. 21-1). Hier liegt offenbar eine Abhängigkeit von der Frequenz bzw. Wellenlänge $n = n(\lambda)$ vor: *Dispersion.*

Die Dispersion elektromagnetischer Wellen in Materie läßt sich als Resonanzerscheinung deuten. Die positiven und negativen Ladungen q im Atom können bei kleinen Auslenkungen als quasielastisch gebunden angenommen werden. Eine äußere elektrische Feldstärke $\boldsymbol{E}$ in x-Richtung induziert ein elektrisches Dipolmoment $p = qx = \alpha E$: Verschiebungspolarisation (α: Polarisierbarkeit, siehe 12.9). Eine elektromagnetische Welle regt die Ladungen

q zu periodischen Schwingungen an und erzeugt damit periodisch schwingende Dipole. Wird die Dämpfung (z.B. durch Abstrahlung sekundärer elektromagnetischer Wellen, vgl. 19.1) zunächst vernachlässigt, so folgt aus der für erzwungene Schwingungen berechneten Amplitudenresonanzkurve der Auslenkung x (5.4-5) bis auf einen Phasenfaktor für die Polarisierbarkeit

$$\alpha = \frac{q^2}{m\,(\omega_0^2 - \omega^2)} \; . \qquad (20.1\text{-}4)$$

ω_0 ist die Resonanzfrequenz der Ladungen q.
Für Materie geringer Dichte, z.B. für Gase, gilt nach (12.9-27) mit der Ladungsträgerdichte n^*

$$n^2 = \varepsilon_r = 1 + \frac{n^*}{\varepsilon_0}\alpha = 1 + \frac{n^*}{\varepsilon_0}\cdot\frac{q^2}{m\,(\omega_0^2 - \omega^2)} \; . \qquad (20.1\text{-}5)$$

Im allgemeinen gibt es mehrere (j) Sorten unterschiedlich stark gebundener Ladungen mit entsprechenden Resonanzfrequenzen ω_j im Atom (Elektronen in verschiedenen Schalen, bei Ionenkristallen müssen auch die positiven Ionen berücksichtigt werden). Mit $n^* = \sum n_j$ und der Einführung von *Oszillatorenstärken* $f_j = n_j/N$ (N: Atomzahldichte, anstelle von n zur Vermeidung von Konfusion mit der Brechzahl) erhalten wir die *Dispersionsformel*

$$\boxed{n^2 = 1 + \frac{N}{\varepsilon_0}\sum_j \frac{f_j\, q_j^2}{m_j(\omega_j^2 - \omega^2)}} \; . \qquad (20.1\text{-}6)$$

(20.1-6) wurde ohne Berücksichtigung von Dämpfung (Absorption) hergeleitet, gilt daher nur außerhalb der Resonanzbereiche (gestrichelt in Bild 20-1). Für dichtere Materie als Gas ist n deutlich größer als 1. Hier ist entsprechend den Clausius-Mosotti-Formeln (12.9-28) $(n^2 - 1)$ zu ersetzen durch $3(n^2-1)/(n^2+2)$. Für die Elektronenresonanzen ist $q = e$. Bei durchsichtigen Stoffen kommt man meist mit der Annahme von zwei Resonanzstellen aus, von denen eine im Ultravioletten liegt (Elektronen), die andere im Ultraroten (Ionen). Für sehr hohe Frequenzen jenseits der höchsten Eigenfrequenz

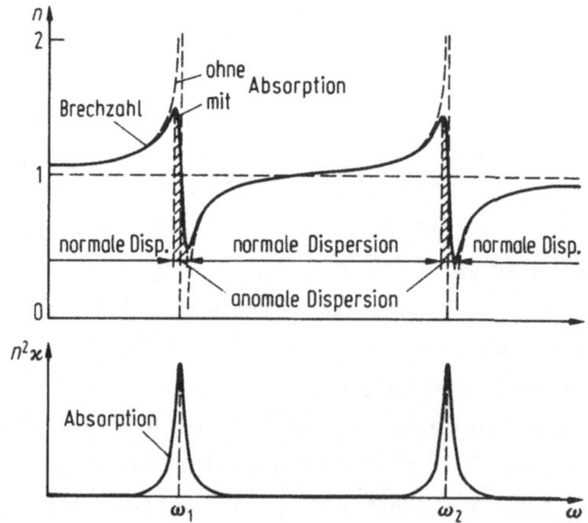

Bild 20-1: Brechzahl- und Absorptionsverlauf in einem dispergierenden Medium mit zwei Resonanzfrequenzen.

ω_j wird nach (20.1-6) jedenfalls $n<1$. Das führt dazu, daß Röntgenstrahlen bei sehr streifendem Einfall totalreflektiert werden (vgl. 21.1).
Die Quantenmechanik liefert eine entsprechende Dispersionformel, bei der lediglich ω_j durch die Übergangsfrequenz $\omega_{ji} = (E_j - E_i)/\hbar$ für den Übergang vom Grundzustand der Energie E_i zum angeregten Zustand E_j und f_j durch f_{ji} zu ersetzen ist.

Die Dämpfung läßt sich am einfachsten mit einer komplexen Schreibweise berücksichtigen, die hier nicht im Einzelnen dargestellt wird. Dabei muß die Brechzahl komplex angesetzt werden ($\mathrm{j} = \sqrt{-1}$: imaginäre Einheit):

$$\overline{n} \equiv n(1 + \mathrm{j}\,\varkappa)\,. \tag{20.1-7}$$

Brechzahl- und durch die Dämpfung bewirkter Absorptionsverlauf ergeben sich dann (Rechnung weggelassen) zu

$$n^2(1-\varkappa^2) = 1 + \frac{N}{\varepsilon_0}\sum_j \frac{f_j q_j^2}{m_j}\cdot\frac{\omega_j{}^2 - \omega^2}{(\omega_j^2-\omega^2)^2 + 4\delta^2\omega^2}\,, \tag{20.1-8}$$

$$n^2\varkappa = \frac{N}{\varepsilon_0}\sum_j \frac{f_j q_j^2}{m_j}\cdot\frac{\delta\omega}{(\omega_j^2-\omega^2)^2 + 4\delta^2\omega^2}\,. \tag{20.1-9}$$

δ ist der Abklingkoeffizient (vgl. 5.3). Bild 20-1 zeigt, daß zwischen den Resonanzstellen der Brechzahlverlauf durch die absorptionsfreie Dispersionsformel (20.1-6) recht gut wiedergegeben wird. Hier ist $\mathrm{d}n/\mathrm{d}\omega > 0$, d.h. es liegt ***normale Dispersion*** vor (vgl. auch 18.1-28). Im Absorptionsgebiet ist dagegen $\mathrm{d}n/\mathrm{d}\omega < 0$: ***anomale Dispersion*** (Bild 20-1). Die Absorptionskurve $n^2\varkappa(\omega)$ entspricht im wesentlichen der Kurve für die Leistungsaufnahme des gedämpften Oszillators (5.4-17) und Bild 5-16.

Die Ursache für die Beobachtung $c_n < c_0$ in Materie ist demnach die Anregung von elektromagnetischen Schwingungen der die Atome bildenden Ladungen durch die einfallende elektromagnetische Welle. Dadurch werden sekundäre Streuwellen gleicher Frequenz erzeugt, die sich den primären Wellen überlagern, aber gemäß den Eigenschaften der erzwungenen Schwingungen phasenverzögert sind (Bild 5-15). Da dies bei der weiteren Ausbreitung ständig und stetig erfolgt, resultiert eine Verringerung der Phasengeschwindigkeit gegenüber der Ausbreitung im Vakuum.

Für frei bewegliche Elektronen, etwa im Plasma eines ionisierten Gases (siehe 16.6.3), fehlt die Rückstellkraft. Demzufolge ist hier $\omega_0 = 0$ zu setzen. Berücksichtigen wir nur diese Elektronen, so wird aus (20.1-6) die ***Dispersionsrelation im Plasma***:

$$\boxed{n^2 = 1 - \frac{Ne^2}{\varepsilon_0 m\,\omega^2} = 1 - \frac{\omega_p^2}{\omega^2}}\,, \tag{20.1-10}$$

worin ω_p die ***Plasmafrequenz*** nach (16.6-6) ist. Auch hier ist $n<1$ mit der Möglichkeit der Totalreflexion (z.B. von Radiowellen an der Ionosphäre), vgl. die Bemerkung über Totalreflexion von streifend einfallender Röntgenstrahlung im Anschluß an (20.1-6).

Spektralanalyse, Emissions- und Absorptionsspektren

Atome unterschiedlicher Ordnungszahl Z haben wegen der unterschiedlichen Kernladungszahl verschiedene Eigenfrequenzen, die charakteristisch sind für die betreffende Atomsorte. Durch Stoß- oder thermische Anregung können die Atome zu Resonanzschwingungen angeregt werden. Sie senden dann elektromagnetische Wellen der Resonanzfrequenz als Dipolstrahlung aus. Wird diese Strahlung durch einen Spektralapparat mit einem Dispersionselement (Prisma, siehe 21.1; Beugungsgitter, siehe 23.2) räumlich zerlegt (Spektrum), so erscheint die Resonanzstrahlung als diskrete Emissionslinie im Spektrum. Das ergibt die Möglichkeit der *Spektralanalyse*, d.h. der chemischen Analyse von nach Anregung lichtemittierenden Substanzen durch Messung der Wellenlängen λ_j der charakteristischen Linien im *Emissionsspektrum*, siehe auch 20.4, Bild 20-12.

Dieselben Resonanzstellen absorbieren umgekehrt aus einen angebotenen kontinuierlichen Frequenzgemisch das Licht mit den Frequenzen der Resonanzstellen. Das Spektrum des verbleibenden Frequenzgemisches weist dann dunkle Linien auf: *Absorptionsspektrum* (siehe 20.4, Bild 20-12). Fraunhofer (1814) hat solche Absorptionslinien zuerst im Sonnenspektrum gefunden: Analysemöglichkeit von Sternatmosphären.

Die Behandlung von Atomen als Resonanzsysteme mit einer oder mehreren diskreten Resonanzfrequenzen ist geeignet für Materie geringer Dichte, z.B. für Gase. Bei hoher Materiedichte, z.B. in Festkörpern, sind die Resonanzsysteme der Atome stark gekoppelt mit der Folge der Aufspaltung der Atomfrequenzen entsprechend der Zahl der gekoppelten Atome (Größenordnung 10^{23}/mol; vgl. 5.6.2 und 16.1.2). Das diskrete *Linienspektrum* geht dann in ein *kontinuierliches Spektrum* über, das seine charakteristischen Eigenschaften weitgehend verliert: Glühende Körper hoher Temperatur

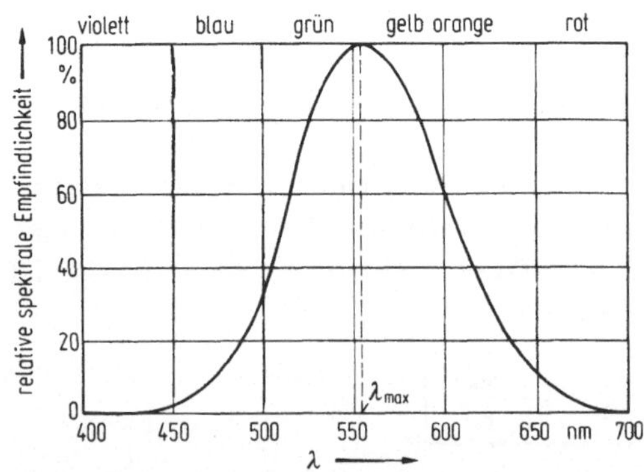

Bild 20-2: Spektrale Empfindlichkeit des helladaptierten Auges, gemittelt über viele Personen.

emittieren weißes Licht, dessen Spektrum kontinuierlich verteilt ist (vgl. dazu aber 20.4, charakteristische Röntgenlinien), und dessen vom menschlichen Auge sichtbarer Bereich sich von Rot ($\nu_r \approx 4 \cdot 10^{14}$ Hz, $\lambda_r \approx 0{,}75$ µm) bis Violett ($\nu_v \approx 8{,}2 \cdot 10^{14}$ Hz, $\lambda_v \approx 0{,}37$ µm) erstreckt. Bei diesen Grenzwerten geht die spektrale Empfindlichkeit des menschlichen Auges gegen null (Bild 20-2), während sie ein Maximum im Grüngelben bei $\lambda_{max} \approx 0{,}55$ µm aufweist und damit dem Strahlungsmaximum der Sonne (siehe 20.2) optimal angepaßt ist.

20.2 Emission und Absorption des Schwarzen Körpers, Plancksches Strahlungsgesetz

In jedem Körper der Temperatur $T > 0$ schwingen die Atome des Körpers bzw. deren elektrisch geladene Bestandteile (Elektronen, Ionen) mit statistisch verteilten Amplituden, Phasen und Richtungen (siehe 8). Nach 19 hat dies die Abstrahlung elektromagnetischer Wellen zur Folge: *Temperaturstrahlung*. Bei höheren Temperaturen $T \gtrsim T_0$ wird sie als *Wärmestrahlung* empfunden. Bei sehr hohen Temperaturen $T \gg T_0$ tritt dabei auch *Lichtstrahlung* auf: der Körper *glüht*.

Zur Beschreibung des Strahlungsaustausches eines Körpers der Temperatur T ("Strahler") mit seiner Umgebung ("Empfänger") werden folgende Größen eingeführt (*Strahler*größen werden mit dem Index 1, *Empfänger*größen mit dem Index 2 versehen, Bild 20-3):

Strahlungsleistung Φ: In der Zeit dt emittierte Strahlungsenergie dQ

$$\Phi = \frac{dQ}{dt}, \qquad \text{SI-Einheit: } [\Phi] = \mathrm{J\,s^{-1}} = \mathrm{W}\,. \tag{20.2-1}$$

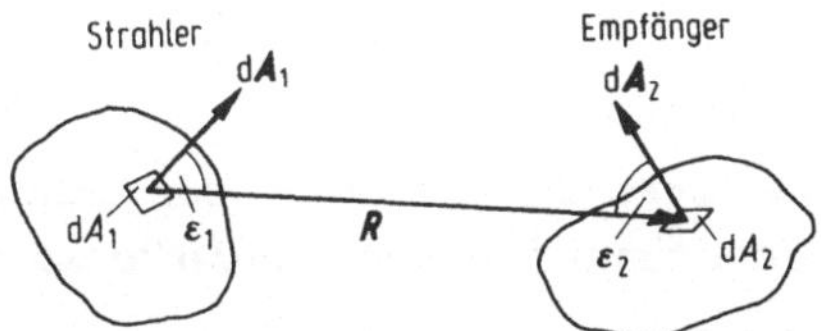

Bild 20-3: Zum Grundgesetz der Strahlungsübertragung.

Strahlstärke I: Auf das Raumwinkelelement dΩ_2 (Raumwinkel, unter dem eine Empfängerfläche dA_2 von dA_1 aus erscheint) entfallende Strahlungsleistung dΦ

$$I = \frac{d\Phi}{d\Omega_2}, \qquad \text{SI-Einheit: } [I] = \mathrm{W\,sr^{-1}}\,. \tag{20.2-2}$$

Die Strahlstärke einer Strahlungsquelle ist i. allg. von der Abstrahlungsrichtung bzw. deren Winkel ε_1 zur Flächennormalenrichtung d$\boldsymbol{A}_1$ (Bild 20-3) abhängig. Besonders für den Fall der Gültigkeit des *Lambertschen Cosinusgesetzes* (*diffuse* Emission bzw. Reflexion) ist es zweckmäßig, eine neue

Größe L einzuführen durch

$$\mathrm{d}I = L\cos\varepsilon_1 \mathrm{d}A_1 \,.$$

L wird *Strahldichte* genannt:

$$L = \frac{1}{\cos\varepsilon_1}\cdot\frac{\mathrm{d}I}{\mathrm{d}A_1}\,, \qquad \text{SI-Einheit: } [L] = \mathrm{W\,m^{-2}\,sr^{-1}}\,. \tag{20.2-3}$$

Im Falle der diffusen Emission bzw. Reflexion ist L konstant, unabhängig von der Abstrahlungsrichtung (Beispiel: Emission der Sonnenoberfläche). In allen anderen Fällen gilt $L = L(\varepsilon_1)$.

Spezifische Ausstrahlung M: Auf ein Flächenelement $\mathrm{d}A_1$ des Strahlers bezogene abgestrahlte Strahlungsleistung $\mathrm{d}\Phi$

$$M \equiv \frac{\mathrm{d}\Phi}{\mathrm{d}A_1}\,, \qquad \text{SI-Einheit: } [M] = \mathrm{W\,m^{-2}}\,. \tag{20.2-4}$$

Bei einem *Lambertschen Strahler* ergibt sich für die spezifische Ausstrahlung in den Halbraum mit (20.2-2) bis (20.2-4) und Wahl des Polarkoordinatensystems mit $\mathrm{d}A_1$ als φ-Achse ($\varepsilon_1 = \vartheta$)

$$M = L\int_{\Omega_2}\cos\varepsilon_1 \mathrm{d}\Omega_2 = L\int_0^{2\pi}\int_0^{\pi/2}\sin\vartheta\cos\vartheta\,\mathrm{d}\vartheta\,\mathrm{d}\varphi = \pi L\,. \tag{20.2-5}$$

Aus (20.2-2) und (20.2-3) sowie mit $\mathrm{d}\Omega_2 = \cos\varepsilon_2\,\mathrm{d}A_2/R^2$ folgt ferner das *Grundgesetz der Strahlungsübertragung* im Vakuum

$$\boxed{\mathrm{d}^2\Phi = L\,\frac{\cos\varepsilon_1\cos\varepsilon_2}{R^2}\,\mathrm{d}A_1\mathrm{d}A_2}\,, \tag{20.2-6}$$

das auch für den Fall $L = L(\varepsilon_1)$ gilt.

Bestrahlungsstärke E: Auf ein Flächenelement $\mathrm{d}A_2$ des Empfängers auftreffender Strahlungsfluß $\mathrm{d}\Phi$:

$$E \equiv \cos\varepsilon_2\,\frac{\mathrm{d}\Phi}{\mathrm{d}A_2}\,. \tag{20.2-7}$$

Die extraterrestrische Bestrahlungsstärke der Sonne zur Erde beträgt $E \approx 1{,}4\,\mathrm{kW\,m^{-2}} \approx 2\,\mathrm{cal\,cm^{-2}\,min^{-1}}$, die sog. *Solarkonstante.*

Bezieht man die Strahlungsgrößen auf einen Wellenlängenbereich $\mathrm{d}\lambda$ oder ein Frequenzintervall $\mathrm{d}\nu$, so erhält man die entsprechenden *spektralen* Größen und kennzeichnet sie durch einen Index λ oder ν. Bezogen auf $\mathrm{d}\lambda$ erhält man die *spezifische spektrale Ausstrahlung*

$$M_\lambda \equiv \frac{\mathrm{d}M}{\mathrm{d}\lambda}\,, \quad \text{SI-Einheit: } [M_\lambda] = \mathrm{W\,m^{-3}}\,, \tag{20.2-8}$$

und auf $\mathrm{d}\nu$ bezogen

$$M_\nu \equiv \frac{\mathrm{d}M}{\mathrm{d}\nu}\,, \quad \text{SI-Einheit: } [M_\nu] = \mathrm{W\,s\,m^{-2}} = \mathrm{J\,m^{-2}}\,. \tag{20.2-9}$$

Entsprechendes gilt für die *spektralen Strahldichten* L_λ und L_ν. Die Emission von Strahlung von der Oberfläche eines Körpers der Temperatur T kann durch die spektrale Strahldichte $L_\lambda = L_\lambda(\lambda, T)$ oder auch durch die

spezifische spektrale Ausstrahlung in den Halbraum $M_\lambda = M_\lambda(\lambda,T)$ angegeben werden. Für diffuse Strahler gilt nach (20.2-5) $M_\lambda = \pi L_\lambda$.
Jeder Körper nimmt andererseits Strahlungsleistung Φ_e aus der Umgebung auf und absorbiert einen Anteil Φ_a. Der *Absorptionsgrad* α (integriert über alle Wellenlängen) ist definiert durch

$$\alpha \equiv \frac{\Phi_a}{\Phi_e} \leq 1\,, \tag{20.2-10}$$

und der *spektrale Absorptionsgrad* $\alpha(\lambda)$

$$\alpha(\lambda) \equiv \frac{\Phi_{\lambda,a}}{\Phi_{\lambda,e}} \leq 1\,. \tag{20.2-11}$$

Sowohl α als auch $\alpha(\lambda)$ sind dimensionslos.

Schwarz gefärbte Körper haben einen Absorptionsgrad dicht bei 1, z.B. gilt für Ruß $\alpha \approx 0{,}99$. Ein ideal absorbierender Körper mit $\alpha = 1$, der also sämtliche auftreffende Strahlung bei allen Wellenlängen und Temperaturen vollständig absorbiert, wird als *schwarzer Körper* bezeichnet. Der *Absorptionsgrad des schwarzen Körpers* ist

$$\alpha(\lambda, T) = \alpha_s = 1\,. \tag{20.2-12}$$

Ein solcher schwarzer Körper kann näherungsweise in Form eines Hohlraumes mit einer kleinen Öffnung realisiert werden (Bild 20-4). Durch die Öffnung einfallende Strahlung wird vielfach diffus reflektiert und dabei nahezu vollständig absorbiert, sodaß durch die Öffnung keine reflektierte Strahlung mehr nach außen dringt. Die Öffnung erscheint (bei mäßigen Temperaturen) absolut schwarz.

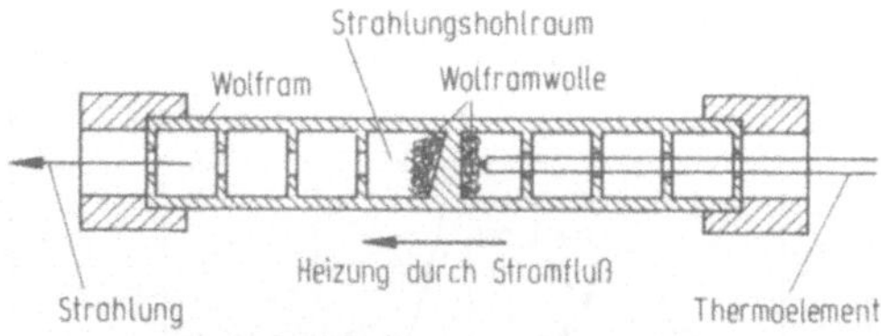

Bild 20-4: Realisierung eines schwarzen Körpers als Hohlraumstrahler.

Die experimentelle Erfahrung zeigt, daß Körper mit hohem spektralen Absorptionsgrad $\alpha(\lambda)$ auch eine hohe Emission, d.h. eine hohe spezifische spektrale Ausstrahlung M_λ bzw. eine hohe spektrale Strahldichte L_λ bei höheren Temperaturen aufweisen. Das Verhältnis beider Größen ist für alle Körper bei gegebener Wellenlänge und Temperatur konstant, bzw. allein eine Funktion von λ und T, vollkommen unabhängig von den individuellen Körpereigenschaften:

$$\frac{L_\lambda(\lambda,T)}{\alpha(\lambda,T)} = \text{const}\,(\lambda,T) \tag{20.2-13}$$

(Kirchhoff 1860). Das gilt auch für den schwarzen Körper. Wegen (20.2-12) folgt daraus das *Kirchhoffsche Strahlungsgesetz*

$$\boxed{\frac{L_\lambda(\lambda,T)}{\alpha(\lambda,T)} = L_{\lambda s}(\lambda,T)} \,. \qquad (20.2\text{-}14)$$

Bei gegebener Wellenlänge und Temperatur ist daher die spektrale Strahldichte des schwarzen Körpers, die *schwarze Strahlung* oder *Hohlraumstrahlung* (z.B. aus einem Hohlraumstrahler gemäß Bild 20-4) die maximal mögliche. Sie hängt nicht von der Oberflächenbeschaffenheit und dem Material des strahlenden Hohlraums ab.

Für die spektrale Strahldichte eines *nichtschwarzen Körpers* ($\alpha(\lambda) < 1$) ergibt sich aus (20.2-14)

$$L_\lambda(\lambda,T) = \alpha(\lambda,T)\, L_{\lambda s}(\lambda,T) \,. \qquad (20.2\text{-}15)$$

Entsprechendes ergibt sich für die spezifische spektrale Ausstrahlung, d.h. wegen $\alpha(\lambda) < 1$ ist die Ausstrahlung M_λ bzw. die Strahldichte L_λ von nichtschwarzen Körpern stets kleiner als die Ausstrahlung $M_{\lambda s}$ bzw. die Strahldichte $L_{\lambda s}$ des schwarzen Körpers bei gleicher Wellenlänge und Temperatur.

Sehr genaue Messungen der Hohlraumstrahlung (Lummer, Pringsheim 1899) zeigten, daß seinerzeit existierende theoretische Ansätze nicht bestätigt werden konnten: Die *Wiensche Strahlungsformel* (1896) erwies sich für kleine λ als richtig, zeigte aber Abweichungen bei großen λ. Die *Rayleigh-Jeanssche Strahlungsformel* wiederum gab die experimentellen Werte nur bei sehr großen Wellenlängen wieder, um bei kleinen λ über alle Grenzen zu wachsen (sog. *Ultraviolett-Katastrophe*): Bild 20-5.

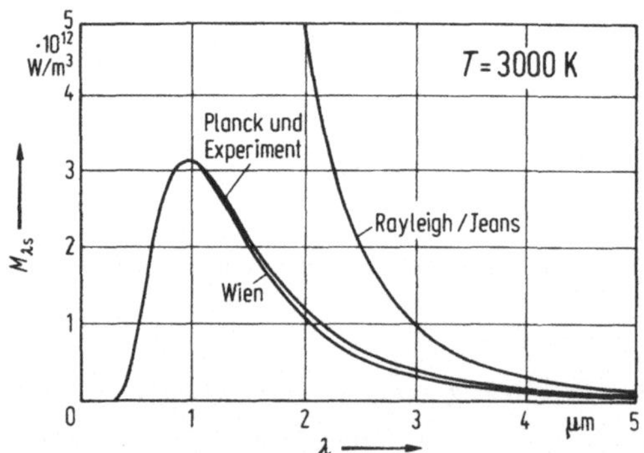

Bild 20-5: Spezifische spektrale Ausstrahlung eines schwarzen Körpers bei $T = 3000$ K nach Messungen von Lummer und Pringsheim, die sich mit der Planckschen Strahlungsformel decken, sowie nach der Wienschen und der Rayleigh-Jeansschen Strahlungsformel.

Max Planck konnte eine zunächst noch nicht theoretisch begründete Interpolation beider Strahlungsformeln angeben (19. 10. 1900), die mit den Messungen von Lummer und Pringsheim sehr genau übereinstimmte. Die theoretische Deutung seiner Interpolationsformel gelang Planck kurz danach (14. 12. 1900) unter folgenden Annahmen:

1. Die Hohlraumstrahlung ist eine *Oszillatorstrahlung* von den Wänden des Hohlraums, die mit dem (durch die Maxwellschen Gleichungen beschriebenen) Strahlungsfeld im Hohlraum im Gleichgewicht steht.

2. Die *Energie der Oszillatoren ist gequantelt* gemäß

$$\boxed{E_n = nh\nu = n\hbar\omega} \quad (n = 0, 1, 2, 3, \ldots)\,. \tag{20.2-16}$$

3. Die Oszillatoren strahlen nur bei Änderung ihres Energiezustandes, z.B. für $\Delta n = 1$. Dabei wird die Energie in *Quanten* der Größe

$$\boxed{\Delta E = h\nu} \tag{20.2-17}$$

in das Strahlungsfeld emittiert oder aus dem Strahlungsfeld absorbiert.

Die Annahmen 2 und 3 sind aus der klassischen Physik nicht begründbar: Beginn der *Quantentheorie.*

Anmerkung: Nach der heutigen Quantenmechanik ergibt sich genauer (5.2-26) anstelle von (20.2-16). h ist das Plancksche Wirkungsquantum (vgl. 5.2.2 und 25.3).

Für die pro Zeit- und Flächeneinheit von einem schwarzen Strahler im Wellenlängenintervall $d\lambda$ unpolarisiert in den Halbraum 2π emittierte Energie (spezifische spektrale Ausstrahlung in den Halbraum) ergibt sich mit Hilfe der Planckschen Annahmen (ohne Ableitung, Bild 20-6) das *Plancksche Strahlungsgesetz*

$$\boxed{M_{\lambda s}\,d\lambda = \pi L_{\lambda s}\,d\lambda = \pi \frac{2hc_0^2}{\lambda^5} \cdot \frac{d\lambda}{\exp(hc_0/\lambda kT) - 1}}\,, \tag{20.2-18}$$

bzw. mit $|d\lambda/d\nu| = c_0/\nu^2$

$$\boxed{M_{\nu s}\,d\nu = \pi L_{\nu s}\,d\lambda = \pi \frac{2h\nu^3}{c_0^2} \cdot \frac{d\nu}{\exp(h\nu/kT) - 1}}\,. \tag{20.2-19}$$

Anmerkung: Das Wiensche Strahlungsgesetz ergibt sich als Grenzfall des Planckschen Strahlungsgesetzes (20.2-18) bzw. (20.2-19) für kleine Wellenlängen, das Rayleigh-Jeanssche Strahlungsgesetz als Grenzfall für große Wellenlängen.

Bild 20-6 zeigt, daß das Maximum der spektralen Ausstrahlung eines schwarzen Strahlers sich mit steigender Temperatur zu kürzeren Wellenlängen verschiebt. Aus (20.2-18) folgt durch Bildung von $dM_{\lambda s}/d\lambda = 0$ das *Wiensche Verschiebungsgesetz*

$$\boxed{\lambda_{max} T = b} \tag{20.2-20}$$

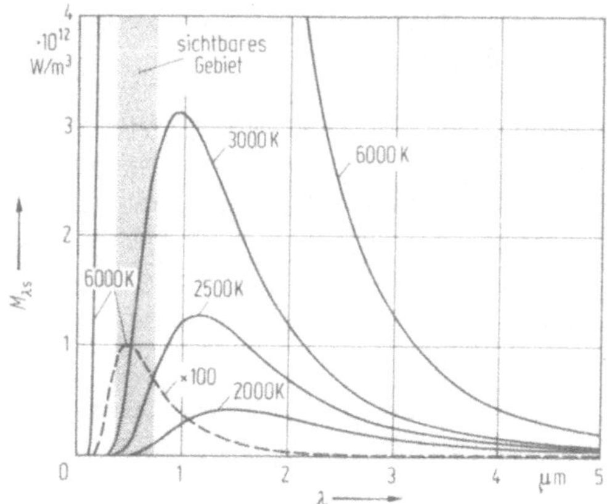

Bild 20-6: Strahlungsisothermen des schwarzen Körpers berechnet nach der Planckschen Strahlungsformel.

mit b = 2897,790 µmK: Wien-Konstante. *Beispiel*: Die Oberflächentemperatur der Sonne beträgt ca. 6000 K. Daraus folgt ein Strahlungsmaximum bei $\lambda_{max} \approx 0{,}5\,\mu m$, dem die Empfindlichkeitskurve des menschlichen Auges optimal angepaßt ist (siehe 20.1). Glühlampen haben dagegen Temperaturen $T \lesssim 3000$ K, ihr Strahlungsmaximum demnach bei $\lambda_{max} \approx 1\,\mu m$. Der größte Teil der elektrischen Energie zum Betreiben von Glühlampen geht daher als Infrarot-, d.h. als Wärmestrahlung verloren (Bild 20-6).

Durch Integration des Planckschen Strahlungsgesetzes (20.2-18) über alle Wellenlängen erhält man die spezifische Ausstrahlung des schwarzen Körpers in den Halbraum

$$\boxed{M_s = \int_0^\infty M_{\lambda s}\,d\lambda = \sigma T^4} \ . \qquad (20.2\text{-}21)$$

Das ist das *Stefan-Boltzmannsche Gesetz* mit der *Stefan-Boltzmann-Konstante*

$$\sigma = \frac{2\pi^5 k^4}{15\,c_0^2 h^3} = \frac{\pi^2 k^4}{60\,c_0^2 \hbar^3} = 5{,}67051 \cdot 10^{-8}\ \mathrm{W\,m^{-2}\,K^{-4}}\ , \qquad (20.2\text{-}22)$$

Die spezifische Ausstrahlung wächst wegen T^4 sehr schnell mit steigender Temperatur. Die insgesamt von der Fläche A_1 eines schwarzen Strahlers der Temperatur T_1 abgegebene Ausstrahlung (Strahlungsleistung) beträgt mit (20.2-4) unter Berücksichtigung der Zustrahlung durch eine Umgebung der Temperatur T_2

$$\Delta\Phi_s = \sigma A_1 (T_1^4 - T_2^4)\ . \qquad (20.2\text{-}23)$$

Nichtschwarze Körper strahlen nach (20.2-15) geringer, da ihr Absorptionsgrad $\alpha < 1$ ist. Die Strahlungsleistung eines beliebigen Körpers mit dem Absorptionsgrad α beträgt daher

$$\Delta\Phi = \alpha\sigma A_1 (T_1^4 - T_2^4)\ . \qquad (20.2\text{-}24)$$

20.3 Quantisierung des Lichtes, Photonen

Die Strahlungsverteilung des schwarzen Körpers (Hohlraumstrahlers) konnte nach Planck nur erklärt werden durch die Quantisierung der Energie der Hertzschen Oszillatoren auf der Hohlraumwandung, sodaß die Emission und Absorption von Licht nur in Energiemengen einer Mindestgröße $\Delta E = h\nu = \hbar\omega$ erfolgen kann (vgl. 20.2). Das legt die Vermutung nahe, daß das Wellenfeld des von einer Lichtquelle ausgestrahlten Lichtes selbst im Ausbreitungsraum nicht kontinuierlich verteilt ist, sondern sich in diskreten "Portionen", *Quanten* genannt, ausbreitet: *Lichtquanten* oder *Photonen*, die als räumlich begrenztes *Wellenpaket*, z.B. wie in Bild 18-6, darstellbar sind (18.1-26). Damit bekommt das elektromagnetische Wellenfeld auch Teilcheneigenschaften in Form der Lichtquanten, die räumlich begrenzt sind und denen Energie, Impuls und Drehimpuls zugeschrieben werden können (Einsteins Lichtquantentheorie 1905).

Photonenenergie

Zur Erklärung des lichtelektrischen Effektes (Photoeffekt, siehe 16.7) hatte Einstein angenommen, daß das Licht einen Strom von Lichtquanten (Photonen) der Energie

$$\boxed{E = h\nu = \hbar\omega} \qquad (20.3\text{-}1)$$

darstellt ($h = 6{,}626 \cdot 10^{-34}$ Js: Plancksches Wirkungsquantum; $\hbar = h/2\pi = 1{,}0546 \cdot 10^{-34}$ Js). Für die Frequenz ν bzw. ω kann dabei die Mittenfrequenz des Frequenzspektrums der Wellenpakete (Bild 18-5) angesetzt werden.

Dieselbe Annahme lieferte auch die Erklärung für einige andere bereits behandelte Phänomene, wie z.B. für die Frequenzgrenze bei der Photoleitung in Halbleitern (16.4-15), oder für die kurzwellige Grenze des Röntgen-Bremsspektrums (19.2-1, Bild 19-9). In Bild 20-7 sind die diesen Erscheinungen zugrunde liegenden energetischen Effekte zusammengestellt.

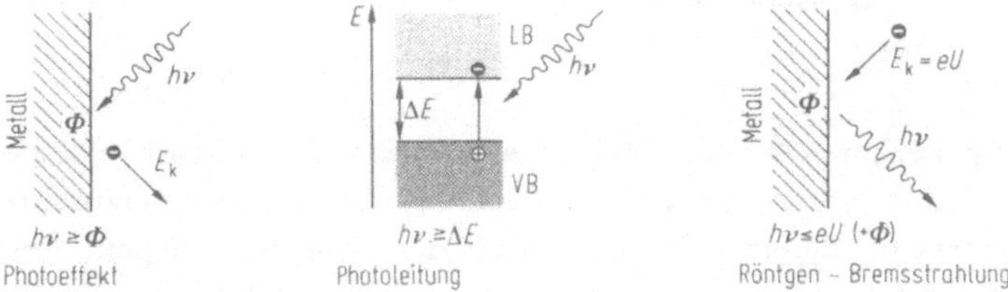

Bild 20-7: Zur Deutung von Photoeffekt, Photoleitung und Röntgen-Bremsstrahlung durch die Lichtquantenhypothese (Φ: Austrittsarbeit; $\Delta E = E_g$: Energielücke zwischen Valenzband VB und Leitungsband LB eines Halbleiters).

Photonenimpuls

Strahlungsquanten (Photonen) transportieren neben ihrer Energie $E = h\nu$ auch einen Impuls p_γ. Er läßt sich berechnen, indem dem Photon über die

Einsteinsche Masse-Energie-Beziehung (4.5-14) eine Masse m_γ zugeordnet wird: $E = h\nu = m_\gamma c_0^2$. Mit $\nu = c_0/\lambda$ ergibt sich für die *Photonenmasse*

$$\boxed{m_\gamma = \frac{h\nu}{c_0^2} = \frac{h}{c_0\lambda}} \; . \tag{20.3-2}$$

Daraus folgt der *Impuls eines Photons* durch Multiplikation mit der Ausbreitungsgeschwindigkeit c_0:

$$\boxed{p_\gamma = m_\gamma c_0 = \frac{h}{\lambda}} \; . \tag{20.3-3}$$

Da das Photon der Masse m_γ sich mit Lichtgeschwindigkeit bewegt, ist die relativistische Massenbeziehung (4.5-7) anzuwenden. Mit (20.3-2) und $v = c_0$ erhält man dann für die Ruhemasse $m_{\gamma 0}$ des Photons

$$m_{\gamma 0} = \frac{h\nu}{c_0^2}\sqrt{1 - \frac{c_0^2}{c_0^2}} = 0 \; . \tag{20.3-4}$$

Das *Photon* hat also die *Ruhemasse null*, es ist im Ruhezustand nicht existent.

Mit Hilfe des Photonenimpulses p_γ läßt sich der *Strahlungsdruck des Lichtes* p_{rd} sehr einfach berechnen. Dazu wenden wir die Beziehung (6.3-11) über den durch die elastische Reflexion eines gerichteten Teilchenstromes auf eine Wand ausgeübten Druck $p = 2nmv^2\cos^2\vartheta$ auf einen Photonenstrom der Teilchendichte n an, der an einer Spiegelfläche vollständig reflektiert wird. Mit (20.3-1) und (20.3-2) und $v = c_0$ folgt

$$p_{rd} = 2n\,\frac{h\nu}{c_0^2}\,c_0^2\cos^2\vartheta = 2nh\nu\,\cos^2\vartheta \; . \tag{20.3-5}$$

$nh\nu$ ist jedoch gerade die räumliche Energiedichte des Photonenstromes, dem entspricht im klassischen Bild der elektromagnetischen Welle die Energiedichte w (19.1-16). Bei senkrechtem Einfall ($\vartheta = 0$) beträgt daher der *Lichtdruck* auf eine vollständig reflektierende Fläche

$$p_{rd} = 2w = 2\frac{|\boldsymbol{S}|}{c_0} \tag{20.3-6}$$

auf eine vollständig absorbierende Fläche dagegen

$$p_{rd} = w = \frac{|\boldsymbol{S}|}{c_0} \tag{20.3-7}$$

$\boldsymbol{S}$: Poynting-Vektor (19.1-18). Bei einer vollständig absorbierenden Fläche wird nicht der doppelte, sondern nur der einfache Photonenimpuls auf die Fläche übertragen, dadurch halbiert sich der Strahlungsdruck. Bei diffuser Beleuchtung gilt eine Betrachtung analog zu (8.1-6) und (8.1-7), die statt 2 und 1 die Faktoren 2/3 und 1/3 für reflektierende bzw. absorbierende Flächen ergibt.

Das Photon, dem wir nun eine Energie $E = h\nu$ und einen Impuls $p_\gamma = h/\lambda$ zugeschrieben haben, also typische Teilcheneigenschaften, zeigt diese noch deutlicher beim Stoß gegen klassische Teilchen, z. B. freie Elektronen. Dabei gelten Energie- und Impulssatz in gleicher Weise wie beim Stoß zwischen klassischen Teilchen (vgl. 6.3.2, Bild 6-13): *Compton-Effekt* (1923). Läßt man monochromatische Röntgenstrahlung der Frequenz ν und der Wellenlänge λ an einem Streukörper streuen, der quasifreie Elektronen enthält (z.B. Graphit), so wird in der Streustrahlung neben einem Anteil mit der gleichen Frequenz ν bzw. Wellenlänge λ ein weiterer Anteil mit niedrigerer Frequenz ν' bzw. größerer Wellenlänge λ' beobachtet (Bild 20-8a und c). Während die Streustrahlung mit gleicher Frequenz durch Dipolstrahlung der durch die einfallende Welle zu Schwingungen angeregten gebundenen Elektronen zustande kommt, läßt sich der frequenz- bzw. wellenlängenverschobene Anteil nur durch nichtzentralen, elastischen Stoß (siehe 6.3.2) zwischen den einfallenden Röntgenquanten und freien Elektronen quantitativ erklären, wenn für die Röntgenquanten Energie und Impuls gemäß (20.3-1) und (20.3-3) angesetzt wird.

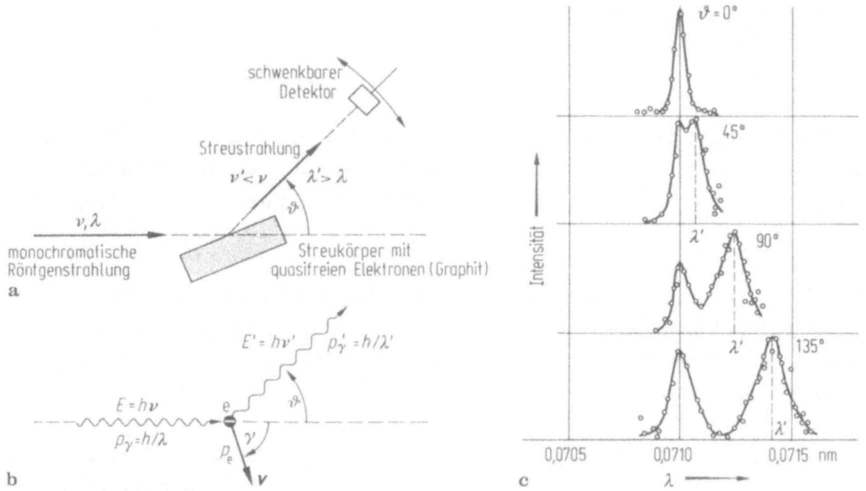

Bild 20-8: a Compton-Streuung, b zugehöriges Impuls-Diagramm, und c Meßkurven (Mo-K_α-Strahlung an Graphit gestreut) nach A.H. Compton (1923).

Unter der Annahme, daß das gestoßene Elektron ursprünglich in Ruhe ist, liefert der Energiesatz mit der relativistischen kinetischen Energie (4.5-10) und mit (20.3-1)

$$h\nu = E_k + h\nu' = (m_e - m_{e0})c_0^2 + h\nu' . \qquad (20.3\text{-}8)$$

Mit dem relativistischen Zusammenhang zwischen Gesamtenergie und Impuls eines Teilchens (4.4-17) erhält man durch Eliminierung von $m_e c_0^2$ für den Impuls $\boldsymbol{p}_e = m_e \boldsymbol{v}$ des Elektrons nach dem Stoß

$$p_e^2 = \frac{1}{c_0^2}\left[(h\nu - h\nu')^2 + 2(h\nu - h\nu')m_{e0}c_0^2\right] . \qquad (20.3\text{-}9)$$

Der Impulssatz liefert für die beiden zueinander senkrechten Impulsanteile (Bild 20-8b)

x-Komponente: $$\frac{h\nu}{c_0} = m_e v \cos\gamma + \frac{h\nu'}{c_0}\cos\vartheta \tag{20.3-10}$$

y-Komponente: $$0 = -m_e v \sin\gamma + \frac{h\nu'}{c_0}\sin\vartheta\,. \tag{20.3-11}$$

Durch Eliminierung von γ folgt hieraus für den Impuls des Elektrons

$$p_e^2 = \frac{1}{c_0^2}\left[h^2\nu^2 + h^2\nu'^2 - 2h^2\nu\nu'\cos\vartheta\right]. \tag{20.3-12}$$

Gleichsetzung von (20.3-9) und (20.3-12) liefert schließlich für die *Wellenlängenänderung bei Compton-Streuung* in Übereinstimmung mit der experimentellen Beobachtung (Index o bei der Ruhemasse des Elektrons wieder weggelassen):

$$\boxed{\lambda' - \lambda = \frac{h}{m_e c_0}(1 - \cos\vartheta)}\,, \tag{20.3-13}$$

mit der *Compton-Wellenlänge* des Elektrons

$$\lambda_C = \frac{h}{m_e c_0} = 2{,}42631\cdot 10^{-12}\,\mathrm{m}\,. \tag{20.3-14}$$

Die Wellenlängen-Verschiebung ist danach am größten für 180°-Streuung und verschwindet für $\vartheta = 0°$. Die Compton-Streuung ist ein wichtiger Energieverlustprozeß von elektromagnetischer Strahlung höherer Energie in Materie.

Anmerkungen: Der klassische Ausdruck für die kinetische Energie $E_k = mv^2/2$ in (20.3-8) liefert das Ergebnis (20.3-13) nur näherungsweise.
Das zur Compton-Wellenlänge gehörige Lichtquant hat nach (20.3-2) gerade die Masse des ruhenden Elektrons.

Ein weiterer Effekt des Impulses von elektromagnetischen Strahlungsquanten läßt sich bei der *γ-Emission von Atomkernen* (vgl. 17.3) beobachten. Ist $E_\gamma = h\nu$ die Energie des emittierten γ-Quants, so beträgt nach (20.3-2) und (20.3-3) sein Impuls $p_\gamma = E_\gamma/c_0 = -p_N$, worin p_N der nach dem Impulssatz dem Kern übertragene *Rückstoßimpuls* ist. Das bedeutet einen Energieübertrag an den Kern, die *Rückstoßenergie*

$$\Delta E_\gamma = \frac{p_N^2}{2m_N} = \frac{E_\gamma^2}{2m_N c_0^2}\,, \tag{20.3-15}$$

der der Energie des γ-Quants entnommen wird. Bei der 14,4 keV-γ-Linie des Eisenisotops ^{57}Fe beträgt die Rückstoßenergie $\Delta E_\gamma \approx 2\cdot 10^{-3}$ eV und die relative "Verstimmung" des γ-Quants $\Delta E_\gamma/E_\gamma = \Delta\nu/\nu \approx 10^{-7}$. Die Energieniveaus der Atomkerne haben jedoch eine außerordentliche Schärfe, in diesem Falle eine relative Breite von $\Delta E/E_\gamma = 3\cdot 10^{-13}$! Das bedeutet, daß die durch die abgegebene Rückstoßenergie "verstimmten" γ-Quanten nicht mehr von anderen ^{57}Fe-Kernen absorbiert werden können. Baut man die ^{57}Fe-Atome jedoch in einen Kristall ein, so besteht eine gewisse Wahrscheinlichkeit dafür (besonders bei tiefen Temperaturen), daß der Rückstoß nicht vom emittierenden Atom, sondern vom ganzen Kristall aufgenommen wird (*Mößbauer-*

Effekt, 1958). In (20.3-15) ist dann statt m_N die um einen Faktor von ca. 10^{23} größere Kristallmasse einzusetzen, womit die Rückstoßenergie praktisch vernachlässigbar wird und das *rückstoßfreie* γ-Quant von anderen (ähnlich eingebauten) ^{57}Fe-Atomen nunmehr absorbiert werden kann: *Rückstoßfreie Resonanzabsorption.*
Wegen der außerordentlichen Resonanzschärfe rückstoßfreier γ-Quanten können mit dem Mößbauer-Effekt kleinste Energie- bzw. Frequenzänderungen gemessen werden, z.B. die Frequenzänderung durch den Doppler-Effekt (18.3-4) bei einer Relativgeschwindigkeit zwischen γ-Strahler und Absorber von nur wenigen mm s^{-1}. Auf diese Weise gelang es auch, die nach dem Einsteinschen Äquivalenzprinzip (allgemeines Relativitätsprinzip, siehe 3.4) zu erwartende, äußerst geringe Frequenzänderung von γ-Quanten durch den Energiegewinn oder -verlust beim Durchlaufen einer vertikalen Strecke im Erdfeld zu messen.

Photonendrehimpuls
Licht kann in verschiedener Weise polarisiert sein (siehe 21.2), z.B. linear (der elektrische Vektor schwingt in einer Ebene, Bild 19-3) oder zirkular (der elektrische Vektor rotiert um die Ausbreitungsrichtung, seine Spitze beschreibt eine Schraubenbahn). Zirkular polarisiertes Licht ist mit einem Drehimpuls verknüpft, der sich experimentell durch Absorption zirkular polarisierten Lichtes durch eine schwarze Scheibe nachweisen läßt, die in ihrem Schwerpunkt an einem Torsionsfaden drehbar aufgehängt ist: Die Scheibe übernimmt den Drehimpuls des absorbierten Lichtes (Beth 1936). Statt der geschwärzten Scheibe kann auch ein Glimmerblättchen verwendet werden, das als $\lambda/4$-Blättchen wirkt und zirkular polarisiertes in linear polarisiertes Licht umwandelt. Die quantitative Messung ergibt die Größenordnung von $\hbar$ für den Drehimpuls (Spin) des Photons. Der genaue Wert $\hbar$ für den Photonendrehimpuls ergibt sich aus spektroskopischen Beobachtungen (siehe 20.4). Hier ist der Spin $\hbar$ des emittierten oder absorbierten Photons zur Drehimpulserhaltung bei Übergängen zwischen zwei Energieniveaus eines Atoms zwingend notwendig, da bei solchen Übergängen im allgemeinen der Drehimpuls des Atoms sich um $\hbar$ ändert.

Für die Orientierung des Spins der Photonen gilt:
Rechtszirkular polarisiertes Licht: Photonenspin parallel zur Ausbreitungsrichtung,
linkszirkular polarisiertes Licht: Photonenspin antiparallel zur Ausbreitungsrichtung.
Linear polarisiertes Licht: Gleich viele Photonenspins in beiden Richtungen.

Elektromagnetische Strahlungsquanten verhalten sich also wie Teilchen mit Energie, Impuls und Drehimpuls, wobei sich der Teilchencharakter der Photonen mit steigender Frequenz bzw. Energie zunehmend deutlicher bemerkbar macht.

20.4 Stationäre Energiezustände, Spektroskopie

Die theoretische Beschreibung der Hohlraumstrahlung (Planck 1900) erzwang die Annahme von quantisierten Oszillatoren, die nur diskrete (stationäre) Energiezustände annehmen und elektromagnetische Strahlung nur "portionsweise" entsprechend den Energiedifferenzen der stationären Zustände emittieren oder absorbieren können (vgl. 20.2). Zur Erklärung des Photoeffektes (siehe 16.7) wurde in Weiterführung dieser Idee angenommen, daß das Licht selbst quantisiert ist: Lichtquantenhypothese (Einstein 1905), später durch den Compton-Effekt (1923) untermauert (20.3). Zur Beschreibung der diskreten Emissions- und Absorptionslinien in den Spektren von Gasatomen wurde schließlich das Bohrsche Atommodell formuliert (1913; siehe 16.1), dessen Kernstück die Annahme diskreter, nicht strahlender Energiezustände im Atom ist. Mit Hilfe der Drehimpulsquantelung (16.1-7) ließen sich die Energiezustände des H-Atoms mit großer Genauigkeit berechnen (16.1-10).

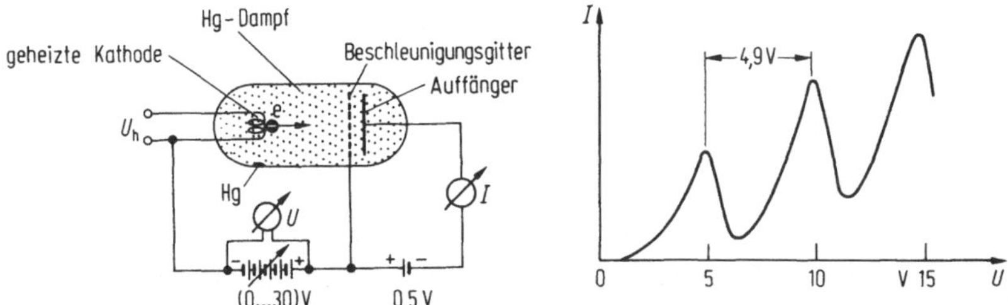

Bild 20-9: Franck-Hertz-Versuch: Anregung eines diskreten Energiezustandes in Quecksilberatomen durch Elektronenstoß.

Einer der direktesten Nachweise für die Existenz diskreter Energiezustände von Atomen ist der *Franck-Hertz-Versuch* (1914). Hierbei werden Elektronen zwischen einer Glühkathode und einer Gitterelektrode durch eine Spannung U beschleunigt und gelangen durch das Gitter hindurch auf eine Auffangelektrode. Im Vakuumgefäß dieser Elektrodenanordnung befindet sich Quecksilberdampf (Bild 20-9). Die Auffangelektrode wird schwach negativ gegen das positive Gitter vorgespannt.

Mit steigender Spannung U steigt zunächst der Auffängerstrom I entsprechend der Kennlinie der Vakuumdiode (Bild 16-37b) an. Bei $U = 4{,}9$ V geht I jedoch sehr stark zurück, um bei weiterer Spannungserhöhung wieder anzusteigen. Dieselbe Erscheinung wiederholt sich bei 9,8 V, 14,7 V usw. $\Delta E = 4{,}9$ eV entspricht der Quantenenergie $E = h\nu$ der ultravioletten Quecksilberlinie der Wellenlänge $\lambda = 253{,}7$ nm. Die Deutung erfolgt durch die Annahme zweier um $\Delta E = 4{,}9$ eV differierender Energiezustände im Hg-Atom: Wenn die Energie der Elektronen diesen Wert erreicht hat, können sie die Hg-Atome anregen, verlieren durch diesen unelastischen Stoß die Anregungsenergie und können dann zunächst nicht mehr die Gegenspannung des Auffängers

überwinden. Dasselbe wiederholt sich bei entsprechend höheren Beschleunigungsspannungen U nach zweifacher, dreifacher usw. Stoßanregung.
Durch ***Stoßanregung*** wird also ein Übergang von einem niedrigen Energiezustand E_1 zu einem höheren Zustand E_2 bewirkt (Bild 20-10a). Dieselbe Anregung kann auch durch ***Absorption*** eines Lichtquants passender Energie $E = h\nu = \Delta E = E_2 - E_1$ bewirkt werden (Bild 20-10b).

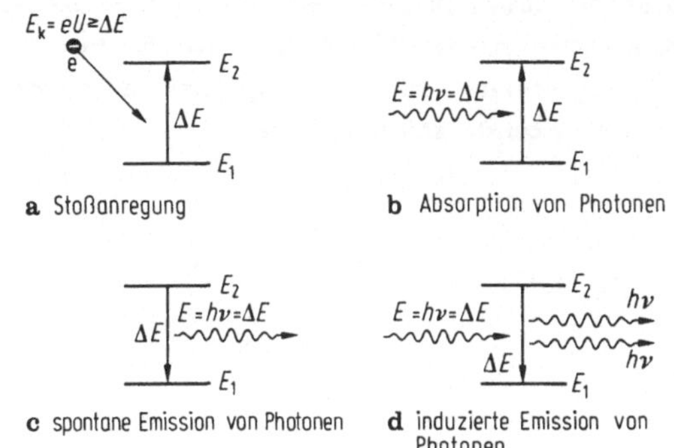

Bild 20-10: Übergangsmechanismen zwischen Energieniveaus in Atomen (zur induzierten Emission vgl. 20.5).

Der angeregte Zustand E_2 geht meist innerhalb sehr kurzer Zeit (ca. 10^{-8} s) wieder in den Grundzustand E_1 über, wobei entsprechend der ***Bohrschen Frequenzbedingung*** gewöhnlich ein Lichtquant der Energie

$$\boxed{E = h\nu = \Delta E = E_2 - E_1} \qquad (20.4\text{-}1)$$

emittiert wird: ***Spontane Emission*** (Bild 20-10c; vgl. 16.1). Die Wechselwirkung zwischen dem elektromagnetischen Strahlungsfeld und einem Atom kann in folgender Weise zusammengefaßt werden:

> Der Übergang zwischen zwei Energieniveaus E_1 und E_2 eines Atoms kann durch Absorption oder Emission eines Photons der Energie $E = h\nu = \Delta E = E_2 - E_1$ erfolgen.

In diesem Bild entsprechen die Frequenzen der Emissionslinien denjenigen der Absorptionslinien, da es sich jeweils um Übergänge zwischen den gleichen Energieniveaus handelt. Rückstoßeffekte brauchen bei den Übergangsenergien in der Elektronenhülle (anders als bei den Kerniveaus, vgl. 20.3) im Normalfall nicht berücksichtigt zu werden, da die Rückstoßenergien klein gegen die energetischen Linienbreiten sind. Insoweit kommt das Bohrsche Bild zum gleichen Ergebnis wie die klassische Vorstellung des Atoms als Resonanzsystem (vgl. 20.1).

Für das Wasserstoffatom erhält man aus den Energietermen (16.1-10) mit der Bohrschen Frequenzbedingung (20.4-1) die ***Frequenzen des Wasserstoffspektrums***

$$\boxed{\nu = \frac{E_m - E_n}{h} = R_\nu\left(\frac{1}{n^2} - \frac{1}{m^2}\right)} \qquad (20.4\text{-}2)$$

mit der *Rydberg-Frequenz*

$$R_\nu = \frac{m_e e^4}{8\varepsilon_0{}^2 h^3} = 3{,}289\,842 \cdot 10^{15}\ \mathrm{s}^{-1}\ . \tag{20.4-3}$$

n und m sind die Hauptquantenzahlen (vgl. 16.1) des unteren und des oberen Energieniveaus, zwischen denen der Übergang stattfindet. Die Linien, die zu einer vorgegebenen unteren Quantenzahl n gehören, wobei m die Werte $(n+1), \ldots, \infty$ durchlaufen kann, bilden *Serien*: Lyman- ($n=1$), Balmer- ($n=2$), Paschen- ($n=3$), Brackett- ($n=4$), Pfund-Serie ($n=5$) usw. (Bild 20-11). Jeder Differenz zweier Energieterme m, n entspricht demnach eine definierte Spektrallinie (*Ritzsches Kombinationsprinzip*).

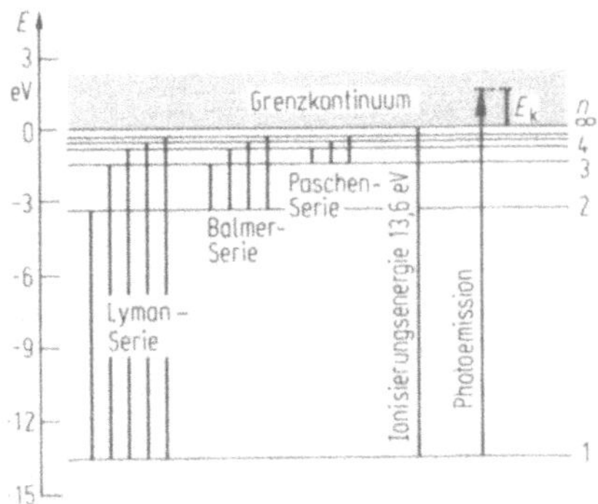

Bild 20-11: Termschema des Wasserstoff-Atoms mit eingezeichneten Serienübergängen.

Bei Anregung mit Photonenenergien $h\nu > E_\infty - E_n = E_i$ (Ionisierungsenergie) findet *Ionisierung* (Photoeffekt) statt, d.h. ein Elektron aus dem Niveau n wird völlig aus dem Atomverband gelöst. Die Überschußenergie $E_k = h\nu - E_i$ nimmt das Elektron als kinetische Energie mit. Da E_k nicht quantisiert ist, schließt sich an die Seriengrenzen des Absorptionsspektrums jeweils ein *Grenzkontinuum* an.

Die experimentelle Bestimmung der Übergangsenergien und damit die Bestimmung der relativen energetischen Lage der Energieniveaus der Atome erfolgt mittels verschiedener Formen der *Spektroskopie* (Bild 20-12, vgl. auch 20.1). Für die Absorptionsspektroskopie kann weißes Licht, aber auch z. B. ein Elektronenstrahl definierter Energie verwendet werden, wobei für die jeweilige Strahlung geeignete Dispersionselemente (Spektrometer) die Strahlung nach der Wechselwirkung mit dem Untersuchungsobjekt (meist in Gasform) örtlich nach Frequenzen oder Energieverlusten zerlegen: Spektrum. Bei der Emissionsspektroskopie kann die Anregung der Atome durch weißes Licht, durch Elektronenstrahlen, in einer Gasentladung usw. erfolgen. Das Emissionslicht wird außerhalb des Anregungsstrahles mittels eines optischen Spektrometers beobachtet.

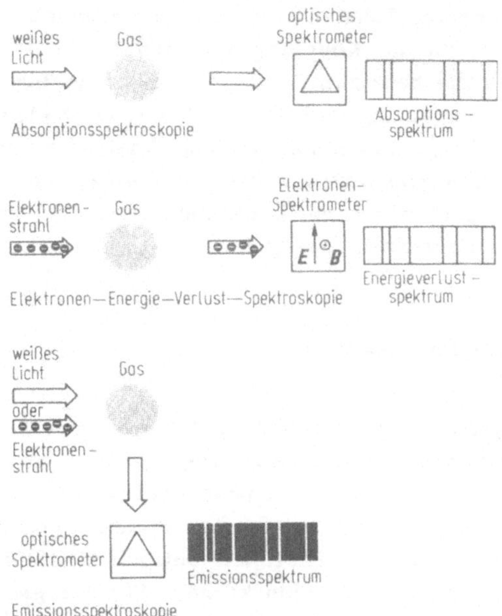

Bild 20-12: Verschiedene Arten der Spektroskopie: Lichtabsorptionsspektroskopie, Elektronenenergieverlustspektroskopie, Emissionsspektroskopie.

Bei Atomen mittlerer und höherer Ordnungszahlen Z sind die Anregungsenergien innerer Elektronen bereits so groß, daß sie in das Röntgengebiet fallen. ***Charakteristische Röntgenstrahlung*** tritt daher neben der Bremsstrahlung (Bild 19-9) bei Anregung von Elektronen in inneren Schalen durch Stoß mit hochenergetischen Elektronen auf, wenn der dadurch freigewordene Platz der inneren Schale durch ein Elektron aus einer weiter außen liegenden Schale aufgefüllt wird (Bild 20-13a). Das dabei emittierte Röntgenquant ergibt eine scharfe, für das Material charakteristische Röntgenlinie, die dem Bremsspektrum überlagert ist (Bild 20-13b).

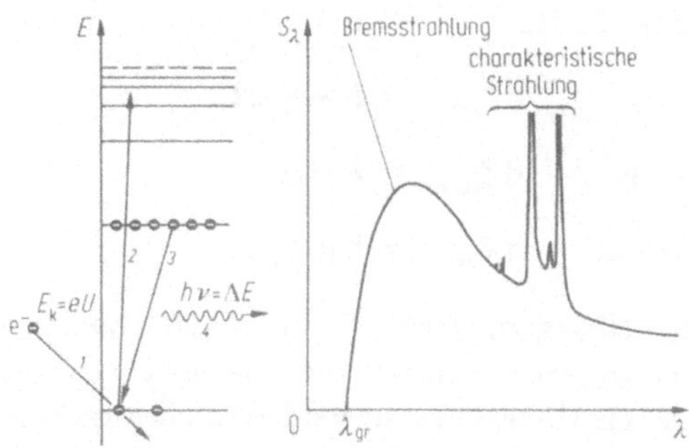

Bild 20-13: Anregung charakteristischer Röntgenlinien durch Elektronenstoß. **a** Vorgänge im Termschema, 1: eingeschossenes Elektron höherer Energie; 2: Stoßanregung eines Elektrons einer inneren Schale; 3: Auffüllung der entstandenen Lücke durch ein Elektron einer höheren Schale; dabei 4: Emission eines Röntgenquants. **b** Röntgenspektrum.

Die Röntgenlinien innerer Schalen sind auch bei Atomen im Festkörperverband scharfe Linien, da die Kopplung mit den Nachbaratomen wegen der Abschirmung durch die besetzten äußeren Schalen gering und die dementsprechende Niveauaufspaltung (vgl. 20.1 und Bild 16-5) klein ist.
Charakteristische Röntgenlinien können zur Analyse chemischer Elemente genutzt werden: *Röntgenspektroskopie*. Die Anregung charakteristischer Röntgenlinien kann auch durch ein kontinuierliches Röntgenspektrum erfolgen: *Röntgenfluoreszenz-Spektroskopie*.

20.5 Induzierte Emission, Laser

Als Übergangsmöglichkeiten zwischen zwei Energieniveaus E_1 und E_2 eines Atoms wurden bisher neben der Stoßanregung die Anregung des Atoms durch Absorption von Photonen aus einem elektromagnetischen Strahlungsfeld und der Übergang aus dem angeregten in den unteren Energiezustand durch spontane Emission von Photonen betrachtet (Bild 20-10 a, b, c). Für eine einfache Herleitung des Planckschen Strahlungsgesetzes (20.2-18) bzw. (20.2-19) hatte Einstein (1917) einen weiteren Übergangsprozeß angenommen: Erzwungene oder stimulierte oder *induzierte Emission*. Diese stellt die Umkehrung der Absorption aus dem elektromagnetischen Strahlungsfeld dar: Ein angeregtes, d.h. im Zustand E_2 befindliches Atom kann durch ein Strahlungsfeld aus Lichtquanten der Energie $h\nu = \Delta E$ zur *induzierten* Emission eines Lichtquants $h\nu = \Delta E$ zum Zeitpunkt der Wechselwirkung mit dem Strahlungsfeld veranlaßt werden, wobei das Atom in den unteren Zustand E_1 übergeht (Bild 20-10 d).
In einem System von N Atomen wird die Wahrscheinlichkeit der Übergänge der Zahl der Atome im jeweiligen Ausgangszustand (E_1 oder E_2) proportional sein. Außerdem wird die Übergangswahrscheinlichkeit bei der Absorption und der induzierten Emission der Energiedichte w des elektromagnetischen Feldes (19.1-16) proportional sein. Sind N_1 Atome im Energiezustand E_1 und N_2 Atome im Energiezustand E_2, so ergibt sich die Zahl $\mathrm{d}Z$ der Übergänge in der Zeit $\mathrm{d}t$ für

$$\begin{aligned} &\text{Absorption:} && \mathrm{d}Z_{\text{abs.}} = BwN_1\,\mathrm{d}t\,, \\ &\text{spontane Emission:} && \mathrm{d}Z_{\text{sp. em.}} = AN_2\,\mathrm{d}t\,, \\ &\text{induzierte Emission:} && \mathrm{d}Z_{\text{ind. em.}} = BwN_2\,\mathrm{d}t\,. \end{aligned} \tag{20.5-1}$$

A, B sind die die Übergangswahrscheinlichkeit bestimmenden *Einstein-Koeffizienten*, wobei angenommen ist, daß die durch das elektromagnetische Feld w hervorgerufenen Übergänge in beiden Richtungen gleich wahrscheinlich sind. Im Strahlungsgleichgewicht des Hohlraumstrahlers (vgl. 20.2) muß die Bilanz gelten:

$$\mathrm{d}Z_{\text{sp. em.}} + \mathrm{d}Z_{\text{ind. em.}} = \mathrm{d}Z_{\text{abs.}}\,. \tag{20.5-2}$$

Durch Einsetzen von (20.5-1) erhält man

$$w = \frac{A}{B} \cdot \frac{1}{N_1/N_2 - 1} . \qquad (20.5\text{-}3)$$

Das Verhältnis der Besetzungsdichten N_2/N_1 regelt sich im thermischen Gleichgewicht nach der Boltzmann-Statistik (8.2-25):

$$\frac{N_2}{N_1} = \mathrm{e}^{-\frac{\Delta E}{kT}} = \mathrm{e}^{-\frac{h\nu}{kT}} . \qquad (20.5\text{-}4)$$

Zwischen der auf den Raumwinkel 1 bezogenen Strahldichte L und der Energiedichte w besteht der Zusammenhang (ohne Herleitung)

$$L_\nu = \frac{c_0}{4\pi} w , \qquad (20.5\text{-}5)$$

sodaß für die spezifische Ausstrahlung $M_{\nu s} = \pi L_{\nu s}$ (20.2-5) eines schwarzen Körpers schließlich die Beziehung folgt

$$M_{\nu s} = \frac{A}{B} \cdot \frac{c_0}{4} \cdot \frac{1}{\mathrm{e}^{h\nu/kT} - 1} , \qquad (20.5\text{-}6)$$

die bereits die Form des Planckschen Strahlungsgesetzes (20.2-19) hat. Hierin stammt die 1 im Nenner vom Anteil der induzierten Emission, der bei niedrigeren Frequenzen von Bedeutung ist, wo der Wellencharakter stärker hervortritt. Der Faktor A/B läßt sich durch Vergleich mit dem Rayleigh-Jeansschen Strahlungsgesetz erhalten, das sich im Grenzfall niedriger Frequenzen ν durch Abzählung der möglichen stehenden Wellen in einem Hohlraum und Anwendung des Gleichverteilungssatzes (vgl. 8.3) gewinnen läßt:

$$\frac{A}{B} = \frac{8\pi h \nu^3}{c_0^3} . \qquad (20.5\text{-}7)$$

Da die Einstein-Koeffizienten A die spontane Emission und B die induzierte Emission beschreiben, folgt daraus, daß die spontane Emission gegenüber der induzierten mit ν^3 ansteigt.

Maser, Laser

Es zeigt sich, daß die durch induzierte Emission erzeugten Photonen *kohärent* zu den Photonen sind, die den Übergang $E_2 \rightarrow E_1$ angeregt haben, d.h. sie stimmen in Ausbreitungsrichtung, Schwingungsebene und Phase überein. Trifft daher ein Photon der Energie $E = h\nu = \Delta E = E_2 - E_1$ nacheinander auf mehrere angeregte Atome im oberen Energiezustand E_2, so kann es durch nacheinander induzierte Emissionen entsprechend verstärkt werden (z.B. Bild 20-15). Da die Absorption nach (20.5-1) genauso wahrscheinlich wie die induzierte Emission ist, muß zur Erreichung einer effektiven Verstärkung die Zahl N_2 der Atome im oberen Niveau E_2 größer sein als die Zahl N_1 der Atome im unteren Niveau E_1: *Besetzungszahl-Inversion* $N_2 > N_1$. Im thermischen Gleichgewicht ist das nach der Boltzmann-Statistik nicht der Fall, da die Besetzungszahlen sich nach (20.5-4) regeln. Eine Besetzungszahl-Inversion läßt sich nur durch ein System mit mindestens drei Niveaus (Bild 20-14) erreichen. Solche Systeme gestatten die kohärente Verstärkung von Mikro-

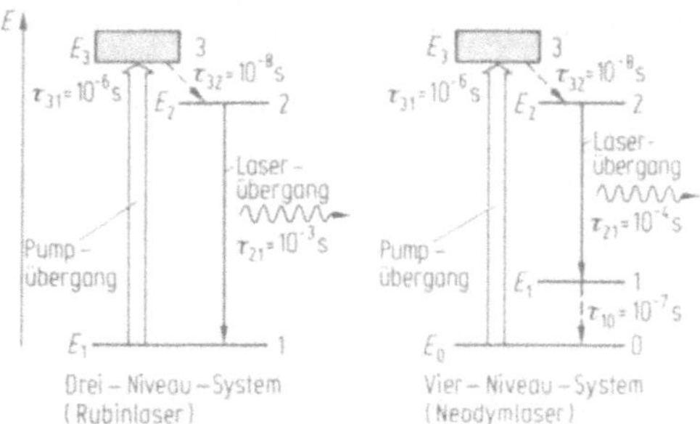

Bild 20-14: Energetische Vorgänge beim Laser-Prozeß: **a** Drei-Niveau-System (z.B. Rubin-Laser) und **b** Vier-Niveau-System (z.B. Nd-Glas- oder Nd-YAG-Laser, Gaslaser).

wellen (*Maser*: *m*icrowave *a*mplification by *s*timulated *e*mission of *r*adiation, Townes u.a., 1954) oder Lichtwellen (*Laser*: *l*ight *a*mplification by *s*timulated *e*mission of *r*adiation, Schawlow u. Townes, 1958, Maiman, 1960).

Drei-Niveau-System

Eine Möglichkeit, eine Überbesetzung des oberen Niveaus E_2 eines Laserüberganges zu erreichen, ist die Anregung von höheren Niveaus, hier in E_3 zusammengefaßt dargestellt (Bild 20-14 a), vom unteren Laserniveau E_1 aus (*Pumpvorgang*) durch Elektronenstoßanregung (z.B. in einer Gasentladung, Bild 20-15) oder durch optische Pumpstrahlung (z.B. durch eine Blitzlampe, Bild 20-16). Dadurch kann eine Besetzungszahlangleichung zwischen E_1 und E_3 erreicht werden. Wenn für die Übergangszeiten $\tau_{31} \gg \tau_{32}$ gilt, gehen die Atome überwiegend durch spontane Emission oder durch strahlungslose Übergänge (Energieabgabe an das Gitter: Wärme) in das benachbarte Niveau E_2 über. Bei langer Lebensdauer τ_{21} dieses Niveaus (*metastabiles* Niveau mit nur geringer spontaner Emission) und fortgesetztem Pumpen entsteht hier schließlich eine Überbesetzung oder Besetzungszahl-Inversion gegenüber dem Grundniveau E_1: $N_2 > N_1$.

Vier-Niveau-System

Sehr viel günstiger arbeitet das Vier-Niveau-System (Bild 20-14 b). Hier ist das untere Laserniveau E_1 nicht identisch mit dem Grundzustand E_0 des Atoms. Ist der energetische Abstand $E_1 - E_0$ nicht zu klein, so ist im thermischen Gleichgewicht die Besetzungszahl N_1 sehr klein. Ist ferner die Übergangszeit $\tau_{10} \ll \tau_{21}$, so bleibt das Niveau E_1 auch bei Übergängen $E_2 \rightarrow E_1$ praktisch leer. Eine Überbesetzung von E_2 gegenüber E_1 durch den Pumpvorgang wird daher sehr leicht erreicht.

Dem Aufbau der Überbesetzung von E_2 gegenüber E_1 wirkt die spontane Emission $E_2 \rightarrow E_1$ entgegen. Da diese nach (20.5-7) mit ν^3 ansteigt, ist das Erreichen einer Besetzungszahl-Inversion bei höheren Frequenzen entsprechend schwieriger.

Laser-Anordnungen

In einem Medium, in dem durch einen geeigneten Pumpprozeß eine Besetzungszahl-Inversion erzeugt worden ist, etwa in einer Gasentladung eines geeigneten Helium-Neon-Gemisches (Bild 20-15), wird ein Lichtquant der Energie $h\nu = \Delta E$, das z.B. durch spontane Emission eines angeregten Atoms entstanden ist, durch induzierte Emission weiterer angeregter Atome verstärkt. Jedoch beträgt die Verstärkung je Meter Länge nur wenige Prozent. Deshalb wird das verstärkte Licht durch parallele Spiegel, die einen optischen Resonator bilden, immer wieder durch das aktive Medium geschickt und weiter verstärkt. Sind die Verluste geringer als die Gesamtverstärkung, so hat diese *Rückkopplung* eine Selbsterregung zur Folge: Die Anordnung emittiert kohärentes, polarisiertes Licht, in dem die einzelnen Photonen phasengerecht mit gleicher Schwingungsebene gekoppelt sind. (Ein glühender Körper sendet dagegen völlig unkorrelierte Photonen mit statistisch wechselnden Schwingungsebenen aus: unpolarisiertes, natürliches Licht.) Die das Gasentladungsrohr abschließenden Glasplatten sind unter dem Brewster-Winkel (siehe 21.2) geneigt, um Reflexionsverluste zu vermeiden. Sie legen damit gleichzeitig die Polarisationsebene des vom *Gaslaser* emittierten Laserlichtes fest.

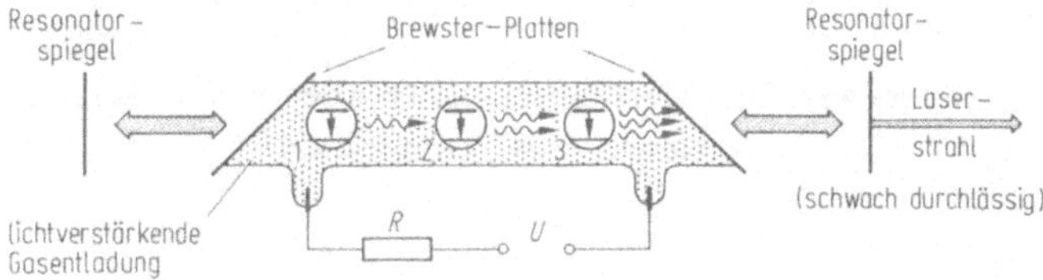

Bild 20-15: Elektronenstoßgepumpter Gaslaser.

Festkörperlaser (Bild 20-16) werden optisch gepumpt. Der lichtverstärkende Festkörper (z.B. Rubin, Neodymglas, Nd-YAG-Kristalle) wird beispielsweise in der einen Brennlinie eines elliptischen Spiegels (Pumplicht-Kavität) angeordnet, in dessen zweiter Brennlinie sich die Pumplichtquelle (Blitzlampe) befindet, sodaß das von der Pumplichtquelle ausgehende Licht weitgehend in das aktive Medium überführt wird.

Der Laserprozeß kommt zum Erliegen, wenn die Besetzungsinversion abgebaut ist. Blitzlichtgepumpte Laser arbeiten daher im Pulsbetrieb, während kontinuierlich gepumpte Gaslaser im Dauerstrichbetrieb arbeiten können.

Ein Laserlichtstrahl läßt sich mit einer optischen Linse (22.1) nahezu ideal fokussieren. Der Fokusfleckdurchmesser d ist im wesentlichen durch die Beugung infolge der Strahlbegrenzung bestimmt (vgl. 23 u. 24) und ergibt sich in erster Näherung zu

$$d \approx \frac{\lambda f}{D}\,. \qquad (20.5\text{-}8)$$

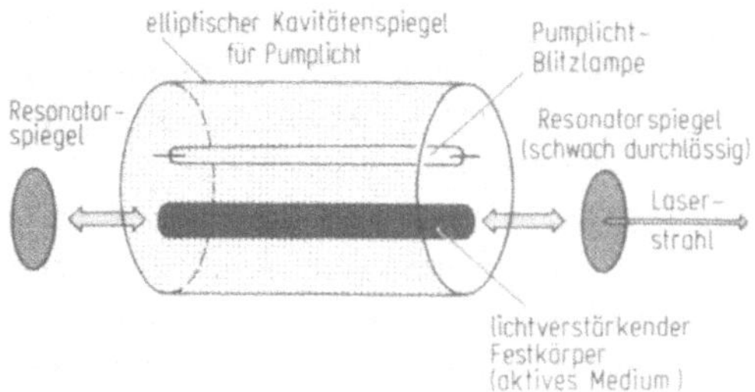

Bild 20-16: Optisch gepumpter Festkörperlaser.

(λ: Wellenlänge des Laserlichtes; f: Brennweite der Fokussierungslinse; D: Durchmesser des Laserstrahls.) Es sind daher Fokusfleckdurchmesser in der Größenordnung der Wellenlänge erreichbar und dementsprechend extrem hohe Leistungsdichten (10^{15} Wcm^{-2} und mehr) im Fokus.

Bei Anwendungen des Lasers wird z.B. ausgenutzt:
Extreme Leistungsdichte: Nichtlineare Optik, Materialbearbeitung (Bohren, Schneiden, Härten); Fusionsexperimente.
Hohe Kohärenz: Kohärente Optik, Holografie (vgl. 24.2), Interferometrie (vgl. 23).
Extrem kleine Divergenz: Entfernungsmessung über große Strecken, Satellitenvermessung, Vermessungswesen (z.B. Tunnelbau).

21 Reflexion und Brechung, Polarisation

Zur Beschreibung des makroskopischen geometrischen Verlaufes der Ausbreitung elektromagnetischer Wellen (Licht) in Materie lassen sich zu den Wellenflächen (Flächen konstanter Phase, siehe 18.1) senkrechte (orthogonale) Linien verwenden: Licht*strahlen* (Bild 21-1). In isotropen Medien stimmen die Lichtstrahlen mit der Richtung des Poynting-Vektors (19.1-18) überein und kennzeichnen den Weg der Lichtenergie im Raum.

Satz von Malus:

> Die Orthogonalität zwischen Strahlen und Wellenflächen (Orthotomie) bleibt bei der Wellenausbreitung, d.h. auch bei Reflexion und Brechung, erhalten.

Der Zeitabstand zwischen korrespondierenden Punkten zweier Wellenflächen ist für alle Paare von korrespondierenden Punkten A und A', B und B', C und C' usw. gleich (Bild 21-1).

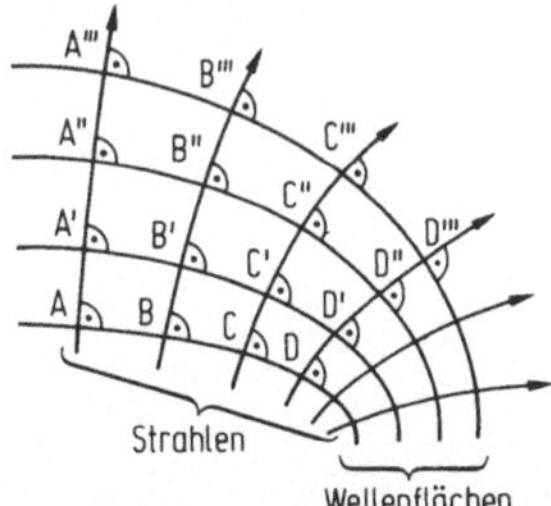

Bild 21-1: Strahlen und Wellenflächen stehen überall aufeinander senkrecht.

Für viele Zwecke genügt es, die Lichtausbreitung anhand des Strahlenverlaufes zu betrachten (siehe 22, Geometrische Optik), insbesondere wenn die das Lichtwellenfeld begrenzenden Geometrien (Schirme, Blenden) Dimensionen besitzen, die groß gegen die Wellenlänge sind. Ein Kriterium hierfür ist die Fresnel-Zahl (siehe 23.1).

21.1 Reflexion, Brechung, Totalreflexion

Unter *Reflexion* und *Brechung* von Licht versteht man die Ausbreitung von Lichtwellen in optisch inhomogener Materie, d.h. in Materie mit örtlich variabler Lichtgeschwindigkeit, insbesondere die Ausbreitung an Grenzflächen zwischen zwei (sonst homogenen) Materiegebieten verschiedener Lichtgeschwindigkeit. Hierüber existieren folgende Erfahrungsgesetze (Bild 21-2):

Für die Reflexion von Lichtstrahlen an einer solchen Grenzfläche gilt das *Reflexionsgesetz*

$$\boxed{\alpha' = \alpha} \,. \tag{21.1-1}$$

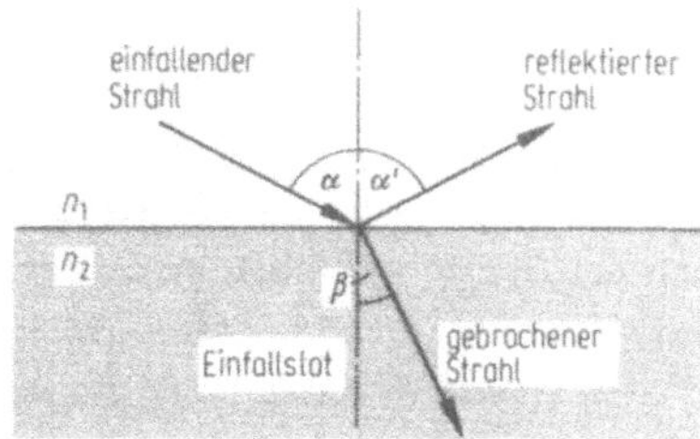

Bild 21-2: Reflexion und Brechung von Licht an einer Grenzfläche.

Für die Brechung (Refraktion) von Lichtstrahlen beim Durchgang durch die Grenzfläche gilt (Snellius, 1621)

$$\sin\alpha = \text{const}\cdot\sin\beta \,. \tag{21.1-2}$$

Die Konstante setzt sich aus den optischen Materialeigenschaften beider Medien zusammen. Führt man für jedes Material eine eigene Konstante, die optische *Brechzahl n* ein, so folgt das *Snelliussche Brechungsgesetz*

$$n_1 \sin\alpha = n_2 \sin\beta$$

oder

$$\boxed{\frac{\sin\alpha}{\sin\beta} = \frac{n_2}{n_1} = \text{const}} \,. \tag{21.1-3}$$

Für Vakuum wird gesetzt:

$$n_{\text{vac.}} \equiv 1 \,. \tag{21.1-4}$$

Die empirischen Gesetze der Reflexion und Brechung lassen sich mit dem Konzept der Wellenausbreitung, insbesondere des *Huygensschen Prinzips* (siehe 23.1) verifizieren. Danach werden von jeder Wellenfläche (Phasenfläche) Kugelwellen (*Elementarwellen*) phasengleich angeregt, deren Überlagerung (= tangierende Hüllfläche) eine neue Wellenfläche der ursprünglichen Welle ergibt.

Wir betrachten eine ebene Welle, die unter dem Einfallswinkel α gegen das Einfallslot (Bild 21-3) auf eine Grenzfläche zwischen zwei Medien mit den Brechzahlen n_1 und n_2 sowie den Lichtgeschwindigkeiten c_1 und c_2 fällt. Die Phasenfläche AB löst beim weiteren Fortschreiten auf der Grenzfläche AB' Elementarwellen sowohl im Medium 1 als auch im Medium 2 aus, die

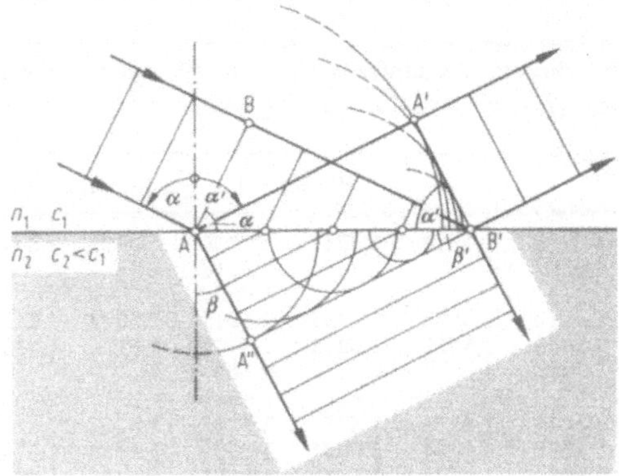

Bild 21-3: Reflexion und Brechung einer ebenen Welle an der Grenzfläche zweier Ausbreitungsmedien mit unterschiedlichen Brechzahlen n bzw. Lichtgeschwindigkeiten c.

sich zu neuen ebenen Phasenflächen A'B' im Medium 1 bzw. A"B' im Medium 2 überlagern. Deren unterschiedliche Neigungen ergeben sich aus den unterschiedlich angenommenen Lichtgeschwindigkeiten c_1 im Medium 1 bzw. c_2 im Medium 2 (hier: $c_2 < c_1$). Nach dem Satz von Malus sind die Laufzeiten τ zwischen den korrespondierenden Phasenflächenpunkten A und A', B und B' sowie A und A" gleich.
Geometrisch ergibt sich aus Bild 21-3:

$$\overline{BB'} = c_1 \tau = \overline{AB'} \sin\alpha \,, \tag{21.1-5a}$$

$$\overline{AA'} = c_1 \tau = \overline{AB'} \sin\alpha' \,, \tag{21.1-5b}$$

$$\overline{AA''} = c_2 \tau = \overline{AB'} \sin\beta \,. \tag{21.1-5c}$$

Aus (21.1-5a) und (21.1-5b) folgt $\sin\alpha = \sin\alpha'$ und damit das Reflexionsgesetz (21.1-1). Für das Brechungsgesetz (21.1-3) ergibt sich aus (21.1-5a) und (21.1-5c)

$$\boxed{\frac{\sin\alpha}{\sin\beta} = \frac{n_2}{n_1} = \frac{c_1}{c_2} = \text{const}} \,, \tag{21.1-6}$$

d.h., die Brechzahlen verhalten sich umgekehrt wie die Lichtgeschwindigkeiten. Ist das Medium 1 Vakuum, d.h. $n_1 = 1$, so gilt mit $n_2 = n$ sowie mit $c_1 = c_0$ (Vakuumlichtgeschwindigkeit) und $c_2 = c_n$ für die *Brechzahl* n eines an Vakuum grenzenden Stoffes

$$n = \frac{c_0}{c_n} \tag{21.1-7}$$

in Übereinstimmung mit (20.1-2). Im Normalfall ist $n > 1$ (Tab. 21-1), d.h. die Lichtgeschwindigkeit c_n in einem Stoff der Brechzahl n ist kleiner als die Vakuumlichtgeschwindigkeit, was durch Messungen der Lichtgeschwindigkeit in durchsichtigen Stoffen, z.B. nach Foucault, bestätigt wurde. In Grenzfällen, z.B. bei Röntgenstrahlen, kann n geringfügig kleiner als 1 werden (siehe 20.1). Das bedeutet, daß die Phasengeschwindigkeit des Lichtes

Tabelle 21-1: Brechzahlen einiger Stoffe für Licht bei den Wellenlängen wichtiger Fraunhoferscher Linien.

Stoff	Fraunhofer-Linie: Bezeichnung (Element); Wellenlänge in nm							
	A (O) 760,8	B (O) 686,7	C (H) 656,3	D (Na) 589,3	E (Fe) 527,0	F (H) 486,1	G (Fe) 430,8	H (Ca) 396,8
	Brechzahl n gegen Luft							
Wasser	1,3289	1,3304	1,3312	1,3330	1,3325	1,3371	1,3406	1,3435
Ethylalkohol				1,3618				
Quarzglas				1,4589				
Benzol	1,4910	1,4945	1,4963	1,5013	1,5077	1,5134	1,5243	1,5340
Borkronglas BK1	1,5049	1,5067	1,5076	1,5100	1,5130	1,5157	1,5205	1,5246
Kanadabalsam				1,542				
Steinsalz				1,5443				
Schwerkronglas SK2	1,6035	1,6058	1,6070	1,6102	1,6142	1,6178	1,6244	1,6300
Flintglas F3	1,6029	1,6064	1,6081	1,6128	1,6190	1,6246	1,6355	1,6542
Schwefelkohlenstoff	1,6088	1,6149	1,6182	1,6277	1,6405	1,6523	1,6765	1,6994
Diamant				2,4173				

hier $> c_0$ wird. In solchen Fällen bleibt jedoch, wie genauere theoretische Betrachtungen zeigen, die Gruppengeschwindigkeit (siehe 18.1) und damit die Signalgeschwindigkeit in jedem Falle kleiner als c_0.

Wie aus der Betrachtung zur Brechung (Bild 21-3) erkennbar ist, ist für die Ausbreitung einer Lichtwelle in einer vorgegebenen Zeit τ nicht der geometrische Weg s allein maßgebend, sondern eine Größe ns, die bei gleichem Betrag von der Lichtwelle in gleicher Zeit durchlaufen wird. Man definiert daher als *optische Weglänge*

$$L \equiv \int_P^{P'} n\,\mathrm{d}s\,. \tag{21.1-8}$$

Mit Hilfe der optischen Weglänge lassen sich Reflexions- und Brechungsgesetz auch aus einem Extremalprinzip gewinnen (hier nicht durchgeführt), dem *Fermatschen Prinzip*:

$$\boxed{L = \int_P^{P'} n\,\mathrm{d}s = \text{Extremum}}\,. \tag{21.1-9}$$

Das Licht verläuft zwischen zwei Punkten P und P' so, daß die optische Weglänge einen Extremwert, meist ein Minimum, annimmt.

In der Formulierung der Variationsrechnung lautet (21.1-9):

$$\delta L = \delta\int_P^{P'} n\,\mathrm{d}s = c_0\,\delta\int_P^{P'} \frac{\mathrm{d}s}{c_n} = c_0\,\delta\int_P^{P'} \mathrm{d}t = 0 \tag{21.1-10}$$

Aus (21.1-10) folgt:

Laufzeit und optische Länge der physikalisch realisierten Wege des Lichtes sind Minimalwerte.

Das Fermatsche Prinzip (1650) läßt sich als Grenzfall für $\lambda \to 0$ aus der Wellengleichung (19.1-7) herleiten und kann auch in der Form der sog. *Eikonalgleichung*

$$\boxed{(\mathrm{grad}\, L)^2 = n^2} \tag{21.1-11}$$

geschrieben werden. Die Eikonalgleichung stellt die Grundgleichung der *geometrischen Optik* (siehe 22) dar.

Aus dem Fermatschen Prinzip folgen unmittelbar die drei Grundsätze der geometrischen Optik:
- Geradlinigkeit der Lichtstrahlen im homogenen Medium,
- Umkehrbarkeit des Strahlenganges (in der zeitfreien Formulierung),
- Eindeutigkeit und Unabhängigkeit der Lichtstrahlen.

Totalreflexion

Geht eine Lichtwelle aus einem Medium mit höherer Brechzahl n_1 (*optisch dichteres Medium*) in eine Medium mit niedrigerer Brechzahl $n_2 < n_1$ (*optisch dünneres Medium*) über, so ist $\beta > \alpha$ und es lassen sich drei Fälle unterscheiden (Bild 21-4):

1. $\alpha = \alpha_1 < \alpha_{gr}$: Lichtstrahl 1 wird gemäß Brechungsgesetz (21.1-3) und Reflexionsgesetz (21.1-1) gebrochen und reflektiert.
2. $\alpha = \alpha_{gr}$: Lichtstrahl 2 verläuft nach der Brechung genau entlang der Grenzfläche: $\beta = 90^\circ$.
3. $\alpha = \alpha_3 > \alpha_{gr}$: Lichtstrahl 3 kann nach dem Brechungsgesetz nicht mehr in das optisch dünnere Medium übertreten. Stattdessen wird das Licht an der Grenzfläche vollständig reflektiert: *Totalreflexion.*

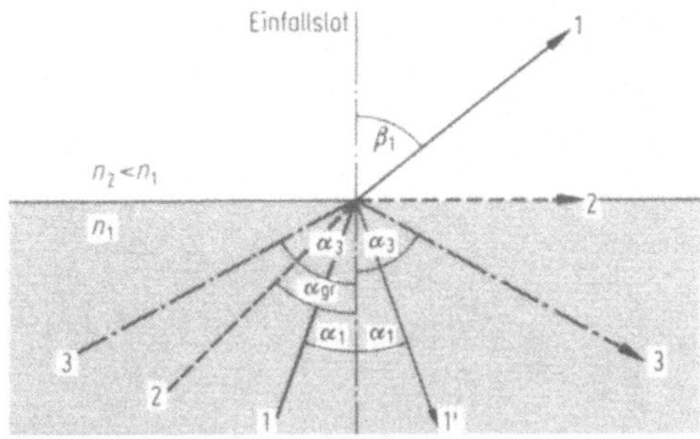

Bild 21-4: Lichtübergang vom optisch dichteren in ein optisch dünneres Medium: Partielle Reflexion (1) und Totalreflexion (3).

Der *Grenzwinkel der Totalreflexion* α_{gr} ergibt sich aus dem Brechungsgesetz (21.1-3) und mit $\beta = \pi/2$ gemäß

$$\sin \alpha_{gr} = \frac{n_2}{n_1}\,. \tag{21.1-12}$$

Grenzt das Medium an das Vakuum ($n_2 = 1$, $n_1 = n$), so vereinfacht sich (21.1-12) zu

$$\boxed{\sin \alpha_{gr} = \frac{1}{n}}\,. \tag{21.1-13}$$

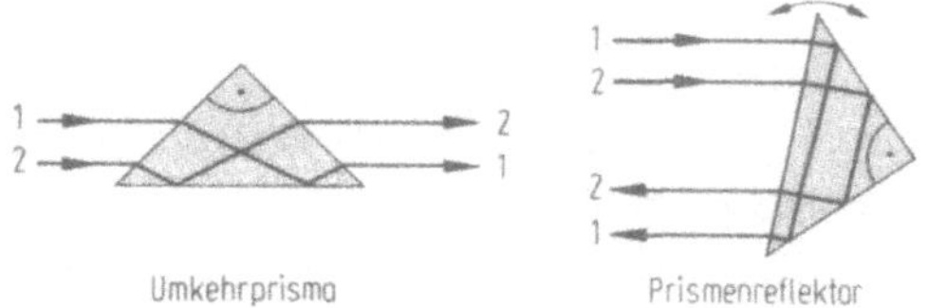

Bild 21-5: Totalreflexion im Umkehrprisma und im Rückstrahler.

Die Totalreflexion wird z.B. in den Umkehrprismen (Bild 21-5) ausgenutzt (Prismen-Ferngläser, Rückstrahler).

Von großer technischer Bedeutung für die Nachrichtentechnik (optische Signalübertragung) ist die Ausnutzung der Totalreflexion in dünnen Glasfasern, die bei einem Durchmesser von 10 bis 50 µm flexibel sind: *Lichtleiterfasern* (Bild 21-6). Das an einem Ende der Glasfaser eingekoppelte Licht wird durch vielfache Totalreflexion bis an das andere Ende geleitet. Das funktioniert (bei etwas eingeschränktem Akzeptanzwinkel ϑ_m') auch bei gekrümmten Lichtleiterfasern.
Geordnete Bündel solcher Lichtleitfasern leiten ein auf die eine Stirnfläche projiziertes Bild zur anderen Stirnfläche weiter: *Glasfaseroptik* (medizinische Anwendung: optische Beobachtung innerer Organe).

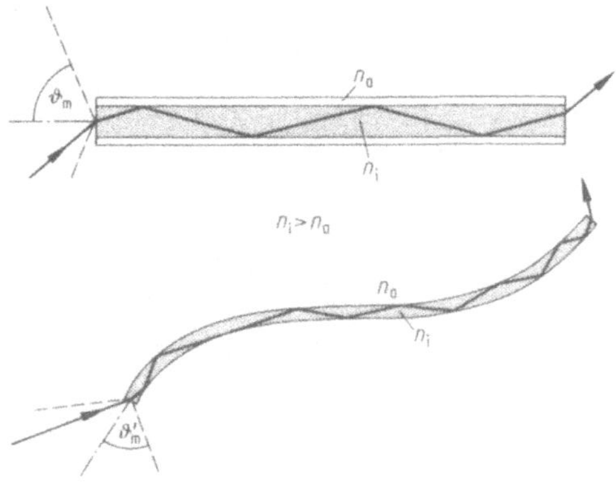

Bild 21-6: Lichtleitung mittels Vielfach-Totalreflexion in Glasfasern.

Brechung am Prisma

Lichtstrahlen werden durch Prismen von der Prismen-Dachkante weggebrochen (Bild 21-7). Für kleine Dachwinkel γ und senkrechten Einfall auf die erste Prismenfläche ergibt sich für den Ablenkwinkel δ aus dem Brechungsgesetz (21.1-3) näherungsweise

$$\delta \approx \gamma(n-1) . \qquad (21.1\text{-}14)$$

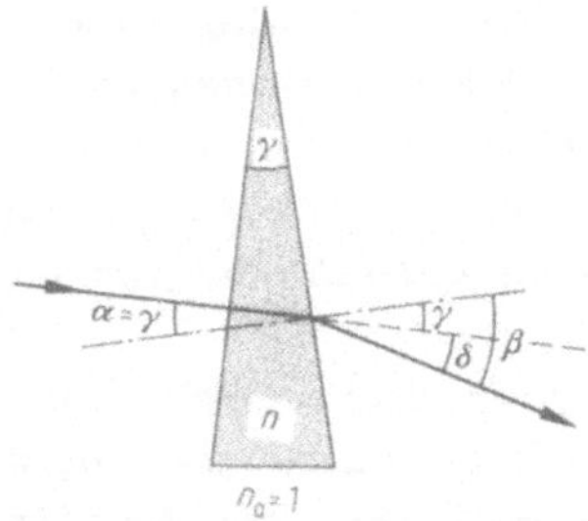

Bild 21-7: Ablenkung eines Lichtstrahls durch ein Prisma.

Der Ablenkwinkel δ steigt also mit dem Dachwinkel γ und der Brechzahl n des Prismas an. Qualitativ gilt das auch für größere Dachwinkel und schrägen Einfall.

Da die Brechzahl $n = n(\lambda)$ eine Funktion der Wellenlänge ist (Dispersion, siehe 20.1 und Tab. 21-1), wird bei normaler Dispersion kurzwellige Strahlung durch ein Prisma stärker gebrochen als langwellige Strahlung (Bild 21-8).

Prismen können daher zur spektralen Analyse von Lichtstrahlung angewendet werden: Prismenspektrographen. Bei voller Ausleuchtung beträgt das spektrale Auflösungsvermögen (ohne Ableitung):

$$\frac{\lambda}{\Delta\lambda} = B\frac{\mathrm{d}n}{\mathrm{d}\lambda}\,. \qquad (21.1\text{-}15)$$

Das spektrale Auflösungsvermögen eines Prismas hängt nur von seiner Basislänge B und der Dispersion $\mathrm{d}n/\mathrm{d}\lambda$ des Prismenmaterials, nicht aber vom Prismenwinkel γ ab.

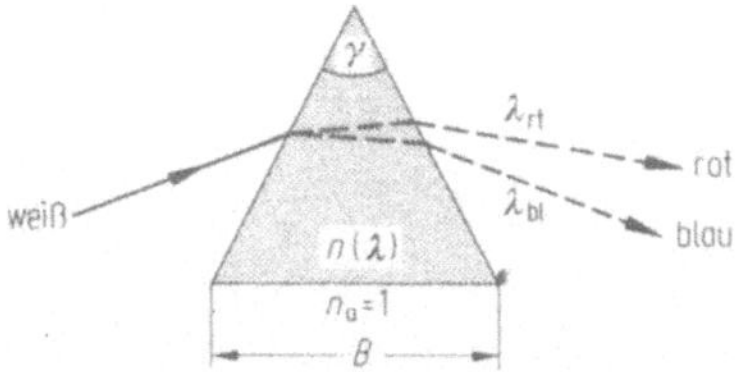

Bild 21-8: Dispersion eines Prismas.

21.2 Polarisation

Bei longitudinalen Wellen (z.B. Schallwellen) ist die Schwingungsrichtung mit der Ausbreitungsrichtung identisch (siehe 18.1 und 18.2) und damit eindeutig festgelegt. Bei transversalen Wellen (z.B. elektromagnetische Wellen) ist die Schwingungsrichtung senkrecht zur Ausbreitungsrichtung und muß zur eindeutigen Beschreibung zusätzlich angegeben werden. Eine Welle, die nur in einer, durch die Schwingungs- und die Ausbreitungsrichtung aufgespannten Ebene schwingt, heißt *linear polarisiert*. Bei elektromagnetischen Wellen (z.B. Licht) wird die Schwingungsebene des elektrischen Feldstärkevektors (vgl. Bild 19-3) als *Schwingungsebene*, die des magnetischen Feldstärkevektors als *Polarisationsebene* bezeichnet. Rotieren die Feldstärkevektoren während des Ausbreitungsvorganges um die Ausbreitungsrichtung, so handelt es sich um *elliptisch* oder *zirkular polarisierte* Wellen.

Bei der Erzeugung elektromagnetischer Wellen durch einen Sendedipol (Bild 19-2) ist die Schwingungsebene durch die Orientierung des Sendedipols festgelegt. Zum Nachweis muß auch der Empfängerdipol in der gleichen Richtung orientiert sein. Die Beobachtung solcher *Polarisationserscheinungen* beweist daher die Transversalität des betreffenden Wellenvorganges. Die Beobachtung von Polarisationserscheinungen bei Licht ist dementsprechend ein Nachweis dafür, daß Licht ein *transversaler* Wellenvorgang ist.

Die von den Atomen eines glühenden Körpers oder einer normalen Gasentladung (nicht beim Laser) emittierten Lichtquanten haben beliebige Schwingungsebenen. So entstehendes, *natürliches Licht* ist daher unpolarisiert: Alle Schwingungsebenen kommen gleichmäßig verteilt vor. Durch sog. *Polarisatoren*, die nur Licht mit einer bestimmten Schwingungsebene passieren lassen (siehe unten), kann aus natürlichem Licht linear polarisiertes Licht erzeugt werden. Durch einen weiteren Polarisator, den *Analysator*, können die Tatsache der Polarisation und die Lage der Polarisationsebene festgestellt werden (Bild 21-9).

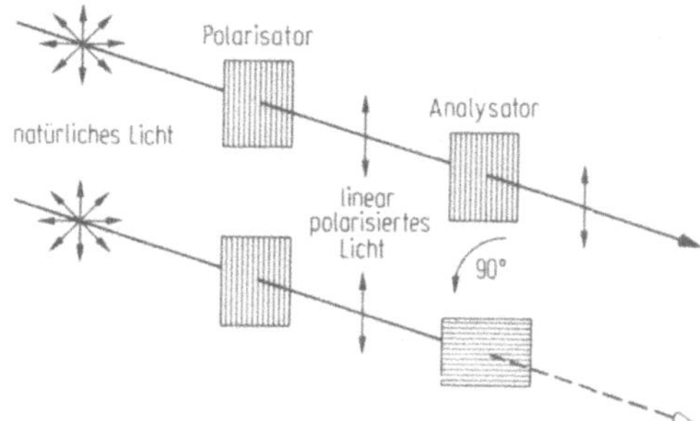

Bild 21-9: Erzeugung und Nachweis linear polarisierten Lichtes aus natürlichem Licht mittels Polarisatoren.

Beim schrägen Einfall einer elektromagnetischen Welle S auf eine ebene Grenzfläche zwischen zwei durchsichtigen Medien unterschiedlicher Brechzahlen n_1 und n_2 hängen sowohl der Reflexionsgrad ρ (= reflektierte Intensität/einfallende Strahlungsintensität) als auch der Transmissionsgrad τ (= Intensität der gebrochenen Welle/einfallende Strahlungsintensität) von der Lage der Schwingungsebene zur Einfallsebene ab. Reflexions- und Transmissionsgrad seien $\rho_\perp$ und $\tau_\perp$ für eine einfallende Welle $S_\perp$, bei der der elektrische Feldstärkevektor $E_\perp$ senkrecht zur Einfallsebene schwingt (d.h.

parallel zur Grenzfläche), und $\rho_{\parallel}$ und $\tau_{\parallel}$ für eine einfallende Welle $S_{\parallel}$, deren elektrischer Feldstärkevektor $E_{\parallel}$ in der Einfallsebene schwingt.

Aufgrund des Huygensschen Prinzips (siehe 21.1 und 23.1) sowie der Strahlungs-Charakteristik des Dipols (Bild 19-5) ist es anschaulich verständlich, daß die Anregung der Elementarwellen, die sich von der Grenzfläche ausgehend zum reflektierten Strahl überlagern, bevorzugt durch $S_{\perp}$ erfolgt ($E_{\perp} \perp$ Einfallsebene, d.h. $\parallel$ Grenzfläche). Die Elementarwellen, die durch $S_{\parallel}$ ($E_{\parallel} \parallel$ Einfallsebene) in der Grenzfläche angeregt werden, haben aufgrund der Dipol-Strahlungscharakteristik nur eine geringe Amplitude in Reflexionsrichtung. Für einen Einfallswinkel $\alpha = \alpha_P$, bei dem gebrochener und reflektierter Strahl einen Winkel von 90° bilden (Bild 21-10), wird die Amplitude von $S_{\parallel}$ null: Das von einem einfallenden Strahl S unpolarisierten, natürlichen Lichtes an einer Grenzfläche reflektierte Licht S' ist partiell, im Falle $\alpha = \alpha_P$ vollständig linear polarisiert. Der gebrochene Strahl S'' ist stets nur partiell polarisiert (Bild 21-11).

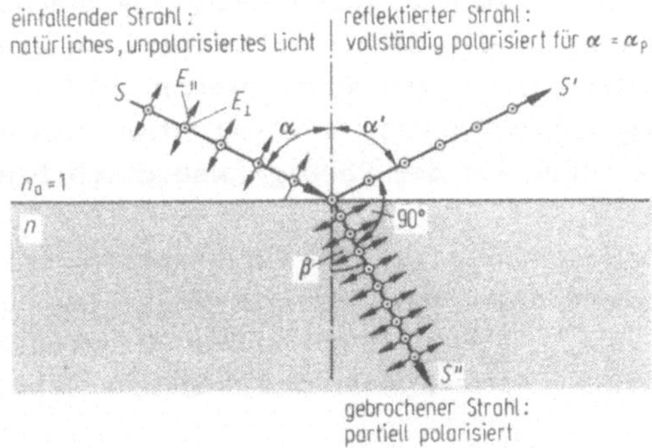

Bild 21-10: Polarisation durch Reflexion unter dem Brewster-Winkel $\alpha = \alpha_P$.

Der Winkel α_P (*Brewster-Winkel*) läßt sich unter Beachtung von $\alpha_P + \beta = 90°$ aus dem Brechungsgesetz (21.1-3) berechnen. Mit $n_1 = n_a = 1$ (Vakuum) und $n_2 = n$ folgt das *Brewstersche Gesetz*

$$\tan \alpha_P = n \, . \qquad (21.2\text{-}1)$$

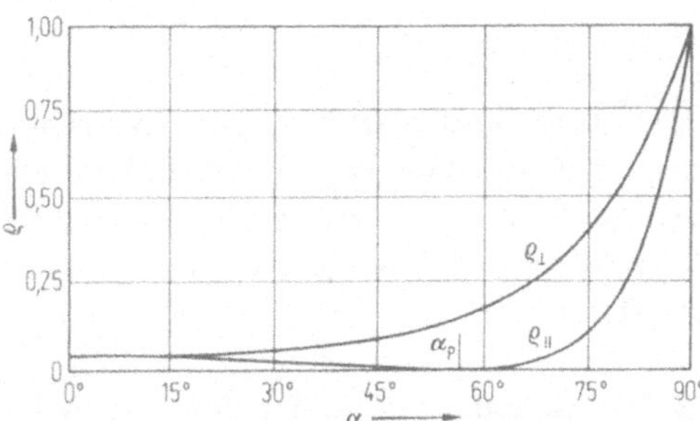

Bild 21-11: Reflexionsgrad der Grenzfläche Vakuum-Glas (bzw. Luft-Glas) für linear polarisiertes Licht.

Aus den Maxwellschen Gleichungen (14.5-4) und (14.5-5) lassen sich Grenzbedingungen für die elektrische und magnetische Feldstärke an der Grenzfläche zwischen den beiden Medien herleiten, und aus diesen wiederum Beziehungen für den Reflexionsgrad $\rho = 1 - \tau$ (durchsichtige Medien, Absorptionsgrad $\alpha_a = 0$; Index $_a$ zur Vermeidung von Verwechselungen mit dem Einfallswinkel α), die *Fresnelschen Formeln*:

$$\rho_\perp = 1 - \tau_\perp = \frac{\sin^2(\alpha - \beta)}{\sin^2(\alpha + \beta)}, \qquad (21.2\text{-}2)$$

$$\rho_\parallel = 1 - \tau_\parallel = \frac{\tan^2(\alpha - \beta)}{\tan^2(\alpha + \beta)}. \qquad (21.2\text{-}3)$$

Für $\alpha + \beta = 90°$ wird $\rho_\parallel = 0$, in Übereinstimmung mit dem Brewsterschen Gesetz (21.1-1). Zusammen mit dem Brechungsgesetz (21.1-3) ergibt sich aus (21.2-2) und (21.2-3) für $\rho_\perp(\alpha)$ und $\rho_\parallel(\alpha)$ der in Bild 21-11 dargestellte Verlauf für die Reflexion an Glas ($n = 1{,}50$).

Für Glas ($n = 1{,}50$) erhält man für den Brewster-Winkel $\alpha_P = 56{,}3°$. Wird das unter diesem Winkel von Glasflächen reflektierte, polarisierte Licht durch ein Polarisationsfilter (siehe unten) betrachtet, so läßt es sich durch geeignete Filterstellung (Durchlaßebene $\perp$ Polarisationsebene) stark abschwächen: $\rho_\parallel \to 0$ (Anwendung bei der Photographie durch Fensterscheiben hindurch).
Linear polarisiertes Licht mit der Schwingungsebene in der Einfallsebene ($\boldsymbol{E}_\parallel$ in Bild 21-10) wird unter dem Brewster-Winkel α_P ohne Reflexionsverluste gebrochen: Für $R_\parallel \to 0$ wird nach (21.2-3) der Transmissionsgrad $\tau_\parallel = 1$ (Anwendung bei den *Brewster-Platten* des Gaslasers, Bild 20-14).

Bei Übergang zu senkrechtem Einfall wird $\rho_\perp = \rho_\parallel = \rho$ (Bild 21-11). Aus (21.2-2) bzw. (21.2-3) folgt durch Grenzübergang für kleine Winkel

$$\rho = 1 - \tau = \left(\frac{n-1}{n+1}\right)^2. \qquad (21.2\text{-}4)$$

Für Glas erhält man mit $n = 1{,}50$ einen Reflexionsgrad $\rho = 0{,}04$, d.h. an jeder Grenzfläche Vakuum-Glas oder Luft-Glas gehen 4 % der Lichtintensität durch Reflexion verloren, sofern nicht durch geeignete Aufdampfschichten ("Entspiegelung") für eine Verminderung des Reflexionsgrads gesorgt wird.

Doppelbrechung

Manche durchsichtigen Einkristalle (z.B. Quarz, Kalkspat, Glimmer, Gips) sind *optisch anisotrop*, d.h. die Phasengeschwindigkeit elektromagnetischer Wellen hängt von der Ausbreitungsrichtung ab. Bei *optisch einachsigen* Kristallen stimmen die Phasengeschwindigkeiten lediglich in einer Richtung, der *optischen Achse*, überein.

Bei Auftreffen eines Strahlenbündels natürlichen Lichtes auf einen optisch einachsigen Kristall treten im allgemeinen zwei senkrecht zueinander linear polarisierte Teilbündel auf, die sich mit unterschiedlicher Phasengeschwindigkeit ausbreiten: Der *ordentliche Strahl* folgt dem Brechungsgesetz, der *außerordentliche Strahl* nicht, er wird unter anderem Winkel gebrochen. Diese Erscheinung wird *Doppelbrechung* genannt.

Manche Kristalle (z.B. Turmalin) haben die Eigenschaft, den außerordentlichen Strahl sehr viel stärker zu absorbieren als den ordentlichen Strahl: *Dichroismus*. Geht ein Strahl natürlichen Lichtes durch eine dünne Platte eines solchen dichroitischen Materials, so wird im wesentlichen der ordentliche Strahl mit nur geringer Schwächung durchgelassen. Solche Stoffe sind als Polarisationsfilter (siehe oben) geeignet.

22 Geometrische Optik

Das in 21.1 eingeführte Strahlenkonzept für die makroskopische Beschreibung der Wellenausbreitung hat sich insbesondere bei Problemen der praktischen Optik (optische Abbildung) bewährt und dort zu einem besonderen Zweig der Optik entwickelt: *Geometrische* oder *Strahlenoptik*. Hier geht es um die Bestimmung des Lichtweges in optischen Geräten und um die Klärung der Grundlagen zur günstigsten Konstruktion solcher Geräte. Die Grundannahmen des Strahlenkonzeptes (gradlinige Ausbreitung im homogenen Medium, Unabhängigkeit sich überlagernder Strahlen, Umkehrbarkeit des Strahlenganges, Reflexionsgesetz, Brechungsgesetz) bedeuten eine starke Vereinfachung der Realität, da Beugungserscheinungen (vgl. 23) und nichtlineare Erscheinungen (bei Laserstrahlen sehr hoher Intensität in Materie) nicht berücksichtigt werden. Die *Grenzen der geometrischen Optik* liegen daher dort, wo Abbildungsdetails oder die den Strahlengang begrenzenden Abmessungen (Schirme, Blenden usw.) in den Bereich der Wellenlänge des Lichtes kommen (siehe 23 und 24).

22.1 Optische Abbildung

Eine Abbildung im Gaußschen Sinne der geometrischen Optik liegt dann vor, wenn Lichtstrahlen, die von einem Gegenstandspunkt ausgehen, in einem Bildpunkt wieder vereinigt werden, und wenn verschiedene Punkte eines ausgedehnten ebenen Gegenstandes in einer Bildebene derart abgebildet werden, daß das Bild dem Gegenstand geometrisch ähnlich ist. Ein *optisches System*, das eine derartige Abbildung bewirkt, muß folgende Bedingungen erfüllen (Bild 22-1):

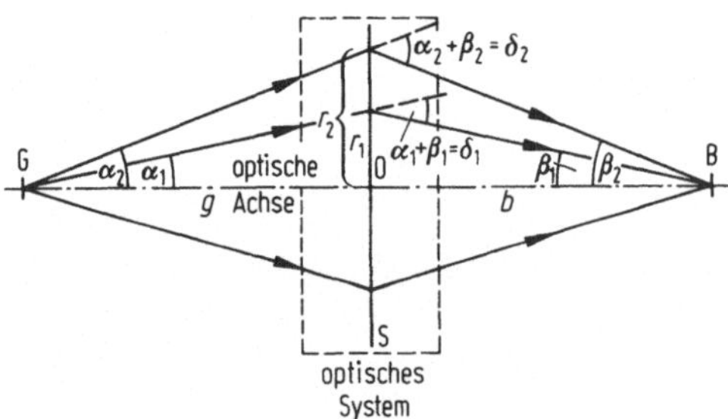

Bild 22-1: Zur Herleitung der Abbildungsbedingung.

Das abbildende optische System sei in seiner Wirkung auf eine Ebene S senkrecht zur *optischen Achse* GOB konzentriert. Ein von G unter dem Winkel α_1 gegen die optische Achse ausgehender Strahl möge in S so gebrochen werden, daß er die optische Achse hinter dem brechenden System in B unter dem Winkel β_1 schneidet. Eine Abbildung von G nach B liegt dann vor, wenn auch die unter anderen Winkeln α_2 von G ausgehenden Strahlen so gebrochen werden, daß sie durch B gehen.
Nach Bild 22-1 gilt $r/g = \tan\alpha \approx \alpha$ und $r/b = \tan\beta \approx \beta$ für achsennahe Strahlen. Die zur Abbildung notwendige Strahlablenkung δ ergibt sich dann zu

$$\delta = \alpha + \beta \approx r\left(\frac{1}{g} + \frac{1}{b}\right). \tag{22.1-1}$$

Bei gegebener Gegenstandsweite g muß die Bildweite b für alle von G ausgehenden Strahlen gleich sein, darf also nicht von r abhängen. Das ist nach (22.1-1) dann erfüllt, wenn die Ablenkung proportional zu r erfolgt:

$$\delta = \alpha + \beta = \text{const} \cdot r. \tag{22.1-2}$$

Eine analoge Betrachtung für nicht auf der optischen Achse liegende, aber achsennahe Gegenstandspunkte führt zu derselben Beziehung. Die geometrische Ähnlichkeit folgt ebenfalls aus (22.1-2): Für Strahlen die durch den Mittelpunkt O des optischen Systems gehen, ist $r = 0$ und damit $\delta = 0$, d.h. diese Strahlen werden nicht abgelenkt. Anhand solcher Strahlen läßt sich aber die geometrische Ähnlichkeit zwischen Bild und Gegenstand sofort einsehen. (22.1-2) ist daher die zur Erzielung einer Abbildung notwendige Bedingung.

Die Realisierung einer derartigen Eigenschaft ist z.B. durch zur optischen Achse rotationssymmetrische, konvexe Glas- oder Kunststoffkörper möglich, die durch Kugelflächen begrenzt sind. Wegen ihrer Form werden sie *optische Linsen* genannt. Die Abbildung eines Punktes in endlicher Entfernung durch eine dünne *Sammellinse* (z.B. eine Plankonvexlinse mit der Brechzahl n und dem Krümmungsradius R, Bild 22-2) kann mit Hilfe der Ablenkformel (21.1-14) für das dünne Prisma berechnet werden, da die Linse als ablenkendes Prisma mit vom Achsenabstand r abhängigen Dachwinkel γ aufgefaßt werden kann (Bild 22-2). Der Begriff *dünne Linse* bedeutet, daß der optische Weg (21.1-8) in der Linse $L = n\,d$ ($d(r)$: Linsendicke) klein gegen die Gegenstandsweite g und die Bildweite b ist.

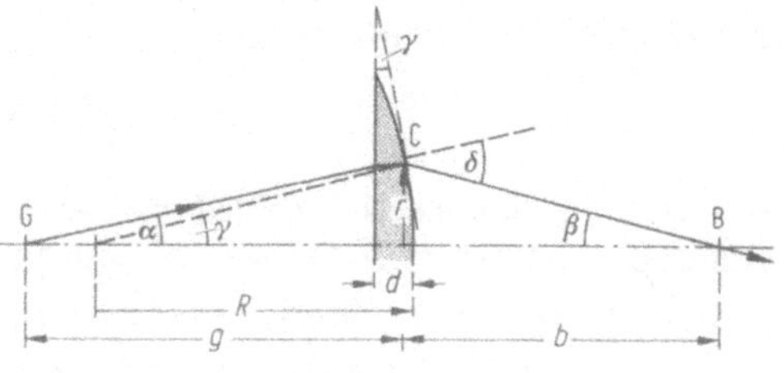

Bild 22-2: Zur Berechnung der Linsenformel.

Für das Dreieck GCB mit dem Ablenkwinkel δ als Außenwinkel zu den Dreieckswinkeln α und β gilt unter Berücksichtigung von (21.1-14)

$$\alpha + \beta = \delta = \gamma(n-1) \ . \tag{22.1-3}$$

Für achsennahe Strahlen (kleine Winkel) ist $\alpha \approx r/g$ und $\beta \approx r/b$. Ferner liefert $\gamma \approx r/R$ zusammen mit (22.1-3) die erforderliche Abbildungsbedingung (22.1-2). Damit folgt aus (22.1-3)

$$\frac{1}{g} + \frac{1}{b} = \frac{n-1}{R} = \text{const} \ . \tag{22.1-4}$$

$b(g)$ ist hiernach unabhängig von α, eine notwendige Voraussetzung für die optische Abbildung. Für $g \to \infty$ (parallel einfallende Strahlen) wird die zugehörige Bildweite b_∞ als *Brennweite* f bezeichnet. Die reziproke Brennweite heißt *Brechkraft* D. Sie beträgt nach (22.1-4) für eine dünne Sammellinse

$$\frac{1}{b_\infty} = \frac{1}{f} = D = \frac{n-1}{R} \ . \tag{22.1-5}$$

Gesetzliche Einheit: $[D] = 1 \text{ m}^{-1} = 1$ Dioptrie.

Damit folgt aus (22.1-4), immer für achsennahe Strahlen, die Abbildungsgleichung (Linsengleichung):

$$\boxed{\frac{1}{g} + \frac{1}{b} = \frac{1}{f}} \ . \tag{22.1-6}$$

Bildkonstruktion

Die beiden Brechungen eines Lichtstrahls an den Oberflächen einer Linse können bei dünnen Linsen in guter Näherung durch eine einzige an der Mittelebene, der *Hauptebene* H der Linse ersetzt werden. Zur geometrischen Konstruktion der Lage des Bildes ist nach (22.1-6) lediglich die Kenntnis der Brennweite f der abbildenden Linse und die Vorgabe der Gegenstandsweite g erforderlich. Die Konstruktion selbst kann dann mittels zweier von drei ausgezeichneten Strahlen erfolgen (Bilder 22-3 bis 22-5):

- Parallelstrahl (1), geht nach der Brechung durch den Brennpunkt F' (1');
- Mittelpunktsstrahl (2), durchdringt die Linse ungebrochen (2');
- Brennpunktsstrahl (3), verläuft nach der Brechung parallel zur optischen Achse (3').

Für die *Sammellinse* (plankonvexe oder bikonvexe Linsenflächen) erhält man aus der Linsenformel (22.1-6) für die Bildweite

$$b = \frac{fg}{g-f} \ . \tag{22.1-7}$$

Für $g > f$ ist $b > 0$, es erfolgt eine reelle Abbildung, wobei das Bild umgekehrt erscheint (Bildhöhe $B < 0$, Bild 22-3). *Reelle* Abbildung bedeutet, daß das Bild auf einem Schirm an dieser Stelle sichtbar wird. Für $g < f$ wird $b < 0$, das Bild scheint nach dem verlängerten Strahlenverlauf hinter der Linse an einem Ort auf der Gegenstandsseite aufrecht aufzutreten, ohne

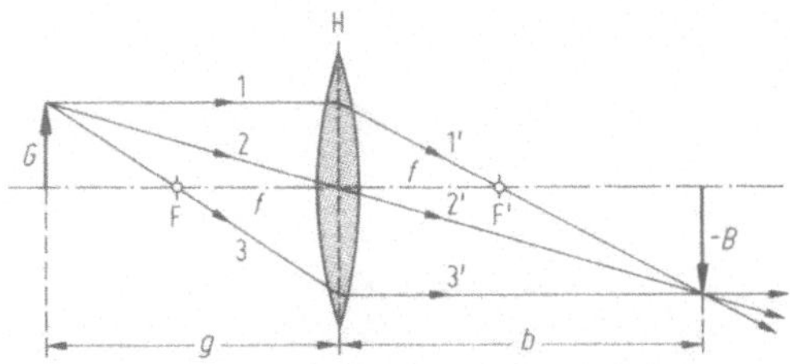

Bild 22-3: Bildkonstruktion bei der Sammellinse.

daß ein Schirm dort das Bild zeigen würde: *Virtuelle* Abbildung. Der *Abbildungsmaßstab* β_m ergibt sich mittels des Strahlensatzes aus Bild 22-3 bzw. 22-4 zu:

$$\beta_m = \left|\frac{B}{G}\right| = \frac{h_B}{h_G} = \frac{b}{g} = \frac{b}{f} - 1 \,. \tag{22.1-8}$$

Die verschiedenen Fälle der Abbildung bei einer Sammellinse sind in Bild 22-4 und Tab. 22-1 dargestellt.

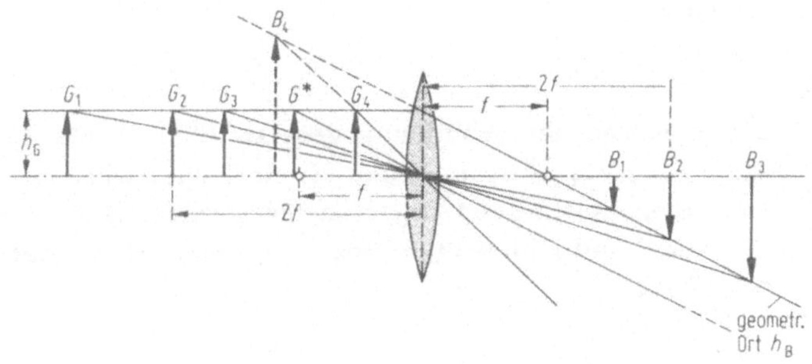

Bild 22-4: Zuordnung von Bild und Gegenstand bei der Abbildung durch Sammellinsen.

Tabelle 22-1: Die verschiedenen Abbildungsfälle bei der Sammellinse.

Gegenstand	Lage	Bild	β_m	Bildlage (Bildart)	Anwendungen
G_1	$g > 2f$	B_1	< 1	$f < b < 2f$ (reell)	Fernrohr, Kamera
G_2	$g = 2f$	B_2	$= 1$	$b = 2f$ (reell)	Korrelator
G_3	$2f > g > f$	B_3	> 1	$b > 2f$ (reell)	Projektion
G^*	$g \simeq f$	B^*	$\to \infty$	$b \to \infty$ (reell)	Projektor, Mikroskop
G_4	$g < f$	B_4	$>$	$b < 0$ (virtuell)	Lupe

Bei der *Zerstreuungslinse* (plankonkave oder bikonkave Linsenflächen) entsteht stets ein aufrechtes, verkleinertes, virtuelles Bild im Gegenstandsraum (Bild 22-5).

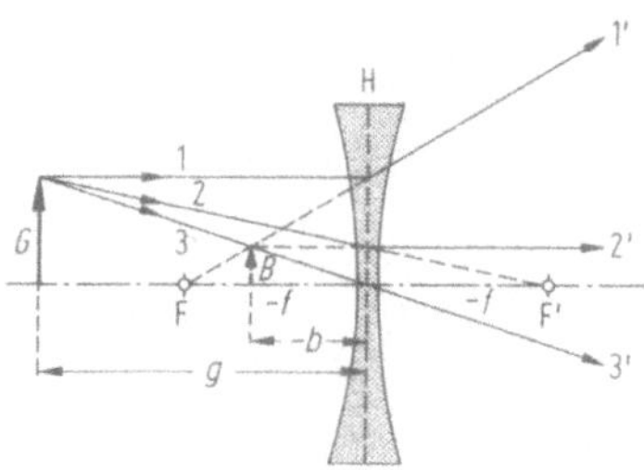

Bild 22-5: Bildkonstruktion bei der Zerstreuungslinse.

Kombination dünner Linsen

Systeme aus dünnen Linsen der Brennweiten f_1 und f_2 mit geringem Abstand d ($\ll f_1, f_2$) voneinander wirken wie eine Linse mit der Brechkraft

$$\frac{1}{f} = \frac{1}{f_1} + \frac{1}{f_2} - \frac{d}{f_1 f_2} \quad \text{bzw.} \quad D = D_1 + D_2 - d D_1 D_2 \,. \tag{22.1-9}$$

Bei sehr kleinen Abständen d kann das letzte Glied vernachlässigt werden. Für diesen Fall läßt sich (22.1-9) sofort anhand des Verlaufs des Brennpunktstrahls herleiten.

Dicke Linsen

Bei dicken Linsen gelten die Abbildungsgesetze (22.1-6) bis (22.1-8) nur dann, wenn man zwei Hauptebenen H und H' einführt, zwischen denen alle Strahlen als achsenparallel laufend angenommen werden (Bild 22-6). Brennweiten, Gegenstands- und Bildweiten beziehen sich dann stets auf die zugehörige Hauptebene.

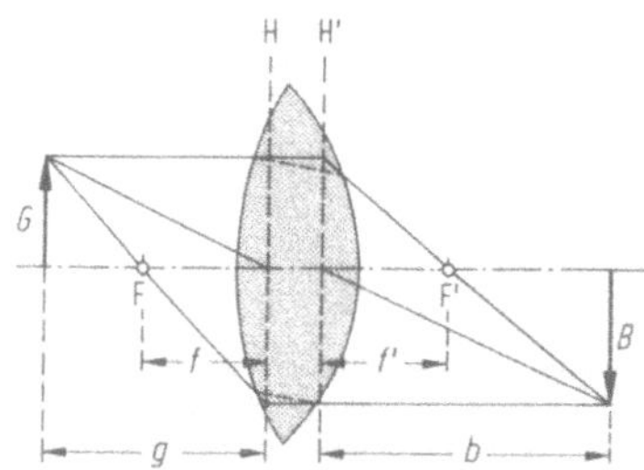

Bild 22-6: Bildkonstruktion bei einer dicken Linse.

Zusammengesetzte optische Geräte

Optische Geräte bestehen meist aus mehreren Linsen oder Linsensystemen, die verschiedene Abbildungs- oder Beleuchtungsfunktionen haben.

Projektor: Bild 22-7a zeigt einen Strahlengang zur vergrößerten Projektion z.B. eines Diapositivs auf eine Leinwand. Dabei wird jedoch der von der Lichtquelle ausgehende Lichtstrom nur zu einem geringen Teil ausgenutzt ($\Omega_1/4\pi$), während der Anteil $(4\pi - \Omega_1)/4\pi$ verloren geht. Deshalb setzt man

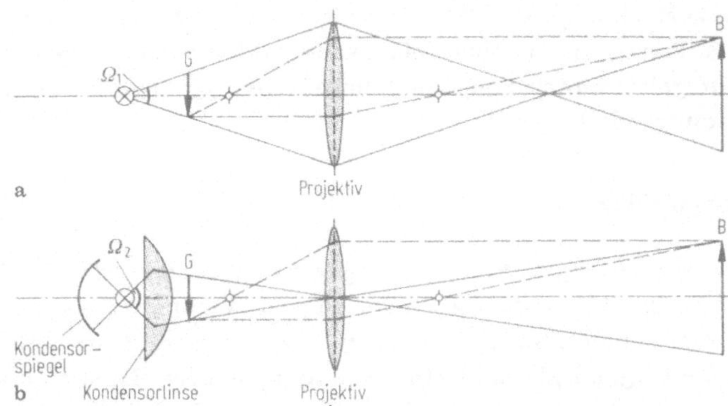

Bild 22-7: Projektionsstrahlengang und Projektor-Anordnung.

zwischen Lichtquelle und Gegenstand eine *Kondensor*linse, die den ausgenutzten Raumwinkel auf $\Omega_2 > \Omega_1$ vergrößert, sowie einen Kondensorspiegel ein (Bild 22-7b). Die Kondensorlinse bewirkt ferner, daß der Lichtstrom im wesentlichen durch den achsennahen Projektivbereich geht, wo die Abbildungsfehler (siehe 22.2) am geringsten sind. Beim Projektor ist i. allg. $b \gg g$, sodaß aus (22.1-8) für den Abbildungsmaßstab folgt

$$\beta_m \approx \frac{b}{f} \,. \tag{22.1-10}$$

Mikroskop: Zur Beobachtung sehr kleiner Gegenstände wird eine zweistufige Abbildung benutzt (Bild 22-8). In der ersten Stufe wird mit dem Objektiv ein stark vergrößertes reelles Bild B des Gegenstandes G hergestellt ($g \simeq f$). In der zweiten Stufe wird das reelle Zwischenbild B mit dem Okular, das als Lupe wirkt, weiter vergrößert. Es entsteht ein virtuelles Bild B'.

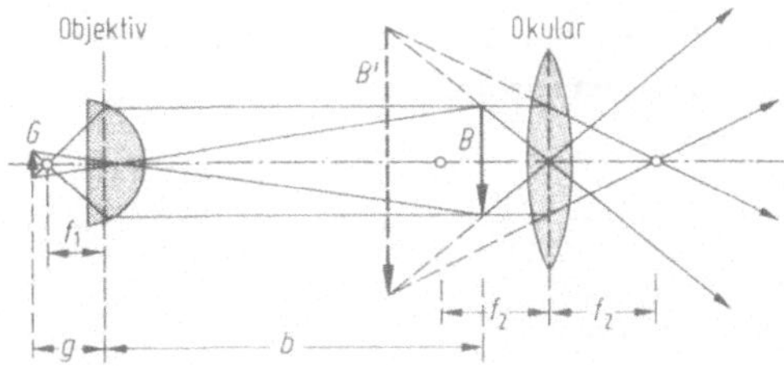

Bild 22-8: Strahlengang im Mikroskop.

Fernrohre benutzen wie Mikroskope eine mindestens zweistufige Abbildung. Hier wird ein weit entfernter Gegenstand ($g \to \infty$: $b \approx f$) durch das Objektiv in der Nähe des bildseitigen Brennpunktes reell abgebildet. Dieses Zwischenbild wird dann wiederum durch ein Okular als virtuelles, vergrößertes Bild betrachtet.

Auf die das Reflexionsgesetz (21.1-1) ausnutzende Abbildung mit Spiegeln wird hier aus Platzgründen nicht eingegangen. Man erhält jedoch für die Abbildung mit gekrümmten Spiegeln grundsätzlich analoge Beziehungen wie für die Abbildung mit Linsen.

22.2 Abbildungsfehler

Sphärische Linsen erzeugen nur näherungsweise eine fehlerfreie Abbildung, in der jeder Bildpunkt eindeutig einem Gegenstandspunkt zugeordnet ist, und in der die geometrische Ähnlichkeit zwischen Bild und Gegenstand gewahrt ist. Die folgend geschilderten Abbildungsfehler (Linsenfehler, Aberrationen) können teilweise durch Kombinationen geeigneter Linsen (und heute auch durch Verwendung asphärischer Linsen) reduziert (korrigiert) werden.

Öffnungsfehler (sphärische Aberration)

Die Gültigkeit der Abbildungsgleichung (22.1-6) ist auf achsennahe Strahlen begrenzt (Bereich der *Gaußschen Abbildung*). Achsenferne Strahlen in den Randbereichen einer sphärischen Linse werden stärker gebrochen, als es der Abbildungsbedingung (22.1-2) entspricht. Die zugehörige Bildweite (bei Abbildung eines ∞ fernen Gegenstandpunktes: Brennweite) ist daher kürzer als die der achsennahen Strahlen (Bild 22-9). Die Differenz der Bildweiten (bzw. der Brennweiten $\delta_f = f - f_r$) wird im engeren Sinne als Öffnungsfehler bezeichnet.

Die Einhüllende des bildseitigen Strahlenbündels heißt *Kaustik*-Linie. Ihr Schnitt mit dem gegenüberliegenden Randstrahl definiert die *Ebene kleinster Verwirrung* (Radius r_s). Infolge des Öffnungsfehlers wird ein Gegenstandspunkt nicht als Punkt abgebildet, sondern am Ort des Gaußschen Bildes als *Fehlerscheibchen* vom Radius $\Delta_ö$. Der mit Hilfe des Abbildungsmaßstabes β_m auf die Gegenstandsseite zurückgerechnete Radius des Fehlerscheibchens $\delta_ö$ steigt mit der 3. Potenz des Linsenaperturwinkels α (ohne Ableitung; Seidelsche Fehlertheorie):

$$\delta = \frac{\Delta_ö}{\beta_m} = C_ö\, \alpha^3 \, . \qquad (22.2\text{-}1)$$

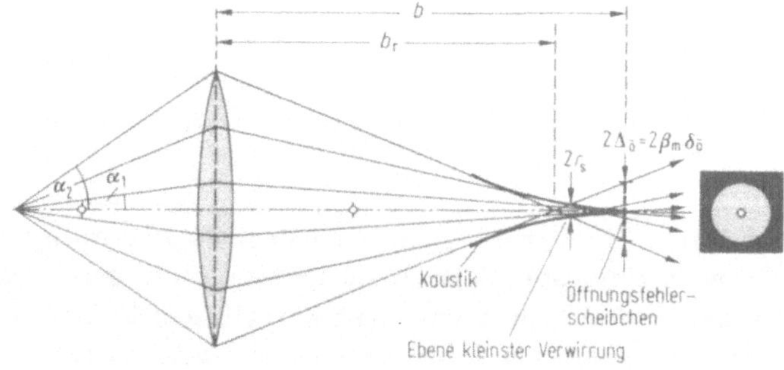

Bild 22-9: Öffnungsfehler einer sphärischen Linse.

Je nach Linsenform liegt der Öffnungsfehlerkoeffizient $C_ö$ in der Größenordnung mehrerer Brennweiten f. Er ist am kleinsten, wenn die gegenstandsseitigen und die bildseitigen Randstrahlen etwa die gleichen Winkel zur Linsenoberfläche haben. Das erfordert je nach Abbildungsproblem meist eine asymmetrische Linsenform (z.B. plankonvex, vgl. Mikroskop-Objektiv, Bild 22-8). Der Öffnungsfehler kann durch Abblendung auf kleine Aperturwinkel α reduziert werden. Dem stehen jedoch die damit verbundene Lichtschwächung und der steigende Beugungsfehler (siehe unten) entgegen.

Koma

Hierbei handelt es sich um eine spezielle Form des Öffnungsfehlers: Das Öffnungsfehlerscheibchen wird asymmetrisch, wenn die Linse seitlich ausgeleuchtet wird (Bild 22-10). Komafiguren werden daher bei schlechter Linsenzentrierung beobachtet.

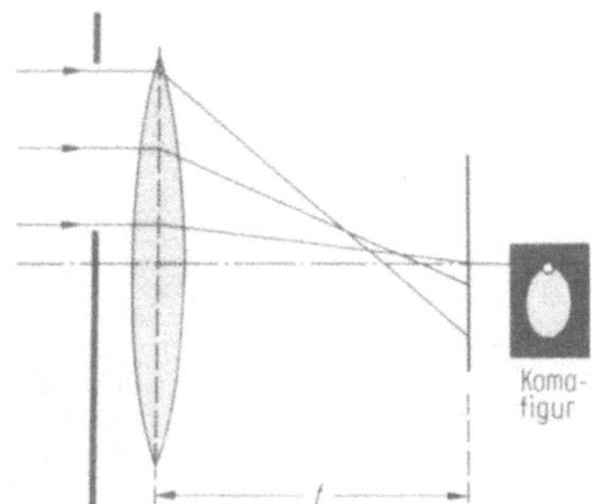

Bild 22-10: Zur Entstehung der Komafigur.

Astigmatismus

Linsen mit nicht ganz sphärischen Flächen zeigen in zueinander senkrechten, die optische Achse enthaltenden Schnittflächen unterschiedliche Zylinderlinsenwirkung, d.h. die Brennweiten sind für solche Schnittflächen verschieden. Ein Gegenstandspunkt kann dann bestenfalls in zwei unterschiedlichen Bildebenen als Strich abgebildet werden, wobei die beiden Strichbilder aufeinander senkrecht stehen (Bild 22-11). Derselbe Effekt tritt an sphärischen Linsen bei schiefer Durchstrahlung auf. Für den Astigmatismus korrigierte Linsensysteme: *Anastigmate.*

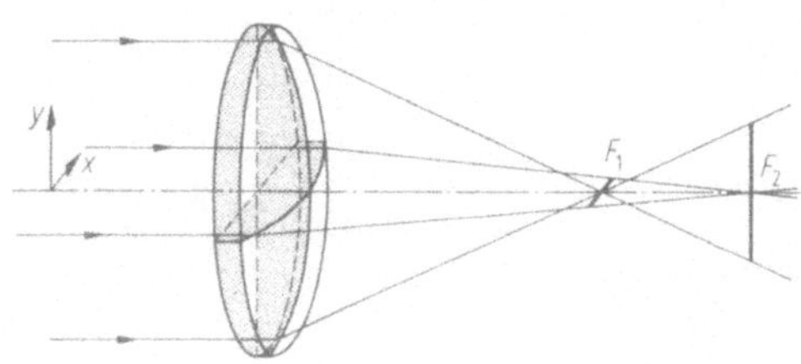

Bild 22-11: Astigmatismus einer Linse mit unterschiedlichen Krümmungen: Anstelle eines Brennpunktes treten zwei zueinander senkrechte Brennlinien auf.

Kissen- und Tonnenverzeichnung

Zu geometrischen *Verzeichnungen* infolge des Öffnungsfehlers kommt es, wenn das abbildende Strahlenbündel außerhalb der abbildenden Linse durch Blenden eingeengt wird. Eine Blende im Gegenstandsraum bewirkt, daß für die Abbildung der äußeren Gegenstandsbereiche Randbereiche der Linse genutzt werden. Das führt zu kleineren Abbildungsmaßstäben im Randbildbereich als im zentralen Bildbereich: *Tonnenverzeichnung* (Bild 22-12a).
Eine Blende im Bildbereich bewirkt das Gegenteil: Äußere Bildbereiche werden stärker vergrößert wiedergegeben als innere Bildbereiche: *Kissenverzeichnung* (Bild 22-12b).

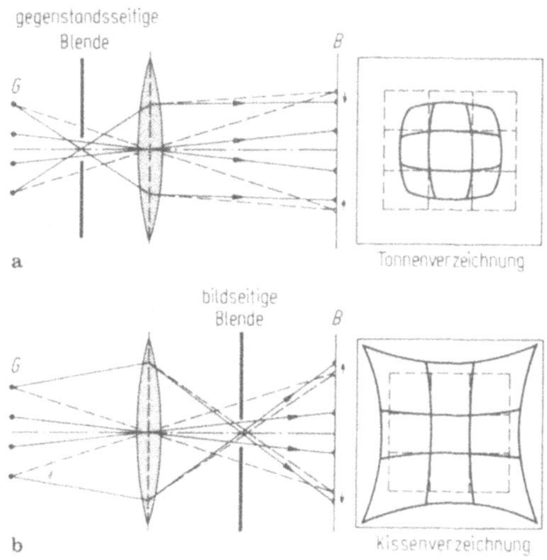

Bild 22-12: Zur Entstehung von **a** Tonnen- und **b** Kissenverzeichnung.

Farbfehler (chromatische Aberration)

Die Dispersion des Linsenmaterials bewirkt, daß vor allem im Linsenrandbereich blaues Licht stärker gebrochen wird als rotes Licht (vgl. Bilder 21-8 u. 22-13). Mit weißem Licht erzeugte Bilder bekommen dann Farbsäume. Der Farbfehler kann für zwei Wellenlängen durch Kombination einer Konvexlinse aus Kronglas und einer Konkavlinse aus Flintglas, die unterschiedliche Dispersionen haben (Tab. 21-1), korrigiert werden: *Achromat*.

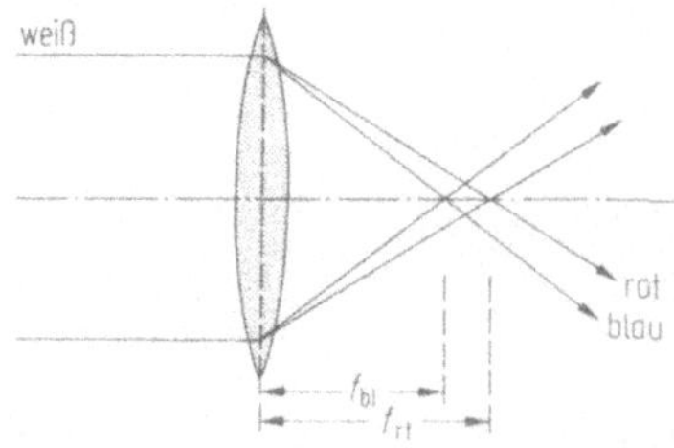

Bild 22-13: Zur Entstehung des Farbfehlers.

Bildfeldwölbung
Ein ebener Gegenstand wird durch eine Linse in einer gewölbten Fläche scharf abgebildet. Auf einem ebenen Bildschirm werden dann die Randbereiche unscharf. In dieser Hinsicht korrigiertes Linsensystem: *Aplanat.*

Beugungsfehler
Die Berücksichtigung der Welleneigenschaften des Lichtes zeigt, daß Lichtbündel von begrenztem Durchmesser D durch Beugung (siehe 23 u. 24) aufgeweitet werden. Bei der Abbildung eines fernen Gegenstandspunktes durch eine Linse des Durchmessers D entsteht daher ein Beugungsfehlerscheibchen vom Radius δ_B (Bild 22-14).

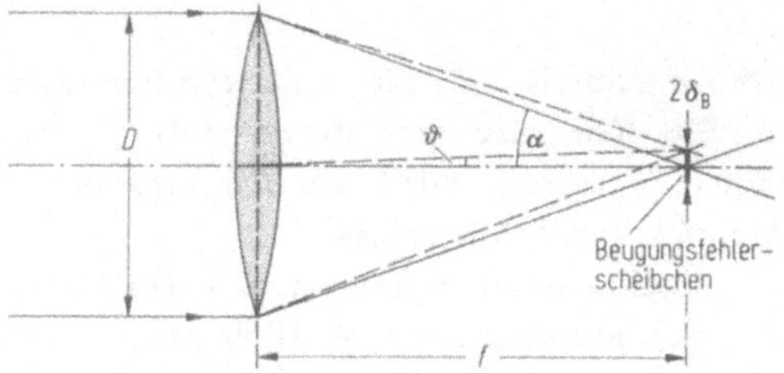

Bild 22-14: Zur Berechnung des Beugungsfehlers.

Der Beugungswinkel beträgt nach (23.2-6) $\vartheta \approx \lambda/D$ mit λ = Wellenlänge des verwendeten Lichtes. Mit $D \approx 2\alpha f$ folgt für den Radius des Beugungsfehlerscheibchens

$$\delta_B \approx \vartheta f = \frac{\lambda f}{D} = \frac{\lambda}{2\alpha} . \qquad (22.2\text{-}2)$$

Beugungsunschärfe δ_B und Öffnungsfehlerunschärfe $\delta_{\ddot{o}}$ (22.2-1) hängen also gegensinnig vom Öffnungswinkel (Aperturwinkel) α ab. Die geringste Unschärfe ist daher für einen optimalen Öffnungswinkel α_{opt} zu erwarten, der nahe bei $\delta_{\ddot{o}} \approx \delta_B$ liegt (Bild 22-15).

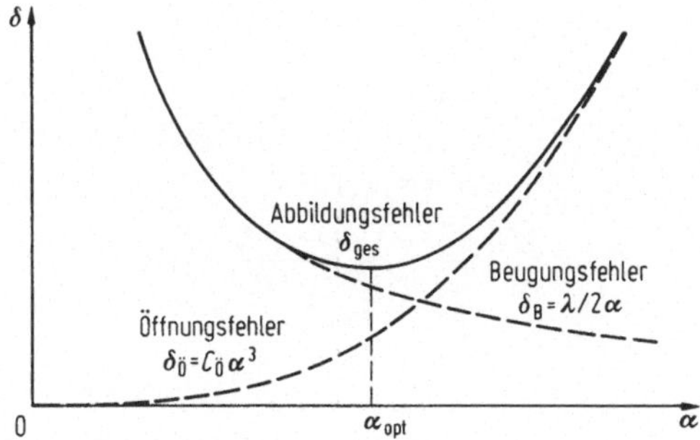

Bild 22-15: Abbildungsunschärfe als Funktion des Öffnungswinkels (qualitativ).

22.3 Kontrastentstehung

Ziel der optischen Abbildung ist es, die Struktur des Gegenstandes (Objektes) im Bild erkennbar zu machen, indem die Lichtverteilung, die am Objekt herrscht, möglichst getreu im Bild wiederhergestellt wird. Für die weiteren Betrachtungen wollen wir uns beispielhaft auf transparente Objekte beschränken, die rückseitig beleuchtet werden. Eine Struktur des Objektes wird i. allg. dadurch sichtbar, daß die Strukturdetails das Licht unterschiedlich stark schwächen. Es entsteht ein *Kontrast*, d. h. Helligkeitsunterschiede zwischen verschiedenen Objektstellen. Quantitativ kann der Kontrast z. B. definiert werden durch

$$K \equiv \frac{I_{max} - I_{min}}{I_{max} + I_{min}}, \tag{22.3-1}$$

worin I_{max} und I_{min} die maximale und die minimale Intensität im betrachteten Objektbereich sind. Ein Kontrast, der durch unterschiedliche Schwächung des Lichtes im Objekt entsteht, wird als *Amplitudenkontrast* bezeichnet; ein solches Objekt heißt *Amplitudenobjekt*.
Es gibt jedoch auch Objekte mit Strukturen, die das Licht nicht schwächen, sondern lediglich in der Phase unterschiedlich stark verändern: *Phasenobjekte*. Da die Amplitude der durchgehenden Lichtwelle hierbei nicht geändert wird, sind solche Phasenstrukturen nicht ohne weiteres sichtbar. Ein Beispiel hierfür sind Glasscheiben, die Dickenschwankungen oder Brechzahlschwankungen, sog. *Schlieren* aufweisen. Diese sind nur indirekt erkennbar, etwa durch Verzerrungen beim Hindurchblicken. Verfahren, die Phasenstrukturen in einen sichtbaren Amplitudenkontrast umwandeln, werden *Phasenkontrastverfahren* genannt. Als Beispiel, das hier jedoch nicht behandelt werden kann, sei das *Zernike-Verfahren* erwähnt (1932).

Eine sehr einfache Möglichkeit, Schlieren sichtbar zu machen, ist das *Schattenschlieren-Verfahren* (Bild 22-16), das darauf basiert, daß Schlieren (z. B. prismatische Verdickungen) das Licht ablenken, sodaß im Projektionsbereich der Schliere die Intensität verringert wird.

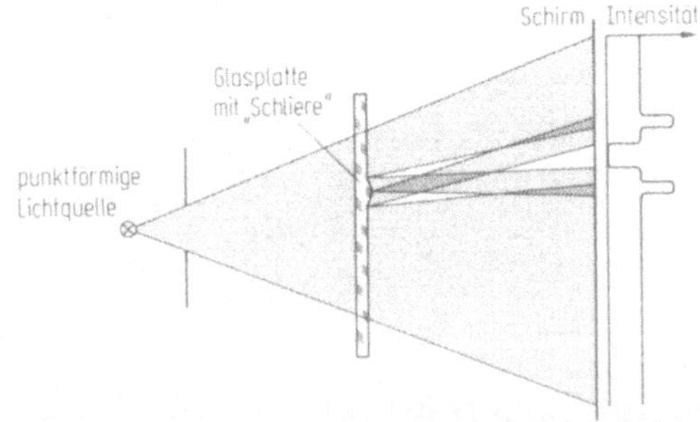

Bild 22-16: Schattenschlieren-Verfahren, angewandt auf eine Glasplatte mit prismatischer Verdickung.

Wird das Phasenobjekt des Bildes 22-16 mit einer Linse scharf abgebildet, so ergibt die Schliere (oder allgemein Phasenstrukturen) keinen Bildkontrast, sofern das abgelenkte Licht durch die Linse noch mit erfaßt wird. Die Phasenstrukturen werden nur dann durch einen Helligkeitskontrast erkennbar, wenn entweder die Abbildung "unscharf" eingestellt (defokussiert) wird (also z. B. eine Ebene hinter dem Objekt scharf abgebildet wird, wo infolge der Lichtablenkung bereits eine Helligkeitsvariation existiert), oder wenn bei starken Phasenstrukturen die Lichtablenkung so groß ist, daß die Abbildungslinse das abgelenkte Licht teilweise oder ganz nicht mehr erfaßt. Der im letzten Fall entstehende Kontrast wird ***Streukontrast*** genannt. Er tritt z. B. bei der Abbildung von Mattscheiben (aufgerauhte Glasscheiben) auf.

Eine scharfe Abbildung eines Phasenobjektes mit sichtbarem Phasenkontrast ist nach dem von A. Toepler angegebenen Verfahren möglich, dessen Prinzip in Bild 22-17 dargestellt ist.

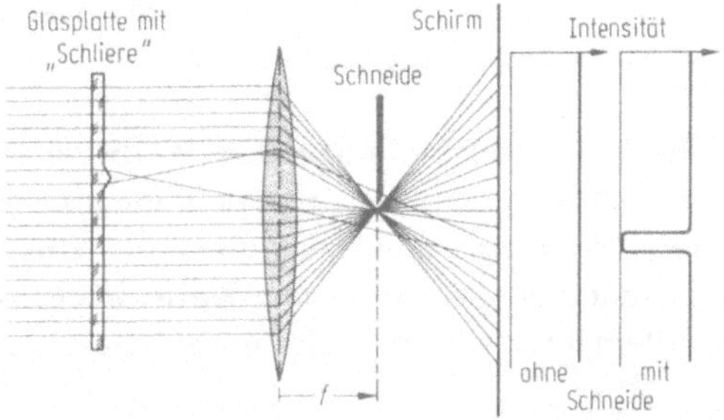

Bild 22-17: Prinzip der Schlierenabbildung nach A. Toepler.

Hierbei wird ausgenutzt, daß das in der Phasenstruktur (Schliere) abgelenkte Licht an anderen Stellen durch die Brennebene der Abbildungslinse läuft als das nichtabgelenkte Licht. Damit kann das abgelenkte Licht in der Brennebene durch eine Schneide aufgefangen und am weiteren Bildaufbau gehindert werden, sodaß am Bildort der Schliere ein dunkler Kontrast sichtbar wird (Bild 22-17). Man kann auf diese Weise z. B. auch die Druckfronten des Mach-Kegels (siehe 18-3) eines überschallschnellen Geschosses schlierenoptisch abbilden, da Luftdruckerhöhungen mit einer Brechzahl-Erhöhung verbunden sind und damit lichtoptisch ein Phasenobjekt darstellen.
Wird durch eine Lochblende im Brennpunkt allein das nichtabgelenkte Licht zum Bildaufbau zugelassen, so spricht man von einer ***Hellfeld-Abbildung***. Schlierenstrukturen erscheinen hierbei in der Abbildung dunkel. Wird dagegen durch einen kleinen Schirm im Brennpunkt das nichtabgelenkte Licht gestoppt und nur das abgelenkte Licht für den Bildaufbau verwendet, so spricht man von ***Dunkelfeld-Abbildung***, bei der allein die Schlierenstrukturen hell erscheinen.
Der Phasenkontrast spielt in der Lichtmikroskopie biologischer Dünnschnitte sowie in der atomar auflösenden Elektronenmikroskopie (siehe 25.5) eine wichtige Rolle.

23 Interferenz und Beugung

Unter *Interferenz* versteht man die Erscheinungen, die durch Überlagerung von am gleichen Ort zusammentreffenden Wellenzügen gleicher Art (elastische, elektromagnetische, Materiewellen, Gravitationswellen ...) hervorgerufen werden, z.B. gegenseitige Verstärkung oder Auslöschung, stehende Wellen etc. (bei Wellen gleicher Frequenz, vgl. 18), oder Schwebungen (bei Wellen von etwas verschiedener Frequenz) usw.

Bringt man in das Feld einer fortschreitenden Welle ein Hindernis (Schirm, Blendenöffnung), so gelangt z.B. auch in den geometrischen Schattenraum eine Wellenerregung: *Beugung*. Die Beugungserscheinungen lassen sich durch die Interferenz der von der primären Welle nach dem Huygensschen Prinzip ausgelösten Elementarwellen (siehe unten) beschreiben.

23.1 Huygenssches Prinzip

Die Ausbreitung von Wellen beliebiger Form kann auf die Ausbreitung von Kugelwellen, sogenannten *Elementarwellen*, und deren phasenrichtige Überlagerung (Interferenz) zurückgeführt werden (*Huygenssches Prinzip*, ca. 1680):

> Jeder Punkt einer Wellenfläche (Phasenfläche) ist Ausgangspunkt einer neuen Elementarwelle (Kugelwelle), die sich im gleichen Medium mit der gleichen Geschwindigkeit wie die ursprüngliche Welle ausbreitet. Die tangierende Hüllfläche aller Elementarwellen gleicher Phase ergibt eine neue Lage der Phasenfläche der ursprünglichen Welle.

Beispiele für die Anwendung dieses Prinzips zeigt Bild 23-1.

Die Anwendung des Huygensschen Prinzips werde für den Durchgang einer ebenen Welle durch eine Schirmöffnung der Breite D betrachtet (Bild 23-2): Sind die Abmessungen der Schirmöffnung groß gegenüber der Wellenlänge ($D \gg \lambda$, Bild 23-2a), so erhält man hinter dem Schirm ein nahezu ungestörtes Wellenfeld von der Breite der Schirmöffnung. Für diesen Fall ist das Strahlenkonzept offenbar brauchbar. Es treten lediglich geringe Randstörungen auf, die daher rühren, daß im Schattenbereich keine Elementarwellen vom hier ausgeblendeten primären Wellenfeld angeregt werden.

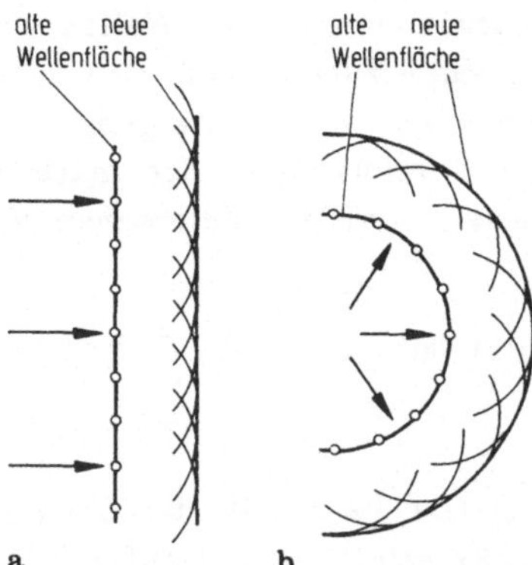

Bild 23-1: Entstehung neuer Wellenflächen nach dem Huygensschen Prinzip **a** für ebene Wellen, **b** für Kugelwellen.

Kommt hingegen die Spaltbreite D in die Nähe der Wellenlänge λ ($D \gtrsim \lambda$, Bild 23-2b) so wird die Intensitätsverteilung zunehmend stärker durch Interferenzmaxima und -minima strukturiert, sowohl innerhalb als auch außerhalb des geometrischen Strahlbereichs.

Wird schließlich $D \ll \lambda$ (Bild 23-2c), so wird gewissermaßen nur noch eine einzelne Elementarwelle von der Schirmöffnung freigegeben. Das Strahlenkonzept ist hier völlig unbrauchbar, während das Huygenssche Prinzip die zu beobachtenden Beugungsphänomene richtig beschreibt.
Das Huygenssche Prinzip, insbesondere in der Erweiterung von Fresnel (siehe unten) ist die Grundlage der quantitativen Theorie der Beugung.

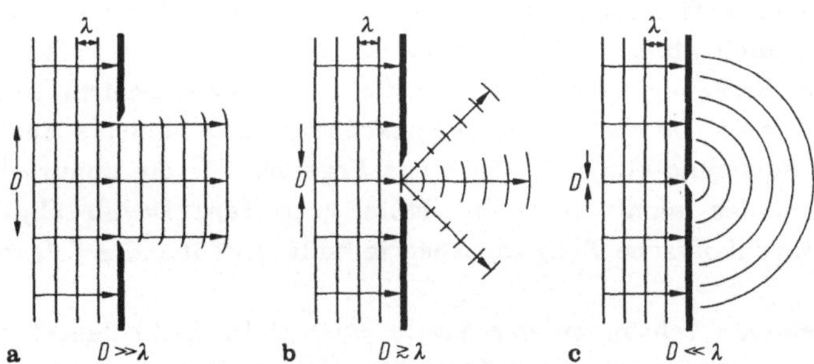

Bild 23-2: Durchgang einer Welle durch eine Spaltöffnung bei verschiedenen Spaltbreiten D im Vergleich zur Wellenlänge λ.

Huygens-Fresnelsches Prinzip:

Die Amplitude einer Welle in einem beliebigen Raumpunkt ergibt sich aus der Überlagerung aller dort eintreffenden Elementarwellen unter Berücksichtigung ihrer Phase.

Bei der Beugung von elektromagnetischen Wellen, insbesondere von Lichtwellen, ist es für viele Zwecke ausreichend, den vektoriellen Charakter des elektromagnetischen Feldes zu vernachlässigen, d.h. eine *skalare Wellentheorie* zu betreiben. Zur Vereinfachung der mathematischen Schreibweise werden cos- und sin-Wellen nach der Eulerschen Formel komplex zusammengefaßt:

$$u(\boldsymbol{r},t) = \hat{u}\,[\cos(\omega t - \boldsymbol{kr}) + \mathrm{j}\sin(\omega t - \boldsymbol{kr})] = \hat{u}\,\mathrm{e}^{\mathrm{j}(\omega t - \boldsymbol{kr})}$$

$$= \hat{u}\,\mathrm{e}^{-\mathrm{j}\boldsymbol{kr}}\mathrm{e}^{\mathrm{j}\omega t} \,. \tag{23.1-1}$$

u ist hierin die Erregung. Das kann z.B. der Betrag der elektrischen oder der magnetischen Feldstärke sein. Eine auslaufende Kugelwelle (vgl. 18.1-10) lautet in dieser Schreibweise

$$u(r,t) = \frac{u_1}{r}\,\mathrm{e}^{-\mathrm{j}kr}\mathrm{e}^{\mathrm{j}\omega t} \,. \tag{23.1-2}$$

Für die Berechnung der Beugungsintensitäten durch phasenrichtige Überlagerung der elementaren Kugelwellen ist der Zeitfaktor $\mathrm{e}^{\mathrm{j}\omega t}$ nicht wesentlich und wird daher abgespalten. Im Schlußergebnis der Beugungsrechnung kann, wenn nötig, der Realteil der Lichterregung u wiederhergestellt werden durch Multiplikation mit der konjugiert komplexen Erregung u^*.

Die mathematische Ausformulierung des Huygens-Fresnelschen Prinzips durch Kirchhoff berechnet die Lichterregung u(P) in einem beliebigen Punkt P als Integral der Lichterregung u über eine den Punkt P einschließenden Fläche. Handelt es sich um die Beugung an einer Öffnung in einem Schirm (Fläche A), so wird man als Integrationsfläche den Schirm einschließlich Öffnung wählen. Da die Erregung auf dem Schirm jedoch nicht bekannt ist, wird nach Kirchhoff angenommen, daß in der freien Öffnung die Erregung vorliegt, die auch ohne Vorhandensein des Schirmes dort auftreten würde, während die Erregung (und deren Gradient) auf dem Schirm selbst gleich null gesetzt wird. Da die Materialeigenschaften des Schirms dann garnicht mehr in die Rechnung eingehen, muß das Ergebnis für die unmittelbare Nähe des Schirmrandes nicht in jedem Falle zutreffen. Davon abgesehen ist jedoch die Kirchhoffsche Beugungstheorie außerordentlich erfolgreich.

Für einen *ebenen* Schirm an der Stelle $z = 0$ (Bild 23-3) lautet die *Kirchhoffsche Beugungsformel* in der Formulierung von Sommerfeld

$$\boxed{u(\mathrm{P}) = \frac{\mathrm{j}}{\lambda}\int_A u(\xi,\eta)\frac{\mathrm{e}^{-\mathrm{j}kr}}{r}\cos(\boldsymbol{n},\boldsymbol{r})\,\mathrm{d}\xi\,\mathrm{d}\eta} \,. \tag{23.1-3}$$

u(P) und $u(\xi,\eta)$ sind die Erregungen im Beobachtungspunkt P(x,y,z) bzw. in der Schirmöffnung (Schirmkoordinaten ξ und η), $\boldsymbol{n}$ ist die Flächennormale des Schirms. (23.2-3) formuliert genau die Huygenssche Vorstellung: Die resultierende Erregung ergibt sich als Überlagerung aller von der beugenden Öffnung ausgehenden Kugelwellen. Der Faktor $\cos(\boldsymbol{n},\boldsymbol{r})$ entspricht dabei dem Lambertschen Cosinusgesetz (siehe 20.2). Ferner ist $r \gg \lambda$ voraus-

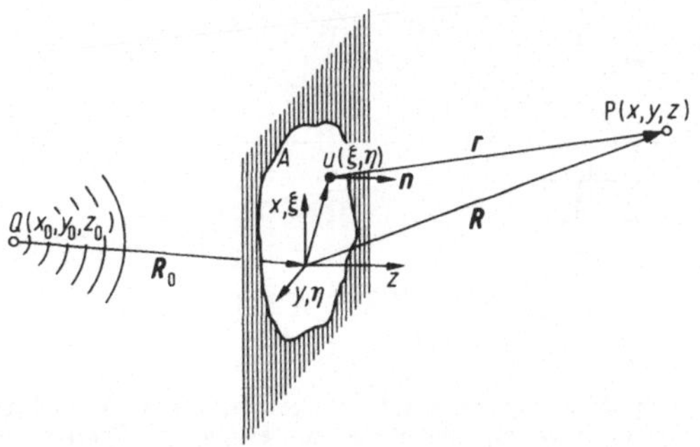

Bild 23-3: Zur Beugung an einer Schirmöffnung nach Kirchhoff.

gesetzt. Die Erregungsverteilung $u(\xi,\eta)$ in der Schirmöffnung kann z.B. durch eine Lichtquelle $Q(x_0,y_0,z_0)$ im Abstand $\boldsymbol{R}_0$ erzeugt werden.

Sind die linearen Abmessungen der beugenden Öffnung $D \ll r, R$, so kann r im Nenner durch den mittleren Wert R ersetzt werden und zusammen mit dem dann wenig veränderlichen Faktor $\cos(\boldsymbol{n},\boldsymbol{r})$ aus dem Integral herausgezogen werden. Wegen $R \gg \xi, \eta$ kann dann r im Exponenten entwickelt werden:

$$r = R - \alpha\xi - \beta\eta + \frac{1}{2R}\left[\xi^2 + \eta^2 - (\alpha\xi + \beta\eta)^2 + \ldots\right]. \qquad (23.1\text{-}4)$$

Hierbei sind

$$\alpha = \frac{x}{R} \quad \text{und} \quad \beta = \frac{y}{R} \qquad (23.1\text{-}5)$$

die Richtungscosinus von $\boldsymbol{R}$ gegen die ξ- bzw. η-Achse. Diese Entwicklung gestattet eine Einteilung der Beugungserscheinungen:

Fraunhofer-Beugung. Für große Entfernungen von Lichtquelle Q und Beobachtungspunkt P vom Schirm, d.h. $R, R_0 \to \infty$, können die quadratischen Glieder vernachlässigt werden. Aus (23.1-3) ergibt sich dann unter Weglassung des konstanten Phasenfaktors $\exp(-\mathrm{j}kR)$

$$\boxed{u(\mathrm{P}) = \frac{\mathrm{j}\cos(\boldsymbol{n},\boldsymbol{R})}{\lambda R}\int_A u(\xi,\eta)\,\mathrm{e}^{\mathrm{j}k(\alpha\xi+\beta\eta)}\mathrm{d}\xi\,\mathrm{d}\eta}\,. \qquad (23.1\text{-}6)$$

Fresnel-Beugung. In Fällen, in den die Bedingung für Fraunhofer-Beugung nicht erfüllt ist, müssen mindestens die quadratischen Glieder in (23.1-4) berücksichtigt werden.

Entsprechend den genannten Einschränkungen lassen sich die verschiedenen Beugungsbereiche mit Hilfe der *Fresnel-Zahl*

$$F = \frac{D^2}{z\lambda} \qquad (23.1\text{-}7)$$

(D: lineare Abmessung des beugenden Objekts) charakterisieren (Bild 23-4):

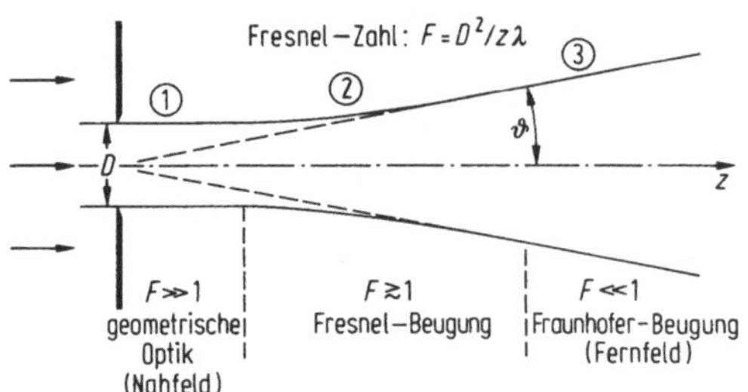

Bild 23-4: Zur Einteilung der Beugungserscheinungen hinter einer Öffnung der Breite $D > \lambda$ in charakteristische Bereiche mit Hilfe der Fresnel-Zahl.

1. Bereich der ***geometrischen Optik***, $F \gg 1$ ($F \to \infty$):
   Die Ausbreitung erfolgt entsprechend der von der Lichtquelle ausgehenden geometrischen Projektion des Schirms. Kennzeichen sind: Geradlinigkeit der Ausbreitung in homogenen Medien (siehe 22), scharfe Schattengrenzen, Einfluß der Wellenlänge vernachlässigbar.
2. Bereich der *Fresnel-Beugung*, $F \simeq 1$ ($10^2 > F > 10^{-2}$):
   Die Ausbreitung erfolgt nur näherungsweise im Bereich der geometrischen Schattenprojektion. Mit abnehmenden Werten von F steigt die seitliche Abströmung der Strahlungsenergie und geht in den Beugungswinkel ϑ (siehe 23.2) über. Die Intensitätsverteilung hinter der Öffnung ist stark strukturiert und zeigt eine ausgeprägte z-Abhängigkeit in der Zahl der Interferenzmaxima.
3. Bereich der *Fraunhofer-Beugung*, $F \ll 1$ ($F \to 0$):
   Die Ausbreitung erfolgt hauptsächlich innerhalb des Beugungswinkels $\vartheta = \arcsin(\lambda/D)$. Die Form der Intensitätsverteilung hängt nicht mehr von z ab.

23.2 Fraunhofer-Beugung an Spalt und Gitter

Die Beobachtung der Fraunhofer-Beugung setzt voraus, daß Lichtquelle Q und Beobachtungspunkt P sehr weit von der beugenden Öffnung entfernt sind ($R_0, R \to \infty$). Im Experiment läßt sich dies durch eine Parallelstrahl-Beleuchtung (z.B. mit Hilfe einer Linse vor dem Objekt, in deren gegenstandsseitigem Brennpunkt sich eine Punktlichtquelle befindet), und eine hinter dem Beugungsobjekt angeordnete Linse erreichen, in deren hinterer Brennebene das Fraunhofer-Beugungsbild auftritt (Bild 23-5).

Nimmt man an, daß die Erregung direkt hinter dem Schirm durch eine konstante Primärerregung u_e erzeugt wird (etwa durch eine Punktquelle $Q(0,0,-\infty)$, sodaß die Schirmebene eine Phasenfläche ist), die durch den Schirm (und seine Öffnung) örtlich moduliert wird, so läßt sich die Erregung auch durch eine *Objektfunktion* $O(\xi, \eta)$ beschreiben:

$$u(\xi, \eta) = u_e \, O(\xi, \eta) \,. \tag{23.2-1}$$

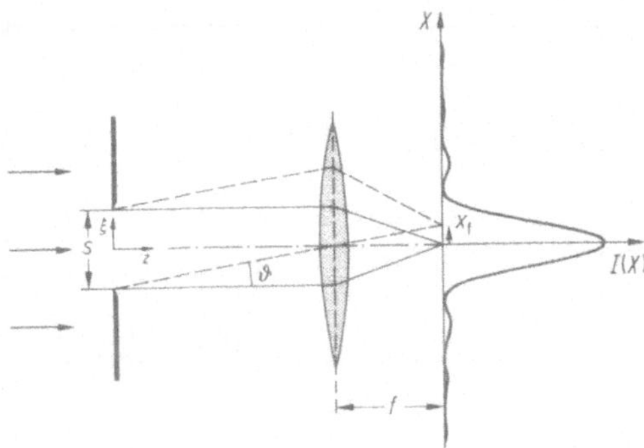

Bild 23-5: Erzeugung des Fraunhofer-Beugungsbildes eines Spaltes in der Brennebene einer Linse.

Das Kirchhoffsche Integral (23.1-6) lautet dann bis auf nur langsam mit x und y variierende Vorfaktoren

$$\boxed{u(\mathrm{P}) = \mathrm{const} \cdot \int_{\mathrm{A}} O(\xi, \eta)\, e^{jk(\alpha\xi + \beta\eta)} d\xi\, d\eta} \qquad (23.2\text{-}2)$$

und stellt mathematisch eine Fourier-Transformation dar.

Beugung am Einfachspalt

Die Objektfunktion für einen in η-Richtung (∞-) lang ausgedehnten Spalt der Breite s lautet

$$O(\xi, \eta) = O(\xi) = \begin{cases} 1 \text{ für } -s/2 < \xi < s/2 \\ 0 \text{ sonst} \end{cases} . \qquad (23.2\text{-}3)$$

Mit dieser Objektfunktion ergibt das leicht auszuführende Kirchhoffsche Integral (23.2-2) für den Intensitätsverlauf $I(X) \sim u^2(X)$ in der Beugungsebene die *Spaltbeugungsfunktion*

$$I(X) = I_0 \frac{\sin^2 X}{X^2} . \qquad (23.2\text{-}4)$$

I_0 ist die Intensität an der Stelle $X = 0$, also in Geradeausrichtung. $X = k\alpha s/2 = \pi\alpha s/\lambda = \pi s x_f/\lambda f$ ist eine normierte Koordinate in der Bildebene (Brennebene der nachgeschalteten Linse) mit $x_f \approx \alpha f$ und $\alpha = \sin\vartheta$ (Bild 23-5):

$$X = \frac{\pi s}{\lambda} \sin\vartheta . \qquad (23.2\text{-}5)$$

Bild 23-6 zeigt die Intensitätsverteilung $I(X)$. Sie hat Nullstellen bei $X = \pi$, 2π, 3π, ... , $n\pi$. Hier interferieren alle von der Spaltfläche ausgehenden Elementarwellen so miteinander, daß sie sich insgesamt auslöschen. Die zu den *Minima* gehörenden Beugungswinkel beim Einfachspalt ergeben sich aus (23.2-5) zu

$$\boxed{\sin\vartheta_{\min} = \pm n \frac{\lambda}{s}} \quad (n = 1, 2, 3, \ldots) . \qquad (23.2\text{-}6)$$

Wird die Spaltbreite s verringert, so wird die Verteilung umgekehrt proportional zu s breiter (die Intensität dabei geringer), bis schließlich eine

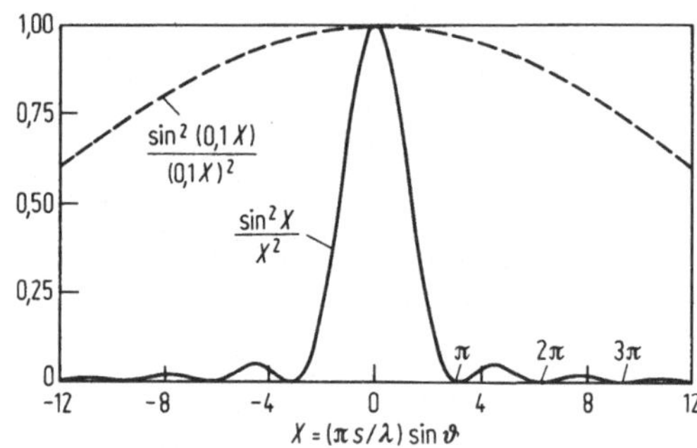

Bild 23-6: Spaltfunktion: Fraunhofer-Beugungsintensität hinter Einfachspalten verschiedener Breite s_1 und $s_2 = 0{,}1 s_1$.

einfache Kugelwelle mit nahezu richtungsunabhängiger Intensität übrigbleibt (vgl. auch Bild 23-2c).

Beugung am Doppelspalt

Die Beugungsintensität hinter 2 oder mehr unendlich dünnen Spalten mit dem Abstand g läßt sich auf direktem Wege berechnen. Die Interferenzamplitude der Erregung auf einem weit entfernten Schirm, die durch Überlagerung der an zwei Spalten gebeugten Wellen entsteht (Bild 23-7), ergibt sich aus dem Gangunterschied (Differenz der optischen Weglängen, siehe 21.1) $\Delta L = g \sin\vartheta$ bzw. der daraus resultierenden Phasendifferenz

$$\Delta\varphi = k\Delta L = \frac{2\pi}{\lambda} g \sin\vartheta \,. \tag{23.2-6}$$

Die Interferenzamplitude der beiden Wellen mit der Einzelamplitude u_e beträgt in der Beugungsrichtung ϑ aufgrund der Phasendifferenz gemäß (23.2-6)

$$u_\vartheta = 2u_e \cos\frac{\Delta\varphi}{2} \,. \tag{23.2-7}$$

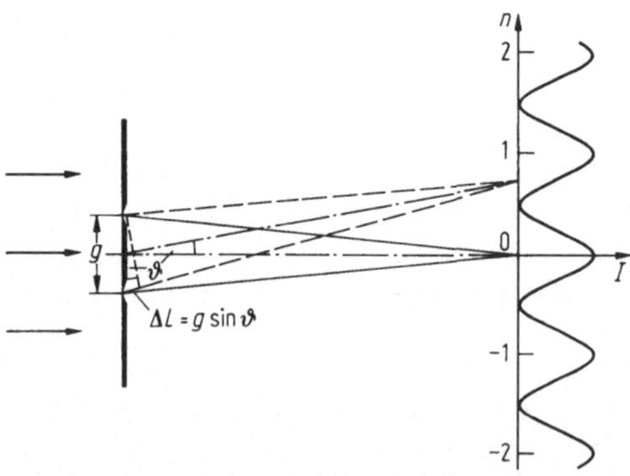

Bild 23-7: Beugung am unendlich dünnen Doppelspalt.

Daraus ergibt sich für die Beugungsintensität $I_\vartheta \sim u_\vartheta^2$ (siehe 19.1) des Doppelspaltes (Bild 23-7)

$$I_\vartheta = 4 I_e \cos^2\left(\frac{\pi g}{\lambda}\sin\vartheta\right) . \tag{23.2-8}$$

Diese Beugungsintensitätsverteilung hat *Maxima* an den Stellen

$$\boxed{\sin\vartheta_{max} = \pm n \frac{\lambda}{g}} \quad (n = 0, 1, 2, \dots) \tag{23.2-9}$$

und *Minima* bei

$$\boxed{\sin\vartheta_{min} = \pm\left(n + \frac{1}{2}\right)\frac{\lambda}{g}} \quad (n = 0, 1, 2, \dots) . \tag{23.2-10}$$

Die $\cos^2$-förmige Beugungsintensitätsverteilung beim Doppelspalt ist die typische Erscheinungsform der *Zweistrahlinterferenz*, die sehr häufig z.B. auch bei Interferometern ausgenutzt wird. Da man es in praxi mit endlichen Wellenzügen zu tun hat (vgl. 18.1), treten Interferenzerscheinungen zwischen beiden Wellenzügen nur dann auf, wenn der Weglängenunterschied ΔL nicht größer ist als die Länge der Wellenzüge, die in diesem Zusammenhang als *Kohärenzlänge* bezeichnet wird.

Zweistrahlinterferenzen treten u. a. bei zwei vom gleichen Verstärker angesteuerten Lautsprechern auf, bei zwei Antennen eines Senders usw.

Beugung am Gitter

Erhöht man die Zahl N der Spalte über 2 hinaus, so gilt die Bedingung (23.2-9) für das Auftreten für Maxima weiterhin, da bei den Beugungswinkeln ϑ_{max} auch die weiteren Spalte phasenrichtig zur Beugungsintensität beitragen (Bild 23-8):

$$\boxed{\sin\vartheta_{max} = \pm n \frac{\lambda}{g}} \quad (n = 0, 1, 2, \dots) . \tag{23.2-11}$$

Der Abstand g der Gitterspalte wird auch *Gitterkonstante* genannt.

Zwischen den Hauptmaxima verteilt sich die Beugungsintensität jedoch anders als beim Doppelspalt, da bei diesen Richtungen jeweils viele unter-

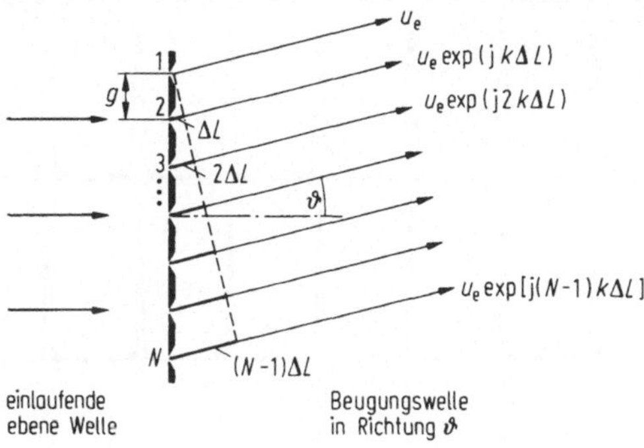

Bild 23-8: Zur Beugung am Gitter mit N Spalten.

schiedliche Phasen auftreten, die zur destruktiven Interferenz führen. Die Überlagerung der von den einzelnen Spalten ausgehenden Teilwellen in Richtung ϑ ergibt

$$u_\vartheta = u_e \left[1 + e^{jk\Delta L} + e^{jk2\Delta L} + \ldots + e^{jk(N-1)\Delta L}\right] . \tag{23.2-12}$$

Mit der Summenformel für geometrische Reihen ergibt sich daraus

$$u_\vartheta = u_e \frac{1 - e^{jkN\Delta L}}{1 - e^{jk\Delta L}} = u_e \frac{\sin(kN\Delta L/2)}{\sin(k\Delta L/2)} e^{jk(N-1)\Delta L/2} . \tag{23.2-13}$$

Der Exponentialterm ist ein Phasenfaktor mit dem Betrag 1. Die Fraunhofer-Beugungsintensität eines Gitters mit N unendlich dünnen Spalten, die sog. *Gitterbeugungsfunktion*, beträgt demnach mit $k\Delta L/2 = (\pi g/\lambda)\sin\vartheta$ (Bild 23-8)

$$I_\vartheta = I_e N^2 \frac{\sin^2\left(N\frac{\pi g}{\lambda}\sin\vartheta\right)}{N^2 \sin^2\left(\frac{\pi g}{\lambda}\sin\vartheta\right)} . \tag{23.2-14}$$

Der Bruchausdruck hat in den durch (23.2-11) gegebenen Hauptmaxima den Wert 1. Hier wächst demnach die Intensität quadratisch mit der Zahl N der Spaltöffnungen des Gitters. Gleichzeitig sinkt die Halbwertsbreite mit N (Bild 23-9). Für $N \rightarrow \infty$ erhält man eine Folge von Delta-Funktionen an den Stellen der Hauptmaxima: "Delta-Kamm".

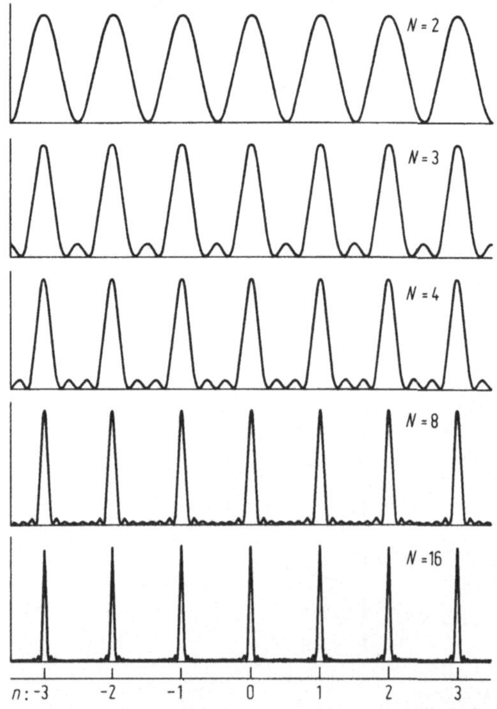

Bild 23-9: Verteilung der Fraunhofer-Beugungsintensität eines Gitters mit zunehmender Spaltzahl N (bei gleicher Gitterkonstante g; für verschiedene N auf gleiche Höhe normiert).

Reale Gitterspalte haben immer eine endliche Breite *s*. Daher überlagert sich der Gitterbeugungsfunktion (23.2-14) stets die Spaltbeugungsfunktion (23.2-4) als Intensitätsfaktor (Bild 23-10).

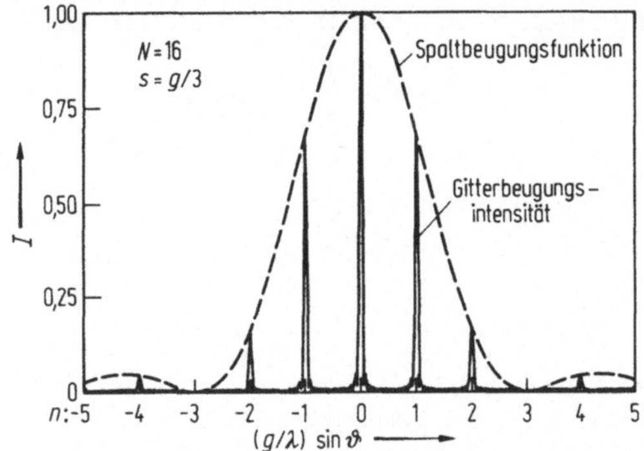

Bild 23-10: Beugungsintensitätsverteilung eines Gitters mit der Gitterkonstante g und der Spaltbreite $s = g/3$.

Kreuzgitter sind Beugungsschirme mit Gitterstrukturen in zwei verschiedenen Richtungen. Sie erzeugen dementsprechend ein zweidimensionales Beugungspunktmuster. Bei der Beugung an vielen, in einer Ebene liegenden, statistisch orientierten Kreuzgittern ordnen sich die Beugungspunkte gleicher Ordnung zu ringförmigen Beugungsstrukturen um die 0. Ordnung als Zentrum an. Dies ist das Analogon zu den Debye-Scherrer-Ringen bei der Beugung von Röntgen- und Elektronenstrahlen an Kristallpulvern oder polykristallinen Schichten (siehe unten und 25.4).

Gitter-Dispersion

Nach (23.2-11) ist der Beugungswinkel für das Auftreten von Beugungsmaxima von der Wellenlänge λ des gebeugten Lichtes abhängig. Bei der Gitterbeugung von weißem Licht sind danach die Beugungswinkel des blauen Strahlungsanteils kleiner als die des roten Anteils. Jede Beugungsordnung spreizt sich daher zu einem Spektrum auf. Anwendung bei der Spektralanalyse (siehe 20.1 und 20.4): Gitterspektrograph.

Beugung an Raumgittern

Licht wird (wie jede Welle) nicht nur an Öffnungen gebeugt, sondern ebenso an Hindernissen wie kleinen Kugeln o.ä. Sind solche beugenden Objekte dreidimensional periodisch angeordnet, so liegt ein *Raumgitter* vor. Fällt eine ebene Welle (z.B. ein Röntgenstrahl) auf ein solches Raumgitter (Bild 23-11; die Gitterperiodizität ist senkrecht zur Zeichenebene fortgesetzt zu denken), so läßt sich die Beugung daran als sukzessive Beugung an hintereinander angeordneten Flächengittern darstellen (in Bild 23-11 untereinander liegende Kreuzgitter). Während das Entstehen von Beugungsstrahlen an einem einzelnen Flächengitter nicht an bestimmte Einfallswinkel geknüpft ist, tritt bei einem Raumgitter durch die Periodizität auch in der dritten

Raumrichtung eine (dritte) Bedingung für die phasenrichtige Überlagerung aller Beugungswellen zu Beugungsmaxima hinzu. Das hat zur Folge, daß Beugungsmaxima von bestimmten Netzebenen des Raumgitters nur bei Einstrahlung unter dem *Bragg-Winkel* ϑ_B auftreten (Bild 23-11). Phasenrichtig überlagern sich Beugungswellen dann in der Richtung $2\vartheta_B$.

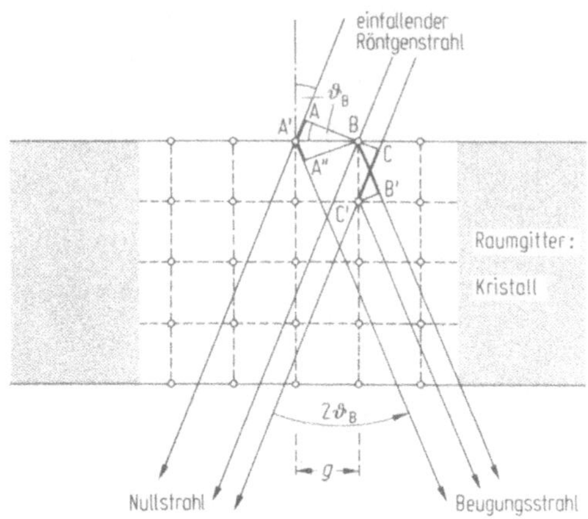

Bild 23-11: Röntgen-Beugung am Raumgitter.

Der Bragg-Winkel ϑ_B ergibt sich aus der *Braggschen Gleichung*

$$\boxed{2g \sin\vartheta_B = n\lambda} \quad (n = 0, 1, 2, \dots)\,. \tag{23.2-15}$$

Die Braggsche Gleichung folgt aus der Forderung, daß der durch die Strecke AA'A" gegebene Gangunterschied (Bild 23-11) ein Vielfaches der Wellenlänge λ sein muß. Für kleine Beugungswinkel wird sie mit der Gitterbeugungsformel (23.2-11) identisch ($2\vartheta_B = \vartheta_{max}$). Der Beugungsstrahl tritt unter dem Winkel $2\vartheta_B$ auf, wird also gewissermaßen an den vertikalen Netzebenen "gespiegelt". Auch die unter dem obersten Flächengitter liegenden Gitterpunkte, z.B. bei C', liefern dann phasenrichtige Beugungswellen in Richtung $2\vartheta_B$, wie aus Bild 23-11 sofort abzulesen ist (die Strecken BB' und CC' sind gleich).

Solche Raumgitter liegen als Atomgitter in den Kristallen vor. Mit Lichtwellen ($\lambda \approx 500$ nm) sind daran jedoch keine Beugungsmaxima zu erzielen, da die Gitterkonstanten g in der Größenordnung 0,1 bis 1 nm liegen und (23.2-15) damit nicht erfüllbar ist. Hingegen lassen sich mit Röntgenstrahlen (siehe 19.2) oder mit Elektronenstrahlen (siehe 25.4) an Kristallen Beugungsmaxima beobachten, da in beiden Fällen $\lambda < g$ gemacht werden kann. Durch *Röntgenstrahlbeugung an Kristallen* (Bild 23-12) haben v. Laue, Friedrich und Knipping (1912) erstmals den Gitteraufbau von Kristallen einerseits sowie die Welleneigenschaften der Röntgenstrahlung andererseits durch photographische Registrierung der *Laue-Diagramme* nachgewiesen.

Seitdem hat sich die Röntgenbeugung als wichtiges Hilfsmittel zur Strukturuntersuchung entwickelt, da durch Messung der Beugungswinkel ϑ_B über die Braggsche Gleichung (23.2-15) die zugehörigen Gitterkonstanten bestimmt werden können. Bei der Röntgenbeugung an polykristallinen Stoffen oder an Kristallpulvern erhält man (analog zur oben erwähnten Beugung an vielen statistisch orientierten Kreuzgittern) statt der Laue-Punktdiagramme ringförmige Beugungsdiagramme: *Debye-Scherrer-Diagramme* (Bild 23-12).

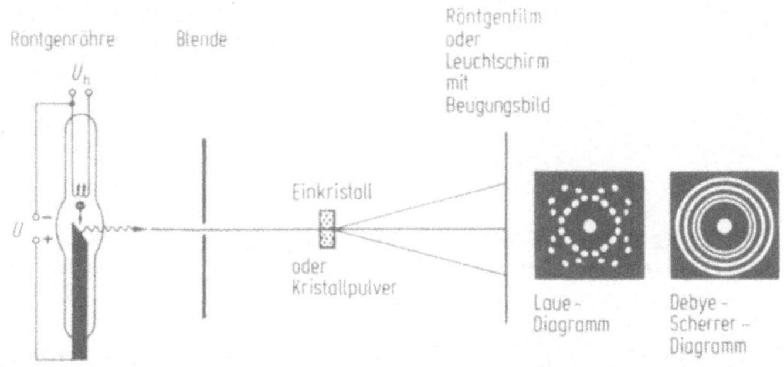

Bild 23-12: Röntgenbeugung an Einkristallen (→ Laue-Diagramm) oder polykristallinen Materialien bzw. Kristallpulvern (→ Debye-Scherrer-Diagramm).

23.3 Interferenzen an dünnen Schichten

Durch Reflexion an den beiden Grenzflächen dünner Schichten können verschiedene Interferenzeffekte auftreten. Zur Erklärung betrachten wir zunächst zwei kohärente Punktlichtquellen im Abstand d, die auf der Normalen eines Schirmes angeordnet sind (Bild 23-13). Als Folge der vom Winkel α abhängigen Weglängendifferenz

$$\Delta L = d \cos \alpha$$

entsteht auf dem Schirm ein Interferenzringmuster mit der Verbindungsachse als Zentrum. Maxima ergeben sich für Winkel, für die $\Delta L = m\lambda$ ist:

$$\cos \alpha_{max} = m \frac{\lambda}{d} \quad (m = 1, 2, 3, \ldots) . \tag{23.3-1}$$

Mit der Entwicklung $\cos \alpha_{max} \approx 1 - \alpha_{max}^2/2$ folgt für die Winkel

$$\alpha_{max} \approx \sqrt{2\left(1 - m \frac{\lambda}{d}\right)} . \tag{23.3-2}$$

Ein Maximum im Zentrum liegt dann vor, wenn $\alpha_{max} = 0$ ist, d. h. wenn

$$d = m\lambda \tag{23.3-3}$$

ist. Nun sind zwei reale Punktlichtquellen i. allg. nicht kohärent, sodaß ein Interferenzmuster gewöhnlich nicht zu beobachten ist. Es lassen sich jedoch zwei kohärente virtuelle Lichtquellen Q_1 und Q_2 dadurch herstellen, daß eine einzelne, möglichst monochromatische (d. h. einfarbige) Punktlichtquelle Q

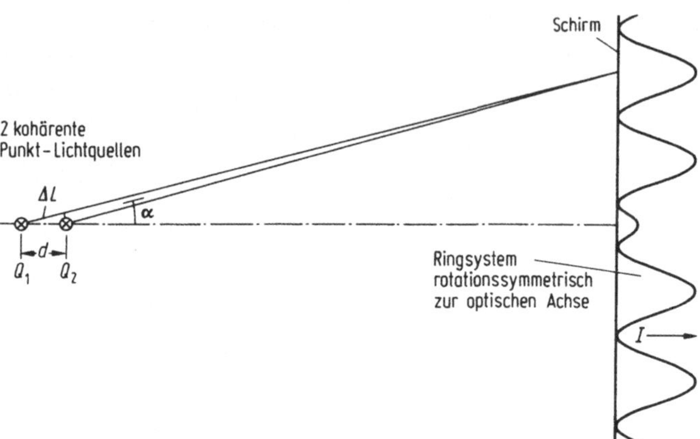

Bild 23-13: Entstehung eines Interferenzringsystems durch zwei in der Schirmnormalen angeordnete, kohärente Punktlichtquellen.

an den beiden Oberflächen einer dünnen, durchsichtigen, planparallelen Platte (Dicke D) gespiegelt wird (Bild 23-14). Die beiden virtuellen Quellen erscheinen dann in dem Abstand $d = 2D$ voneinander. (Der geometrische Einfluß der Brechzahl der Platte wird hierbei vernachlässigt.) Besonders geeignet für diesen Versuch sind nach R. W. Pohl Glimmerblätter von wenigen 1/100 mm Dicke.

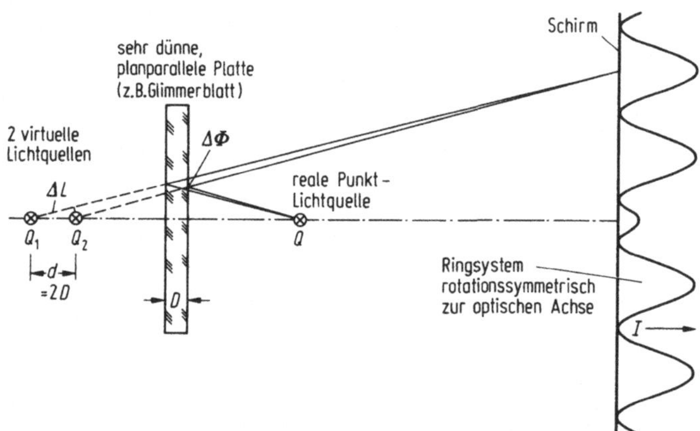

Bild 23-14: Interferenzversuch nach R. W. Pohl.

Bei der Reflexion an optischen Grenzflächen ist zu beachten, daß bei der Reflexion am optisch *dichteren* Medium ein Phasensprung $\Delta\Phi = \pi$ (entsprechend einer örtlichen Verschiebung um $\lambda/2$) auftritt. Diese ergibt sich aus Stetigkeitsgründen an der Grenzfläche und entspricht dem Verhalten z. B. einer Seilwelle bei Reflexion am eingespannten Ende (siehe 18.1 und Bild 18-4). Unter Berücksichtigung des Phasensprunges für das Licht, das scheinbar von Q_2 kommt, und der Brechzahl n der Platte ergibt sich die folgende Bedingung für ein Maximum im Zentrum:

$$2nD - \frac{\lambda}{2} = m\lambda \quad \text{oder} \quad D = (2m+1)\frac{\lambda}{4n} . \tag{23.3-4}$$

Newtonsche Ringe

Interferenzen ähnlicher Art können auch an sehr dünnen Luftschichten etwa zwischen zwei Glasplatten auftreten, z. B. zwischen einer ebenen Glasplatte und der konvexen Oberfläche einer aufliegenden Glaslinse, die von oben her monochromatisch beleuchtet wird (Bild 23-15). Der im Bild eingekreiste Bereich ist daneben größer herausgezeichnet. Zur Vereinfachung sind die Begrenzungsflächen parallel gezeichnet. Durch Mehrfachreflexion treten sowohl in Reflexion als auch in Transmission Vielstrahlinterferenzen auf, die je nach Dicke der Luftschicht zu Verstärkung oder Schwächung der reflektierten Intensität I_ρ bzw. der transmittierten Intensität I_τ führen. Da die Luftschichtdicke vom Abstand r vom Zentrum abhängt, erhält man auch hier ein Interferensystem aus Ringen, die Linien gleicher Schichtdicke darstellen. Die Kreisform der Ringe ist ein Maß für die Rotationssymmetrie der Linse: Anwendung bei der Qualitätsprüfung des Schliffs optischer Linsen.

Bei senkrechtem Einfall beträgt der optische Wegunterschied zwischen zwei benachbarten reflektierten Strahlen unter Berücksichtigung des Phasensprunges $\Delta\Phi = \pi$ (eine Reflexion am optisch dichteren Medium) $\Delta L = 2n_L D - \lambda/2$ mit $n_L \approx 1$ (Brechzahl der Luft). Die *reflektierte* Intensität I_ρ hat daher ein *Maximum* für

$$2n_L D - \frac{\lambda}{2} = m\lambda \quad \text{oder} \quad D = (2m+1)\frac{\lambda}{4n_L} . \tag{23.3-5}$$

Zwischen zwei benachbarten transmittierten Strahlen beträgt der optische Wegunterschied unter Berücksichtigung eines Phasensprunges $\Delta\Phi = \pi + \pi$

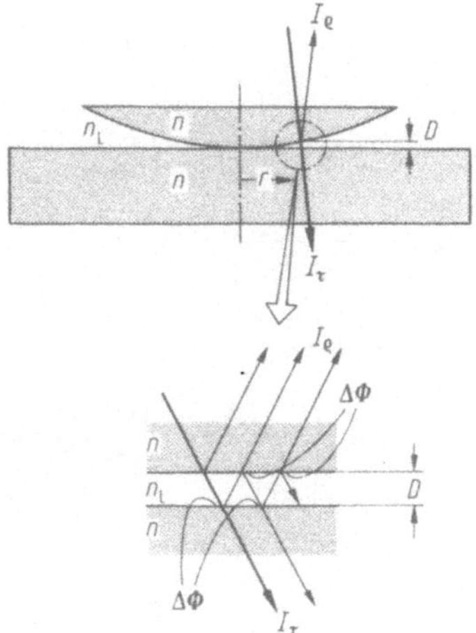

Bild 23-15: Zur Entstehung Newtonscher Ringe als Interferenz von mehrfach an den Grenzflächen dünner Luftschichten reflektiertem Licht.

(zwei Reflexionen am optisch dichteren Medium) $\Delta L = 2n_L D - 2(\lambda/2)$. Die ***transmittierte*** Intensität I_τ hat demnach ein ***Minimum*** für

$$2n_L D - 2\cdot\frac{\lambda}{2} = (2m-1)\frac{\lambda}{2} \qquad \text{oder} \qquad D = (2m+1)\frac{\lambda}{4n_L}\,. \tag{23.3-6}$$

(23.3-5) und (23.3-6) sind jedoch identisch, d. h., I_ρ hat dann ein Maximum, wenn I_τ ein Minimum hat (und umgekehrt, wie sich analog zeigen läßt). Das ist aus energetischen Gründen einsichtig und notwendig, ergibt sich aber nur bei Berücksichtigung des Phasensprunges $\Delta\Phi$ (energetische Begründung für $\Delta\Phi$!).

Vergütung optischer Oberflächen

Die Interferenz an dünnen Schichten kann dazu genutzt werden, die Reflexionsverluste von etwa 4 % (bei senkrechtem Einfall, siehe 21.2 und Bild 21-11) bei dem Durchgang von Licht durch optische Oberflächen z. B. von Linsen zu verringern. Dazu wird die Oberfläche mit einer optisch transparenten $\lambda/4$-Schicht aus einem dielektrischen (nichtabsorbierenden) Material bedampft, dessen Brechzahl zwischen denjenigen der angrenzenden Medien (Luft und Glas) liegt (Bild 23-16 a): ***Vergütung***. Die Brechzahl der dielektrischen Schicht soll etwa bei

$$n' = \sqrt{n\,n_L} \tag{23.3-7}$$

liegen (ohne Ableitung). Die notwendige Dicke der Vergütungsschicht ergibt sich aus der Bedingung, daß die reflektierte Intensität I_ρ ein Minimum sein soll. Das ist der Fall für

$$2n'D = (2m-1)\frac{\lambda}{2} \qquad \text{oder} \qquad D = (2m-1)\frac{\lambda}{4n'}\,. \tag{23.3-8}$$

Die an der oberen Grenzfläche (am optisch dichteren Medium) reflektierte Welle erleidet einen Phasensprung von π. Die einmal bzw. k-mal an der un-

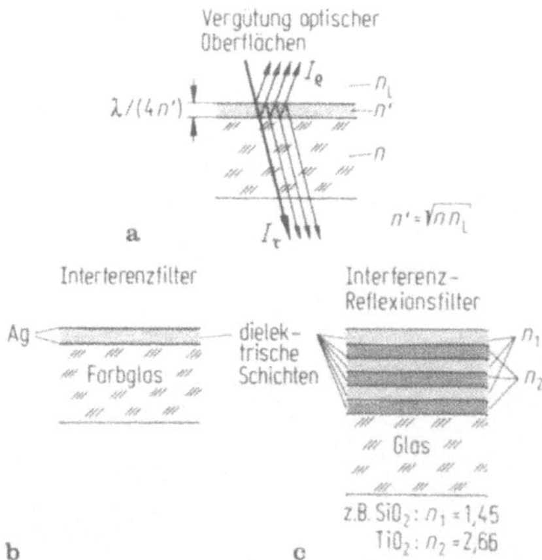

Bild 23-16: Verschiedene Anwendungen der Interferenzen dünner Schichten: **a** Vergütung optischer Oberflächen, **b** Interferenzfilter und **c** Interferenz-Reflexionsfilter.

teren Grenzfläche reflektierten Wellen erleiden ebenfalls einen Phasensprung π bzw. $k\pi$ (unten stets Reflexion am dichteren Medium). Dazu kommt nach (23.3-8) jeweils ein geometrischer Weg von $2 \cdot k\lambda/4$ ($m = 1$), sodaß alle an der unteren Grenzfläche reflektierten Wellen (die in geometrischer Progression schwächer werden) untereinander phasengleich, aber gegenüber der an der oberen Grenzfläche reflektierten Welle gegenphasig sind und diese schwächen. Die transmittierte Intensität I_τ ist unter dieser Bedingung maximal. Zweckmäßigerweise wählt man die Dicke der Vergütungsschicht so, daß (23.3-8) für die Mitte des sichtbaren Gebietes (gelbgrün) erfüllt ist. Insbesondere für viellinsige Objektive bringt die Vergütung eine wesentliche Verringerung der Reflexionsverluste.

Interferenzfilter

Das Interferenzprinzip läßt sich auch ausnutzen, um schmale Spektralbereiche aus einem kontinuierlichen Spektrum (Glühlicht) auszusondern. Dazu wird ähnlich wie bei der Vergütung eine dünne dielektrische Schicht (z. B. MgF_2) auf einen Träger aufgebracht, dabei aber zwischen sehr dünne, teildurchlässige Silberschichten eingeschlossen (Bild 23-16b). Die gut reflektierenden Silberschichten verstärken die Vielfachreflexion und damit den Interferenzeffekt derart, daß nur ein sehr schmales Spektralgebiet um die Wellenlänge λ mit maximaler Transmission durchgelassen wird. Solche *Interferenzfilter* sind viel schmalbandiger als die Durchlaßkurven von Farbglasfiltern, mit denen sie jedoch meist kombiniert werden, um andere Durchlaßwellenlängen (z. B. $\lambda' = \lambda/2$, $\lambda/3$ usw.) durch Absorption zu unterdrücken.

Interferenzreflexionsfilter

Kombiniert man viele dielektrische Schichten so miteinander, daß immer abwechselnd Schichten mit hoher und niedriger Brechzahl aufeinander folgen (Bild 23-16c), so kann man z. B. erreichen, daß das sichtbare Gebiet im wesentlichen reflektiert wird, während das Infrarotgebiet (Wärmestrahlung) durchgelassen wird: *Kaltlichtspiegel* als Reflektoren für Projektionslampen oder als Kavitätenspiegel für das Pumplicht in Lasern (siehe 20.5, Bild 20-15). Auch das Umgekehrte ist möglich: *Interferenzwärmefilter*, etwa zum Schutz von Filmemulsionen in Hochleistungsprojektoren. Laser-Resonatorspiegel werden ebenfalls als dielektrische Vielfachschichtspiegel so hergestellt, daß sie ein besonders hohes Reflexionsvermögens für die Laserwellenlänge haben.

24 Wellenaspekte bei der optischen Abbildung

Die optische Abbildung wurde in 22 im Rahmen der geometrischen Optik behandelt, d.h. unter Verwendung des Strahlenkonzeptes ohne Berücksichtigung der Welleneigenschaften der zur Abbildung verwendeten Lichtstrahlung (Vernachlässigung der Beugung). Nach Behandlung der Beugung in 23 wird die optische Abbildung nun noch einmal vom Standpunkt der Wellenausbreitung aus untersucht.

Dazu sei zunächst die Abbildung eines Lichtpunktes G auf der optischen Achse durch eine Sammellinse in den Bildpunkt B betrachtet (Bild 24-1).

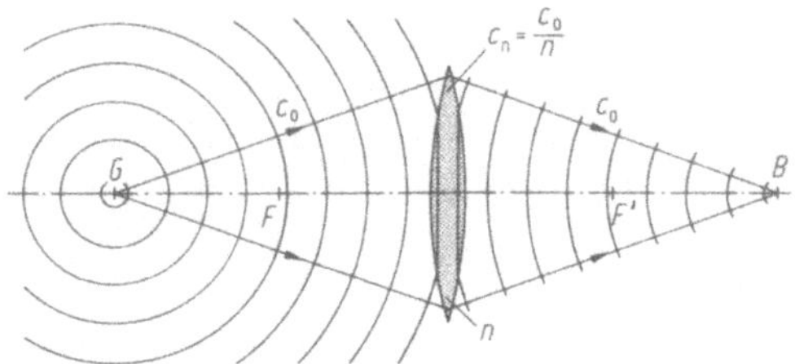

Bild 24-1: Abbildung eines Gegenstandspunktes G durch eine Sammellinse im Strahlen- und im Wellenbild.

Im Strahlenbild der geometrischen Optik werden die vom G ausgehenden Lichtstrahlen durch die achsenabstandsabhängige Brechung in der Linse so umgelenkt, daß sie sich im Bildpunkt B vereinigen und damit das Bild des Gegenstandes erzeugen. Im Wellenbild wird die von G ausgehende Kugelwelle infolge der geringeren Phasengeschwindigkeit c_n in der Linse achsenabstandsabhängig so verzögert, daß sie nach Austritt aus der bildseitigen Linsenoberfläche eine Kugelwelle darstellt, die auf den Bildpunkt B zuläuft. Dabei wird jedoch wegen der begrenzten Linsenöffnung nur ein kreisförmiger Ausschnitt der von G ausgehenden Kugelwelle für die Bilderzeugung verwendet. In 23.1 und 23.2 wurde gezeigt, daß in solchen Fällen Beugungsphänomene auftreten. Wie wirken diese sich auf die Abbildung aus?

24.1 Abbesche Mikroskoptheorie

Wir wollen dieselbe Frage anders formulieren: Wie ähnlich ist bei der optischen Abbildung die geometrische Struktur des Bildes derjenigen des abge-

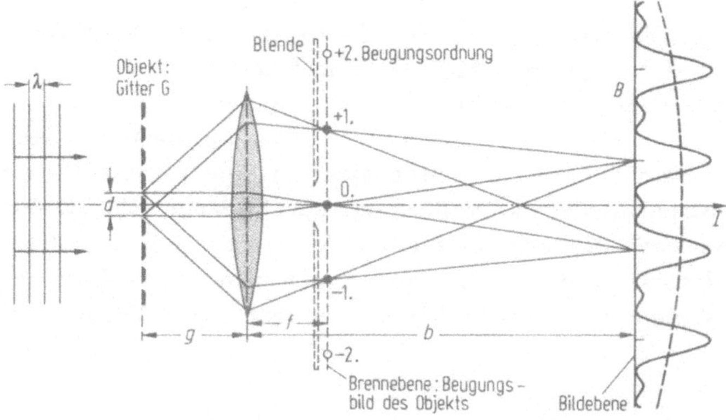

Bild 24-2: Zur Abbildung eines Gitterobjekts nach der Abbeschen Mikroskoptheorie.

bildeten Gegenstandes (Objekt)? Dazu sei die Abbildung eines Beugungsgitters (Gitterkonstante d) mittels einer Linse betrachtet (Bild 24-2).
Die vom Objekt-Gitter ausgehenden Beugungsstrahlen werden in der hinteren Brennebene der Abbildungslinse (Objektiv) fokussiert, hier entsteht das Fraunhofer-Beugungsbild des Objekts (siehe 23.2, Bild 23.5), im Falle eines Gitters ein System von hellen Punkten, die die verschiedenen Beugungsordnungen repräsentieren. Das im Verlauf der weiteren Wellenausbreitung von den Beugungspunkten ausgehende Licht interferiert in der Bildebene zur Lichtverteilung des Bildes. Im dargestellten Beispiel (Bild 24-2) werden von der Objektivöffnung die -1., 0. und +1. Beugungsordnung erfaßt und in der Brennebene abgebildet. Dementsprechend ergibt sich in der Bildebene eine Intensitätsverteilung, die der Beugungsintensitätsverteilung eines Dreifachspaltes entspricht (Bild 23-9 für $N=3$). Ersichtlich ist die Ähnlichkeit der Bildintensitätsverteilung mit der des Objekts nur sehr gering. Im wesentlichen kann aus dem Bild in diesem Falle nur die Gitterkonstante des Objekts (um den Vergrößerungsmaßstab gedehnt) entnommen werden. Um eine größere Ähnlichkeit des Bildes mit dem Objekt zu erzielen, müssen offenbar mehr Beugungsordnungen vom Objektiv erfaßt und damit zur Abbildung zugelassen werden. Dann verbessert sich die Wiedergabe gemäß Bild 23-9 mit zunehmender Zahl der Quellpunkte in der Brennebene des Objektivs.

Demnach erfolgt vom Beugungsstandpunkt her die Abbildung in zwei Schritten: Zunächst entsteht in der Brennebene das Fraunhofer-Beugungsbild des Objekts. Im zweiten Schritt entsteht in der Bildebene das Bild des Objekts als Beugungsbild der Lichtverteilung in der Brennebene. Beide Schritte lassen sich mathematisch durch das Kirchhoffsche Integral (23.2-2) beschreiben, das formal eine Fourier-Transformation darstellt. Das Bild entsteht also aus der Objekt-Lichtverteilung durch zweifache Fourier-Transformation. Dies sind die Grundgedanken der *Abbeschen Mikroskoptheorie* (1890).

Die Abbesche Vorstellung läßt sich durch künstliche Eingriffe in das Beugungsbild in der Objektivbrennebene experimentell überprüfen: Werden alle Beugungsordnungen bis auf eine am weiteren Bildaufbau gehindert (gestrichelte Blende in Bild 24-2), so entsteht lediglich die breite Helligkeitsverteilung auf dem Schirm, die durch eine einzelne Kugelwelle erzeugt wird, ohne jede Strukturinformation über das abzubildende Objekt. Eine Mindestinformation über das abgebildete Objekt ergibt sich offenbar erst dann, wenn mindestens zwei Beugungsordnungen zum Bildaufbau beitragen und eine $\cos^2$-Verteilung in der Bildebene erzeugen (vgl. (23.2-8) und Bild 23-7).

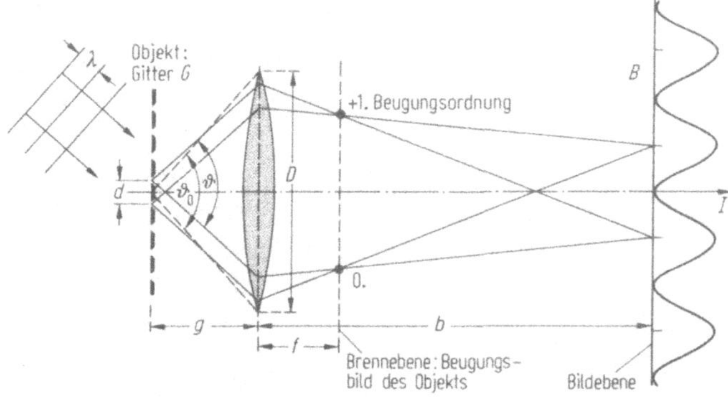

Bild 24-3: Zur Auflösungsgrenze bei der optischen Abbildung.

Beträgt der Öffnungswinkel des Objektivs ϑ_0, so ist der größte, noch vom Objektiv zu erfassende Beugungswinkel $\vartheta \approx \vartheta_0$ (bei schräger Beleuchtung des Objektgitters, sodaß 0. und 1. Ordnung gerade noch durch die Objektivlinse gehen, vgl. Bild 24-3). Dem entspricht ein kleinster, noch abzubildender Gitterspaltabstand $d \approx \lambda/\sin\vartheta_0$, den man für $n=1$ aus der Beugungsformel (23.2-11) erhält. Da dieselbe Beugungsformel auch für den Doppelspalt gilt (23.2-9), gilt offenbar generell für den kleinsten, bei gegebenem Objektiv-Öffnungswinkel ϑ_0 noch abzubildenden Abstand, die sog. *Abbesche Auflösungsgrenze*:

$$\boxed{d_{\min} \approx \frac{\lambda}{\sin\vartheta_0}} \; . \qquad (24.1\text{-}1)$$

Für das **Mikroskop** ist als untere Grenze $\sin\vartheta_0 = 1$ zu erreichen, d.h. die Auflösungsgrenze des Mikroskops ist

$$d_{\min} \approx \lambda \; . \qquad (24.1\text{-}2)$$

Das Lichtmikroskop kann daher prinzipiell keine Strukturen auflösen, deren Abstand kleiner als die Wellenlänge des Lichtes von etwa 0,5 µm ist. Höhere Auflösungen lassen sich nur mit Strahlungen kleinerer Wellenlänge erzielen (Elektronenmikroskop, siehe 25.5).

Beim **Fernrohr** ist die Gegenstandsweite g sehr groß gegen den Objektivdurchmesser D. Dann ist $\vartheta_0 \approx D/g \approx \sin\vartheta_0$, womit aus (24.1-1) die Auflösungsgrenze des Fernrohrs folgt

$$\boxed{d_{min} \approx \frac{\lambda}{D} g} \; . \qquad (24.1\text{-}3)$$

Beispiel: Bei einer sonst störungsfreien Abbildung mit einem Fernrohrobjektiv von $D = 5$ cm Durchmesser beträgt die Auflösungsgrenze für Gegenstände in $g = 100$ km Entfernung $d_{min} \approx 1$ m.

24.2 Holographie

Die Abbesche Theorie (24.1) stellt die optische Abbildung als zweistufigen Vorgang dar, bei dem zunächst das Beugungsbild des Objekts in der Brennebene des Objektivs erzeugt wird. Anschließend entsteht durch Interferenz aus der Lichtverteilung des Beugungsbildes das Bild in der Bildebene. Diese Vorstellung legt nahe, daß im Grunde die Lichtverteilung nicht nur in der Brennebene des Objektivs, sondern in *jeder* Ebene zwischen Objekt und Bild die vollständige Objektinformation enthält. Gelingt es, diese Lichtverteilung nach Betrag *und* Phase z.B. photographisch zu speichern (*Holographie*, von griech. *holos*: vollständig, u. *graphein*: schreiben), so muß im Prinzip das Bild daraus rekonstruiert werden können (Gabor 1948).
Wird danach einfach eine Photoplatte in die vom Objekt ausgehende Objektwelle gestellt und anschließend entwickelt, so erhält man eine vom Objekt bestimmte Schwärzung, die jedoch nur den Betrag der Amplitude (bzw. deren Quadrat) der Objektwelle am Orte der Photoplatte wiedergibt, während die Phase nicht registriert wird. Eine Rekonstruktion der Objektwelle z.B. durch Beleuchtung der (zur Erhaltung eines Positivs umkopierten) Photoplatte ist daher so i. allg. nicht möglich.

Ein gleichzeitige Registrierung von Betrag *und* Phase der Objektwelle in einem *Hologramm* ist durch zusätzliche Überlagerung einer *Referenzwelle* möglich (Bild 24-4).

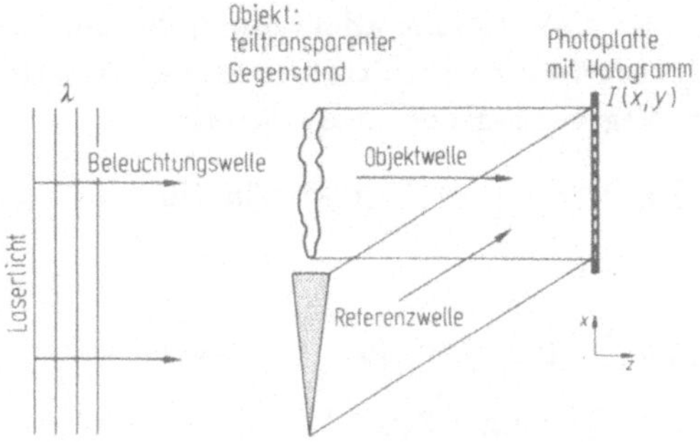

Bild 24-4: Aufnahme eines Hologramms durch Überlagerung der Objektwelle mit einer kohärenten Referenzwelle.

Die Objektwelle in der Ebene der Photoplatte (x,y), die hier durch Beleuchtung eines teiltransparenten Gegenstandes (Objekt) erzeugt wird, werde nach Abspaltung des Zeitfaktors $\exp(-i\omega t)$ dargestellt durch

$$u_G(x,y) = |u_G(x,y)|\, e^{j\varphi_G(x,y)} , \tag{24.2-1}$$

worin der Betrag der Erregung $|u_G(x,y)|$ sich als Beugungserregung aus der Lichtverteilung im Objekt durch Anwendung des Kirchoffschen Integrals (für ein ebenes Objekt z.B. aus (23.2-2)) bestimmen läßt. Bei einiger Entfernung vom Objekt ist $u_G(x,y)$ i. allg. dem Objekt nicht mehr erkennbar ähnlich. $\varphi_G(x,y)$ ist die Phase in der Registrierebene (x,y).

Eine gleichzeitig auf die Registrierebene (Hologrammebene) eingestrahlte, zur Objektwelle kohärente Referenzwelle (durch gemeinsame Erzeugung von Beleuchtungs- und Referenzwelle mittels eines Lasers, Bild 24-4)

$$u_R(x,y) = |u_R(x,y)|\, e^{j\varphi_R(x,y)} \tag{24.2-2}$$

interferiert mit der Objektwelle und ergibt eine Intensität in der Hologrammebene

$$I(x,y) \sim |u_G + u_R|^2 = |u_G|^2 + |u_R|^2 + 2|u_G|\,|u_R|\cos(\varphi_G - \varphi_R) . \tag{24.2-3}$$

Hierin sind

$|u_G|^2$, $|u_R|^2$: Intensitäten der Objektwelle bzw. der Referenzwelle ohne Interferenz,

$2|u_G|\,|u_R|\cos(\varphi_G - \varphi_R)$: Interferenzglied, beschreibt durch den cos-Term ein Interferenzstreifensystem im Hologramm, dessen Amplitude durch den Betrag der Objektwelle $|u_G|$ und dessen örtliche Streifenlage durch die Phasendifferenz $\varphi_G - \varphi_R$ zur Referenzwelle bestimmt ist.

Das im Hologramm registrierte Interferenzstreifensystem enthält daher die vollständige Objektwelleninformation.
Nach photographischer Entwicklung und Umkopierung der Hologrammplatte ist deren Amplitudentransmission $t(x,y) \sim I(x,y)$. Nunmehr werde das Hologramm in derselben Anordnung allein durch die Referenzwelle beleuchtet (Bild 24-5). Die Lichtverteilung unmittelbar hinter dem Hologramm ist dann mit (24.2-3) unter Weglassung des Imaginärteils

$$u(x,y) = t(x,y)\, u_R(x,y) \sim \left[|u_G|^2 + |u_R|^2 + 2|u_G|\,|u_R|\cos(\varphi_G - \varphi_R)\right] |u_R| \cos\varphi_R$$

und damit

$$\begin{aligned} u(x,y) \sim\ & |u_R|\left[|u_G|^2 + |u_R|^2\right]\cos\varphi_R && \text{transmittierte Referenzwelle} \\ & + |u_R|^2\,|u_G|\cos(\varphi_G - 2\varphi_R) && \text{Zwillingsbild} \\ & + \underline{|u_R|^2\,|u_G|\cos\varphi_G} && \text{Objektwelle} \end{aligned} \tag{24.2-4}$$

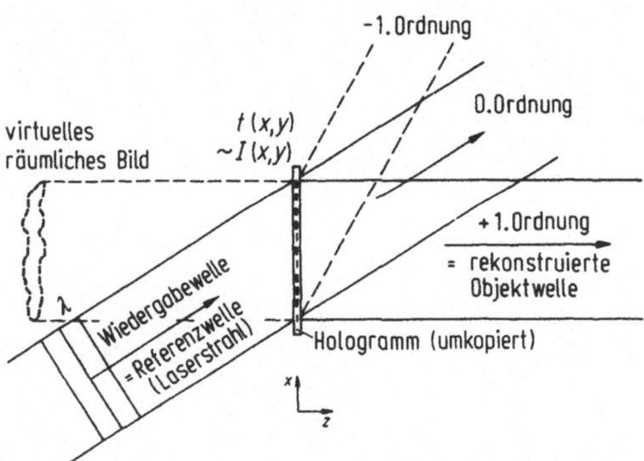

Bild 24-5: Rekonstruktion der Objektwelle aus dem Hologramm: Die +1. Ordnung der Beugung des Beleuchtungsstrahls an den Gitterstrukturen des Hologramms entspricht der Objektwelle.

Bis auf einen konstanten Faktor $|u_R|^2$ stellt der dritte Term die gesuchte Lichtverteilung der ursprünglichen Objektwelle dar, die jetzt nicht mehr durch die Beleuchtung des Objekts, sondern des Hologramms erzeugt (rekonstruiert) wird. Damit ist aber nach dem Huygensschen Prinzip die sich von dieser Lichtverteilung weiter nach rechts ausbreitende neue Objektwelle identisch mit der ursprünglichen, sodaß beim Blicken durch das so beleuchtete Hologramm das Objekt an der ursprünglichen Stelle (und zwar räumlich) gesehen wird, ohne daß das Objekt dort vorhanden sein muß. Im Bild der Gitterbeugung ist die rekonstruierte Objektwelle die 1. Ordnung der Beugung der Referenzwelle am Hologramm-Gitter. Der erste Term in (24.2-4) stellt die 0. Ordnung, der zweite Term die -1. Ordnung dar, die hier nicht weiter betrachtet wird.
Anmerkung: Beim Betrachten eines Hologramms sollte zur Vermeidung von Augenschäden nicht in die 0. Ordnung des beleuchtenden Laserstrahls geblickt werden!

Die Holographie ist demnach ein zweistufiges Verfahren zur Aufzeichnung und räumlichen Wiedergabe von Bildern beliebiger Gegenstände, das im Prinzip keine Linsen erfordert. Insbesondere bei der Aufnahme der Hologramme werden Wellen zur Interferenz gebracht, die sehr unterschiedliche Wege zurückgelegt haben. Die Anforderungen an die Kohärenz des verwendeten Lichtes sind daher sehr hoch, sodaß im Normalfall Laserlicht verwendet werden muß (siehe 20.5). Die hier dargestellte Form der Holographie wird aufgrund der Art der Referenzstrahlführung als *Off-Axis*-Holographie bezeichnet (Leith u. Upatnieks 1963).

25 Materiewellen

25.1 Teilchen, Wellen, Unschärferelation

Es gibt zwei physikalische Phänomene, die Erhaltungsgrößen wie Energie, Impuls und Drehimpuls speichern und transportieren können (Tab. 25-1): Teilchen (Partikel) und Wellen.

Die *Teilchen* und ihr Verhalten können im wesentlichen durch die Erhaltungsgesetze für Energie, Impuls und Drehimpuls beschrieben werden (vgl. 3 und 4). Im makroskopischen Bereich der Physik sind dabei keine Einschränkungen hinsichtlich der Werte dieser Größen erkennbar. Solche Einschränkungen werden jedoch im mikroskopischen Bereich der Physik (Atomphysik, Kernphysik) beobachtet, wo die experimentellen Ergebnisse dazu zwangen, Quantenhypothesen für Energie und Impuls bzw. Drehimpuls einzuführen: Quantisierte Oszillatoren in der Planckschen Strahlungstheorie (siehe 20.2), quantisierte Energien und Drehimpulse in der Atomtheorie (vgl. 16.1). Viel länger akzeptiert sind Quantenvorstellungen, soweit es die Grundbausteine der Materie, die Elementarteilchen, die elektrische Ladung usw. betreffen. Schließlich ist es ein Merkmal der Partikel in der klassischen Mechanik, daß ihr Ort, Impuls usw. im Prinzip zu jedem Zeitpunkt genau angegeben werden kann: Partikel sind *lokalisiert*.

Bei der Ausbreitung von *Wellen* handelt es sich dagegen um die räumliche Fortpflanzung eines Schwingungsvorganges, der typischerweise ausgedehnt, *nicht lokalisiert* ist. Es handelt sich nicht wie bei den Teilchen um einen Materietransport, dennoch wird auch hier Energie, Impuls und Drehimpuls transportiert (vgl. 18.1 u. 19.1). Quantisierungsvorschriften gibt es hier bereits im makroskopischen Bereich der klassischen Physik: Ist das Medium, in dem sich Wellen ausbreiten, räumlich begrenzt, so gibt es stehende Wellen, die nur für diskrete Wellenlängen, die durch die Abmessungen des Mediums bestimmt sind, stationär existieren können (vgl. 18.1). Im mikroskopischen, atomphysikalischen Bereich mußte jedoch auch das Wellenbild modifiziert werden. Die Erklärung der Planckschen Strahlungsformel (siehe 20.2), des Photoeffektes (siehe 16.7 und 20.3) und des Compton-Effektes (siehe 20.3) erforderte die Einführung partikelähnlicher Vorstellungen in Form des Wellenpakets (siehe 18.1): Quantisierung des Lichtes (siehe 20.3).

Tabelle 25-1: Charakteristika von Teilchen und Wellen im makroskopischen und im mikroskopischen Bereich.

<table>
<tr><th></th><th>Makroskopischer Bereich</th><th colspan="2">Mikroskopischer Bereich</th></tr>
<tr><td>Teilchen (Partikel)</td><td>räumlich lokalisiert;
Energie, Impuls, Drehimpuls,... können beliebige Werte annehmen</td><td>Wellenverhalten:
Materiewellen,
nicht streng lokalisiert</td><td rowspan="2">Energie,
Impuls,
Drehimpuls,...
quantisiert</td></tr>
<tr><td>Welle</td><td>räumlich ausgedehnt;
Energie, Impuls,... können beliebige Werte annehmen, aber:
Quantelung bei stehenden Wellen</td><td>Partikelverhalten:
Lichtquanten,
nicht beliebig ausgedehnt</td></tr>
</table>

Damit erhebt sich die Frage der Lokalisierbarkeit von Wellen. Bei einem klassischen Partikel ist die Ortsbestimmung im Prinzip kein Problem, der Ort eines Partikels läßt sich angeben. Eine Welle hingegen erfüllt immer ein gewisses Gebiet, das beliebig groß sein kann. Dann wird eine Ortsangabe für die Welle unmöglich. Erst der Übergang zu einer endlich langen Welle, einem örtlich begrenzten Wellenpaket (18.1), läßt eine Ortsangabe mit einer gewissen *Unschärfe* Δx zu, die etwa der Länge des Wellenpakets entspricht (Ausbreitung in x-Richtung angenommen):

$$\Delta x = v_p \, \tau \, . \qquad (25.1\text{-}1)$$

v_p: Phasengeschwindigkeit der Welle, τ: zeitliche Dauer des Wellenzuges.

Mit der Ortsunschärfe ist eine weitere Unschärfe verknüpft. Nach dem Fourier-Theorem ist ein zeitlich begrenzter Wellenzug der Zeitdauer τ als Überlagerung eines kontinuierlichen Spektrums von unbegrenzten Wellen anzusehen, deren spektrale Amplitudenverteilung (Bild 5-23) die Halbwertsbreite

$$\Delta\nu \approx \frac{1}{\tau} \qquad (25.1\text{-}2)$$

aufweist: *Frequenzunschärfe.* Die Frequenz eines Lichtquants hängt gemäß (20.3-3) mit seinem Impuls $p_\gamma = h/\lambda$ zusammen:

$$\nu = \frac{v_p}{\lambda} = \frac{v_p}{h} p_\gamma \, . \qquad (25.1\text{-}3)$$

Aus der Frequenzunschärfe $\Delta\nu$ folgt danach eine *Impulsunschärfe*

$$\Delta p_x = \frac{h}{v_p} \Delta\nu = \frac{h}{v_p \, \tau} \, , \qquad (25.1\text{-}4)$$

woraus sich mit (25.1-1) ergibt:

$$\Delta p_x \, \Delta x = h \, . \qquad (25.1\text{-}5)$$

Eine genauere Ableitung ergibt die *Heisenbergsche Unschärferelation* (Heisenberg 1927):

$$\boxed{\Delta p_x \, \Delta x \geq \hbar} \, . \qquad (25.1\text{-}6)$$

Die Unschärferelation verknüpft die aufgrund der Struktur von Wellenpaketen entstehenden Meßungenauigkeiten korrespondierender physikalischer Größen (Kennzeichen: das Produkt solcher Größen hat die Dimension einer Wirkung) miteinander:

> **Ort und Impuls eines Wellenpakets sind nicht gleichzeitig genau meßbar. Je genauer der Ort bestimmt wird, desto weniger genau läßt sich sein Impuls bestimmen und umgekehrt.**

Wegen der Verwendung von (20.3-3) gilt die obige Ableitung der Unschärferelation zunächst für elektromagnetische Wellen (Lichtquanten), erweist sich aber auch für Materiewellen (25.2), elastische Wellen usw. als zutreffend. Daß man in der makroskopischen Physik von der Unschärferelation nichts bemerkt, liegt daran, daß das Plancksche Wirkungquantum h so außerordentlich klein ist.

25.2 Die de-Broglie-Beziehung

Die Zuordnung von im Sinne der klassischen Physik typischen Teilcheneigenschaften, wie Lokalisierbarkeit, Energie, Impuls etc., zu Wellen legt es aus Symmetriegründen nahe (vgl. Tab. 25-1), umgekehrt den Materieteilchen auch Welleneigenschaften zuzuordnen: *Materiewellen* (de Broglie 1924). Zwischen dem Impuls $p = mv$ der Teilchen und der Wellenlänge λ der den Teilchen zugeordneten Materiewelle wurde derselbe Zusammenhang wie beim Licht (20.3-3) vermutet:

$$\boxed{p = \frac{h}{\lambda}} \,. \tag{25.2-1}$$

Mit (12.5-5) folgt daraus für die Materiewellenlänge die *de-Broglie-Beziehung*

$$\boxed{\lambda = \frac{h}{p} = \frac{h}{mv} = \frac{h}{\sqrt{2emU}}} \,. \tag{25.2-2}$$

Für Elektronen gilt (25.2-2) nur für Beschleunigungsspannungen $U < 10^4 \ldots 10^5$ V (vgl. 12.5). Bei relativistischen Geschwindigkeiten muß (12.5-7) verwendet werden. Werte für die de-Broglie-Wellenlänge von Elektronen finden sich in Tab. 25-2 (siehe 25.4).

Natürlich wird man hier wie bei den Lichtquanten annehmen, daß die den Teilchen zugeordneten Materiewellen eine begrenzte Länge haben, sodaß es sich um Wellenpakete (18.1) handelt, die etwa am Ort des betreffenden Teilchens ihr Zentrum haben. Damit gilt aber die *Heisenbergsche Unschärferelation* (25.1-6), die aus den Wellengruppeneigenschaften und $p = h/\lambda$ resultierte, *auch für Materiewellen.*

In weiterer Verfolgung der Analogie zur Lichtquantenvorstellung läßt sich die Energie bewegter Teilchen mit einer Frequenz ν entsprechend (20.3-1) verknüpfen. Nehmen wir ferner die Äquivalenz von Masse und Energie hinzu, so folgt mit (4.5-14) für die *Frequenz einer Materiewelle*

$$\nu = \frac{mc_0^2}{h} \,. \tag{25.2-3}$$

Damit ergibt sich für die *Phasengeschwindigkeit einer Materiewelle* mit Hilfe der de-Broglie-Beziehung (25.2-2)

$$v_p = \nu\lambda = \frac{mc_0^2\lambda}{h} = \frac{c_0^2}{v} \,. \tag{25.2-4}$$

Da die Teilchengeschwindigkeit v die Vakuumlichtgeschwindigkeit c_0 nicht übersteigen kann (vgl. 4.5), ist offenbar die Phasengeschwindigkeit einer Materiewelle immer größer als c_0. Weil nach (25.2-4) die Phasengeschwindigkeit von der Wellenlänge λ abhängt, liegt auch Dispersion vor. Für diesen Fall bestimmt sich die Gruppengeschwindigkeit v_g, also die Fortpflanzungsgeschwindigkeit des dem Teilchen zugeordneten Wellenpaketes (siehe 18.1) aus (18.1-27)

$$v_g = v_p - \lambda\frac{dv_p}{d\lambda} = \frac{d\nu}{d(1/\lambda)} \,. \tag{25.2-5}$$

Beschränken wir uns zur Vereinfachung der Rechnung auf nichtrelativistische Teilchen ($v \ll c_0$), so ist nach (4.5-10) bis (4.5-12)

$$mc_0^2 = m_0c_0^2 + \frac{1}{2}m_0v^2 \quad \text{und} \quad \frac{1}{\lambda} = \frac{m_0v}{h} \,. \tag{25.2-6}$$

Damit folgt aus (25.2-3), (25.2-5) und (25.2-6)

$$v_g = \frac{d\left(c_0^2 + \frac{1}{2}v^2\right)}{dv} = v \,, \tag{25.2-7}$$

d.h. die Teilchengeschwindigkeit ist gleich der Gruppengeschwindigkeit der dem Teilchen zugeordneten Wellengruppe (de Broglie), ein Ergebnis, das befriedigend zur Beschreibung eines Teilchens durch eine Wellengruppe paßt. Mit (25.2-4) ergibt sich schließlich die für *Materiewellen* gültige Beziehung

$$v_g v_p = c_0^2 \,, \tag{25.2-8}$$

die nicht auf elektromagnetische Wellen (Lichtquanten) übertragen werden darf.

Anmerkung: Da die Energie mc_0^2 in (25.2-3) nicht eindeutig ist, sondern durch eine potentielle Energie $E_p = eV$ mit frei wählbarem Nullpunkt ergänzt werden kann, ist die Phasengeschwindigkeit (25.2-4) willkürbehaftet. Andere Rechnungen liefern z.B. $v_p = v_g/2$. Dies zeigt, daß die Phasengeschwindigkeit von Materiewellen unbestimmt und eine nicht direkt beobachtbare Größe ist. Beobachtet wird stets nur die Gruppengeschwindigkeit.

Der erste Erfolg des Materiewellenkonzepts war eine Deutung der stationären Bohrschen Bahnen im Atom (siehe 16.1) als stehende Materiewelle der Bahnelektronen auf dem Bahnumfang. Dazu betrachten wir zwei Fälle: Bild 25-1a zeigt den instationären Fall, in dem der Bahnumfang $2\pi r$ nicht durch die Materiewellenlänge λ teilbar ist. Bei weiterer Verfolgung der Amplitudenverteilung der Materiewelle über den gezeichneten Bereich hinaus wird

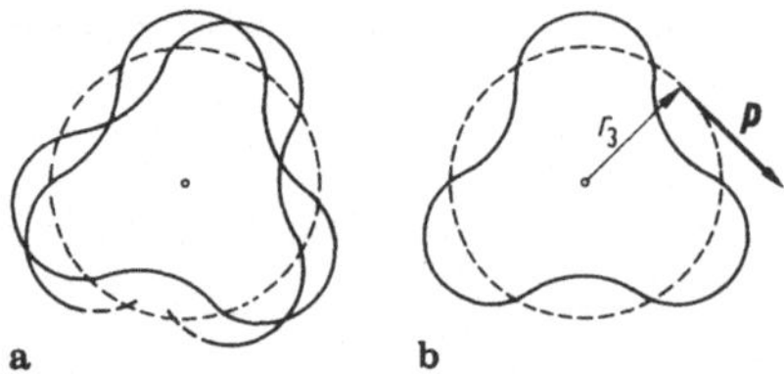

Bild 25-1: Materiewellen auf einer Bohrschen Bahn.
a instationärer Fall, **b** stationärer Fall für $n = 3$.

deutlich, daß sich die Welle durch Interferenz selbst auslöscht. Mit der in der Zeichnung angenommenen Wellenlänge kann sie auf der vorgegebenen Bahn nicht stationär existieren.
Ein stationärer Fall ist nur dann möglich, wenn die Bedingung

$$2\pi r_n = n\lambda \qquad (n = 1, 2, 3, \ldots) \tag{25.2-9}$$

erfüllt ist. Mit der de-Broglie-Beziehung (25.2-2) folgt dann sofort die Bohrsche Quantenbedingung (16.1-7) für den Drehimpuls L

$$L = r_n p = n \frac{h}{2\pi} = n\hbar \, , \tag{25.2-10}$$

die sich hier ganz zwanglos aus der Forderung stationärer, stehender Materiewellen ergibt.

Mit den den Elektronen im Atom zugeordneten Materiewellen läßt sich auch die im Bohrschen Atommodell postulierte ***Strahlungslosigkeit der stationären Bohrschen Bahnen*** deuten (vgl. 16.1): Eine längs der klassischen Elektronenbahn schwingende Materiewelle bedeutet, daß das Elektron (besser: seine Aufenthaltswahrscheinlichkeit bzw. die ***Wellenfunktion***, vgl. 25.3) gewissermaßen über den Bahnumfang "verschmiert" ist. In diesem Bild stellt das System Atomkern-Elektron keinen schwingenden elektrischen Dipol mehr dar, und die Strahlungsnotwendigkeit entfällt.
Noch deutlicher zeigt dies die Unschärferelation (25.1-6), wenn wir sie z.B. auf das Wasserstoffatom anwenden. Legt man den Ort des Elektrons nur etwa auf den Bereich des Atoms fest, wählt man also als Ortsunschärfe den Durchmesser der ersten Bohrschen Bahn $\Delta x = 2r_1 = 106\,\mathrm{pm}$ (siehe 16.1-9), so ergibt sich eine aus der Impulsunschärfe folgende Geschwindigkeitsunschärfe, die von gleicher Größenordnung wie die klassisch nach (16.1-4) zu berechnende Umlaufgeschwindigkeit des Elektrons ist! Die klassische Rechnung verliert hier also völlig ihren Sinn, d.h. ein solches System darf nicht wie ein klassischer elektromagnetischer Dipol behandelt werden.

25.3 Die Schrödinger-Gleichung

Über die physikalische Größe, die bei einer Materiewelle schwingt, ist bisher nichts ausgesagt worden. Zur mathematischen Beschreibung wird daher zunächst eine allgemeine *Wellenfunktion* Ψ eingeführt, die z.B. für ein sich in x-Richtung bewegendes Elektron lauten würde

$$\Psi(x,t) = \hat{\Psi} e^{j(kx-\omega t)} = \psi(x)\, e^{-j\omega t} . \tag{25.3-1}$$

Das Quadrat der Wellenfunktion eines Teilchens $|\Psi(x,t)|^2 = \Psi \Psi^*$ gibt die *Wahrscheinlichkeitsdichte* dafür an, das Teilchen zur Zeit t am Ort x anzutreffen. Demgemäß wird Ψ auch als *Wahrscheinlichkeitsamplitude* bezeichnet (genauer: deren Dichte). Handelt es sich um viele Teilchen, die durch dieselbe Wellenfunktion beschrieben werden können, so ist $|\Psi|^2 \sim n$ (n= Teilchenzahlkonzentration).

Die Wellenfunktion muß der Wellengleichung (18.1-7) genügen

$$\frac{\partial^2 \Psi}{\partial x^2} - \frac{1}{v_p^2}\frac{\partial^2 \Psi}{\partial t^2} = 0 . \tag{25.3-2}$$

Einsetzen der Wellenfunktion (25.3-1) liefert für den ortsabhängigen Teil $\psi(x)$ der Wellenfunktion

$$\frac{d^2\psi}{dx^2} + \frac{\omega^2}{v_p^2}\psi = 0 . \tag{25.3-3}$$

Mit den de-Broglieschen Beziehungen $p = h/\lambda$ und $E = h\nu = \hbar\omega$ wird $\omega = E/\hbar$ und $v_p = E/p$, d.h.

$$\frac{\omega^2}{v_p^2} = \frac{p^2}{\hbar^2} . \tag{25.3-4}$$

Aus dem Energiesatz folgt

$$p^2 = 2m(E - E_p) , \tag{25.3-5}$$

und aus (25.3-3) bis (25.3-5) schließlich die *eindimensionale zeitfreie Schrödinger-Gleichung* (1926)

$$\boxed{\frac{d^2\psi}{dx^2} + \frac{2m}{\hbar^2}\left(E - E_p\right)\psi = 0} . \tag{25.3-6}$$

Wird für E_p die potentielle Energie des Elektrons in dem jeweiligen System eingesetzt, so beschreibt die Schrödinger-Gleichung dieses System. Beispiele sind (ohne Durchrechnung im einzelnen):

Freies Elektron: $E_p = 0$.

Hierfür ergibt sich aus (25.3-6) eine räumliche Schwingungsgleichung. Mit dem Lösungsansatz

$$\psi(x) = \hat{\psi} e^{jkx} \tag{25.3-7}$$

erhält man

$$E = \frac{\hbar^2 k^2}{2m} = \frac{p^2}{2m} , \tag{25.3-8}$$

d.h. die kinetische Energie eines freien Elektrons. Dabei ist eine Lösung für jeden Wert von E möglich, die Energie des freien Elektrons ist demnach nicht quantisiert.

Harmonische Bindung: $E_p = \frac{1}{2} m\omega_0^2 x^2$ (vgl. 5.2-22).

Bei diesem Potential ergeben sich stationäre Lösungen für ψ nur bei bestimmten *Eigenwerten* der Energie:

$$E = E_n = \left(n + \frac{1}{2}\right) h\nu . \tag{25.3-9}$$

Dies sind die schon bei der Behandlung des harmonischen Oszillators angegebenen möglichen Energiewerte (vgl. 5.2.2). Die Energiequantelung erhält man hier also als Lösung des Eigenwertproblems der Schrödinger-Gleichung. Berechnet man die zugehörigen Wellenfunktionen für die verschiedenen Quantenzahlen $n = 0, 1, 2, \ldots$, so zeigt sich, daß es sich auch hier um eine Art stehender Wellen im Parabelpotential des harmonischen Oszillators (Bild 25-2, vgl. auch Bild 5-8) handelt.

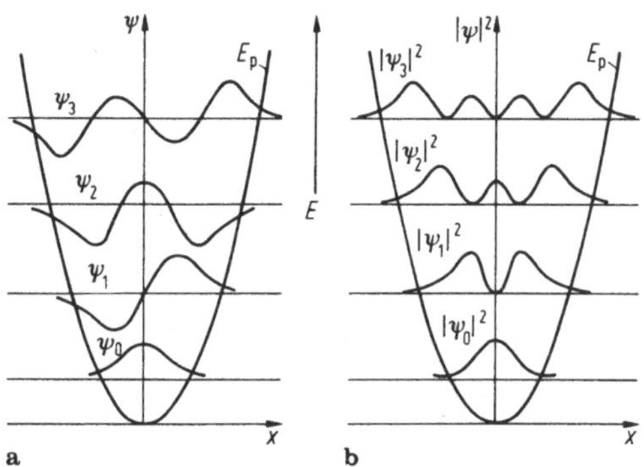

Bild 25-2: **a** Wellenfunktion (Wahrscheinlichkeitsamplitude), **b** Aufenthaltswahrscheinlichkeitsdichte für ein Teilchen im Parabelpotential der harmonischen Bindung (harmonischer Oszillator).

Coulombpotential des H-Atoms: $E_p = \frac{e^2}{4\pi\varepsilon_0 r}$ (vgl. 16.1).

In diesem Falle erhält man stationäre Lösungen für die Wellenfunktion der Elektronen im Wasserstoffatom nur für die Energie-Eigenwerte

$$E = E_n = -\frac{me^4}{8\varepsilon_0^2 h^2} \cdot \frac{1}{n^2} . \tag{25.3-10}$$

Dies sind die stationären Energiewerte des Wasserstoff-Atoms, wie sie sich auch aus der Bohrschen Theorie ergeben haben (16.1-10).

Die Schrödingersche *Wellenmechanik*, deren Grundgleichung die Schrödinger-Gleichung z.B. in der Form (25.3-6) ist, hat sich in der Atomphysik als außerordentlich erfolgreich erwiesen.

25.4 Elektronenbeugung, Elektroneninterferenzen

Der Erfolg der Materiewellenhypothese von de Broglie bei der Deutung der stationären Elektronenzustände im Atom wäre unvollständig ohne einen

direkten experimentellen Nachweis für die Welleneigenschaften von Teilchen. Dieser Nachweis wurde ähnlich wie bei den Röntgenstrahlen (vgl. 23.2) durch Beugung am Atomgitter von Kristallen erbracht, und zwar einerseits durch Reflexionsbeugung langsamer Elektronen ($E = 30...300$ eV) an Nickel-Einkristallen (Davisson u. Germer 1927) und andererseits durch Beugung mittelschneller Elektronen ($E = 10...100$ keV) bei der Durchstrahlung (Transmission) dünner kristalliner Schichten (G.P. Thomson 1927). Bild 25-3 zeigt im Prinzip die Anordnung nach Thomson. Dünne *einkristalline* Schichten verhalten sich dabei ähnlich wie Kreuzgitter (vgl. 23.2), d.h. sie ergeben ein zweidimensionales Beugungspunktmuster (Bild 25-3a). Trifft dagegen der Elektronenstrahl auf viele kleine, statistisch orientierte Kristallite, wie sie in einer *polykristallinen* Schicht vorliegen, so überlagern sich die von den einzelnen Kristalliten stammenden Beugungsreflexe zu Beugungsringen (Bild 25-3b), ganz entsprechend den Debye-Scherrer-Beugungsdiagrammen bei der Röntgenbeugung an Kristallpulvern (vgl. 23.2 und Bild 23-12).
Aus den Beugungswinkeln ϑ_B der beobachteten Reflexe lassen sich über die auch hier gültige Braggsche Gleichung (23.2-15)

$$2g \sin \vartheta_B = n\lambda \qquad (25.4\text{-}1)$$

die zugehörigen Netzebenenabstände g bzw. Gitterkonstanten bestimmen, wenn man für λ die de-Broglie-Wellenlänge (25.2-2, Tab. 25-2) einsetzt. Ähnlich wie die Röntgenbeugung ist daher die Elektronenbeugung heute ein wichtiges Hilfsmittel der Kristallstruktur- und Substanzanalyse, und jedes (Transmissions-) Elektronenmikroskop (vgl. 25.5) ist heute auch für Elektronenbeugungsaufnahmen eingerichtet.

Die aus der Elektronenbeugung an Kristallen resultierenden Beugungsdiagramme (Bild 25-3) stellen Fraunhofersche Beugungsdiagramme an atoma-

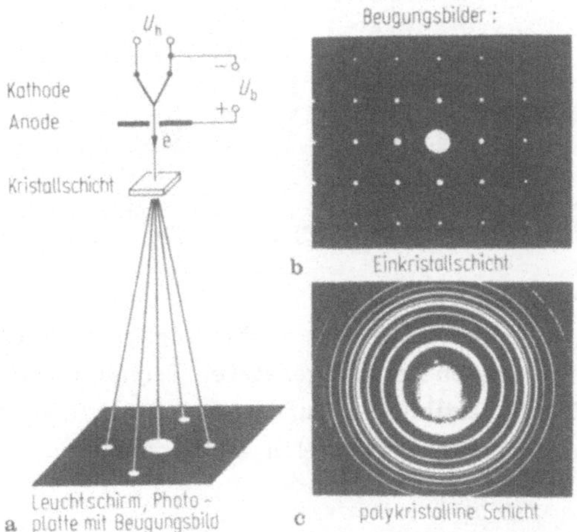

Bild 25-3: Elektronenbeugung an kristallinen Schichten (in Transmission): Beugung von 100 keV-Elektronen an Zinnschichten (Dicke: 80 nm). **a** Prinzip der Anordnung, **b** einkristalline Schicht, **c** polykristalline Schicht. Aufnahmen: G. Jeschke, I. Phys. Inst. TU Berlin.

Tabelle 25-2: De-Broglie-Wellenlängen von Elektronen.

Beschleunigungsspannung / V	Wellenlänge λ / nm
1	1,2
10	$3{,}9\cdot10^{-1}$
100	$1{,}2\cdot10^{-1}$
1 000	$3{,}9\cdot10^{-2}$
10 000	$1{,}2\cdot10^{-2}$
100 000	$3{,}7\cdot10^{-3}$*
1 000 000	$8{,}7\cdot10^{-4}$*
10 000 000	$1{,}2\cdot10^{-4}$*

* relativistisch korrigiert

ren Strukturen dar. Letzte mögliche Zweifel an der Aussagekraft solcher Wechselwirkungen von Elektronen mit atomaren Abständen als Nachweis für die Wellennatur der Elektronen können durch die *Fresnelsche Beugung von Elektronen* an einer makroskopischen Kante, wie Bild 25-4 zeigt (Boersch 1940), als beseitigt gelten.

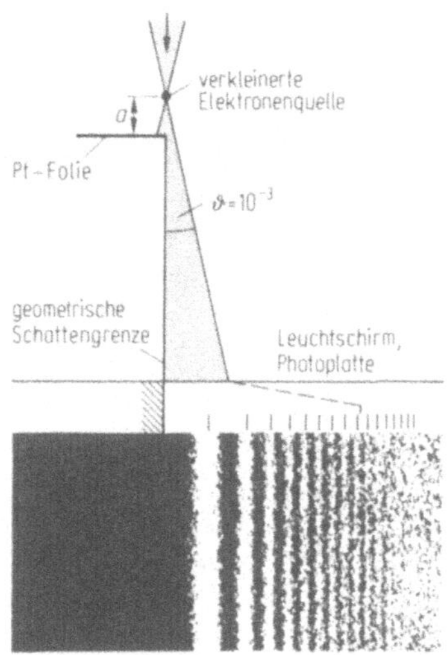

Bild 25-4: Fresnelsche Elektronenbeugung an der Kante nach Boersch. $E = 38$ keV, $a = 140$ µm (H. Boersch: Naturwiss. **28** (1940) 909 und Phys. Z. **44** (1943) 202).

In der Lichtoptik ist es möglich, das Licht einer Lichtquelle mittels zweier mit den Basisflächen gegeneinandergesetzter Prismen (*Fresnelsches Biprisma*) in zwei kohärente Teilbündel aufzuteilen und diese damit gegenseitig zu überlagern. Im Überlagerungsbereich beobachtet man auf einem Schirm Zweistrahlinterferenzen.

Das entsprechende Experiment läßt sich auch mit kohärenten Elektronenstrahlbündeln durchführen (Möllenstedt u. Düker 1956). Zur Überlagerung beider Teilbündel wird ein *elektronenoptisches Biprisma* (Bild 25-5) verwen-

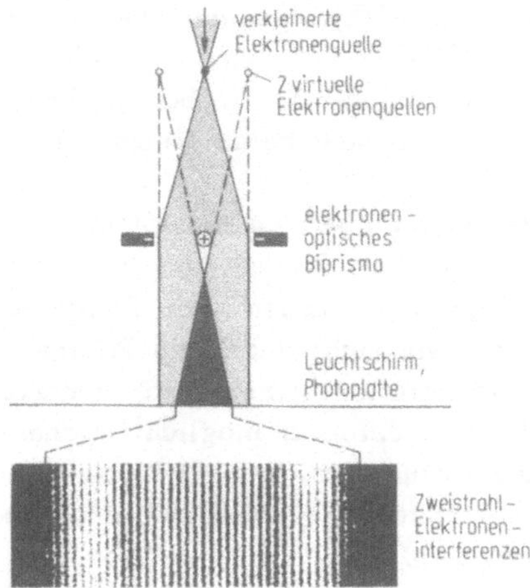

Bild 25-5: Zweistrahl-Elektroneninterferenzen am elektronenoptischen Biprisma nach Möllenstedt (G. Möllenstedt, H. Düker, Z. Phys. **145** (1956) 377).

det, das im wesentlichen aus einem sehr dünnen Draht (1 bis 10 µm Durchmesser) besteht, der gegenüber der Umgebung positiv aufgeladen wird und die Umlenkung der Elektronenbündel bewirkt. Im Überlagerungsbereich erhält man Zweistrahlinterferenzen der beiden Elektronenwellenbündel (Bild 25-5).

Mit einer solchen Anordnung kann im Prinzip auch *Elektronenholographie* betrieben werden. Die beiden Teilbündel des elektronenoptischen Biprismas können nämlich als Objektwelle einerseits und als Referenzwelle andererseits benutzt werden, in völliger Analogie zur lichtoptischen Holographie (vgl. 24.3). Dazu wird das Untersuchungsobjekt (z.B. eine sehr dünne Schicht) in das eine Teilbündel gebracht. Das im Überlagerungsbereich unter dem Biprisma (gegebenenfalls nach elektronenoptischer Vergrößerung photographisch) aufgezeichnete Interferenzmuster stellt das *Elektronen-Hologramm* dar, das die Amplituden- und Phaseninformation der Objektwelle enthält (vgl. 24.2). Die Rekonstruktion des Objektbildes aus dem aufgezeichneten Hologramm kann nun beispielsweise mit Licht oder rechnerisch per Computer erfolgen. Da sich hierbei die Abbildungsfehler elektronenoptischer Linsen (25.5) kompensieren lassen, hat dieses Verfahren eine besondere Bedeutung bei der modernen Höchstauflösungs-Elektronenmikroskopie (Lichte 1986).

25.5 Elektronenoptik, Elektronenmikroskopie

Das Auflösungsvermögen des Lichtmikroskops ist auf die Wellenlänge des Lichtes von etwa 500 nm begrenzt (vgl. 24.1). Ein besseres Auflösungsvermögen ist nach Abbe (24.1-1) nur durch Verwendung einer Strahlung kleinerer Wellenlänge erreichbar. Elektromagnetische Strahlung wesentlich kleinerer Wellenlänge bzw. höherer Frequenz (z.B. Röntgenstrahlung) scheidet praktisch aus, da die Brechzahl der Stoffe bei solchen Frequenzen sehr nahe bei 1 liegt (siehe 20.1), sodaß sich keine Linsen für derartige Strahlungen herstellen lassen.

Dagegen haben Elektronen bei Energien um 100 keV Wellenlängen von etwa 4 pm (Tab. 25-2), die damit weit kleiner als die Atomabstände in kondensierter Materie sind. Außerdem lassen sich Elektronen durch elektrische oder magnetische Felder (wie Licht durch ein Prisma) ablenken, sodaß eine Elektronenoptik z. B. mit rotationssymmetrischen elektrischen oder magnetischen Feldern als *Elektronenlinsen* möglich erscheint (Busch 1926). Bild 25-6 zeigt Ausführungsformen solcher Elektronenlinsen, und zwar eine elektrostatische Dreielektrodenlinse (a) sowie eine eisengekapselte magnetische Linse mit Ringspalt (b).

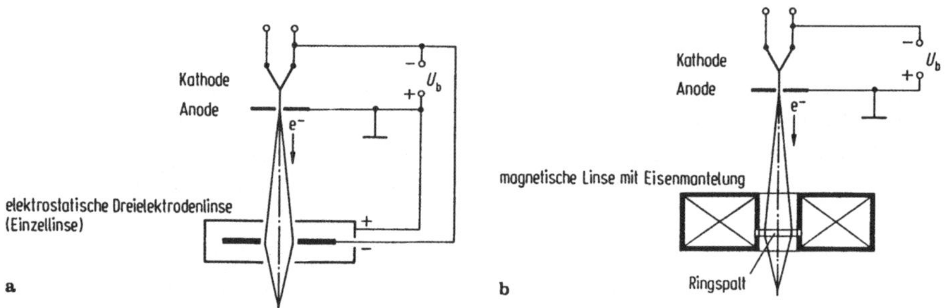

Bild 25-6: **a** Elektrische Einzellinse und **b** magnetische Linse für Elektronen.

Die Brechkräfte solcher Linsen berechnen sich nach Busch für achsennahe Elektronenstrahlen folgendermaßen (ohne Ableitung):

Brechkraft der elektrischen Einzellinse:

$$\frac{1}{f} \approx \frac{1}{8\sqrt{U_b}} \int \left(\frac{\mathrm{d}U}{\mathrm{d}z}\right)^2 U^{-3/2} \mathrm{d}z \,. \tag{25.5-1}$$

Brechkraft der magnetische Linse:

$$\frac{1}{f} \approx \frac{e}{8 m U_b} \int B_z^2 \mathrm{d}z \,. \tag{25.5-2}$$

Die Integrale sind längs der optischen Achsen zu erstrecken, soweit die Achsenfeldstärken $E_z = \mathrm{d}U/\mathrm{d}z$ oder B_z von 0 verschieden sind. U_b ist die Beschleunigungsspannung der Elektronen, und $U = U(z)$ das variable Potential auf der optischen Achse (bei der elektrischen Linse). Zur Erzielung kurzer Brennweiten muß der Feldbereich kurz, aber von hoher Feldstärke sein. Es kommt daher z.B. bei den magnetischen Linsen sehr auf geeignete Formung der Polschuhe am Ringspalt an.

Transmissions-Elektronenmikroskop

Entsprechend den beiden Linsentypen haben sich zwei Bauarten von Elektronenmikroskopen ausgebildet: *magnetische Elektronenmikroskope* (Knoll u. Ruska 1931, Bild 25-7) und *elektrostatische Elektronenmikroskope* (Brüche u. Johannsen 1932). Aus technischen Gründen haben sich heute die magnetischen Elektronenmikroskope weitgehend durchgesetzt.

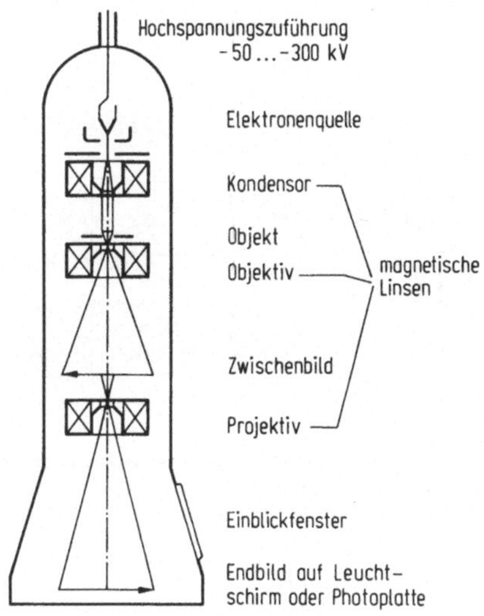

Bild 25-7: Prinzipieller, stark vereinfachter Aufbau eines abbildenden Transmissions-Elektronenmikroskops für Durchstrahlung dünner Objekt-Schichten.

Elektronenlinsen haben sehr große Öffnungsfehlerkoeffizienten $C_ö$ (siehe 22.2) im Vergleich zu lichtoptischen Linsen. Für eine minimalen Unschärfe (vgl. Bild 22-14) muss daher die Objektivöffnung bei Elektronenlinsen auf einen Aperturwinkel $\vartheta_0 \approx 4 \cdot 10^{-2}$ rad ($\approx 2°$) beschränkt werden, sodaß die der Wellenlänge entsprechende Grenzauflösung nicht erreicht wird. Die Abbesche Auflösungsgrenze (24.1-1) beträgt dabei etwa $d_{\text{min}} \approx 0{,}1$ nm, sodaß dennoch eine atomare Auflösung heute möglich ist.

Raster-Elektronenmikroskop

Ein ganz anderes elektronenmikroskopisches Verfahren stellt das Raster-Elektronenmikroskop (Knoll 1935, v. Ardenne 1938) dar. Hierbei werden die

Objektpunkte durch eine sehr feine, elektronenoptisch verkleinerte Elektronensonde von 1 bis 10 nm Durchmesser mit Hilfe magnetischer Ablenkfelder nacheinander rasterförmig abgetastet (Bild 25-8). In der getroffenen Objektstelle werden Elektronen rückgestreut (RE) und Sekundärelektronen (SE) ausgelöst und von Elektronendetektoren registriert. Das daraus entstehende elektrische Signal wird verstärkt und zur Helligkeitssteuerung des Elektronenstrahls einer Fernsehbildröhre verwendet, der synchron mit dem Abtaststrahl im Rastermikroskop zeilenweise über den Leuchtschirm geführt wird, auf dem damit das Bild der abgetasteten Objektfläche erscheint. Dieses Verfahren gestattet damit auch die elektronenmikroskopische Direktabbildung von Oberflächen massiver Objekte. Bei dünnen Schichten als Objekt können auch die transmittierten Elektronen (TE) als Bildsignal dienen.

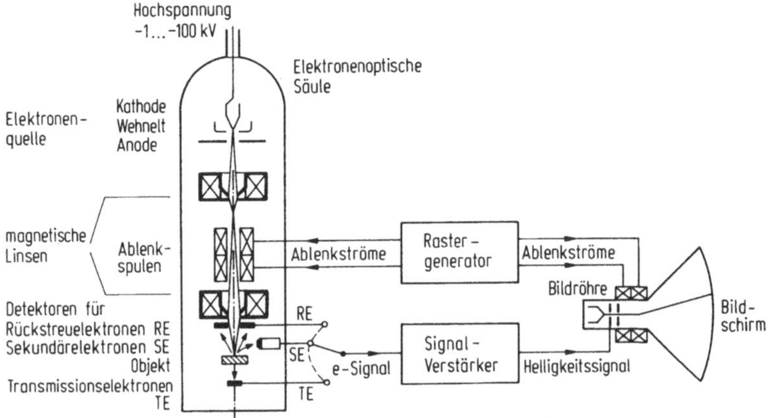

Bild 25-8: Prinzipieller Aufbau eines Raster-Elektronenmikroskops zur Abbildung von Oberflächen mit Rückstreuelektronen (RE) oder Sekundärelektronen (SE), bzw. von dünnen Schichten mit transmittierten Elektronen (TE).

Raster-Tunnelmikroskop

Eine vom Prinzip her extrem einfache Art der Abbildung durch Oberflächenabtastung ist die *Raster-Tunnelmikroskopie* (Binnig u. Rohrer 1982). Hierbei wird ein Elektronen"strahl" mitsamt der Kathode ohne zwischengeschaltete Elektronenoptik rasternd über die abzubildende Oberfläche geführt (Bild 25-9).

Eine mittels piezoelektrischer Verstellelemente dreidimensional verschiebbare, feine Metallspitze wird der zu untersuchenden Oberfläche auf ca. 1 nm genähert. Wird zwischen Spitze und Objektoberfläche eine elektrische Spannung U_T angelegt, so fließt ein Strom I_T zwischen Spitze und Objekt, obwohl keine metallisch leitende Verbindung vorliegt. Ursache ist der quantenmechanische *Tunnel-Effekt*, der auch für die Feldemission (siehe 16.7) maßgebend ist. Der "Tunnelstrom" I_T hängt sehr stark vom Abstand s zwischen Spitze und Objektoberfläche ab. Man erhält nach Binnig und Rohrer eine ähnliche Beziehung wie die Fowler-Nordheim-Gleichung für die

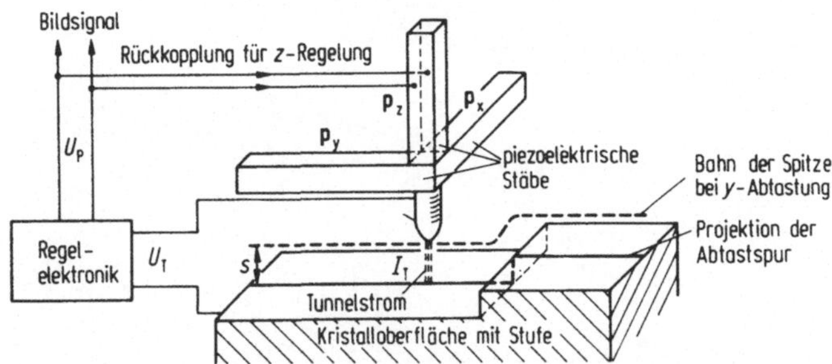

Bild 25-9: Objekt-Abtastverfahren beim Raster-Tunnelmikroskop mittels piezoelektrischer x-y-Rasterung und über den Tunnelstrom geregelter, piezoelektrischer z-Nachführung der Tunnelspitze (nach Binnig u. Rohrer 1982).

Elektronen-Feldemission (siehe (16.7-14)):

$$I_T \approx A\alpha \frac{U_T}{s}\sqrt{\Phi}\, e^{-\beta\sqrt{\Phi}s}, \qquad (25.5\text{-}3)$$

mit A: Tunnelstromquerschnitt, $\alpha = e^2\sqrt{2m_e e}/h^2 = 3{,}16 \cdot 10^{-5}$ $\mathrm{AV^{-1,5}nm^{-1}}$, Φ: mittleres Austrittspotential von Spitze und Objektoberfläche für Elektronen, und $\beta = 2\sqrt{2m_e e/\hbar} = 10{,}25\ \mathrm{V^{-0,5}nm^{-1}}$.

Beim rasternden Abtasten der Objektoberfläche mittels der piezoelektrischen y- und x-Verstellung (P_y und P_x) werden mit Hilfe einer Rückkopplung auf die Abstandsverstellung P_z der Tunnelstrom I_T und damit der Abstand s der Spitze von den Oberflächenstrukturen konstant gehalten. Die Spitze folgt dann allen Höhenveränderungen der Objektoberfläche. Wird das dementsprechende Regelsignal U_P als Bildsignal über der y-x-Ebene aufgezeichnet, so erhält man ein Rasterbild der Objektoberfläche. Der Raster- und Wiedergabeteil entspricht dabei demjenigen im Raster-Elektronenmikroskop (Bild 25-8).

Die laterale und die Höhenauflösung konnte dabei so weit getrieben werden, daß monoatomare Stufen sichtbar werden. Wegen der starken exponentiellen Abhängigkeit des Tunnelstromes vom Abstand s läßt es sich erreichen, daß von der Spitze nur wenige oder sogar nur ein einzelnes vorstehendes Atom am Tunnelstromquerschnitt beteiligt ist. Dadurch wird es möglich, atomare Auflösung auch in lateraler Richtung zu erhalten.

26 Literatur

Einführende Grundlagenbücher:

Alonso, M.; Finn, E.J.: Physik. Inter European Editions, Amsterdam 1977

Berkeley Physik Kurs (5 Bde.). Vieweg, Braunschweig 1979

Feynman, R.P.; Leighton, R.B.; Sands, M.: Vorlesungen über Physik (3 Bde.). Oldenbourg, München 1991, 1987, 1988

Gerthsen - Kneser - Vogel: Physik. Springer, Berlin 1989

Hänsel, H.; Neumann, W.: Physik I-VII. Deutsch, Thun 1977

Hering, E.; Martin, R.; Stohrer, M.: Physik für Ingenieure. VDI-Verlag, Düsseldorf 1989

Orear, J.: Physik. Hanser, München 1982

Stroppe, H.: Physik. Hanser, München 1986

Handbücher, Monographien und Nachschlagewerke:

Bergmann-Schaefer: Lehrbuch der Experimentalphysik (5 Bde.). De Gruyter, Berlin 1990, 1987, 1980, 1981

Born, M.: Optik. Springer, Berlin 1972

Bucka, H.: Atomkerne und Elementarteilchen. De Gruyter, Berlin 1973

Buckel, W.: Supraleitung. Physik-Verlag, Weinheim 1984

Czichos, H.: HÜTTE, Die Grundlagen der Ingenieurwissenschaften. Springer Berlin 1991

Ibach, H.; Lüth, H.: Festkörperphysik. Springer, Berlin 1988

Kittel, Ch.: Einführung in die Festkörperphysik. Oldenbourg, München 1988

Kuchling, H.: Taschenbuch der Physik. Deutsch, Thun 1986

Lenk, R.; Gellert, W.: Fachlexikon ABC Physik. Deutsch, Zürich 1974

Prandtl, L.; Oswatitsch, K.; Wieghardt, K.: Strömungslehre. Vieweg, Braunschweig 1969

Schade, H.; Kunz, E.: Strömungslehre. De Gruyter, Berlin 1980

Schuster, H.G.: Deterministic Chaos. VCH Verlag, Weinheim 1989

Stierstadt, K.: Physik der Materie. VCH Verlag, Weinheim 1989

Weber, H.; Herziger, G.: Laser. Physik Verlag, Weinheim 1972

Westphal, W.H.: Physikalisches Wörterbuch. Springer, Berlin 1952

27 Stichwortverzeichnis